Rechnungswesen in der Immobilienwirtschaft

Michael Birkner
Lutz-Dieter Bornemann

Rechnungswesen in der Immobilienwirtschaft

(vorm. Die Buchhaltung in der Wohnungswirtschaft)

6. Auflage

Hammonia

Hammonia Verlag GmbH, Hamburg
Tangstedter Landstraße 83
22415 Hamburg
Tel. 040 / 520 103 0
Fax 040 / 520 103 30
www.hammonia.de

Redaktionsschluss: Juli 2007

Autoren: Michael Birkner und Lutz Dieter Bornemann

Satz: Hammonia-Verlag Hamburg
Druck: Dobler, Alfeld

ISBN
978-3-87292-255-7

Vorwort – Benutzungshinweise

Dieses Buch soll im Rahmen der Ausbildung zum/r „Immobilienkaufmann/-kauffrau" den Lernprozess im Rechnungswesen unterstützen, darüber hinaus aber auch den an solchen Fragen interessierten Mitarbeitern der Immobilienunternehmen eine Orientierung bieten.

Wir unterrichten dieses Fach in der Berufsschule in Berlin bzw. Bochum seit längerem und haben uns bemüht, die zum Teil erheblich unterschiedlichen Konzepte der beiden Standorte in diesem Buch zusammenzuführen.

Im „Allgemeinen Teil – Grundlagen" werden die Grundbegriffe, Regeln und Festlegungen zusammengestellt, die im „Fachteil 1: Buchführung" benötigt werden.

Dem „Fachteil 2: Buchführung" liegt die Kontensystematik des Kontenrahmens der Wohnungswirtschaft zugrunde. Der beigefügte Kontenplan wurde daraus anhand des „Kommentar zum Kontenrahmen der Wohnungswirtschaft" (herausgegeben vom GdW Bundesverband deutscher Wohnungsunternehmen e.V., Hammonia-Verlag GmbH, Hamburg) entwickelt. Dies gilt auch für Ergänzungen, die in diese Systematik eingefügt wurden. Im laufenden Text und in den Buchungssätzen stimmen die Kontenbezeichnungen mit dem beigefügten Kontenplan überein. Für die Beschriftung der (T-)Konten wurden aus Platzgründen teilweise aussagefähige Kurzbezeichnungen gewählt.

Die Struktur des „Fachteil 2: Buchführung" orientiert sich an den „Betriebstypischen Leistungen" der Immobilienwirtschaft und wird um Inhalte im Rahmen des Jahresabschlusses ergänzt.

Die über die Darstellung der Buchungstechniken und Verfahrensweisen hinausgehenden Hinweise auf inhaltliche und betriebsorganisatorische Zusammenhänge sollen die Einordnung des dargestellten Stoffes in das betriebliche Geschehen ermöglichen.

Insbesondere die nach dem Prinzip der Fallstudie konzipierten Übungen zum Kapitel „3 Hausbewirtschaftung" können Grundlage für handlungsorientierte Lernkonzepte (auch ohne DV-Unterstützung) sein.

Im Kapitel „5 Erwerb, Bebauung und Verkauf von Grundstücken" wollen wir verdeutlichen, dass auch organisatorische Entwicklungen (insbesondere im DV-Bereich) erhebliche Einflüsse auf die Buchhaltung haben. Insbesondere die Praxis der Wohnungswirtschaft mit ihren heterogenen Betriebsformen und -zweigen hat eine Vielfalt an Verfahrensweisen hervorgebracht, der ansatzweise auch in der Ausbildung Rechnung zu tragen ist. Die in diesem Kapitel vorgestellten Varianten haben die gleiche Struktur und sind somit weitgehend austauschbar.

Insgesamt wurde versucht, die einzelnen Kapitel/Abschnitte so zu modularisieren, dass auch andere Bearbeitungsfolgen denkbar sind. So ist z.B. möglich, nach der Bearbeitung der Kapitel „3 Hausbewirtschaftung" und „4 Finanzierungsmittel" mit dem Kapitel „6 Betreuungstätigkeit" fortzusetzen und dann im Anschluss an die Bearbeitung der Abschnitte „5.1" und „5.2" die Betrachtung der Bestandsveränderungen mit dem Abschnitt „5.4 Bauvorbereitung, Bautätigkeit und Verkauf von Objekten des Umlaufvermögens" abzuschließen. Fortzufahren wäre dann mit dem Abschnitt „5.3 Bauvorbereitung und Bebauung von Objekten des Anlagevermögens" usw.

Im „Fachteil 2: Kosten- und Leistungsrechnung" und „Fachteil 3: Unternehmenskennziffern" sind jeweils die Grundbegriffe bezogen auf immobilienwirtschaftliche Inhalte zusammengestellt und sollen das Spektrum des Rechnungswesens in etwa abrunden.

Die Übungen des ersten Abschnittes von „Übungsteil 1: Buchführung“ entsprechen in der Abfolge dem Buch. Sie beginnen jeweils mit einem Fragenkatalog zum Textverständnis, so dass dieses jetzt auch in Eigenarbeit ansatzweise überprüft werden kann. Die Fragen sind so formuliert, dass sie auch ohne Zusammenhang zu den übrigen Fragen des jeweiligen Abschnitts beantwortet werden können. Dagegen dienen die Übungen des zweiten Abschnittes im „Übungsteil 1“der kapitelübergreifenden Wiederholung und Vertiefung. Falls der Stoff in einer anderen Reihenfolge durchgearbeitet wird, können insbesondere diese als Übungsmaterial herangezogen werden.

Der Anhang „Ergänzungen“ geht über die Grundlagen der Ausbildung zum/r „Immobilienkaufmann/-kauffrau“ hinaus und erörtert einige praxisrelevante Detailprobleme.

Änderungen gegenüber der fünften Auflage

Wir haben aufgrund von Unterrichtserfahrungen und Anregungen Klarstellungen und Korrekturen (insbesondere im Fachteil 2 Kosten- und Leistungsrechnung) vorgenommen.

Auf eine Neugliederung des Buches gemäß dem Rahmenlehrplan Immobilienkaufmann/Immobilienkauffrau haben wir für die 6. Auflage noch verzichtet. Wir wollen abwarten, bis die notwendigen Änderungen in den Unterrichtsstrukturen der Berufskollegs abgeschlossen sind.

Die Inhalte des Lernfelds 3 Werteströme erfassen und dokumentieren finden sich im Allgemeinen Teil – Grundlagen und im Fachteil 1 – Buchführung Kapitel 1 Kontenorganisation der Immobilienwirtschaft.

Die Inhalte des Lernfelds 5 Wohnräume verwalten und Bestände pflegen sind Inhalt des Fachteils 1 - Buchführung Kapitel 5 Erwerb, Verkauf und Bebauung von Grundstücken (5.1.1 bis 5.1.3).

Der AKA-Prüfungskatalog sieht die Buchung der Bautätigkeit im Anlagevermögen, als Bestandteil des Lernfelds 8 Bauprojekte entwickeln und begleiten (auch wenn der Rahmenlehrplan das nicht ausdrücklich vorsieht). Die Inhalte finden sich im Fachteil 1 - Buchführung Kapitel 5 Erwerb, Verkauf und Bebauung von Grundstücken (5.2 und 5.3).

Die Inhalte des Lernfelds 13 Jahresabschlussarbeiten vornehmen und Informationen zur Unternehmenssteuerung bereitstellen findet sich im Fachteil 1 - Buchführung in den Kapiteln 7 Periodengerechte Erfolgsermittlung, 8.2 Bewertung des Anlagevermögens und 9 Gewinnverwendung und Jahresabschluss der Kapitalgesellschaften, im Fachteil 2 - Kosten- und Leistungsrechnung und im Fachteil 3 - Unternehmenskennzahlen in den Kapiteln 2 Kennzahlen zur Vermögens-, Kapital- und Ertragslage (2.3.2.2) und 3 Leistungskennzahlen (3.8).

Inhaltsverzeichnis/Gliederung

Vorwort – Benutzungshinweise 5

Allgemeiner Teil – Grundlagen

1 **Einordnung und Handlungsrahmen der Buchführung** 15
1.1 Buchführung als Bestandteil des betrieblichen Rechnungswesens 15
1.2 Gesetzlicher Rahmen und Ordnungsmäßigkeit der Buchführung 16
1.2.1 Gesetzliche Grundlagen 16
1.2.2 Grundsätze ordnungsmäßiger Buchführung (GoB) 16
1.2.2.1 Grundsatz des systematischen Aufbaus 17
1.2.2.2 Grundsatz der Vollständigkeit 17
1.2.2.3 Grundsatz der Ordnungsmäßigkeit des Belegwesens 17
1.2.2.4 Grundsatz der Klarheit 17
1.2.2.5 Grundsatz der Wahrheit 17
1.2.2.6 Grundsatz der Kontinuität 17
1.2.2.7 Grundsatz der Vorsicht 17
1.2.2.8 Grundsatz der Periodenabgrenzung 18
1.2.3 Grundsätze ordnungsmäßiger Speicherbuchführung 18
1.3 Aufbewahrungspflichten 18

2 **Inventur und Inventar** 19
2.1 Inventur 19
2.1.1 Inventurerleichterungen 19
2.1.1.1 Zeitliche Erleichterungen 19
2.1.1.2 Aufnahmeerleichterungen 20
2.2 Inventar 20

3 **Bilanz** 22

4 **Wertveränderungen von Bilanz zu Bilanz** 25
4.1 Aktivtausch 25
4.2 Passivtausch 26
4.3 Aktiv-Passiv-Mehrung 26
4.4 Aktiv-Passiv-Minderung 27

5 **Auflösung der Bilanz in Konten** 28

6 **Der Buchungssatz** 31
6.1 Der einfache Buchungssatz 31
6.2 Der zusammengesetze Buchungssatz 31

7 **Beleg – Grundbuch – Hauptbuch** 33
7.1 Belegorganisation 33
7.1.1 Belegarten 33
7.1.1.1 Urbelege 33
7.1.1.2 Ersatzbelege 33
7.1.1.3 Fremdbelege 33
7.1.1.4 Eigenbelege 33
7.1.2 Belegbearbeitung 33
7.2 Grundbuch 35
7.3 Hauptbuch 36
7.3.1 Eröffnungsbilanzkonto (EBK) 36
7.3.2 Schlussbilanzkonto (SBK) 36

8 **Weitere Buchungstechniken** 40
8.1 Umbuchungen 40
8.2 Kontokorrentprinzip 41
8.3 Korrektur-/Stornobuchungen 44

9 **Veränderungen des Eigenkapitals** 46
9.1 Betrieblich bedingte Veränderungen – der Erfolg des Unternehmens 46
9.1.1 Aufwendungen 46
9.1.2 Erträge 47
9.1.3 Erfolgskonten 48
9.1.4 Das Gewinn- und Verlustkonto (GuV-Konto) 49
9.2 Die Privatkonten 51
9.3 Ablauf der Arbeiten „von EBK zu SBK“ 52

Fachteil 1 – Buchführung

1 **Kontenorganisation in der Immobilienwirtschaft** 54
1.1 Der Kontenrahmen der Immobilienwirtschaft 54
1.1.1 Zweck eines Kontenrahmens 54
1.1.2 Aufbau: Kontenrahmen – Kontenplan 54
1.1.3 Richtlinien 54
1.1.4 Abschlussgliederungsprinzip 56
1.1.4.1 Kontenklasse 0 56
1.1.4.2 Kontenklasse 1 56
1.1.4.3 Kontenklasse 2 57
1.1.4.4 Kontenklasse 3 57
1.1.4.5 Kontenklasse 4 57
1.1.4.6 Kontenklasse 6 58
1.1.4.7 Kontenklasse 8 58
1.1.4.8 Kontenklasse 9 58
1.1.4.9 Kontenklasse 5 58
1.1.4.10 Kontenklasse 7 59
1.2 Die betriebstypischen Leistungen der Immobilienwirtschaft 59

2 **Personalkosten** 61
2.1 Aufbau einer Lohn- und Gehaltsabrechnung 61
2.1.1 Berechnungsschema 61
2.1.2 Steuerklassen 62
2.1.3 Beispiel 62
2.2 Personalkosten in der Lohn- und Gehaltsbuchhaltung 63
2.2.1 Grundsachverhalt 63
2.2.2 Vorschüsse 64
2.2.3 Vermögenswirksame Leistungen des Arbeitgebers 64
2.2.4 Gesetzliche Unfallversicherung 66
2.2.5 Aufwendungen für Altersversorgung 66
2.2.6 Aufwendungen für Unterstützung 67
2.2.7 Soziale Aufwendungen 67

3 **Hausbewirtschaftung** 68
3.1 Mieten, Zuschläge, Mietvorauszahlungen 68
3.1.1 „Sollstellung der Mieten“ 69
3.1.2 „Die Buchungsliste“ (Nebenbuchhaltung zur Hausbewirtschaftung) 69
3.1.3 Mietvorauszahlungen 70
3.1.4 Zuschläge/Gebühren 71
3.2 Erlösschmälerungen 73
3.3 Umlagen (am Beispiel der Heizkosten) 75
3.3.1 Teil I: Wärmelieferung und Aktivierung als „Noch nicht abgerechnete Betriebskosten“ 75
3.3.1.1 Sollstellung und Bezahlung der Mieten 76
3.3.1.2 Wartung der Heizungsanlagen 76
3.3.1.3 Heizölzukauf 77
3.3.1.4 a) Korrektur des Eröffnungsbestandes auf dem Konto „(170) Heizmaterial“ 77
3.3.1.5 b) Aktivierung der Wärmelieferung als „Noch nicht abgerechnete Betriebskosten“ 78
3.3.1.6 Kontendarstellung zu Umlagen Teil I 80

3.3.2 Teil II: Abrechnung der im Vorjahr gelieferten Wärme ... 81
3.3.2.1 Ermittlung und Buchung der tatsächlich angefallenen Gesamtkosten ... 81
3.3.2.2 Verrechnung mit der Gesamtsumme der geleisteten Vorauszahlungen ... 82
3.3.2.3 Erfassung der Nachzahlungsverpflichtungen der Mieter ... 82
3.3.2.4 Erfassung der Erstattungsansprüche der Mieter ... 83
3.3.2.5 Auflösung des Bestands an „Noch nicht abgerechneten Betriebskosten“ ... 84
3.3.2.6 Kontendarstellung zu Umlagen Teil II ... 86
3.3.3 Teil III: Betriebsstrom, Hauswarttätigkeit, Leerstände, Umlagenausfallwagnis ... 87
3.3.3.1 Betriebsstrom ... 88
3.3.3.2 Hauswarttätigkeit ... 88
3.3.3.3 Leerstand (vorübergehend) ... 89
3.3.3.4 Umlagenausfallwagnis (UAW) ... 90
3.4 Abschreibungen auf Mietforderungen ... 91
3.4.1 Direkte Abschreibung auf Mietforderungen ... 92
3.4.1.1 Buchung der Abschreibung ... 92
3.4.1.2 Geldeingänge noch vor dem Bilanzstichtag ... 92
3.4.1.3 Geldeingänge nach dem Bilanzstichtag ... 93
3.4.2 Wertberichtigung zu Mietforderungen ... 93
3.4.2.1 Buchung der Wertberichtigung ... 93
3.4.2.2 (Geld)Eingänge auf wertberichtigte Mietforderungen ... 94
3.4.2.3 Eine wertberichtigte Mietforderung wird uneinbringlich ... 95
3.5 Streit um Forderungen aus dem Mietverhältnis ... 96
3.5.1 Prozess um eine Mietforderung ... 96
3.5.2 Räumungsklage und Pfändung beim Mieter ... 98
3.5.3 Klage auf Zustimmung zu einer Mieterhöhung ... 99
3.5.3.1 Variante 1: Das Immobilienunternehmen gewinnt den Prozess (vollständig) ... 100
3.5.3.2 Variante 2: Das Immobilienunternehmen verliert den Prozess (zum Teil) ... 100
3.6 Instandhaltung, Instandsetzung, Modernisierung ... 104
3.6.1 Instandhaltung – Instandsetzung ... 104
3.6.1.1 Instandhaltungsaufwand, der vom Immobilienunternehmen zu tragen ist ... 104
3.6.1.1.1 Bestandsintensive Erfassung von Reparaturmaterial ... 105
3.6.1.1.2 Aufwandsnahe Erfassung von Reparaturmaterial ... 105
3.6.1.1.3 Rabatte ... 107
3.6.1.1.4 Skonti ... 107
3.6.1.1.5 Mängel ... 107
3.6.1.1.6 Inventurdifferenzen ... 107
3.6.1.2 Instandhaltung, deren Kosten von der Versicherung zu erstatten sind (Versicherungsschäden) ... 109
3.6.2 Modernisierung ... 110
3.6.3 „Bauabzugsteuer“ ... 110
3.7 Die Umsatzsteuer in der Immobilienwirtschaft ... 111
3.7.1 Das System der Mehrwertsteuer ... 111
3.7.2 Buchung von Umsatzsteuer und Vorsteuer ... 113
3.8 Die Umsatzsteuer in der Hausbewirtschaftung ... 116
3.8.1 Umsatzsteuerfreie – umsatzsteuerpflichtige Umsätze ... 116
3.8.1.1 Ausschließlich umsatzsteuerfreie Umsätze ... 116
3.8.1.2 Ausschließlich umsatzsteuerpflichtige Umsätze ... 117
3.8.1.3 Sowohl umsatzsteuerfreie als auch umsatzsteuerpflichtige Umsätze ... 117
3.8.1.4 Option zur Umsatzsteuer ... 118
3.8.2 Abziehbare Vorsteuer ... 119
3.8.2.1 „objektorientierter“ Schlüssel für die Aufteilung der Vorsteuer ... 119
3.8.2.2 „unternehmensbezogener“ Schlüssel für die Aufteilung der Vorsteuer ... 120
3.8.3 Umlagen ... 121

3.8.3.1 Teil 1: Wärmelieferung und Aktivierung als „Noch nicht abgerechnete Betriebskosten“ ... 122
3.8.3.2 Teil 2: Abrechnung der im Vorjahr gelieferten Wärme ... 124
3.8.3.3 Ermittlung der auf die Muster umzulegenden Betriebskosten ... 126
3.8.4 Lohnt die Option zur Umsatzsteuer? ... 127

4 Finanzierungsmittel ... 128
4.1 Gliederung der Kreditarten ... 128
4.1.1 Objektfinanzierungsmittel ... 128
4.1.2 Unternehmensfinanzierungsmittel ... 128
4.1.3 Grundstücksankaufskredite (GAK) ... 129
4.1.4 Bauzwischenkredite ... 129
4.2 Tilgungsrechnung (Annuitätendarlehen) ... 129
4.3 Buchungstechnik ... 131
4.3.1 „Zahlung ... im Nachhinein“ (Ausgangsbeispiel) ... 131
4.3.2 „Zahlung ... im Voraus“ ... 132

5 Erwerb, Verkauf und Bebauung von Grundstücken ... 134
5.1 Erwerb, Bewirtschaftung und Verkauf unbebauter Grundstücke ... 134
5.1.1 Grundstückserwerb ... 134
5.1.1.1 Anzahlungen ... 134
5.1.1.2 (wirtschaftlicher) Eigentumsübergang ... 135
5.1.1.3 Grundstücksankaufskredit ... 135
5.1.2 Bewirtschaftung ... 136
5.1.2.1 (laufende) Aufwendungen und Erträge ... 136
5.1.2.2 Primärkosten ... 137
5.1.3 Verkauf unbebauter Grundstücke ... 137
5.1.3.1 Anlagevermögen ... 137
5.1.3.2 Umlaufvermögen ... 138
5.1.4 Übersicht: Erwerb, Bewirtschaftung und Verkauf von unbebauten Grundstücken ... 139
5.2 Erfassung der Herstellungskosten ... 140
5.2.1 Kostengliederung ... 140
5.2.1.1 Kosten des Baugrundstücks ... 140
5.2.1.2 Kosten der Erschließung ... 141
5.2.1.3 Kosten des Bauwerks ... 141
5.2.1.4 Kosten des Geräts ... 141
5.2.1.5 Kosten der Außenanlagen ... 141
5.2.1.6 Kosten der zusätzlichen Maßnahmen ... 141
5.2.1.7 Baunebenkosten ... 141
5.2.1.8 Übersicht zu: Gliederung der Herstellungskosten ... 142
5.2.2 Prüfung und Bezahlung von Rechnungen ... 143
5.2.2.1 Rechnungsprüfung ... 143
5.2.2.2 Bezahlung von Rechnungen (Buchungstechnik) ... 144
5.3 Bauvorbereitung und Bebauung von Objekten des Anlagevermögens ... 145
5.3.1 Bauvorbereitung ... 145
5.3.2 Bebauung des Objekts ... 146
5.3.2.1 Baubeginn – differenzierte Erfassung der Kosten in der Kontenklasse 7 ... 146
5.3.2.2 Fremdkosten (Kosten für Leistungen Dritter), die nicht nach dem Primärkosten(ausweis)prinzip erfasst werden ... 146
5.3.2.3 Aktivierung der Eigenleistungen des Immobilienunternehmens – Primärkosten(ausweis)prinzip ... 148
5.3.2.4 Aktivierung der Fremdkapitalzinsen (nach dem Primärkosten(ausweis)prinzip gebuchte Fremdkosten) ... 150
5.3.2.5 Aktivierung der Grundsteuer (nach dem Primärkosten(ausweis)prinzip gebuchte Fremdkosten) ... 150
5.3.3 Bilanzierung des Objekts (Bilanzstichtag/Fertigstellung) ... 151
5.3.3.1 Das Objekt ist zum Bilanzstichtag noch nicht fertig gestellt ... 151
5.3.3.2 Das Objekt ist (bis zum Bilanzstichtag) fertig gestellt ... 151

5.4 Bauvorbereitung, Bautätigkeit und Verkauf von Objekten des Umlaufvermögens ... 152
5.4.1 Variante 1: Untergliederung der Herstellungskosten in der Kontengruppe 81 ... 153
5.4.1.1 Bauvorbereitung ... 154
5.4.1.2 Baubeginn – differenzierte Erfassung der Kosten in der Kontengruppe 81 ... 155
5.4.1.3 Fremdkosten (Kosten für Leistungen Dritter), die nicht nach dem Primärkosten(ausweis)prinzip erfasst werden ... 156
5.4.1.4 Aktivierung der Grundstücks (Bilanzstichtag/Fertigstellung) ... 157
5.4.1.5 Aktivierung der Fremdkosten, die nicht nach dem Primärkosten(ausweis)prinzip erfasst wurden ... 157
5.4.1.6 Aktivierung der Eigenleistungen des Immobilienunternehmens – Primärkosten(ausweis)prinzip ... 157
5.4.1.7 Aktivierung der Fremdkapitalzinsen nach dem Primärkosten(ausweis)prinzip gebuchte Fremdkosten ... 158
5.4.1.8 Aktivierung der Grundsteuer nach dem Primärkosten(ausweis)prinzip gebuchte Fremdkosten ... 158
5.4.1.9 Umbuchung der Bauvorbereitungskosten aus dem Vorjahr ... 159
5.4.2 Variante 2: Untergliederung der Herstellungskosten außerhalb der Konten ... 165
5.4.2.1 Bauvorbereitung ... 166
5.4.2.2 Baubeginn ... 167
5.4.2.3 Fremdkosten (Kosten für Leistungen Dritter), die nicht nach dem Primärkosten(ausweis)prinzip erfasst werden ... 168
5.4.2.4 Aktivierung der Grundstücks (Bilanzstichtag/Fertigstellung) ... 169
5.4.2.5 Aktivierung der Fremdkosten, die nicht nach dem Primärkosten(ausweis)prinzip erfasst wurden ... 169
5.4.2.6 Aktivierung der Eigenleistungen des Immobilienunternehmens – Primärkosten(ausweis)prinzip ... 169
5.4.2.7 Aktivierung der Fremdkapitalzinsen (nach dem Primärkosten(ausweis)prinzip gebuchte Fremdkosten) ... 170
5.4.2.8 Aktivierung der Grundsteuer (nach dem Primärkosten(ausweis)prinzip gebuchte Fremdkosten) ... 170
5.4.2.9 Umbuchung der Bauvorbereitungskosten aus dem Vorjahr ... 172
5.5 Die Umsatzsteuer in der Bautätigkeit ... 181
5.5.1 Errichtung von Gebäuden zu Wohnzwecken ... 181
5.5.2 Errichtung von Gebäuden zum Zwecke der Vermietung an Unternehmer oder für die eigengewerbliche bzw. eigenberufliche Nutzung ... 181
5.5.3 Vorsteuerabzug bei Errichtung eines zum Verkauf vorgesehenen Gebäudes (UV) ... 184
5.5.4 Vorsteuerabzug bei Erwerb eines Gebäudes zum Zwecke der Vermietung oder der eigengewerblichen bzw. eigenberuflichen Nutzung bzw. der Veräußerung ... 186
5.5.5 Berichtigung des Vorsteuerabzuges ... 186

6 Betreuungstätigkeit ... 187
6.1 Die Baubetreuung als Dienstleistung der Immobilienwirtschaft ... 187
6.2 Fremdkosten für die Baubetreuung ... 187
6.3 Eigenleistungen für die Baubetreuung ... 188
6.4 Betreuungsgebühr und Betreuungsgebührenraten ... 188
6.5 Betreuungstätigkeit und Umsatzsteuer ... 188
6.6 Betreuungsbankkonto ... 189
6.7 Buchmäßige Erfassung einer Baubetreuung über mehrere Jahre ... 189

7 Periodengerechte Erfolgsermittlung ... 195
7.1 Zeitliche Abgrenzung von Aufwendungen und Erträgen ... 195
7.1.1 Zahlungen vor dem Bilanzstichtag (Rechnungsabgrenzungsposten) ... 195
7.1.1.1 Aktive Rechnungsabgrenzung ... 196

7.1.1.2 Passive Rechnungsabgrenzung ... 197
7.1.2 Zahlungen nach dem Bilanzstichtag (Forderungen aus aufgelaufenen Erträgen und Verbindlichkeiten aus aufgelaufenen Aufwendungen) ... 198
7.1.2.1 Forderungen aus ausgelaufenen Erträgen ... 199
7.1.2.2 Verbindlichkeiten aus aufgelaufenen Aufwendungen ... 200
7.2 Rückstellungen ... 201
7.2.1 Rückstellungen für Pensionen und ähnliche Verpflichtungen ... 205
7.2.2 Steuerrückstellungen ... 207
7.2.3 Rückstellungen für Bauinstandhaltung ... 208
7.2.4 Sonstige Rückstellungen ... 211
7.3 Übersicht ... 214

8 Bewertung von Vermögensteilen und Schulden ... 215
8.1 Allgemeine Bilanzierungs- und Bewertungsgrundsätze ... 215
8.2 Bewertung des Anlagevermögens ... 218
8.2.1 Planmäßige Abschreibungen auf das Anlagevermögen ... 218
8.2.1.1 Abschreibungsmethoden ... 219
8.2.1.2 Besonderheiten im Jahr der Anschaffung „bzw. des Ausscheidens“ eines Wirtschaftsgutes ... 221
8.2.1.3 Besonderheiten der Abschreibung auf Gebäude ... 223
8.2.1.4 Abschreibung geringwertiger Wirtschaftsgüter ... 225
8.2.1.5 Buchung der Abschreibungen ... 226
8.2.2 Außerplanmäßige Abschreibungen auf das Anlagevermögen ... 227
8.2.3 Ausscheiden von Anlagegütern ... 228
8.3 Bewertung des Umlaufvermögens ... 230
8.3.1 Bewertung der Vorräte ... 231
8.3.2 Bewertung der Forderungen ... 231
8.3.3 Bewertung der Wertpapiere des Umlaufvermögens ... 236

9 Gewinnverwendung und Jahresabschluss der Kapitalgesellschaften ... 236
9.1 Rücklagen ... 236
9.1.1 Kapitalrücklagen ... 237
9.1.2 Gewinnrücklagen/Ergebnisrücklagen ... 237
9.2 Buchung des Jahresabschlusses bei Kapitalgesellschaften ... 239
9.3 Aufstellung des Jahresabschlusses bei Kapitalgesellschaften ... 240
9.4 Verwendung des Bilanzgewinnes ... 246
9.5 Der Jahresabschluss nach HGB ... 247

Fachteil 2 – Kosten- und Leistungsrechnung ... 257

1 Grundlagen ... 257
1.1 Aufgabe der Kosten und Leistungsrechnung ... 257
1.2 Grundsätze der Kosten- und Leistungsrechnung ... 258
1.3 Grundbegriffe der Kostenrechnung ... 259

2 Vollkostenrechnung ... 251
2.1 Kostenartenrechnung ... 263
2.2 Kostenstellenrechnung ... 264
2.3 Kostenträgerrechnung ... 268
2.4 Erfolgsrechnung auf Vollkostenbasis ... 269

3 Teilkostenrechnung (Deckungsbeitragsrechnung) ... 270
3.1 Deckungsbeitragsrechnung ... 271
3.2 Gewinnschwellenanalyse (Break-even-Analyse) ... 272
3.3 Preisuntergrenze ... 273

Fachteil 3: Unternehmenskennzahlen ... 275

1 Definition und Aufgabe von Kennzahlen ... 275

2 Kennzahlen zur Vermögens-, Kapital- und Ertragslage ... 276
2.1 Kennzahlen zur Vermögensstruktur ... 276
2.1.1 Anlagenintensität/(-quote) ... 277

2.1.2 Umlaufintensität/(-quote) ... 277
2.2 Kennzahlen zur Kapitalstruktur ... 278
2.2.1 Eigenmittelquote(/Eigenkapitalanteil) ... 278
2.2.2 Fremdkapitalanteil(/-quote) [Anspannungskoeffizient] ... 278
2.2.3 Fremdkapitalkostensatz ... 278
2.2.4 (statischer) Verschuldungsgrad(/-koeffizient) ... 278
2.3 Kennzahlen zur Liquidität ... 279
2.3.1 Liquiditätsgrad 1 – 3 ... 279
2.3.2 Deckungsgrade I + II (A + B) – Kapitalverwendung (Investierung) ... 279
2.3.2.1 Anlageneckungsgrad A (I) ... 279
2.3.2.2 Deckungsgrad B (II) ... 280
2.4 Kennzahlen zur (Unternehmens-)Rentabilität ... 280
2.4.1 Eigenmittel(/-kapital)rentabilität ... 280
2.4.2 Gesamtkapitalrentabilität ... 280
2.4.3 Umsatzrentabilität ... 281
2.4.4 Return of Investment (ROI) ... 281

3 Leistungskennzahlen ... 281
3.1 durchschnittliche Sollmiete (für Wohnungen) ... 281
3.2 durchschnittliche Mieterlöse (für Wohnungen) ... 282
3.3 Leerstandsquote ... 282
3.4 Fluktuationsquote ... 282
3.5 Mietenmultiplikator ... 282
3.6 Kapitaldienstdeckung (/-anteilsquote) ... 282
3.7 Zinsdeckung (/-anteilsquote) ... 283
3.8 Cashflow ... 283
3.9 Tilgungskraft ... 284

Übungsteil 1: Buchführung

1 Zu den einzelnen Kapiteln/Abschnitten ... 285

2 Kapitel-/Abschnittsübergreifende Übungen zur Wiederholung und Vertiefung ... 355

Übungsteil 2: Kosten- und Leistungsrechnung ... 405

Übungsteil 3: Unternehmenskennziffern ... 406

Anhang

Ergänzung Nr. 1 „Bauabzugssteuer“ ... 407
Ergänzung Nr. 2 Nicht realisierbare Bauplanungen ... 411
Ergänzung Nr. 3 Umbuchungen nach Abschluss der Kontenklasse 7 ... 412
Ergänzung Nr. 4 Erschließung von Grundstücken des Anlage- und Umlaufvermögens ... 413
Ergänzung Nr. 5 Bauvorbereitung ... und Verkauf von Grundstücken des Umlaufvermögens ... 421
Ergänzung Nr. 6 Sonstige Rückstellungen ... 422

Sachwortverzeichnis ... 423

Allgemeiner Teil – Grundlagen

1 Einordnung und Handlungsrahmen der Buchführung

1.1 Buchführung als Bestandteil des betrieblichen Rechnungswesens

Das **betriebliche Rechnungswesen** umfasst alle Maßnahmen und Verfahren zur systematischen Erfassung, Darstellung, Auswertung und Planung des betrieblichen Geschehens. Es spiegelt damit den Aufbau und Ablauf der betrieblichen Prozesse wider. Mit seiner Hilfe lässt sich der Betrieb in Hinsicht auf Wirtschaftlichkeit und Rentabilität durchleuchten und überwachen.

Im Einzelnen hat das **Rechnungswesen** folgende **Hauptaufgaben** zu erfüllen:

- **Dokumentationsaufgabe:** Ermittlung des Vermögens, Kapitals und Gesamterfolges des Unternehmens sowie des eigentlichen betrieblichen Ergebnisses durch zeitlich und sachlich geordnete Aufzeichnungen aller Geschäftsvorfälle.
- **Informationsaufgabe:** Jährliche Rechenschaftslegung und Information der Anteilseigner (Aktionäre, Gesellschafter, Genossen), der Finanzverwaltung, der Gläubiger und Kreditgeber und anderer Interessengruppen.
- **Kontrollaufgabe:** Überwachung der Wirtschaftlichkeit und Rentabilität.
- **Bereitstellung von Zahlenmaterial:** als Grundlage für alle unternehmerischen Planungen und Entscheidungen.

Das betriebliche **Rechnungswesen** gliedert sich in **vier** eng miteinander verzahnte **Bereiche.** Dies sind

- die Buchführung,
- die Kosten- und Leistungsrechnung,
- die Statistik und
- die Planungsrechnung.

Die **Buchführung** hat die **Aufgabe,**

- die in einer Unternehmung vorkommenden **Geschäftsfälle** planmäßig und lückenlos nach zeitlichen und sachlichen Gesichtspunkten **aufzuzeichnen,**
- **Vermögens- und Schuldwerte** der Unternehmung zu einem bestimmten Zeitpunkt **darzustellen** und
- den **Erfolg** der Unternehmung für einen bestimmten Zeitabschnitt zu **ermitteln.**

Ein **Geschäftsfall** ist ein betriebliches Geschehen (Sachverhalt), das unmittelbar mit einer Wertbewegung verbunden ist. Es sollte möglichst zeitnah erfasst werden.

In dieser Form liefert die Buchführung (bzw. die Auswertung des entsprechenden Zahlenmaterials) die Grundlage oder zumindest wesentliche Teile davon für die übrigen Teile des Rechnungswesens.

Die **Kosten- und Leistungsrechnung** ermittelt auf Grundlage der Zahlen der Buchführung die Kosten für die erzeugten Produkte und Dienstleistungen. Sie dient so auch der Preisbildung und Preiskontrolle (**Zeit- und Stückrechnung**).

Die **Betriebsstatistik** bereitet die Zahlen der Buchführung und der Kostenrechnung, ergänzt durch eigene Erhebungen, zu Kennzahlen, Tabellen und grafischen Darstellungen auf. Ihre Ergebnisse dienen der Wirtschaftlichkeits-, Produktivitäts- und Rentabilitätskontrolle (**Vergleichsrechnung**).

Die **Planungsrechnung** ist eine auf den Zahlen der Vergangenheit basierende Vorschau auf die Kosten und Leistungen kommender Perioden. Sie ermöglicht das rechtzeitige Erkennen und Beseitigen auftretender Probleme (**Vorschaurechnung**).

1.2 Gesetzlicher Rahmen und Ordnungsmäßigkeit der Buchführung

1.2.1 Gesetzliche Grundlagen

Die Buchführung dient nicht nur der Selbstinformation. Sie ist auf der Grundlage handels- und steuerrechtlicher Vorschriften, wenn auch eingeschränkt, Quelle für außerbetriebliche Interessenten.

Für Außenstehende erfüllt die **Buchführung** u. a. folgende **Funktionen**:

- Grundlage für die **Beurteilung der Kreditwürdigkeit** durch Gläubiger (z. B. Kreditinstitute)
- Lieferung der **Grunddaten für die Besteuerung** (Finanzamt, Steuerämter der Gemeinden, Zollämter)
- Lieferung beweiskräftiger **Unterlagen im Falle von Rechtsstreitigkeiten** mit Kunden, Gläubigern und Behörden (z. B. Finanzamt)
- **Informationsquelle für Gesellschafter**
- **Unterrichtung der Öffentlichkeit** (Kapitalgesellschaften müssen ihren Jahresabschluss im Bundesanzeiger veröffentlichen)

Deshalb überlässt es der Staat auch nicht den wirtschaftlich Handelnden, ob sie Bücher führen. Er hat weitreichende **handels- und steuerrechtliche Vorschriften** erlassen, **die Führung und Gestaltung der Buchführung regeln.**

Das **Handelsrecht** ist hauptsächlich am **Gläubigerschutz** orientiert. Das **Handelsgesetzbuch (HGB)** verpflichtet in § 238 Abs. 1 den Kaufmann insbesondere **unter diesem Aspekt** zur Führung von Büchern.

„§ 238 HGB (**Buchführungspflicht**)

(1) Jeder Kaufmann ist verpflichtet, Bücher zu führen und in diesen seine Handelsgeschäfte und die Lage seines Vermögens nach den Grundsätzen ordnungsmäßiger Buchführung ersichtlich zu machen. Die Buchführung muss so beschaffen sein, dass sie einem sachverständigen Dritten innerhalb angemessener Zeit einen Überblick über die Geschäftsvorfälle und über die Lage des Unternehmens vermitteln kann. ...“

Kaufmann ist auch jede in Form einer Kapitalgesellschaft (AG oder GmbH) oder Genossenschaft geführte Wohnungsunternehmung.

Durch das **Steuerrecht** will der **Staat sicherstellen, dass ihm** die für seine Aufgaben notwendigen **Geldmittel zufließen.**

Die **Abgabenordnung (AO)** regelt die steuerliche Buchführungspflicht. Nach § 140 AO ist z. B. jeder der handelsrechtlich verpflichtet ist Bücher zu führen, auch steuerrechtlich dazu verpflichtet. Darüber hinaus ist nach § 141 AO auch der Minderkaufmann zur Buchführung verpflichtet, wenn die Umsätze jährlich mehr als 500.000,00 € oder das Betriebsvermögen mehr als 125.000,00 € oder Gewinne jährlich mehr als 36.000,00 € betragen.

1.2.2 Grundsätze ordnungsmäßiger Buchführung (GoB)

Die GoB beinhalten **Regeln für** die formelle und materielle **Ausgestaltung von Buchführung und Jahresabschluss.**

Die **GoB** beruhen im Einzelnen auf den Vorschriften des Handels- und Steuerrechts auf der althergebrachten kaufmännischen Praxis, auf den staatlichen Gesetzen und Verordnungen, auf der Rechtsprechung, auf Empfehlungen und Gutachten von Wirtschaftsverbänden und auf wissenschaftlichen Veröffentlichungen.

Nach dem HGB (§§ 238 ff.) und der AO (§§ 145 ff.) ist eine **Buchführung** dann **ordnungsgemäß**, wenn sie

einem sachkundigen Dritten (Wirtschaftsprüfer, Betriebsprüfer des Finanzamtes, etc.) **in angemessener Zeit** einen **Überlick über** die **Geschäftsfälle** und die **Lage des Unternehmens** vermitteln kann.

Sie muss allgemein anerkannten und sachgerechten Normen entsprechen.

Insbesondere sind die folgenden **Grundsätze** zu beachten:

1.2.2.1 Grundsatz des systematischen Aufbaus

Die Buchführung muss materiell richtig, **übersichtlich**, zeitgerecht und **geordnet** sein.

1.2.2.2 Grundsatz der Vollständigkeit

- **Alle Geschäftsfälle** sind **einzeln und lückenlos aufzuzeichnen**.
- Es dürfen keine Vermögens- mit Schuldwerten, keine Aufwendungen mit Erträgen und keine Grundstücksrechte mit Grundstückslasten verrechnet werden.
- Der Jahresabschluss muss alle Vermögensgegenstände, Schulden, Aufwendungen und Erträge enthalten.

1.2.2.3 Grundsatz der Ordnungsmäßigkeit des Belegwesens

- Es darf **keine Buchung ohne Beleg** erfolgen.
- Die Belege müssen rechnerisch und mit einem zum Verständnis ausreichenden Text versehen sein. Die Belege müssen auf die Buchung, und die Buchungen müssen auf die Belege verweisen.
- Es dürfen auf den Belegen und in den Büchern **keine nachträglichen Korrekturen** vorgenommen werden.
- Die gesetzlichen **Aufbewahrungsfristen** müssen **eingehalten** werden. (Nach § 257 HGB und § 147 AO müssen Handelsbriefe und Buchungsbelege 6 Jahre, Handelsbücher, Inventare und Bilanzen 10 Jahre aufbewahrt werden.)

1.2.2.4 Grundsatz der Klarheit

Die **formalen Gliederungs- und Gestaltungsgrundsätze** betreffen **z. B.** die Gliederung und Bezeichnung von Posten und die Ausweisformen für **Bilanz (Kontenform)** und **Gewinn- und Verlustrechnung (Staffelform)**.

1.2.2.5 Grundsatz der Wahrheit

Die Buchführung muss die **Vermögenslage richtig darstellen**. Bei Kapitalgesellschaften und Genossenschaften muss sie zusätzlich ein den tatsächlichen Verhältnissen entsprechendes Bild der Finanz- und Ertragslage geben.

1.2.2.6 Grundsatz der Kontinuität

Die Buchführung muss formelle (**Gliederung der Bilanz**) und materielle (**Bewertungsgrundsätze** etc.) **Kontinuität** aufweisen.

1.2.2.7 Grundsatz der Vorsicht

- Die **Vermögenswerte** müssen **nach** dem **Niederstwertprinzip** und die **Schuldwerte nach** dem **Höchstwertprinzip** angesetzt werden.
- Nicht realisierte Gewinne dürfen nicht, realisierte Verluste müssen dagegen angesetzt werden.

- Vermögensgegenstände dürfen höchstens zu den Anschaffungs- bzw. Herstellungskosten angesetzt werden (§ 255 Abs. 1 und 2 HGB).

1.2.2.8 Grundsatz der Periodenabgrenzung

Alle **Buchungen** sollen **für den Abrechnungszeitraum** durchgeführt werden, **zu dem sie wirtschaftlich gehören.**

1.2.3 Grundsätze ordnungsmäßiger Speicherbuchführung(GoS)

Zusätzlich zu den GoB wurden auch noch die „Grundsätze ordnungsmäßiger Speicherbuchführung" (GoS) erstellt. Dies ist erforderlich gewesen, denn nach § 146 Abs. 5 AO können die nach steuerlichen Vorschriften zu führenden Bücher sowie die sonst erforderlichen Aufzeichnungen auch auf Datenträgern geführt und aufbewahrt werden. Als Datenträger im Sinne dieser Vorschrift kommen in erster Linie nur die maschinell lesbaren Datenträger (z. B. Magnetband, Magnetplatte, Diskette, etc.) in Betracht. Mit der GoS sollen die allgemeinen GoB-Vorschriften insbesondere für den Bereich der Speicherbuchführung ergänzt werden.

Die GoS-Vorschriften regeln folgende Bereiche: Belegaufbereitung und Belegfunktion; Buchung; Kontrolle und Abstimmung; Datensicherung; Dokumentation und Nachprüfbarkeit; Aufbewahrung und Sicherung der Datenträger und die Wiedergabe der auf Datenträger geführten Unterlagen.

1.3 Aufbewahrungspflichten

Aufbewahrungspflichten für die Buchführungsunterlagen gibt es nach Handels- und Steuerrecht.

Nach § 257 Abs. 1 und 4 HGB sind Buchungsbelege, Handelsbücher, Inventare, Eröffnungsbilanzen und Jahresabschlüsse und Buchungsbelege 10 Jahre aufzubewahren. Handelsbriefe sind 6 Jahre aufzubewahren.

Da das Handelsrecht nur Kaufleute betrifft, regelt die **AO** die Aufbewahrungspflichten auch für die übrigen Buchführungspflichtigen. Die AO bestimmt in § 147 Abs. 1 AO weiter, dass neben den in § 257 Abs. 1 HGB genannten Buchführungsunterlagen auch die sonstigen für die Besteuerung bedeutsamen Unterlagen aufzubewahren sind.

Die **Aufbewahrungspflicht beginnt** handelsrechtlich und steuerrechtlich mit dem Schluss des Kalenderjahres, in dem die letzte Eintragung in das Buch gemacht, das Inventar aufgestellt, der Jahresabschluss festgestellt, der Handelsbrief empfangen oder abgesandt oder der Buchungsbeleg entstanden ist, sowie die sonstigen Unterlagen zustande gekommen sind. Sie **endet** grundsätzlich mit Ablauf der jeweiligen Aufbewahrungsfrist am Schluss des Kalenderjahres.

2 Inventur und Inventar

§ 240 HGB verpflichtet jeden Kaufmann, **zu Beginn seines Handelsgewerbes** und **danach zum Schluss eines jeden Geschäftsjahres** ein **Inventar** aufzustellen. Im Inventar müssen die Grundstücke, die Forderungen und Schulden, das Bargeld und die sonstigen Vermögensgegenstände nach Art, Menge und Wert verzeichnet sein. Es ist aus diesem Grund oft sehr umfangreich.

2.1 Inventur

Voraussetzung für die Aufstellung eines **Inventars** ist die Durchführung einer Inventur.

Die Inventur ist die mengen- und wertmäßige Erfassung des Vermögens und der Schulden einer Unternehmung **zu einem bestimmten Zeitpunkt.**

Es werden **zwei Arten** von Bestandsaufnahme unterschieden:

1. **körperliche** Bestandsaufnahme durch Zählen (z. B. Bargeld), Messen, Wiegen, Schätzen und Bewerten (z. B. Warenvorräte).
2. **nichtkörperliche** Bestandsaufnahme (Buchinventur) – Vermögensteile (wie z. B. Forderungen) und Verbindlichkeiten werden aus Belegen ermittelt und bewertet.

Stichtagsinventur

Die Inventur zum Bilanzstichtag muss am oder zeitnah (bis zu 10 Tagen) vor oder nach dem Bilanzstichtag erfolgen. Bestandsveränderungen zwischen Bestandsaufnahme und Bilanzstichtag müssen berücksichtigt werden.

2.1.1 Inventurerleichterungen

In vielen Unternehmen wäre die Stichtagsinventur mit einem zu hohen Aufwand verbunden und könnte die Produktion und Lieferbereitschaft erheblich einschränken. Aus diesem Grund gewährt der Gesetzgeber eine Reihe von Erleichterungen.

2.1.1.1 Zeitliche Erleichterungen

Bei der **permanenten Inventur** kann die körperliche Bestandsaufnahme **über das ganze Geschäftsjahr verteilt** werden. Voraussetzung dafür ist, dass genaue Aufzeichnungen über die Bestände und Zu- und Abgänge nach Tag, Art und Menge gemacht werden. Weiter muss sichergestellt sein, dass **jeder Inventarposten einmal im Jahr vollständig erfasst** wird. Ausgenommen von der permanenten Inventur sind besonders wertvolle Wirtschaftsgüter. Da die Immobilienunternehmen meist ein relativ geringes Vorratsvermögen besitzen, ist die permanente Inventur kaum von Bedeutung.

Eine Inventur kann auch zu einem Zeitpunkt innerhalb der letzten drei Monate vor oder zwei Monate nach dem Bilanzstichtag erfolgen. Bei dieser **zeitlich verlegten Inventur** müssen die **Inventarposten nur wertmäßig vor- oder zurückgerechnet** werden. Auch von der zeitlich verlegten Inventur sind die besonders wertvollen Wirtschaftsgüter ausgenommen.

2.1.1.2 Aufnahmeerleichterungen

Werden anerkannte mathematisch-statistische Methoden angewandt, darf das Inventar auch auf Grundlage einer auf einer Zufallsauswahl beruhenden Stichprobeninventur aufgestellt werden. Voraussetzung ist eine exakte Bestandsführung.

Weiterhin erlaubt das HGB unter bestimmten Voraussetzungen eine **Festwert- und Gruppenbildung**.

2.2 Inventar

Die **Ergebnisse der Inventur** (körperliche Bestandsaufnahme und Buchinventur) werden im Inventar zusammengefasst.

Das **Inventar** ist ein **ausführlich gegliedertes Verzeichnis in Staffelform**, das alle Vermögensteile und Schulden nach Art, Menge und Wert enthält.

Das Inventar **gliedert sich in**

A. Vermögenswerte
B. Schuldwerte (Fremdkapital)
C. Reinvermögen (Eigenkapital)

Die **Vermögenswerte** werden **nach**

- ihrem **Liquiditätsgrad** (ihrer „Flüssigkeit“) **geordnet** und
- der ihnen zugedachten Aufgabe im Unternehmen **in Anlagevermögen und Umlaufvermögen unterteilt.**

Die Gegenstände des **Anlagevermögens** sind dazu bestimmt, dem Unternehmen längerfristig zu dienen. In den Unternehmen der Immobilienwirtschaft sind das insbesondere die mit Mietwohnhäusern und Verwaltungsgebäuden bebauten Grundstücke (sowie die noch unbebauten, aber zur Bebauung mit Mietwohnhäusern und Verwaltungsgebäuden vorgesehenen Grundstücke), aber auch (soweit vorhanden) die Maschinen (Baumaschinen, etc.) und die Geschäftsausstattung (mit dem Fuhrpark).

Die Gegenstände des **Umlaufvermögens** sind nur zu einer vorübergehenden Nutzung für das Unternehmen bestimmt. In den Unternehmen der Immobilienwirtschaft sind das insbesondere die Vorratsgrundstücke (mit Eigenheimen und Eigentumswohnungen bebaute Grundstücke und noch unbebaute, aber zur Bebauung mit Eigenheimen und Eigentumswohnungen vorgesehene Grundstücke), die Vorräte an Heiz- und Reparaturmaterial, die Forderungen (aus Vermietung, aus Grundstücksverkäufen, aus sonstigen Lieferungen und Leistungen) und die Barmittel (Bankguthaben und der Kassenbestand).

Die **Schuldwerte** werden im Inventar **in langfristige** (z. B. Darlehen) **und kurzfristige** (z. B. Verbindlichkeiten – noch nicht bezahlte Rechnungen) Schulden **unterteilt.**

Das **Reinvermögen** (Eigenkapital) ist der **Unterschiedsbetrag zwischen Vermögens- und Schuldwerten.**

A.	Vermögenswerte
– B.	Schuldwerte
= C.	Reinvermögen (Eigenkapital)

Das **Eigenkapital wird nur rechnerisch ermittelt,** um darzustellen, welcher Anteil des gesamten Vermögens ‚aus eigener Tasche‘ finanziert wurde. Es lässt sich aber nicht ersehen, um welche Vermögensgegenstände es sich dabei im Einzelnen jeweils handelt.

Das Inventar muss zehn Jahre lang aufbewahrt werden (§ 257 HGB).

Inventar der Wohnungsbaugesellschaft Berlin – Bochum

Inhaber Franz Martin, zum 31.12.19...

	€	€
A. Vermögen		
I. Anlagevermögen		
1. Grundstücke mit Wohnbauten		
Gebäude Müllerstr. 32	400.000,00	
Gebäude Müllerstr. 34	280.000,00	
Gebäude Müllerstr. 35	720.000,00	1.400.000,00
2. Grundstücke mit Geschäftsbauten		500.000,00
3. Grundstücke ohne Bauten		180.000,00
4. Geschäftsausstattung		
Büromöbel lt. besonderem Verzeichnis	80.000,00	
Computer lt. besonderem Verzeichnis	35.000,00	
BMW 520i	24.000,00	139.000,00
II. Umlaufvermögen		
1. Vorräte		
Heizöl	5.000,00	
Reparaturmaterial	8.000,00	13.000,00
2. Forderungen		
Forderungen aus Vermietung	12.000,00	
Forderungen aus Grundstücksverkäufen	240.000,00	252.000,00
3. Kassenbestand		525,00
4. Guthaben bei Kreditinstituten		
Postbank	1.200,00	
Sparkasse	18.475,00	19.675,00
Summe des Vermögens		**2.504.200,00**
B. Schulden		
I. Langfristige Schulden		
1. Hypothekenschulden	800.000,00	
2. Darlehen Sparkasse	240.000,00	1.040.000,00
II. Kurzfristige Schulden		
1. Verbindlichkeiten aus Instandhaltung	12.500,00	
2. Verbindlichkeiten aus Steuern	24.000,00	36.500,00
Summe der Schulden		**1.076.500,00**
C. Ermittlung des Reinvermögens		
Summe des Vermögens		2.504.200,00
– Summe der Schulden		– 1.076.500,00
= **Reinvermögen (Eigenkapital)**		**1.427.700,00**

3 Bilanz

Jeder Kaufmann muss zu Beginn seiner Geschäftstätigkeit und **zum Ende eines jeden Geschäftsjahres** neben dem Inventar auch eine Eröffnungsbilanz bzw. eine **Schlussbilanz** aufstellen.

Für die Kapitalgesellschaften und Genossenschaften gibt es im **HGB Bestimmungen für die Gliederung der Bilanz.** In einigen Wirtschaftszweigen, so auch in der **Immobilienwirtschaft,** wurden diese gesetzlichen Vorschriften **zusätzlich** durch eine **Formblattverordnung** ergänzt.

Einzelunternehmungen und Personengesellschaften sind bei der Gliederung der Bilanz an keine besonderen Vorschriften gebunden.

Generell gilt jedoch nach den §§ 243-247 HGB,

- dass die Bilanz nach den Grundsätzen ordnungsmäßiger Buchführung aufzustellen ist,
- dass sie innerhalb einer angemessenen Frist nach dem Stichtag aufzustellen ist,
- dass sie in deutscher Sprache und in EURO aufgestellt werden muss,
- dass sie klar und übersichtlich zu sein hat und
- dass sie vom Kaufmann unter Angabe des Datums unterschrieben werden muss.

In der Praxis orientieren sich auch die Einzelunternehmungen und Personengesellschaften zunehmend an den für die übrigen Gesellschaftsformen verbindlichen Gliederungsvorschriften, weil damit sichergestellt ist, dass die Bilanz in dieser Hinsicht ordnungsgemäß ist.

Die Bilanz ist eine kurzgefasste Gegenüberstellung von Vermögen (Aktiva) und Kapital (Passiva) in Kontenform.

Auf diesem ‚Konto' wird das **Vermögen** der Unternehmung **auf der Aktivseite (linke Bilanzseite)** und das **Kapital (Eigen- und Fremdkapital) auf der Passivseite (rechte Bilanzseite)** dargestellt.

Eine so gestaltete Bilanz könnte in einem Unternehmen der Immobilienwirtschaft die folgenden Positionen ausweisen:

Aktiva	**Bilanz** **Passiva**
A. Anlagevermögen	A. Eigenkapital
I. Sachanlagen	B. Verbindlichkeiten
1. Grundstücke mit Wohnbauten	1. Verbindlichkeiten gegenüber Kreditinstituten
2. Grundstücke mit Geschäftsbauten	2. Verb. aus anderen Lieferungen und Leistungen
3. Grundstücke ohne Bauten	3. Sonstige Verbindlichkeiten
4. Geschäftsausstattung	
B. Umlaufvermögen	
I. Vorräte	
1. Zum Verkauf bestimmte Grundstücke	
2. Andere Vorräte	
II. Forderungen	
1. Forderungen aus Vermietung	
2. Forderungen aus anderen Lieferungen und Leistungen	
III. Flüssige Mittel	
1. Kassenbestand	
2. Guthaben bei Kreditinstituten	

Die nun folgende Bilanz wurde aus dem Inventar des vorangegangenen Kapitels entwickelt.

Aktiva **Bilanz der Wohnungsbaugesellschaft Berlin–Bochum** **Passiva**

Aktiva		Passiva	
A. Anlagevermögen		A. Eigenkapital	1.427.700,00
I. Sachanlagen		B. Verbindlichkeiten	
1. Grundstücke mit Wohnbauten	1.400.000,00	1. Verbindlichkeiten gegenüber Kreditinstituten	1.040.000,00
2. Grundstücke mit Geschäftsbauten	500.000,00	2. Verbindlichkeiten aus anderen Lieferungen und Leistungen	12.500,00
3. Grundstücke ohne Bauten	180.000,00	3. Sonstige Verbindlichkeiten	24.000,00
4. Geschäftsausstattung	139.000,00		
B. Umlaufvermögen			
I. Vorräte			
1. Andere Vorräte	13.000,00		
II. Forderungen			
1. Forderungen aus Vermietung	12.000,00		
2. Forderungen aus anderen Lieferungen und Leistungen	240.000,00		
III. Flüssige Mittel			
1. Kassenbestand	525,00		
2. Guthaben bei Kreditinstituten	19.675,00		
	2.504.200,00		**2.504.200,00**

Ort, Datum
Unterschrift

Die **Aktivseite** der Bilanz **enthält** also alle **Vermögenswerte** der Unternehmung.

Auf ihr kann man erkennen, in welcher Zusammensetzung das zur Verfügung stehende Kapital angelegt ist, d. h., wie die Mittel (das Kapital) verwendet wurden (Mittelverwendungsseite) – oder: wie investiert wurde.

Die **Passivseite** enthält das **Eigenkapital und** die **Schulden.**

Man kann aus ihr erkennen, aus welchen Quellen investiertes Kapital stammt (Mittelherkunftsseite) – oder: wie finanziert wurde. Die dem Unternehmer gehörenden Mittel (Eigenkapital) werden ergänzt durch die Schulden (Fremdkapital), die dem Unternehmen von Banken, Lieferanten und anderen Kreditgebern zur Verfügung gestellt werden.

Aktiva	**Bilanz**	**Passiva**
Mittelverwendung		Mittelherkunft
Investition		Finanzierung
Vermögen		Kapital
		(EK u. FK)

4 Wertveränderungen von Bilanz zu Bilanz

Ein **Geschäftsfall** ist ein betriebliches Geschehen (Sachverhalt), das unmittelbar mit einer Wertbewegung verbunden ist.

Das bedeutet: **Jeder Geschäftsfall verändert Bilanzpositionen.**

Es gibt **vier** grundsätzlich zu unterscheidende **Veränderungsarten** von Bilanzpositionen:

1. Aktivtausch
2. Passivtausch
3. Aktiv-Passiv-Mehrung
4. Aktiv-Passiv-Minderung

Das folgende **Musterbeispiel** wird **auch in den nächsten Kapiteln** verwendet. Aus Gründen der Übersichtlichkeit wird in den Bilanzen auf die Gliederungsbezifferung und die Abschnittsüberschriften verzichtet.

4.1 Aktivtausch

Geschäftsfall: Ein Mieter überweist zum Ausgleich einer Mietforderung 500,00 € per Bank.

Ausgangspunkt ist folgende (vereinfachte) „Eröffnungsbilanz“:

Aktiva	**Eröffnungsbilanz**		**Passiva**
Geschäftsausstattung	35.000,00	Eigenkapital	25.000,00
Mietforderungen	6.300,00	Verb. gegenüber Kreditinst.	3.700,00
Kasse	1.200,00	Sonstige Verbindlichkeiten	23.000,00
Bank	24.000,00	Verbindl. aus Steuern	14.800,00
	66.500,00		66.500,00

Die Bilanzposition „Bank“ nimmt um 500,00 € zu.

Die Bilanzposition „Mietforderungen“ nimmt um 500,00 € ab.

Bilanzpositionen auf der Aktivseite der Bilanz tauschen Werte aus – Aktivtausch.

Die **Bilanzsumme bleibt gleich.**

Die „Eröffnungsbilanz“ trifft nicht mehr zu. Für die Darstellung der Vermögens- und Schuldverhältnisse der Unternehmung zum aktuellen Zeitpunkt ist folgende ‚neue‘ „Bilanz 01“ zu erstellen:

Aktiva	**Bilanz 01**		**Passiva**
Geschäftsausstattung	35.000,00	Eigenkapital	25.000,00
Mietforderungen	5.800,00	Verb. gegenüber Kreditinst.	3.700,00
Kasse	1.200,00	Sonstige Verbindlichkeiten	23.000,00
Bank	24.500,00	Verbindl. aus Steuern	14.800,00
	66.500,00		66.500,00

4.2 Passivtausch

Geschäftsfall: Eine Steuerschuld in Höhe von 6.000,00 € wird durch Inanspruchnahme eines Bankkredites bezahlt.

Ausgangspunkt ist die (vorige) „Bilanz 01".

Die Bilanzposition „Verbindlichkeiten gegenüber Kreditinstituten" nimmt um 6.000,00 € zu.

Die Bilanzposition „Verbindlichkeiten aus Steuern" nimmt um 6.000,00 € ab.

Bilanzpositionen auf der Passivseite der Bilanz tauschen Werte aus – Passivtausch.

Die **Bilanzsumme bleibt gleich.**

Die „Bilanz 01" trifft nicht mehr zu. Für die Darstellung der Vermögens- und Schuldverhältnisse der Unternehmung zum aktuellen Zeitpunkt ist folgende ‚neue' „Bilanz 02" zu erstellen:

Aktiva		**Bilanz 02**	**Passiva**
Geschäftsausstattung	35.000,00	Eigenkapital	25.000,00
Mietforderungen	5.800,00	Verb. gegenüber Kreditinst.	9.700,00
Kasse	1.200,00	Sonstige Verbindlichkeiten	23.000,00
Bank	24.500,00	Verbindl. aus Steuern	8.800,00
	66.500,00		66.500,00

4.3 Aktiv-Passiv-Mehrung

Geschäftsfall: PC-Ausstattungen für 8.000,00 € werden auf Ziel (auf Kredit) gekauft.

Ausgangspunkt ist die (vorige) „Bilanz 02".

Die Bilanzposition „Geschäftsausstattung" nimmt um 8.000,00 € zu.

Die Bilanzposition „Sonstige Verbindlichkeiten" nimmt ebenfalls um 8.000,00 € zu.

Bilanzpositionen auf der Aktivseite und der Passivseite der Bilanz nehmen zu – Aktiv-Passiv-Mehrung.

Die **Bilanzsumme nimmt zu.**

Die „Bilanz 02" trifft nicht mehr zu. Für die Darstellung der Vermögens- und Schuldverhältnisse der Unternehmung zum aktuellen Zeitpunkt ist folgende ‚neue' „Bilanz 03" zu erstellen:

Aktiva		**Bilanz 03**	**Passiva**
Geschäftsausstattung	43.000,00	Eigenkapital	25.000,00
Mietforderungen	5.800,00	Verb. gegenüber Kreditinst.	9.700,00
Kasse	1.200,00	Sonstige Verbindlichkeiten	31.000,00
Bank	24.500,00	Verbindl. aus Steuern	8.800,00
	74.500,00		74.500,00

4.4 Aktiv-Passiv-Minderung

Geschäftsfall: Der auf Ziel gekaufte Personalcomputer wird durch Banküberweisung bezahlt.

Ausgangspunkt ist die (vorige) „Bilanz 03".

Die Bilanzposition „Bank" nimmt um 8.000,00 € ab.

Die Bilanzposition „Sonstige Verbindlichkeiten" nimmt ebenfalls um 8.000,00 € ab.

Bilanzpositionen auf der Aktivseite und der Passivseite der Bilanz nehmen ab – Aktiv-Passiv-Minderung.

Die **Bilanzsumme nimmt ab**.

Die „Bilanz 03" trifft nicht mehr zu. Für die Darstellung der Vermögens- und Schuldverhältnisse der Unternehmung zum aktuellen Zeitpunkt ist folgende ‚neue' „Bilanz 04" zu erstellen:

Aktiva	**Bilanz 04**		**Passiva**
Geschäftsausstattung	43.000,00	Eigenkapital	25.000,00
Mietforderungen	5.800,00	Verb. gegenüber Kreditinst.	9.700,00
Kasse	1.200,00	Sonstige Verbindlichkeiten	23.000,00
Bank	16.500,00	Verbindl. aus Steuern	8.800,00
	66.500,00		66.500,00

Zwecks Klärung der Auswirkung eines Geschäftsfalls auf die Bilanz **sollte nacheinander überlegt werden**:

a) Welche Bilanzpositionen werden durch diesen Sachverhalt verändert?
b) Auf welcher Seite der Bilanz stehen diese Positionen?
c) Werden diese Positionen vermehrt oder vermindert?
d) Wird durch diesen Sachverhalt die Bilanzsumme verändert? – Falls ja, wie?
e) Welche Art der Bilanzveränderung bewirkt die Buchung des jeweiligen Sachverhalts?

5 Auflösung der Bilanz in Konten

Im vorangegangenen Kapitel wurde gezeigt, dass die Bilanz nur für den Zeitpunkt, für den sie aufgestellt wurde, einen zutreffenden Einblick in die Vermögens- und Kapitalverhältnisse der Unternehmung gibt.

Da jeder Geschäftsfall Bilanzpositionen wertmäßig verändert, müsste nach jedem Geschäftsfall eine neue Bilanz aufgestellt werden, wollte man zum Ende eines jeden Geschäftsjahres eine Schlussbilanz erhalten, die den Inventurwerten zu diesem Zeitpunkt entspricht.

Dies ist schon vom Arbeitsaufwand her nicht durchführbar. Außerdem müsste man sich zu jeder Position alle im Geschäftsjahr aufgestellten Bilanzen ansehen, um zu inhaltlich ergiebigen Aussagen zu kommen und vor falschen Rückschlüssen sicher zu sein.

Als Beispiel seien aus dem vorangegangenen Kapitel die Positionen „Kasse" und „Sonstige Verbindlichkeiten" genannt. In beiden Fällen stimmt der Wert der Eröffnungsbilanz mit dem Wert der „Bilanz 04" überein, jedoch war lediglich für die Position „Kasse" keine Wertbewegung zu verzeichnen.

Deshalb **muss jede Bilanzposition einzeln abgerechnet** – d. h. die Bilanz in Konten aufgelöst – **werden.**

Aus Vereinfachungsgründen geschieht dies in diesem Buch entsprechend der Darstellungsweise der Bilanz in (T-)Kontenform. Sie unterscheidet sich nur äußerlich von den heute üblichen Kontenformen in EDV-gestützten Buchhaltungssystemen.

Die Verfahrensweise im Einzelnen wird anhand der Eröffnungsbilanz und der Geschäftsfälle des vorangegangenen Kapitels gezeigt. Die **Geschäftsfälle** lauteten:

1. Ein Mieter überweist zum Ausgleich einer Mietforderung 500,00 € per Bank.
2. Eine Steuerschuld in Höhe von 6.000,00 € wird durch Inanspruchnahme eines Bankkredites bezahlt.
3. PC-Ausstattungen für 8.000,00 € werden auf Ziel (auf Kredit) gekauft.
4. Der auf Ziel gekaufte Personalcomputer wird durch Banküberweisung bezahlt.

Aktiva	**Eröffnungsbilanz**		**Passiva**
Geschäftsausstattung ([B]GA)	35.000,00	Eigenkapital	25.000,00
Mietforderungen	6.300,00	Verb. gegenüber Kreditinst.	3.700,00
Kasse	1.200,00	Sonstige Verbindlichkeiten	23.000,00
Bank	24.000,00	Verbindl. aus Steuern	14.800,00
	66.500,00		66.500,00

Soll	**Geschäftsausstattung ([B]GA)**		**Haben**
EB	35.000,00	SB	43.000,00
[3] Zugang	8.000,00		
	43.000,00		43.000,00

Soll	**Eigenkapital**		**Haben**
SB	25.000,00	EB	25.000,00
	25.000,00		25.000,00

Soll	**Mietforderungen**		**Haben**
EB	6.300,00	[1] Abgang	500,00
		SB	5.800,00
	6.300,00		6.300,00

Soll	**Verb. gegenüber Kreditinst.**		**Haben**
SB	9.700,00	EB	3.700,00
		[2] Zugang	6.000,00
	9.700,00		9.700,00

Soll		Kasse	Haben
EB	1.200,00	SB	1.200,00
	1.200,00		1.200,00

Soll		Sonstige Verbindlichkeiten	Haben
[4] Abgang	8.000,00	EB	23.000,00
SB	23.000,00	[3] Zugang	8.000,00
	31.000,00		31.000,00

Soll		Bank	Haben
EB	24.000,00	[4] Abgang	8.000,00
[1] Zugang	500,00	SB	16.500,00
	24.500,00		24.500,00

Soll		Verbindl. aus Steuern	Haben
[2] Abgang	6.000,00	EB	14.800,00
SB	8.800,00		
	14.800,00		14.800,00

Aktiva	Schlussbilanz		Passiva
Geschäftsausstattung	43.000,00	Eigenkapital	25.000,00
Mietforderungen	5.800,00	Verb. gegenüber Kreditinst.	9.700,00
Kasse	1.200,00	Sonstige Verbindlichkeiten	23.000,00
Bank	16.500,00	Verbindl. aus Steuern	8.800,00
	66.500,00		66.500,00

Beschreibung der Verfahrensweise

1) Aufstellen der Eröffnungsbilanz

2) Einrichten von (T-)Konten für jede Bilanzposition **nach** dem **(Bilanz-)Schema:**

Da alle auf Grundlage der Bilanz gebildeten Konten Bestände ausweisen, nennt man sie Bestandskonten.

Aktiva(-seite) –> AKTIVKONTEN   Passiva(-seite) –> PASSIVKONTEN

durch:

a) Eintragen der Seitenbezeichnungen „**S**(oll)“ und „**H**(aben)“ sowie der Kontenbezeichnung;

b) Vortragen der Bestände aus der Eröffnungsbilanz in den Konten als **E**röffnungs-**B**estände entsprechend dem Bilanzschema:

Bei den Aktivkonten stehen die Eröffnungsbestände auf der Sollseite.	**Bei den Passivkonten stehen die Eröffnungsbestände auf der Habenseite.**

3) Verarbeitung der Geschäftsfälle auf den Konten – **Buchen**

– Jede Mehrung des Bestands (Zugang) wird auf der Seite des Eröffnungsbestands eingetragen – gebucht –, da sie den Bestand vergrößert.

Zugänge werden bei den Aktivkonten im Soll gebucht.	**Zugänge werden bei den Passivkonten im Haben gebucht.**

– Jede Minderung des Bestands (Abgang) wird auf der dem Eröffnungsbestand gegenüberliegenden Seite eingetragen – gebucht –, da sie den Bestand verringert.

Abgänge werden bei den Aktivkonten im Haben gebucht.	**Abgänge werden bei den Passivkonten im Soll gebucht.**

Jeder Geschäftsfall wird auf (mindestens) zwei Konten gebucht –

und zwar auf dem einen Konto **im Soll**
und auf dem anderen Konto **im Haben**!

Keine Buchung ohne Gegenbuchung!

4) Ermitteln des Schlussbestands auf den Konten

[nach dem Prinzip der Bilanzsummengleichheit]

a) Addieren der zahlenmäßig stärkeren Kontenseite
b) Übertragen der Kontensumme auf die zahlenmäßig schwächere Kontenseite
c) Eintragen der Differenz als **S**chluss**B**estand **(SB)** auf der zahlenmäßig schwächeren Kontenseite

Zusammenfassend ergibt sich folgende **Prinzipdarstellung:**

Soll	Aktives Bestandskonto Haben	Soll	Passives Bestandskonto Haben
Eröffnungsbestand (EB)	Abgänge	Abgänge	Eröffnungsbestand (EB)
Zugänge	Schlussbestand (SB)	Schlussbestand (SB)	Zugänge
Kontensumme	Kontensumme	Kontensumme	Kontensumme

5) Aufstellen der Bilanz zum Ende des Geschäftsjahres

a) Durchführung einer Inventur zur Ermittlung des Vermögens, der Schulden und des Eigenkapitals;
b) Zusammenfassung des Inventars in einer kurzgefassten Gegenüberstellung von Vermögen und Schulden in Kontenform (Bilanz)

6) Vergleich der Bilanzwerte (Istbestände) **mit** den **Schlussbeständen** auf den Konten (Buchbeständen)

Istbestände und Buchbestände müssen übereinstimmen!

Neben der Angabe der Nummer des jeweils verarbeiteten Geschäftsfalls wird die Aussagekraft eines Kontos dadurch erhöht, dass statt der Wörter „Zugang" und „Abgang" jeweils das Konto eingetragen wird, bei dem die Wertveränderung auf der gegenüberliegenden Seite gebucht wird – das auf der Gegenseite angesprochen wird. Man nennt es **„Gegenkonto"**.

Daraus ergibt sich am Beispiel der Konten „Bank" und „Sonstige Verbindlichkeiten":

S	Bank				H
	EB	24.000,00	[4]	Sonst. Verb.	8.000,00
[1]	Mietford.	500,00		SB	16.500,00
		24.500,00			24.500,00

S	Sonstige Verbindlichkeiten				H
[4]	Bank	8.000,00		EB	23.000,00
	SB	23.000,00	[3]	BGA	8.000,00
		31.000,00			31.000,00

In der Praxis werden viele Bilanzpositionen auf mehreren Konten abgerechnet. Man sagt auch: „Es werden mehrere Konten geführt." So ist beispielsweise die Bilanzposition „Guthaben bei Kreditinstituten" eine Zusammenfassung mehrerer Bankkonten. Denkbar wären: Postbank, Dresdner Bank, Sparkasse etc. Die Bilanz ist eben „eine **kurzgefasste** Gegenüberstellung von Vermögen und Kapital ...". Deshalb ist stets zwischen einer Bilanzposition und den Konten zu unterscheiden.

Im Zusammenhang mit der **Buchung eines Geschäftsfalls** sollte nacheinander überlegt werden:

a) Welche Bilanzpositionen werden durch diesen Sachverhalt verändert?
b) Auf welcher Seite der Bilanz stehen diese Positionen?
c) Werden diese Positionen vermehrt oder vermindert?
d) Auf welcher Kontenseite muss jeweils nach welcher Regel die Mehrung oder Minderung eingetragen (gebucht) werden?
e) Wird durch diesen Sachverhalt die Bilanzsumme verändert? – Falls ja, wie?
f) Welche Art der Bilanzveränderung bewirkt die Buchung des jeweiligen Sachverhalts?

6 Der Buchungssatz

Wenn sich Experten auf ihrem Fachgebiet verständigen, so tun sie dies häufig in einer **Fachsprache.** Teil jeder Fachsprache sind **Kürzel.** Diese Wendungen und/oder Zeichen werden **für ständig wiederholte Aussagen, Anweisungen und Darstellungen** benutzt und sind in ihrer (definierten) Bedeutung **eindeutig** (es kann jeweils nur eines gemeint sein), in ihrer Struktur **klar und überschaubar** (also nicht zu kompliziert – für die Experten) und **vor allem kurz** (‚kürzer geht's nicht').

Das (gesprochene) **Befehlskürzel für die Buchung eines Sachverhalts auf Konten** lautet z. B.:

Sonstige Verbindlichkeiten *an* Bank 8.000,00 € 8.000,00 €

Aus diesem Kürzel sind folgende Informationen zu entnehmen:
- Benutzte Konten: „Sonstige Verbindlichkeiten" und „Bank"
- Buchung auf der Sollseite (**Sollbuchung**) auf: „Sonstige Verbindlichkeiten" (wird bzw. werden immer zuerst genannt)
- Unterscheidung zur Habenseite (**Habenbuchung**): „***an***"
- Wertbewegung auf den Konten:
  Sonstige Verbindlichkeiten: 8.000,00 €; Bank: 8.000,00 €

Aufgrund der Buchungsregeln ist klar, dass „Sonstige Verbindlichkeiten" gemindert werden („Passivkonten werden im Soll gemindert.") und „Bank" ebenfalls („Aktivkonten werden im Haben gemindert.")

Zwei Typen von Kürzeln/**Buchungssätzen** werden unterschieden:

6.1 Der einfache Buchungssatz

Es werden nur zwei Konten angesprochen. Dieser kann sowohl einzeilig als auch mehrzeilig geschrieben werden.

einzeilig:

Sonstige Verbindlichkeiten *an* Bank 8.000,00 €

(Der €-Betrag wird nur einmal aufgeführt, da beide Konten dieselbe Wertbewegung aufweisen müssen.)

mehrzeilig:

Sonstige Verbindlichkeiten	**8.000,00 €**	
***an* Bank**		**8.000,00 €**

Jedem ‚angesprochenen' Konto muss der jeweilige €-Betrag zugeordnet sein. Der Betrag für das im Soll angesprochene Konto muss optisch eindeutig von dem im Haben angesprochenen getrennt werden.

6.2 Der zusammengesetzte Buchungssatz

Es werden mehr als zwei Konten angesprochen.

Als Beispiel wird der vierte Geschäftsfall des vorigen Kapitels folgendermaßen abgewandelt:

Die PC-Ausstattungen werden mit 1.000,00 € in bar und mit Bankscheck über 7.000,00 € bezahlt.

Zusammengesetzte Buchungssätze müssen immer mehrzeilig geschrieben werden:

Sonstige Verbindlichkeiten		**8.000,00 €**	
an	**Kasse**		**1.000,00 €**
(an)	**Bank**		**7.000,00 €**

Die Zuordnung der Beträge zu den jeweiligen Konten und ihre optisch eindeutige Trennung ist hier noch wichtiger.

Jedes erste „*an*" muss immer gesprochen/geschrieben werden!

Diese Kürzel/**Buchungssätze werden** nicht nur gesprochen sondern auch **‚gesammelt'** – mit dem Datum des Tages versehen, an dem sich der Sachverhalt wertmäßig auf den Betrieb ausgewirkt hat. Dadurch wird ersichtlich, welche Wertbewegungen an welchem Tag stattgefunden haben. Ein derartiges Tagebuch der Wertbewegungen nennt man auch **Journal** (franz.: le jour = der Tag) – siehe auch nächstes Kapitel.

Zusammengesetzte Buchungssätze findet man auf Konten dadurch wieder, dass in der Textspalte für die Gegenkonten mehrere aufgeführt sind. Die letzte Variante des vierten Geschäftsfalls aus dem vorigen Kapitel wäre auf den angesprochenen Konten folgendermaßen erkennbar:

S		Kasse			H
	EB	1.200,00	**[4]**	**Sonst. Verb.**	**1.000,00**
				SB	200,00
		1.200,00			1.200,00

S		Sonstige Verbindlichkeiten			H
[4]	**Kasse, Bank**	**8.000,00**		EB	23.000,00
	SB	23.000,00	[3]	BGA	8.000,00
		31.000,00			31.000,00

S		Bank			H
	EB	24.000,00	**[4]**	**Sonst. Verb.**	**7.000,00**
[1]	Mietford.	500,00		SB	17.500,00
		24.500,00			24.500,00

Im Zusammenhang mit der **Buchung eines Geschäftsfalls** sollte überlegt werden:

a) Welche Bilanzpositionen werden durch diesen Sachverhalt verändert?
b) Auf welcher Seite der Bilanz stehen diese Positionen?
c) Werden diese Positionen vermehrt oder vermindert?
d) Auf welcher Kontenseite muss jeweils nach welcher Regel die Mehrung oder Minderung eingetragen (gebucht) werden?
e) Wie lautet der Buchungssatz?
f) Wird durch diesen Sachverhalt die Bilanzsumme verändert? – Falls ja, wie?
g) Welche Art der Bilanzveränderung bewirkt die Buchung des jeweiligen Sachverhalts?

7 Beleg – Grundbuch – Hauptbuch

7.1 Belegorganisation

Die **Grundlage jeder Buchung** ist der (Buchungs)**Beleg**. Er dient dem Kaufmann und dem „sachverständigen Dritten" (z. B. Wirtschaftsprüfer) als Beweis und Rekonstruktionsgrundlage für die erfassten Geschäftsfälle. Ein wesentlicher **Grundsatz ordnungsgemäßer Buchführung** lautet: **„Keine Buchung ohne Beleg"**.

7.1.1 Belegarten

Belege sind Urkunden, auf denen die Geschäftsvorfälle und ihre Auswirkungen auf das Rechnungswesen der Unternehmung beschrieben sind.

Belege müssen die Art der Geschäftsvorfälle, die Mengen und die Betragsangaben erkennen lassen und Ort, Datum und einen Hinweis auf die Buchung enthalten.

Die Belege müssen so gekennzeichnet sein, dass sich der Zusammenhang zwischen Buchung und Beleg jederzeit herstellen lässt, z. B. durch Nummerierung oder Kontierungsstempel. Sehr wichtig ist, dass der zu einer Buchung gehörende Beleg leicht auffindbar ist.

Man unterscheidet Belege zum einen **nach** ihrer **Entstehung** in **Urbelege** und **Ersatzbelege.**

7.1.1.1 Urbelege

Dies sind u. a. Eingangs- und Ausgangsrechnungen, Frachtbriefe, Kassenquittungen. **Sie entstehen im Geschäftsverkehr mit Dritten.**

7.1.1.2 Ersatzbelege

Sie müssen für Vorgänge erstellt werden, bei denen nicht automatisch ein Beleg anfällt. Dazu gehört zum Beispiel die buchmäßige Erfassung des Wertverlustes von Gegenständen des Anlagevermögens, die Abschreibung.

Man unterscheidet Belege auch **nach** ihrer **Herkunft** in **Fremdbelege** und **Eigenbelege.**

7.1.1.3 Fremdbelege

Dies sind Belege, die **von außen** in das Unternehmen kommen, wie Eingangsrechnungen, empfangene Quittungen, Bank- und Postbelege.

7.1.1.4 Eigenbelege

Sie werden **im Unternehmen** selbst erstellt. Dazu gehören Kopien der Ausgangsrechnungen, Lohn- und Gehaltslisten und Belege über Umbuchungen und Stornierungen (Korrekturbuchungen).

7.1.2 Belegbearbeitung

Die Belegbearbeitung ist ein Vorgang, der mit dem Posteingang beginnt und der Ablage der Belege endet. Er **könnte für** den **Rechnungslauf in einem großen Immobilienunternehmen** folgendermaßen **aussehen:**

1) Posteingang

a) Nach dem **Öffnen** des ‚Briefes' wird dieser mit dem **Posteingangsstempel** auf dem Original (nicht den eventuell beigefügten Duplikaten) versehen.

b) **Sortieren** der Post (zwecks Weiterleitung) nach

- Angeboten (von Firmen)
- Mieterschreiben
- Rechnungen, Kontoauszügen etc.

{ Weiterleitung in die Fachabteilungen, im Einzelfall an Prokurist und/oder Geschäftsleitung

c) **Weiterleitung** der Rechnung (in diesem Beispiel) in die Buchhaltung

2) Buchhaltung

a) **Zuordnung zum** entsprechenden **Rechnungseingangsbuch (REB)**. Dieses soll den Rechnungseingang festhalten, den augenblicklichen Verbleib im Unternehmen angeben und den jeweiligen Bearbeitungsstand andeuten, damit Rückfragen jederzeit ohne großen Aufwand geklärt werden können.

Denkbar sind Rechnungseingangsbücher für die Verwaltung:

- des eigenen Grundbesitzes/Unternehmens (bzw. Beteiligungsunternehmens)
- des jeweiligen Fremdbesitzes
- der jeweiligen Wohnungseigentümergemeinschaft

b) **Eintrag im Rechnungseingangsbuch**

Ein **Rechnungseingangsbuch** könnte so aussehen:

1 lfd. Nr.	2 Objekt	3 Kontierung	4 Nr. des Zahlungsempfängers	5 Firma	6 Rechnungsdatum	7 Rechnungsnummer	8 Rechnungsbetrag	9 Laufvermerk
1	Wohnanlage 0210	(kann bei Erst-	33001	„Die Hausreinigung“	05.12.1996	12/96/0118	735,00	Hausverwaltung
2	Bauvorhaben 0005	erfassung der	68012	„Beton GmbH“	17.12.1996	0820/96	100.000,00	Bauabteilung
3	Unternehmen 9999	Rechnung frei bleiben)	72118	„WP Büro Martens“	19.10.1996	96/A/237	12.500,00	Geschäftsführung

c) **Eintrag auf dem Rechnungsbegleitzettel** (auch Kontierungsstempel) der Daten aus den Spalten 1, 2, gegebenenfalls 3 und eventuell 4.

d) **Weiterleitung in die Fachabteilungen**

3) Fachabteilung (z. B. Hausverwaltung)

a) **Bearbeitung** durch den jeweiligen Sachbearbeiter/Verantwortlichen

- rechnerische und sachliche (z. B. Mengenangaben und Preis auf der Rechnung) Prüfung
- Kontierung (des Sachverhalts) nach betrieblichem Kontenplan
- Buchungsanweisung (nach Kontrolle und gegebenenfalls Berichtigung der Kontierung)
- Zahlungsanweisung („Zahlbetrag: ... €“) – unter Berücksichtigung der Zahlungsbesonderheiten (z. B. Einbehalte) und der Einzelvollmachten für die Höhe der Beträge

b) **Rücklauf in die Buchhaltung**

4) Buchhaltung

a) **Prüfung** der Einzelberechtigung(en) für die Zahlungsanweisung

b) **Buchung**

- Aufruf der „lfd. Nr.“ des REB in einem Buchungs(- und Zahl)programm
  -> Die Daten aus den Spalten 1 bis 8 des REB erscheinen

- Eintragung der Kontierung im Buchungs(- und Zahl)programm (gegebenenfalls Plausibilitätskontrolle)
- gegebenenfalls Änderung des Rechnungsbetrags aufgrund der Zahlungsanweisung (s. 3 a)
- gegebenenfalls Festlegung des Zahlungstermins

c) **Zahlung** (Überweisung und deren Kontierung)

- Aufruf der „lfd. Nr." des REB in einem Buchungs(- und Zahl)programm –> Die Daten aus den Spalten 1 bis 8 des REB sowie die Eingaben aus 4 b erscheinen
- Festlegung der Zahlungsmodalitäten (Fälligkeit, soweit nicht bei 3 b schon geschehen, Skontovermerk, Sperrvermerk usw.)
- Auslösen des Zahlungsverkehrs
- Bildung einer (Objekt)Zahlungsliste, die abzuschließen und zu genehmigen ist,
- Verarbeiten der Zahlungsliste (im Unternehmen **und** bei der Bank)
- Ausführung der Zahlung mit Ausgleich der Verbindlichkeit (im Unternehmen **und** bei der Bank)
- Zahlungsvermerk auf dem Rechnungsbegleitzettel in Verbindung mit dem Kontoauszug

d) **Ablage der Rechnung** nach Wohnanlage/Unternehmen – u. U. Sonderablage (z. B. für Betriebskosten)

7.2 Grundbuch

Auf der Grundlage des Rechnungseingangsbuchs wird das **Grundbuch** geführt. Es ist **in zeitlicher** (= chronologischer) **Reihenfolge** aufgebaut und entsteht aus den Arbeitsschritten 4 b und 4 c der Belegbearbeitung.

Hinter der laufenden Nummer wird das Erfassungs(= Buchungs)datum (einschließlich Uhrzeit) und unter Umständen die davon möglicherweise abweichende Belegnummer eingetragen, dann der Sachverhalt (= Geschäftsfall) skizziert und das Befehlskürzel für die Eintragung dieses Sachverhalts auf den Konten des Hauptbuchs (= Buchungssatz) aufgeführt.

Der gesprochene Trenner zwischen Soll- und Habenbuchungen („an") wird hier durch die tabellarische Zuordnung ersetzt. Zuweilen wird noch ein Kommentar zum Buchungssatz vermerkt.

Die äußere Form der Grundbücher ist aufgrund der verwendeten Software von Betrieb zu Betrieb verschieden.

Mithilfe des Grundbuchs soll es möglich sein, während der Aufbewahrungsfristen zu jedem beliebigen Zeipunkt auch für die Vergangenheit ohne große Mühe den einzelnen Geschäftsfall bis zum Beleg zurück zu identifizieren.

Das **Grundbuch** kann etwa so aussehen:

Nr.	Datum	Zeit	Geschäftsfall	Sollbuchung	Habenbuchung	€ (Soll)	€ (Haben)
003	03.05.	...	...	...	...	...	...
004	03.05.	08:45	Beton GmbH 17.03.97	Verb. Instandh.	Bank	100.000,00	100.000,00
005	03.05.		...	...	...	...	...

7.3 Hauptbuch

Das **Hauptbuch** ist nach dem **Prinzip sachlicher Zuordnung** organisiert. Grundlage für die Buchungen im Hauptbuch ist das Grundbuch. Durch Zuordnung zu den einzelnen Sachkonten werden hier dieselben Sachverhalte erfasst. Dadurch wird der Vergleich von Soll- und Istbeständen und damit die rechnerische Kontrolle von Wertveränderungen im Betrieb möglich.

Das Hauptbuch **besteht aus** dem **Eröffnungsbilanzkonto (= EBK)**, den **Konten für die „laufenden Buchungen"** (dieses Jahres) und dem **Schlussbilanzkonto (= SBK).**

7.3.1 Eröffnungsbilanzkonto (EBK)

Das Prinzip der doppelten Buchführung „keine Buchung ohne Gegenbuchung" erfordert auch für die Eröffnung und den Abschluss der Konten jeweils eine Gegenbuchung. Die Bilanzen (Eröffnungsbilanz und Schlussbilanz) sind jedoch keine Konten. Das wird dadurch deutlich, dass die Bilanzseiten „Aktiva" und „Passiva" und nicht „Soll" und „Haben" heißen.

Das **Eröffnungsbilanzkonto** (in der kaufmännischen Praxis i. d. R. **Saldensammelkonto** genannt) erfüllt nur die Aufgabe, die **Gegenbuchungen für die Eröffnung** der Bestandskonten **am Jahresanfang** aufzunehmen. Es ist ein **Spiegelbild der Eröffnungsbilanz.** Ähnlich dem Inventar ist es ausführlicher gegliedert als die (Eröffnungs)Bilanz, wenn bestimmte Bilanzpositionen in mehrere Konten unterteilt sind. Die Abschnittsüberschriften entfallen. Nach Aufnahme aller Eröffnungsbuchungen sind seine Kontenseiten wertmäßig ausgeglichen. Es wird nicht weiter bebucht.

Nicht alle im laufenden Jahr zu bebuchenden Konten müssen am Jahresanfang eröffnet worden sein. Wenn ein Konto bei Jahresbeginn keinen Bestand hat, so kann es auch nicht eröffnet werden. Spricht ein Buchungssatz ein nicht eröffnetes Konto an, so muss dieses Konto eingerichtet werden. Die erste Buchung auf diesem Konto ist dann durch den zugrunde liegenden Geschäftsfall und nicht durch einen Eröffnungsbestand begründet.

7.3.2 Schlussbilanzkonto (SBK)

Bisher wurde jeweils auf der ‚kleineren Kontenseite' der Saldo als Schlussbestand einfach eingetragen. Auch hier gilt jedoch: „Keine Buchung ohne Gegenbuchung". Es ist demzufolge ein Konto erforderlich, das die Gegenbuchungen für die ermittelten Salden aufnimmt.

Auf dem **Schlussbilanzkonto** werden alle Schlussbestände der Konten für die Erfassung der Geschäftsfälle durch Buchungen gesammelt. Als Konto trägt es die Seitenbezeichnungen „Soll" und „Haben". **Sein Aufbau entspricht dem der Schlussbilanz.** Die Ausführlichkeit richtet sich nach den tatsächlich verwendeten aktiven und passiven Bestandskonten. Die Abschnittsüberschriften entfallen.

In der Praxis werden die Konten üblicherweise nicht abgeschlossen. Die aktuellen Buchführungsprogramme weisen den aktuellen Kontensaldo nach jeder Buchung aus. Bei der Aufstellung der Bilanz wird der letzte Saldo ohne formellen Abschluss des Kontos in die Bilanz übernommen.

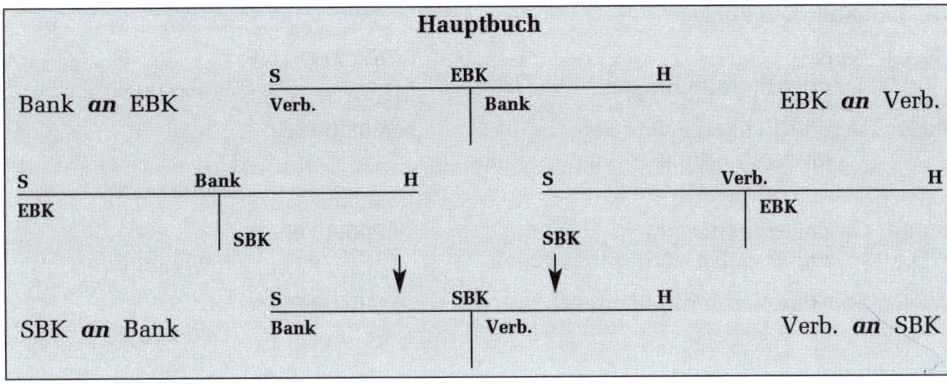

Auch die **Eröffnungs- und Abschlussbuchungen** sind **in das Grundbuch** aufzunehmen.

In diesem Buch wird im Folgenden jedoch unter **Grundbuch** die reduzierte Form der gegliederten **Auflistung von Buchungssätzen** verstanden. Sie wird im folgenden Musterbeispiel bereits in ihrer ‚End'fassung vorgestellt. Dies gilt auch für die Form der Buchungssätze zu „II laufende Buchungen", die wegen häufig auftretender langer Kontennamen und später hinzukommender Kontennummern stets mehrzeilig geschrieben werden.

Zusammenfassendes Musterbeispiel mit den in den letzten Kapiteln entwickelten Sachverhalten:

Aktiva		**Eröffnungsbilanz**	**Passiva**
Geschäftsausstattung ([B]GA)	35.000,00	Eigenkapital	25.000,00
Mietforderungen	6.300,00	Verb. gegenüber Kreditinst.	3.700,00
Kasse	1.200,00	Sonstige Verbindlichkeiten	23.000,00
Bank	24.000,00	Verbindl. aus Steuern	14.800,00
	66.500,00		66.500,00

Die Geschäftsfälle lauteten:

1. Ein Mieter überweist zum Ausgleich einer Mietforderung 500,00 € per Bank.
2. Eine Steuerschuld in Höhe von 6.000,00 € wird durch Inanspruchnahme eines Bankkredites bezahlt.
3. PC-Ausstattungen für 8.000,00 € werden auf Ziel (auf Kredit) gekauft.
4. Die auf Ziel gekauften PC-Ausstattungen werden mit 1.000,00 € in bar und sonst durch Banküberweisung bezahlt.

Grundbuch:

I. Eröffnungsbuchungen

Ia	Geschäftsausstattung ([B]GA)	***an*** EBK	35.000,00 €
Ib	Mietforderungen	***an*** EBK	6.300,00 €
Ic	Kasse	***an*** EBK	1.200,00 €
Id	Bank	***an*** EBK	24.000,00 €
Ie	EBK ***an*** Eigenkapital		25.000,00 €
If	EBK ***an*** Verb. gegenüber Kreditinst.		3.700,00 €
Ig	EBK ***an*** Sonstige Verbindlichkeiten		23.000,00 €
Ih	EBK ***an*** Verbindl. aus Steuern		14.800,00 €

II. Laufende Buchungen

Zu 1.)	Bank	500,00 €	
	an Mietforderungen		500,00 €
Zu 2.)	Verbindlichkeiten aus Steuern	6.000,00 €	
	an Verbindlichkeiten gegenüber Kreditinstituten		6.000,00 €
Zu 3.)	Geschäftsausstattung	8.000,00 €	
	an Sonstige Verbindlichkeiten		8.000,00 €
Zu 4.)	Sonstige Verbindlichkeiten	8.000,00 €	
	an Kasse		1.000,00 €
	Bank		7.000,00 €

III. Vorbereitende Abschlussbuchungen

Entfallen in diesem Beispiel – siehe jedoch nächstes Kapitel

IV. Abschlussbuchungen

IVa	SBK ***an*** Geschäftsausstattung ([B]GA)		43.000,00 €
IVb	SBK ***an*** Mietforderungen		5.800,00 €
IVc	SBK ***an*** Kasse		200,00 €
IVd	SBK ***an*** Bank		17.500,00 €
IVe	Eigenkapital	***an*** SBK	25.000,00 €
IVf	Verbindl. gegenüber Kreditinstituten	***an*** SBK	9.700,00 €
IVg	Sonstige Verbindlichkeiten	***an*** SBK	23.000,00 €
IVh	Verbindlichkeiten aus Steuern	***an*** SBK	8.800,00 €

Hauptbuch

S — Eröffnungsbilanzkonto — H

S		H	
Ie Eigenkapital	25.000,00	Ia Geschäftsausstattung ([B]GA)	35.000,00
If Verb. gegenüber Kreditinst.	3.700,00	Ib Mietforderungen	6.300,00
Ig Sonstige Verbindlichkeiten	23.000,00	Ic Kasse	1.200,00
Ih Verbindl. aus Steuern	14.800,00	Id Bank	24.000,00
	66.500,00		66.500,00

S — Geschäftsausstattung — H

S		H	
Ia EBK	35.000,00	IVa SBK	43.000,00
[3] Sonst. Verb.	8.000,00		
	43.000,00		43.000,00

S — Eigenkapital — H

S		H	
IVa SBK	25.000,00	Ie EBK	25.000,00
	25.000,00		25.000,00

S — Mietforderungen — H

S		H	
Ib EBK	6.300,00	[1] Bank	500,00
		IVb SBK	5.800,00
	6.300,00		6.300,00

S — Verb. gegenüber Kreditinst. — H

S		H	
IVf SBK	9.700,00	If EBK	3.700,00
		[2] Verb. Steuer	6.000,00
	9.700,00		9.700,00

S		Kasse		H
Ic EBK	1.200,00		[4] Sonst. Verb.	1.000,00
			IVc SBK	200,00
	1.200,00			1.200,00

S		Sonstige Verbindlichkeiten		H
[4] Kasse, Bnk	8.000,00		Ig EBK	23.000,00
IVg SBK	23.000,00		[3] BGA	8.000,00
	31.000,00			31.000,00

S		Bank		H
Id EBK	24.000,00		[4] Sonst. Verb.	7.000,00
[1] Mietford.	500,00		IVd SBK	17.500,00
	24.500,00			24.500,00

S		Verbindl. aus Steuern		H
[2] Verb. KI	6.000,00		Ih EBK	14.800,00
IVh SBK	8.800,00			
	14.800,00			14.800,00

S		Schlussbilanzkonto		H
IVa Geschäftsausstattung ([B]GA)	43.000,00		IVe Eigenkapital	25.000,00
IVb Mietforderungen	5.800,00		IVf Verb. gegenüber Kreditinst.	9.700,00
IVc Kasse	200,00		IVg Sonstige Verbindlichkeiten	23.000,00
IVd Bank	17.500,00		IVh Verbindl. aus Steuern	8.800,00
	66.500,00			66.500,00

8 Weitere Buchungstechniken

8.1 Umbuchungen (das überzogene Bankkonto – Dispokredite)

Hat man mit der Bank einen Überziehungskredit – Dispositionskredit genannt – vereinbart, kann man bei Bedarf (entsprechend der eigenen Disposition) mehr abbuchen, als dem (positiven) Guthaben auf diesem Konto entspricht. Dies kann für die Inanspruchnahme von Skonto oder auch beim Aufbau oder der Pflege von Geschäftsbeziehungen sinnvoll oder aber zwingend erforderlich sein, wenn Zahlungen geleistet werden müssen, bevor Außenstände (Forderungen) von anderen Geschäftspartnern beglichen wurden. Dies wird jedoch wegen der hohen Dispokreditzinsen von Fall zu Fall entschieden.

Beispiel:

Für das Bankkonto waren 20.000,00 € Überziehungslimit vereinbart worden.

Es weist nach dem bisher entwickelten Beispiel folgenden aktuellen Stand auf:

S		Bank			H
Id	EBK	24.000,00	[4]	Sonst. Verb.	7.000,00
[1]	Mietford.	500,00			

Das Bankguthaben beträgt 17.500,00 €.

Zu den vier bisher besprochenen Geschäftsfällen kommt hinzu:

5. Die Rechnung des Büromöbellieferanten über 23.000,00 € wird nach Mahnung per Bank bezahlt.

Da aufgrund des Dispokredits die Überweisung vom Bankkonto durch das Kreditinstitut auch ausgeführt wird, kann gebucht werden:

Zu 5.) Sonstige Verbindlichkeiten 23.000,00 €
an Bank 23.000,00 €

Tatsächlich hat jedoch das Kreditinstitut in diesem Fall im Augenblick der Überziehung einen Kredit in Höhe von 5.500,00 € (23.000,00 € ./. 17.500,00 €) gewährt, so dass nicht nur „an Bank" sondern auch „an Verbindlichkeiten gegenüber Kreditinstituten" hätte gebucht werden müssen.

Eine derartige Verfahrensweise ist zwar denkbar, aber im laufenden Geschäftsbetrieb nicht durchführbar, da auch bei der Buchung von Geldeingängen jedesmal zunächst geprüft werden müsste, ob nicht dadurch (auch) ein in Anspruch genommener Dispokredit gemindert wird.

Zum Jahresende weist daher das Konto „Bank" folgenden Stand auf:

S		Bank			H
Id	EBK	24.000,00	[4]	Sonst. Verb.	7.000,00
[1]	Mietford.	500,00	[5]	Sonst. Verb.	23.000,00
	Saldo	5.500,00			
		30.000,00			30.000,00

Das Konto „Bank" würde auf der Habenseite des Schlussbilanzkontos erscheinen. Im Hinblick auf die zuzuordnende Bilanzposition „Verbindlichkeiten gegenüber Kreditinstituten" wird jedoch vor dem Abschluss der Konten über SBK umgebucht:

III. Vorbereitende Abschlussbuchungen

IIIa	Bank	5.500,00 €	
	an Dispokredite		5.500,00 €

Als **endgültige Form** ergibt sich:

S	Bank		H
Id EBK	24.000,00	[4] Sonst. Verb.	7.000,00
[1] Mietford.	500,00	[5] Sonst. Verb.	23.000,00
IIIa Dispokredite	5.500,00		
	30.000,00		30.000,00

S	Dispokredite		H
IV... SBK	5.500,00	IIIa Bank	5.500,00
	5.500,00		5.500,00

Derartige Umbuchungen zählt man auch zu den **Korrekturbuchungen.** Korrigiert wird in diesem Fall die Buchung einer Vermögensminderung auf dem Bankkonto, die zum Teil als Mehrung einer Verbindlichkeit hätte erfasst werden müssen.

Nach dem Abschluss der übrigen Konten entsteht als SBK:

S	Schlussbilanzkonto		H
IVa Geschäftsausstattung ([B]GA)	43.000,00	IVd Eigenkapital	25.000,00
IVb Mietforderungen	5.800,00	IVe Verb. gegenüber Kreditinst.	9.700,00
IVc Kasse	200,00	IVf Dispokredite	5.500,00
		IVg Sonstige Verbindlichkeiten	0,00
		IVh Verbindl. aus Steuern	8.800,00
	49.000,00		49.000,00

Im **nächsten Geschäftsjahr** muss am Schluss von **„I. Eröffnungsbuchungen"** wieder **‚zurückgebucht'** werden, da im Rahmen von **„II. Laufende Buchungen" Überweisungen ausschließlich über das Bankkonto** gebucht werden (sollen).

Es ergibt sich dann unter anderem folgende Kontendarstellung:

S	Bank		H
		Ii Dispokredite	5.500,00

S	Dispokredite		H
Ii Bank	5.500,00	Ie EBK	5.500,00

8.2 Kontokorrentprinzip

Soll in einem Unternehmen ein betrieblicher (Teil)Sachverhalt mithilfe der Buchhaltung gesondert betrachtet oder überwacht werden, so führt man speziell dafür ein bzw. mehrere Konten.

Für den Überblick über den Umfang der Geschäftsbeziehungen mit Geschäftspartnern ist es daher nötig,

- für jeden Kunden ein Forderungskonto und
- für jeden Lieferanten ein Verbindlichkeitskonto

zu führen.

In der Praxis richtet man hierfür eine Nebenbuchhaltung ein. Aus Vereinfachungsgründen wird darauf in dieser Darstellung verzichtet.

Will man nun das Volumen der Geschäftsbeziehungen (etwa für Rabattverhandlungen) dem jeweiligen Konto entnehmen können, so muss dort jeder Rechnungsbetrag in voller Höhe gebucht sein – und zwar auch bei Sofortzahlung. Das gilt vor allem auch dann, wenn bei Rückfragen, Reklamationen usw. die Höhe des Ursprungsgeschäfts bereits dem Konto und nicht erst den ‚Akten' entnommen werden soll.

Auf den Forderungskonten sind dann auf der Sollseite die Beträge aller Ausgangsrechnungen aufgeführt und entsprechend auf den Verbindlichkeitskonten alle Eingangsrechnungen.

Diese Verfahrensweise nennt man **Kontokorrentprinzip:**

Alle Lieferungen und Leistungen werden unabhängig vom Zeitpunkt der (Be)Zahlung(en) zunächst **in voller Höhe über Forderungen bzw. Verbindlichkeiten** gebucht.

S	**Forderungen – Maier**	H
Ausgangsrechnung (AR)		Geldeingang
		Saldo: Außenstände
Umfang d. Gesch.beziehung		

S	**Verbindlichkeiten – Bürodata**	H
Bezahlung		Eingangsrechnung (ER)
Saldo: offene Rechnungen		
		Umfang d. Gesch.beziehung

Um dies am bisher entwickelten **Musterbeispiel** zu zeigen, werden für die Bilanzposition „Sonstige Verbindlichkeiten" nunmehr die Konten „Verbindlichkeiten Bürodata" und „Verbindlichkeiten Bürozentrum" geführt. In der Praxis geschieht dies üblicherweise in einer eigens dafür eingerichteten Nebenbuchhaltung. Darauf wird hier jedoch aus Gründen der Übersichtlichkeit verzichtet.

Entsprechend werden die **Geschäftsfälle** abgewandelt:

3. PC-Ausstattungen für 8.000,00 € werden beim **„Bürozentrum"** auf Ziel (auf Kredit) gekauft.
4. Die auf Ziel gekaufte PC-Ausstattungen werden mit 1.000,00 € in bar und sonst durch Banküberweisung bezahlt.
5. Die Rechnung von **„Bürodata"** über 23.000,00 € für die Geschäftseinrichtung wird per Bank bezahlt.

Grundbuch (Ausschnitt):

II. Laufende Buchungen

...

Zu 3.)	Geschäftsausstattung	8.000,00 €	
	an Verbindlichkeiten „Bürozentrum"		8.000,00 €
Zu 4.)	Verbindlichkeiten „Bürozentrum"	8.000,00 €	
	an Kasse		1.000,00 €
	(an) Bank		7.000,00 €
Zu 5.)	Verbindlichkeiten „Bürodata"	23.000,00 €	
	an Bank		23.000,00 €

III. Vorbereitende Abschlussbuchungen

Bank	5.500,00 €	
an Dispokredite		5.500,00 €

Hauptbuch (Ausschnitt):

S	Geschäftsausstattung ([B]GA)		H
Ia EBK	35.000,00		
[3] Verb. Büroz.	8.000,00		

S	Kasse		H
Ic EBK	1.200,00	[4] Verb. Büroz.	1.000,00

S	Bank		H
Id EBK	24.000,00	[4] Verb. Büroz.	7.000,00
[1] Mietford.	500,00	[5] Verb. Bürod.	23.000,00
IIIa Dispokredite	5.500,00		

S	Dispokredite		H
		IIIa Bank	5.500,00

S	Dispokredite		H
[5] Bank	23.000,00	Ig EBK	23.000,00

S	Verbindlichkeiten „Bürozentrum"		H
[4] Kasse, Bank	8.000,00	[3] BGA	8.000,00

8.3 Korrektur-/Stornobuchungen

Auch in einer gut geführten Buchhaltung werden gelegentlich Buchungsfehler auftreten.

Im Rahmen des Musterbeispiels sei angenommen, dass die Bezahlung des Computers auf „Verbindlichkeiten Bürodata“ statt auf „Verbindlichkeiten Bürozentrum“ erfasst – also gebucht – wurde:

Zu 4.)	Verbindlichkeiten „Bürodata“	8.000,00 €	
	an Kasse		1.000,00 €
	(an) Bank		7.000,00 €

Man kann hier ähnlich wie beim überzogenen Bankkonto durch eine ‚einfache‘ Umbuchung korrigieren. Diese Buchung lautet dann:

4a)	Verbindlichkeiten „Bürozentrum“	8.000,00 €	
	an Verbindlichkeiten „Bürodata“		8.000,00 €

Kontendarstellung:

S	Kasse		H
Ic EBK	1.200,00	[4] Verb. Bürod.	1.000,00

S	Verbindlichkeiten „Bürodata“		H
[4] Kasse, Bank	8.000,00	Ig EBK	23.000,00
		[4a] Verb. Büroz.	**8.000,00**

S	Bank		H
Id EBK	24.000,00	[4] Verb. Bürod.	7.000,00
[1] Mietford.	500,00		

S	Verbindlichkeiten „Bürozentrum“		H
[4a] Verb. Bürod.	**8.000,00**	[3] BGA	8.000,00

Diese Verfahrensweise ist buchungstechnisch einfach und im Endergebnis richtig. Sie hat jedoch folgende Nachteile:

- Den Verweis auf das richtige Gegenkonto findet man von den Geldkonten aus nur auf dem Umweg über das falsch bebuchte Konto „Verbindlichkeiten Bürodata“.
- Die Kontensumme (31.000,00 €) von „Verbindlichkeiten Bürodata“ gibt keine Auskunft mehr über den Umfang der Geschäftsbeziehungen mit diesem Unternehmen. Er müsste ‚von Hand‘ durch Analyse der einzelnen Buchungen ermittelt werden.

Diese Nachteile führen in der Praxis häufig zu sehr zeitaufwendigen Zusatzarbeiten.

Deshalb ist es besser, erst durch einen Vollstorno in Form der so genannten Generalumkehrbuchung jeden Kontenanruf zu korrigieren und danach richtig zu buchen. Das Prinzip besteht darin, die falsche Buchung mit Minusbeträgen zu wiederholen.

Falschbuchung

Zu 4.)	Verbindlichkeiten „Bürodata“	8.000,00 €	
	an Kasse		1.000,00 €
	(an) Bank		7.000,00 €

Vollstorno/Generalumkehr

4a)	Verbindlichkeiten „Bürodata“	– 8.000,00 €	
	an Kasse		– 1.000,00 €
	(an) Bank		– 7.000,00 €

richtige Buchung

4b)	Verbindlichkeiten „Bürozentrum“	8.000,00 €	
	an Kasse		1.000,00 €
	(an) Bank		7.000,00 €

Kontendarstellung

S	Kasse		H
Ic EBK	1.200,00	[4] Verb. Bürod.	1.000,00
		[4a] Verb. Bürod.	-1.000,00
		[4b] Verb. Büroz.	1.000,00

S	Verbindlichkeiten „Bürodata“		H
[4] Kasse, Bank	8.000,00	Ig EBK	23.000,00
[4a] Kasse, Bank	-8.000,00		

S	Bank		H
Id EBK	24.000,00	[4] Verb. Bürod.	7.000,00
[1] Mietford.	500,00	[4a] Verb. Bürod.	-7.000,00
		[4b] Verb. Büroz.	7.000,00

S	Verbindlichkeiten „Bürozentrum“		H
[4b] Kasse, Bank	8.000,00	[3] BGA	8.000,00

9 Veränderungen des Eigenkapitals

9.1 Betrieblich bedingte Veränderungen – der Erfolg des Unternehmens

Auswirkungen auf das Eigenkapital

Bisher wurden ausschließlich Geschäftsfälle behandelt, die Umschichtungen des Vermögens und des Fremdkapitals (der Schulden) bewirken, das Eigenkapital jedoch unverändert lassen.

Jetzt geht es um betrieblich verursachte Eigenkapitaländerungen. Die diesen Eigenkapitaländerungen zugrunde liegenden Geschäftsvorfälle bezeichnet man als Erfolgsvorgänge, weil sie im Saldo den Erfolg des Unternehmens in der betrachteten Periode (in der Regel ein Geschäftsjahr) ergeben.

9.1.1 Aufwendungen

Das Immobilienunternehmen muss Gehälter, Mieten, Zinsen, sächliche Verwaltungskosten, wie Telefongebühren, Büromaterial, Instandhaltungsrechnungen und vieles mehr bezahlen. Diese Ausgaben vermindern zwar einerseits den Bestand des betroffenen Geldkontos (Vermögenskontos). Sie erhöhen jedoch weder den Bestand eines anderen Vermögenskontos, noch vermindern sie den Bestand eines Schuldkontos. Diese Vorgänge werden als Aufwendungen bezeichnet. Da sich durch diese Geschäftsvorfälle das Vermögen vermindert, die Schulden jedoch unverändert bleiben, nimmt durch sie das Eigenkapital ab.

Beispiel:

Banküberweisung der Zinsen für ein Darlehen: 4.000,00 €.

Durch die Überweisung der Zinsen vermindert sich das Bankguthaben um 4.000,00 €. Da weder ein anderer Vermögenswert zu-, noch ein Schuldposten abnimmt, vermindert sich das Eigenkapital um diese 4.000,00 €.

	Vor der Zinszahlung	Nach der Zinszahlung
Summe des Vermögens	100.000,00	96.000,00
./. Summe der Schulden	25.000,00	25.000,00
= Eigenkapital	75.000,00	71.000,00

Auf die Konten hat das folgende Auswirkungen:

a) Konten **vor** der Zinszahlung:

S	Bank		H
EBK	100.000,00		

S	Eigenkapital		H
		EBK	75.000,00

S	Verbindlichkeiten gegenüber Kreditinstituten		H
		EBK	25.000,00

b) Konten **nach** der Zinszahlung:

S	Bank		H
EBK	100.000,00	Eigenkapital	4.000,00

S	Eigenkapital		H
Bank	4.000,00	EBK	75.000,00

S	Verbindlichkeiten gegenüber Kreditinstituten		H
		EBK	25.000,00

Aufwendungen bewirken eine Verminderung des Eigenkapitals.

Neben Aufwendungen, die in allen Unternehmungen anfallen, wie Personalaufwand, sächliche Verwaltungsaufwendungen (z. B. Büromaterial) und Steuern, spielen in der Immobilienwirtschaft u. a. die Aufwendungen für die Hausbewirtschaftung (Beheizung, Warmwasserversorgung, Hausreinigung, etc.), für die Instandhaltung und (aufgrund des hohen Fremdkapitalbedarfs) die Schuldzinsen eine besondere Rolle.

9.1.2 Erträge

Die unternehmerische Tätigkeit führt aber auch zu Einnahmen. So fließen dem Kaufmann Mieteinnahmen, Einnahmen aus Betreuungsleistungen und die Erlöse aus Verkäufen aus Gegenständen des Anlage- und Umlaufvermögens, Provisionen, Zinsen für angelegte Gelder, etc. zu. Diese Einnahmen erhöhen zwar einerseits den Bestand des betroffenen Geldkontos (Vermögenskontos). Sie vermindern jedoch weder den Bestand eines anderen Vermögenskontos, noch erhöhen sie den Bestand eines Schuldkontos. Diese Vorgänge werden als Erträge bezeichnet. Da sich durch diese Geschäftsvorfälle das Vermögen erhöht, die Schulden jedoch unverändert bleiben, nimmt durch sie das Eigenkapital zu.

Beispiel:

Bankeingang der Pacht für ein unbebautes Grundstück: 15.000,00 €.

Durch den Eingang der Pacht erhöht sich das Bankguthaben um 15.000,00 €. Da weder ein anderer Vermögenswert ab- noch ein Schuldposten zunimmt, erhöht sich das Eigenkapital um 15.000,00 €.

	Vor Eingang der Pacht	Nach Eingang der Pacht
Summe des Vermögens	96.000,00	111.000,00
./. Summe der Schulden	25.000,00	25.000,00
= Eigenkapital	71.000,00	86.000,00

Auf die Konten hat das folgende Auswirkungen:

a) Konten **vor** Eingang der Pacht:

S	Bank		H
EBK	96.000,00		

S	Eigenkapital		H
		EBK	71.000,00

S	Verbindlichkeiten gegenüber Kreditinstituten		H
		EBK	25.000,00

b) Konten **nach** Eingang der Pacht:

S	Bank		H
EBK	96.000,00		
Eigenkapital	15.000,00		

S	Eigenkapital		H
		EBK	75.000,00
		Bank	15.000,00

S	Verbindlichkeiten gegenüber Kreditinstituten		H
		EBK	25.000,00

Erträge bewirken eine Erhöhung des Eigenkapitals.

In der Immobilienwirtschaft spielen neben den Zinserträgen und anderen Erträgen, die in allen Branchen anfallen, besonders die folgenden Ertragsarten eine besondere Rolle: Erträge aus der Hausbewirtschaftung (u. a. die Mieten), aus dem Verkauf bebauter und unbebauter Grundstücke und aus der Betreuungstätigkeit.

9.1.3 Erfolgskonten

Die bisher entwickelte Kontendarstellung hat die Auswirkung von Erfolgsvorgängen auf das Eigenkapital gezeigt. Danach würden die Buchungen lauten:

Aufwendungen

Eigenkapital	4.000,00 €	
an Bank		4.000,00 €

Erträge

Bank	15.000,00 €	
an Eigenkapital		15.000,00 €

Aus diesen Buchungen ergäbe sich lediglich, dass im ersten Fall wohl ein Aufwand (Eigenkapitalminderung) und im zweiten Fall ein Ertrag (Eigenkapitalmehrung) vorliegt.

Die betrieblichen Sachverhalte, die diesen Buchungen zugrunde liegen, **sind** jedoch **nicht rekonstruierbar.** Man kann nicht erkennen, dass es sich im ersten Fall um eine Zinszahlung und im zweiten Fall um einen Pachteingang handelt. Damit bleibt unklar, wodurch am Ende die Eigenkapitalmehrung von 11.000,00 € entstanden ist. Das heißt: **Die Quellen des Erfolgs sind nicht erkennbar.**

Deshalb müssen dem Konto „Eigenkapital" Unterkonten zugeordnet werden, auf denen die unterschiedlichen ‚Gründe' für dessen Änderungen erfasst werden.

Die Unterkonten des Kontos „Eigenkapital" nennt man Erfolgskonten.

Auf diesen Erfolgskonten wird genauso gebucht, wie man es auf dem Hauptkonto („Eigenkapital") täte.

Die **Buchungen** lauten nunmehr:

Aufwendungen (z. B. Zinsaufwand)

Zinsaufwand	4.000,00 €	
an Bank		4.000,00 €

Erträge (z. B. Pachterträge)

Bank	15.000,00 €	
an Pachterträge		15.000,00 €

Kontendarstellung:

S **Bank** H

EBK	100.000,00	[1] Zinsaufw.	4.000,00
[2] Pachtertr.	15.000,00		

S **Eigenkapital** H

		EBK	75.000,00

S **Verbindlichkeiten gegenüber Kreditinstituten** H

		EBK	25.000,00

S **Zinsaufwendungen** H

[1] Bank	4.000,00	Saldo	4.000,00

S **Pachterträge** H

Saldo	15.000,00	[2] Bank	15.000,00

9.1.4 Das Gewinn- und Verlustkonto (GuV-Konto)

Der **Saldo** aller betrieblich bedingten Eigenkapitalminderungen und -erhöhungen, **aller Aufwendungen und Erträge,** also aller Buchungen auf den Erfolgskonten eines Geschäftsjahres, **ist der Erfolg des Unternehmens in dieser Periode,** sein Gewinn oder Verlust. (Der unternehmerische Erfolg kann also auch ein „Misserfolg" sein.)

Buchhalterisch wird der **Erfolg ermittelt, indem die Erfolgskonten** am Ende der Periode **über** ein eigens für die Erfolgsermittlung vorgesehenes Konto, das Gewinn- und Verlustkonto **(GuV-Konto), abgeschlossen werden.**

Da Aufwendungen immer im Soll und Erträge immer im Haben gebucht werden, lauten die Abschlussbuchungssätze für die Aufwands- und Ertragskonten immer gleich:

GuV-Konto *an* Aufwandskonto bzw. Ertragskonto *an* GuV-Konto

Der Saldo des GuV-Kontos ist der Gewinn oder Verlust der Periode.

Das GuV-Konto wird über das Eigenkapitalkonto abgeschlossen.

(Das gilt in dieser einfachen Form nur für eine Einzelunternehmung. Die Besonderheiten des Jahresabschlusses bei anderen Gesellschaftsformen werden im Kapitel 9 des Fachteils ausführlich behandelt.)

Ist die Summe der **Erträge größer als die** Summe der **Aufwendungen,** ist also ein **Gewinn** erwirtschaftet worden, lautet der **Buchungssatz:**

GuV *an* Eigenkapital.

Ist die Summe der **Aufwendungen größer als die** Summe der **Erträge,** ist also ein **Verlust** erwirtschaftet worden, lautet der **Buchungssatz:**

Eigenkapital *an* GuV-Konto.

Für dieses Beispiel sieht das **Grundbuch** folgendermaßen aus:

I. Eröffnungsbuchungen

Ia	Bank ***an*** EBK	100.000,00 €
Ib	EBK ***an*** Eigenkapital	75.000,00 €
Ic	EBK ***an*** Verbindlichkeiten gegenüber Kreditinstituten	25.000,00 €

II. Laufende Buchungen

Zu 1.)	Zinsaufwendungen	4.000,00 €	
	an Bank		4.000,00 €
Zu 2.)	Bank	15.000,00 €	
	an Pachterträge		15.000,00 €

III. Vorbereitende Abschlussbuchungen

entfällt in diesem Beispiel

IV. Abschlussbuchungen

IVa	GuV-Konto ***an*** Zinsaufwendungen	4.000,00 €
IVb	Pachterträge ***an*** GuV-Konto	15.000,00 €
IVc	GuV-Konto ***an*** Eigenkapital	11.000,00 €
IVd	Eigenkapital ***an*** SBK	86.000,00 €
IVe	SBK ***an*** Bank	111.000,00 €
IVf	Verbindlichkeiten gegenüber Kreditinstituten ***an*** SBK	25.000,00 €

Hauptbuch (ohne EBK und SBK):

S Bank H

S		H	
Ia EBK	100.000,00	[1] Zinsaufw.	4.000,00
[2] Pachtertr.	15.000,00	IVe SBK	111.000,00
	115.000,00		115.000,00

S Eigenkapital H

S		H	
IVd SBK	86.000,00	Ib EBK	75.000,00
		IVc GuV-Konto	11.000,00
	86.000,00		86.000,00

S Verbindlichkeiten gegenüber Kreditinstituten H

S		H	
IVf SBK	25.000,00	Ic EBK	25.000,00
	25.000,00		25.000,00

S Zinsaufwendungen H

S		H	
[1] Bank	4.000,00	IVa GuV-Konto	4.000,00
	4.000,00		4.000,00

S Pachterträge H

S		H	
IVb GuV-Konto	15.000,00	[2] Bank	15.000,00
	15.000,00		15.000,00

S GuV-Konto H

S		H	
IVa Zinsaufw.	4.000,00	IVb Pachtertr.	15.000,00
IVc Eigenkapital	11.000,00		
	15.000,00		15.000,00

Im Zusammenhang mit der **Buchung eines Geschäftsfalls** sollte **nunmehr** überlegt werden:

a) Welche **Bilanzpositionen** werden durch diesen Sachverhalt verändert?
b) Auf welcher Seite der Bilanz stehen diese Positionen?
c) Werden diese Positionen jeweils vermehrt oder vermindert?
d) Welche **Konten** werden auf welcher Seite jeweils nach welcher Regel angesprochen?
e) Wie lautet der Buchungssatz?
f) Wird durch diesen Sachverhalt die Bilanzsumme verändert? – Falls ja, wie?
g) Welche Art der Bilanzveränderung bewirkt die Erfassung des jeweiligen Sachverhalts?

9.2 Die Privatkonten

Neben den betrieblich verursachten Aufwendungen und Erträgen gibt es auch **privat verursachte Eigenkapitalveränderungen.** Von Kapitalerhöhungen oder Kapitalherabsetzungen abgesehen, finden sich diese privaten Vorgänge nur in Einzelunternehmungen und Personengesellschaften wie OHG oder KG.

Der Kaufmann entnimmt seinem Unternehmen Geld und Sachwerte für die private Lebensführung. Diese Entnahmen mindern sein Eigenkapital. Er kann aber auch Geld oder Sachwerte in das Unternehmen einbringen und damit sein Eigenkapital mehren.

Entnimmt ein Unternehmer dem Betrieb Bargeld, Waren, Erzeugnisse, Nutzungen oder Leistungen für sich, seinen Haushalt oder andere betriebsfremde Zwecke, so sind das **Entnahmen** nach § 4 Abs. 1 EStG (Einkommensteuergesetz).

Führt ein Unternehmer dem Betrieb Bargeld oder sonstige Wirtschaftsgüter **zu**, so sind das **Einlagen** nach § 4 Abs. 1 EStG (Einkommensteuergesetz).

Buchhalterisch könnte man diese Vorgänge auf einem einzigen Unterkonto zum Konto „Eigenkapital" erfassen. In der Praxis werden jedoch **getrennte Konten für Entnahmen und Einlagen** geführt.

Die Entnahmen werden oft auf diversen Konten, die auf die Steuererklärung des Unternehmers abzielen, gebucht. Denkbar wären unter anderem:

- Privatentnahmen – allgemein –,
- Privatsteuern,
- Privatspenden,
- Eigenverbrauch und
- Privateinlagen.

Im Rahmen dieser Einführung reicht die Unterteilung in die **Konten „Privatentnahmen" und „Privateinlagen".**

Alle Privatkonten sind Unterkonten des Kontos „Eigenkapital" und werden am Geschäftsjahresende im Rahmen von „III. Vorbereitende Abschlussbuchungen" **direkt über dieses abgeschlossen** und **nicht über** das **GuV-Konto,** weil letzteres den Erfolg aus betrieblicher Tätigkeit darstellt.

Im folgenden **Beispiel** werden aus Gründen der Übersichtlichkeit im Grundbuch „I. Eröffnungsbuchungen“ und „IV. Abschlussbuchungen“ weggelassen.

Geschäftsfälle:

1. Der Unternehmer entnimmt der Kasse 500,00 € für private Zwecke.
2. Er entnimmt eine Schreibmaschine im Wert von 300,00 € für seine Tochter.
3. Der Unternehmer legt 100,00 € in die Portokasse.
4. Er bringt sein Privatauto im Wert von 30.000,00 € in sein Unternehmen ein.

Grundbuch (Ausschnitt):

II. Laufende Buchungen

Zu 1.)	Privatentnahmen	500,00 €	
	an Kasse		500,00 €
Zu 2.)	Privatentnahmen	300,00 €	
	an Geschäftsausstattung (BGA)		300,00 €
Zu 3.)	Kasse	100,00 €	
	an Privateinlagen		100,00 €
Zu 4.)	Geschäftsausstattung (BGA)	30.000,00 €	
	an Privateinlagen		30.000,00 €

III. Vorbereitende Abschlussbuchungen

IIIa)	Eigenkapital	800,00 €	
	an Privatentnahmen		800,00 €
IIIb)	Privateinlagen	30.100,00 €	
	an Eigenkapital		30.100,00 €

Hauptbuch (Ausschnitt):

S — Geschäftsausstattung (BGA) — H

S			H		
I	EBK	55.400,00	[2]	Privatentn.	300,00
[4]	Privateinl.	30.000,00			

S — Eigenkapital — H

S			H		
IIIa	Privatentn.	800,00	I	EBK	120.000,00
			IIIb	Privateinl.	30.100,00

S — Kasse — H

S			H		
I	EBK	3.200,00	[1]	Privatentn.	500,00
[3]	Privateinl.	100,00			

S — Privatentnahmen — H

S			H		
[1]	Kasse	500,00	IIIa	Eigenkapital	800,00
[2]	BGA	300,00			
		800,00			800,00

S — Privateinlagen — H

S			H		
IIIb	Eigenkapital	30.100,00	[3]	Kasse	100,00
			[4]	BGA	30.000,00
		30.100,00			30.100,00

9.3 Ablauf der Arbeiten „von EBK zu SBK"

I. Eröffnungsbuchungen

1. Einrichten des EBK und der entsprechenden aktiven und passiven Bestandskonten aufgrund der vorgegebenen Eröffnungsbestände.
2. Buchen der Eröffnungsbestände im Grund- und Hauptbuch.
3. Umbuchungen zur Erfassung der Geschäftsfälle auf die dafür vorgesehenen Konten (z. B. Dispokredite auf das Bankkonto) – ‚nachbereitende Eröffnungsbuchungen'. Durch die Eröffnungsbuchungen wird auf den aktiven und passiven Bestandskonten der Ausgangszustand für die Buchungen des ‚laufenden Geschäfts' hergestellt.

II. Laufende Buchungen

Erfassen der Geschäftsfälle zuerst im Grund- und dann im Hauptbuch. Es können mehrere Buchungen für einen Geschäftsfall erforderlich sein, und meistens müssen weitere Konten eingerichtet werden (z. B. die Erfolgskonten).

III. Vorbereitende Abschlussbuchungen

Dies sind (Um)Buchungen im Anschluss an die Erfassung der Geschäftsfälle, wodurch der Abschluss der Konten über das GuV-Konto bzw. SBK erst möglich wird. Dazu gehören unter anderem

- die Umbuchung vom Bankkonto auf Dispokredite und
- der ‚Abschluss' der Konten „Privatentnahmen" und „Privateinlagen" über das Konto „Eigenkapital".

IV. Abschlussbuchungen

Dies sind alle Buchungen mit dem Gegenkonto „GuV-Konto" oder „SBK". Dazu gehören unter anderem:

1. der Abschluss der Aufwandskonten über das GuV-Konto,
2. der Abschluss der Ertragskonten über das GuV-Konto,
3. der Abschluss des GuV-Kontos über das Konto „Eigenkapital",
4. der Abschluss der aktiven Bestandskonten über das SBK und
5. der Abschluss der passiven Bestandskonten über das SBK.

Fachteil 1 – Buchführung

1 Kontenorganisation in der Immobilienwirtschaft

1.1 Der Kontenrahmen der Immobilienwirtschaft

Grundlage für die am Ende eines jeden Geschäftsjahres aufzustellende Bilanz und GuV-Rechnung ist die lückenlose Aufzeichnung aller Geschäftsfälle (Wertbewegungen) während dieser Periode auf Konten. Da selbst in kleineren Betrieben für eine differenzierte – und damit auswertbare – Erfassung hunderte, wenn nicht tausende von Konten zu führen sind, ist eine nachvollziehbare Systematik zwingend erforderlich. Diese orientiert sich zweckmäßigerweise an einem brancheneinheitlichen Gliederungsschema. Dieses wurde in Form des Kontenrahmens von den jeweiligen Wirtschaftsverbänden entwickelt.

1.1.1 Zweck eines Kontenrahmens:

1. Ordnung der Konten auf eine bestimmte Weise
2. Gleiche Vorgänge werden auf gleichen Konten gebucht
3. Interne (von Jahr zu Jahr) und externe Betriebsvergleiche
4. Übersichtlichkeit und Durchsichtigkeit der Buchhaltung
5. Erleichterung der Prüfung durch Finanzbehörden und Wirtschaftsprüfer

1.1.2 Aufbau: Kontenrahmen – Kontenplan

10 Kontenklassen:	0	bis	9	insges.:	10
10 mögliche Kontengruppen pro Kontenklasse:	00	bis	99	maximal:	100
10 mögliche Kontenarten pro Kontengruppe:	000	bis	999	maximal:	1000
10 mögliche Kontenunterarten pro Kontenart:	0000	bis	9999	maximal:	10000

Beispiel:

Klasse	8	Aufwendungen
Gruppe	80	Aufwendungen für Hausbewirtschaftung
Art	809	andere Aufwendungen der Hausbewirtschaftung
Unterart	8090	Pachtaufwendungen

1.1.3 Richtlinien

In seinen „Richtlinien des Rechnungswesens" hat der Bundesverband deutscher Immobilienunternehmen e.V. (GdW) in Abschnitt II 1 b) Tzn 7 ff. „Kontenrahmen und Kontenplan" Folgendes empfohlen – (Ergänzungen [und z. T. Hervorhebungen] von den Verfassern dieses Buches):

„b) Kontenrahmen Kontenplan

7 Für die Ausgestaltung des immobilienwirtschaftlichen Rechnungswesens hat der GdW als Spitzenverband den immobilienwirtschaftlichen Kontenrahmen herausgegeben.
Der immobilienwirtschaftliche Kontenrahmen stellt mit seiner Gliederung in Kontenklassen und Kontengruppen einen generellen Ordnungsrahmen für die Buchführung der Immobilienunternehmen dar. Immobilienunternehmen sollten im Grundsatz bei der Ausgestaltung ihrer betriebsindividuellen Buchführung den immobilienwirtschaftlichen Kontenrahmen zugrunde legen. Auf seiner

Grundlage können unter Berücksichtigung des Geschäftsumfanges und der Betriebsgröße, [der Tätigkeitsbereiche und der Betriebsorganisation], unternehmensindividuelle Kontenpläne entwickelt werden, um die Übersichtlichkeit, Klarheit und Nachprüfbarkeit der Buchführung zu gewährleisten.

8 **Abweichungen** vom immobilienwirtschaftlichen Kontenrahmen oder die Verwendung eines anderen Kontenrahmens sollten nur erfolgen, **wenn** dadurch die **Aussagekraft** der Buchführung **nicht beeinträchtigt** wird bzw. wenn der verwendete Kontenrahmen dem immobilienwirtschaftlichen Kontenrahmen als gleichwertig anzusehen ist. Ein Kontenrahmen ist dann dem immobilienwirtschaftlichen Kontenrahmen als gleichwertig anzusehen, wenn die Kontenklassen und Kontengruppen nach dem Abschlussgliederungsprinzip geordnet sind, d. h.

- in Bezug auf ihre Inhalte muss die Reihenfolge der Konten mit der Reihenfolge der Bilanzposten bzw. der Ertragsposten und der Aufwandsposten übereinstimmen,
- die Inhalte von Kontengruppen bzw. Konten dürfen sich nicht mit den Inhalten von anderen im Jahresabschluss ausweispflichtigen Posten überschneiden.

9 Bei der **Erstellung** betrieblicher **Kontenpläne** sind **folgende Grundsätze** zu **beachten:**

- Alle Konten sind in ein Verzeichnis (Kontenplan) vollständig aufzunehmen.
- Die Einrichtung neuer Konten, die Änderung bzw. Aufhebung bestehender Konten sind unter Angabe des Zeitpunktes der Kontenänderung im Kontenplan kenntlich zu machen.
- Die Inhalte einzelner Konten innerhalb einer Kontenklasse, Kontengruppe oder Kontenart dürfen sich mit den Inhalten von Konten innerhalb anderer Kontenklassen, -gruppen oder -arten nicht überschneiden.
- Der Inhalt jedes Kontos muss einem bestimmten gesondert ausweispflichtigen Posten in der Bilanz oder der Gewinn- und Verlustrechnung zuzuordnen sein.
- Die Bezeichnung der einzelnen Konten muss wahr und vollständig sein.“

(Häufig ist [z. B. durch Anhängen weiterer Ziffern] gerade für Auswertungszwecke eine über die ‚Vorgaben‘ des Kontenrahmens hinausgehende Untergliederung notwendig. z. B.: (809017) Pachtaufwendungen – Berliner Str. 30)

„c) Haupt- und Nebenbuchhaltungen

10 „Je nach Größe des Unternehmens und Umfang des anfallenden Buchungsstoffes kann es (darüber hinaus) zweckmäßig sein, bestimmte Teilbereiche – z. B. Hypothekenverwaltung, Mietenabrechnung, Geschäftsguthaben, Lohn- und Gehaltsabrechnung – in Nebenbuchführungen zu verselbstständigen. Bei der Einrichtung von Nebenbuchführungen muss sichergestellt sein, dass die einzelnen Teilbereiche organisatorisch ineinandergreifen und die richtige und vollständige Übernahme des Zahlenwerks der Nebenbuchführung in die Hauptbuchführung gewährleistet (ist).

d) Baubuch

11 Für das gemäß Gesetz über die Sicherung von Bauforderungen zu führende Baubuch (BauFG vom 01.06.1909) sind keine Vorschriften vorgegeben. Im immobilienwirtschaftlichen Kontenrahmen bietet die Kontenklasse 7 die Möglichkeit, die Funktion des Baubuches zu übernehmen. Hierbei ist sicherzustellen, dass alle gesetzlich vorgeschriebenen Anforderungen an den Inhalt des Baubuches (§ 2 Abs. 3 BauFG) eindeutig und zeitnah in der Buchführung enthalten sind.“ (Erläuterungen zur Rechnungslegung der Immobilienunternehmen [Kapitalgesellschaften], Ausgabe 1996, S. A4-A6)

1.1.4 Abschlussgliederungsprinzip

Kontenklassen:

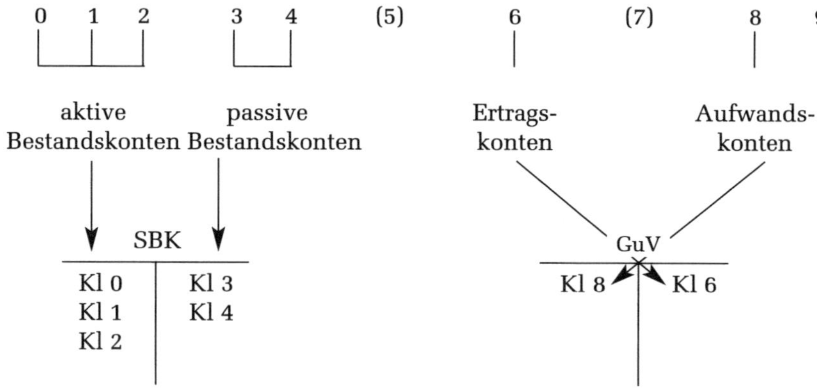

Das Abschlussgliederungsprinzip beinhaltet, dass die Kontenklassen- und Kontengruppeneinteilung der gesetzlich vorgeschriebenen Gliederung von Bilanz und Gewinn-und-Verlust-Rechnung entspricht. Die Klassen 5 und 7 enthalten Konten, die nicht im Schlussbilanz- oder GuV-Konto erscheinen.

In den **Klassen 0 bis 4** sind **alle** die **Bilanz** betreffenden **Positionen** untergebracht.

1.1.4.1 Kontenklasse 0

Die **Kontenklasse 0** nimmt **das gesamte Anlagevermögen** und die darauf geleisteten Anzahlungen auf.

Das sind alle Vermögensgegenstände, die dem Betrieb nach dem Willen des Unternehmens auf Dauer dienen sollen.

Dazu gehören u. a.

a) das langfristige Grundvermögen des Unternehmens (z. B. Mietwohn- und Geschäftsbauten),
b) das ‚bewegliche' Sachanlagevermögen zur Erfüllung des Unternehmenszwecks (z. B. Maschinen, BGA usw.),
c) das im Bau befindliche Anlagevermögen, die Bauvorbereitungskosten,
d) die Finanzanlagen.

1.1.4.2 Kontenklasse 1

Die **Kontenklasse 1** nimmt **Grundstücke und „andere Vorräte" des Umlaufvermögens** und die darauf geleisteten Anzahlungen auf.

Das sind alle Vermögensgegenstände, die im Betrieb nur ‚kurz' verbleiben (sollen), weil sie zum Verkauf oder Verbrauch bestimmt sind.

Dazu gehören u. a.

a) die zum Verkauf bestimmten Grundstücke mit oder ohne Bauten (z. B. Kaufeigenheime, Eigentumswohnungen usw.),
b) die in der Erstellung befindlichen Bauten zu a) und deren Bauvorbereitungskosten,
c) die (‚halbfertigen') (Dienst)Leistungen des Unternehmens, die noch nicht abgerechnet sind und deshalb noch nicht zu Forderungen geführt haben (Aufwand für die Beheizung von Wohnungen, über dessen Vorauszahlungen noch nicht abgerechnet ist),
d) die zum Verbrauch bestimmten Vorräte (z. B. Heizmaterial, Reparaturmaterial).

1.1.4.3 Kontenklasse 2

Die **Kontenklasse 2** nimmt **das restliche Umlaufvermögen und** die **„aktiven Rechnungsabgrenzungsposten“** auf.

Dazu gehören u. a.

a) die Forderungen, die sich aus typisch immobilienwirtschaftlichen Tätigkeiten ergeben (z. B. Mietforderungen),
b) die „sonstigen Vermögensgegenstände“, d. h. die Forderungen, die nicht unter a) einzuordnen sind, (z. B. Forderungen aus Lohn- und Gehaltsvorschüssen, Forderungen gegenüber dem Finanzamt),
c) die „flüssigen Mittel“ – Zahlungsverkehr – (z. B. Bank[guthaben], Bausparguthaben).

Die „aktiven Rechnungsabgrenzungsposten“ dienen bei der Erfassung bestimmter Sachverhalte der Bilanzkorrektur. Sie werden im Abschnitt „7.1.1.1 Aktive Rechnungsabgrenzung“ besprochen.

1.1.4.4 Kontenklasse 3

Die **Kontenklasse 3** nimmt das **Eigenkapital und** die **Rückstellungen** auf.

Zu „Eigenkapital“ gehören u. a.

a) bei Einzelunternehmungen und Personengesellschaften die laufenden Kapitalkonten und Privatkonten,
b) bei Kapitalgesellschaften und Genossenschaften
   – das Grundkapital einer Aktiengesellschaft (Gesamtnennbetrag aller Aktien), das Stammkapital einer GmbH (Gesamtbetrag aller Stammeinlagen), das Geschäftsguthaben einer Genossenschaft (Summe der Geschäftsguthaben aller Genossen einschließlich der am Schluss des Geschäftsjahres ausgeschiedenen),
   – die Rücklagen (z. B. gesetzliche Rücklage),
   – das (Jahres)Ergebnis (z. B. Bilanzgewinn/Bilanzverlust).

Zu „Rückstellungen“ gehören u .a. die Steuerrückstellungen und die Rückstellungen für Bauinstandhaltung.

1.1.4.5 Kontenklasse 4

Die **Kontenklasse 4** nimmt die **Verbindlichkeiten und „passiven Rechnungsabgrenzungsposten“** auf.

Dazu gehören u. a.

a) die Finanzierungsmittel (z. B. Darlehen, Hypotheken, Grundschulden),
b) die Verbindlichkeiten aus den typisch immobilienwirtschaftlichen Tätigkeitsbereichen (z. B. erhaltene Anzahlungen, Verbindlichkeiten aus Vermietung, Verbindlichkeiten aus Betreuungstätigkeit, Verbindlichkeiten aus Lieferungen und Leistungen [u. a. Bau- und Instandhaltungsleistungen]),
c) sonstige Verbindlichkeiten (z. B. Verbindlichkeiten aus Steuern, aus Löhnen und Gehältern, aus Zinsen).

Die „passiven Rechnungsabgrenzungsposten“ dienen bei der Erfassung bestimmter Sachverhalte der Bilanzkorrektur. Sie werden im Abschnitt „7.1.1.2 Passive Rechnungsabgrenzung“ besprochen.

Die **Klassen 6 und 8** enthalten die **Erfolgskonten,** wobei wegen der für die Gewinn- und Verlustrechnung bei Kapitalgesellschaften und Genossenschaften zwingend vorgeschriebenen Staffelform zunächst in Klasse 6 die Erträge erscheinen und dann in Klasse 8 die Aufwendungen.

1.1.4.6 Kontenklasse 6

Die **Kontenklasse 6** nimmt die **Erträge** auf.

Dazu gehören u. a.

a) die Umsatzerlöse aus dem typisch immobilienwirtschaftlichen Leistungsbereich (z. B. Miet- und Pachterträge, Umsatzerlöse aus dem Verkauf von Objekten des Umlaufvermögens, Umsatzerlöse aus der Baubetreuung),
b) die „sonstigen betrieblichen Erträge" (z. B. Erträge aus Verkäufen von Anlagevermögen, Mahngebühren, vorübergehende Bewirtschaftungserträge, Erbbauzinsen),
c) die Erträge aus Finanz- und Geldanlagen (z. B. Zinserträge, Wertpapierdividenden).

1.1.4.7 Kontenklasse 8

Die **Kontenklasse 8** nimmt die **Aufwendungen** auf.

Dazu gehören u. a.

a) die Fremdkosten (von Dritten bezogene Sach- und Dienstleistungen) für den typisch immobilienwirtschaftlichen Leistungsbereich (z. B. Betriebskosten, [Miet]Prozesskosten, Erbbauzinsen, Instandhaltungskosten, Buchwert [verkaufter] Gegenstände des Umlaufvermögens, Kosten für die Baubetreuung),
b) Personalaufwendungen (z. B. Löhne und Gehälter, soziale Abgaben, Aufwendungen für die Altersversorgung),
c) Abschreibungen auf das Anlagevermögen,
d) „sonstige betriebliche Aufwendungen" (z. B. Sächliche Verwaltungsaufwendungen, Verluste aus Verkäufen von Gegenständen des Anlagevermögens, Abschreibungen auf Forderungen),
e) Zinsaufwendungen,
f) Steuern.

1.1.4.8 Kontenklasse 9

Die **Kontenklasse 9** dient hauptsächlich der **Eröffnung und** dem **Abschluss** der Bilanz- sowie dem Abschluss der Erfolgskonten.

1.1.4.9 Kontenklasse 5

Die **Kontenklasse 5** steht für einen in sich abgeschlossenen Abrechnungskreis in Kontenform zur Verfügung, der nicht zur Geschäftsbuchhaltung gehört. Er dient der **innerbetrieblichen Leistungsverrechnung**. Hier wird nicht nach Aufwands- und Ertragsarten kontiert, sondern nach den Betriebsfunktionen, wie z. B. Bauerstellung, Hausbewirtschaftung, Betreuung, Verkauf usw., damit erkennbar wird, welchen Beitrag diese Betriebsfunktionen jeweils zum Gesamtergebnis (Gewinn oder Verlust) geleistet haben. Auf dieser Grundlage werden die verschiedenen Ursachen des Erfolgs oder Misserfolgs ermittelt. Weiterhin werden die Grundlagen zur Ermittlung neuer Kalkulationsansätze (Vorkalkulation) geschaffen. Die meisten Unternehmen führen die **Kosten- und Leistungsrechnung** jedoch ohne Zuhilfenahme der Kontenklassen 5 ausschließlich in Tabellenform. Die Kosten- und Leistungsrechnung wird in diesem Buch nicht behandelt.

1.1.4.10 Kontenklasse 7

Die **Kontenklasse 7** ist für die **Nebenbuchhaltung** für die Aufwendungen während der **Bautätigkeit** reserviert.

Dazu gehören:

- Die Konten für eigene Bauten des Anlagevermögens (z. B. Mietwohnhäuser, Garagen, Verwaltungsgebäude). Falls sie für die Erfassung der Bautätigkeit benutzt werden, werden sie über die Klasse 0 abgeschlossen.
- Die Konten für zum Verkauf bestimmte Bauten des Umlaufvermögens (z. B. Eigenheime, Eigentumswohnungen usw.). Falls sie für die Erfassung der Bautätigkeit benutzt werden, werden sie über die Klasse 1 abgeschlossen.
- Die Konten für die Baubetreuung, die das Immobilienunternehmen im fremden Namen für fremde Rechnung ausführt, werden am Jahresende über Klasse 2 abgeschlossen.

1.2 Die betriebstypischen Leistungen der Immobilienwirtschaft

Nach § 275 HGB müssen in der Gewinn- und Verlustrechnung die Erlöse aus und die Aufwendungen für betriebstypische Leistungen der Unternehmung vor allen anderen Erträgen und Aufwendungen ausgewiesen werden. Diese Verpflichtung spiegelt sich in den abschlussorientierten Kontenrahmen und -plänen, also auch in denen der Immobilienwirtschaft, wider.

Die hauptsächlichen, also **betriebstypischen Leistungen** der Unternehmen der Immobilienwirtschaft sind vielfältiger als die anderer Wirtschaftszweige. So gibt es z. B. nur je eine Hauptaufgabe für Industrie- und für Handelsunternehmen, nämlich die Herstellung und den Verkauf der Erzeugnisse, bzw. den Einkauf und Wiederverkauf der Handelswaren.

Das Lehrbuch „Spezielle Betriebswirtschaftslehre der Grundstücks- und Immobilienwirtschaft", Murfeld (Hrsg.), Hammonia Verlag 2000, zeigt dagegen unter „klassische" Geschäftsbereiche der Immobilienunternehmen folgende Übersicht:

Immobilienunternehmen als				
(Wohn-) Bauträger	(Wohn-) Baubetreuer	Wohnungs-bewirtschafter (Eigenbestand)	Wohnobjekt-betreuer (Hausverwalter)	Wohnungs-eigentums-verwalter

Diese Gliederung lässt sich für die Zwecke der Buchführung zu drei betriebstypischen Leistungen zusammenfassen:

1. Hausbewirtschaftung (für Wohnungen und Gewerberäume),
2. (Bau und) Verkauf von Wohnungen und Gewerberäumen und
3. Betreuungstätigkeit (Bau- und Verwaltungsbetreuung).

Der Kontenrahmen sieht für betriebstypische Lieferungen und Leistungen, die nicht in diese drei Kategorien einzuordnen sind, noch „Andere Lieferungen und Leistungen" vor (z. B. Wärmelieferungen an Dritte). Dieses Buch beschränkt sich bei der Behandlung der betriebstypischen Leistungen auf die Bewirtschaftung von Wohnraum, den Bau und Verkauf von Wohnraum und die Baubetreuung.

Das Ergebnis aus diesen betriebstypischen Leistungen ist aus der Gewinn- und Verlustrechnung ersichtlich, die der Kaufmann nach § 242 Abs. 2 HGB für den Schluss eines jeden Geschäftsjahres als Gegenüberstellung der Aufwendungen und Erträge aufzustellen hat. (Kapitalgesellschaften müssen die Gewinn- und Verlustrechnung in Staffelform aufstellen.)

Erträge aus betriebstypischen Leistungen werden nach § 277 Abs. 1 HGB als **Umsatzerlöse** bezeichnet. Auch wenn der § 277 HGB nur für Kapitalgesellschaften gilt, hat diese Definition Allgemeingültigkeit. Für die Immobilienunternehmen sind das die Umsatzerlöse aus der Hausbewirtschaftung (Miet- und Pachterlöse – Kontengruppe 60), die Umsatzerlöse aus dem Verkauf von Grundstücken (Kontengruppe 61) und die Umsatzerlöse aus der Betreuungstätigkeit (Kontengruppe 62).

Diesen Umsatzerlösen (oft kurz nur als Erlöse bezeichnet) sind die Aufwendungen für die betriebstypischen Leistungen unverrechnet gegenüberzustellen (Brutto[ausweis]-prinzip). Das sind die „Aufwendungen für die Hausbewirtschaftung" (Betriebskosten, Instandhaltungskosten etc. – Kontengruppe 80), die „Aufwendungen für Verkaufsgrundstücke" (Fremdkosten [z. B. Bauhandwerkerrechnungen], Buchwert der in die Bebauung übernommenen Grundstücke etc. – Kontengruppe 81) und für die Betreuungstätigkeit die „Aufwendungen für andere Lieferungen und Leistungen" (Fremdkosten für die Baubetreuung – Kontengruppe 82).

Das folgende Schema eines GuV-Kontos gibt eine grobe Übersicht über die Umsatzerlöse und die dazugehörigen Aufwendungen der in diesem Buch behandelten betriebstypischen Leistungen der Immobilienunternehmen. Ein entsprechendes GuV-(Teil) Konto ist den Kapiteln/Abschnitten vorangestellt, in dem eine dieser Leistungen behandelt wird.

Soll	**GuV-Konto**	**Haben**
(80) Aufwendungen aus der Hausbewirtschaftung (Betriebskosten, Instandhaltungskosten etc.)		(60) Umsatzerlöse aus der Hausbewirtschaftung (Mieterlöse [Sollmieten], Pachterlöse etc.)
(81) Aufwendungen für Verkaufsgrundstücke (Fremdkosten, Grundstückskosten etc.)		(61) Umsatzerlöse aus Verkauf von Grundstücken (bebaut und unbebaut – zum Verkauf bestimmt)
(82) Aufwendungen für andere Lieferungen und Leistungen (Baubetreuung) (Fremdkosten für die Baubetreuung)		(62) Umsatzerlöse aus der Betreuungstätigkeit (Baubetreuung)

Das Immobilienunternehmen kann jedoch keine Leistung ohne Eigenleistungen erbringen. Diese Eigenleistungen bestehen im Wesentlichen in der Tätigkeit der Mitarbeiter, die für ihre Arbeit in der Regel monatlich Gehalt beziehen. Da der Gesetzgeber den Ausweis der Personalkosten in einer gesonderten Position der Gewinn- und Verlustrechnung vorschreibt, sind sie bei der Betrachtung der (betriebstypischen) Leistungen stets mit zu berücksichtigen.

Deshalb wird die Behandlung der Personalaufwendungen (Kontengruppe 83) den Darstellungen dieser Leistungen vorangestellt.

2 Personalkosten

Zu den Personalkosten gehören **alle Aufwendungen**, die **durch** die **Beschäftigung von Mitarbeitern** anfallen:

- Löhne und Gehälter,
- gesetzliche soziale Aufwendungen,
- Aufwendungen für Unterstützung und
- Aufwendungen für Altersversorgung.

Die Aufwendungen können begründet sein durch:

- tarifvertragliche oder einzelvertragliche Vereinbarungen,
- gesetzliche Vorschriften oder
- freiwillige Leistungen.

Löhne und Gehälter sind alle **Arbeitsentgelte** für Vorstände, für kaufmännische und technische Angestellte sowie für Arbeiter. Sie **beinhalten auch Nebenbezüge** wie z. B. Weihnachtsgratifikationen, Urlaubsgelder, Jubiläumszuwendungen, Zuschüsse zu vermögenswirksamen Leistungen und Mehrarbeitsvergütungen.

Die **gesetzlichen sozialen Aufwendungen umfassen** die drei Zweige der **Sozialversicherung,** die Kranken-, Renten-, und Arbeitslosenversicherung sowie die Beiträge zur gesetzlichen Unfallversicherung an die Berufsgenossenschaften.

Zu den **Aufwendungen für Unterstützung** gehören **freiwillige Unterstützung zu besonderen Anlässen**, z. B. bei Geburten, Hochzeiten, Jubiläen etc.

Die **Aufwendungen für Altersversorgung** dienen der Altersversorgung der Mitarbeiter durch das Unternehmen. Sie können freiwillig oder aufgrund von Betriebs- oder Tarifvereinbarungen gewährt werden und beinhalten im Wesentlichen die Pensionszahlungen und die Zuweisungen zu den Pensionsrückstellungen.

2.1 Aufbau einer Lohn- und Gehaltsabrechnung

Aufgrund gesetzlicher Vorschriften ist der Arbeitgeber verpflichtet, vom Arbeitsentgelt seiner Mitarbeiter Lohnsteuer, Kirchensteuer sowie die Beiträge zu Kranken-, Renten- und Arbeitslosenversicherung einzubehalten und an das Finanzamt (Steuern) bzw. die gesetzlichen Krankenkassen bzw. die Ersatzkassen (Sozialversicherungsbeiträge) abzuführen.

Die **Sozialversicherungsbeiträge** jedes Arbeitnehmers müssen **auch vom Unternehmen i. d. R. in gleicher Höhe als Arbeitgeberbeitrag** an die Krankenkassen abgeführt werden. Abweichungen gelten bei allen Arbeitnehmern für die Kranken- und bei kinderlosen für die Pflegeversicherung – siehe „2.1.3 Beispiel“.

2.1.1 Berechnungsschema

Die **Abrechnungen** werden in der Regel **nach folgendem Schema** vorgenommen:

Bruttoarbeitslohn (Lohn oder Gehalt)

./. Lohnsteuer
./. Kirchensteuer
./. Solidaritätszuschlag
./. Krankenversicherungsbeitrag
./. Pflegeversicherung
./. Rentenversicherungsbeitrag
./. Arbeitslosenversicherungsbeitrag
= Nettoarbeitslohn

Die **Ermittlung der Steuerabzugsbeträge**, die von der Höhe des Einkommens und vom Familienstand des Arbeitnehmers abhängig sind, kann anhand von Lohn- und Kirchensteuerabzugstabellen erfolgen. Der Familienstand ist in Form von Lohnsteuerklassen und Kinderfreibeträgen auf der Steuerkarte des Arbeitnehmers vermerkt.

2.1.2 Steuerklassen

Steuerklasse I: Ledige, verwitwete, geschiedene und dauernd getrennt lebende Arbeitnehmer ohne Kinder.

Steuerklasse II: Ledige, verwitwete, geschiedene und dauernd getrennt lebende Arbeitnehmer mit mindestens einem Kind.

Steuerklasse III: Verheiratete, nicht dauernd getrennt lebende Arbeitnehmer, deren Ehegatten keinen Arbeitslohn beziehen oder die Steuerklasse V haben.

Steuerklasse IV: Verheiratete, nicht dauernd getrennt lebende Arbeitnehmer, deren Ehegatte ebenfalls Steuerklasse IV hat.

Steuerklasse V: Verheiratete, nicht dauernd getrennt lebende Arbeitnehmer, deren Ehegatten die Steuerklasse III haben.

Steuerklasse VI: Für zweite und weitere Lohnsteuerkarten eines Arbeitnehmers, der Arbeitslohn von mehreren Arbeitgebern erhält.

Die **Kirchensteuer** beträgt **8 % oder 9 % der Lohnsteuer.** Auch sie ist aus den Steuertabellen ablesbar.

Für die vom Einkommen abhängigen Sozialversicherungsbeiträge gibt es auch Tabellen.

2.1.3 Beispiel:

Gehaltsabrechnung M. Meier, kinderlos, Steuerklasse I, Mai 2006					EUR
Bruttolohn:					1.667,00
Lohnsteuer:			./.		172,16
Solidaritätszuschlag:			./.	5,5 %	9,46
Kirchensteuer:			./.	9 %	15,49
Zwischensumme:					1.469,89
	Arbeitgeberanteil		Arbeitnehmeranteil		
Krankenversicherung (AOK Berlin):	7,3 %	121,69	./.	8,2 %	136,69
Pflegeversicherung:	0,85 %	14,17	./.	1,1 %	18,34
Rentenversicherung:	9,75 %	162,53	./.	9,75 %	162,53
Arbeitslosenversicherung:	3,25 %	54,18	./.	3,25 %	54,18
Summe AG-Anteil zur Sozialversicherung:		352,57			
zu überweisender Betrag:					**1.098,115**

Im Regelfall sind die Überweisungsbeträge aus Löhnen und Gehältern **zum Ende eines Monats im Nachhinein fällig.**

Die einbehaltenen Beträge zu **Steuern/Abgaben und** zur **Sozialversicherung** sind **am 10. des Folgemonats fällig.**

Die Beträge zu **Steuern/Abgaben** sind **am 10. des Folgemonats zu entrichten.**

2.2 Personalkosten in der Lohn- und Gehaltsbuchhaltung

Ergebnis der Lohn- und Gehalts**abrechnung** ist der Lohn- oder Gehalts**beleg**, den einerseits der Arbeitnehmer zur Erläuterung seines Auszahlungsbetrages erhält und der andererseits Beleg für die Buchung in der Lohn- und Gehaltsbuchhaltung ist.

Für jeden Arbeitnehmer wird in der Lohn- und Gehaltsbuchhaltung ein gesondertes Konto geführt. Dieses Konto enthält, außer den persönlichen, die für die Lohn- oder Gehaltsabrechnung notwendigen Daten, die Bruttolöhne bzw. -gehälter, die Abzüge und die Auszahlungsbeträge. Gegebenenfalls werden auch Vorschüsse und vermögenswirksame Leistungen auf diesem Konto festgehalten.

Die Lohn- und Gehaltsbuchhaltung ist eine Nebenbuchhaltung zur Finanzbuchhaltung.

Buchungs**grundlage in der Finanzbuchhaltung sind Sammelbelege der** Lohn- und Gehaltsbuchhaltung **(Nebenbuchhaltung).** Bruttogehälter, Abzüge und Auszahlungen sowie gegebenenfalls Vorschüsse, vermögenswirksame Leistungen und Zuschüsse werden in der Finanzbuchhaltung nur summarisch gebucht.

2.2.1 Grundsachverhalt

Aus Vereinfachungsgründen werden in dieser Darstellung jedoch Einzelabrechnungen im Grund- und Hauptbuch (Finanzbuchhaltung) gebucht.

Aufwand für das Unternehmen sind das Bruttogehalt des Arbeitnehmers und der Arbeitgeberanteil zur Sozialversicherung.

Das Bruttogehalt wird auf dem Konto „(830) Löhne und Gehälter“ und der Arbeitgeberanteil zur Sozialversicherung wird auf dem Konto „(831) Soziale Abgaben“ gebucht. Wie alle Aufwendungen werden sie über das Konto „(982) GuV-Konto“ abgeschlossen.

Der Auszahlungsbetrag und die zu Lasten des Arbeitnehmers einbehaltenen Abzugsbeträge sind für das Unternehmen bis zur Bezahlung Verbindlichkeiten. Sie werden auf den Konten

(473) Verbindlichkeiten aus Löhnen und Gehältern,

(4700) Verbindlichkeiten aus Lohn- und Kirchensteuern,

(471) Verbindlichkeiten im Rahmen der sozialen Sicherheit

gebucht. Wie alle passiven Bestandskonten werden sie über das Konto „(989) Schlussbilanzkonto“ abgeschlossen (soweit am Jahresende ein Saldo vorhanden ist).

Grundbuch:

1. Erfassung der Gehaltsabrechnung des AN und des Arbeitgeberanteils zur Sozialversicherung

(830)		Löhne und Gehälter	1.667,00 €	
(831)		Soziale Abgaben	352,57 €	
an	(4700)	Verbindlichkeiten aus Lohn- und Kirchensteuern		197,11 €
(an)	(471)	Verbindlichkeiten im Rahmen der sozialen Sicherheit		724,31 €
(an)	(473)	Verbindlichkeiten aus Löhnen und Gehältern		1.098,15 €

2. Überweisung des AN-Gehalts bis zum Ende des Monats

(473)		Verbindlichkeiten aus Löhnen und Gehältern	1.098,15 €	
an	(2740)	Bank		1.098,15 €

3. Überweisung der Sozialabgaben bis zum drittletzten Bankarbeitstag des laufenden-Monats

(471)	Verbindlichkeiten im Rahmen der sozialen Sicherheit	724,31 €	
	an (2740) Bank		724,31 €

4. Überweisung der Steuern an das Finanzamt bis zum 10. des Folgemonats

(4700)	Verbindlichkeiten aus Lohn- und Kirchensteuern	197,11 €	
	an (2740) Bank		197,11 €

Für die Kontendarstellung siehe erweitertes Beispiel im Anschluss an die vermögenswirksamen Leistungen.

2.2.2 Vorschüsse

Auch wenn heute fast jeder Arbeitnehmer über ein Girokonto und damit über einen ständigen Kreditrahmen verfügt, werden noch häufig Vorschüsse auf zukünftigen/s Lohn oder Gehalt vom Arbeitgeber erbeten und gewährt. Diese Vorschüsse sind meist zinslose Kredite. Getilgt werden sie in der Regel durch Lohn- bzw. Gehaltseinbehalt in einer oder mehreren Raten. Sie werden auf dem Konto „(251) Forderungen aus Lohn-, Gehalts- und Reisekostenvorschüssen“ gebucht.

Ein Beispiel folgt in Zusammenhang mit den vermögenswirksamen Leistungen.

2.2.3 Vermögenswirksame Leistungen des Arbeitgebers (VL)

Nach dem **Vermögensbildungsgesetz** haben Arbeitnehmer die Möglichkeit, bis zu einem bestimmten, vom Familienstand abhängigen Einkommen Beträge **bis zu 936,00 €** (abhängig von der Sparform) staatlich gefördert anzulegen. Die **Sparförderung** muss vom Arbeitnehmer mit dem Lohnsteuerjahresausgleich bzw. mit der Einkommensteuererklärung beantragt werden.

Unabhängig von der staatlichen Förderung und von Einkommensgrenzen gibt es **oft Zuschüsse vom Arbeitgeber** für dieses vermögenswirksame Sparen bis zum Jahressparbetrag von 936,00 €. Grundlage für diese Zuschüsse können Tarifverträge, Betriebsvereinbarungen, Einzelarbeitsverträge oder die freiwillige Leistung des Arbeitgebers sein. Diese Zuschüsse des Arbeitgebers sind **lohnsteuer-, kirchensteuer- und sozialversicherungspflichtig.** Sie werden **dem Bruttogehalt** vor der Ermittlung der Abzüge **hinzugerechnet.** Deshalb werden sie mit dem Bruttoarbeitsentgelt als steuer- und sozialversicherungspflichtiges Bruttoeinkommen auf dem Konto „(830) Löhne und Gehälter“ gebucht.

Der Sparbetrag des Arbeitnehmers **muss vom Arbeitgeber** einbehalten und **an das Sparinstitut abgeführt werden.** Die einbehaltenen Beträge sind für das Unternehmen bis zur Abführung Verbindlichkeiten und werden auf dem Konto „(474) Verbindlichkeiten vermögenswirksame Sparleistung“ gebucht.

Entsprechend wird das oben dargestellte Beispiel erweitert und angenommen, dass der Arbeitnehmer im Vormonat einen Vorschuss von 150,00 € erhalten hat, der Arbeitgeber 27,00 €/Monat Zuschüsse zum vermögenswirksamen Sparen gewährt und die Sparleistung des Arbeitnehmers 40,00 €/Monat beträgt.

Gehaltsabrechnung M. Meier Mai 2001					**EUR**
Lohn:		+			1.640,00
vermögenswirksame Leistung des Arbeitgebers		+			27,00
Bruttolohn:					1.667,00
Lohnsteuer:			./.		172,16
Solidaritätszuschlag:			./.	5,5 %	9,46
Kirchensteuer:			./.	9 %	15,49
Zwischensumme:					1.469,89
	Arbeitgeberanteil		Arbeitnehmeranteil		
Krankenversicherung (AOK Berlin):	7,3 %	121,69	./.	8,2 %	136,69
Pflegeversicherung:	0,85 %	14,17	./.	1,1 %	18,34
Rentenversicherung:	9,75 %	162,53	./.	9,75 %	162,53
Arbeitslosenversicherung:	3,25 %	54,18	./.	3,25 %	54,18
Summe AG-Anteil zur Sozialversicherung:		352,57			
Zwischensumme:					1.098,15
im Vormonat erhaltener Vorschuss:			./.		150,00
vermögenswirksame (Spar)Leistung/monatl.:			./.		40,00
zu überweisender Betrag:					**908.15**

Grundbuch:

1. Barauszahlung des Gehaltsvorschusses an den Arbeitnehmer im Vormonat

(251)	Forderungen aus Lohn-, Gehalts- und Reisekostenvorschüssen		150,00 €	
an	(271)	Kassenbestand		150,00 €

2. Erfassung der Gehaltsabrechnung des AN und des Arbeitgeberanteils zur Sozialversicherung mit Einbehalt des Vorschusses

(830)	Löhne und Gehälter		1.667,00 €	
(831)	Soziale Abgaben		352,57 €	
an	(251)	Forderungen aus Lohn-, Gehalts- und Reisekostenvorschüssen		150,00 €
(an)	(4700)	Verbindlichkeiten aus Lohn- und Kirchensteuern		197,11 €
(an)	(471)	Verbindlichkeiten im Rahmen der sozialen Sicherheit		724,31 €
(an)	(473)	Verbindlichkeiten aus Löhnen und Gehältern		908,15 €
(an)	(474)	Verbindlichkeiten vermögenswirksame Sparleistung		40,00 €

3. Überweisung des AN-Gehalts bis zum Ende des Monats

(473)	Verbindlichkeiten aus Löhnen und Gehältern		908,15 €	
an	(2740)	Bank		908,15 €

4. Überweisung der Sparleistung des Arbeitnehmers an das Sparinstitut

(474)	Verbindlichkeiten vermögenswirksame Sparleistung		40,00 €	
an	(2740)	Bank		40,00 €

5. Überweisung der Sozialabgaben bis zum 10. des Folgemonats

(471)	Verbindlichkeiten im Rahmen der sozialen Sicherheit	724,31 €	
	an (2740) Bank		724,31 €

6. Überweisung der Steuern an das Finanzamt bis zum drittletzten Banktag des laufenden Monats

(4700)	Verbindlichkeiten aus Lohn- und Kirchensteuern	197,11 €	
	an (2740) Bank		197,11 €

Kontendarstellung:

S	(271) Kasse		H
		[1] (251)	150,00

S	(251) Forderungen Lohn-, Gehalts- und Reisekostenvorschüsse		H
[1] (271)	150,00	[2] (830), (831)	150,00

S	(830) Löhne und Gehälter		H
[2] (473), ...	1.667,00		

S	(4700) Verbindlichkeiten Lohn- u. Kirchensteuern		H
[5] (2740)	197,11	[2] (830), (831)	197,11

S	(831) Soziale Abgaben		H
[2] (473), ...	352,57		

S	(471) Verbindlichkeiten soziale Sicherheit		H
[6] (2740)	724,31	[2] (830), (831)	724,31

S	(2740) Bank		H
		[3] (473)	908,15
		[4] (474)	40,00
		[5] (471)	724,31
		[6] (4700)	1197,11

S	(473) Verbindlichkeiten Löhne und Gehälter		H
[3] (2740)	908,15	[2] (830), (831)	908,15

S	(474) Verbindl. vermögenswirksame Sparleistung		H
[4] (2740)	40,00	[2] (830), (831)	40,00

2.2.4 Gesetzliche Unfallversicherung

Die Beiträge für die vierte Sozialversicherung, die gesetzliche Unfallversicherung, werden **vom Arbeitgeber allein getragen.** Die Beitragshöhe ist abhängig von der Jahreslohnsumme und der Schadensklasse des Betriebes.

Buchhalterisch ist die Unfallversicherung wie die übrigen Sozialversicherungen zu behandeln. Der Aufwand wird auf dem Konto „(831) Soziale Abgaben" gebucht.

Er wird bis zur Zahlung an den Träger der Unfallversicherung, die Berufsgenossenschaft, auf dem Konto „(471) Verbindlichkeiten im Rahmen der sozialen Sicherheit" verbindlich gestellt.

2.2.5 Aufwendungen für Altersversorgung

Zu den Aufwendungen für Altersversorgung gehören **Leistungen an Unterstützungs- und Pensionskassen**, die Einstellung von Beträgen in die **Rückstellungen für Pensionen** (siehe dazu Abschnitt „7.2.1 Rückstellungen für Pensionen und ähnliche Verpflichtungen") und die **Beitragszahlung zu Lebensversicherungen zu Gunsten des Arbeitnehmers.** Selten werden auch Zahlungen an ausgeschiedene Mitarbeiter direkt (ohne Bildung von Rückstellungen während deren Arbeitsleben) geleistet.

Diese Aufwendungen sind aufgrund von Tarifverträgen oder Einzelarbeitsverträgen zu erbringen.

Aufwendungen für Altersversorgung werden auf dem Aufwandskonto „(8322) Zahlungen an Lebensversicherungen und Pensionskassen" gebucht.

Beispiel:

Banküberweisung an eine Pensionskasse: 750,00 €

Grundbuch:

(8322) Zahlungen an Lebensversicherungen und Pensionskassen	750,00 €	
an (471) Verbindlichkeiten im Rahmen der sozialen Sicherheit		750,00 €
(471) Verbindlichkeiten im Rahmen der sozialen Sicherheit	750,00 €	
an (2740) Bank		750,00 €

2.2.6 Aufwendungen für Unterstützung

Zu den Aufwendungen für Unterstützung gehören **Beihilfen** zu Krankheitskosten, Geburten, Sterbefällen, etc. an Arbeitnehmer, ehemalige Arbeitnehmer und Hinterbliebene. Diese Leistungen sind kein Entgelt für erbrachte Arbeitsleistungen, sondern **zusätzliche Hilfsmaßnahmen für den Empfänger**.

Aufwendungen für Unterstützung werden auf dem Aufwandskonto „(833) Aufwendungen für Unterstützung und Pensionskassen" gebucht.

Beispiel:

Eine Heiratsbeihilfe wird bar ausgezahlt: 500,00 €

Grundbuch:

(833) Aufwendungen für Unterstützung und Pensionskassen	500,00 €	
an (271) Kassenbestand		500,00 €

2.2.7 Soziale Aufwendungen

Soziale Aufwendungen, die nicht für eine bestimmte Person, sondern **für** die **Belegschaft im Allgemeinen** erbracht werden (Kantine, Betriebsbücherei etc.), werden dagegen auf dem Konto „(851) Freiwillige soziale Aufwendungen und Aufwendungen für Gemeinschaftspflege" gebucht.

3 Hausbewirtschaftung

Die beiden Kontengruppen für die **betriebstypische Leistung „Hausbewirtschaftung"** lassen folgende **Grobgliederung** erkennen:

Soll	GuV-Konto Haben
(80) Aufwendungen für die Hausbewirtschaftung	**(60) Umsatzerlöse aus der Hausbewirtschaftung**
(800)-(804) Betriebskosten	(600) Sollmieten
(805)-(808) Instandhaltungskosten	(601) Umlagen
(809) andere Aufwendungen der Hausbewirtschaftung (z. B. Prozesskosten)	(602) Zuschläge
	(605) Pachterlöse

Betriebstypische Leistungen **müssen in der GuV-Rechnung nach dem Bruttoprinzip dargestellt werden.**

Das heißt: **Aufwendungen und Erträge** dürfen **nicht** miteinander verrechnet **(saldiert)** werden.

Sie stehen sich auf dem GuV-Konto unsaldiert gegenüber.

Dieses Prinzip gilt auch dann, wenn Kosten erstattet werden, wie z. B. die „Betriebskosten". Sie stehen den „Umlagen" gegenüber – also dem, was die Mieter erstatten (sollen). Dies wird im Abschnitt „3.3 Umlagen am Beispiel der Heizkosten" besprochen.

Zunächst werden in den folgenden beiden Abschnitten (3.1 und 3.2) Buchungstechniken zur Ertragsseite dargestellt, wobei der Schwerpunkt auf den „Sollmieten" liegt.

3.1 Mieten, Zuschläge, Mietvorauszahlungen

Der **Mietzins** ist das **Entgelt für** die **Überlassung der (Wohn)Räume.** Entgelt ist jede vertragliche Leistung, die der Mieter erbringen muss, um vom Vermieter dessen vereinbarte Leistung zu erhalten und zu behalten (Dauerschuldverhältnis). Es kann sich also neben den wiederkehrenden Mietzahlungen auch um Sach- und/oder Dienstleistungen handeln (z. B. bei Hauswartdienstwohnungen).

Bei einem Streit über die zulässige Höhe des Mietzinses müssen deshalb Vereinbarungen über Tätigkeiten wie Treppenhausreinigung, Schönheitsreparaturen, Instandsetzungen, Aus- und Umbautätigkeiten usw. genauso neben den wiederkehrenden Mietzahlungen berücksichtigt werden wie Einmalzahlungen (z. B. Baukostenvorschüsse, Mieterdarlehen).

Hiervon werden in der **Buchhaltung** regelmäßig **nur** die (vereinbarten) **Zahlungsströme erfasst,** denn **nur diese sind** Wertbewegung und damit **Geschäftsfall.**

In diesem und dem folgenden Abschnitt wird zunächst noch davon ausgegangen, dass eine so genannte **Pauschalmiete vereinbart** ist, also sämtliche Leistungen des Mieters in einer zu entrichtenden Summe enthalten sind, ohne dass Teile hiervon gesondert ausgewiesen und/oder abgerechnet werden.

Mietverhältnisse in der Immobilienwirtschaft **sind** in der Regel **Dauerschuldverhältnisse.**

Einander geschuldete Leistungen (u. a. Überlassung der [Wohn]Räume einerseits und Entrichtung des Mietzinses andererseits) **sind über einen** (längeren) **Zeitraum** (regelmäßig) **wiederkehrend auszutauschen.** Die regelmäßige – und damit vorhersehbare – Wiederkehr **legt** die **Automatisierung der** entsprechenden **Buchungen nahe.** Dies gilt **vor allem** für den **Mietzins.**

3.1.1 „Sollstellung der Mieten"

Im Regelfall ist **laut Mietvertrag** der **Mietzins** bis zum dritten Werktag eines Monats **im Voraus zu entrichten.**

Deshalb wird bis **zum Beginn eines** jeden **Monats** von der EDV **automatisch** für eine ganze Verwaltungseinheit oder ein ganzes Objekt die **fällige Gesamtforderung und** der entsprechende **Ertrag vor der tatsächlichen Gebrauchsüberlassung gebucht.** Dadurch kann vom ersten (monatlichen) Geldeingang an die Gesamtsumme der noch ausstehenden Zahlungen übersehen werden.

Bis zum Bilanzstichtag hat das Immobilienunternehmen die Räume überlassen und dadurch die vertraglich vereinbarte Leistung erbracht. Damit ist das **Realisationsprinzip** des HGB erfüllt, wonach Erlöse erst dann ausgewiesen werden dürfen, wenn die Leistung erbracht ist (hier: die Gebrauchsüberlassung der Räume).

Erfasst wird der vertraglich vereinbarte Betrag. Man sagt auch: **„Die Mieten werden zum Soll gestellt."** oder: **„Sollstellung der Mieten"** – zuweilen auch „automatische Sollstellung" genannt.

Die **Buchung** (für mehrere Mieter) lautet:

[1]	(200)	Mietforderungen	2.290,00 €	
		an (600) Sollmieten		2.290,00 €

Durch die Zahlungseingänge (im Laufe des Monats) wird das Mietforderungskonto (ganz oder teilweise) wieder ausgeglichen. Die (zusammengefasste) **Buchung** lautet:

[2]	(2740)	Bank	2.315,00 €	
		an (200) Mietforderungen		2.315,00 €

Kontendarstellung (für ein Wohnhaus)

S (200)	Mietforderungen		H
[1] (600)	2.290,00	[2] (2740)	2.315,00

S (600)	Sollmieten		H
		[1] (200)	2.290,00

S (2740)	Bank		H
[2] (200)	2.315,00		

Problem: Es ist nicht erkennbar, ob jemand und wer zuwenig (bzw. zuviel) gezahlt hat.

3.1.2 „Die Buchungsliste" (Nebenbuchhaltung zur Hausbewirtschaftung)

In einer **Nebenbuchhaltung** zur Geschäftsbuchhaltung – der **Mietenbuchhaltung** – wird **für jeden Mieter ein ‚Konto'** geführt, aus dem dies unter anderem zu ersehen ist. Die Darstellung kann sehr verschieden sein und hängt von (den ‚Fähigkeiten') der verwendeten Software ab. Die Staffelform für das ‚Einzelkonto' und die Listenform für die Zusammenfassung mehrerer Mieter bzw. Wohnungen zu einer Wirtschaftseinheit sind zwei verbreitete Möglichkeiten. Für die Darstellung der Sachzusammenhänge wird in diesem Buch ausschließlich die am Ende dieses Kapitels auch als Kopiervorlage beigefügte **„Buchungsliste"** benutzt.

Buchungsliste per 31.12. d. J.

Saldovortrag			Miete		Umlage		sonstige	Korrekturen			Zahlungen		Saldo		
Soll	Haben	Monat	Sollmieten	Zuschläge	Vorausz.	Abrechnung	Belastungen	Miete	Umlagen	Abschreibungen	Ausgänge	Eingänge	Soll	Haben	Mieter
–	–	12	870,00									920,00	–	50,00	A
–	–	12	640,00									725,00	–	85,00	B
–	–	12	780,00									670,00	110,00	–	C
–	–	12	2.290,00									2.315,00	110,00	135,00	∑

Unter „Saldovortrag“ werden – entsprechend der Sollseite des Kontos „(200) Mietforderungen“ – in der **Spalte „Soll“** alle gegenüber dem Mieter aus den Vormonaten noch bestehenden Forderungen (Mietrückstände) aufgeführt. Entsprechendes gilt für die **‚Überzahlungen'** (Guthaben) in der danebenliegenden **Spalte „Haben“**. In diesem Beispiel existieren weder Rückstände noch Guthaben. Also sind alle drei Mieterkonten zu Beginn des Monats Dezember ausgeglichen.

Unter „Miete“ wird in der **Spalte „Sollmieten“** jeweils der Teil des vereinbarten Mietzinses ‚eingetragen', der für das Immobilienunternehmen den **Umsatzerlös** darstellt. Dieser ist mit dem vereinbarten Mietzins immer dann identisch, wenn eine Pauschalmiete vereinbart ist.

Unter „Zahlungen“ erscheinen in der **Spalte „Eingänge“ alle vom Mieter geleisteten Zahlungen.**

Unter „Saldo“ werden dann – entsprechend der Saldierung eines Kontos – die Verrechnungsergebnisse dargestellt. In der **Spalte „Soll“** erscheinen die **Mietrückstände** und in der **Spalte „Haben“** die **Guthaben.**

Am **Ende eines** jeden **Monats** werden diese **Salden in die Saldovortragsspalten des darauffolgenden** übernommen.

Die übrigen Spalten werden im Folgenden nach und nach näher erläutert.

Aufgrund dieser Buchungslisten werden (meist durch EDV) Rückstände angemahnt (hier: 110,00 €).

Je nach Betriebsorganisation und Verwendungszweck werden mehrere Buchungslisten mit sehr unterschiedlichem Aufbau geführt. So gibt es z. B. noch eine Saldenliste für jeden Mieter, aus der über mehrere Monate hinweg das Zahlungsverhalten ersichtlich wird.

Die Hauptbuchhaltung übernimmt die Zahlungseingänge aus der Mietenbuchhaltung und stellt sie den Mietforderungen gegenüber. Es entsteht die oben dargestellte Buchung „[2]“.

3.1.3 Mietvorauszahlungen

In der Summe der Zahlungseingänge von 2.315,00 € sind, wie aus der Buchungsliste ersichtlich, für 135,00 € **Vorauszahlungen** (auf den nächsten Monat) enthalten. Diese stellen **für das Immobilienunternehmen** eine **Verbindlichkeit** in Form der noch zu erbringenden Leistung der vertragsgemäßen Gebrauchsüberlassung der Räume dar.

§ 246 Abs. 2 HGB verlangt, dass **in der Bilanz Forderungen und Verbindlichkeiten getrennt auszuweisen** sind. Also müssen (spätestens) **zum Jahresabschluss die Vorauszahlungen auf** das entsprechende **Verbindlichkeitskonto umgebucht** werden.

Diese **Buchung** ist Teil von **„III. Vorbereitende Abschlusbuchungen"** und lautet mit den €-Beträgen dieses Beispiels:

III (200)	Mietforderungen	135,00 €	
	an (440) Verbindlichkeiten aus Vermietung		135,00 €

Dieser **Umgang** mit dem Konto „(200) Mietforderungen" einerseits und dem Konto „(440) Verbindlichkeiten aus Vermietung" andererseits **entspricht der Verfahrensweise beim Konto „Bank"**, dessen Saldo – ebenfalls **nur zum Jahresende** – auf das Konto „Dispokredite" **umgebucht** wird, falls es zu diesem Zeitpunkt überzogen ist. Es handelt sich also auch im Fall der Umbuchung der Mietvorauszahlungen um eine **Korrekturbuchung.** Korrigiert werden die als Forderungsausgleich erfassten Vorauszahlungen (hier: 135,00 €).

Zusammenfassende Kontendarstellung

S (200)	Mietforderungen		H
[1] (600)	2.290,00	[2] (2740)	2.315,00
III (440)	135,00	IV SBK	110,00
	2.425,00		2.425,00

S (600)	Sollmieten		H
IV GuV	2.290,00	[1] (200)	2.290,00
	2.290,00		2.290,00

S (2740)	Bank		H
[2] (200)	2.315,00	IV SBK	2.315,00
	2.315,00		2.315,00

S (440)	Verbindlichkeiten aus Vermietung		H
IV SBK	135,00	III (200)	135,00
	135,00		135,00

S (989)	Schlussbilanzkonto		H
IV (200)	110,00	IV (301)	2.290,00
IV (2740)	2.315,00	IV (440)	135,00
	2.425,00		2.425,00

S (982)	GuV-Konto		H
IV (301)	2.290,00	IV (600)	2.290,00
	2.2900,00		2.290,00

Als **Saldo** des Kontos **„(200) Mietforderungen"** ergeben sich die in der **Buchungsliste** aufgeführten **Zahlungsrückstände** der Mieter.

Zu Beginn des nächsten Geschäftsjahres wird – entsprechend dem Umgang mit dem Konto „Dispokredite" – der **Eröffnungsbestand** des Kontos **„(440) Verbindlichkeiten aus Vermietung" auf** das Konto **„(200) Mietforderungen" umgebucht.**

Diese **Umbuchung** ist Teil von **„I. Eröffnungsbuchungen"** und lautet mit den €-Beträgen dieses Beispiels:

(440)	Verbindlichkeiten aus Vermietung	135,00 €	
	an (200) Mietforderungen		135,00 €

3.1.4 Zuschläge/Gebühren

Werden neben der Miete **Zuschläge** (z. B. für Untermiete) **oder Gebühren** (z. B. für die Benutzung maschineller Wascheinrichtungen) erhoben, so werden diese nicht nur in der **Buchungsliste** in der dafür vorgesehenen gesonderten **Spalte „Zuschläge"** eingetragen, sondern auch in der **Hauptbuchhaltung** auf dem speziell dafür vorgesehenen **Konto „(602) Gebühren und Zuschläge"** erfasst. Sie fallen zwar regelmäßig wiederkehrend an, sind aber nicht notwendig mit einer bestimmten Wohnung verbunden.

Für Abrechnungseinheiten/Wohnhäuser, bei denen sie anfallen, erweitert sich die automatische Sollstellung:

(200)	Mietforderungen	... €	
	an (600) Sollmieten		... €
	(an) (602) Gebühren und Zuschläge		... €

Saldovortrag			Miete		Umlagen		sonstige	Korrekturen		sonstiges/	Zahlungen		Saldo		Miet-
Soll	Haben	Mo	Sollmieten	Zuschläge	Vorausz.	Abrechn.	Belastung	Miete	Umlagen	Abschr.	Ausgänge	Eingänge	Soll	Haben	verh-
															Σ

Saldovortrag			Miete		Umlagen		sonstige	Korrekturen		sonstiges/	Zahlungen		Saldo		Miet-
Soll	Haben	Mo	Sollmieten	Zuschläge	Vorausz.	Abrechn.	Belastung	Miete	Umlagen	Abschr.	Ausgänge	Eingänge	Soll	Haben	verh-
															Σ

Saldovortrag			Miete		Umlagen		sonstige	Korrekturen		sonstiges/	Zahlungen		Saldo		Miet-
Soll	Haben	Mo	Sollmieten	Zuschläge	Vorausz.	Abrechn.	Belastung	Miete	Umlagen	Abschr.	Ausgänge	Eingänge	Soll	Haben	verh-
															Σ

Saldovortrag			Miete		Umlagen		sonstige	Korrekturen		sonstiges/	Zahlungen		Saldo		Miet-
Soll	Haben	Mo	Sollmieten	Zuschläge	Vorausz.	Abrechn.	Belastung	Miete	Umlagen	Abschr.	Ausgänge	Eingänge	Soll	Haben	verh-
															Σ

3.2 Erlösschmälerungen

Es kommt vor, dass das Immobilienunternehmen **vorübergehend gar keine oder weniger Miete** erhält, als von der EDV automatisch zum Soll gestellt wurde, weil

- eine Wohnung nicht sofort weitervermietet werden kann,
- im Falle eines Neubaus sich die Vermietung bei einigen Wohnungen länger hinzieht als erwartet,
- die Wohnung durch Brand oder sonstige außerordentliche Ereignisse unbewohnbar geworden ist,
- das Immobilienunternehmen wegen umbau- und/oder modernisierungsbedingter Nutzungsbeschränkungen (z. B. bei Dachgeschossausbauten) einen Mietnachlass gewährt,
- aufgrund von Mängeln in der Wohnung (z. B. Durchfeuchtung, Heizungsausfall im Winter usw.) eine geltend gemachte Mietminderung (eventuell auch stillschweigend) akzeptiert und damit gewährt wird.

Gemeinsames Kennzeichen aller dieser Fälle ist:

Vorübergehend fehlt der automatischen Sollstellung (zumindest für einen Teilbetrag) die **(Rechts)Grundlage.**

In der **Buchungsliste** wird der Betrag dieser (nachträglichen) Korrektur der automatischen Sollstellung **unter „Korrekturen"** in der **Spalte „Miete"** für den jeweiligen Mieter **mit** einem **Minuszeichen** eingetragen.

Die **Sollstellung** hätte (in dieser Höhe) nicht gebucht werden dürfen und **muss** daher (nachträglich) **korrigiert werden.**

Auch in der **Hauptbuchhaltung** wird hierfür ein **eigenes Korrekturkonto** eingerichtet, weil

- der **ursprüngliche Umsatzerlös im Kontenwerk erhalten** bleiben soll und
- der **Umfang derartiger Ausfälle überwacht** werden muss; denn erwartete Erträge bilden die Grundlagen für Unternehmensplanung und -steuerung, so dass eine genaue Kenntnis der Höhe möglicher Ausfälle wichtig ist.

Benutzt wird das Konto **„(609) Erlösschmälerungen"**. Es ist zwar in derselben Kontenklasse zu finden wie „(600) Sollmieten", wird jedoch wegen seiner Eigenschaft als Korrekturkonto auf der Sollseite angesprochen. Auf dem Konto „(600) Sollmieten" bleibt der ‚ursprüngliche' Umsatzerlös erhalten.

Außerdem muss das Konto **„(200) Mietforderungen" korrigiert** werden; denn es wurde vorübergehend der Mietvertrag geändert bzw. er fehlt (Leerstand), so dass die ursprüngliche Forderung(shöhe) zeitweise nicht (mehr) besteht.

Nach der Sollstellung [1] lautet die **Buchung** der **Erlösschmälerungen** (Beispiel für eine ‚große' Wohneinheit):

[2]	(609)	Erlösschmälerungen	5.000,00 €	
		an (200) Mietforderungen		5.000,00 €

Zusammenfassende Kontendarstellung (für die gesamte Wohneinheit)

S	(200)	Mietforderungen			H
[1]	(600)	40.000,00	[2]	(609)	5.000,00
			[3]	(2740)	35.000,00
		40.000,00			40.000,00

S	(600)	Sollmieten			H
IV	GuV	40.000,00	[1]	(200)	40.000,00
		40.000,00			40.000,00

S	(2740)	Bank			H
[3]	(200)	35.000,00	IV	SBK	35.000,00
		35.000,00			35.000,00

S	(609)	Erlösschmälerungen			H
[2]	(200)	5.000,00	IV	GuV	5.000,00
		5.000,00			5.000,00

S	(989)	Schlussbilanzkonto			H
IV	(2740)	35.000,00			

S	(982)	GuV-Konto			H
IV	(609)	5.000,00	IV	(600)	40.000,00

Das Konto „(600) Sollmieten“ zeigt auf der Habenseite den (aufgrund der Mietverträge) langfristig erzielbaren Umsatz und das Konto „(609) Erlösschmälerungen“ auf der Sollseite die vorübergehend erforderlichen Korrekturen.

Nach § 277 Abs. 1 HGB sind **in der GuV-Rechnung Umsatzerlöse nach Abzug von Erlösschmälerungen auszuweisen.**

Deshalb muss für den Ausweis der Position „Umsatzerlöse aus der Hausbewirtschaftung“ **in der GuV-Rechnung** der Saldo von Konto „(609) Erlösschmälerungen“ mit dem Saldo von Konto „(600) Sollmieten“ **verrechnet werden.**

Vorübergehende Minderungen oder Ausfälle **bei „Gebühren und Zuschlägen“** (z. B. Ausfall maschineller Wascheinrichtungen im Keller nach einem erheblichen Wasserschaden) werden nach dem gleichen Prinzip erfasst wie Mietminderungen bzw. Leerstände.

Deshalb wird in der **Buchungsliste** der Betrag dieser (nachträglichen) Korrektur **ebenfalls unter „Korrekturen“** in der **Spalte „Miete“** für den jeweiligen Mieter **mit** einem **Minuszeichen** eingetragen.

Entsprechend wird **auch** in der **Hauptbuchhaltung** das Korrekturkonto **„(609) Erlösschmälerungen“** benutzt, welches jedoch in der Praxis zuweilen unterteilt wird.

3.3 Umlagen (am Beispiel der Heizkosten)

3.3.1 Teil I: Wärmelieferung und Aktivierung als „Noch nicht abgerechnete Betriebskosten"

Bisher wurde eine Pauschalmiete einschließlich Betriebskosten als vereinbart angenommen.

Eine derartige Vereinbarung ist im **preisgebundenen Wohnraum** nicht möglich. Denn gemäß § 20 Neubaumietenverordnung (NMV) sind (alle geltend gemachten) Betriebskosten neben der „Einzelmiete" umzulegen.

Nach § 27 II. Berechnungsverordnung (II. BV) sind Betriebskosten solche Kosten, die dem Eigentümer durch das Eigentum am Grundstück oder durch den bestimmungsgemäßen Gebrauch des Gebäudes oder der Wirtschaftseinheit ... laufend entstehen. Die Anlage III zu § 27 II. BV listet abschließend auf, welche dies sind. Es ist demnach nur umlagefähig, was dort aufgezählt ist und auch tatsächlich periodisch wiederkehrend entsteht. Nach dieser Anlage gehören die Heiz- und Warmwasserkosten zu den Betriebskosten.

„Umlagefähig" bedeutet, dass auf die erwarteten Kosten Vorauszahlungen erhoben und darüber abgerechnet wird.

Nach § 22 NMV gilt die verbrauchsabhängige Umlage (entsprechend den §§ 6 bis 9 Heizkostenverordnung (HeizkostenV)) auch im preisgebundenen Wohnraum.

Nach der Heizkostenverordnung müssen auch im **preisfreien Wohnraum** Heiz- und Warmwasserkosten verbrauchsabhängig auf die einzelnen Nutzer verteilt werden (§ 6 HeizkostenV) – abgesehen von den Ausnahmen der §§ 2 und 11 HeizkostenV. Für die übrigen Betriebskosten nach § 27 II. BV kann auch Pauschalabgeltung vereinbart sein.

Mietpreisrechtlich entspricht der auf Konto „(600) Sollmieten" ausgewiesene Betrag einer Bruttokaltmiete, falls über die übrigen Betriebskosten nicht abgerechnet wird.

Die grundlegenden **Buchungstechniken** zu den Umlagen werden am Beispiel der verbrauchsabhängig abzurechnenden **Heizkosten** dargestellt, denn für diesen Teil der Betriebskosten können **dieselben rechtlichen Gegebenheiten bei nahezu allen** (Wohnraum-)**Mietverhältnissen** unterstellt werden.

Teil I und Teil II zu „3.3 Umlagen (am Beispiel der Heizkosten)" sind durch ein **über zwei Jahre fortgesetztes Musterbeispiel** miteinander verbunden.

Zu beiden Teilen findet sich **jeweils am Schluss** eine **zusammenfassende Kontendarstellung.** Die Bezifferung der Buchungssätze in der Sachdarstellung entspricht der Kontenführung in diesen Übersichten.

Musterbeispiel (Teil I):

1. Für das gesamte Geschäftsjahr wurden insgesamt 60.000,00 € an Mieten zum Soll gestellt und 20.000,00 € an Vorauszahlungen auf die Heizkosten erhoben.
2. Die Mieter haben vertragsgemäß bezahlt!
3. Die Rechnung über 3.000,00 € für die jährliche Wartung der Ölheizungsanlage geht ein und wird bezahlt.
4. Im Laufe des Jahres wurde für 28.000,00 € Heizöl nachgekauft.

Am Ende des Geschäftsjahres ergibt sich für das Heizöl ein Endbestand von 14.000,00 €. der Eröffnungsbestand betrug 5.000,00 €.

In diesem Buch entspricht – sofern nicht ausdrücklich anderes gesagt wird – die Abrechnungsperiode für die Umlagen dem Kalenderjahr.

3.3.1.1 Sollstellung und Bezahlung der Mieten (Zu 1. und 2.)

In der Regel sind laut Mietvertrag die **Vorauszahlungen auf** die umlagefähigen **Betriebskosten** zum Beginn eines jeden Monats **zusammen mit der Miete** zu **entrichten.** Sie werden daher bis zu diesem Zeitpunkt zusammen mit der Grundmiete auf demselben Konto von der EDV automatisch als Forderung gebucht.

In der **Buchungsliste** erscheinen diese Beträge **unter „Umlagen"** in der **Spalte „Vorauszahlungen".**

Da **„umlagefähig"** in diesem Zusammenhang bedeutet, dass über die Vorauszahlungen der Mieter nach jeder Abrechnungsperiode abgerechnet wird, besteht die **Leistung** für das Immobilienunternehmen in der **Bereithaltung** sowie **Lieferung von Wärme und (!)** in der **Abrechnung** über die Vorauszahlungen. **Deshalb** stellt **jede Vorauszahlung bis** zum Zeitpunkt ihrer **Abrechnung** für das Immobilienunternehmen in voller Höhe eine **Verbindlichkeit** dar.

Die **Buchung** [1] **(zu Beginn eines jeden Monats)** lautet nunmehr:

[1] (200) Mietforderungen		80.000,00 €	
an	(600) Sollmieten		60.000,00 €
(an)	(431) Anzahlungen auf unfertige Leistungen		20.000,00 €

Die **Buchung** für den **Zahlungsausgleich [2]** der Mieter:

[2] (2740) Bank		80.000,00 €	
an	(200) Mietforderungen		80.000,00 €

Kontendarstellung:

S (200)	Mietforderungen		H
[1] (600), ...	80.000,00	[2] (2740)	80.000,00

S (431)	Anzahlungen auf unfertige Leistungen		H
		[1] (200)	20.000,00

S (2740)	Bank		H
[2] (200)	80.000,00		

S (600)	Sollmieten		H
		[1] (200)	60.000,00

3.3.1.2 Wartung der Heizungsanlagen (Zu 3.)

Zur Dienstleistung „Überlassung von (Wohn)Raum" gehört auch die **Wärmelieferung.** Sie zählt damit ebenfalls zu den wesentlichen Betriebsleistungen, die am Jahresende in der GuV-Rechnung **nach** dem **Bruttoprinzip** ausgewiesen werden müssen. Danach werden Aufwand und Ertrag unverrechnet aufgeführt und stehen sich demzufolge im GuV-Konto unsaldiert gegenüber.

Die Wartung der Heizungsanlagen ist für die Wärmelieferung erforderlich. Das dafür entrichtete Entgelt muss daher ebenfalls als Aufwand erfasst werden.

Die **Buchung der Eingangsrechnung [3a]** lautet:

[3a] (8002) Kosten der Beheizung		3.000,00 €	
an	(44212) Verbindlichkeiten aus der Hausbewirtschaftung		3.000,00 €

Nach § 4 UStG sind Umsätze aus Vermietung von Wohnraum regelmäßig von der Umsatzsteuer befreit. Soweit in diesem Buch nicht ausdrücklich anders dargestellt, wird ausschließlich Wohnraum vermietet. Deshalb sind sämtliche Leistungen ausschließlich mit ihrem Rechnungsbetrag ohne gesonderten Ausweis der Umsatzsteuer zu buchen.

Die **Buchung für den Rechnungsausgleich [3b]** lautet:

[3b]	(44212) Verbindlichkeiten aus der Hausbewirtschaftung	3.000,00 €	
	an (2740) Bank		3.000,00 €

3.3.1.3 Heizölzukauf (Zu 4.)

Dies kann entweder **„bestandsintensiv" oder „aufwandsnah"** geschehen.

Eine vergleichende Darstellung der beiden Prinzipien sowie eine weitere Variante der aufwandsnahen Buchungstechnik findet sich im Abschnitt „3.6 Instandhaltung, Instandsetzung, Modernisierung" am Beispiel des Reparaturmaterials.

Aus Vereinfachungsgründen wird bei der Darstellung der Buchungstechnik zu den Umlagen ausschließlich von der **aufwandsnahen Verfahrensweise** ausgegangen. Danach werden während des Geschäftsjahres die Heizölzukäufe ausschließlich auf dem Aufwandskonto „(8002) Kosten der Beheizung" erfasst und erst am Ende des Geschäftsjahres der Eröffnungsbestand auf dem Konto „(170) Heizmaterial" entweder nach oben oder nach unten korrigiert. Alles Übrige wurde verbraucht und gehört somit zum Aufwand für die Wärmelieferung.

Soweit **aufwandsnah** gebucht wird, lautet die **Buchung für den Rechnungseingang [4a]:**

[4a]	(8002) Kosten der Beheizung	28.000,00 €	
	an (44212) Verbindlichkeiten aus der Hausbewirtschaftung		28.000,00 €

und für die Buchung für den Rechnungsausgleich [4b]:

[4b]	(44212) Verbindlichkeiten aus der Hausbewirtschaftung	28.000,00 €	
	an (2740) Bank		28.000,00 €

3.3.1.4 Korrektur des (Eröffnungs)Bestandes auf dem Konto „(170) Heizmaterial"

Jahresende im Rahmen von „III. Vorbereitende Abschlussbuchungen"

Zum Jahresende wird der Wert des Endbestandes an Heizmaterial (in der Regel nach der FiFo-Methode) ermittelt. Für dieses Musterbeispiel werden 14.000,00 € angenommen. Aus dem Vergleich mit dem Eröffnungsbestand (5.000,00 €) ergibt sich, dass der Schlussbestand 9.000,00 € größer ist als im Vorjahr. D. h., dass 9.000,00 € weniger verbraucht als zugekauft wurden.

Die **Korrekturbuchung [IIIa]** lautet daher:

IIIa	(170) Heizmaterial	9.000,00 €	
	an (8002) Kosten der Beheizung		9.000,00 €

Kontendarstellung (Ausschnitt):

S (170)	Heizmaterial		H
I EBK	5.000,00	IV SBK	14.000,00
[IIIa] (8002)	9.000,00		
	14.000,00		14.000,00

S (8002)	Kosten d. Beheizung		H
[3a] (44212)	3.000,00	IIIa (170)	9.000,00
[4a] (44212)	28.000,00		

3.3.1.5 Aktivierung der Wärmelieferung als „Noch nicht abgerechnete Betriebskosten"

Bis zum Jahresende hat das Immobilienunternehmen zwar Wärme bereitgehalten und geliefert, jedoch über die Vorauszahlungen der Mieter noch nicht abgerechnet. Der entsprechende Erlös ist daher noch nicht realisiert und darf deshalb auch nicht gebucht werden. Die Aufwendungen des Immobilienunternehmens haben jedoch dazu geführt, dass die bisher erbrachten (Dienst)Leistungen im nächsten Jahr abgerechnet werden können. Dadurch ist in gleicher Weise ein Vermögensgegenstand entstanden wie etwa das halbfertige Kaufeigenheim.

Auch „halbfertige" Vermögensgegenstände sind zu aktivieren, d. h. auf der Aktivseite der Bilanz auszuweisen.

Für die Wärmelieferung ist – wie für **alle Betriebskosten** – das Konto: **„(15) Noch nicht abgerechnete Betriebskosten"** vorgesehen.

Der **Wert dieses Vermögensgegenstandes** beträgt in diesem Musterbeispiel 22.000,00 € und setzt sich aus 3.000,00 € Wartung und 19.000,00 € verbrauchtem Heizmaterial zusammen.

Da alles bezahlt wurde, ist aus 22.000,00 € Bankbestand im Endergebnis der Vermögensgegenstand „Noch nicht abgerechnete Betriebskosten" geworden. Es handelt sich demzufolge bis zum Bilanzstichtag um einen Aktivtausch, der sich nicht auf den Erfolg auswirkt.

Da jedoch wegen des Bruttoausweises erfolgswirksam gebucht werden musste, muss die Erfolgsneutralität wieder hergestellt werden.

Diese **Erfolgsneutralität** darf **nur über ein Konto auf der Habenseite des GuV-Kontos** bewirkt werden, da der Aufwand für die Wärmelieferung **wegen des Bruttoausweisprinzips** sichtbar bleiben muss.

Das **ausschließlich für diesen Zweck** geschaffene Konto **„(646) Bestandserhöhungen bei noch nicht abgerechneten Betriebskosten"** zeigt durch seinen Namen, dass es sich nicht um einen Umsatzerlös handelt.

Es gleicht im GuV die als Aufwand gebuchten Kosten für die Wärmelieferung aus.

Der zu buchende €-Betrag ist der gesamte für die Wärmelieferung anzusetzende Aufwand. Er entspricht in diesem Beispiel (noch!) dem Saldo des Kontos „(8002) Kosten der Beheizung". Siehe jedoch „Umlagen Teil III".

Im Rahmen von „III. Vorbereitende Abschlussbuchungen" erscheint [IIIb]:

IIIb	(15)	Noch nicht abgerechnete Betriebskosten	22.000,00 €	
		an (646) Bestandserhöhungen bei noch nicht abgerechneten Betriebskosten		22.000,00 €

Kontendarstellung (Ausschnitt):

S	(170) Heizmaterial		H
I EBK	5.000,00	IV SBK	14.000,00
IIIa (8002)	9.000,00		
	14.000,00		14.000,00

S	(8002) Kosten d. Beheizung		H
[3a] (44212)	3.000,00	IIIa (170)	9.000,00
[4a] (44212)	28.000,00	IV GuV	22.000,00
	31.000,00		31.000,00

S	(15) Nicht abger. Betriebskosten		H
IIIb (646)	22.000,00	IV SBK	22.000,00
	22.000,00		22.000,00

S	(646) Bestandserhöhungen Betriebskosten		H
IV GuV	22.000,00	IIIb (15)	22.000,00
	22.000,00		22.000,00

S	(989) Schlussbilanzkonto		H
IV (15)	22.000,00		
IV (170)	14.000,00		

S	(982) GuV-Konto		H
IV (8002)	22.000,00	IV (646)	22.000,00

3.3.1.6 Kontendarstellung zu Umlagen Teil I

In einem mit Öl zentralbeheizten Mietwohnhaus geschah während des Geschäftsjahres u. a. Folgendes:

1. Für das gesamte Geschäftsjahr wurden insgesamt 60.000,00 € an Mieten zum Soll gestellt und 20.000,00 € an Vorauszahlungen auf die Heizkosten erhoben.
2. Die Mieter haben vertragsgemäß bezahlt!
3. Die Rechnung über 3.000,00 € für die jährliche Wartung der Ölheizungsanlage geht ein und wird bezahlt.
4. Im Laufe des Jahres wurde für 28.000,00 € Heizöl nachgekauft.

Am Ende des Geschäftsjahres ergibt sich für das Heizöl ein Endbestand von 14.000,00 €. Der Eröffnungsbestand betrug 5.000,00 €.

S (15) Nicht abger. Betriebskosten H

S		H	
III (646)	22.000,00	IV SBK	22.000,00

S (170) Heizmaterial H

S		H	
I EBK	5.000,00	IV SBK	14.000,00
IIIa (8002)	9.000,00		

S (8002) Kosten d. Beheizung H

S		H	
[3a] (44212)	3.000,00	III (170)	9.000,00
[4a] (44212)	28.000,00	IV GuV	22.000,00

S (200) Mietforderungen H

S		H	
[1] (600)…	80.000,00	[2] (2740)	80.000,00

S (431) Anzahlungen auf unfertige Leistungen H

S		H	
IV SBK	20.000,00	[1] (200)	20.000,00

S (600) Sollmieten H

S		H	
IV GuV	60.000,00	[1] (200)	60.000,00

S (2740) Bank H

S		H	
[2] (200)	80.000,00	[3b] (44212)	3.000,00
		[4b] (44212)	28.000,00

S (44212) Verbindlichkeiten Hausbewirtschaftung H

S		H	
[3b] (2740)	3.000,00	[3a] (8002)	3.000,00
[4b] (2740)	28.000,00	[4a] (8002)	28.000,00

S (646) Bestandserhöhungen Betriebskosten H

S		H	
IV GuV	22.000,00	III (15)	22.000,00

S (989) Schlussbilanzkonto H

S		H	
IV (15)	22.000,00		
IV (170)	14.000,00	IV (431)	20.000,00

S (982) GuV-Konto H

S		H	
IV (8002)	22.000,00	IV (600)	60.000,00
		IV (646)	22.000,00

3.3.2 Teil II: Abrechnung der im Vorjahr gelieferten Wärme

Mit der Fortsetzung des Beispiels aus Teil I wird der **betriebliche Regelfall** erreicht, dass **im selben Kalenderjahr sowohl Wärme** bereitgehalten und **geliefert als auch über** die **Vorauszahlungen** für die Wärmelieferung **des Vorjahres abgerechnet** wird. Die Übersicht am Ende dieses Kapitels zeigt dies in der zusammenfassenden Kontenführung zu allen hier dargestellten Sachverhalten.

Musterbeispiel (Fortsetzung von Teil I):

Im nächsten Geschäftsjahr ergeben sich in zeitlicher Reihenfolge u. a. folgende Sachverhalte:

1. Für das gesamte Geschäftsjahr wurden wieder insgesamt 60.000,00 € an Mieten zum Soll gestellt und 20.000,00 € an Vorauszahlungen auf die Heizkosten erhoben. Die Mieter haben alles bezahlt.
2. Die Heizkosten für das letzte Kalenderjahr werden abgerechnet. Es werden 22.000,00 € als umzulegender Betrag ermittelt. Die Einzelabrechnungen ergeben u. a., dass einerseits von den Mietern insgesamt 2.500,00 € nachgezahlt werden müssen und andererseits für 500,00 € Erstattungsansprüche bestehen.
3. Es werden wieder 3.000,00 € für die jährliche Wartung bezahlt und für 16.000,00 € Heizöl nachgekauft.

Zum Ende des Geschäftsjahres ergibt sich für das Heizöl ein Endbestand von 10.200,00 €.

Zu 1. (Sollstellung und Bezahlung der Mieten für das laufende Jahr):

Die Buchungen entsprechen denen zu Sachverhalt Nr. 1 und 2 des Vorjahres (siehe Teil I).

Die **Buchung (zu Beginn eines jeden Monats) [Ia]** lautet:

[1a] (200) Mietforderungen		80.000,00 €	
an	(600) Sollmieten		60.000,00 €
(an)	(431) Anzahlungen auf unfertige Leistungen		20.000,00 €

Die **Buchung** für den **Zahlungsausgleich [Ib]** der Mieter:

[1b] (2740) Bank		80.000,00 €	
an	(200) Mietforderungen		80.000,00 €

3.3.2.1 Ermittlung und Buchung der tatsächlich angefallenen Gesamtkosten

Zu 2. (Abrechnung der Heizkosten für das letzte Jahr)

Zunächst wird die tatsächliche Höhe der angefallenen Kosten ermittelt; denn z. B. in Fällen von Leerständen musste zum Ende des vorigen Jahres der Betrag geschätzt werden, den das Immobilienunternehmen selbst zu tragen hat. Die genaue Höhe kann aber erst nach dem Ablesen der Wärmezähler errechnet werden. Fehlen solche Fälle wie Leerstände etc., stimmt der umzulegende Betrag stets mit Konto „(15) Noch nicht abgerechnete Betriebskosten" überein. Siehe dazu Teil III!

Steht nun die tatsächliche Höhe der umzulegenden Kosten fest, wird der entsprechende Forderungsbetrag zunächst auf einem Unterkonto zu Mietforderungen gebucht, bis sämtliche Einzelabrechnungen mit dem Gesamtsaldo abgestimmt sind. Das Gegenkonto zu diesem Unterkonto ist bereits der Umsatz aus der Umlagenabrechnung, da als sicher angenommen wird, dass die Einzelabrechnungen bis zum Bilanzstichtag den Mietern zugegangen sind. Das Realisationsprinzip des HGB ist dann erfüllt.

Buchung [2a]:

			Soll	Haben
[2a]	(201)	Umlagenabrechnung	22.000,00 €	
		an (601) Umlagen		22.000,00 €

3.3.2.2 Verrechnung mit der Gesamtsumme der geleisteten Vorauszahlungen

Entsprechend wird nun – ebenfalls zu Abstimmzwecken auf Konto „(201) Umlagenabrechnung" – die Gesamtheit der umzulegenden Beträge mit der Summe der geleisteten Vorauszahlungen verrechnet.

Buchung [2b]:

			Soll	Haben
[2b]	(431)	Anzahlungen auf unfertige Leistungen	20.000,00 €	
		an (201) Umlagenabrechnung		20.000,00 €

Kontendarstellung (Ausschnitt – nur für die Abrechnung):

S (200)	Mietforderungen		H
[1a] (600), …	80.000,00	[1b] (2740)	80.000,00

S (431)	Anzahlungen auf unfertige Leistungen		H
[2b] (201)	20.000,00	I EBK	20.000,00
		[1a] (200)	20.000,00

S (201)	Umlagenabrechnung		H
[2a] (601)	22.000,00	[2b] (431)	20.000,00

S (601)	Umlagen		H
		[2a] (201)	22.000,00

3.3.2.3 Erfassung der Nachzahlungsverpflichtungen (der Mieter) aufgrund der Einzelabrechnungen

Erst aufgrund der Einzelabrechnungen ergibt sich für jeden Mieter eine Nachzahlungsverpflichtung oder ein Erstattungsanspruch. In diesem Musterbeispiel sind es insgesamt 2.500,00 € Nachzahlungsverpflichtungen und 500,00 € Erstattungsansprüche.

Nachzahlungsverpflichtungen erscheinen in der **Buchungsliste unter „Umlagen"** in der Spalte **„Abrechnung" mit** der zusätzlichen **Kennzeichnung „(S)"** für die Sollseite eines Personenkontos. **Erstattungsansprüche** werden **in derselben Spalte** gezeigt und entsprechend **mit „(H)"** zusätzlich gekennzeichnet.

In der **Summenzeile der Buchungsliste** ergibt sich in diesem Beispiel 2.000,00 € (S). Dies muss immer damit übereinstimmen, dass zu diesem Zeitpunkt auf dem Konto „(201) Umlagenabrechnung" die in Rechnung gestellten Umlagen 2.000,00 € höher sind als die geleisteten Vorauszahlungen. Andernfalls sind noch Abstimmarbeiten zu leisten.

In der **Geschäftsbuchhaltung** werden die Nachzahlungsverpflichtungen als Mietforderungen ausgewiesen.

Umbuchung auf Mietforderungen [2c]:

[2c]	(200) Mietforderungen	2.500,00 €	
	an (201) Umlagenabrechnung		2.500,00 €

Soweit nicht Verrechnung im Mietvertrag vereinbart war, ist der **Geldeingang** der einzelnen Mieter jeweils in der **Buchungsliste** unter **„Zahlungen"** in der **Spalte „Eingänge"** einzutragen.

Hinweis: Sollten in einem Monat für einen Mieter in derselben Spalte der Buchungsliste mehr als eine Eintragung nötig sein, so können diese ausnahmsweise in einer Summe zusammengefasst werden, wenn dies schreibtechnisch nicht anders möglich ist.

Sofern die Nachzahlungen der Mieter in der **Hauptbuchhaltung** getrennt von den (übrigen) laufenden Mietzahlungen erfasst werden, wäre zu buchen:

(2740)	Bank	2.500,00 €	
	an (200) Mietforderungen		2.500,00 €

3.3.2.4 **Erfassung der Erstattungsansprüche** (der Mieter) aufgrund der Einzelabrechnungen

Die Erstattungsansprüche seitens der Mieter werden nicht auf ein Verbindlichkeitskonto sondern ebenfalls auf Konto „(200) Mietforderungen" umgebucht, weil

- dieses Konto die Buchungsliste abbilden soll,
- sich automatisch die Verrechnungswirkung ergibt, falls nicht ausgezahlt wird und
- das Konto „(440) Verbindlichkeiten aus Vermietung" ausschließlich im Rahmen des Jahresabschlusses als Hilfsposition benutzt wird – ähnlich wie Dispokredite im Falle eines überzogenen Bankkontos.

Umbuchung der Erstattungsansprüche [2d]:

[2d]	(201) Umlagenabrechnung	500,00 €	
	an (200) Mietforderungen		500,00 €

Soweit nicht Verrechnung im Mietvertrag vereinbart war, wird in der **Buchungsliste** die **Auszahlung der** einzelnen **Erstattungsansprüche** unter „Zahlungen" in der **Spalte „Ausgänge"** eingetragen.

Da dem Mieter ein Prüfungsrecht für seine Einzelabrechnung zusteht, wird man die Überweisung sinnvollerweise erst im darauffolgenden Monat veranlassen.

In der **Hauptbuchhaltung** ist dann zu buchen:

(200)	Mietforderungen	500,00 €	
	an (2740) Bank		500,00 €

Liegt zwischen Abrechnung und Zahlung ein Bilanzstichtag, dann sind Nachforderungen des Immobilienunternehmens (Teil der) Mietforderungen (Saldo des Kontos „(200) Mietforderungen") und Guthaben seitens der Mieter Teil der Mietverbindlichkeiten des Immobilienunternehmens, die am Jahresende unter „III vorbereitende Abschlussbuchungen" zusammen mit den Mietvorauszahlungen auf das Konto „(440) Verbindlichkeiten aus Vermietung" umzubuchen sind.

3.3.2.5 Auflösung des Bestands an „Noch nicht abgerechneten Betriebskosten"

Der (Eröffnungs)Bestand auf dem Konto „(15) Noch nicht abgerechnete Betriebskosten" ist jetzt aufzulösen; denn es gibt ihn nicht mehr, da die Kosten abgerechnet sind. Das Gegenkonto „(648) Bestandsverminderung bei noch nicht abgerechneten Betriebskosten" bildet für das Bruttoprinzip das Gegengewicht zu Konto „(601) Umlagen" und weist in seiner Bezeichnung darauf hin, dass bereits im Vorjahr Aufwendungen für die erbrachten Leistungen erforderlich waren.

Buchung [2e]:

[2e] (648) Bestandsverminderungen bei noch nicht abgerechneten Betriebskosten 22.000,00 €
an (15) Noch nicht abgerechnete Betriebskosten 22.000,00 €

Das Konto „(15) Noch nicht abgerechnete Betriebskosten" kann dazu benutzt werden, den ‚Fortgang' der Umlagenabrechnung von Wirtschaftseinheit zu Wirtschaftseinheit zu überwachen. In diesen Fällen wird erst mit der vollständigen Abrechnung jeder Einheit der entsprechende Betrag umgebucht. Erst wenn alle Wirtschaftseinheiten abgerechnet sind, ergibt sich 0,00 € als Kontensaldo. Entsprechend wird in diesem Buch verfahren.

Kontendarstellung (Ausschnitt – nur Abrechnung und ohne [Zahlungs]Ausgleich):

S (200)	Mietforderungen		H
[1a] (600), ...	80.000,00	[1b] (2740)	80.000,00
[2c] (201)	2.500,00	[2d] (201)	500,00

S (431)	Anzahlungen auf unfertige Leistungen		H
[2b] (201)	20.000,00	I EBK	20.000,00
		[1a] (200)	20.000,00

S (201)	Umlagenabrechnung		H
[2a] (601)	22.000,00	[2b] (431)	20.000,00
[2d] (200)	500,00	[2c] (200)	2.500,00
	22.500,00		22.500,00

S (601)	Umlagen		H
IV GuV	22.000,00	[2a] (201)	22.000,00

S (15)	Nicht abger. Betriebskosten		H
I EBK	22.000,00	[2e] (648)	22.000,00

S (648)	Bestandsverminderungen Betriebskosten		H
[2e] (15)	22.000,00	IV GuV	22.000,00

S (982)	GuV-Konto		H
IV (648)	22.000,00	IV (601)	22.000,00

Zu 3. (Wärmelieferung des laufenden Geschäftsjahres – Wartung, Heizöl nach Kauf)

Die **Buchungen entsprechen** denen zu Sachverhalt Nr. 3 und 4 des Vorjahres (siehe Teil I):

Wartung der Heizungsanlagen – Rechnungseingang [3a]:

[3a]	(8002)	Kosten der Beheizung	3.000,00 €	
		an (44212) Verbindlichkeiten aus der Hausbewirtschaftung		3.000,00 €

Rechnungsausgleich [3b]:

[3b]	(44212)	Verbindlichkeiten aus der Hausbewirtschaftung	3.000,00 €	
		an (2740) Bank		3.000,00 €

Heizölnachkauf – Rechnungseingang [3c]:

[3c]	(8002)	Kosten der Beheizung	16.000,00 €	
		an (44212) Verbindlichkeiten aus der Hausbewirtschaftung		16.000,00 €

Rechnungsausgleich [3d]:

[3d]	(44212)	Verbindlichkeiten aus der Hausbewirtschaftung	16.000,00 €	
		an (2740) Bank		16.000,00 €

Ende des Geschäftsjahres – „III. Vorbereitende Abschlussbuchungen“

Für den Wert des Endbestandes an Heizmaterial werden in diesem Musterbeispiel 10.200,00 € angenommen.

Aus dem Vergleich mit dem Eröffnungsbestand (14.000,00 €) ergibt sich, dass der Schlussbestand 3.800,00 € geringer ist als im Vorjahr. D. h., dass für 3.800,00 € mehr verbraucht als zugekauft wurden.

Entsprechend lautet die **Korrekturbuchung** Ende d. J. [IIIa]:

IIIa	(8002)	Kosten der Beheizung	3.800,00 €	
		an (170) Heizmaterial		3.800,00 €

Ebenfalls im Rahmen von „III. Vorbereitende Abschlussbuchungen“ erscheint (für Aktivierung und Herstellung der Erfolgsneutralität) [IIIb]:

IIIb	(15)	Noch nicht abgerechnete Betriebskosten	22.800,00 €	
		an (646) Bestandserhöhungen bei noch nicht abgerechneten Betriebskosten		22.800,00 €

[3.000,00 € Wartung + 19.800,00 € Heizmaterialverbrauch]

3.3.2.6 Kontendarstellung zu Umlagen Teil II

1. Für das gesamte Geschäftsjahr wurden wieder insgesamt 60.000,00 € an Mieten zum Soll gestellt und 20.000,00 € an Vorauszahlungen auf die Heizkosten erhoben. Die Mieter haben alles bezahlt.
2. Die Heizkosten für das letzte Kalenderjahr werden abgerechnet. Es werden 22.000,00 € als umzulegender Betrag ermittelt. Die Einzelabrechnungen ergeben u. a., dass einerseits von den Mietern insgesamt 2.500,00 € nachgezahlt werden müssen und andererseits für 500,00 € Erstattungsansprüche bestehen.
3. Es werden wieder 3.000,00 € für die jährliche Wartung bezahlt und für 16.000,00 € Heizöl nachgekauft.

Zum Ende des Geschäftsjahres ergibt sich für das Heizöl ein Endbestand von 10.200,00 €.

S (15)	Nicht abger. Betriebskosten		H
I EBK	22.000,00	[2e] (648)	22.000,00
IIIb (646)	22.800,00	IV SBK	22.800,00

S (170)	Heizmaterial		H
I EBK	14.000,00	IIIa (8002)	3800,00
		IV SBK	10.200,00

S (200)	Mietforderungen		H
[1a] (600)...	80.000,00	[1b] (2740)	80.000,00
[2c] (201)	2.500,00	[2d] (201)	500,00
[2f] (2740)	500,00	[2g] (2740)	2.500,00

S (201)	Umlagenabrechnung		H
[2a] (601)	22.000,00	[2b] (431)	20.000,00
[2d] (200)	500,00	[2c] (200)	2.500,00

S (2740)	Bank		H
[1b](200)	80.000,00	[2f] (200)	500,00
[2g](200)	2.500,00	[3b] (44212)	3.000,00
		[3d] (44212)	16.000,00
		IV SBK	63.000,00

S (431)	Anzahlungen auf unfertige Leistungen		H
[2b](201)	20.000,00	I EBK	20.000,00
IV SBK	20.000,00	[1a] (200)	20.000,00

S (44212)	Verbindlichkeiten Hausbewirtschaftung		H
[3b] (2740)	3.000,00	[3ε] (8002)	3.000,00
[3d] (2740)	16.000,00	[3c] (8002)	16.000,00

S (989)	Schlussbilanzkonto		H
IV (15)	22.800,00		
IV (170)	10.200,00	IV (431)	20.000,00
IV (2740)	63.000,00		

S (8002)	Kosten d. Beheizung		H
[3a] (44212)	3.000,00	IV GuV	22.800,00
[3c] (44212)	16.000,00		
IIIa (170)	3.800,00		

S (648)	Bestandsverminderungen Betriebskosten		H
[2e] (15)	22.000,00	IV GuV	22.000,00

S (600)	Sollmieten		H
IV GuV	60.000,00	[1a] (200)	60.000,00

S (601)	Umlagen		H
IV GuV	22.000,00	[2a] (201)	22.000,00

S (646)	Bestandserhöhungen Betriebskosten		H
IV GuV	22.800,00	IIIb (15)	22.800,00

S (982)	GuV-Konto		H
IV (8002)	22.800,00	IV (600)	60.000,00
IV (648)	22.000,00	IV (601)	22.000,00
		IV (646)	22.800,00

3.3.3 Teil III: Betriebsstrom, Hauswarttätigkeit, Leerstände, Umlagenausfallwagnis

Zu den umlagefähigen Heizkosten gehören nicht nur die verbrauchten Brennstoffe und die Wartung der Heizungsanlagen, sondern auch der Betriebsstrom und alle übrigen in § 7 Abs. 2 HeizkostenV abschließend aufgezählten Positionen, soweit sie tatsächlich anfallen. Andere als die dort aufgeführten dürfen im Rahmen der Heizkostenabrechnung nicht umgelegt werden. So sind z. B. Instandhaltungs- bzw. Instandsetzungsmaßnahmen auch der Heizungsanlage nicht umlagefähig. Gemäß § 22 Abs. 1 NMV gilt die Heizkostenverordnung auch für preisgebundenen Wohnraum.

Die Aufzählung des § 7 Abs. 2 HeizkostenV umfasst die Kosten:

- der verbrauchten Brennstoffe und ihrer Lieferung,
- der regelmäßigen Prüfung der Betriebsbereitschaft und Betriebssicherheit der Anlage einschließlich ihrer Einstellung durch einen Fachmann (Wartung),
- des Betriebsstroms für die elektrisch arbeitenden Teile der Anlage (z. B. Regelungsanlage, Umwälzpumpe, Ölpumpe, Steuerungseinrichtungen [Schaltuhr, Wärmefühler etc.]),
- der Bedienung, Überwachung und Pflege der Anlage,
- der Reinigung der Anlage und des Betriebsraums,
- der Messungen nach dem Bundesimmissionsschutzgesetz,
- der Anmietung oder anderer Arten der Gebrauchsüberlassung einer Ausstattung zur Gebrauchserfassung,
- der Verwendung einer Ausstattung zur Verbrauchserfassung einschließlich der Kosten der Berechnung und Aufteilung.

Für die **Buchführung** sind **zwei Fallgruppen** zu **unterscheiden:**

1) Der Gesamtbetrag einer Rechnung ist den Heizkosten zuzuordnen: z. B. Wartung.
2) Der auf die Heizkosten (voraussichtlich) entfallende Anteil muss ermittelt werden: z. B. a) Betriebsstrom und b) Hauswarttätigkeit.

Wartung (Zu 1)

Die Buchungen lauten wie gehabt. (siehe Teil I – zu „3. Wartung")

Für diesen Teil seien 1.200,00 € Wartungskosten angenommen.

Buchung (einschl. Bezahlung):

(8002)	Kosten der Beheizung	1.200,00 €	
	an (44212) Verbindlichkeiten aus der Hausbewirtschaftung		1.200,00 €
(44212)	Verbindlichkeiten aus der Hausbewirtschaftung	1.200,00 €	
	an (2740) Bank		1.200,00 €

3.3.3.1 Betriebsstrom (Zu 2 a)

Geht man davon aus, dass die Elektrizitätswerke aufgrund der Hauptzählerstände einer Wohnanlage eine Jahresrechnung schicken, so zählt diese insgesamt zu den umlagefähigen Betriebskosten.

Buchung:

(802)	Andere Betriebskosten	... €	
	an (44212) Verbindlichkeiten aus der Hausbewirtschaftung		... €

Am Jahresende wird mithilfe der Zwischenzählerstände der Anteil des verbrauchten Betriebsstroms ermittelt; denn (nur) dieser zählt zur Wärmelieferung. Fehlen Zwischenzähler, so wird eine auf realistischen Annahmen beruhende Schätzung als zulässig angesehen. Entsprechend wird der Anteil für den Betriebsstrom zum Jahresende im Rahmen von „III. Vorbereitende Abschlussbuchungen" auf Konto „(8002) Kosten der Beheizung" umgebucht.

Für diesen Teil seien 900,00 € angenommen.

Buchung:

(8002)	Kosten der Beheizung	900,00 €	
	an (802) Andere Betriebskosten		900,00 €

3.3.3.2 Hauswarttätigkeit (Bedienung der Anlagen ...) (Zu 2 b)

Der Hauswart erhält für seine Tätigkeit am Ende eines jeden Monats Lohn. Damit sind auch die Tätigkeiten abgegolten, die im Rahmen der Heizkostenabrechnung umlagefähig sind. Je nach Arbeitsvertrag können dies die Bedienung der Anlagen, das Sauberhalten des Heizraumes bis hin zu kleineren Wartungsarbeiten sein. Erhält er nach Hauswarttarifvertrag einen Stücklohn, so ergibt sich aus den dort festgelegten (Zeit)Ansätzen der darauf entfallende Lohnanteil, andernfalls muss auf eine Arbeitszeitstatistik zurückgegriffen werden.

Dieser Lohnanteil darf jedoch nicht auf das Konto „(8002) Kosten der Beheizung" umgebucht werden, weil „Löhne und Gehälter" – wie auch Zinsen und die Grundsteuer – zu den Primärkosten zählen.

Primärkosten sind Kosten, die **unabhängig von ihrem Verursachungszusammenhang** stets unter derselben GuV-Position ausgewiesen werden, d. h. auch: sie werden sinnvollerweise **stets auf demselben Konto gebucht.**

Im Falle des Hauswarts gilt dies dann für alle Tätigkeiten – unabhängig davon, ob es sich um Instandhaltungsarbeiten oder die übrigen (auch umlagefähigen) Betriebskosten (z. B. Treppenhausreinigung) handelt.

Trotzdem sind diese Lohnanteile, soweit sie zu den umlagefähigen Betriebskosten zählen, am Jahresende in den Betrag der Buchung für die „Bestandserhöhungen bei noch nicht abgerechneten Betriebskosten" aufzunehmen. Dieser ist dann größer als der Saldo auf dem Konto „(8002) Kosten der Beheizung".

Für diesen Teil seien 150,00 € für die Bedienung der Heizungsanlagen angenommen. Sie werden am Jahresende den „Bestandserhöhungen ..." hinzugerechnet – siehe dazu die Abrechnung im nächsten Abschnitt.

3.3.3.3 Leerstand (vorübergehend):

Bei **vorübergehendem Leerstand** von Wohnungen müssen die automatisch zum Soll gestellten Mieten (einschließlich der ebenfalls gebuchten Umlagenvorauszahlungen) um den entsprechenden Betrag korrigiert werden.

In der **Buchungsliste** werden die entsprechenden Beträge **unter „Korrekturen"** in den **Spalten „Miete" und „Umlagen"** jeweils **mit einem Minuszeichen** eingetragen.

Die **‚vollständige' Buchung** der **Leerstandskorrektur** lautet:

(609)	Erlösschmälerungen	... €	
(431)	Anzahlungen auf unfertige Leistungen	... €	
	an (200) Mietforderungen		... €

Die Kosten für die Beheizung von leer stehenden Wohnungen trägt das Immobilienunternehmen. Da zum Jahresende die Einzelabrechnungen noch nicht erstellt sind, muss dieser Anteil geschätzt werden.

Dieser **Leerstandsanteil** bleibt zwar (auch für die anderen Betriebskosten) auf den entsprechenden Aufwandskonten stehen, **muss jedoch** bei der Ermittlung der „noch nicht abgerechneten Betriebskosten" **für** die **Aktivierung berücksichtigt werden.**

Für dieses Beispiel wird eine Leerstandsschätzung von 80,00 € angenommen. Damit ergibt sich für die Ermittlung der „Bestandserhöhungen bei noch nicht abgerechneten Betriebskosten" folgende **Aufstellung:**

+	1.200,00 €	Wartung (s. o.)	
+	900,00 €	Betriebsstrom (s. o.)	
+	5.000,00 €	Zukäufe an Brennstoffen	(für diese Aufstellung angenommen)
+	1.000,00 €	Mehrverbrauch (Bestandsdifferenz)	(für diese Aufstellung angenommen)
=	8.100,00 €	Saldo von Konto „(8002) Kosten der Beheizung"	
+	150,00 €	Bedienung (Hauswartlohnanteil – in der Summe aller Personalkosten enthalten)	
./.	80,00 €	Leerstandsschätzung (s. o.)	
=	**8.170,00 €**	**„Bestandserhöhungen bei noch nicht abgerechneten Betriebskosten"**	

Die **Buchung** lautet:

(15)	Noch nicht abgerechnete Betriebskosten	8.170,00 €	
	an (646) Bestandserhöhungen bei noch nicht abgerechneten Betriebskosten		8.170,00 €

Ausschnitt des **GuV-Kontos** zum 31.12. **d. J.** (**ausschließlich für** die **Heizkosten**):

S (982)		**GuV-Konto**	**H**
(8002)	8.100,00		
[83...]	150,00	(646)	8.170,00

Die eckige Klammer um die angedeutete Position „83..." (Personalaufwand) soll klarstellen, dass die 150,00 € Lohnanteil in einer viel größeren Summe aller Personalaufwendungen für das ganze Geschäftsjahr enthalten sind.

Stellt sich im nächsten Geschäftsjahr heraus, dass der tatsächliche Leerstandsbetrag von dem im Vorjahr geschätzten abweicht, dann entspricht der Umfang der „Bestandserhöhungen bei noch nicht abgerechneten Betriebskosten" nicht mehr den tatsächlich umzulegenden Kosten, so dass im GuV-Konto eine Differenz zwischen Konto „(648) Bestandsverminderungen bei noch nicht abgerechneten Betriebskosten" und Konto „(601) Umlagen" sichtbar wird.

Ausschnitt des **GuV-Kontos** zum 31.12. **n. J.**, falls der Leerstandsanteil 30,00 € zu hoch geschätzt und demzufolge zu wenig aktiviert worden war:

S (982)	**GuV-Konto**		**H**
(648)	8.170,00	(601)	8.200,00

3.3.3.4 Umlagenausfallwagnis (UAW)

Bei preisgebundenem Wohnraum darf gemäß § 25 a NMV **zusätzlich** ein **Umlagenausfallwagnis** von maximal 2 % der umlagefähigen Betriebskosten in Rechnung gestellt werden. Sofern nicht ausdrücklich anderes gesagt wird, ist in diesem Buch davon auszugehen, dass im Falle des preisgebundenen Wohnraums auch in vollem Umfang davon Gebrauch gemacht wird.

Das UAW entspricht von der Idee her dem Mietausfallwagnis (MAW) und ist ein Risikozuschlag, der beim Kostenmietenprinzip Ausfälle aufgrund von Leerständen etc. decken soll. Es darf daher auf alle umlagefähigen Betriebskosten erhoben werden. Das Umlagenausfallwagnis darf jedoch nur auf die Summe erhoben werden, die tatsächlich auf die Mieter umgelegt werden darf.

Es wird nicht gesondert gebucht, sondern erhöht lediglich die €-Beträge auf den Konten „(201) Umlagenabrechnung" und „(601) Umlagen". Als Variante zum bisher Dargestellten ergäbe sich also für den preisgebundenen Wohnraum bei Abrechnung im nächsten Geschäftsjahr:

(201)	Umlagenabrechnung	8.364,00 € [8.200,00 € x 1,02]	
	an (601) Umlagen		8.364,00 €
...			
(648)	Bestandsverminderungen bei noch nicht abgerechneten Betriebskosten	8.170,00 €	
	an (15) Noch nicht abgerechnete Betriebskosten		8.170,00 €

Ausschnitt des **GuV-Kontos** zum 31.12. **n. J.** für die abgerechneten Betriebskosten des laufenden Jahres

S (982)	**GuV-Konto**		**H**
(648)	8.170,00	(601)	8.364,00

3.4 Abschreibungen auf Mietforderungen

Die **Mietenbuchhaltung** – und meist auch der Saldo des Kontos „(200) Mietforderungen“ – **weist Zahlungsrückstände aus.** Die **Umstände** und **Hintergründe** dafür können sehr **verschieden** sein; **z. B.:**

1. falsch ausgefüllte Überweisungen,
2. krankheits- bzw. urlaubsbedingte Versäumnisse,
3. (wiederholter) Zahlungsverzug mit Mahnbescheid,
4. Streit um die rechtlich zulässige Höhe,
5. wiederholter Zahlungsverzug mit Räumungsklage,
6. fruchtlose Pfändung,

usw.

In allen Fällen bestehen die **Forderungen zu Recht.** Ihr wirtschaftlicher **Wert schwankt jedoch** beträchtlich.

In der Regel wird nach Aktenlage und sonstigen Informationen eine Mietforderung oder ein Teil davon vom Rechtsreferat (Rechtsabteilung) als

- ‚sicher‘,
- möglicherweise unrealisierbar oder
- uneinbringlich eingeschätzt.

Gilt eine Forderung als **‚sicher‘**, dann geht das Immobilienunternehmen davon aus, dass der Rückstand wieder ausgeglichen wird. In diesem Fall ist der wirtschaftliche Wert der Forderung mit ihrem Nominalwert (Rückstand auf dem Konto) identisch. Es ist nichts weiter zu buchen.

In den **anderen beiden Fällen** liegt der wirtschaftliche Wert (erheblich) unter dem Nominalwert bzw. fehlt ganz.

Nach dem (strengen) **Niederstwertprinzip** für die Bewertung des Umlaufvermögens sind Forderungen nur **mit ihrem wirtschaftlichen Wert anzusetzen**, also dem Betrag, für den man mit einem Geldeingang rechnet.

Im Hinblick auf **Mietforderungen** sind nunmehr **zwei Situationen** grundsätzlich zu **unterscheiden:**

1. Erweist sich eine **Forderung** als **zu Unrecht gebucht,** weil die Rechtsgrundlage fehlt, weggefallen ist oder (vorübergehend) geändert wurde (z. B. gewährte Mietminderungen), so muss sie **storniert bzw. korrigiert** werden.
2. Erweist sich eine **zu Recht bestehende Forderung** als (vermutlich) **unrealisierbar,** so muss sie **abgeschrieben** – d. h. **entwertet** – werden.

   (Miet)Forderungen müssen dabei immer einzeln bewertet werden.

   Hierfür gibt es **zwei Buchungstechniken:**

   - Die **direkte Abschreibung:**
     Dann verschwindet die Forderung in der entsprechenden Höhe aus dem Kontenwerk (siehe dazu Abschnitt 3.4.1).
   - Die **Wertberichtigung:**
     Dann bleibt die Forderung mit ihrem ursprünglichen Nominalwert im Kontenwerk erhalten, und der abgeschriebene Betrag erscheint auf einem gesonderten (Unter)Konto (auch indirekte Abschreibung genannt).

3.4.1 Direkte Abschreibung auf Mietforderungen

Klar ist der **Fall** bei der **fruchtlosen Pfändung** (Nr. 6):

Dies ist eine **uneinbringliche Forderung,** die zu dem Zeitpunkt **direkt abgeschrieben** wird, in dem sie sich als solche herausstellt, denn es wäre sinnlos, ihren ursprünglichen Nominalwert zu erhalten. Für das Buchungsbeispiel seien 3.000,00 € Forderungsbetrag angenommen.

3.4.1.1 Buchung der Abschreibung

In der **Buchungsliste** (Mietenbuchhaltung) wird der Betrag in der **Spalte „Sonstiges/ Abschr."** eingetragen.

Die Buchung für die **direkte Abschreibung** in der **Hauptbuchhaltung** lautet [I]:

[1]	(8550)	Abschreibungen auf Forderungen	3.000,00 €	
		an (200) Mietforderungen		3.000,00 €

Wird eine **Mietforderung in voller Höhe direkt abgeschrieben, ‚verschwindet' sie** sowohl aus der Haupt- als auch **aus der** Neben**buchhaltung**. Sie wird dann – **wenn überhaupt – nur** noch **von** der **Rechtsabteilung weiter verfolgt**.

Im Fall Nr. 6 (fruchtlose Pfändung) wäre der Versuch von Lohnpfändungen denkbar. Der Rechtstitel besteht ja weiter.

3.4.1.2 Geldeingänge noch vor dem Bilanzstichtag

Falls **noch im laufenden Geschäftsjahr** zumindest ein **Teil** der abgeschriebenen Forderung **eingeht** bzw. (im Fall der fruchtlosen Pfändung) beigetrieben werden kann, muss nach der Erfassung des Geldeingangs die **Abschreibung** für diesen Teil **korrigiert** werden.

In diesem Beispiel gehen 1.000,00 € ein.

In der **Buchungsliste** wird der **Geldeingang wie** ein ‚normaler' **Mieteingang** eingetragen und der **Korrekturbetrag** der Abschreibung in der Spalte **„Sonstiges/Abschr." mit** einem **Minuszeichen.**

Die **Buchung** des **Geldeingangs** in der **Hauptbuchhaltung** lautet [2a]:

[2a]	(2740)	Bank	1.000,00 €	
		an (200) Mietforderungen		1.000,00 €

Die **Buchung** für die **Korrektur** der direkten **Abschreibung** in der **Hauptbuchhaltung** lautet [2b]:

[2b]	(200)	Mietforderungen	1.000,00 €	
		an (8550) Abschreibungen auf Forderungen		1.000,00 €

S (200)	**Mietforderungen**		**H**
(...)	3.000,00	[1] (8550)	3.000,00
[2b] (8550)	1.000,00	[2a] (2740)	1.000,00

S (8550)	**Abschreibungen auf Forderungen**		**H**
[1] (200)	3.000,00	[2b] (200)	1.000,00

S (2740)	**Bank**		**H**
[2a] (200)	1.000,00		

3.4.1.3 Geldeingänge nach dem Bilanzstichtag

Bei Eingängen **nach dem Bilanzstichtag** kann die Abschreibung nicht mehr korrigiert werden, weil zum Bilanzstichtag die Erfolgskonten abgeschlossen wurden. Der **Geldeingang** muss als **Ertrag** gebucht werden.

Die **Buchung** dafür lautet:

(2740) Bank	1.000,00 €	
an (66991) Eingänge auf in früheren Jahren abgeschriebene Forderungen		1.000,00 €

In diesem Fall wurde unterstellt, dass das Mietverhältnis nach dem vollständigen ‚Verschwinden' der Forderung im Vorjahr auch in der Nebenbuchhaltung nicht mehr weitergeführt wird. Deshalb erübrigt sich die Bearbeitung der Buchungsliste. Existiert dieses Mietverhältnis jedoch noch in der Mietenbuchhaltung, dann ist die Buchungsliste zu bearbeiten wie bei Geldeingängen noch im selben Geschäftsjahr.

3.4.2 Wertberichtigung zu Mietforderungen

Meistens ist die Sachlage nicht so eindeutig wie im Fall der fruchtlosen Pfändung.

In **Fällen** krankheits- (bzw. urlaubs)bedingter **Versäumnisse und** bei **Zahlungsverzug mit Mahnbescheid** muss aus der Saldenliste für die jeweiligen Mieter auf das Risiko der Uneinbringlichkeit geschlossen werden. Bei einem **Streit um die Höhe** der Forderung muss die Rechtslage **und** bei einer **Räumungsklage zusätzlich** die Vermögenslage bedacht werden. Je nach Grad des geschätzten Risikos wird ein entsprechend großer **Teil abgeschrieben**.

In allen diesen Fällen wird es in der Regel sinnvoll erscheinen, dass die Forderung aus der Mietenbuchhaltung ersichtlich bleibt; denn weder ist das Mietverhältnis endgültig beendet, noch ist völlig sicher, dass ‚nichts mehr zu holen ist'. Deshalb besteht auch die **Möglichkeit,** auf diese Mietforderungen eine **Wertberichtigung** zu **bilden.**

3.4.2.1 Buchung der Wertberichtigung

Beispiel:

Der Antrag auf Übernahme von Mietrückständen eines arbeitslosen Mieters in Höhe von 3.000,00 € wurde vom Sozialamt bis zum Ende des Geschäftsjahres noch nicht beschieden. Eine 100%ige Wertberichtigung erscheint der Rechtsabteilung des Immobilienunternehmens angemessen.

In der **Buchungsliste** (Mietenbuchhaltung) wird die Wertberichtigung **nicht** eingetragen. Der **Forderungssaldo bleibt** in voller Höhe **bestehen.**

In der Praxis erhält die Forderung jedoch mittels eines Schlüssels eine entsprechende Kennzeichnung, welche das automatisierte (kaufmännische) Mahnwesen außer Kraft setzt und in manchen EDV-Systemen sogar zu einer Tabelle führt, die die Entwicklung der Wertberichtigung(en) mit den Spalten „Stand", „Verbrauch", „Auflösung", „Zuführung" und „(neuer) Stand" zeigt. Eine Auswertung aller wertberichtigten Forderungen ist jedoch schon aufgrund des Schlüssels möglich. Deshalb ist eine Umbuchung der wertberichtigten Forderungen von Konto „(200) Mietforderungen" auf ein besonderes Konto zu Überwachungszwecken nicht erforderlich.

Die **Buchung** für die **Bildung der Wertberichtigung** in der Hauptbuchhaltung lautet:

[1] (8555) Zuführung zu Wertberichtigungen zu Forderungen 3.000,00 €
an (209) Wertberichtigungen zu Mietforderungen 3.000,00 €

„(209) Wertberichtigung zu Mietforderungen" ist ein **Korrekturkonto** (wie „(609) Erlösschmälerungen").

Es wird am Jahresende nicht über „(200) Mietforderungen" abgeschlossen, denn die ursprüngliche Forderung soll im Kontenwerk der Unternehmung auf jeden Fall sichtbar bleiben. Es **erscheint** demzufolge auf der **Habenseite** des **Schlussbilanzkontos.**

Kontendarstellung:

S (200)	Mietforderungen		H
(...)	3.000,00	IV SBK	3.000,00
	3.000,00		3.000,00

S (8555)	Zuführung zu Wertberichtigungen auf Forderungen		H
[1] (209)	3.000,00	IV GuV	3.000,00
	3.000,00		3.000,00

S (209)	Wertberichtigungen auf Mietforderungen		H
IV SBK	3.000,00	[1] (8555)	3.000,00
	3.000,00		3.000,00

S (989)	Schlussbilanzkonto		H
IV (200)	3.000,00	IV (209)	3.000,00

Für den Ausweis **in der Bilanz muss** jedoch bei Kapitalgesellschaften die **Wertberichtigung von** den **Mietforderungen abgezogen** (aktivisch abgesetzt) **werden** (§ 268 Abs. 2 HGB).
Es ist möglich, eine Mietforderung zum Teil abzuschreiben und auch wertzuberichtigen. Dies wird bei Wohnraum jedoch äußerst selten angewendet und deshalb nicht weiter behandelt.

3.4.2.2 Geldeingänge auf wertberichtigte Mietforderungen

Im nächsten Geschäftsjahr übernimmt das Sozialamt 1.000,00 € der Rückstände und überweist.

In der **Buchungsliste** wird wiederum **nur** der **Geldeingang** erfasst.

In der **Hauptbuchhaltung** kann – wie im Fall der direkten Abschreibung – die Bildung der Wertberichtigung nicht mehr korrigiert werden. Nach Erfassung des Geldeingangs muss die **Wertberichtigung** über ein Ertragskonto **aufgelöst** werden.

Die **Buchung** für den Geldeingang lautet [Ia]:

[1a] (2740) Bank 1.000,00 €
an (200) Mietforderungen 1.000,00 €

und die Buchung für die Auflösung der Wertberichtigung [Ib]:

[1b] (209) Wertberichtungen zu Mietforderungen 1.000,00 €
an (66992) Erträge aus der Auflösung von Wertberichtigungen zu Mietforderungen 1.000,00 €

Kontendarstellung:

S (200)	Mietforderungen		H
I EBK	3.000,00	[1a] (2740)	1.000,00

S (2740)	Bank		H
[1a] (200)	1.000,00		

S (209)	Wertberichtigungen auf Mietforderungen		H
[1b] (66992)	1.000,00	I EBK	3.000,00

S (66992)	Ertr. aus d. Aufl. v. Wertberichtigungen z. Forderungen		H
		[1b] (209)	1.000,00

3.4.2.3 Eine wertberichtigte Mietforderung wird uneinbringlich

Variante 1:

Im nächsten Geschäftsjahr wird der Antrag vom Sozialamt abschlägig beschieden.

Erweist sich (im nächsten Geschäftsjahr) eine wertberichtigte **Forderung** als uneinbringlich, so muss die (endgültige) Minderung der Forderung in der **Buchungsliste** in der **Spalte „Sonst./Abschr."** als Abschreibung eingetragen werden.

In der **Hauptbuchhaltung** kann die Bildung der Wertberichtigung nicht mehr korrigiert werden.

Die **Wertberichtigung** wird **verbraucht und** dabei die **Mietforderung** selbst (endgültig) **gemindert.**

Die **Buchung** lautet:

(209)	Wertberichtigungen zu Mietforderungen	3.000,00 €	
	an (200) Mietforderungen		3.000,00 €

Kontendarstellung:

S	(200)	Mietforderungen			H
I	EBK	3.000,00	[1]	(209)	3.000,00

S	(209)	Wertberichtigungen auf Mietforderungen			H
[1]	(200)	3.000,00	I	EBK	3.000,00

Variante 2:

Im nächsten Geschäftsjahr werden 1.000,00 € vom Sozialamt übernommen, und der Rest von der Rechtsabteilung des Immobilienunternehmens als uneinbringlich angesehen.

In der **Buchungsliste** wird zunächst der Geldeingang erfasst und der uneinbringliche Rest von 2.000,00 € wie in Variante 1 in der **Spalte „Sonst./Abschr."** als Abschreibung eingetragen.

In der **Hauptbuchhaltung** wird nach der Erfassung des Geldeingangs die **Wertberichtigung verbraucht** – soweit erforderlich – und der verbleibende **Rest über** das entsprechende **Ertragskonto aufgelöst.**

Die **Buchung** für den Geldeingang lautet [1a]:

Geldeingang

[1a]	(2740)	Bank	1.000,00 €	
		an (200) Mietforderungen		1.000,00 €

Verbrauch der Wertberichtigung für den uneinbringlichen Teil [1b]:

[1b]	(209)	Wertberichtigungen zu Mietforderungen	2.000,00 €	
		an (200) Mietforderungen		2.000,00 €

Auflösung des nichtbenötigten Rests der Wertberichtigung [1c]:

[1c]	(209)	Wertberichtigungen zu Mietforderungen	1.000,00 €	
		an (66992) Erträge aus der Auflösung von Wertberichtigungen zu Mietforderungen		1.000,00 €

Kontendarstellung:

S	(200)	Mietforderungen		H
I	EBK	3.000,00	[1a] (2740)	1.000,00
			[1b] (209)	2.000,00

S	(2740)	Bank		H
[1a]	(200)	1.000,00		

S	(209)	Wertberichtigungen auf Mietforderungen			H
[1b]	(200)	2.000,00	I	EBK	3.000,00
[1c]	(66992)	1.000,00			

S	(66992)	Ertr. aus d. Aufl. v. Wertberichtigungen z. Forderungen		H
			[1c] (209)	1.000,00

3.5 Streit um Forderungen aus dem Mietverhältnis

– Durchsetzung von Ansprüchen gegenüber den Mietern –

3.5.1 Prozess um eine Mietforderung

Ein **Mieter meldet**, dass sein **WC-Becken gesprungen** ist. Das Immobilienunternehmen lässt den Schaden beheben, stellt jedoch dem Mieter die Kosten von 160,00 € in Rechnung, weil dieser den Schaden verschuldet hatte.

Ebenso wie die Wärmelieferung ist auch diese Aktivität des Immobilienunternehmens im Rahmen der Überlassung von (Wohn)Raum eine wesentliche Betriebsleistung, die am Jahresende in der GuV-Rechnung nach dem Bruttoprinzip ausgewiesen werden muss. Aufwands- und Ertragsbuchung fallen hier jedoch regelmäßig in dieselbe Rechnungsperiode.

Entsprechendes gilt, falls der Mieter aufgrund einer Kleinreparaturklausel im Mietvertrag zur Erstattung verpflichtet ist.

Prinzip:
Zunächst werden die **Kosten** bei Entstehung (z. B. Rechnungseingang) **einerseits** als **Aufwand** und andererseits als Verbindlichkeit gegenüber der ausführenden Firma erfasst.

Dann werden sie nach Bezahlung einerseits dem Mieter als Forderung in Rechnung gestellt und **andererseits** zwecks Ausgleich in der GuV-Rechnung als **Ertrag** gebucht.

Der Vorgang könnte folgendermaßen ablaufen:

Der zuständige Verwalter/Techniker

- prüft die eingehende Rechnung rechnerisch und sachlich,
- weist den (festgestellten) Rechnungsbetrag zur Buchung und Zahlung an und
- stellt für die Buchhaltung klar, dass aus Sicht des Immobilienunternehmens Mieterverschulden vorliegt.

Da in diesem Fall der Mieter mit den Kosten belastet wird, wird ein besonderes Konto eingerichtet und nicht das sonst verwendete Instandhaltungskonto „(805) Instandhaltung" benutzt, weil dieses für den vom Immobilienunternehmen selbst zu tragenden Aufwand vorgesehen ist.

Entsprechend lauten die **Buchungen:**

a) Darstellung als Aufwand bei Eingang der Rechnung der Installationsfirma

(8099)	Mieterbelastung	160,00 €	
	an (44200) Verbindlichkeiten aus Bau-/Instandhaltungsleistungen – laufende Rechnung		160,00 €

b) Rechnungsausgleich durch das Immobilienunternehmen

(44200)	Verbindlichkeiten aus Bau-/Instandhaltungsleistungen – laufende Rechnung	160,00 €	
	an (2740) Bank		160,00 €

Dann schickt der Verwalter einen Brief an den Mieter

- mit der Darstellung der (rechtlichen) Sachlage,
- mit der Bitte um Überweisung der verauslagten Kosten auf sein Mieterkonto und
- einer Kopie der Rechnung der Installationsfirma.

Die **Kopie** des **Anschreibens** an den Mieter dient der Buchhaltung als **Beleg**.

In der **Buchungsliste** ist für derartige Fälle die **Spalte „sonstige Belastung“** vorgesehen.

Hauptbuchhaltung:

c) Darstellung als Ertrag bei Erfassung des Erstattungsanspruchs

(200)	Mietforderungen	160,00 €	
	an (66982) Erträge Mieterbelastung		160,00 €

Der **Mieter zahlt nicht.** Das **Immobilienunternehmen mahnt** ihn **außergerichtlich** und erhebt 3,00 € Mahngebühren.

Auch die Durchsetzung von Ansprüchen gegenüber den Mietern ist eine wesentliche Betriebsleistung.

Wie die Hauswarttätigkeit im Rahmen der Wärmelieferung wird auch in diesem Fall der Aufwand nicht gesondert gebucht, weil die entsprechenden Sachbearbeiter nicht für ihre einzelnen Tätigkeiten entlohnt werden, sondern monatlich Gehalt beziehen.

In der **Buchungsliste** ist für die Mahngebühren ebenfalls die **Spalte „sonstige Belastung“** vorgesehen.

Hauptbuchhaltung (die in eckige Klammern gesetzten Buchungen sollen andeuten, dass der dazugehörige Aufwand in der Summe monatlicher Personalkosten für die Mitarbeiter enthalten ist):

a) monatliche Personalkosten

[83...]	Personalaufwand	3,00 €	
	an [47...] Verbindlichkeiten Löhne und Gehälter		3,00 €

b) monatliche Überweisung der Löhne und Gehälter

[47...]	Verbindlichkeiten Löhne und Gehälter	3,00 €	
	an [2740] Bank		3,00 €

c) Darstellung als Ertrag bei Erfassung des Erstattungsanspruchs

(200)	Mietforderungen	3,00 €	
	an (66982) Erträge Mieterbelastung		3,00 €

Der **Mieter reagiert nicht** auf die Mahnung. Das Immobilienunternehmen beantragt beim Amtsgericht den Erlass eines **Mahnbescheids** und berechnet ihm die dafür entstandenen Kosten.

In der **Buchungsliste** ist dieser Sachverhalt ebenfalls in die **Spalte „sonstige Belastung“** einzutragen.

Entsprechend lauten die **Buchungen:**

a) Darstellung als Aufwand bei Eingang der Rechnung des Amtsgerichts

(8099)	Mieterbelastung	20,00 €	
	an (44212) Verbindlichkeiten aus der Hausbewirtschaftung		20,00 €

b) Rechnungsausgleich durch das Immobilienunternehmen

(44212)	Verbindlichkeiten aus der Hausbewirtschaftung	20,00 €	
	an (2740) Bank		20,00 €

c) Darstellung als Ertrag bei Erfassung des Erstattungsanspruchs

(200)	Mietforderungen	20,00 €	
	an (66982) Erträge Mieterbelastung		20,00 €

Der **Mieter** legt **Widerspruch** ein, das **Immobilienunternehmen** erhebt **Zahlungsklage** und muss an Anwälte und Gericht Vorschüsse zahlen.

Im Regelfall werden Prozesse um Mietforderungen nur geführt, wenn eine gewisse Aussicht auf Erfolg besteht. Soweit sich Immobilienunternehmen und Mieter nicht später anders einigen oder der Prozess wider Erwarten nicht (vollständig) gewonnen wird, ist zunächst davon auszugehen, dass der Mieter die Kosten trägt und nach Prozessende u. a. die Vorschüsse dem Immobilienunternehmen erstattet.

Deshalb entsprechen die Bearbeitung der **Buchungsliste** und die **Buchungen** denen zum vorigen Sachverhalt.*)

Das **Immobilienunternehmen gewinnt den Prozess.** Falls noch weitere Kosten anfallen, die das Immobilienunternehmen verauslagt, entsprechen hierzu die Bearbeitung der **Buchungsliste** und die **Buchungen** denen zum vorigen Sachverhalt.

Wenn der **Mieter zahlt,** gleicht er die aufgelaufenen Mietforderungen aus. Die Bearbeitung der **Buchungsliste** und die **Buchung** entspricht der eines ‚normalen' Geldeingangs auf Mietforderungen.

3.5.2 Räumungsklage und Pfändung beim Mieter

Das **Immobilienunternehmen gewinnt** den Prozess um die Mietforderung. Der **Mieter zahlt** jedoch **nicht.** Außerdem bestehen (mittlerweile) **erhebliche Mietrückstände.** Das Immobilienunternehmen erhebt nun außerdem **Räumungsklage.** Der **Gerichtsvollzieher räumt** die Wohnung.

Die Bearbeitung der **Buchungsliste** und die **Buchungen** entsprechen denen zum Erlass des Mahnbescheids.

Der **Pfändungsversuch** ist **fruchtbar.** Der Erlös gleicht die aufgelaufenen Mietforderungen (zum Teil) aus.

Die Bearbeitung der **Buchungsliste** und die **Buchung** entspricht der eines ‚normalen' Geldeingangs auf Mietforderungen.

Der **Pfändungsversuch** ist **fruchtlos** bzw. nur teilweise fruchtbar. Soweit überhaupt etwas zu holen war, mindert der Erlös die aufgelaufenen Mietforderungen.

Die Bearbeitung der **Buchungsliste** und die **Buchung** entspricht der eines ‚normalen' Geldeingangs auf Mietforderungen.

Der Rest gilt als uneinbringlich und muss direkt abgeschrieben werden.

In der **Buchungsliste** wird der uneinbringliche Betrag in der **Spalte „Sonstiges/ Abschreibungen"** eingetragen.

Entsprechend lautet die **Buchung:**

(8550)	Abschreibungen auf Forderungen	... €	
	an (200) Mietforderungen		... €

*) **Hinweis:** Ist sich im Einzelfall das Immobilienunternehmen nicht sicher, dann besteht auch die Möglichkeit, wie bei allen anderen Prozessen (z. B. Musterprozess, Arbeitsgericht usw.) zu verfahren, d. h., die Prozesskosten bis zum Ende der Auseinandersetzung als eigenen Aufwand zu erfassen und erst nach dem Urteil entsprechend dem Ergebnis, dem Mieter gegen eine Ertragsbuchung in Rechnung zu stellen, was dieser zu tragen hat.

3.5.3 Klage auf Zustimmung zu einer Mieterhöhung

Das **Immobilienunternehmen erhöht** zum 01.07.01 bei einem Mieter die **(Grund)Miete** um 10 % (= insgesamt 50,00 €/Monat). Der **Mieter zahlt unter Vorbehalt.** Das Immobilienunternehmen erhebt zwecks Klärung der Situation **Zustimmungsklage.** Es entstehen bis zum Ende des Jahres 01 Prozesskosten in Höhe von 175,00 €.

Die **Mieterhöhung** zieht eine entsprechend **geänderte Sollstellung** nach sich.

Für die **Prozesskosten** entsprechen die Bearbeitung der **Buchungsliste** und die **Buchungen** denen zum Erlass eines Mahnbescheids.

Die **Buchungen** bis zum 31.12.01 lauten demzufolge:

[Damit das Zahlenwerk übersichtlich bleibt, werden in dieser Darstellung nur die Erhöhungsbeträge in zusammengefasster Form gebucht – in Klammern dargestellt.]

[a) Summe der Erhöhungsbeträge der Sollstellungen für sechs Monate – 01.07. bis 31.12.01

(200)	Mietforderungen	300,00 €	
	an (600) Sollmieten		300,00 €]

[b) Summe der unter Vorbehalt gezahlten Erhöhungsbeträge für sechs Monate – 01.07. bis 31.12.01

(2740)	Bank	300,00 €	
	an (200) Mietforderungen		300,00 €]

c) Darstellung als Aufwand bei Eingang der Rechnung des Amtsgerichts

(8099)	Mieterbelastung	175,00 €	
	an (44212) Verbindlichkeiten aus der Hausbewirtschaftung		175,00 €

d) Rechnungsausgleich durch das Immobilienunternehmen

(44212)	Verbindlichkeiten aus der Hausbewirtschaftung	175,00 €	
	an (2740) Bank		175,00 €

e) Darstellung als Ertrag bei Erfassung des Erstattungsanspruchs

(200)	Mietforderungen	175,00 €	
	an (66982) Erträge Mieterbelastung		175,00 €

S (200)	**Mietforderungen**		**H**
[a] (600), ...	300,00	[b] (2740)	300,00
e) (66982)	175,00	IV SBK	175,00

Im **Jahr 02** fallen bis zum Urteil Ende September **weitere** 150,00 € **Prozesskosten** an.

Die **Buchungsliste** und die **Hauptbuchhaltung** ist **wie** im **Vorjahr** zu behandeln:

[a) Summe der Erhöhungsbeträge der Sollstellungen für neun Monate – 01.01. bis 30.09.02

(200)	Mietforderungen	450,00 €	
	an (600) Sollmieten		450,00 €]

[b) Summe der unter Vorbehalt gezahlten Erhöhungsbeträge für neun Monate – 01.01. bis 30.09.02

(2740)	Bank	450,00 €	
	an (200) Mietforderungen		450,00 €]

c) Darstellung als Aufwand bei Eingang der Rechnung des Amtsgerichts

(8099)	Mieterbelastung	150,00 €	
	an (44212) Verbindlichkeiten aus der Hausbewirtschaftung		150,00 €

d) Rechnungsausgleich durch das Immobilienunternehmen

(44212)	Verbindlichkeiten aus der Hausbewirtschaftung	150,00 €	
	an (2740) Bank		150,00 €

e) Darstellung als Ertrag bei Erfassung des Erstattungsanspruchs

(200)	Mietforderungen	150,00 €	
	an (66982) Erträge Mieterbelastung		150,00 €

Das **Urteil ergeht** am 28.09.02: Es fallen weitere 85,00 € Prozesskosten an.

3.5.3.1 Variante 1: Das Immobilienunternehmen gewinnt den Prozess (vollständig).

Das Gericht erkennt die Mieterhöhung von 50,00 €/Monat als berechtigt an. Das Immobilienunternehmen muss die restlichen 85,00 € Prozesskosten an das Gericht überweisen, kann jedoch Erstattungsansprüche gegenüber dem Mieter geltend machen, da dieser die Prozesskosten zu tragen hat.

Die noch entstandenen Prozesskosten werden weiterbelastet.

Die **Buchungsliste** und die **Hauptbuchhaltung** ist **wie dargestellt** zu bearbeiten.

Es kommt lediglich die Erstattung der Prozesskosten durch den Mieter hinzu:

f) Darstellung als Aufwand bei Eingang der Rechnung des Amtsgerichts

(8099)	Mieterbelastung	85,00 €	
	an (44212) Verbindlichkeiten aus der Hausbewirtschaftung		85,00 €

g) Rechnungsausgleich durch das Immobilienunternehmen

(44212)	Verbindlichkeiten aus der Hausbewirtschaftung	85,00 €	
	an (2740) Bank		85,00 €

h) Darstellung als Ertrag bei Erfassung des Erstattungsanspruchs

(200)	Mietforderungen	85,00 €	
	an (66982) Erträge Mieterbelastung		85,00 €

i) Erstattung aller verauslagten Prozesskosten durch den Mieter

(2740)	Bank	410,00 €	
	an (200) Mietforderungen		410,00 €

S (200)	**Mietforderungen**		**H**
I EBK	175,00	[b] (2740)	450,00
[a] (600), ...	450,00	[i] (2740)	410,00
[e] (66982)	150,00		
[h] (66982)	85,00		

3.5.3.2 Variante 2: Das Immobilienunternehmen verliert den Prozess (zum Teil).

Das Gericht erkennt nur 20,00 €/Monat der 50,00 €/Monat geforderten Erhöhungsbeträge als berechtigt an. Das Immobilienunternehmen muss die restlichen Prozesskosten an das Gericht überweisen. Der Kostenfestsetzungsbeschluss lautet jedoch auf anteilige Kostentragung.

Einerseits muss nun der Mieter dem Immobilienunternehmen einen Teil der verauslagten Prozesskosten erstatten, andererseits stehen ihm Erstattungsansprüche aus den unter Vorbehalt gezahlten Erhöhungsbeträgen zu.

Da das Immobilienunternehmen bei all seinen Buchungen davon ausgegangen war, den Prozess zu gewinnen, müssen diese nun – im weitesten Sinne – korrigiert werden. Dabei sind ‚Korrekturen' zu Buchungen des Vorjahres anders zu erfassen als die zum laufenden Geschäftsjahr, weil der Bilanzstichtag dazwischen liegt und die Erfolgskonten des Vorjahres nicht mehr angesprochen werden können.

Arbeitsschema:

Im Einzelnen ist zu folgenden Punkten zu **überlegen, ob und mit welchen Beträgen** jeweils **gebucht werden muss:**

a) (vorübergehende) **Weiterbelastung** der restlichen **Prozesskosten,** soweit/da sie das Immobilienunternehmen zu zahlen hat.

b) **Korrektur**(en) der **Prozesskosten,** die
   b1) im Vorjahr weiterbelastet wurden,
   b2) im laufenden Jahr weiterbelastet wurden.

c) **Korrektur**(en) des **Streitgegenstands**
   c1) für das Vorjahr,
   c2) für das laufende Jahr.

d) **Ausgleich** von **Erstattungsansprüchen:**
   d1) Zahlungen an die Mieter, soweit ihnen Erstattungen zustehen, die nicht verrechnet werden,
   d2) Zahlungen von den Mietern, soweit sie nicht verrechnet werden.

Für diesen Fall ergibt sich (nach dem Urteil):

Zu a) Weiterbelastung von Prozesskosten

Die vorübergehende Weiterbelastung auch der restlichen Prozesskosten bewirkt, dass auch in der Nebenbuchhaltung alle Zahlungsströme zum gesamten Sachverhalt zu sehen sind, so dass Rückfragen seitens des Mieters schnell und bequem geklärt werden können.

In der **Buchungsliste** wird dieser Betrag in der Spalte **„sonstige Belastung"** eingetragen.

Buchungen:

a1) (vorübergehende) Darstellung als Aufwand bei Eingang der Rechnung des Amtsgerichts

(8099) Mieterbelastung	85,00 €	
an (44212) Verbindlichkeiten aus der Hausbewirtschaftung		85,00 €

a2) Rechnungsausgleich durch das Immobilienunternehmen

(44212)	Verbindlichkeiten aus der Hausbewirtschaftung	85,00 €	
	an (2740) Bank		85,00 €

a3) (vorübergehende) Darstellung als Ertrag bei Erfassung des Erstattungsanspruchs

(200)	Mietforderungen	85,00 €	
	an (66982) Erträge Mieterbelastung		85,00 €

Zu b) Korrektur von Prozesskosten

Da die Prozesskosten anteilig zu tragen sind, muss für die ‚Korrekturen' zunächst ermittelt werden, welche Partei wieviel zu tragen hat.

Die gesamten Prozesskosten betragen in diesem Fall 410,00 € (siehe oben). Der Mieter hat davon 164,00 € (= 40 %) zu tragen und den Rest in Höhe von 246,00 € das Immobilienunternehmen.

In der **Buchungsliste** wird die Korrektur für den Teil, den nicht der Mieter, sondern das Immobilienunternehmen zu tragen hat (492,00 €), in der Spalte **„Sonstiges/Abschr."** eingetragen.

Zu b1) **Vorjahr**

Der Mieter wurde bereits im Vorjahr mit 175,00 € belastet, so dass für diesen Zeitraum nur noch 11,00 € korrigiert, d. h. abgeschrieben werden müssen.

Buchung:

(8550)	Abschreibungen auf Forderungen	11,00 €	
	an (200) Mietforderungen		11,00 €

Zu b2) **laufendes Jahr**

Die im laufenden Jahr weiterbelasteten Prozesskosten müssen vom Immobilienunternehmen in voller Höhe in den eigenen Aufwand umgebucht und die entsprechenden Mietforderungen korrigiert werden. Das sind in diesem Fall 235,00 € (150,00 € + 85,00 €).

Buchungen:

b21)	(8091)	Kosten für Miet- und Räumungsklagen	235,00 €	
		an (8099) Mieterbelastung		235,00 €
b22)	(66982)	Erträge Mieterbelastung	235,00 €	
		an (200) Mietforderungen		235,00 €

Zu c) Korrektur des Streitgegenstands

Da nur 20,00 €/Monat Mieterhöhung berechtigt sind, müssen jeweils 30,00 €/Monat für die sechs Monate des Vorjahres und für die neun Monate des laufenden Jahres (bis zum Prozessende) korrigiert werden.

Zu c1) **Vorjahr**

Die Forderung ist in Höhe von 180,00 € für die 6 Monate des Vorjahres abzuschreiben.

In der **Buchungsliste** wird dieser Betrag in der Spalte **„Sonstiges/Abschreibungen"** eingetragen.

Buchung:

(8550)	Abschreibungen auf Forderungen	180,00 €	
	an (200) Mietforderungen		180,00 €

Zu c2) **laufendes Jahr**

Die Korrektur für die neun Monate des laufenden Jahres beträgt 270,00 €.

In der **Buchungsliste** wird der Korrekturbetrag innerhalb der Spalten für die „Korrekturen" unter **„Miete" (mit einem Minuszeichen)** eingetragen.

Außerdem muss für die Zukunft die **automatische Sollstellung** auf die rechtlich zulässige Höhe zurückgesetzt werden.

Buchung:

(600)	Sollmieten	270,00 €	
	an (200) Mietforderungen		270,00 €

Zu d) Ausgleich von Ansprüchen

Soweit nicht ausdrücklich anderes gesagt wird, werden Nachzahlungsansprüche (z. B. aus nichtgezahlten Erhöhungsbeträgen) seitens des Immobilienunternehmens mit Erstattungsverpflichtungen (z. B. aus zuviel belasteten Prozesskosten) nicht verrechnet.

Zu d1) **Zahlungen an die Mieter**

Der Mieter hatte sämtliche Mieterhöhungen gezahlt, wenn auch unter Vorbehalt. Die ihm nun zu erstattenden Erhöhungsbeträge seit Juli 01 betragen insgesamt 450,00 € (180,00 € + 270,00 €)

In der **Buchungsliste** wird dieser Betrag **unter „Zahlungen"** in der Spalte **„Ausgänge"** eingetragen.

Buchung:

(200)	Mietforderungen	450,00 €	
	an (2740) Bank		450,00 €

Zu d2) **Zahlungen von den Mietern**

Der vom Mieter an das Immobilienunternehmen zu zahlende Prozesskostenanteil beträgt 164,00 € (40 % von 410,00 €).

In der **Buchungsliste** wird dieser Betrag **unter „Zahlungen"** in der **Spalte „Eingänge"** eingetragen.

Buchung:

(2740)	Bank	164,00 €	
	an (200) Mietforderungen		164,00 €

S (200)		**Mietforderungen**			**H**
I	EBK	175,00		(2740)	450,00
	(600), ...	450,00	[b1]	(8550)	11,00
	(66982)	150,00	[b22]	(66982)	235,00
[a3]	(66982)	85,00	[c1]	(8550)	180,00
[d1]	(2740)	450,00	[c2]	(600)	270,00
			[d2]	(2740)	164,00

3.6 Instandhaltung, Instandsetzung, Modernisierung

Instandhaltung, Instandsetzung und Modernisierung von Wohn(- und Geschäfts)raum sind im Rahmen der Hausbewirtschaftung **notwendige Maßnahmen, um** die **Kapitalrentabilität** der Objekte **zu erhalten,** denn nur ‚benutzbare' Räume können vermietet werden.

3.6.1 Instandhaltung – Instandsetzung

Während **Instandhaltung** überwiegend **Wartungscharakter** hat – Schäden am Objekt sollen verhindert werden –, hat **Instandsetzung Reparaturcharakter** – entstandene Schäden werden beseitigt. Beides erscheint im Rahmen der betriebstypischen Leistung „Hausbewirtschaftung" als Aufwand in der GuV-Rechnung.

Buchungstechnisch werden Instandhaltung und Instandsetzung **nicht voneinander unterschieden, sondern** es wird ‚gefragt':

Sind die Kosten für die Durchführung dieser Maßnahmen

- **umlagefähig,** dann handelt es sich um Betriebskosten,
- **vom Mieter verschuldet,** dann werden sie als Mieterbelastung erfasst,
- **vom Immobilienunternehmen zu tragen,** dann werden sie als Instandhaltungsaufwand erfasst, oder
- **von der Versicherung zu erstatten,** dann werden sie als Versicherungsbelastung erfasst.

3.6.1.1 Instandhaltungsaufwand, der vom Immobilienunternehmen zu tragen ist

a) als Fremdleistung – eine Firma wird mit der Durchführung der Arbeiten beauftragt

Eingang und Bezahlung der Reparaturrechnung

(805)	Instandhaltungskosten		... €	
	an (44200)	Verbindlichkeiten aus Bau-/Instandhaltungsleistungen – laufende Rechnung		... €
(44200)	Verbindlichkeiten aus Bau-/Instandhaltungsleistungen – laufende Rechnung		... €	
	an (2740)	Bank		... €

b) als Eigenleistung – unternehmenseigene Mitarbeiter führen die Arbeiten durch (Regiebetrieb)

In diesem Fall besteht der Aufwand zum Teil im Lohn, der in den monatlich primär erfassten Personalkosten (Kontengruppe „83...") enthalten ist und von dort auch nicht umgebucht wird, sowie im Verbrauch von Reparaturmaterial(vorräten).

Der Kauf und Verbrauch von **Reparaturmaterial** wird **nach den gleichen Regeln gebucht, wie** dies zum Teil schon für das **Heizmaterial** erläutert wurde.

Dies kann entweder **„bestandsintensiv" oder „aufwandsnah"** geschehen.

Beispiel:

Bestand an Reparaturmaterial zu Beginn des Geschäftsjahres:	25.000,00 €
Zukäufe während des Geschäftsjahres:	60.000,00 €
(bewerteter) Endbestand am Ende des Geschäftsjahres:	15.000,00 €

3.6.1.1.1 Bestandsintensive Erfassung von Reparaturmaterial

I. Eröffnungsbuchungen

(171)	Reparaturmaterial	25.000,00 €	
	an (980) Eröffnungsbilanzkonto		25.000,00 €

II. Laufende Buchungen (Zukäufe – ohne Bezahlung)

(171)	Reparaturmaterial	60.000,00 €	
	an (44200) Verbindlichkeiten aus Bau-/Instandhaltungsleistungen – laufende Rechnung		60.000,00 €

III. Vorbereitende Abschlussbuchungen

Nach der Ermittlung und Bewertung des Endbestandes im Rahmen der Inventur wird das verbrauchte Reparaturmaterial auf das entsprechende Aufwandskonto umgebucht.

(805)	Instandhaltungskosten	70.000,00 €	
	an (171) Reparaturmaterial		70.000,00 €

IV. Abschlussbuchungen: siehe Kontendarstellung

S	(171)	Reparaturmaterial			H
I	(EBK)	25.000,00	III]	(805)	70.000,00
II	(44200)	60.000,00	IV	SBK	15.000,00
		85.000,00			85.000,00

S	(805)	Instandhaltungskosten			H
III	(171)	70.000,00	IV	GuV	70.000,00
		70.000,00			70.000,00

S	(989)	Schlussbilanzkonto	H
IV	(171)	15.000,00	

S	(982)	GuV-Konto	H
IV	(805)	70.000,00	

3.6.1.1.2 Aufwandsnahe Erfassung von Reparaturmaterial

Während des Geschäftsjahres (im Rahmen von „II. Laufende Buchungen“) wird ausschließlich auf dem Aufwandskonto gebucht.

Dies kann „einschließlich Umbuchung der Eröffnungs- und Endbestände“ oder „(nur) mit nachträglicher Korrektur aufgrund der Differenz zwischen Eröffnungs- und Endbestand“ geschehen.

Variante 1: einschließlich Umbuchung der Eröffnungs- und Endbestände

I. Eröffnungsbuchungen

Mit einer zweiten Eröffnungsbuchung wird der Anfangsbestand auf das entsprechende Aufwandskonto umgebucht.

Ia Eröffnung des Kontos „(171) Reparaturmaterial“

(171)	Reparaturmaterial	25.000,00 €	
	an (980) Eröffnungsbilanzkonto		25.000,00 €

Ib Umbuchung des Anfangsbestands auf das entsprechende Aufwandskonto

(805)	Instandhaltungskosten	25.000,00 €	
	an (171) Reparaturmaterial		25.000,00 €

II. Laufende Buchungen (Zukäufe – ohne Bezahlung)

(805)	Instandhaltungskosten	60.000,00 €	
	an (44200) Verbindlichkeiten aus Bau-/Instandhaltungsleistungen – laufende Rechnung		60.000,00 €

III. Vorbereitende Abschlussbuchungen

Nach der Ermittlung und Bewertung des Endbestandes im Rahmen der Inventur wird der Endbestand an Reparaturmaterial auf das entsprechende Bestandskonto umgebucht.

(171)	Reparaturmaterial	15.000,00 €	
	an (805) Instandhaltungskosten		15.000,00 €

IV. Abschlussbuchungen: siehe diese Kontendarstellung

S (171)	Reparaturmaterial		H
Ia EBK	25.000,00	Ib (805)	25.000,00
III (805)	15.000,00	IV SBK	15.000,00
	40.000,00		40.000,00

S (805)	Instandhaltungskosten		H
Ib (171)	25.000,00	III (171)	15.000,00
II (44200)	60.000,00	IV GuV	70.000,00
	85.000,00		85.000,00

S (989)	Schlussbilanzkonto		H
IV (171)	15.000,00		

S (982)	GuV-Konto		H
IV (805)	70.000,00		

Variante: (nur) mit nachträglicher Korrektur aufgrund der Differenz zwischen Eröffnungs- und Endbestand (entspricht der Darstellung des Heizmaterials im Abschnitt 3.3.1 Umlagen ... Teil I ...")

I. Eröffnungsbuchungen

(171)	Reparaturmaterial	25.000,00 €	
	an (980) Eröffnungsbilanzkonto		25.000,00 €

II. Laufende Buchungen (ohne Bezahlung)

(805)	Instandhaltungskosten	60.000,00 €	
	an (44200) Verbindlichkeiten aus Bau-/Instandhaltungsleistungen – laufende Rechnung		60.000,00 €

III. Vorbereitende Abschlussbuchungen

Nach der Ermittlung und Bewertung des Endbestandes im Rahmen der Inventur wird dieser mit dem Eröffnungsbestand verglichen.

In diesem Fall ergibt sich:

	Endbestand	15.000,00 €
./.	Eröffnungsbestand	25.000,00 €
=	Differenz	– 10.000,00 €

Es wurde also für 10.000,00 € mehr Reparaturmaterial verbraucht als zugekauft. Um diesen Betrag ist der Eröffnungsbestand auf dem Konto „(171) Reparaturmaterial" zu korrigieren, damit der richtige Schlussbestand ausgewiesen wird.

In diesem Fall lautet die Korrekturbuchung:

(805)	Instandhaltungskosten	10.000,00 €	
	an (171) Reparaturmaterial		10.000,00 €

IV. Abschlussbuchungen: siehe Kontendarstellung

S (171)	Reparaturmaterial		H
I EBK	25.000,00	III (805)	10.000,00
		IV SBK	15.000,00
	25.000,00		25.000,00

S (805)	Instandhaltungskosten		H
II (44200)	60.000,00	IV GuV	70.000,00
III (171)	10.000,00		
	70.000,00		70.000,00

S (989)	Schlussbilanzkonto		H
IV (171)	15.000,00		

S (982)	GuV-Konto		H
IV (805)	70.000,00		

Aus Vereinfachungsgründen wird im Folgenden für Reparaturmaterial von der bestandsintensiven Erfassung ausgegangen.

3.6.1.1.3 Rabatte

In der Regel werden Rabatte in der Immobilienwirtschaft als Sofortrabatte gewährt. Sie sind dann – z. B. im Preis pro Liter beim Heizöl – in die Angebotsstaffel eingearbeitet und als gesonderte Größe nicht sichtbar. Da der geminderte Preis von vornherein feststeht, werden Rabatte **nicht** (gesondert) **gebucht,** sondern **unmittelbar der niedrigere Preis** erfasst.

3.6.1.1.4 Skonti

Skonti **werden** gerade im Bereich von Materialkäufen als Anreiz für ‚sofortiges' Bezahlen durchaus gewährt. Ihre Inanspruchnahme ergibt sich jedoch erst bei der Bezahlung. Da Skonti in der Immobilienwirtschaft im Verhältnis zu den Umsätzen im Rahmen der betriebstypischen Leistungen bei weitem keine so große Rolle spielen, wie beispielsweise in Handelsbetrieben, werden sie nicht auf einem gesonderten Konto erfasst, sondern **als nachträgliche Korrektur des Anschaffungspreises gebucht.**

3.6.1.1.5 Mängel

Mängel – ob nun mit oder ohne Rücksendung der ‚Ware' – **werden wie Skonti** als nachträgliche Korrektur des Anschaffungspreises **gebucht.**

3.6.1.1.6 Inventurdifferenzen

Inventurdifferenzen zeigen sich dadurch, dass der tatsächliche bewertete Endbestand geringer ist, als es aufgrund der Materialentnahmescheine der Fall sein dürfte. Die Gründe dafür können sein:

- Das Material wurde unbrauchbar.
  (z. B.: Dichtungen wurden porös. Die neue Heizungsanlage hat andere Anschlüsse)
- Das Material ist verschwunden (Verwendung ohne Entnahmeschein oder [vermutlich] Diebstahl).

Diese **Inventurdifferenzen werden wie Verbrauch gebucht.** Sind die Beträge erheblich, müssen sie im Anhang erläutert werden.

Für die buchhalterische Darstellung wird das **Ausgangsbeispiel erweitert:**

Bestand an Reparaturmaterial zu Beginn des Geschäftsjahres:	25.000,00 €
[1] Eingangsrechnung für den Kauf von Reparaturmaterial:	60.000,00 €
[2] Rücksendung von fehlerhaftem Material:	2.000,00 €
[3] Bezahlung des Rechnungsbetrags unter Abzug von 2 % Skonto.	
[4] Verbrauch von Reparaturmaterial laut Entnahmeschein:	70.000,00 €
(bewerteter) Endbestand am Ende des Geschäftsjahres (lt. Inventur):	6.000,00 €

I. Eröffnungsbuchungen

I	(171)	Reparaturmaterial	25.000,00 €	
	an (980)	Eröffnungsbilanzkonto		25.000,00 €

II. Laufende Buchungen

[1] Eingangsrechnung Reparaturmaterial

(171)	Reparaturmaterial	60.000,00 €	
an (44200)	Verbindlichkeiten aus Bau-/Instandhaltungsleistungen – laufende Rechnung		60.000,00 €

[2] Rücksendung Reparaturmaterial

(44200)	Verbindlichkeiten aus Bau-/Instandhaltungsleistungen – laufende Rechnung	2.000,00 €	
an (171)	Reparaturmaterial		2.000,00 €

[3] Bezahlung unter Abzug von 2 % Skonto

(44200)	Verbindlichkeiten aus Bau-/Instandhaltungsleistungen – laufende Rechnung	58.000,00 €	
an (171)	Reparaturmaterial		1.160,00 €
(an) (2740)	Bank		56.840,00 €

III. Vorbereitende Abschlussbuchungen

[4] Verbrauch von Reparaturmaterial

(805)	Instandhaltungskosten	70.000,00 €	
an (171)	Reparaturmaterial		70.000,00 €

Nach der Ermittlung und Bewertung des Endbestandes im Rahmen der Inventur ergibt sich eine Differenz von 5.840,00 € (siehe dazu die Darstellung des Kontos „(171) Reparaturmaterial"). Dieser Unterschiedsbetrag wird wie das verbrauchte (entnommene) Reparaturmaterial auf das entsprechende Aufwandskonto umgebucht.

III	(805)	Instandhaltungskosten	5.840,00 €	
	an (171)	Reparaturmaterial		5.840,00 €

IV. Abschlussbuchungen: siehe diese Kontendarstellung

S (171) Reparaturmaterial H

S					H
I	EBK	25.000,00	[2]	(44200)	2.000,00
[1]	(44200)	60.000,00	[3]	(44200)	1.160,00
			[4]	(805)	70.000,00
			III	(805)	5.840,00
			IV	SBK	6.000,00
		85.000,00			85.000,00

S (805) Instandhaltungskosten H

S					H
[4]	(171)	70.000,00	IV	GuV	75.840,00
III	(171)	5.840,00			
		75.840,00			75.840,00

S (2740) Bank H

S					H
	(EB)	100.000,00	[3]	(44200)	56.840,00
			IV	SBK	43.160,00
		100.000,00			100.000,00

S (44200) Verbindlichkeiten Bau-/Inst.leistungen H

S					H
[2]	(171)	2.000,00	[1]	(171)	60.000,00
[3]	(171, 2740)	58.000,00			
		60.000,00			60.000,00

S (989) Schlussbilanzkonto H

S					H
IV	(171)	6.000,00			
IV	(2740)	43.160,00			

S (982) GuV-Konto H

S					H
IV	(805)	75.840,00			

3.6.1.2 Instandhaltung, deren Kosten von der Versicherung zu erstatten sind (Versicherungsschäden)

Diese Maßnahmen werden **entsprechend den Schäden gebucht, die vom Mieter zu tragen sind.** Die Buchungstechnik wurde bereits im Abschnit „3.5 Streit um Forderungen aus dem Mietverhältnis“ erklärt.

Beispiel:

Die Behebung eines Wasserschadens beträgt laut Rechnung der Firma 6.000,00 €.

Rechnungseingang und Ausgleich durch das Immobilienunternehmen:

(8098)	Versicherungsbelastung		6.000,00 €	
	an (44200)	Verbindlichkeiten aus Bau-/Instandhaltungsleistungen – laufende Rechnung		6.000,00 €
(44200)	Verbindlichkeiten aus Bau-/Instandhaltungsleistungen – laufende Rechnung		6.000,00 €	
	an (2740)	Bank		6.000,00 €

Die **Rechnung wird** bei der Versicherung zwecks Kostenerstattung **eingereicht**.

(252)	Schadenersatzansprüche gegenüber Versicherungen		6.000,00 €	
	an (66980)	Erstattungen Versicherungsbelastung		6.000,00 €

Die **Versicherung prüft** die eingereichte Rechnung und erstattet lediglich 5.250,00 €, da ihrer Ansicht nach Instandsetzungsmaßnahmen enthalten sind, die nicht auf die Schadensursache zurückzuführen sind. Das **Immobilienunternehmen akzeptiert die Kürzung** und trägt den Rest selbst.

Geldeingang

(2740)	Bank		5.250,00 €	
	an (252)	Schadenersatzansprüche gegenüber Versicherungen		5.250,00 €

Korrektur des Rests

(805)	Instandhaltungskosten		750,00 €	
	an (8098)	Versicherungsbelastung		750,00 €
(66980)	Erstattungen Versicherungsbelastung		750,00 €	
	an (252)	Schadenersatzansprüche gegenüber Versicherungen		750,00 €

Liegt ein **Bilanzstichtag zwischen** dem Einreichen der Rechnung und der Reaktion der Versicherung, wäre nach dem 31.12. als **Korrektur** zu buchen:

(859)	übrige Aufwendungen		750,00 €	
	an (252)	Schadenersatzansprüche gegenüber Versicherungen		750,00 €

3.6.2 Modernisierung

Modernisierungsmaßnahmen können entweder zu einer nachhaltigen Werterhöhung der Gebäude führen oder nur der Werterhaltung der Gebäude dienen.

Im Falle einer Werterhöhung sind die Modernisierungskosten als Herstellungsaufwand zu aktivieren (und in den Folgejahren mit dem Gebäude abzuschreiben):

(00)	Grundstücke mit Wohnbauten AV	... €	
	an (44200) Verbindlichkeiten aus Bau-/Instandhaltungsleistungen – laufende Rechnung		... €

Modernisierungskosten für werterhaltende Maßnahmen werden nicht aktiviert. Sie werden als Erhaltungs- bzw. Instandhaltungsaufwand gebucht.

In der Praxis können sich Probleme bei der Abgrenzung zwischen aktivierungspflichtigem Herstellungsaufwand und (sofort) erfolgswirksamem Instandhaltungsaufwand (Erhaltungsaufwand) ergeben. Die richtige Zuordnung ist jedoch von erheblicher Bedeutung, weil die Instandhaltungsaufwendungen im Jahre des Anfalls in voller Höhe den Gewinn (und damit die Steuerschuld) mindern, nach einer Aktivierung aber diese Wirkung über den langen Abschreibungszeitraum nur sehr verzögert eintritt.

3.6.3 „Bauabzugsteuer"

Durch den „Steuerabzug bei Bauleistungen" (§§ 48 bis 48 d EStG) sollen Steueransprüche des Staates gesichert und die Schwarzarbeit sowie die illegale Beschäftigung von Arbeitnehmern auf folgende Weise verhindert bzw. erschwert werden.

Jeder unternehmerisch tätige Auftraggeber einer Bauleistung (Leistungsempfänger) **muss von dem** vom (Bau)Leistenden geforderten **Entgelt (zzgl. USt) 15 Prozent abziehen und an das** für den Leistenden (!) zuständige **Finanzamt abführen**. Der Leistende erhält also lediglich den geminderten Betrag und kann sich die Differenz auf bestimmte Steuern anrechenen und einen verbleibenden Rest vom Finanzamt erstatten lassen.

Rechnungseingang für die Fassadenerneuerung eines Mietwohnhauses:

(805)	Instandhaltungskosten	119.000,00 €	
	an (44200) Verbindlichkeiten aus Bau-/Instandhaltungsleistungen – laufende Rechnung		119.000,00 €

Überweisung an den Bauleistenden:

(44200)	Verbindlichkeiten aus Bau-/Instandhaltungsleistungen – laufende Rechnung	119.000,00 €	
	an (2740) Bank		101.150,00 €
	(an) (4709) Verbindlichkeiten aus sonstigen Steuern		17.850,00 €

Der Auftraggeber hat bis zum 10. des auf die Bezahlung folgenden Monats bei dem für den (Bau)Leistenden zuständigen (Wohnsitz- bzw. Betriebs-)Finanzamt eine Steueranmeldung abzugeben und die Einbehalte bis zu diesem Zeitpunkt dorthin abzuführen.

Überweisung des Einbehalts an das Finanzamt des (Bau)Leistenden:

(4709)	Verbindlichkeiten aus sonstigen Steuern	17.850,00 €	
	an (2740) Bank		17.850,00 €

Die ganze **Prozedur** vom Einbehalt der Abzugsbeträge über die Anmeldung und Abführung an das Finanzamt bis hin zur Anrechnung auf vom (Bau)Leistenden zu entrichtende Steuern **entfällt u.a., wenn** der (Bau)Leistende dem Auftraggeber eine im Zeitpunkt der Zahlung gültige **Freistellungsbescheinigung vorlegt**.

Das **Finanzamt erteilt** eine **Bescheinigung, wenn der Steueranspruch nicht gefährdet erscheint.**

Liegt sie dem Auftraggeber rechtzeitig vor, wird die (Teil)Rechnung von ihm ohne Steuereinbehalt bezahlt und gebucht, wie jede andere auch.

Da das Abzugsverfahren für den Auftraggeber sehr arbeitsaufwendig ist, ist die **Vergabe von Aufträgen an (Bau)Leistende mit Freistellungsbescheinigung in der Praxis der Regelfall.** Davon wird in diesem Buch ausgegangen, soweit nicht ausdrücklich anders angegeben.

Weitere Details finden sich im Anhang unter Ergänzung Nr. 1.

3.7 Die Umsatzsteuer in der Immobilienwirtschaft

Die **Umsatzsteuer** spielt in den klassischen Unternehmen der Immobilienwirtschaft vom Volumen her nur eine untergeordnete Rolle. Zwei der drei betriebstypischen Leistungen der Immobilienwirtschaft, der Verkauf bebauter und unbebauter Grundstücke und die Hausbewirtschaftung im Inland, sind grundsätzlich von der Umsatzsteuer befreit. Das gilt auch, wenn in der gewerblichen Vermietung u.U. auf die Umsatzsteuerbefreiung verzichtet werden kann.

Bisher wurde unterstellt, dass das Immobilienunternehmen ausschließlich Wohnraum des eigenen Bestands vermietet und auch sonst **keine umsatzsteuerpflichtigen Umsätze** tätigt. Dies **ist nicht der Regelfall in der Praxis**; denn schon „Extra"-Leistungen wie die Übersendung von Fotokopien von Belegen zur Betriebskostenabrechnung an den Mieter gegen Kostenerstattung sind steuerpflichtige Umsätze. Hinzu kämen Sachbezüge (z.B. private Nutzung von Geschäftsfahrzeugen, Telefonkosten für Privatgespräche von Mietern und Mitarbeitern). Zum Teil erheblichen Umfang können die Vermietung von Reklameflächen, Garagen und Stellplätzen sowie Gewerberäumen (falls auf die Umsatzsteuerbefreiung verzichtet wird) haben.

Außerdem ist die dritte betriebstypische Leistung der Immobilienwirtschaft, die Betreuungstätigkeit, immer umsatzsteuerpflichtig, egal ob es sich um Baubetreuung oder Verwaltungsbetreuung handelt.

Zunächst wird das „System der Mehrwertsteuer" erläutert, dann im darauf folgenden Abschnitt die Rolle der „Umsatzsteuer in der Hausbewirtschaftung" dargestellt und im Kapitel über die Baubetreuung die Problematik noch einmal aufgegriffen.

3.7.1 Das System der Mehrwertsteuer

Nach § 1 Abs. 1 Nr. 1 Umsatzsteuergesetz (UStG) unterliegen insbesondere Lieferungen und sonstige Leistungen, die ein Unternehmer im Inland gegen Entgelt im Rahmen seines Unternehmens ausführt, der Umsatzsteuer, soweit sie nicht ausdrücklich von ihr befreit sind.

Die Umsatzsteuer wird in Deutschland (und in der gesamten EU) nach dem System der **Mehrwertsteuer** erhoben. D.h., dass jedes Unternehmen Umsatzsteuer für den von ihm geschaffenen **„Mehrwert"** an das Finanzamt abzuführen hat. Der Unternehmer berechnet für seine umsatzsteuerpflichtigen Umsätze seinen Kunden zusätzlich zum Nettoentgelt für seine Lieferung oder Leistung zurzeit 19 % Umsatzsteuer. Diese Umsatzsteuer schuldet er dem Finanzamt **(Verbindlichkeiten aus Umsatzsteuer)**.

Die Umsatzsteuer, die der Unternehmer seinerseits bei Einkäufen von Waren und Leistungen für sein Unternehmen bezahlt, erhält er vom Finanzamt zurück **(Vorsteuer)**. Nach § 18 UStG hat der Steuerpflichtige eine **Umsatzsteuer-Voranmeldung** für den abgelaufenen Monat abzugeben. In ihr wird durch Abzug der Vorsteuer von der Umsatzsteuerverbindlichkeit der Betrag, die **Zahllast**, ermittelt, der „tatsächlich" an das Finanzamt abzuführen ist.

Verbindlichkeiten aus Umsatzsteuer ./. Vorsteuer = Zahllast

Die **Zahllast** eines Monats ist bis zum 10. des jeweiligen Folgemonats als Vorauszahlung auf die Steuerschuld des Berechnungszeitraumes (Kalenderjahr) an das Finanzamt abzuführen. Die Umsatzsteuer-Voranmeldung muss u.a. die steuerpflichtigen Umsätze, die den Kunden in Rechnung gestellte Umsatzsteuer, die in den Eingangsrechnungen enthaltenen Vorsteuerbetrag und die Zahllast ausweisen.

Eine **angemeldete Umsatzsteuerschuld** kann per Bank überwiesen, von den Finanzämtern im Lastschriftverfahren eingezogen, aber auch in bar oder mit einem Scheck bei der Finanzkasse eingezahlt werden.

Insbesondere in Monaten größerer Investitionen (hohen Eingangsrechnungen) kann sich bei der Umsatzsteuervoranmeldung auch eine Forderung gegenüber dem Finanzamt ergeben. Der Forderungsbetrag wird in der Regel vom Finanzamt an den Steuerpflichtigen überwiesen, kann aber auch mit anderen Steuerschulden verrechnet werden.

In der folgenden Tabelle ist am Beispiel eines dreistufigen Warenweges (vom Hersteller über den Groß- und Einzelhändler zum Endverbraucher) vereinfacht dargestellt, wie sich die Zahllast zum geschaffenen Mehrwert (Netto-Verkaufspreis ./. Netto-Einkaufspreis) verhält.

Umsatzstufen	Netto-VK*	Umsatzsteuer	Netto EK**	Vorsteuer	Zahllast	Mehrwert VK ./. EK
Hersteller	6.500,00	1.235,00			1.235,00	6.500,00
Großhändler	8.000,00	1.520,00	6.500,00	1.235,00	285,00	1.500,00
Einzelhändler	10.000,00	1.900,00	8.000,00	1.520,00	380,00	2.000,00
Endverbraucher			11.900,00			

* Verkaufspreis **Einkaufspreis

Die Tabelle zeigt,

a) dass jeder Unternehmer nur 19 % des von ihm geschaffenen Mehrwertes einer Ware als Umsatzsteuer an das Finanzamt abführt und
b) dass letztlich der Endverbraucher die gesamte Umsatzsteuer zu tragen hat, da er seine, an den Einzelhändler gezahlte Umsatzsteuer nicht zurückerhält.

Umsatzsteuerpflichtige Unternehmen dürfen die an andere Unternehmen bezahlte Umsatzsteuer als **Vorsteuer** von der eigenen, an das Finanzamt abzuführenden Umsatzsteuerschuld in Abzug bringen. Die an andere Unternehmen gezahlte Umsatzsteuer ist für eine umsatzsteuerpflichtige Unternehmung also nur ein „durchlaufender Posten". Die Vorsteuer wird nicht unmittelbar von der Umsatzsteuer abgesetzt, sondern auf einem eigenen Konto „(253) Vorsteuer" gebucht. Die Vorsteuer ist als Forderung gegenüber dem Finanzamt anzusehen.

Unternehmen, die ausschließlich von der Umsatzsteuer befreite Leistungen erbringen, sind in der Regel nicht berechtigt, gezahlte Umsatzsteuer als Vorsteuerforderung geltend zu machen. Sie rechnen die gezahlte Umsatzsteuer zu den Anschaffungskosten eines Anlagegegenstandes bzw. zum Aufwand für eine empfangene Dienstleistung oder eine bezogene Ware hinzu. Für diese Unternehmen (und für Endverbraucher) sind z.B.

a) die in Baurechnungen enthaltene Umsatzsteuer Herstellungskosten (Baukosten),
b) die in Rechnungen für die Hausbewirtschaftung (z.B. Instandhaltung, Betriebskosten usw.) enthaltene Umsatzsteuer Aufwand und
c) die in Rechnungen für Anlagegegenstände enthaltene Umsatzsteuer Anschaffungskosten.

Erbringt ein Unternehmen umsatzsteuerpflichtige und umsatzsteuerfreie Leistungen, so sind nur die Steuerbeträge, die in Zusammenhang mit Gütern und Dienstleistungen, die für die umsatzsteuerpflichtigen Leistungen benötigt werden, abzugsfähig. Um die damit in der Praxis verbundenen Zurechnungsprobleme zunächst zu vermeiden, wird die Umsatzsteuer am Beispiel eines Unternehmens (Betreuungsunternehmen) behandelt, das keine umsatzsteuerfreien Umsätze tätigt. Die gezahlte Umsatzsteuer ist in diesem Fall in voller Höhe als Vorsteuer abzugsfähig.

3.7.2 Buchung von Umsatzsteuer und Vorsteuer

Die abgerechnete Leistung des Betreuungsunternehmens für den Betreuten ist ein „steuerbarer" und „steuerpflichtiger" Umsatz im Sinne des § 1 Abs. 1 Satz 1 Umsatzsteuergesetz (UStG). Auf das berechnete Entgelt sind **derzeit 19 % Umsatzsteuer** aufzuschlagen. Der berechnete Umsatzsteuerbetrag ist an das Finanzamt abzuführen. Er ist für das Betreuungsunternehmen also eine Verbindlichkeit und wird auf dem Konto **„(4701) Verbindlichkeiten aus der Umsatzsteuer"** gebucht.

Die Vorsteuerforderung wird zu den Umsatzsteuerzahlungsterminen und zum Bilanzstichtag mit der Umsatzsteuerschuld verrechnet. Die (Forderungen aus) Vorsteuer und die Verbindlichkeiten aus Umsatzsteuer fallen nicht unter das grundsätzliche Saldierungsverbot in der Bilanz (bzw. im Schlussbilanzkonto). Ist die Verrechnung von Forderungen und Verbindlichkeiten in Ausnahmefällen zulässig (wie bei der Verrechnung von Vorsteuer und Umsatzsteuer), lautet der Buchungssatz stets

Konto der Klasse 4
an Konto der Klasse 2.

Dabei ist stets **der kleinere Saldo** zu buchen. Das hat dann zur Folge, dass nach der Umbuchung eine Verbindlichkeit stets auf dem Verbindlichkeitskonto der Klasse 4 und eine Forderung stets auf dem Forderungskonto der Klasse 2, also auf dem jeweils richtigen Konto, ausgewiesen wird.

Zum **Umsatzsteuerzahlungstermin** werden Vorsteuer und Umsatzsteuer verrechnet **(Ermittlung der Zahllast)**:

(4701) Verbindlichkeiten aus der Umsatzsteuer
an (253) Vorsteuer **immer mit dem kleineren Saldo!**

Ist der Umsatzsteuer-Saldo größer als der Vorsteuer-Saldo, verbleibt also eine (Umsatzsteuer-)Verbindlichkeit gegenüber dem Finanzamt, so wird diese Schuld über das Bankkonto beglichen:

(4701) Verbindlichkeiten aus der Umsatzsteuer
an (2740) Bank

Beispiel 1 (Bei der Zahllastermittlung ergibt sich eine Umsatzsteuerschuld)

1) Ein reines Betreuungsunternehmen kauft einen Personalcomputer für netto 3.000,00 € + 19 % Umsatzsteuer 570,00 € = brutto 3.570,00 €.

(05)	Andere Anlagen, Betriebs- und Geschäftsausstattung	3.000,00 €	
(253)	Vorsteuer	570,00 €	
	an (44219) Verbindlichkeiten aus sonstigen Lieferungen und Leistungen		3.570,00 €

2) Abrechnung einer Betreuungsleistung gegenüber dem Betreuten, Betreuungsgebühr (netto) 8.000,00 € + 19 % Umsatzsteuer 1.520,00 € = brutto 9.520,00 €.

(220)	Forderungen aus Betreuungstätigkeit	9.520,00 €	
	an (620) Umsatzerlöse aus Baubetreuung		8.000,00 €
	(an) (4701) Verbindlichkeiten aus der Umsatzsteuer		1.520,00 €

3) Ermittlung und Überweisung der Zahllast.

(4701)	Verbindlichkeiten aus der Umsatzsteuer	570,00 €	
	an (253) Vorsteuer		570,00 €

(4701) Verbindlichkeiten aus der Umsatzsteuer 950,00 €
an (2740) Bank 950,00 €

Wichtig sind nur die Buchungen auf den beiden Steuerkonten. Die Sachkonten zu 2) werden im Kapitel über die Baubetreuung eingeführt.

S	(05) Andere Anlagen, Betriebs- und Geschäftsausstattung		H
(44219)	3.000,00		

S	(44219) Verbindlichkeiten sonstige Lief. u. Leist.		H
		(05/253)	3.570,00

S	(220) Forderungen aus Betreuungstätigkeit		H
(620/4701)	9.520,00		

S	(620) Umsatzerlöse Baubetreuung		H
		(220)	8.000,00

S	(2740) Bank		H
I EBK	1.000,00	(4701)	950,00

S	(253) Vorsteuer		H
(44219)	570,00	(4701)	570,00

S	(4701) Verbindlichkeiten Umsatzsteuer		H
(253)	570,00	(220)	1.520,00
(2740)	950,00		

Am **Jahresende** wird ebenfalls eine Verrechnung von Vorsteuer und Umsatzsteuer vorgenommen. Der verbleibende Umsatzsteuersaldo wird jedoch in diesem Fall nicht an das Finanzamt überwiesen, sondern in das Schlussbilanzkonto abgeschlossen, da frühestens am 10. Januar bezahlt werden muss. Bei gleicher Ausgangslage wie im vorstehenden Beispiel ergeben sich folgende Buchungssätze:

(4701) Verbindlichkeiten aus der Umsatzsteuer 570,00 €
an (253) Vorsteuer 570,00 €

(4701) Verbindlichkeiten aus der Umsatzsteuer 950,00 €
an (989) Schlussbilanzkonto 950,00 €

S	(253) Vorsteuer		H
(44219)	570,00	(4701)	570,00
	570,00		570,00

S	(4701) Verbindlichkeiten Umsatzsteuer		H
(253)	570,00	(220)	1.520,00
IV SBK	950,00		
	1.520,00		1.520,00

Ist am **Umsatzsteuerzahlungstermin** der Umsatzsteuer-Saldo kleiner als der Vorsteuer-Saldo, verbleibt nach der Verrechnung also eine (Vorsteuer-)Forderung gegenüber dem Finanzamt, so wird dieser Sachverhalt dem Finanzamt durch die Umsatzsteuervoranmeldung mitgeteilt. Bis zum Eingang der Erstattung durch das Finanzamt (oder der Mitteilung über die Verrechnung mit einer anderen Steuerschuld) erfolgt dann keine weitere Buchung.

Beispiel 2 (Bei der Zahllastermittlung ergibt sich eine Vorsteuerforderung)

1) Ein reines Betreuungsunternehmen kauft einen Pkw für netto 30.000,00 € + 19 % Umsatzsteuer 5.700,00 € = brutto 35.700,00 €.

(05) Andere Anlagen, Betriebs- und Geschäftsausstattung 30.000,00 €
(253) Vorsteuer 5.700,00 €
an (44219) Verbindlichkeiten aus sonstigen Lieferungen und Leistungen 35.700,00 €

2) Abrechnung einer Betreuungsleistung gegenüber dem Betreuten,
Betreuungsgebühr 8.000,00 € + 19 % Umsatzsteuer 1.520,00 € = brutto 9.520,00 €.

(220)	Forderungen aus Betreuungstätigkeit		9.520,00 €	
an (620)		Umsatzerlöse aus Baubetreuung		8.000,00 €
(an) (4701)		Verbindlichkeiten aus der Umsatzsteuer		1.520,00 €

3) Ermittlung der Zahllast (Verrechnung zwischen Vorsteuer und Umsatzsteuer).

(4701)	Verbindlichkeiten aus der Umsatzsteuer		1.520,00 €	
an (253)		Vorsteuer		1.520,00 €

In diesem Fall ergibt sich eine (Vorsteuer-)Forderung gegenüber dem Finanzamt in Höhe von 4.180,00 € (Saldo). Die Vorsteuerforderung bleibt bis zum Eingang des Betrages auf dem Bankkonto (oder der Mitteilung über seine Verrechnung mit einer anderen Steuerschuld) bestehen.

Wichtig sind wieder nur die Buchungen auf den beiden Steuerkonten. Die Sachkonten zu 2) werden im Kapitel über die Baubetreuung eingeführt.

Kontendarstellung:

S	(05) Andere Anlagen, Betriebs- und Geschäftsausstattung		H
(44219)	30.000,00		

S	(44219) Verbindlichkeiten sonstige Lief. u. Leist.		H
		(05/253)	35.700,00

S	(220) Forderungen aus Betreuungstätigkeit		H
(620/4701)	9.520,00		

S	(620) Umsatzerlöse Baubetreuung		H
		(220)	8.000,00

S	(2740) Bank			H
I	EBK	1.000,00		

S	(253) Vorsteuer		H
(44219)	5.700,00	(4701)	1.520,00
		Saldo	*4.180,00*

S	(4701) Verbindlichkeiten Umsatzsteuer		H
(253)	1.520,00	(220)	1.520,00

Am **Jahresende** wird ebenfalls eine Verrechnung von Vorsteuer und Umsatzsteuer vorgenommen. Der verbleibende Vorsteuersaldo wird in das Schlussbilanzkonto abgeschlossen. Bei gleicher Ausgangslage wie im vorstehenden Beispiel ergeben sich folgende Buchungssätze:

(4701)	Verbindlichkeiten aus der Umsatzsteuer		1.520,00 €	
an (253)		Vorsteuer		1.520,00 €
(989)	Schlussbilanzkonto		4.180,00 €	
an (253)		Vorsteuer		4.180,00 €

Kontenausschnitt:

S	(253) Vorsteuer			H
(44219)	5.700,00		(4701)	1.520,00
		IV	SBK	4.180,00
	5.700,00			5.700,00

S	(4701) Verbindlichkeiten Umsatzsteuer		H
(253)	1.520,00	(220)	1.520,00
	1.520,00		1.520,00

3.8 Die Umsatzsteuer in der Hausbewirtschaftung

3.8.1 Umsatzsteuerfreie – umsatzsteuerpflichtige Umsätze

Erbringt ein Unternehmen umsatzsteuerpflichtige und umsatzsteuerfreie Leistungen, so sind nur die (Vor)Steuerbeträge für bezogene Güter und Dienstleistungen abzugsfähig, die für die umsatzsteuerpflichtigen Leistungen benötigt werden. Im Folgenden werden zunächst die (theoretisch) möglichen (Grund)Sachverhalte dargestellt und dabei die Zurechnungs- und Aufteilungsproblemtik erörtert.

3.8.1.1 Ausschließlich umsatzsteuerfreie Umsätze

Die Vermietung von Wohnraum des eigenen Bestands ist nach § 1 UStG ein (be)steuerbarer Umsatz, der nach § 4 Nr. 12 a UStG von der Umsatzsteuer befreit ist.

Tätigt ein Unternehmen ausschließlich steuerfreie Umsätze, so ist in keinem Fall Umsatzsteuer zusätzlich in Rechnung zu stellen und demzufolge stets „netto = brutto" zu buchen.

Entsprechend entfällt nach § 15 Abs. 2 UStG jegliche Vorsteuerabzugsberechtigung. Das bedeutet, dass jede bezogene Lieferung bzw. Leistung einschließlich der enthaltenen Umsatzsteuer („brutto") auf dem entsprechenden Sachkonto gebucht wird.

(Ausgangs)Beispiel:

Eingangsrechnung für einen PC für 3.000,00 € netto zuzüglich 19 % Umsatzsteuer (570,00 €; brutto: 3.570,00 €)

(05)	Andere Anlagen, Betriebs- und Geschäftsausstattung		3.570,00 €	
	an (44211)	Verbindlichkeiten aus sächlichen Verwaltungsaufwendungen		3.570,00 €

Auch der spätere Verkauf eines solchen PCs ist nach § 4 Nr. 28 UStG steuerfrei, wenn er ausschließlich für solche steuerfreien Tätigkeiten verwendet worden war.

Ausgangsrechnung für einen gebrauchten PC für 1.000,00 € netto (Buchwert)

(234)	Forderungen aus Verkauf von Inventar		1.000,00 €	
	an (05)	Andere Anlagen, Betriebs- und Geschäftsausstattung		1.000,00 €

3.8.1.2 Ausschließlich umsatzsteuerpflichtige Umsätze

Die Verwaltung fremden Grundeigentums (z. B. Miethäuser, Wohnungseigentum) ist nach § 1 UStG ein steuerbarer und steuerpflichtiger Umsatz – also nicht von der Umsatzsteuer befreit.

Tätigt ein Unternehmen ausschließlich steuerpflichtige Umsätze, so ist in jedem Fall Umsatzsteuer zusätzlich in Rechnung zu stellen und demzufolge stets „netto" und Umsatzsteuer zu buchen.

Entsprechend besteht im Rahmen des § 15 Abs. 1, 1 a, 1 b UStG Vorsteuerabzugsberechtigung, das bedeutet, dass auf dem entsprechenden Sachkonto „netto" und davon getrennt die abziehbare Umsatzsteuer als Vorsteuer gebucht wird.

Bis zum 10. des Folgemonats werden die Konten für die Vor- und Umsatzsteuer miteinander verrechnet und eine sich ergebende Zahllast als Vorauszahlung auf die Steuerschuld des Berechnungszeitraumes (Kalenderjahr) an das Finanzamt überwiesen.

Beispiel (s.o.):
Eingangsrechnung für den PC:

(05)	Andere Anlagen, Betriebs- und Geschäftsausstattung	3.000,00 €	
(253)	Vorsteuer	570,00 €	
	an (44211) Verbindlichkeiten aus sächlichen Verwaltungsaufwendungen		3.570,00 €

Der spätere Verkauf ist steuerpflichtig, da der PC nicht für steuerfreie Umsätze verwendet wurde (folgt aus § 4 Nr. 28 UStG).

Ausgangsrechnung für einen gebrauchten PC für 1.000,00 € netto (Buchwert) zuzüglich 19 % Umsatzsteuer (190,00 €; brutto: 1.190,00 €):

(234)	Forderungen aus Verkauf von Inventar	1.190,00 €	
	an (05) Andere Anlagen, Betriebs- und Geschäftsausstattung		1.000,00 €
	(an) (4701) Verbindlichkeiten aus der Umsatzsteuer		190,00 €

3.8.1.3 Sowohl umsatzsteuerfreie als auch umsatzsteuerpflichtige Umsätze

Dies ist der **Regelfall in der Praxis**; denn schon „Extra"-Leistungen wie die Übersendung von Fotokopien von Belegen zur Betriebskostenabrechnung an den Mieter gegen Kostenerstattung sind steuerpflichtige Umsätze. Hinzu kämen Sachbezüge (z.B. private Nutzung von Geschäftsfahrzeugen, Telefonkosten für Privatgespräche von Mietern und Mitarbeitern).

Erheblich größeren Umfang dürften jedoch unter anderem haben:

- Vermietung von Reklame'möglichkeiten' (Fassadenflächen, Giebelwände, Aufzugskabinen, Vitrinen und Schaukästen);
- Gestattung von Automaten- und Funkantennenaufstellung;
- Erträge aus Sondereinrichtungen (z.B. von Dritten mitbenutzten Waschküchen);
- Vermietung von Garagen und Stellplätzen (§ 4 Nr. 12 UStG), soweit sie nicht als Nebenleistung das Schicksal der steuerfreien Hauptleistung teilt; eine Nebenleistung in diesem Fall liegt vor, wenn für Haupt- und Nebenleistung die Vertragsparteien dieselben sind und sich der Platz für das Abstellen des Fahrzeugs zumindest in unmittelbarer Nähe des Grundstücks befindet (vgl. dazu Abschn. 77 Abs. 3 UStR 2000); und nicht zuletzt
- Vermietung von Gewerberäumen, falls optiert wird (siehe nächster Abschnitt).

3.8.1.4 Option zur Umsatzsteuer

Die Vermietung und Verpachtung von Grundstücken und Grundstücksteilen (z.B. Wohnungen, Gewerberäumen) ist nach § 1 UStG ein steuerbarer Umsatz, der aber nach § 4 Nr. 12 a UStG steuerfrei ist.

Nach § 9 Abs. 1 UStG kann der Unternehmer bestimmte Umsätze, die nach § 4 UStG steuerfrei sind, als steuerpflichtig behandeln, wenn der Umsatz an einen anderen Unternehmer für dessen Unternehmen ausgeführt wird, das heißt er kann optieren.

Für Gebäude bzw. selbständig nutzbare Gebäudeteile, deren Errichtung nach dem 11.11.1993 begonnen und/oder die nach dem 31.12.1997 fertiggestellt wurden, ist die Option nur zulässig, wenn der Gewerbemieter diese ausschließlich für Umsätze verwendet oder zu verwenden beabsichtigt, die den Vorsteuerabzug nicht ausschließen (§ 9 Abs. 2 UStG iVm § 27 Abs. 2 UStG). Die Finanzverwaltung lässt jedoch im Rahmen der Bagatellgrenze 5 % Ausschlussumsätze zu (Abschn. 148 a Abs. 3 S. 1 u. 2 UStR 2000).

Die **Ausübung der Option ist formfrei** und an keine Frist gebunden. **Es reicht, dass der leistende Unternehmer** den Umsatz als steuerpflichtig behandelt, indem er gegenüber dem Gewerbemieter **mit gesondertem Ausweis der Umsatzsteuer abrechnet** (schlüssiges Verhalten – Abschn. 148 Abs. 3 UStR 2000). Die Optionsvoraussetzungen sind nachzuweisen – z. B. durch eine Bestätigung des Mieters, die entsprechenden Mietvertragsbestimmungen usw. Unter Umständen kann eine jährliche Bestätigung erforderlich sein (Abschn. 148 a Abs. 4 UStR 2000).

Die Option zur Umsatzsteuer **erstreckt sich dann auch auf die** neben der Miete umgelegten **Betriebskosten.**

Hat das Immobilienunternehmen bei Vorliegen der Voraussetzungen optiert, so muss es die auf das Nettoentgelt entfallende Umsatzsteuer (gegebenenfalls abzüglich der entsprechenden Vorsteuer) selbst dann an das Finanzamt abführen – also wirtschaftlich tragen –, wenn der Mieter diese nicht zu zahlen braucht, weil im Vertrag als monatliche Miete lediglich z.B. „10.000,00 €“ ohne den Zusatz „zuzügl. USt“ vereinbart ist.

Entsprechend kann die Realisierung des Vorsteuerabzugs gefährdet sein, wenn der Gewerbemieter seinen Betriebszweck bzw. Tätigkeitsbereich so verschiebt, dass steuerfreie Umsätze im Vordergrund stehen.

Eine entsprechende Mietvertragsvereinbarung könnte lauten:

„Dem Mieter ist bekannt, dass der Vermieter zur Umsatzsteuer optiert hat. Der Mieter sichert deshalb zu, dass er im Mietobjekt ohne vorherige schriftliche Genehmigung des Vermieters keine Umsätze tätigt oder tätigen wird, die den Vorsteuerabzug des Vermieters gefährden. Sofern der Vermieter durch ungenehmigte Tätigkeiten des Mieters den Vorsteuerabzug verliert, wird vereinbart, dass der Vermieter einen zusätzlich zur Miete zu zahlenden Mietzuschlag in Höhe des verlustig gegangenen Vorsteuerbetrages zuzüglich Zinsen in Höhe des gesetzlichen Zinssatzes bei Verzug nach den §§ 284 ff. BGB verlangen kann und zwar für die Dauer des verlustig gegangenen Vorsteuerbetrages.“ (Hannemann/Wiek (Hrsg.), Handbuch des Mietrechts, Kissing 2001, § 39 Rdnr. 6)

Eine Klausel für zukünftige Optionen könnte lauten:

„Der Vermieter behält sich vor, zur Umsatzsteuer zu optieren. Wird die Option ausgeübt, zahlt der Mieter zusätzlich zur Miete und den sonstigen vereinbarten Zahlungen die Umsatzsteuer in gesetzlicher Höhe.“ (Hannemann/Wiek (Hrsg.), Handbuch des Mietrechts, Kissing 2001, § 39 Rdnr. 7) Obwohl eine Optionsvereinbarung über die Miete im Wege ergänzender Vertragsauslegung auch für die Betriebskosten gilt, sollten zwecks Vermeidung zivilrechtlicher Streitigkeiten auch die Vorauszahlungen einbezogen werden („sonstigen vereinbarten Zahlungen“).

Die **Mietsollstellung** lautet (auch) für den Gewerbemieter (**ohne Option**) z.B.:

(200)	Mietforderungen		10.000,00 €	
	an (600)	Sollmieten		7.000,00 €
	(an) (431)	Anzahlungen auf unfertige Leistungen		3.000,00 €

Für dasselbe Nettoentgelt ergibt sich **bei Option**:

(200)	Mietforderungen		11.900,00 €	
	an (600)	Sollmieten		7.000,00 €
	(an) (431)	Anzahlungen auf unfertige Leistungen		3.000,00 €
	(an) (4701)	Verbindlichkeiten aus der Umsatzsteuer		1.900,00 €

Nach § 13 Abs. 1 Nr. 1a UStG ist Umsatzsteuer bereits auf Anzahlungen in Rechnung zu stellen.

3.8.2 Abziehbare Vorsteuer

Unterliegen Umsätze der Umsatzsteuer, so besteht für alle hierauf bezogenen Lieferungen und Leistungen (gegebenenfalls anteilig) Vorsteuerabzugsberechtigung. Die damit verbundenen Zuordnungs- und Aufteilungsprobleme werden am erweiterten Ausgangsbeispiel dargestellt.

Eingangsrechnungen für 4 PCs zu je 3.000,00 € netto zuzüglich 19 % Umsatzsteuer (570,00 €; brutto: 3.570,00 €); ein PC wird für die Wohnungsverwaltung, der zweite PC für die Maklertätigkeit, der dritte für die Verwaltung eines Gewerbeparks mit Teiloption und der vierte im Vorstandssekretariat benutzt.

Unterstellt man, dass bei der Wohnungsverwaltung ausschließlich umsatzsteuerfreie Umsätze getätigt werden, besteht für den ersten PC keine Vorsteuerabzugsmöglichkeit. Die Buchungen für Ein- und Verkauf entsprechen dem Ausgangsbeispiel (s.o.).

Entsprechendes gilt umgekehrt für den PC für die Maklertätigkeit. Hier beseht uneingeschränkte Vorsteuerabzugsmöglichkeit. Die Buchungen für Ein- und Verkauf entsprechen der Fortsetzung des Ausgangsbeispiels (s.o.).

Bei den PCs für den Gewerbepark und das Vorstandssekretariat ist der Anteil der abziehbaren Vorsteuer „im Wege der sachgerechten Schätzung“ (§ 15 Abs. 4 UStG) zu ermitteln. Die Finanzverwaltung sieht derzeit noch[1]) die Aufteilung nach Flächen als sachgerecht an.

3.8.2.1 „objektorientierter" Schlüssel für die Aufteilung der Vorsteuer

Lässt sich eine bezogene Lieferung oder Leistung (nahezu) ausschließlich einem Objekt (hier: Gewerbepark) zuordnen, dann wird nur das Flächenverhältnis dieses Objekts betrachtet. In diesem Fall ist es das Verhältnis von optierten zu nichtoptierten Nutzflächen. Bei einer Mischung von Wohnen und Gewerbe wird man ein Verhältnis von optierten Nutzflächen zu Wohnflächen (gegebenenfalls plus nichtoptierter Nutzflächen) bilden. Für das Gewerbeparkbeispiel wird ein Verhältnis von 1 : 2 angenommen.

Eingangsrechnung für den PC zur Verwaltung des Gewerbeparks für 3.000,00 € netto zuzüglich 19 % Umsatzsteuer (570,00 €; brutto: 3.570,00 €). Bei einem Flächenverhältnis von 1 : 2 ergeben sich 190,00 € abziehbare und demzufolge getrennt auszuweisende Vorsteuer.

(05)	Andere Anlagen, Betriebs- und Geschäftsausstattung	3.380,00 €	
(253)	Vorsteuer	190,00 €	
	an (44211) Verbindlichkeiten aus sächlichen Verwaltungsaufwendungen		3.570,00 €

3.8.2.2 „unternehmensbezogener" Schlüssel für die Aufteilung der Vorsteuer

Beim PC für das Vorstandssekretariat ist eine Zuordnung zu einem Objekt nicht möglich. Es muss daher das Flächenverhälnis aller Objekte des Unternehmens gebildet werden – also (Nutzflächen optiert + Sonderflächen) zu (Wohnflächen + Nutzflächen nicht optiert). Zu den Sonderflächen zählen u.a. Fassadenflächen, Giebelwände, Wand-

[1]) Der BFH vertritt in seinem Urteil vom 17.08.2001 V R 1/01 (BFHE 196, 345) die Auffassung, dass eine Aufteilung nach dem Verhältnis der Ausgangs**umsätze** eine sachgerechte Schätzung i. S. des § 15 Abs. 4 UStG ist, verweist in diesem Zusammenhang auf die (EU-)Richtlinie 77/388/EWG Art. 17 Abs. 5 und stellt ausdrücklich fest, dass er an seiner im Urteil vom 12.03.1992 V R 70/87 (BFHE 168, 447; BStBl II 1992, 755 unter 2. b dd zu § 15 Abs. 4 UStG 1980) vertretenen Auffassung nicht mehr festhält.

flächen von Treppenhäusern und Kellern, sofern sie kommerziell genutzt werden. Für den vierten PC wird ein Verhältnis von 1 : 19 angenommen.

Eingangsrechnung für den PC für das Vorstandssekretariat für 3.000,00 € netto zuzüglich 19 % Umsatzsteuer (570,00 €; brutto: 3.570,00 €). Bei einem Flächenverhältnis von 1 : 19 ergeben sich 28,50 € abziehbare und demzufolge getrennt auszuweisende Vorsteuer.

(05)	Andere Anlagen, Betriebs- und Geschäftsausstattung	3.541,50 €	
(253)	Vorsteuer	28,50 €	
	an (44211) Verbindlichkeiten aus sächlichen Verwaltungsaufwendungen		3.570,00 €

Die Vorsteuer für Instandhaltungsaufwendungen (soweit nicht für den Geschäftsbereich) wird typischerweise objektorientiert aufgeteilt. Dagegen erfolgt die Aufteilung bei den meisten Anschaffungen und Aufwendungen im Bürobereich nach dem „unternehmensbezogenen" Schlüssel. Das ist auch bei den Personalcomputern der Fall, wenn diese vernetzt sind und von jedem alle Bereiche verwaltet werden können.

In der Praxis verursacht die Ermittlung und laufende Aktualisierung der Schlüssel erheblichen Arbeitsaufwand, denn jede Veränderung der Vermietungssituation zieht unter Umständen eine Veränderung der Schlüssel nach sich. Diese muss im EDV-System berücksichtigt und der Finanzverwaltung (laufend) mitgeteilt werden. Das funktioniert nur, wenn allen am Vermietungsprozess Beteiligten zumindest die Problematik bekannt ist.

Fallen in einem (Wohnungs)Unternehmen sowohl umsatzsteuerfreie als auch umsatzsteuerpflichtige **Umsätze** an, so ist zu 'fragen':

- handelt es sich um einen **umsatzsteuerfrei**en Umsatz ohne Optionsmöglichkeit,
  dann ist **lediglich** das **Nettoentgelt** in Rechnung zu stellen;
- ist es ein **umsatzsteuerpflichtig**er oder optierter,
  dann ist **zusätzlich** zum Nettoentgelt **Umsatzsteuer** in Rechnung zu stellen;
  und für **bezogene Lieferungen und Leistungen** ist zu klären, ob
- ob ihnen **ausschließlich umsatzsteuerfreie** bzw. nichtoptierte Leistungen zuzuordnen sind,
  dann wird der gesamte (Brutto)**Rechnungsbetrag auf dem Sachkonto** erfasst; oder
- ob ihnen **auch umsatzsteuerpflichtige** bzw. optierte zuzuordnen sind,
  dann muss die **anteilige abziehbare Vorsteuer getrennt vom Sachkonto** erfasst werden;
  und für die **Berechnung des Vorsteueranteils** ist jetzt zu entscheiden, ob
  - die Lieferungen und Leistungen **für ein bestimmtes Objekt** bezogen werden,
    dann ist **der „objektorientierte"**,
  - **andernfalls der „unternehmensbezogene" Schlüssel** zu verwenden.

3.8.3 **Umlagen** (am Beispiel der Heizkosten)

Anhand des abgewandelten Musterbeispiels aus dem Abschnitt für die Umlagen bei Wohnraum wird in einer kommentierten Gegenüberstellung die Buchungstechnik für nichtoptierten und optierten Gewerberaum erläutert.

3.8.3.1 Teil I: Wärmelieferung und Aktivierung als „Noch nicht abgerechnete Betriebskosten"

1. Für das gesamte Geschäftsjahr wurden insgesamt 60.000,00 € an Mieten zum Soll gestellt und 23.800,00 € an Vorauszahlungen auf die Heizkosten erhoben.
2. Die Mieter haben vertragsgemäß bezahlt!
3. Die Rechnung über 3.570,00 € für die jährliche Wartung der Ölheizungsanlage geht ein und wird bezahlt.
4. Im Laufe des Jahres wurde fur 33.320,00 € Heizöl nachgekauft.

Nichtoptierte Gewerbeeinheiten

Am Ende des Geschäftsjahres ergibt sich für das Heizöl ein Endbestand von 17.850,00 €. Der Eröffnungsbestand betrug 5.950,00 €.

Sollstellung der Mieten

[1]	(200)	Mietforderungen	83.800,00 €	
		an (600) Sollmieten		60.000,00 €
		(431) Anzahlungen auf unfertige Leistungen		23.800,00 €

Auch bei den nichtoptierten Gewerbeeinheiten sowie den Wohnraummietern müssen die Vorauszahlungen auf die unfertigen Leistungen die in den voraussichtlichen Betriebskosten enthaltene Umsatzsteuer decken.

Bezahlung

[2]	(2740)	Bank	83.200,00 €	
		an (200) Mietforderungen		83.200,00 €

S (200)	Mietforderungen		H
[1] (600),...	83.800,00	[2] (2740)	83.800,00

S (600)	Sollmieten		H
		[1] (200)	60.000,00

S (2740)	Bank		H
[2] (200)	83.800,00		

S (431)	Anzahlungen auf unfertige Leistungen		H
		[1] (200)	23.800,00

Eingangsrechnung für die Wartung

[3a]	(8002)	Kosten der Beheizung	3 570,00 €	
		an (44212) Verbindlichkeiten aus der Hausbewirtschaftung		3.570,00 €

Bezahlung

[3b]	(44212)	Verbindlichkeiten aus der Hausbewirtschaftung	3.570,00 €	
		an (2740) Bank		3.570,00 €

Optierte Gewerbeeinheiten

Am Ende des Geschäftsjahres ergibt sich für das Heizöl ein Endbestand von 15.000,00 €. Der Eröffnungsbestand betrug 5.000,00 €.

Sollstellung der Mieten

[1]	(200)	Mietforderungen	95.200,00 €	
		an (600) Sollmieten		60.000,00 €
		(431) Anzahlungen auf unfertige Leistungen		20.000,00 €
		(4701)Verbindlichkeiten aus der Umsatzsteuer		15.200,00 €

Dagegen ist bei optierten Gewerbeeinheiten neben der auf die Sollmieten zusätzlich in Rechnung gestellten Umsatzsteuer auch die Umsatzsteuer auf die Betriebskostenvorauszahlungen getrennt auszuweisen (zu buchen).

Bezahlung

[2]	(2740)	Bank	95.200,00 €	
		an (200) Mietforderungen		95.200,00 €

S (200)	Mietforderungen		H
[1] (600),...	95.200,00	[2] (2740)	95.200,00

S (600)	Sollmieten		H
		[1] (200)	60.000,00

S (2740)	Bank		H
[2] (200)	95.200,00		

S (431)	Anzahlungen auf unfertige Leistungen		H
		[1] (200)	20.000,00

S (4701)	Verbindlichkeiten Umsatzsteuer		H
		[1] (200)	15.200,00

Eingangsrechnung für die Wartung

[3a]	(8002)	Kosten der Beheizung	3.000,00 €	
	(253)	Vorsteuer	570,00 €	
		an (44212) Verbindlichkeiten aus der Hausbewirtschaftung		3.570,00 €

Bezahlung

[3b]	(44212)	Verbindlichkeiten aus der Hausbewirtschaftung	3.570,00 €	
		an (2740) Bank		3.570,00 €

Eingangsrechnung für das Heizmaterial

[4a] (8002)	Kosten der Beheizung	33.320,00 €	
	an (44212) Verbindlichkeiten aus der Hausbewirtschaftung		33.320,00 €

Bezahlung

[4b] (44212)	Verbindlichkeiten aus der Hausbewirtschaftung	33.320,00 €	
	an (2740) Bank		33.320,00 €

III Vorbereitende Abschlussbuchungen

Korrekturbuchung für das Heizmaterial

IIIa) (170)	Heizmaterial	11.900,00 €	
	an (8002) Kosten der Beheizung		11.900,00 €

S (170)	Heizmaterial		H
I EBK	5.950,00	IV SBK	17.850,00
IIIa (8002)	11.900,00		
	17.850,00		17.850,00

S (8002)	Kosten d. Beheizung		H
[3a] (44212)	3.570,00	IIIa (170)	11.900,00
[4a] (44212)	33.320,00		

Aktivierung der Wärmelieferung als noch nicht abgerechnete Betriebskosten

IIIb) (15)	Noch nicht abgerechnete Betriebskosten	24.990,00 €	
	an (646) Bestandserhöhungen bei noch nicht abgerechneten Betriebskosten		24.990,00 €

S (170)	Heizmaterial		H
I EBK	5.950,00	IV SBK	17.850,00
IIIa (8002)	11.900,00		
	17.850,00		17.850,00

S (8002)	Kosten d. Beheizung		H
[3a] (44212)	3.570,00	IIIa (170)	11.900,00
[4a] (44212)	33.320,00	IV GuV	24.990,00
	36.890,00		36.890,00

S (15)	Nicht abger. Betriebskosten		H
IIIb (646)	24.990,00	IV SBK	24.990,00
	24.990,00		24.990,00

S (646)	Bestandserhöhung Betriebskosten		H
IV GuV	24.990,00	IIIb (15)	24.990,00
	24.990,00		24.990,00

S (989)	Schlussbilanzkonto		H
IV (15)	24.990,00		
IV (170)	17.850,00		

S (982)	GuV-Konto		H
IV (8002)	24.990,00	IV (646)	24.990,00

Eingangsrechnung für das Heizmaterial

[4a] (8002)	Kosten der Beheizung	28.000,00 €	
(253)	Vorsteuer	5.320,00 €	
	an (44212) Verbindlichkeiten aus der Hausbewirtschaftung		33.320,00 €

Bezahlung

[4b] (44212)	Verbindlichkeiten aus der Hausbewirtschaftung	33.320,00 €	
	an (2740) Bank		33.320,00 €

III Vorbereitende Abschlussbuchungen

Korrekturbuchung für das Heizmaterial

IIIa) (170)	Heizmaterial	10.000,00 €	
	an (8002) Kosten der Beheizung		10.000,00 €

S (170)	Heizmaterial		H
I EBK	5.000,00	IV SBK	15.000,00
IIIa (8002)	10.000,00		
	15.000,00		15.000,00

S (8002)	Kosten d. Beheizung		H
[3a] (44212)	3.000,00	IIIa (170)	10.000,00
[4a] (44212)	28.000,00		

S (253)	Vorsteuer		H
[3a] (44212)	480,00		
[4a] (44212)	4.480,00		

Aktivierung der Wärmelieferung als noch nicht abgerechnete Betriebskosten

IIIb) (15)	Noch nicht abgerechnete Betriebskosten	21.000,00 €	
	an (646) Bestandserhöhungen bei noch nicht abgerechneten Betriebskosten		21.000,00 €

S (170)	Heizmaterial		H
I EBK	5.000,00	IV SBK	15.000,00
IIIa (8002)	10.000,00		
	15.000,00		15.000,00

S (8002)	Kosten d. Beheizung		H
[3a] (44212)	3.000,00	IIIa (170)	10.000,00
[4a] (44212)	28.000,00	IV GuV	21.000,00
	31.000,00		31.000,00

S (15)	Nicht abger. Betriebskosten		H
IIIb (646)	21.000,00	IV SBK	21.000,00
	21.000,00		21.000,00

S (646)	Bestandserhöhung Betriebskosten		H
IV GuV	21.000,00	IIIb (15)	21.000,00
	21.000,00		21.000,00

S (989)	Schlussbilanzkonto		H
IV (15)	21.000,00		
IV (170)	15.000,00		

S (982)	GuV-Konto		H
IV (8002)	21.000,00	IV (646)	21.000,00

3.8.3.2 Teil II: Abrechnung der im Vorjahr gelieferten Wärme

1. Für das gesamte Geschäftsjahr wurden wieder insgesamt 60.000,00 € an Mieten zum Soll gestellt und 23.800,00 € an Vorauszahlungen auf die Heizkosten erhoben. Die Mieter haben alles bezahlt.
2. Die Heizkosten für das letzte Kalenderjahr werden abgerechnet. Es werden 24.990,00 € als umzulegender Betrag ermittelt. Die Einzelabrechnungen ergeben u.a., dass einerseits von den Mietern insgesamt 1.785,00 € nachgezahlt werden müssen und andererseits für 595,00 € Erstattungsansprüche bestehen.

Nichtoptierte Gewerbeeinheiten

Sollstellung der Mieten

[1a] (200)	Mietforderungen	83.800,00 €	
an (600)	Sollmieten		60.000,00 €
(431)	Anzahlungen auf unfertige Leistungen		23.800,00 €

Bezahlung

[1b] (2740)	Bank	83.800,00 €	
an (200)	Mietforderungen		83.800,00 €

Heizkostenabrechnung
‚Sollstellung' der tatsächlich umzulegenden Kosten

[2a] (201)	Umlagenabrechnung	24.990,00 €	
an (601)	Umlagen		24.990,00 €

Verrechnung mit den im Vorjahr geleisteten Vorauszahlungen

[2b] (431)	Anzahlungen auf unfertige Leistungen	23.800,00 €	
an (201)	Umlagenabrechnung		23.800,00 €

S (200) Mietforderungen H

S		H	
[1a](600),...	83.800,00	[1b](2740)	83.800,00

S (431) Anzahlungen auf unfertige Leistungen H

S		H	
[2b](201)	23.800,00	I EBK	23.800,00
		[1a](200)	23.800,00

S (201) Umlagenabrechnung H

S		H	
[2a](601)	24.990,00	[2b](431)	24.990,00

S (601) Umlagen H

S		H	
		[2a](201)	24.990,00

Optierte Gewerbeeinheiten

Sollstellung der Mieten

[1a] (200)	Mietforderungen	95.200,00 €	
an (600)	Sollmieten		60.000,00 €
(431)	Anzahlungen auf unfertige Leistungen		20.000,00 €
(4701)	Verbindlichkeiten aus der Umsatzsteuer		15.200,00 €

Bezahlung

[1b] (2740)	Bank	95.200,00 €	
an (200)	Mietforderungen		95.200,00 €

Heizkostenabrechnung
‚Sollstellung' der tatsächlich umzulegenden Kosten

[2a] (201)	Umlagenabrechnung	24.990,00 €	
an (601)	Umlagen		21.000,00 €
(4701)	Verbindlichkeiten aus der Umsatzsteuer		3.990,00 €

Verrechnung mit den im Vorjahr geleisteten Vorauszahlungen

[2b] (431)	Anzahlungen auf unfertige Leistungen	20.000,00 €	
(4701)	Verbindlichkeiten aus der Umsatzsteuer	3.800,00 €	
an (201)	Umlagenabrechnung		23.800,00 €

Neben der Verrechnung mit den (Netto)Vorauszahlungen muss auch die in „[2a]" auf den vollen Betrag erhobene Umsatzsteuer korrigiert werden, denn die Mieter hatten diesen Teil bereits im Vorjahr gezahlt.

S (200) Mietforderungen H

S		H	
[1a](600),...	95.200,00	[1b](2740)	95.200,00

S (431) Anzahlungen auf unfertige Leistungen H

S		H	
[2b](201)	20.000,00	I EBK	20.000,00
		[1a](200)	20.000,00

S (201) Umlagenabrechnung H

S		H	
[2a](601)	24.990,00	[2b](431)	23.800,00

S (601) Umlagen H

S		H	
		[2a](201)	21.000,00

S (4701) Verbindlichkeiten Umsatzsteuer H

S		H	
[2b](201)	3.800,00	[2a](201)	3.990,00

Umbuchung der Nachforderungen gegenüber den Mietern aufgrund der Einzelabrechnungen

[2c] (200)	Mietforderungen	1.785,00 €	
	an (201) Umlagenabrechnung		1.785,00 €

Umbuchung der Erstattungsansprüche seitens der Mieter aufgrund der Einzelabrechnungen

[2d] (201)	Umlagenabrechnung	595,00 €	
	an (200) Mietforderungen		595,00 €

Auflösung der noch nicht abgerechneten Betriebskosten

[2e] (648)	Bestandsverminderungen bei noch nicht abgerechneten Betriebskosten	24.990,00 €	
	an (15) Noch nicht abgerechnete Betriebskosten		24.990,00 €

S (200)	Mietforderungen		H
[1a] (600),…	83.800,00	[1b] (2740)	83.800,00
[2c] (201)	2.500,00	[2d] (201)	595,00

S (431)	Anzahlungen auf unfertige Leistungen		H
[2b] (201)	23.800,00	I EBK	23.800,00
		[1a] (200)	23.800,00

S (201)	Umlagenabrechnung		H
[2a] (601)	24.990,00	[2b] (431)	23.200,00
[2d] (200)	595,00	[2c] (200)	1.785,00
	25.585,00		25.585,00

S (601)	Umlagen		H
IV GuV	24.990,00	[2a] (201)	24.990,00

S (15) Nicht abger. Betriebskosten			H
I EBK	24.990,00	[2e] (648)	24.990,00

S (648)	Bestandsverminderungen Betriebskosten		H
[2e] (15)	24.990,00	IV GuV	24.990,00

S (982)	GuV-Konto		H
IV (648)	24.990,00	IV (601)	24.990,00

Umbuchung der Nachforderungen gegenüber den Mietern aufgrund der Einzelabrechnungen

[2c] (200)	Mietforderungen	1.785,00 €	
	an (201) Umlagenabrechnung		1.785,00 €

Umbuchung der Erstattungsansprüche seitens der Mieter aufgrund der Einzelabrechnungen

[2d] (201)	Umlagenabrechnung	595,00 €	
	an (200) Mietforderungen		595,00 €

Auflösung der „Noch nicht abgerechneten Betriebskosten"

[2e] (648)	Bestandsverminderungen bei noch nicht abgerechneten Betriebskosten	21.000,00 €	
	an (15) Noch nicht abgerechnete Betriebskosten		21.000,00 €

S (200)	Mietforderungen		H
[1a] (600),…	95.200,00	[1b] (2740)	95.200,00
[2c] (201)	1.785,00	[2d] (201)	595,00

S (431)	Anzahlungen auf unfertige Leistungen		H
[2b] (201)	20.000,00	I EBK	20.000,00
		[1a] (200)	20.000,00

S (201)	Umlagenabrechnung		H
[2a] (601)	24.990,00	[2b] (431)	23.800,00
[2d] (200)	595,00	[2c] (200)	1.785,00
	25.585,00		25.585,00

S (601)	Umlagen		H
IV GuV	21.000,00	[2a] (201)	21.000,00

S (4701)	Verbindlichkeiten Umsatzsteuer		H
[2b] (201)	3.990,00	[2a] (201)	3.990,00

S (15) Nicht abger. Betriebskosten			H
I EBK	21.000,00	[2e] (648)	21.000,00

S (648)	Bestandsverminderungen Betriebskosten		H
[2e] (15)	21.000,00	IV GuV	21.000,00

S (982)	GuV-Konto		H
IV (648)	21.000,00	IV (601)	21.000,00

3.8.3.3 Ermittlung der auf die Mieter umzulegenden Betriebskosten

Besteht eine Abrechnungseinheit **ausschließlich** aus **Wohnraum und/oder nichtoptierten Gewerberaum**, so bilden die (Brutto)Rechnungsbeträge die Grundlage für die Ermittlung der umzulegenden Betriebskosten. Denn die darin enthaltene Umsatzsteuer ist nicht als Vorsteuer abzugsfähig und stellt deshalb für das Immobilienunternehmen Kosten dar, die auf die Mieter umgelegt werden. Entsprechend werden bereits während der Abrechnungsperiode die Rechnungseingänge mit ihrem (Brutto)Rechnungsbetrag auf Betriebskostenkonten gebucht (siehe oben die Gegenüberstellung Teil I Buchungen zu Wartung und Heizölnachkauf).

Werden in einer Abrechnungseinheit **ausschließlich umsatzsteuerpflichtige und/oder optierte Umsätze** getätigt, so bilden die den Rechnungen zugrunde liegenden Nettobeträge die Grundlage für die umzulegenden Betriebskosten. Denn die in den (Brutto)Rechnungsbeträgen enthaltene Umsatzsteuer ist als Vorsteuer abzugsfähig und stellt deshalb für das Immobilienunternehmen keine Kosten dar, die auf die Mieter umgelegt werden können. Entsprechend werden bereits während der Abrechnungsperiode die Rechnungseingänge mit ihrem Nettobetrag auf Betriebskostenkonten gebucht (siehe oben die Gegenüberstellung).

Es enthalten jedoch nicht alle Betriebskostenarten (die volle) Umsatzsteuer. So sind z.B. die Sach- und Haftpflichtversicherung gemäß § 4 Nr. 10 a UStG von der Umsatzsteuer befreit. Die Betriebskostenart „Bewässerung“ unterliegt nur der ermäßigten Umsatzbesteuerung (§ 12 Abs. 2 Nr. 1 UStG mit Verweis auf Anlage zu § 12 Abs. 2 Nr. 1 u. 2 UStG – dort laufende Nr. 34). Soweit es sich bei Straßenreinigung und Müllabfuhr um öffentliche Betriebe handelt, entfällt auf deren Leistungen keine Umsatzsteuer, weil ihnen mangels Sebstständigkeit die Unternehmereigenschaft fehlt. Dies ist im Einzelfall bei der ‚Ermittlung‘ der den (Brutto)Rechnungsbeträgen zugrunde liegenden Nettobeträge sowie bei der Buchung der Eingangsrechnungen zu brücksichtigen.

Zusätzlich zu den umlagefähigen Nettobeträgen ist den Mietern dann aber die Umsatzsteuer in voller Höhe in Rechnung zu stellen. Denn das Entgelt für die Nutzung der Räume besteht nicht nur aus der Nettokaltmiete sondern auch aus den zu erstattenden Betriebskosten, weshalb diese ebenfalls der Umsatzsteuer unterliegen.

Im Falle der **‚Misch‘nutzung** müssen für den Teil, welcher der Umsatzsteuer unterliegt, die anteiligen Nettobeträge ermittelt werden. Dies geschieht aus Vereinfachungsgründen anhand der Umlegungsmaßstäbe für die Abrechnung der jeweiligen Betriebskostenart gegenüber den Mietern – also nicht immer in Anlehnung an den objektorientierten Schlüssel. So werden z.B. die Kabelgebühren nach der Anzahl der Wohn- und Gewerbeeinheiten umgelegt. Entsprechend dem jeweiligen Umlegungsmaßstab für die Abrechnung wird man in Absprache mit den Steuerprüfern bereits bei der Buchung der Eingangsrechnung aufteilen.

3.8.4 Lohnt die Option zur Umsatzsteuer?

Für den optierten Gewerbemieter lohnt sich die Option für die Betriebskosten, denn im Endergebnis trägt er nur die Nettokosten, da er die ihm in Rechnung gestellte Umsatzsteuer als Vorsteuer dem Finanzamt gegenüber geltend machen kann.

Für das optierende Immobilienunternehmen lohnt die Option in allen Erstattungsfällen (hauptsächlich Betriebskosten) nicht. Denn entweder wird die Umsatzsteuer ‚weiter‘gegeben, oder sie ist für das Immobilienunternehmen ein durchlaufender Posten.

Anders verhält es sich bei Aufwendungen, die durch die Miete als abgegolten gelten, z.B. für Instandhaltungen, die der Mieter nicht zu vertreten hat, oder (sächliche) Verwaltungsaufwendungen.

Beispiel:

In einem Gewerbeobjekt, in dem die maximal erzielbare Jahresmiete 100.000,00 € beträgt, muss das Dach erneuert werden für (netto) 30.000,00 € + 19 % Umsatzsteuer 5.700,00 € = 35.700,00 € brutto. Es fallen in diesem Jahr keine weiteren Aufwendungen an.

Wird nicht optiert, dann beträgt der Gewinn 64.300,00 € (100.000,00 € ./. 35.700,00 €).

Wird optiert, dann können zusätzlich 19.000,00 € Umsatzsteuer, also 119.000,00 € als Bruttomiete, in Rechnung gestellt werden, weil für den Mieter die Umsatzsteuer als abzugsfähige Vorsteuer wirtschaftlich keine Rolle spielt.

Der Unterschied zwischen dem Mieteingang und den Aufwendungen für die Dacherneuerung beträgt in diesem Fall 83.300,00 € (119.000,00 € ./. 35.700,00 €). Hiervon sind für die Ermittlung des Gewinns noch 13.300,00 € abzuziehen, weil sie nach Verrechnung mit der Vorsteuer als verbleibende Umsatzsteuer an das Finanzamt abzuführen sind. Es ergeben sich 70.000,00 € – dies entspricht der Differenz der beiden Nettobeträge. Der Unterschiedsbetrag zum nichtoptierten Fall entspricht mit 5.700,00 € der Umsatzsteuer der Dachreparatur, die eben in diesem Fall als Vorsteuer abzugsfähig ist.

Die Option zur Umsatzsteuer lohnt sich also immer dann, wenn es gelingt, mit Hilfe der EDV den damit verbundenen Mehraufwand an Verwaltungsarbeit niedriger zu halten als die abzugsfähige Vorsteuer für alle Nichterstattungsfälle.

4 Finanzierungsmittel

So gut wie alle **Immobilieninvestitionen** werden zu einem großen Teil **fremdfinanziert.** Dies gilt nicht nur für den Erwerb bzw. die Erstellung von Bauwerken, sondern u. U. auch für Großreparaturen (z. B. Betonsanierung), Modernisierungen (z. B. Vollwärmeschutz) und Ausbauten (z. B. Dachgeschosse).

Die meisten dieser Kredite belaufen sich auf hohe Summen und sind (deshalb) für einen Rückzahlungszeitraum von mehr als zehn – häufig zwanzig bis dreißig – Jahren ausgelegt. Das heißt, es werden entsprechend niedrige Rückzahlungsbeträge (Tilgung[sraten]) vereinbart, damit der Kreditnehmer die **Summe** aus **Tilgung** und **Zinsen (Annuität)** auch bezahlen kann.

Da sich die meisten Gegenstände von Immobilieninvestitionen als (Grund)Pfand eignen, werden die entsprechenden Kredite auch grundbuchlich gesichert, d. h. das Recht des Gläubigers wird in „Abteilung III" des Grundbuchs eingetragen – meistens als Grundschuld.

Zu weiteren Details: siehe die Themenkreise 2 und 10 des Betriebslehre-Buches.

4.1 Gliederung der Kreditarten

Für die Kredite finden sich entsprechend dem Bilanzgliederungsprinzip des Kontenrahmens der Immobilienwirtschaft in der Kontenklasse 4 zunächst die hier beschriebenen, langfristigen Kredite in den Kontengruppen „41 Verbindlichkeiten gegenüber Kreditinstituten" (z. B. Banken, Sparkassen usw.) und „42 Verbindlichkeiten gegenüber anderen Kreditgebern" (z. B. Versicherungsunternehmen, Mieterdarlehen usw.) Die Buchungstechnik zur Kontengruppe 42 wird in diesem Buch nicht dargestellt, denn sie unterscheidet sich nicht von der zu 41.

Innerhalb der **Kontengruppe 41** (wie auch 42) wird nach dem **Finanzierungszweck** unter anderem unterschieden in:

(410)	Objektfinanzierungsmittel für das Anlagevermögen
(411)	Objektfinanzierungsmittel für das Umlaufvermögen
(412)	Unternehmensfinanzierungsmittel
(413)	Grundstücksankaufskredite für das Anlagevermögen
(414)	Grundstücksankaufskredite für das Umlaufvermögen
(415)	Bauzwischenkredite für das Anlagevermögen
(416)	Bauzwischenkredite für das Umlaufvermögen
(419)	Sonstige Verbindlichkeiten gegenüber Kreditinstituten

4.1.1 Objektfinanzierungsmittel

Objektfinanzierungsmittel dienen – unabhängig von der Art ihrer Besicherung – zur Finanzierung einer bestimmten Investition (Neubau, Kauf, Modernisierung) – also auch jene oben beschriebenen Grundschulden.

4.1.2 Unternehmensfinanzierungsmittel

Bei den **Unternehmensfinanzierungsmitteln** handelt es sich entweder um Kredite zur Finanzierung von Investitionen im eigenen Geschäftsbereich (z. B. Umrüstung/Neuanschaffung der unternehmenseigenen EDV-Anlage) oder zur Vermeidung der Aufnahme von Grundstücksankaufskrediten oder Bauzwischenkrediten.

4.1.3 Grundstücksankaufskredite (GAK)

Die **Grundstücksankaufskredite (GAK)** dienen zur Finanzierung der Anschaffungskosten unbebauter Grundstücke. Sie stehen im engen Zusammenhang mit der entsprechenden Objektfinanzierung und sind deshalb ebenfalls in dieser Gruppe zu finden.

4.1.4 Bauzwischenkredite

Bauzwischenkredite sind erforderlich, wenn (Zwischen)Rechnungen der Bauunternehmen bezahlt werden müssen, der Kreditgeber aber den zugesagten Kredit noch nicht in entsprechender Höhe überwiesen (valutiert) hat, weil (Regelfall der Praxis) vereinbart war, dass das Darlehen ‚stückchenweise' immer dann ausbezahlt wird, wenn die entsprechende Sicherheit in Form des jeweiligen ‚Bauabschnitts' (z. B. Kellerdecke, halber Rohbau usw.) ‚steht' (Auszahlung nach Baufortschritt). Will oder kann das Immobilienunternehmen die vorher zu bezahlenden Baurechnungen nicht aus eigenen Mitteln (zwischen)finanzieren, muss es einen Zwischenkredit aufnehmen. Häufig geschieht dies aber dadurch, dass ein für das Objekt bei der ‚Hausbank' eingerichtetes „Baukonto(korrent)" ‚überzogen' wird. Der zu diesem Zweck vereinbarte Überziehungsrahmen wird dadurch besichert, dass das Immobilienunternehmen seine Ansprüche auf die (Teil)Valutierungen an die ‚Hausbank' abtritt. Der Kreditgeber ist dann verpflichtet, ausschließlich direkt auf das „Baukonto(korrent)" zu überweisen.

Für die Einordnung in die Kontengruppe 41 gilt das Gleiche wie für die Grundstücksankaufskredite.

Die Buchungstechniken zu „Auszahlung nach Baufortschritt" und zu „Bauzwischenkredite" werden in diesem Buch nicht dargestellt.

4.2 Tilgungsrechnung (Annuitätendarlehen)

Ausgangssituation

Ein großes Immobilienunternehmen nimmt zwecks Anschaffung einer neuen EDV-Anlage einen Kredit auf. Im Kreditvertrag sind unter anderem folgende Konditionen vereinbart:

Annuitätendarlehen über

1.000.000,00 € nominal, 6 % Zinsen, 2 % Tilgung, jährliche Zahlung und (Tilgungs)-Verrechnung im Nachhinein, 3 Jahre (Konditionen) ‚fest', 97 % Auszahlung, Valutierung zum 01.01.01.

„Nominal" bedeutet in diesem Zusammenhang, dass 1.000.000,00 € zurückzuzahlen (zu tilgen) sind. Die Summen aller Tilgungsleistungen für diesen Kredit muss dem vereinbarten Nominalbetrag (hier: 1.000.000,00 €) entsprechen.

Die 6 % **Zinsen** sind stets von der Restschuld nach der jeweils vorangegangenen Tilgung zu berechnen.

Für die Berechnung der **Tilgung** ist die Art des Darlehens zu beachten. Kennzeichnend für das **Annuitäten**darlehen ist, dass die Summe aus Zinsen und Tilgung (Annuität) für das erste Jahr einmalig berechnet wird und dieser Betrag dann bis zum (vor)letzten Jahr der Rückzahlung stets gleich bleibt, sofern sich die Konditionen nicht ändern.

Für dieses Beispiel ergibt sich:

6 %	von	1.000.000,00 €	=	60.000,00 €		Zinsen
2 %	von	1.000.000,00 €	=	20.000,00 €	+	Tilgung
8 %	von	1.000.000,00 €	=	80.000,00 €	=	**Annuität**

Entsprechend der Vereinbarung ist (hier jeweils am Ende) in Abständen von einem Jahr zu zahlen. Damit entspricht hier der Begriffsgebrauch von **Annuität** auch der ursprünglichen Wortbedeutung (annus = Jahr).

Ist beispielsweise „halbjährliche Zahlung" vereinbart, wird jeweils der halbe Prozentsatz für die Zinsen und die (anfängliche) Tilgung auf das „Nominalkapital" berechnet. Dadurch halbiert sich die Annuität, die dann allerdings alle sechs Monate zu entrichten ist.

In den Folgejahren bzw. -perioden wird die Restschuld geringer, so dass nicht mehr 60.000,00 € Zinsen zu berechnen sind, und entsprechend erhöht sich die Tilgung. Für die drei Jahre, in denen die Konditionen gleich (‚fest') bleiben sollen, ergäben sich folgende Tilgungspläne:

a) bei jährlicher Zahlung und Verrechnung (entsprechend dem Beispiel)

Periode	Kapital	Zinsen	Tilgung	Annuität	Restkapital
1	1.000.000,00	60.000,00	20.000,00	80.000,00	980.000,00
2	980.000,00	58.800,00	21.200,00	80.000,00	958.800,00
3	958.800,00	57.528,00	22.472,00	80.000,00	936.328,00

b) falls halbjährliche Zahlung und Verrechnung vereinbart worden wäre:

Periode	Kapital	Zinsen	Tilgung	Annuität	Restkapital
0,5	1.000.000,00	30.000,00	10.000,00	40.000,00	990.000,00
1	990.000,00	29.700,00	10.300,00	40.000,00	979.700,00
1,5	979.700,00	29.391,00	10.609,00	40.000,00	969.091,00
2	969.091,00	29.072,73	10.927,27	40.000,00	958.163,73
2,5	958.163,73	28.744,91	11.255,09	40.000,00	946.908,64
3	946.908,64	28.407,26	11.592,74	40.000,00	935.315,90

Aufgrund der steigenden Tilgung ergibt sich, dass der Rückzahlungszeitraum weit unter 50 Jahren (100 %/2 %) liegt – nämlich bei 24 (Ausgangssituation) –, wenn die ursprünglichen Konditionen auch weiterhin beibehalten werden.

Mit kürzer werdenden Zahlungsperioden verkürzt sich auch der Rückzahlungszeitraum, weil jeweils früher eine geringere Restschuld über den entsprechend geringeren Zinsbetrag zu einer höheren Tilgung führt. Man vergleiche beispielsweise das Restkapital am Ende des dritten Jahres für jährliche Verrechnung mit dem für halbjährliche Verrechnung. Für die Variante b) ergibt sich ein Rückzahlungszeitraum von 23,5 Jahren. Entsprechendes gilt für die ebenfalls üblichen vierteljährlichen oder monatlichen Zahlungsperioden.

Je nach Gestaltung des Kreditvertrages bedeutet **„3 Jahre fest"**, dass entweder lediglich Vereinbarungen über den neuen Zinssatz und die weitere ‚(Zins)Bindungsfrist' (genauer: Zeitraum der Konditionenfestschreibung) getroffen werden oder der Kreditvertrag dann endet und über alle Konditionen wieder verhandelt werden muss.

„97 % Auszahlung" besagt für dieses Beispiel, dass das Immobilienunternehmen nur 970.000,00 € erhält, obwohl es 1.000.000,00 € tilgen muss. Dieser Unterschiedsbetrag von 30.000,00 € wird auch **Damnum** oder **Disagio** genannt und ist der Sache nach ein einmalig bei Darlehensvalutierung im Voraus zu entrichtender Zins. Deshalb muss zwischen dem zu tilgenden, höheren Rückzahlungsbetrag (Nominalbetrag) und dem (tatsächlichen) niedrigeren Auszahlungsbetrag unterschieden werden.

4.3 Buchungstechnik

Das **Damnum** ist in gleicher Weise Aufwand wie die Verzinsung des (Rest)Kredits. Wurde der Kredit zur Finanzierung von Investitionen im Anlagevermögen aufgenommen, schreibt das Steuerrecht jedoch die Verteilung von Geldbeschaffungskosten auf die Zeit der Konditionenfestschreibung vor (R 37 Abs. 3 S. 1 EStR). Zu den in dieser Weise zu behandelnden **Geldbeschaffungskosten** zählen alle einmalig an den Kreditgeber zu entrichtenden Zahlungen, soweit sie in unmittelbarem Zusammenhang mit der Kreditaufnahme stehen. Schätzkosten und Bearbeitungsgebühren des Kreditgebers zählen demnach auch dazu. Obwohl für die Handelsbilanz bei den Geldbeschaffungskosten als Wahlrecht auch die Möglichkeit besteht, das Damnum im Jahr der Kreditaufnahme in voller Höhe als Aufwand anzusetzen, wird häufig in gleicher Weise Steuerrecht angewendet. Hiervon geht auch dieses Buch aus.

Das **Damnum** ist dann im Jahr der Darlehensaufnahme **„pro rata temporis“** (auf den Monat genau) **‚abzuschreiben‘** – besser: **genau zeitanteilig als Aufwand anzusetzen.** Hiervon abzugrenzen ist der (verbleibende) Teil des Damnums, der nicht als Aufwand erfasst wurde. Das Konto „(290) Geldbeschaffungskosten“ gehört zu den Konten für diese Art der Abgrenzung. Es dient dem Bilanzausgleich.

4.3.1 „Zahlung ... im Nachhinein“ (Ausgangsbeispiel)

Tilgungsplan und Buchungen zur Ausgangssituation für den Zeitraum der Konditionenfestschreibung:

Periode	Kapital	Zinsen	Tilgung	Annuität	Restkapital
1	1.000.000,00	60.000,00	20.000,00	80.000,00	980.000,00
2	980.000,00	58.800,00	21.200,00	80.000,00	958.800,00
3	958.800,00	57.528,00	22.472,00	80.000,00	936.328,00

am 01.01.01 (Valutierung des Kreditgebers)

(2740)	Bank	970.000,00 €	
(290)	Geldbeschaffungskosten	30.000,00 €	
	an (412) Unternehmensfinanzierungsmittel		1.000.000,00 €

bis Ende Dezember 01 (1. Annuität)

(412)	Unternehmensfinanzierungsmittel	20.000,00 €	
(872)	Zinsen auf Verbindlichkeiten gegenüber Kreditinstituten	60.000,00 €	
	an (2740) Bank		80.000,00 €

Annuitäten werden im Regelfall nicht nach dem Kontokorrentprinzip gebucht, da das Geschäftsvolumen mit dem Kreditgeber bereits durch die Buchung der Valutierung auf dem Verbindlichkeitskonto (hier: Kto (412)) erfasst wurde.

III. Vorbereitende Abschlussbuchungen (Abschreibung des Damnums)

(875)	Abschreibung auf Geldbeschaffungskosten/Disagio	10.000,00 €	
	an (290) Geldbeschaffungskosten		10.000,00 €

([3 % von 1.000.000,00 €]/3 Jahre/12 Monate * 12 Monate)

Die Entscheidung, ob die Geldbeschaffungskosten in der Handelsbilanz genauso ausgewiesen werden wie in der Steuerbilanz, wird in der Praxis erst am Jahresende getroffen.

Kontendarstellung:

S (989)	Schlussbilanzkonto		H
[Kl. 0 + 1]	5.000.000,00	[EK]	4.930.000,00
(2740)	890.000,00	(412)	980.000,00
(290)	20.000,00		

S (982)	GuV-Konto		H
(872)	60.000,00		
(875)	10.000,00		

In den folgenden (beiden) Jahren sind die Buchungen gleich. Nur die Beträge ändern sich zum Teil:

bis Ende Dezember 02/03

(412)	Unternehmens-finanzierungsmittel	21.200,00 €/22.472,00 €	
(872)	Zinsen auf Verbindlichkeiten gegenüber Kreditinstituten	58.800,00 €/57.528,00 €	
	an (2740) Bank		80.000,00 €/80.000,00 €

III. Vorbereitende Abschlussbuchungen 02/03 (Abschreibung des Damnums)

(875)	Abschreibung auf Geld-beschaffungskosten/Disagio	10.000,00 €/10.000,00 €	
	an (290) Geldbeschaffungskosten		10.000,00 €/10.000,00 €

([3 % von 1.000.000,00 €]/3 Jahre/12 Monate * 12 Monate)

4.3.2 „Zahlung ... im Voraus" (Abwandlung des Ausgangsbeispiels)

Falls **„Zahlung ... im Voraus"** vereinbart wurde, ändert sich am Tilgungsplan nichts, denn Berechnungsweise und -grundlagen bleiben gleich.

Der auszuzahlende Betrag verringert sich jedoch um den Einbehalt der Annuität für die ersten sechs Monate.

Damit der Umfang der Geschäftsbeziehungen (hier: Kreditvolumen) mit dem Darlehensgeber auf dem Konto „(412) Unternehmensfinanzierungsmittel" sichtbar bleibt, wird die erste Tilgung nicht mit der anfänglichen (Rest)Schuld verrechnet, sondern getrennt gebucht.

In Abwandlung der Konditionen der Ausgangssituation gelte:

„ ... Annuitätendarlehen über

1.000.000,00 € nominal, 10 % Zinsen, 2 % Tilgung, halbjährliche Zahlung und (Tilgungs)Verrechnung im Voraus, 3 Jahre (Konditionen) ‚fest', 97 % Auszahlung, Valutierung zum 01.07.01."

Tilgungsplan und Buchungen für die ersten drei Perioden

Periode	Kapital	Zinsen	Tilgung	Annuität	Restkapital
0,5	1.000.000,00	50.000,00	10.000,00	60.000,00	990.000,00
1	990.000,00	49.500,00	10.500,00	60.000,00	979.500,00
1,5	979.500,00	48.975,00	11.025,00	60.000,00	968.475,00

am 01.07.01 (Valutierung des Kreditgebers unter Einbehalt der ersten Annuität über sechs Monate)

(2740)	Bank	910.000,00 €	
(290)	Geldbeschaffungskosten	30.000,00 €	
(412)	Unternehmensfinanzierungsmittel	10.000,00 €	
(872)	Zinsen auf Verbindlichkeiten gegenüber Kreditinstituten	50.000,00 €	
	an (412) Unternehmensfinanzierungsmittel		1.000.000,00 €

III. Vorbereitende Abschlussbuchungen für 01 (Abschreibung des Damnums)

(875)	Abschreibung auf Geldbeschaffungskosten / Disagio	5.000,00 €	
	an (290) Geldbeschaffungskosten		5.000,00 €

([3 % von 1.000.000,00 €]/3 Jahre/12 Monate * **6 (!)** Monate – 01.07. bis 31.12.)

Kontendarstellung:

S (412) Unternehmensfinanzierungsmittel H

S		H	
(412)	10.000,00	(2740), ...	1.000.000,00

S (989) Schlussbilanzkonto H

S		H	
[Kl. 0 + 1]	5.000.000,00	[EK]	4.945.000,00
(2740)	910.000,00	(412)	990.000,00
(290)	25.000,00		

S (982) GuV-Konto H

S		H	
(872)	50.000,00	(EK)	55.000,00
(875)	5.000,00		

In den folgenden (beiden) Perioden sind die Kontierungen gleich. Nur die Beträge ändern sich zum Teil:

am 01.01.02 / 01.07.02

(412)	Unternehmensfinanzierungsmittel	10.500,00 €/ 11.025,00 €	
(872)	Zinsen auf Verbindlichkeiten gegenüber Kreditinstituten	49.500,00 €/ 48.975,00 €	
	an (2740) Bank		60.000,00 €/ 60.000,00 €

III. Vorbereitende Abschlussbuchungen 02 (Abschreibung des Damnums)

(875)	Abschreibung auf Geldbeschaffungskosten / Disagio	10.000,00 €	
	an (290) Geldbeschaffungskosten		10.000,00 €

([3 % von 1.000.000,00 €]/3 Jahre/12 Monate * **12(!)** Monate – 01.01. bis 31.12.)

Vergleicht man die beiden Tilgungspläne zur halbjährlichen Zahlung, so stellt man fest, dass die Restschuld nach drei Zahlungsperioden im Falle des Zinssatzes von 6 % 969.091,00 € beträgt, während sie sich beim Zinssatz von 10 % bei sonst gleichen Konditionen auf 968.475,00 € beläuft. Das bedeutet: Je höher der Zinssatz ist, desto größer ist von Periode zu Periode der Betrag ersparter Zinsen, was die niedrigere Restschuld erklärt und den Rückzahlungszeitraum verkürzt. Ersterer liegt bei 23,5 Jahren im Gegensatz zu 18,5 Jahren für 10 % Zinsen. Jedoch ist hier die Annuität wesentlich höher. Das Geld ist also keineswegs ‚billiger'.

5 Erwerb, Verkauf und Bebauung von Grundstücken

5.1 Erwerb, Bewirtschaftung und Verkauf unbebauter Grundstücke

5.1.1 Grundstückserwerb

Es wird ein notariell beurkundeter Grundstückskaufvertrag abgeschlossen. Als Kaufpreis werden 1.200.000,00 € vereinbart. Mit Vertragsabschluss ist eine Anzahlung in Höhe von 240.000,00 € zu leisten. Mit dem wirtschaftlichen Eigentumsübergang wird der Restkaufpreis fällig.

5.1.1.1 Anzahlung

Da das Grundstück dem Immobilienunternehmen zum Zeitpunkt des Vertragsabschlusses wirtschaftlich noch nicht zuzurechnen ist, darf zunächst nur die Anzahlung gebucht werden. Hierbei hängt es von der Zweckbestimmung (Verwendungsabsicht) des Grundstücks ab, ob das Konto „(077) Geleistete Anzahlungen" oder „(180) Anzahlungen auf zum Verkauf bestimmte Grundstücke" benutzt wird. Will das Immobilienunternehmen z. B. Mietwohnhäuser darauf errichten und das Objekt im eigenen Bestand auf Dauer behalten, so ist es als Anlagevermögen zu bilanzieren. Falls es mit Kaufeigenheimen bebaut werden soll, die (nach Fertigstellung) veräußert werden, handelt es sich um Umlaufvermögen.

Die **Buchungen** lauten für das

Anlagevermögen:

(077)	Geleistete Anzahlungen	240.000,00 €	
	an (2740) Bank		240.000,00 €

Umlaufvermögen:

(180)	Anzahlungen auf zum Verkauf bestimmte Grundstücke	240.000,00 €	
	an (2740) Bank		240.000,00 €

In der Folgezeit entstehen weitere Kosten, die dem Baugrundstück zuzurechnen sind (z. B. Grunderwerbsteuer, u. U. Maklerprovision, Umschreibungsgebühren des Grundbuchamtes usw.). Diese Anschaffungsnebenkosten (Erwerbskosten) sind in der Übersicht am Schluss dieses Abschnittes zusammengestellt.

Angesichts der relativ sicheren Erwartung, dass ein beurkundeter Grundstückskaufvertrag auch vollzogen wird, können diese zusätzlich zum Kaufpreis anfallenden Kosten direkt auf dem Grundstückskonto gebucht werden.

Die **Buchungen** lauten für das

Anlagevermögen:

(02)	Grundstücke ohne Bauten	... €	
	an (44210) Verbindlichkeiten Grundstückskäufe		... €

Umlaufvermögen:

(10)	Grundstücke ohne Bauten	... €	
	an (44210) Verbindlichkeiten Grundstückskäufe		... €

5.1.1.2 (wirtschaftlicher) Eigentumsübergang

Im Regelfall wird ein **Zeitpunkt für** den Nutzen- und Lastenwechsel **(wirtschaftlicher Eigentumsübergang)** im Grundstückskaufvertrag ausdrücklich **vereinbart.** Da von diesem Zeitpunkt an dem Erwerber einerseits die (Miet)Erträge zustehen und er andererseits die Bewirtschaftungskosten zu tragen hat, ist ihm das Grundstück wirtschaftlich zuzurechnen. Damit ist es auch von ihm als Vermögensgegenstand zu erfassen.

Ist kein Zeitpunkt für den Nutzen- und Lastenwechsel **vereinbart,** fällt er mit dem rechtlichen Eigentumswechsel (**Umschreibung im Grundbuch**) zusammen.

Die **Buchungen** aufgrund des (wirtschaftlichen) Eigentumsübergangs lauten für das

Anlagevermögen:

a) Erfassung des Grundstücks

(02)	Grundstücke ohne Bauten		1.200.000,00 €	
	an (44210)	Verbindlichkeiten Grundstückskäufe		1.200.000,00 €

b) Verrechnung der geleisteten Anzahlung

(44210)	Verbindlichkeiten Grundstückskäufe		240.000,00 €	
	an (077)	Geleistete Anzahlungen		240.000,00 €

Umlaufvermögen:

a) Erfassung des Grundstücks

(10)	Grundstücke ohne Bauten		1.200.000,00 €	
	an (44210)	Verbindlichkeiten Grundstückskäufe		1.200.000,00 €

b) Verrechnung der geleisteten Anzahlung

(44210)	Verbindlichkeiten Grundstückskäufe		240.000,00 €	
	an (180)	Anzahlungen auf zum Verkauf bestimmte Grundstücke		240.000,00 €

Ist nun der (Rest)**Kaufpreis** (oder ein Teil davon) **fällig,** so ist in beiden Fällen zu **buchen:**

(44210)	Verbindlichkeiten Grundstückskäufe		960.000,00 €	
	an (2740)	Bank		960.000,00 €

Diese Buchungsweise gilt auch, wenn vom Immobilienunternehmen nicht direkt an den Verkäufer, sondern auf ein Notaranderkonto überwiesen wird.

5.1.1.3 Grundstücksankaufskredit

Wird zur Finanzierung des (Rest)Kaufpreises ein Grundstücksankaufskredit aufgenommen, ist bei der Buchung der Auszahlung (Valutierung) zu unterscheiden, ob der Kreditgeber an den Käufer oder direkt an den Verkäufer bzw. auf das Notaranderkonto überweist.

Die **Buchungen** bei **Überweisung an den Käufer** lauten für das

Anlagevermögen:

a) Überweisung des Kreditgebers an den Käufer

(2740)	Bank		960.000,00 €	
	an (413)	Grundstücksankaufskredite für das Anlagevermögen		960.000,00 €

b) Der Käufer überweist an den Verkäufer

(44210) Verbindlichkeiten Grundstückskäufe	960.000,00 €	
an (2740) Bank		960.000,00 €

Umlaufvermögen:

a) Überweisung des Kreditgebers an den Käufer

(2740) Bank	960.000,00 €	
an (414) Grundstücksankaufskredite für das Umlaufvermögen		960.000,00 €

b) Der Käufer überweist an den Verkäufer

(44210) Verbindlichkeiten Grundstückskäufe	960.000,00 €	
an (2740) Bank		960.000,00 €

Falls der Kreditgeber **direkt an** den **Verkäufer bzw.** auf das **Notaranderkonto** überweist, lauten die **Buchungen** für das

Anlagevermögen:

(44210) Verbindlichkeiten Grundstückskäufe	960.000,00 €	
an (413) Grundstücksankaufskredite für das Anlagevermögen		960.000,00 €

Umlaufvermögen:

(44210) Verbindlichkeiten Grundstückskäufe	960.000,00 €	
an (414) Grundstücksankaufskredite für das Umlaufvermögen		960.000,00 €

In beiden Fällen handelt es sich im Endergebnis um einen Passivtausch. Aus der (Rest)Kaufpreisverbindlichkeit wird ein Grundstücksankaufskredit.

5.1.2 Bewirtschaftung

5.1.2.1 (laufende) Aufwendungen und Erträge

Mit dem Eigentumsübergang fallen für das erworbene Grundstück selbst dann (laufende) Aufwendungen (und Erträge) an, wenn es unbebaut ist. Dazu zählen z. B. die Straßenreinigungsgebühren, die Grundstückshaftpflichtversicherung usw. Es können jedoch auch Erträge entstehen, wenn das Grundstück vorübergehend verpachtet wird. Siehe dazu auch die Übersicht am Ende dieses Abschnitts.

Alle diese Aufwendungen und Erträge fallen jedoch nur vorübergehend an, da das Grundstück (möglichst bald) bebaut werden soll. Deshalb sind besondere Konten außerhalb des ‚normalen' Bewirtschaftungsbereichs zu benutzen:

Konto „(852) Erbbauzins und andere Aufwendungen für unbebaute Grundstücke" für die Aufwendungen und Konto „(665) Erträge aus unbebauten Grundstücken" für die Erträge.

So lautet z. B. die **Buchung** für die **Grundstückshaftpflichtversicherung:**

(852) Erbbauzins und andere Aufwendungen für unbebaute Grundstücke	… €	
an (44219) Verbindlichkeiten aus sonstigen Lieferungen und Leistungen		… €

und die **Kontierung** für die **Pachterträge:**

(259) Forderungen aus aufgelaufenen sonstigen Erträgen ... €
an (665) Erträge aus unbebauten Grundstücken ... €

5.1.2.2 Primärkosten

Ausnahmen hiervon sind die **Zinsen** für den Grundstücksankaufskredit und die **Grundsteuer.** Sie unterliegen dem **Primärkostenausweis.** Das heißt, sie sind unabhängig von ihrem Verursachungszusammenhang stets unter derselben GuV-Position auszuweisen. Deshalb werden sie sinnvollerweise auch stets auf demselben Konto (bzw. in derselben Kontengruppe) gebucht.

Für die Zinsen lautet die Kontengruppe „87 Zinsen und ähnliche Aufwendungen" und bei der Grundsteuer handelt es sich um das Konto „(8910) Grundsteuer".

5.1.3 Verkauf unbebauter Grundstücke

5.1.3.1 Anlagevermögen

Soll ein Grundstück veräußert werden, das ursprünglich zum Verbleib im Unternehmen vorgesehen war – also dem **Anlagevermögen** zugerechnet wurde –, so ist dies ein Vorgang, der **nicht betriebstypisch** ist und damit nicht zu den wesentlichen Betriebsleistungen gehört. Für derartige Vorgänge gilt in der GuV-Rechnung das **Prinzip des Nettoausweises.**

Das heißt in diesem Fall, dass **entweder**

- **nur** der **Mehrerlös als Ertrag**

oder

- **nur** der **Mindererlös als Aufwand** auszuweisen sind.

Der ***Mehrerlös*** ist die ***positive*** **Differenz zwischen** dem **Buchwert** des Objekts **und** dem **Verkaufspreis.**

Der ***Mindererlös*** ist die ***negative*** **Differenz** zwischen dem Buchwert des Objekts und dem Verkaufspreis.

Beispiel:

Ein (unbebautes) Grundstück des Anlagevermögens hat einen Buchwert von 800.000,00 €.

- Es wird **für 700.000,00 € verkauft:**

(21) Forderungen aus Verkauf von Grundstücken 700.000,00 € [Kaufpreisforderung]
(854) Verluste aus dem Abgang von Gegenständen des Anlagevermögens 100.000,00 € [Mindererlös]
an (02) Grundstücke ohne Bauten [Buchwert] 800.000,00 €

- Es wird **für 900.000,00 € verkauft:**

(21) Forderungen aus Verkauf von Grundstücken 900.000,00 € [Kaufpreisforderung]
an (02) Grundstücke ohne Bauten [Buchwert] 800.000,00 €
(an) (660) Erträge aus Anlageverkäufen [Mehrerlös] 100.000,00 €

5.1.3.2 Umlaufvermögen

Im Gegensatz dazu stellt die **Veräußerung von** Grundstücken, die (bebaut oder unbebaut) zum Wiederverkauf bestimmt waren – also dem **Umlaufvermögen** zugerechnet wurden –, einen betriebstypischen Vorgang und damit eine **wesentliche Betriebsleistung** dar. Diese muss in der GuV-Rechnung nach dem Prinzip des **Bruttoausweises** dargestellt werden. Das heißt, der **Buchwert** erscheint als **Aufwand** und der **Verkaufspreis** als **Ertrag**, ohne dass beides miteinander verrechnet wird.

Beispiel:

– Es wird **für 700.000,00 € verkauft** (Buchwert [Kto. (10)]: 800.000,00 €):

a) Darstellung des **Verkaufspreises** als **Ertrag**

(21)	Forderungen aus Verkauf von Grundstücken	700.000,00 €	
	an (611) Umsatzerlöse aus dem Verkauf		700.000,00 €

b) Darstellung des **Abgangs** zum **Buchwert** als **Aufwand**

(812)	Buchwert der verkauften unbebauten Grundstücke	800.000,00 €	
	an (10) Grundstücke ohne Bauten		800.000,00 €

S (982)	**GuV-Konto**		**H**
IV (812) *[Buchwert]*	800.000,00	IV (611) *[Verkaufspreis]*	700.000,00

– Es wird **für 900.000,00 € verkauft** (Buchwert: 800.000,00 €):

Die Buchungen entsprechen denen zum vorigen Sachverhalt.

S (982)	**GuV-Konto**		**H**
IV (812) *[Buchwert]*	800.000,00	IV (611) *[Verkaufspreis]*	900.000,00

Zum Verkauf von durch die Wohnungsunternehmung selbst erschlossenen, unbebauten Grundstücken des Umlaufvermögens: Siehe Anhang – Ergänzung Nr. 3.

I. Grundstückserwerb

(Kto. 02 für Anlagevermögen und Kto. 10 für UV Gliederung gemäß „B.Gesamtkosten“ der Wirtschaftlichkeitsberechnung)

1 Kosten des Baugrundstücks

1.1 Wert des Baugrundstücks

Kaufpreis

1.2 Erwerb(snebenkosten)

Notariatsgebühren, Maklerprovision, Grunderwerbsteuer, amtliche Genehmigungen, Boden(Verkehrs)-wertbescheinigung, Grundbuchumschreibungsgebühren, Vermessungskosten

1.3 Freimachen (Beseitigung rechtlicher Hindernisse)

Abfindungen an Mieter und Pächter zur vorzeitigen Lösung der Verträge
Ablösung von Rechten in Abteilung II des Grundbuchs (Ablösung in Abt. III ist den Finanzierungskosten zuzuordnen)
Löschung von Baulasten im Baulastenverzeichnis
sonstiges (z. B. Anwalts- und Prozesskosten bei Räumungsklagen)

1.4 Herrichten des Bauplatzes

(Beseitigung physikalischer Hindernisse, soweit vom Veräußerer übernommen und/oder außerhalb der Erdarbeiten vergeben)
Abräumen von Einfriedungen und Hindernissen, Roden von Bewuchs, Abbrechen von Bauwerken und Bauteilen, Beseitigen von Verkehrsanlagen (Gleise, Beleuchtungen usw.)

2 Erschließungskosten

2.1 öffentliche Erschließung

Erschließung nach BauGB
die durch Satzung und/oder Versorgungsträger festgelegten anteiligen Kosten für die erstmalige Herstellung und/oder Vervollständigung sowie den Anschluss von (Ab)Wasser-, Fernwärme-, Gas- und Stromversorgungsanlagen und der Fernmeldetechnik

2.2 nichtöffentliche Erschließung

privat erstellte Anlagen nach 2.1, die in der Regel erst nach fünf Jahren von der öffentlichen Hand übernommen oder aber als private Anlagen mit öffentlichem Charakter (Daueranlagen) langfristig erhalten bleiben.

2.3 andere einmalige Abgaben

Beiträge zur Ablösung von der Verpflichtung zum Bau von Kfz-Einstellplätzen

II. Bewirtschaftung

laufende Aufwendungen und Erträge

Aufwendungen

Primärkostenausweis

Zinsen (für Grundstücksankaufskredite – Kto. 872)
Grundsteuer (Kto. 8910)

kein Primärkostenausweis

Kto. 852 – Aufwendungen für unbebaute Grundstücke

Erbbauzins
(Grundstücks)Haftpflichtversicherung
Straßenreinigung
Schneeräumung
provisorischer Zaun
Verbotsschilder

Erträge

Kto. 665 – Erträge aus unbebauten Grundstücken

Miet- und Pachterlöse
(z. B. Reklameflächen; Standplatz für Zirkus)

III. Verkauf

Anlagevermögen (Netto[ausweis]prinzip)

Verkauf mit Mehrerlös

(21) Forderungen aus Verkauf von Grundstücken
an (02) Grundstücke ohne Bauten
(*an*) (660) Erträge aus Anlageverkäufen

oder

Verkauf mit Mindererlös

(21) Forderungen aus Verkauf von Grundstücken
(854) Verluste aus dem Abgang von Gegenständen des Anlagevermögens
an (02) Grundstücke ohne Bauten

Umlaufvermögen (Brutto[ausweis]prinzip)

a) Erfassung der Kaufpreisforderung als Erlös

(21) Forderungen aus Verkauf von Grundstücken
an (611) Umsatzerlöse aus dem Verkauf von unbebauten Grundstücken

b) Erfassung des UV-Abganges als Aufwand

(812) Buchwert der verkauften unbebauten Grundstücke
an (10) Grundstücke ohne Bauten

5.2 Erfassung der Herstellungskosten

5.2.1 Kostengliederung

Für die **Darstellung des Baugeschehens** sind entsprechend den Bilanzpositionen zunächst **folgende Konten** vorgesehen für Objekte beim

Anlagevermögen
„(00) Grundstücke mit Wohnbauten"
„(06) Anlagen im Bau"
„(070) Bauvorbereitungskosten"

Umlaufvermögen
„(12) Bauvorbereitungskosten"
„(13) Grundstücke mit unfertigen Bauten"
„(14) Grundstücke mit fertigen Bauten"

Das Baugeschehen wird **jedoch aus folgenden Gründen wesentlich differenzierter** aufgezeichnet:

- Erleichterung der Abrechnung mit den am Bau beteiligten Firmen durch Aufgliederung nach Gewerken entsprechend den Ausschreibungsunterlagen;
- Führung des durch das „Gesetz zur Sicherung von Bauforderungen" vorgeschriebenen Baubuchs;
- Erleichterung der Erstellung der (Schluss-)Wirtschaftlichkeitsberechnung im öffentlich geförderten Wohnungsbau;
- Möglichkeit, innerbetrieblich nach verschiedenen Fragestellungen auszuwerten (z. B. Kostengruppen);
- Trennung von Grundstücks- und Baukosten (und hier weitergehend), um (nach steuerrechtlichen Gesichtspunkten) differenziert abschreiben zu können;
- Erstellung des Anlagenspiegels.

Die vom „Kommentar zum Kontenrahmen der Immobilienwirtschaft" vorgeschlagene Kostengliederung folgte der „DIN 276 – Kosten im Hochbau". Bis 1971 stimmte diese Norm mit dem Aufbau der Gesamtkosten nach der II. BV (fast vollständig) überein. Nach der Änderung der DIN 276 wurden die Kostengliederung und die Darstellung der Gesamtkosten in der Wirtschaftlichkeitsberechnung angepasst. Der „Kommentar zum Kontenrahmen der Immobilienwirtschaft" bietet diese Gliederung nach wie vor an, obwohl die DIN 276 im Juni 1993 erneut geändert wurde. Sie wird deshalb der Darstellung des Baugeschehens im Anlage- und Umlaufvermögen zugrunde gelegt. Zu der nun folgenden Grobgliederung listet die Übersicht am Ende dieses Abschnitts weitere Beispiele für die Kostenpositionen auf.

Kosten des Baugrundstücks
Kosten der Erschließung
Kosten des Bauwerks
Kosten des Geräts
Kosten der Außenanlagen
Kosten der zusätzlichen Maßnahmen
Baunebenkosten

5.2.1.1 Kosten des Baugrundstücks

Dazu gehören der Kaufpreis, die Erwerbsnebenkosten und das Freimachen (Beseitigen rechtlicher Hindernisse). Sie wurden bereits im vorigen Abschnitt erläutert.

5.2.1.2 Kosten der Erschließung

Zu den Kosten der Erschließung gehören die **Aufwendungen, die** die spätere (bauliche) **Nutzung** des Grundstücks **ermöglichen**. Unter anderem:

- Herrichten des Bauplatzes (Erläuterungen: siehe voriger Abschnitt)
- Anlegen einer Zufahrt für schwere Baumaschinen (Baustraße)
- Erschließungsmaßnahmen außerhalb der Grundstücksgrenze – insbesondere, wenn das Immobilienunternehmen Bauherr ist, aber auch für erstattungs- bzw. beitragspflichtige Maßnahmen (Erläuterungen siehe voriger Abschnitt)
- private Zufahrtsstraßen

(zu weiteren Details: Siehe Anhang – Ergänzung Nr. 4)

5.2.1.3 Kosten des Bauwerks

Zu den Kosten des Bauwerks gehören die reinen Baukosten **(‚von der Baugrube bis zum Dach')** und alles, was in der Weise eingebaut wurde, dass ihm **Bestandteilcharakter** zukommt (z. B. Kochherde, Waschmaschinen), also auch die Kosten der besonderen Betriebseinrichtungen (z. B. Aufzugs- und Klimaanlagen usw.).

5.2.1.4 Kosten des Geräts

Zu den Kosten des Geräts gehören alle vom Bauherrn **erstmalig zu beschaffenden beweglichen Sachen** (die nicht unter Gebäude oder Außenanlagen fallen), die für den bestimmungsmäßigen Gebrauch erforderlich sind. Sie haben **Zubehörcharakter**.

5.2.1.5 Kosten der Außenanlagen

Zu den Kosten der Außenanlagen gehören regelmäßig alle Kosten, die für den Bau von ‚Anlagen' außerhalb des Baukörpers, jedoch innerhalb der Grundstücksgrenze anfallen.

Zuweilen muss von Fall zu Fall entschieden werden, worum es sich handelt. Eine Garage zählt zu den Kosten des Bauwerks, wenn sie mit diesem verbunden ist (z. B. Tiefgarage), andernfalls jedoch zu den Außenanlagen.

Bei Be- und Entwässerungsanlagen sowie Versorgungsleitungen zählt der Teil vom Hausanschluss bis zum öffentlichen Versorgungsnetz dazu.

5.2.1.6 Kosten der zusätzlichen Maßnahmen

Zu den Kosten der zusätzlichen Maßnahmen zählen Leistungen, die, ohne den Wert des Bauwerks selbst zu erhöhen, bei der Erschließung, bei der Herstellung des Bauwerks und bei der Ausführung der Außenanlagen notwendig werden (z. B. Lärmschutzwand). Da sie die Kostenstruktur beeinflussen, ohne in Erfahrungswerten berücksichtigt werden zu können, dient ihre gesonderte Erfassung einer klaren Kostenermittlung und einem eindeutigen Kostenvergleich.

5.2.1.7 Baunebenkosten

Zu den Baunebenkosten gehören u. a. die Kosten, die bei der Planung und Durchführung auf der Grundlage von Gebührenordnungen, Preisvorschriften oder nach besonderer vertraglicher Vereinbarung entstehen – also Bauvorbereitungskosten (Bedarfsplanung, Bodenuntersuchung), Architekten- und Ingenieurleistungen, Kosten für behördliche Prüfungen, Genehmigungen und Abnahmen, Eigenleistungen des Immobilienunternehmens im unmittelbaren Zusammenhang mit der Bautätigkeit, Grundsteuer und Zinsen (für die Finanzierung des Baues) während der Bauzeit.

5.2.1.8 Übersicht zu: Gliederung der Herstellungskosten

Kosten des **Baugrundstücks**	Kosten der **Erschließung**	Kosten des **Bauwerks**	Kosten des **Geräts**	Kosten der **Außenanlagen**	Kosten der **zusätzlichen Maßnahmen**	**Baunebenkosten**
– Kaufpreis – Erwerbsnebenkosten – Freimachen siehe dazu die Erläuterungen und die Übersicht im vorigen Abschnitt „5.1 Erwerb, Bewirtschaftung und Verkauf unbebauter Grundstücke“	– Herrichten des Bauplatzes – Erschließungsmaßnahmen (ausschließlich) außerhalb der Grundstücksgrenze siehe dazu die Erläuterungen und die Übersicht im vorigen Abschnitt – Anlegen einer Zufahrt für schwere Baumaschinen (Baustraße) – private Zufahrtsstraße	die reinen Baukosten (**‚von der Baugrube bis zum Dach‘**) und alles, was in der Weise eingebaut wurde, dass ihm **Bestandteilcharakter** zukommt z. B. Leistungen der Bauunternehmer und Handwerker (in der Praxis: weitere Kontenuntergliederung nach Gewerkeplan) Heizungs-, Versorgungs- und Aufzugsanlagen, Klimaanlagen, Wascheinrichtungen, Gemeinschaftsantennen, eingebaute Möbel Kosten aller erstmalig vom Bauherrn zu beschaffenden, beweglichen Sachen, die zur Benutzung und zum Betrieb der baulichen Anlagen erforderlich sind. z. B.: Kochherde, Waschmaschinen; Kunstwerke und künstlerisch gestaltete Bauteile	alle vom Bauherrn erstmalig zu beschaffenden beweglichen Sachen (die nicht unter Gebäude oder Außenanlagen fallen), die für den bestimmungsmäßigen Gebrauch erforderlich sind. **Zubehörcharakter** – Tonnen/Kästen für: Asche, Müll, Abfallkompostierung; – Feuerlösch- und Luftschutzgeräte; – Einrichtungsgegenstände für Gemeinschaftsräume und Heime (z. B. Stühle, Tische usw.); – Werkzeug für Hauswarte	regelmäßig alle ‚Anlagen‘ **außerhalb des Baukörpers,** jedoch **innerhalb der Grundstücksgrenze** – Wege einschl. Beleuchtung und Schilder etc.; – Einfriedungen/Zäune; – Spielplätze; – Gartenanlagen, Pflanzungen und ortsfeste Garten-‚möbel‘; – Sicker-/Auffanggruben für Regenwasser; – Fahrradständer; – Teppichklopfstangen und Wäschepfähle; – frei stehende Garagen und (markierte) Kfz-Stellplätze; – Entwässerungs- und Versorgungsanlagen vom Hausanschluss im Haus bis an das öffentliche Netz (außerhalb der Grundstücksgrenze)	Leistungen, die ohne den Wert des Bauwerks selbst zu erhöhen, bei der Erschließung, bei der Herstellung des Bauwerks und bei der Ausführung der Außenanlagen notwendig werden, aber so ‚unregelmäßig‘ anfallen, dass sie für einen Vergleich die Kostenstruktur verzerren. – Abdeckungen und Umhüllungen; – Trockenheizen; – Bereitstellen von Unterkünften; – Grundwasserabsenkungen; – Lärmschutzwände; – Schneeräumung; – erste Grundreinigung nach Fertigstellung und vor Übergabe des Bauwerks (soweit nicht jeweils der Teil der Leistung der einzelnen Firmen)	– die (umgebuchten) Kosten der Bauvorbereitung; – die eigenen Architekten- und Verwaltungsleistungen, die unmittelbar dem Bauvorhaben zuzuordnen sind*; – Fremdkapitalzinsen während der Bauzeit*; – Erbbauzins während der Bauzeit*; – Grundsteuer während der Bauzeit*; – Baustellenbewachung; – Versicherungsprämien; – Grundsteinlegung, Richtfestkosten, Vervielfältigungen, Fotoaufnahmen, Sonstiges * Die nach dem Primärkostenausweis gebuchten Aufwendungen müssen aktiviert werden, falls sie den Herstellungskosten zugerechnet werden (sollen/müssen).

In der Immobilienwirtschaft (vor allem der ehemals gemeinnützigen) ist hierfür die (Hilfs)**Kontenklasse 7** vorgesehen worden. Die **Gründe dafür** waren wohl:

- die Schaffung eines eigenen Abstimmkreises innerhalb der Geschäftsbuchhaltung;
- die Möglichkeit, sehr weit zu untergliedern, ohne dafür eine bereits benutzte Kontenklasse zu stark aufblähen zu müssen;
- die Erleichterung, verschiedene Bauvorhaben über die zusätzlich vergebene Objektnummer kostenstellenorientiert auch EDV-technisch auseinander zu halten und entsprechenden (automatisierten) Auswertungen zugänglich zu machen.

Obwohl diese Gründe durch die Entwicklung moderner EDV-Systeme stark relativiert worden sind, wird diese Organisationsform (wohl mit abnehmender Tendenz) noch beibehalten. Deshalb wird sie in ihren Grundzügen für die Buchungstechnik zu Objekten des Anlagevermögens dargestellt (s. Abschnitt 5.3). Eine weitere Möglichkeit ist die Aufgliederung des entsprechenden Hauptkontos. Diese wird in der ersten Variante zur Bebauung von Grundstücken des Umlaufvermögens (Abschnitt 5.4.1) erläutert. Die zweite Variante (Abschnitt 5.4.2) zeigt dann, wie verfahren werden könnte, wenn die Aufgliederung außerhalb des Kontenwerks geführt wird. Im Anhang (Ergänzung Nr. 5) findet sich noch eine Übersicht zur Buchungstechnik bei Bebauung von Grundstücken des Umlaufvermögens mit Hilfe der Kontenklasse 7.

5.2.2 Prüfung und Bezahlung von Rechnungen

5.2.2.1 Rechnungsprüfung

Die sachliche und rechnerische Prüfung von Rechnungen für Bauvorhaben hat schon wegen der hohen Beträge erhebliche Bedeutung.

Denkbar ist folgender Arbeitsablauf:

1) Sachliche Prüfung

Nach dem Eintreffen der Rechnung in der entsprechenden Fachabteilung werden unter Mithilfe des Architekten sowie gegebenenfalls durch Rücksprache mit dem Bauleiter und unter Umständen sogar durch eine Ortsbegehung folgende Fragen geklärt:

- Wurden die auf der Rechnung aufgeführten Materialien vollständig geliefert?
- Wurde Material (z. B. wegen Fehlerhaftigkeit) zurückgeschickt?
- Wurde nicht nur geliefert, sondern – wie auf der Rechnung behauptet – auch eingebaut?
- Wurden die Arbeitszeitnachweise der Rechnung beigelegt und sind diese nachvollziehbar (Angaben vollständig und durch Bauleiter gegengezeichnet)?

2) Rechnerische Prüfung

Auf der Grundlage der sachlichen Prüfung werden jetzt

- die aufgeführten Mengen- und Preisangaben mit den Ausschreibungsunterlagen abgeglichen,
- die Angaben entsprechend dem tatsächlichen Bautenstand gekürzt und/oder
- eventuell vorhandene Rechenfehler bereinigt.

3) (Vor)Kontierung

Hierbei werden berücksichtigt:

- die Tiefengliederung nach dem Gewerkeplan und
- die vertraglichen Bedingungen, wie z. B. Sicherheitseinbehalt, Vorliegen von Bürgschaften usw.

4) Zahlungsanweisung

Unter Berücksichtigung der Schritte 1) bis 3) wird die Rechnung entsprechend den Einzelvollmachten zur Zahlung angewiesen

5) Erfassung im Baubuch als Unterlage für die Darlehensgeber

6) Buchhaltung

Hier wird die Rechnung nach Prüfung der Einzelvollmachten gebucht und bezahlt.

5.2.2.2 Bezahlung von Rechnungen (Buchungstechnik)

a) Die bereits gebuchte **Rechnung** für die **Rohbauerstellung** (420.000,00 €) wird – **unter Garantieeinbehalt** – bezahlt.

- Das **Immobilienunternehmen** ist **Auftraggeber** der ausführenden (Rohbau)**Firma**.
- Diese **Firma** liefert nicht nur, sondern baut auch, **erbringt** also eine **(Bau)Leistung**.

In diesen Fällen ist regelmäßig ein **Sicherheitseinbehalt** auf der **Grundlage** der „Verdingungsordnung für Bauleistungen – Teil B" (**VOB**/B) bei der Vergabe **vereinbart**. In Anlehnung an § 14 Nr. 2 S. 2 VOB/A seien 5 % von der (Gesamt)Auftragssumme angenommen. Da dieser Einbehalt erst nach Ablauf der Gewährleistungsfristen fällig wird, ist er auch auf einem eigenen Konto gesondert zu buchen. Unter anderem wird damit die Erstellung des Verbindlichkeitenspiegels (Jahresabschluss), der nach (Rest)Laufzeiten differenziert, erleichtert.

Die **Buchung** für diese Art von **Rechnungsausgleich** lautet:

(44200)	Verbindlichkeiten aus Bau-/Instandhaltungsleistungen – laufende Rechnung	420.000,00 €	
	an (2740) Bank		399.000,00 €
	(an) (44201) Verbindlichkeiten aus Bau-/Instandhaltungsleistungen – Garantieeinbehalte		21.000,00 €

Ist der **Garantieeinbehalt auszuhalten** (weil z. B. die Verjährungsfrist für die Gewährleistung abgelaufen ist oder eine Bankbürgschaft vorgelegt wird), so lautet die **Buchung:**

(44201)	Verbindlichkeiten aus Bau-/Instandhaltungsleistungen – Garantieeinbehalte	21.000,00 €	
	an (2740) Bank		21.000,00 €

b) Die bereits gebuchte **Rechnung** des **Fernwärme**unternehmens über 140.000,00 € für das **Hauptrohr** (bis zum Grundstück) wird bezahlt.

In diesem Fall handelt es sich um **reine Kostenerstattung**. Das Immobilienunternehmen ist nicht Auftraggeber der ausführenden Firma. Außerdem wird **vom Rechnungssteller** (öffentliches Versorgungsunternehmen) **keine (Bau)Leistung** erbracht.

Die **Buchung** für den **Rechnungsausgleich** lautet daher:

(44200)	Verbindlichkeiten aus Bau-/Instandhaltungsleistungen – laufende Rechnung	14.000,00 €	
	an (2740) Bank		14.000,00 €

5.3 Bauvorbereitung und Bebauung von Objekten des Anlagevermögens

Die **Kontenklasse 7 soll** jeweils **alle** für die Gesamtkosten eines Bauvorhabens **relevanten Wertbewegungen aufnehmen** – also auch eventuelle „Baukostenminderungen". Diese Darstellung der Grundzüge beschränkt sich auf folgende (Grob)Gliederung, zumal für die Benutzung einer weitergehenden Tiefengliederung, wenn sie sich an einem Gewerkeplan orientiert, erhebliches technisches Vorverständnis erforderlich ist.

70 Bauten des Anlagevermögens

(700) Kosten der Bauvorbereitung
(701) Kosten des Baugrundstücks
(702) Kosten der Erschließung
(704) Kosten des Geräts
(705) Kosten der Außenanlagen
(706) Kosten der zusätzlichen Maßnahmen
(707) Baunebenkosten

Der Gebrauch dieser Konten wird anhand folgender Basissachverhalte zu einem bereits erworbenen und auf dem Konto „(02) Grundstücke ohne Bauten" gebuchten Grundstück (Kaufpreis: 250.000,00 €) erläutert. Diese dienen auch der Erklärung der beiden Varianten zum Umlaufvermögen (s. Abschnitt „5.4 Bauvorbereitung, Bautätigkeit und Verkauf von Objekten des Umlaufvermögens").

1) Rechnung des Fremdarchitekten für die Grundlagenermittlung und Vorplanung: 8.000,00 €
2) Gebührenbescheid für die Baugenehmigung: 450,00 €
3) Rechnung des Fernwärmeunternehmens für das Fernheizungshauptrohr (bis zum Grundstück): 14.000,00 €
4) Rechnung für den Rohbau: 420.000,00 €
5) Rechnung für die Feuerlöscherausstattung: 4.000,00 €
6) Rechnung für die Gartenanlage: 15.000,00 €
7) Rechnung für eine Lärmschutzwand: 35.000,00 €
8) Rechnung für das Richtfest: 1.200,00 €
9) dem Bauvorhaben zurechenbare Eigenleistungen des Immobilienunternehmens: 5.500,00 €
10) Während der Bauzeit (anteilig) angefallene Fremdkapitalzinsen: 45.000,00 €
11) Während der Bauzeit (anteilig) angefallene Grundsteuer: 300,00 €

5.3.1 Bauvorbereitung

Die Phase der Bauvorbereitung für ein Grundstück, das erworben werden kann und überhaupt bebaut werden darf, beginnt mit einer Vorkalkulation, die klären soll, ob sich eine Bebauung (im weitesten Sinne) ‚lohnt'. Erst wenn dies der Fall ist, kann daran gedacht werden, das Grundstück zu erwerben.

Mit dem Bau tatsächlich begonnen werden darf jedoch erst, wenn eine (Teil)Baugenehmigung vorliegt. Hierfür müssen jedoch Anträge, Bauzeichnungen, statische Berechnungen usw. eingereicht werden. Insbesondere dann, wenn noch verschiedene Ausnahmegenehmigungen (von baurechtlichen Vorschriften – z. B. Einhaltung der Baugrenzen, der Geschossflächenzahl usw.) erforderlich sind, kann sich das Genehmigungsverfahren zum Teil über Jahre hinziehen. Unter Umständen stellt sich aufgrund weitreichender Auflagen seitens der Bauaufsicht und nach vielen Änderungen der ursprünglichen Planung heraus, dass von der Realisierung des Vorhabens aus wirtschaftlichen Gründen abgesehen werden muss.

Deshalb werden – gerade in Unternehmen, die in diesem Bereich nicht EDV-gestützt arbeiten – alle **Bauvorbereitungskosten** auf einem Konto bis zum Baubeginn gesammelt. Das Konto „(44200) Verbindlichkeiten aus Bau-/Instandhaltungsleistungen – laufende Rechnung“ übernimmt regelmäßig die Funktion des Sammelkontokorrents für die eintreffenden Rechnungen.

Bauvorbereitungskosten

im Sinne dieser Position sind die bei der Vorbereitung von Baumaßnahmen (Neubau, Sanierung und Modernisierung) entstandenen Kosten, soweit sie Herstellungskosten werden (können).

allgemeine Planungskosten – Konto „(070) Bauvorbereitungskosten“

- Typenplanungen
- Ortsplanungen
- Wettbewerbsplanungen für Sanierungsgebiete

spezielle Planungen für einzelne Bauvorhaben – Konto „(700) Kosten der Bauvorbereitung“

- Marktforschung und Bedarfsplanung
- Architekten- und Ingenieurleistungen
- Verwaltungsleistungen des Immobilienunternehmens
- Gebühren für Behördenleistungen
- Kosten für Baugrunduntersuchungen, Baustoffprüfungen, Lichtpausen etc.

Sachverhalt Nr. 1:

Rechnung des Fremdarchitekten für die Grundlagenermittlung und Vorplanung: 8.000,00 €

(700)	Kosten der Bauvorbereitung		8.000,00 €	
	an (44200)	Verbindlichkeiten aus Bau-/Instandhaltungsleistungen – laufende Rechnung		8.000,00 €

Ist **zum Jahresende** noch nicht mit dem Bau begonnen worden, so müssen die auf Konto **„(700) Kosten der Bauvorbereitung“** gesammelten Kosten **auf** das Konto **„(070) Bauvorbereitungskosten“** umgebucht werden, **da** es sich bei den **Konten der Klasse 7** nicht um Abschlusspositionen sondern um **Hilfskonten** zur Klasse 0 (Anlagevermögen), Klasse 1 (Umlaufvermögen) und Klasse 2 (Baubetreuung) handelt.

Unter **„III vorbereitende Abschlussbuchungen“** ist zu buchen:

(070)	Bauvorbereitungskosten		8.000,00 €	
	an (700)	Kosten der Bauvorbereitung		8.000,00 €

Im nächsten Geschäftsjahr ist dann unter **„I Eröffnungsbuchungen“** erforderlich:

(700)	Kosten der Bauvorbereitung		8.000,00 €	
	an (070)	Bauvorbereitungskosten		8.000,00 €

Das Konto **„(070) Bauvorbereitungskosten“** hat also **zwei Funktionen:**

- Zum einen ist es **Abschlusskonto** für das Hilfskonto „(700) Kosten der Bauvorbereitung“ am Jahresende, und

- zum anderen sammelt es **Kosten** für **Vorhaben, deren Realisierung noch nicht feststeht,** bzw. es nimmt Kosten auf, die einem bestimmten Vorhaben **noch nicht oder nicht mehr** (zu Vorhaben, die sich als nicht realisierbar erweisen, siehe „Ergänzung Nr. 2“ im Anhang) **zuzuordnen** sind.

Sachverhalt Nr. 2:

Gebührenbescheid für die Baugenehmigung: 450,00 €

(700) Kosten der Bauvorbereitung 450,00 €
an (44200) Verbindlichkeiten aus Bau-/Instandhaltungsleistungen – laufende Rechnung 450,00 €

5.3.2 Bebauung des Objekts

5.3.2.1 **Baubeginn** – differenzierte Erfassung der Kosten in der Kontenklasse 7

Spätestens mit Baubeginn steht nach menschlichem Ermessen fest, dass das Vorhaben auch realisiert wird. Damit ergibt sich die Notwendigkeit, die entstandenen und noch entstehenden Gesamtkosten für dieses Objekt entsprechend den Auswertungsbedürfnissen im Unternehmen auf unterschiedlichen Konten zu buchen.

Da die Kontenklasse 7 die Gesamtkosten aufnehmen soll, ist zum Baubeginn der auf dem Konto „(02) Grundstücke ohne Bauten" 'aufgelaufene' Buchwert auf das Konto „(701) Kosten des Baugrundstücks" umzubuchen.

Entsprechendes gilt für das Konto „(700) Kosten der Bauvorbereitung", denn hierbei handelt es sich ausschließlich um Baunebenkosten.

(Um)Buchungen zum Baubeginn:

Umbuchung des Buchwerts des Baugrundstücks (hier: 250.000,00 €)

(701) Kosten des Baugrundstücks 250.000,00 €
an (02) Grundstücke ohne Bauten 250.000,00 €

Umbuchung der Bauvorbereitungskosten auf Baunebenkosten
– hier: die Architektenleistung im Rahmen der Vorplanung und die Baugenehmigung

(707) Baunebenkosten 8.450,00 €
an (700) Kosten der Bauvorbereitung 8.450,00 €

Von nun an sind alle Kosten, die dem Objekt zuzurechnen sind, auf den oben aufgelisteten Konten (701) bis (707) zu erfassen.

5.3.2.2 Fremdkosten (Kosten für Leistungen Dritter), die nicht nach dem Primärkosten(ausweis)prinzip erfasst werden

Sachverhalt Nr 3:

Rechnung des Fernwärmeunternehmens für das Fernheizungshauptrohr (bis zum Grundstück): 14.000,00 €

Diese Maßnahme liegt ausschließlich außerhalb des Grundstücks. Es handelt sich also um „Kosten der Erschließung".

(702) Kosten der Erschließung 14.000,00 €
an (44200) Verbindlichkeiten aus Bau-/Instandhaltungsleistungen – laufende Rechnung 14.000,00 €

Sachverhalt Nr 4:

Rechnung für den Rohbau: 420.000,00 €

(703) Kosten des Bauwerks 420.000,00 €
an (44200) Verbindlichkeiten aus Bau-/Instandhaltungsleistungen – laufende Rechnung 420.000,00 €

Sachverhalt Nr 5:

Rechnung für die Feuerlöscherausstattung: 4.000,00 €

Feuerlöschgeräte sind zwingend notwendig, soweit nicht andere Einrichtungen vorhanden sind. Es handelt sich also um „Kosten des Geräts".

(704) Kosten des Geräts 4.000,00 €
an (44200) Verbindlichkeiten aus Bau-/Instandhaltungsleistungen – laufende Rechnung 4.000,00 €

Sachverhalt Nr 6:

Rechnung für die Gartenanlage: 15.000,00 €

Die Gartenanlage liegt außerhalb des Gebäudes, jedoch innerhalb der Grundstücksgrenze. Es handelt sich also um „Kosten der Außenanlagen".

(705) Kosten der Außenanlagen 15.000,00 €
an (44200) Verbindlichkeiten aus Bau-/Instandhaltungsleistungen – laufende Rechnung 15.000,00 €

Sachverhalt Nr 7:

Rechnung für eine Lärmschutzwand: 35.000,00 €

Die Lärmschutzwand ist nicht immer notwendig und würde bei einem Kostenvergleich die Außenanlagen dieses Objekts unverhältnismäßig teuer erscheinen lassen. Es handelt sich also um „Kosten der zusätzlichen Maßnahmen".

(706) Kosten der zusätzlichen Maßnahmen 35.000,00 €
an (44200) Verbindlichkeiten aus Bau-/Instandhaltungsleistungen – laufende Rechnung 35.000,00 €

Sachverhalt Nr 8:

Rechnung für das Richtfest: 1.200,00 €

Hierbei handelt es sich um „Baunebenkosten".

(707) Baunebenkosten 1.200,00 €
an (44200) Verbindlichkeiten aus Bau-/Instandhaltungsleistungen – laufende Rechnung 1.200,00 €

5.3.2.3 Aktivierung der Eigenleistungen des Immobilienunternehmens – Primärkosten(ausweis)prinzip

Zu den Eigenleistungen zählen

- die Leistungen der im Unternehmen tätigen Architekten und Ingenieure (**„eigene Architekten- und Ingenieurleistungen"**), soweit ihre Tätigkeit dem Objekt zuzurechnen ist, und
- **die Verwaltungsleistungen.**

Das sind die Leistungen der **im Unternehmen arbeitenden Kaufleute und Techniker,** soweit sie für das Objekt tätig sind, und die sächlichen Verwaltungsaufwendungen (z. B. Lichtpausen, Fotokopien, Kosten für Ausschreibungsunterlagen, Portokosten), soweit sie auf das Objekt entfallen.

Welcher Teil der Arbeitszeit eines Mitarbeiters dem Objekt zuzurechnen ist, wird in der Regel über die Arbeitszeitstatistik ermittelt, während die sächlichen Verwaltungsaufwendungen über einen Betriebsabrechnungsbogen (BAB) zugerechnet werden. **Aktivierungsfähig** ist alles, **was** nachgewiesenermaßen **der Bebauung zuzurechnen ist.** Das kann Zeiträume vor, während und nach der Bauzeit betreffen.

„Aktivieren" bedeutet: **„Auf der Aktivseite der Bilanz ausweisen."** – in diesem Beispiel unter den Herstellungskosten im Anlagevermögen, also auf dem Konto „(06) Anlagen im Bau" oder „(00) Grundstücke mit Wohnbauten".

Handelsrechtlich besteht für **alle Eigenleistungen ein Aktivierungswahlrecht** (§ 255 Abs. 2 HGB). Nach **Steuerrecht müssen** hiervon die **„eigenen Architekten- und Ingenieurleistungen"** aktiviert werden (u. a. Abschn. 33 EStR).

Bei der Aktivierung muss das **Primärkostenausweisprinzip** beachtet werden.

Primärkosten sind Aufwendungen, die unabhängig von ihrem Verursachungszusammenhang stets unter derselben GuV-Position ausgewiesen werden. Das heißt auch: Sie werden sinnvollerweise stets auf demselben Konto gebucht. Dazu zählen für die Herstellungskosten des Bauvorhabens Teile der **Eigenleistungen, Fremdkapitalzinsen** und die **Grundsteuer**. Für die Eigenleistungen wurde das Primärkostenprinzip bereits am Beispiel der Hauswarttätigkeit im Rahmen der Wärmelieferung dargestellt (siehe Abschnitt „3.3.3 ... Teil III: Betriebskosten, Hauswarttätigkeit, Leerstände, Umlagenausfallwagnis").

Einerseits erscheinen diese Kosten als Teil der Herstellungskosten **auf der Aktivseite der Bilanz** (Aktivierung), **andererseits** müssen sie jedoch nach dem Prinzip des Primärkostenausweises auf jeden Fall **in der GuV-Rechnung** gezeigt werden.

Dies ist nur möglich, wenn sie im GuV-Konto in ihrer Erfolgswirksamkeit neutralisiert werden. Die hierfür erforderliche **Neutralisierungs- bzw. Ausgleichsfunktion** übernehmen die Konten der **Gruppe „65 Andere aktivierte Eigenleistungen"** und entsprechen darin dem bereits im Abschnitt „3.3.1 Umlagen am Beispiel der Heizkosten – Teil I ..." besprochenen Konto „(646) Bestandserhöhungen bei noch nicht abgerechneten Betriebskosten".

Im Falle der **Eigenleistungen** werden **jeden Monat** Löhne bzw. **Gehälter** gezahlt. Der **Anteil,** der den **Herstellungskosten** zugerechnet werden kann, ist darin enthalten und somit nicht ‚sichtbar'. Wird die **Arbeitszeitstatistik** ausgewertet, ergibt sich der **Betrag für** die **Aktivierung.**

Sachverhalt Nr. 9:

Dem Bauvorhaben zurechenbare Eigenleistungen des Immobilienunternehmens: 5.500,00 €

[Primärbuchung bei (monatlicher) Fälligkeit – der hier angegebene Betrag ist in den Gehaltszahlungen enthalten]

[83...]	Personalaufwand	5.500,00 €	
an [47...]	Verbindlichkeiten Löhne und Gehälter		5.500,00 €

Aktivierung über die Baunebenkosten in der Kontenklasse 7 **und Neutralisierung** im GuV-Konto

(707)	Baunebenkosten	5.500,00 €	
an (650)	aktivierte eigene Architekten- und Verwaltungsleistungen		5.500,00 €

S (83...)	Personalaufwendungen		H
(47...)	5.500,00	IV GuV	5.500,00

S (650)	Aktivierte Eigenleistungen		H
IV GuV	5.500,00	(707)	5.500,00

S (982)	GuV-Konto		H
IV (83...) *[Primärkostenausweis]*	5.500,00	IV (650) *[Neutralisierung]*	5.500,00

5.3.2.4 Aktivierung der Fremdkapitalzinsen (nach dem Primärkosten(ausweis)prinzip gebuchte Fremdkosten)

Nach § 255 Abs. 3 HGB dürfen **auch** die **Fremdkapitalzinsen und** die **Grundsteuer** den Herstellungskosten zugerechnet werden, **soweit sie auf** den Zeitraum vom Baubeginn bis zur technischen Fertigstellung („Zeitraum der Herstellung") – **die Bauzeit – entfallen.** Im Falle der Fremdkapitalzinsen muss das Darlehen jedoch zur Finanzierung der Herstellung des Gebäudes dienen.

Sachverhalt Nr. 10:

Während der Bauzeit (anteilig) angefallene Fremdkapitalzinsen: 45.000,00 €

Primärbuchung bei Zahlung (Abbuchung):

(872)	Zinsen auf Verbindlichkeiten gegenüber Kreditinstituten	45.000,00 €	
	an (2740) Bank		45.000,00 €

Aktivierung über die **Baunebenkosten** in der Kontenklasse 7 **und Neutralisierung** im GuV-Konto

(707)	Baunebenkosten	45.000,00 €	
	an (6590) aktivierte Fremdzinsen		45.000,00 €

5.3.2.5 Aktivierung der Grundsteuer (nach dem Primärkosten(ausweis)prinzip gebuchte Fremdkosten)

Sachverhalt Nr. 11:

Während der Bauzeit (anteilig) angefallene Grundsteuer: 300,00 €

Primärbuchung bei Rechnungseingang:

(8910)	Grundsteuer	300,00 €	
	an (4709) Verbindlichkeiten aus sonstigen Steuern		300,00 €

Aktivierung über die **Baunebenkosten** in der Kontenklasse 7 **und Neutralisierung** im GuV-Konto

(707)	Baunebenkosten	300,00 €	
	an (6591) aktivierte Grundsteuer		300,00 €

Kontendarstellung: (Nr. 1: „Eigenleistungen", Nr. 2: „Zinsen", Nr. 3: „Grundsteuer")

S (83...) Personalaufwand			H
[1a] (47...)	5.500,00	IV GuV	5.500,00

S (650) Aktivierte Eigenleistungen			H
IV GuV	5.500,00	[1b] (707)	5.500,00

S (872) Zinsen auf Verbindlichkeiten gegenüber Kreditinstituten			H
[2a] (4799)	45.000,00	IV GuV	45.000,00

S (6590) Aktivierte Fremdzinsen			H
IV GuV	45.000,00	[2b] (707)	45.000,00

S (8910) Grundsteuer			H
[3a] (47...)	300,00	IV GuV	300,00

S (6591) Aktivierte Grundsteuer			H
IV GuV	300,00	[3b] (707)	300,00

S (982) GuV-Konto			H
IV (83...)	5.500,00	IV (650)	5.500,00
IV (872)	45.500,00	IV (6590)	45.000,00
IV (8910)	300,00	IV (6591)	300,00
[Primärkostenausweis]		*[Neutralisierung]*	

5.3.3 Bilanzierung des Objekts (Bilanzstichtag/Fertigstellung)

5.3.3.1 Das Objekt ist zum Bilanzstichtag noch nicht fertig gestellt

Ist zum Jahresende der Bau noch nicht beendet, ist das Objekt unter „Anlagen im Bau" zu bilanzieren. Im Rahmen von „III vorbereitende Abschlussbuchungen" lautet die Buchung für den Abschluss der Kontenklasse 7:

(06)	Anlagen im Bau	798.450,00 €		
an	(701)	Kosten des Baugrundstücks	250.000,00 €	
(an)	(702)	Kosten der Erschließung	14.000,00 €	Fernheizungshauptrohr
(an)	(703)	Kosten des Bauwerks	420.000,00 €	Rohbau
(an)	(704)	Kosten des Geräts	4.000,00 €	Feuerlöschgeräte
(an)	(705)	Kosten der Außenanlagen	15.000,00 €	Gartenanlage
(an)	(706)	Kosten der zusätzlichen Maßnahmen	35.000,00 €	Lärmschutzwand
(an)	(707)	Baunebenkosten	60.450,00 €	8.450,00 Bauvorbereitung 1.200,00 Richtfest **5.500,00 Eigenleistungen** **45.000,00 Zinsen** **300,00 Grundsteuer**

Wirkung der Ausübung von Aktivierungswahlrechten:

Verzichtet man auf die Aktivierung (hervorgehobene Teilbeträge unter den Baunebenkosten), so wirken sich die Kosten in der GuV-Rechnung in dem Jahr erfolgsmindernd aus, in dem sie anfallen, und der Buchwert des Objekts ist entsprechend geringer (747.650,00 € ohne Aktivierung).

Aktiviert man, erhöhen die Kosten den Buchwert (hier auf 798.450,00 €), und die Erfolgsminderung stellt sich erst nach und nach – verteilt über die Nutzungsdauer – ein, wenn die Baukosten abgeschrieben werden.

Zu **Beginn des nächsten Geschäftsjahres** können die entsprechenden Beträge im Rahmen von „I Eröffnungsbuchungen" von Konto „(06) Anlagen im Bau" auf die jeweiligen Konten der Klasse 7 (wieder) umgebucht werden, falls die zu den einzelnen Positionen angefallenen Kosten – wenigstens in der Summe – auf den Konten der Klasse 7 über den Bilanzstichtag hinaus erhalten bleiben sollen.

(Anmerkung: In der Praxis bieten EDV-Systeme die Möglichkeit, die Konten der Klasse 7 über den Bilanzstichtag hinaus weiterzuführen, ohne sie im ‚klassischen Sinne' abzuschließen. Zwischensummen werden auf die jeweilige(n) Abschlussposition(en) ‚übergeleitet'. Um Buchungen im ‚klassischen Sinne' handelt es sich hierbei nicht. Deshalb könnte man die Konten der Klasse 7 – ähnlich wie die Mietenbuchhaltung – auch als Liste führen. Dies wird im Abschnitt „5.4.2 Auflistung der gesamten Herstellungskosten außerhalb der Konten" gezeigt.)

5.3.3.2 Das Objekt ist (bis zum Bilanzstichtag) fertig gestellt

Selbst wenn nach technischer Fertigstellung bis zum Bilanzstichtag noch Rechnungen erwartet werden, ist das Objekt spätestens im Rahmen von „III Vorbereitende Abschlussbuchungen" als fertiges zu bilanzieren. Die Kontenklasse 7 wird dann über das Konto „(00) Grundstücke mit Wohnbauten" abgeschlossen, statt über „(06) Anlagen im Bau" (zu weiteren Details zum Ausweis in der Bilanz siehe Ergänzung Nr. 3 im Anhang).

5.4 Bauvorbereitung, Bautätigkeit und Verkauf von Objekten des Umlaufvermögens

Erwirbt ein Immobilienunternehmen Grundstücke und bebaut diese mit der Absicht, die Objekte zu verkaufen, so gehören die Grundstücke, aber auch die unfertigen und fertigen Bauten bis zu ihrer Veräußerung als Vorräte zum **Umlaufvermögen.** Meistens handelt es sich um Eigenheime, Eigentumswohnungen etc. Auch zum Verkauf bestimmte Geschäftsbauten sind dem Umlaufvermögen zuzuordnen.

Die folgende Darstellung beschränkt sich auf die Erstellung und Veräußerung von Wohnbauten. Sieht man vom möglichen Verzicht auf die Umsatzsteuerbefreiung bei der Vermietung von Geschäftsbauten und der damit verbundenen Vorsteuerabzugsberechtigung für die Bauphase ab, unterscheidet sich die Buchungstechnik bei der Erstellung von Geschäftsbauten nicht von der bei der Errichtung von Wohnbauten.

Aufgabe der Wohnungsunternehmung ist i. d. R. die Planung und Vorbereitung der Baumaßnahme. Wenn die Wohnungsunternehmung nicht im Ausnahmefall über einen eigenen Baubetrieb verfügt, wird sie mit den eigentlichen Bauarbeiten eine Bauunternehmung beauftragen. Sowohl bei der Bauvorbereitung als auch bei der eigentlichen Bautätigkeit gibt es aus wohnungwirtschaftlicher Sicht keine wesentlichen Unterschiede zum Anlagevermögen.

Anders ist dies jedoch in der Buchhaltung. Die **Bebauung und** der **Verkauf von** Objekten des **Umlaufvermögens** gehören zu den **betriebstypischen Leistungen** der Immobilienunternehmen. Sie sind daher nach dem Bruttoprinzip in der GuV-Rechnung auszuweisen. Den **Aufwendungen** aus der Bautätigkeit für das errichtete Objekt muss also der **Erlös** aus seiner Veräußerung **unsaldiert** in der GuV-Rechnung **gegenübergestellt** werden. Die gesamte Bautätigkeit für Objekte des Umlaufvermögens wird daher in der Kontenklasse 8 abgebildet (und nicht nur, wie beim Anlagevermögen, die Eigenleistungen und die nach dem Primärkostenausweisprinzip zu buchenden Fremdkosten).

Liegt ein oder mehrere **Bilanzstichtag**(e) **zwischen Baubeginn und Veräußerung,** so ergänzen **Bestandserhöhungen und/oder -verminderungen** zum Ausgleich erfolgswirksamer Buchungen (wie bei den umlagefähigen Betriebskosten) die Abbildung der Vorgänge in der GuV-Rechnung.

Soll	**GuV-Konto**	**Haben**
(810) Fremdkosten (811) Baugrundstück (83/85) Eigenleistungen (852) (872) nach dem Primärkostenausweisprinzip zu buchende Fremdkosten [Fremdzinsen und Grundsteuer (8910) während der Bauzeit] *(644) Bestandsverminderungen aus Veräußerungen*		(610) Umsatzerlöse aus dem Verkauf bebauter Grundstücke *(640-6431) diverse Bestandserhöhungen*

In den folgenden beiden Varianten wird der Buchungstechnik der Bautätigkeit die im Abschnitt „5.2 Erfassung der Herstellungskosten“ dargestellte Kostengliederung zugrunde gelegt.

Im Anhang (Ergänzung Nr. 5) findet sich noch eine Übersicht zur Buchungstechnik bei Bebauung von Grundstücken des Umlaufvermögens mit Hilfe der Kontenklasse 7.

5.4.1 Variante 1: Untergliederung der Herstellungskosten in der Kontengruppe 81

Für diese Darstellung der Grundzüge reicht folgende (Grob)Gliederung, zumal für die Benutzung einer weitergehenden Tiefengliederung, wenn sie sich an einem Gewerkeplan orientiert, erhebliches technisches Vorverständnis erforderlich ist.

81 Aufwendungen für Verkaufsgrundstücke	
(8100)	Kosten der Bauvorbereitung
(8102)	Kosten der Erschließung
(8105)	Kosten der Außenanlagen
(8106)	Kosten der zusätzlichen Maßnahmen
(8107)	Baunebenkosten
(811)	Kosten des Baugrundstücks

Der Gebrauch dieser Konten wird anhand folgender Basissachverhalte zu einem bereits erworbenen und auf dem Konto „(10) Grundstücke ohne Bauten“ gebuchten Grundstück (Kaufpreis: 250.000,00 €) erläutert. Diese dienen auch der Erklärung der zweiten Variante zum Umlaufvermögen und – abgesehen von Sachverhalt Nr. 12 – der Erklärung der Bebauung von Grundstücken des Anlagevermögens.

1) Rechnung des Fremdarchitekten für die Grundlagenermittlung und Vorplanung: 8.000,00 €
2) Gebührenbescheid für die Baugenehmigung: 450,00 €
3) Rechnung des Fernwärmeunternehmens für das Fernheizungshauptrohr (bis zum Grundstück): 14.000,00 €
4) Rechnung für den Rohbau: 420.000,00 €
5) Rechnung für die Feuerlöscherausstattung: 4.000,00 €
6) Rechnung für die Gartenanlage: 15.000,00 €
7) Rechnung für eine Lärmschutzwand: 35.000,00 €
8) Rechnung für das Richtfest: 1.200,00 €
9) dem Bauvorhaben zurechenbare Eigenleistungen des Immobilienunternehmens: 5.500,00 €
10) Während der Bauzeit (anteilig) angefallene Fremdkapitalzinsen: 45.000,00 €
11) Während der Bauzeit (anteilig) angefallene Grundsteuer: 300,00 €
12) Veräußerung des gesamten Objekts für 850.000,00 €

Der Umgang mit den verschiedenen Fertigstellungs- und Veräußerungszeitpunkten wird anhand folgender Beispiele gezeigt:

Beispiel 1
Jahr 01: Bauvorbereitung – Jahr 02: Bebauung – Jahr 03: Veräußerung

Beispiel 2
Jahr 01: Bauvorbereitung – Jahr 02: Bebauung und Veräußerung

Beispiel 3
Jahr 01: Bauvorbereitung – Jahr 02: Baubeginn – Jahr 03: Fertigstellung und Veräußerung

Beispiel 4
Jahr 01: Bauvorbereitung – Jahr 02: Baubeginn – Jahr 03: Fertigstellung – Jahr 04: Veräußerung

5.4.1.1 Bauvorbereitung

Die Phase der Bauvorbereitung für ein Grundstück, das erworben werden kann und überhaupt bebaut werden darf, beginnt mit einer Vorkalkulation, die klären soll, ob sich eine Bebauung (im weitesten Sinne) ‚lohnt'.

Mit dem Bau tatsächlich begonnen werden darf jedoch erst, wenn eine (Teil)Baugenehmigung vorliegt. Hierfür müssen jedoch Anträge, Bauzeichnungen, statische Berechnungen usw. eingereicht werden. Insbesondere dann, wenn noch verschiedene Ausnahmegenehmigungen (von baurechtlichen Vorschriften – z. B. Einhaltung der Baugrenzen, der Geschossflächenzahl usw.) erforderlich sind, kann sich das Genehmigungsverfahren zum Teil über Jahre hinziehen. Unter Umständen stellt sich aufgrund weitreichender Auflagen seitens der Bauaufsicht und nach vielen Änderungen der ursprünglichen Planung heraus, dass von der Realisierung des Vorhabens aus wirtschaftlichen Gründen abgesehen werden muss.

Auch für die Bauvorbereitungskosten übernimmt das **Konto „(44200) Verbindlichkeiten aus Bau-/Instandhaltungsleistungen – laufende Rechnung"** übernimmt regelmäßig die Funktion des **Sammelkontokorrents für** die eintreffenden **Rechnungen.**

Bauvorbereitungskosten – Konto „(8100) Kosten der Bauvorbereitung"

im Sinne dieser Position sind die bei der Vorbereitung von Baumaßnahmen (Neubau, Sanierung und Modernisierung) entstandenen Kosten, soweit sie Herstellungskosten werden (können).

allgemeine Planungskosten
- Typenplanungen
- Ortsplanungen

spezielle Planungen für einzelne Bauvorhaben
- Marktforschung und Bedarfsplanung
- Architekten- und Ingenieurleistungen
- Verwaltungsleistungen des Immobilienunternehmens
- Gebühren für Behördenleistungen
- Kosten für Baugrunduntersuchungen, Baustoffprüfungen, Lichtpausen etc.

Beispiel 1
Jahr 01: Bauvorbereitung – Jahr 02: Bebauung – Jahr 03: Veräußerung
Jahr 01: Bauvorbereitung

Sachverhalt Nr. 1:
Rechnung des Fremdarchitekten für die Grundlagenermittlung und Vorplanung: 8.000,00 €

(8100)	Kosten der Bauvorbereitung	8.000,00 €	
	an (44200) Verbindlichkeiten aus Bau-/Instandhaltungsleistungen – laufende Rechnung		8.000,00 €

Ist mit dem Bauvorhaben bis zum Jahreswechsel nicht begonnen worden, werden die Bauvorbereitungskosten im Rahmen von „III Vorbereitende Abschlussbuchungen" auf dem Konto „(12) Bauvorbereitungskosten" aktiviert. Auf diesem Konto erfolgt also eine Bestandserhöhung (entsprechend der Aktivierung der „Noch nicht abgerechneten Betriebskosten" am Jahresende!). Die Bestandserhöhung wird auf dem Konto **„(640) Bestandserhöhungen aus aktivierten Fremdkosten"** gebucht.

(12)	Bauvorbereitungskosten	8.000,00 €	
	an (640) Bestandserhöhungen aus aktivierten Fremdkosten		8.000,00 €

Kontendarstellung: (ohne Verbindlichkeiten und flüssige Mittel)

S (8100)	**Kosten d. Bauvorbereitung**		**H**
(44200)	8.000,00	IV GuV	8.000,00
	8.000,00		8.000,00

S (640)	**Bestandserhöhungen Fremdkosten**		**H**
IV GuV	8.000,00	III (12)	8.000,00
	8.000,00		8.000,00

S (12)	**Bauvorbereitungskosten**		**H**
III (640)	8.000,00	IV SBK	8.000,00
	8.000,00		8.000,00

S (989)	**Schlussbilanzkonto**		**H**
IV (12)	8.000,00		

S (982)	**GuV-Konto**		**H**
IV (810)	8.000,00	IV (640)	8.000,00

Zu Beginn des neuen Jahres ist das Konto „(12) Bauvorbereitungskosten" wieder zu eröffnen. Bei Baubeginn im kommenden Jahr bleiben die auf dem Konto „(12) Bauvorbereitungskosten" aktivierten Bauvorbereitungskosten zunächst unverändert dort stehen. Sie dürfen nicht ein zweites Mal in der Klasse 8 erfasst werden. Erst bei Fertigstellung oder zum nächsten Jahreswechsel sind sie auf das fertige oder unfertige Bauwerk in die Klasse 1 (Konto „(13) Grundstücke mit unfertigen Bauten" bzw. Konto „(14) Grundstücke mit fertigen Bauten") umzubuchen.

Beispiel 1 (Fortsetzung)
Jahr 01: Bauvorbereitung – Jahr 02: Bebauung – Jahr 03: Veräußerung
Jahr 02: Bebauung

Sachverhalt Nr. 2:
Gebührenbescheid für die Baugenehmigung: 450,00 €

(8100)	Kosten der Bauvorbereitung	450,00 €	
	an (44200) Verbindlichkeiten aus Bau-/Instandhaltungsleistungen – laufende Rechnung		450,00 €

5.4.1.2 **Baubeginn** – differenzierte Erfassung der Kosten in der Kontengruppe 81

Zum Baubeginn wird der Buchwert auf dem Konto „(10) Grundstücke ohne Bauten" auch buchmäßig in die Bautätigkeit übernommen. Beim Umlaufvermögen erfolgt die Übernahme aufgrund des Bruttoprinzips in die Klasse 8, genauer: in die Kontengruppe „(81) Aufwendungen für Verkaufsgrundstücke" auf das Konto „(811) Buchwert der in die Bebauung übernommenen unbebauten Grundstücke".

Spätestens mit Baubeginn ergibt sich die Notwendigkeit, die Kosten für dieses Objekt entsprechend den Auswertungsbedürfnissen im Unternehmen auf unterschiedlichen Konten zu buchen. Deshalb werden die seit Beginn des laufenden Geschäftsjahres auf dem Konto „(8100) Kosten der Bauvorbereitung" erfassten Kosten umgebucht, denn hierbei handelt es sich ausschließlich um Baunebenkosten.

(Um)Buchungen zum Baubeginn:

Umbuchung des Buchwerts des Baugrundstücks (hier: 250.000,00 €)

(811)	Buchwert der in die Bebauung übernommenen unbebauten Grundstücke	250.000,00 €	
	an (10) Grundstücke ohne Bauten		250.000,00 €

Umbuchung der Bauvorbereitungskosten auf Baunebenkosten
– hier: die Baugenehmigung

(8107)	Baunebenkosten	450,00 €	
	an (8100) Kosten der Bauvorbereitung		450,00 €

Von nun an sind alle Aufwendungen, die dem Objekt zuzurechnen sind, auf den oben aufgelisteten Konten (8102) bis (811) zu erfassen.

5.4.1.3 Fremdkosten (Kosten für Leistungen Dritter), die nicht nach dem Primärkosten(ausweis)prinzip erfasst werden

Sachverhalt Nr. 3:

Rechnung des Fernwärmeunternehmens für das Fernheizungshauptrohr (bis zum Grundstück): 14.000,00 €

Diese Maßnahme liegt ausschließlich außerhalb des Grundstücks. Es handelt sich also um „Kosten der Erschließung“

(8102) Kosten der Erschließung 14.000,00 €
an (44200) Verbindlichkeiten aus Bau-/Instandhaltungsleistungen – laufende Rechnung 14.000,00 €

Sachverhalt Nr. 4:

Rechnung für den Rohbau: 420.000,00 €

(8103) Kosten des Bauwerks 420.000,00 €
an (44200) Verbindlichkeiten aus Bau-/Instandhaltungsleistungen – laufende Rechnung 420.000,00 €

Sachverhalt Nr. 5:

Rechnung für die Feuerlöschausstattung: 4.000,00 €

Feuerlöschgeräte sind zwingend notwendig, soweit nicht andere Einrichtungen vorhanden sind. Es handelt sich also um „Kosten des Geräts“.

(8104) Kosten des Geräts 4.000,00 €
an (44200) Verbindlichkeiten aus Bau-/Instandhaltungsleistungen – laufende Rechnung 4.000,00 €

Sachverhalt Nr. 6:

Rechnung für die Gartenanlage: 15.000,00 €

Die Gartenanlage liegt außerhalb des Gebäudes, jedoch innerhalb der Grundstücksgrenze. Es handelt sich also um „Kosten der Außenanlagen“.

(8105) Kosten der Außenanlagen 15.000,00 €
an (44200) Verbindlichkeiten aus Bau-/Instandhaltungsleistungen – laufende Rechnung 15.000,00 €

Sachverhalt Nr. 7:

Rechnung für eine Lärmschutzwand: 35.000,00 €

Die Lärmschutzwand ist nicht immer notwendig und würde bei einem Kostenvergleich die Außenanlagen dieses Objekts unverhältnismäßig teuer erscheinen lassen. Es handelt sich also um „Kosten der zusätzlichen Maßnahmen“.

(8106) Kosten der zusätzlichen Maßnahmen 35.000,00 €
an (44200) Verbindlichkeiten aus Bau-/Instandhaltungsleistungen – laufende Rechnung 35.000,00 €

Sachverhalt Nr. 8:

Rechnung für das Richtfest: 1.200,00 €

Hierbei handelt es sich um sonstige „Baunebenkosten“.

(8107) Baunebenkosten 1.200,00 €
an (44200) Verbindlichkeiten aus Bau-/Instandhaltungsleistungen – laufende Rechnung 1.200,00 €

5.4.1.4 Aktivierung des Grundstücks (Bilanzstichtag/Fertigstellung)

Wird die Eigentumsmaßnahme bis zum Bilanzstichtag nicht veräußert, so müssen das Grundstück und die Baukosten nach Fertigstellung auf dem Konto „(14) Grundstücke mit fertigen Bauten" aktiviert werden. Beim Grundstück ist das in der Regel der Wert, mit dem es aus dem Konto „(10) Grundstücke ohne Bauten" in die Bebauung übernommen wurde.

(14)	Grundstücke mit fertigen Bauten	250.000,00 €	
	an (641) Bestandserhöhungen aus der Übernahme unbebauter Grundstücke in die Bebauung		250.000,00 €

5.4.1.5 Aktivierung der Fremdkosten

Die Kosten des Bauwerks, die Kosten des Geräts, die Kosten der Außenanlagen, die Kosten für besondere Maßnahmen und die Baunebenkosten, die Fremdkosten sind, werden auf das Konto „(14) Grundstücke mit fertigen Bauten" aktiviert. Die Bestandserhöhung wird (wie bei den Baunebenkosten) auf dem Konto „(640) Bestandserhöhung aus aktivierten Fremdkosten" gebucht. Dazu werden die Salden der Konten 8102, 8103, 8104, 8105, 8106 und 8107 zusammengefasst.

(14)	Grundstücke mit fertigen Bauten	489.650,00 €	
	an (640) Bestandserhöhungen aus aktivierten Fremdkosten		489.650,00 €

5.4.1.6 Aktivierung der Eigenleistungen des Immobilienunternehmens – Primärkosten(ausweis)prinzip

Zu den Eigenleistungen zählen
– die Leistungen der im Unternehmen tätigen Architekten und Ingenieure (**„eigene Architekten- und Ingenieurleistungen"**), soweit ihre Tätigkeit dem Objekt zuzurechnen ist, und

– **die Verwaltungsleistungen.**

Das sind die Leistungen der **im Unternehmen arbeitenden Kaufleute und Techniker,** soweit sie für das Objekt tätig sind, und die sächlichen Verwaltungsaufwendungen (z. B. Lichtpausen, Fotokopien, Kosten für Ausschreibungsunterlagen, Portokosten), soweit sie auf das Objekt entfallen.

Welcher Teil der Arbeitszeit eines Mitarbeiters dem Objekt zuzurechnen ist, wird in der Regel über die Arbeitszeitstatistik ermittelt, während die sächlichen Verwaltungsaufwendungen über den Betriebsabrechnungsbogen (BAB) zugerechnet werden. **Aktivierungsfähig** ist alles, **was** nachgewiesenermaßen **der Bebauung zuzurechnen ist.** Das kann Zeiträume vor, während und nach der Bauzeit betreffen.

Handelsrechtlich besteht für **alle Eigenleistungen** ein **Aktivierungswahlrecht** (§ 255 Abs. 2 HGB). Nach **Steuerrecht müssen** hiervon die **„eigenen Architekten- und Ingenieurleistungen"** aktiviert werden (u. a. Abschn. 33 EStR).

Im Falle der **Eigenleistungen** werden **jeden Monat** Löhne bzw. **Gehälter** gezahlt. Der **Anteil,** der den **Herstellungskosten** zugerechnet werden kann, ist darin enthalten und somit nicht 'sichtbar'. Wird die **Arbeitszeitstatistik** ausgewertet, ergibt sich der **Betrag für** die **Aktivierung.**

Sachverhalt Nr. 9:
Dem Bauvorhaben zurechenbare Eigenleistungen des Immobilienunternehmens: 5.500,00 €

[Primärbuchung bei (monatlicher) Fälligkeit – der hier angegebene Betrag ist in den Gehaltszahlungen enthalten]

[83...]	Personalaufwand	5.500,00 €	
	an [47...] Verbindlichkeiten Löhne und Gehälter		5.500,00 €

Aktivierung über die **Bestandserhöhungen zwecks Neutralisierung** im GuV-Konto

(14)	Grundstücke mit fertigen Bauten	5.500,00 €	
	an (642) Bestandserhöhungen aus aktivierten eigenen Architekten- und Verwaltungsleistungen		5.500,00 €

5.4.1.7 Aktivierung der Fremdkapitalzinsen (nach dem Primärkosten (ausweis)prinzip gebuchte Fremdkosten)

Nach § 255 Abs. 3 HGB dürfen **auch** die **Fremdkapitalzinsen und** die **Grundsteuer** den Herstellungskosten zugerechnet werden, **soweit sie auf** den Zeitraum vom Baubeginn bis zur technischen Fertigstellung („Zeitraum der Herstellung") – **die Bauzeit – entfallen.** Im Falle der Fremdkapitalzinsen muss das Darlehen jedoch zur Finanzierung der Herstellung des Gebäude dienen.

Sachverhalt Nr. 10:
Während der Bauzeit (anteilig) angefallene Fremdkapitalzinsen: 45.000,00 €

Primärbuchung bei Zahlung (Abbuchung):

(872)	Zinsen auf Verbindlichkeiten gegenüber Kreditinstituten	45.000,00 €	
	an (2740) Bank		45.000,00 €

Aktivierung über die **Bestandserhöhungen zwecks Neutralisierung** im GuV-Konto

(14)	Grundstücke mit fertigen Bauten	45.000,00 €	
	an (6430) Bestandserhöhungen aus aktivierten Fremdzinsen		45.000,00 €

5.4.1.8 Aktivierung der Grundsteuer (nach dem Primärkosten(ausweis)prinzip gebuchte Fremdkosten)

Sachverhalt Nr. 11:
Während der Bauzeit (anteilig) angefallene Grundsteuer: 300,00 €

Primärbuchung bei Rechnungseingang:

(8910)	Grundsteuer	300,00 €	
	an (4709) Verbindlichkeiten aus sonstigen Steuern		300,00 €

Aktivierung über die **Bestandserhöhungen zwecks Neutralisierung** im GuV-Konto

(14)	Grundstücke mit fertigen Bauten	300,00 €	
	an (6431) Bestandserhöhungen aus aktivierten Fremdzinsen		300,00 €

5.4.1.9 Umbuchung der Bauvorbereitungskosten aus dem Vorjahr

(14) Grundstücke mit fertigen Bauten 8.000,00 €
an (12) Bauvorbereitungskosten 8.000,00 €

Kontendarstellung (Ausschnitt):

S	(8100-8107) diverse Fremdkosten		H
II (44200)	489.650,00	IV GuV	489.650,00
	489.650,00		489.650,00

S	(640) Bestandserhöhungen Fremdkosten		H
IV GuV	489.650,00	III (14)	489.650,00
	489.650,00		489.650,00

S	(811) Buchwert Baugrundstück		H
II (10)	250.000,00	IV GuV	250.000,00
	250.000,00		250.000,00

S	(641) Bestandserhöhungen Baugrundstücke		H
IV GuV	250.000,00	III (14)	250.000,00
	250.000,00		250.000,00

S	[83...] Personalaufwand		H
II [47...]	5.500,00	IV GuV	5.500,00
	5.500,00		5.500,00

S	(642) Bestandserhöhungen Eigenleistungen		H
IV GuV	5.500,00	III (14)	5.500,00
	5.500,00		5.500,00

S	(872) Zinsen auf Verbindlichkeiten gegenüber Kreditinstituten		H
II (4799)	45.000,00	IV GuV	45.000,00
	45.000,00		45.000,00

S	(6430) Bestandserhöhungen Fremdzinsen		H
IV GuV	45.000,00	III (14)	45.000,00
	45.000,00		45.000,00

S	(8910) Grundsteuer		H
II (470)	300,00	IV GuV	300,00
	300,00		300,00

S	(6431) Bestandserhöhungen sonstige Aktivitäten		H
IV GuV	300,00	III (14)	300,00
	300,00		300,00

S	(14) Grundstücke mit fertigen Bauten		H
III (640)	489.650,00	IV SBK	798.450,00
III (641)	**250.000,00**		
III (642)	**5.500,00**		
III (6430)	**45.000,00**		
III (6431)	**300,00**		
(12)	8.000,00		
	798.450,00		798.450,00

S	(989) Schlussbilanzkonto		H
IV (14)	798.450,00		

S	(982) GuV-Konto		H
IV (8102)	14.000,00	IV (640)	489.650,00
IV (8103)	420.000,00	IV (641)	250.000,00
IV (8104)	4.000,00	**IV (642)**	**5.500,00**
IV (8105)	15.000,00	**IV (6430)**	**45.000,00**
IV (8106)	35.000,00	**IV (6431)**	**300,00**
IV (8107)	1.650,00		
IV (811)	250.000,00		
IV (83...)	5.500,00		
IV (872)	45.000,00		
IV (8910)	300,00		
	790.450,00		790.450,00

Aus der Kontendarstellung (insbesondere aus dem „GuV-Konto“) ist zu erkennen, dass der **Aufwand aus der Bautätigkeit und** die **Bestandserhöhung** wertgleich und damit **ergebnisneutral** sind. Die gesamten Baukosten (Herstellkosten) des Gebäudes (Konto „(14) Grundstücke mit fertigen Bauten“) übersteigen mit 798.450,00 € den Aufwand des Baujahres (790.450,00 €) um die 8.000,00 € Bauvorbereitungskosten, die Aufwand (und Bestandserhöhung) im Vorjahr waren.

Wirkung der Ausübung von Aktivierungswahlrechten:

Verzichtet man auf die Aktivierung (hervorgehobene Teilbeträge u. a. auf den Konten „(14) Grundstücke mit fertigen Bauten“ und „(982) GuV-Konto“), so wirken sich die Kosten in der GuV-Rechnung in dem Jahr erfolgsmindernd aus, in dem sie anfallen, und der Buchwert des Objekts ist entsprechend geringer (747.650,00 € ohne Aktivierung). Der Gewinn wird im Jahr der Veräußerung entsprechend höher (Ergebnisverschiebung).

Aktiviert man, erhöhen die Kosten den Buchwert (hier auf 798.450,00 €), und der Gewinn ist im Jahr der Veräußerung entsprechend geringer.

Exkurs: Aktivierungen am Jahresende ohne vorherige Fertigstellung

Wird das Gebäude im laufenden Jahr nicht fertig, so werden die Baukosten nicht auf dem Konto „(14) Grundstücke mit fertigen Bauten“ sondern auf dem Konto „(13) Grundstücke mit unfertigen Bauten“ aktiviert. Die Konten für die Bestandserhöhungen sind jeweils die gleichen. Das Konto „(13) Grundstücke mit unfertigen Bauten“ bleibt bis zur Fertigstellung des Gebäudes erhalten. Danach wird es auf das Konto „(14) Grundstücke mit fertigen Bauten“ (wie gegebenfalls die Bestände auf dem Konto „(12) Bauvorbereitungskosten“) umgebucht.

Die im zweiten Jahr anfallenden Baukosten werden, wie die des ersten Jahres, in der Klasse 8 gebucht und bei Fertigstellung aktiviert. Es empfiehlt sich, die Aktivierung nach Fertigstellung ebenfalls auf dem Konto „(13) Grundstücke mit unfertigen Bauten“ vorzunehmen und dann die Baukosten des ersten und die des zweiten Jahres in einem Betrag auf das Konto „(14) Grundstücke mit fertigen Bauten“ umzubuchen.

Beispiel 1 (Fortsetzung)
Jahr 01: Bauvorbereitung – Jahr 02: Bebauung – Jahr 03: Veräußerung

Jahr 03: Veräußerung
Die Eröffnung des Kontos „(14) Grundstücke mit fertigen Bauten“ ist in der Kontendarstellung vorgegeben.

Wird eine Eigentumsmaßnahme in auf die Fertigstellung folgenden Jahren verkauft, so ist zunächst der Erlös auf dem Konto **„(610) Umsatzerlöse aus dem Verkauf von bebauten Grundstücken“** zu buchen. Anschließend ist Abgang der Wohnung auf dem Konto **„(14) Grundstücke mit fertigen Bauten“** zu buchen. Die Bestandsverminderung wird auf dem Konto **„(644) Bestandsverminderungen aus Veräußerungen“** erfasst.

Sachverhalt Nr. 12:
Veräußerung des gesamten Objekts für 850.000,00 €

(210)	Forderungen aus Verkauf von Grundstücken	850.000,00 €	
	an (610) Umsatzerlöse aus dem Verkauf von bebauten Grundstücken		850.000,00 €
(644)	Bestandsverminderungen aus Veräußerungen	798.450,00 €	
	an (14) Grundstücke mit fertigen Bauten		798.450,00 €

Kontendarstellung:

S (210) Ford. Grundstücksverkäufe H

S			H		
(610)	850.000,00	IV	GuV	850.000,00	

S (810) Umsatzerlöse aus Verkauf bebauter Verkaufsgrundstücke H

S			H	
IV	GuV	850.000,00	(210)	850.000,00

S (14) Grundstücke mit fertigen Bauten H

S			H	
I	EBK	798.450,00	(644)	798.450,00

S (844) Bestandsverminderungen aus Veräußerung H

S			H	
IV	GuV	798.450,00	(14)	798.450,00

S (982) GuV-Konto H

S			H		
IV	(644)	798.450,00	IV	(610)	850.000,00
	Saldo	51.550,00			

Auf dem hier vorläufigen GuV-Konto stehen sich Verkaufserlös und Bestandsminderung gegenüber. Der Saldo von 51.550,00 € ist der **Rohgewinn** (in anderen Fällen auch der Rohverlust) aus der Veräußerung des Gebäudes. Unter dem Rohgewinn versteht man den Überschuss des Erlöses über die zu seiner Erzielung notwendigen Aufwendungen bei einer betriebstypischen Leistung. Der Rohgewinn unterscheidet sich vom ‚richtigen' Gewinn dadurch, dass zu dessen Ermittlung auch noch die übrigen Aufwendungen und Erträge, die nicht speziell für die betrachtete Leistung angefallen sind, zu berücksichtigen sind.

Beispiel 2:
Jahr 01: Bauvorbereitung – Jahr 02: Bebauung und Veräußerung

Jahr 02: Bebauung und Veräußerung
An den Buchungen zur Bauvorbereitung im Jahr 01 sowie zur Bautätigkeit im Jahr 02 ändert sich nichts. Es entfallen jedoch die Bestandserhöhungen und die Umbuchung der Bauvorbereitungskosten aus dem Jahr 02. Da die Baukosten des Jahres 02 nicht aktiviert wurden, kann auch keine Bestandsverminderung für das Jahr 02 vorgenommen werden. Dagegen ist die Bestandsverminderung der 8.000,00 € Bauvorbereitungskosten, die im Vorjahr (01) aktiviert wurden, vorzunehmen.

Sachverhalt Nr. 12:
Veräußerung des gesamten Objekts für 850.000,00 €

(210)	Forderungen aus Verkauf von Grundstücken		850.000,00 €	
	an (610)	Umsatzerlöse aus dem Verkauf von bebauten Grundstücken		850.000,00 €
(644)	Bestandsverminderungen aus Veräußerungen		8.000,00 €	
	an (12)	Bauvorbereitungskosten		8.000,00 €

Den Bestandsverminderungen der Bauvorbereitungskosten aus dem Jahr 01 und den Baukosten aus dem Jahr 02 steht der Erlös aus der Veräußerung im GuV-Konto unsaldiert gegenüber. Damit ist auch diese Variante der betriebstypischen Leistung nach dem **Bruttoprinzip** gebucht. Der Saldo des vorläufigen GuV-Kontos weist (wie schon bei der Veräußerung im Folgejahr) den Rohgewinn von 51.550,00 € aus der Errichtung und Veräußerung der Eigentumswohnung aus.

Es ergibt sich folgender Ausschnitt aus dem (vorläufigen) GuV-Konto:

S (982)	**GuV-Konto**		**H**
(644)	8.000,00	(610)	850.000,00
(8102)	14.000,00		
(8103)	420.000,00		
(8104)	4.000,00		
(8105)	15.000,00		
(8106)	35.000,00		
(8107)	1.650,00		
(811)	250.000,00		
(83...)	5.500,00		
(872)	45.000,00		
Saldo	*51.550,00*		

Beispiel 3
Jahr 01: Bauvorbereitung – Jahr 02: Baubeginn – Jahr 03: Fertigstellung und Veräußerung

Grundsätzlich wird das Objekt mit den gleichen Gewerken und auf dem gleichen Grundstück errichtet. Es ergeben sich jedoch folgende Änderungen im Zeitablauf:

a) Die Kosten für das Richtfest und die Lärmschutzwand fallen erst im Jahr 03 an.
b) Auch im Jahr 03 fallen 45.000,00 € Fremdzinsen und 300,00 € Grundsteuer für das Objekt an. Davon ist den Baukosten jedoch nur jeweils ein Drittel zurechenbar, da das Vorhaben am 1. Mai 03 fertig gestellt wird.
c) Im Jahr 03 ergibt die Arbeitszeitstatistik 3.000,00 € an eigenen Verwaltungsleistungen für dieses Objekt.

Jahr 01: Bauvorbereitung
Die Buchungen im Jahr 01 sind durch die Änderungen nicht berührt.

Jahr 02: Baubeginn
Die Buchungen für die Lärmschutzwand und das Richtfest entfallen in diesem Jahr. Die dadurch um 36.200,00 € geringeren Baukosten sind jetzt auf dem Konto „(13) Grundstücke mit unfertigen Bauten" zu aktivieren (und nicht auf dem Konto „(14) Grundstücke mit fertigen Bauten"). Entsprechend geringer ist der Betrag auf dem Konto „(640) Bestandserhöhungen aus aktivierten Fremdkosten". Die Bauvorbereitungskosten aus dem Jahr 01 sind ebenfalls auf das Konto „(13) Grundstücke mit unfertigen Bauten" umzubuchen.

GuV-Konto und SBK zum Ende des Jahres 02

S	(989) Schlussbilanzkonto		H
III (13)	762.250,00		

S	(982) GuV-Konto		H
IV (8102)	14.000,00	(640)	453.450,00
(8103)	420.000,00	(641)	250.000,00
(8104)	4.000,00	(642)	5.500,00
(8105)	15.000,00	(6430)	45.000,00
(8107)	450,00	(6431)	300,00
(811)	250.000,00		
(83...)	5.500,00		
(872)	45.000,00		
(8910)	300,00		
	754.250,00		754.250,00

Beispiel 3 (Fortsetzung)
Jahr 01: Bauvorbereitung – Jahr 02: Baubeginn – Jahr 03: Fertigstellung und Veräußerung

Jahr 03: Fertigstellung und Veräußerung
Zunächst sind die Rechnungen für die Lärmschutzwand und das Richtfest zu buchen.

(8106) Kosten der zusätzlichen Maßnahmen 35.000,00 €
an (44200) Verbindlichkeiten aus Bau-/Instandhaltungsleistungen – laufende Rechnung 35.000,00 €

(8107) Baunebenkosten 1.200,00 €
an (44200) Verbindlichkeiten aus Bau-/Instandhaltungsleistungen – laufende Rechnung 1.200,00 €

Für die Eigenleistungen, Zinsen und die Grundsteuer waren folgende Primärbuchungen ,angefallen':

[83...]	Personalaufwand		3.000,00 €	
	an [47...]	Verbindlichkeiten Löhne und Gehälter		3.000,00 €
(872)	Zinsen auf Verbindlichkeiten gegenüber Kreditinstituten		45.000,00 €	
	an (2740)	Bank		45.000,00 €
(8910)	Grundsteuer		300,00 €	
	an (4709)	Verbindlichkeiten aus sonstigen Steuern		300,00 €

Nach Fertigstellung sind bei der Veräußerung der Erlös und die Bestandsverminderung zu buchen:

(210)	Forderungen aus Verkauf von Grundstücken		850.000,00 €	
	an (610)	Umsatzerlöse aus dem Verkauf von bebauten Grundstücken		850.000,00 €
(644)	Bestandsverminderungen aus Veräußerungen		762.250,00 €	
	an (13)	Grundstücke mit unfertigen Bauten		762.250,00 €

GuV-Ausschnitt

S (982)	**GuV-Konto**		**H**
(644)	762.250,00	(610)	850.000,00
(8106)	35.000,00		
(8107)	1.200,00		
(83...)	3.000,00		
(872)	45.000,00		
(8110)	300,00		
Saldo	*3.250,00*		

Zu beachten ist, dass den Baukosten nur die Fremdzinsen und die Grundsteuer, die während der Bauzeit angefallen sind, zuzurechnen sind.

Der Rohgewinn in Höhe von 33.450,00 € lässt sich daher nicht einfach aus dem GuV-Konto als Saldo ablesen. Zu seiner Ermittlung sind dem Saldo des GuV-Kontos von 3.250,00 € die nicht aktivierten Fremdzinsen in Höhe von 30.000,00 € und die ebenfalls nicht aktivierte Grundsteuer in Höhe von 200,00 € hinzuzurechnen; denn diese Anteile ,lagen' außerhalb der Bauzeit.

Die Kosten, die im Zusammenhang dieses Objekts angefallen sind, sind höher als in den Beispielen 1 und 2, obwohl es wertmäßig mit den gleichen Gewerken errichtet wurde. Die Steigerung resultiert aus einer längeren Bauzeit, die (zwangsläufig) dazu geführt hat, dass mehr Zinsen und mehr Grundsteuer (und in diesem Fall auch mehr Verwaltungsleistungen) angefallen sind.

Beispiel 4

Jahr 01: Bauvorbereitung – Jahr 02: Baubeginn – Jahr 03: Fertigstellung – Jahr 04: Veräußerung

Jahr 01 und Jahr 02 – wie dargestellt

Jahr 03: Fertigstellung

Obewohl das Gebäude bereits fertig gestellt ist, sollten die Baukosten dieses Jahres zunächst auf „(13) Grundstücke mit unfertigen Bauten" aktiviert und dann zusammen mit dessen Eröffnungsbestand (762.250,00 €) zum richtigen Bilanzausweis auf das Konto „(14) Grundstücke mit fertigen Bauten" umgebucht werden, so dass dort der Buchwert von 816.550,00 € in einer Summe zu sehen ist.

(13)	Grundstücke mit unfertigen Bauten		54.300,00 €	
	an (640)	Bestandserhöhungen aus aktivierten Fremdkosten		36.200,00 €
	(an) (642)	Bestandserhöhungen aus aktivierten eigenen Architekten- und Verwaltungsleistungen		3.000,00 €
	(an) (6430)	Bestandserhöhungen aus aktivierten Fremdzinsen		15.000,00 €
	(an) (6431)	Bestandserhöhungen aus sonstigen Aktivierungen		100,00 €
(14)	Grundstücke mit fertigen Bauten		816.550,00 €	
	an (13)	Grundstücke mit unfertigen Bauten		816.550,00 €

SBK- und GuV-Ausschnitte

S	(989)	Schlussbilanzkonto	H
IV	(14)	816.550,00	

S	(982)	GuV-Konto		H
IV	(8106)	35.000,00	(640)	36.200,00
	(8107)	1.200,00	(642)	3.000,00
	[83..]	3.000,00	(6430)	15.000,00
	(872)	45.000,00	(6431)	100,00
	(8910)	300,00	Saldo	30.200,00

Der Soll-Saldo der GuV-Kontos entspricht den nicht aktivierten Anteilen der Fremdkapitalzinsen und der Grundsteuer.

Jahr 04: Verkauf

(210)	Forderungen aus Verkauf von Grundstücken		850.000,00 €	
	an (610)	Umsatzerlöse aus dem Verkauf von bebauten Grundstücken		850.000,00 €
(644)	Bestandsverminderungen aus Veräußerungen		816.550,00 €	
	an (14)	Grundstücke mit fertigen Bauten		816.550,00 €

GuV-Ausschnitt für diesen Fall nach Abschluss der entsprechenden Konten:

S (982)	**GuV-Konto**		**H**
(644)	816.550,00	(610)	850.000,00
Saldo	*33.450,00*		

In diesem Fall entspricht der Saldo wieder dem Rohgewinn!

5.4.2 Variante 2: Untergliederung der Herstellungskosten außerhalb der Konten

In der Praxis bieten EDV-Systeme die Möglichkeit, (Unter)Konten über den Bilanzstichtag hinaus weiterzuführen, ohne sie im „klassischen Sinne" abzuschließen. Zwischensummen werden auf die jeweilige(n) Abschlussposition(en) „übergeleitet". Um Buchungen im „klassischen Sinne" handelt es sich hierbei nicht. Deshalb ist es – auch unter dem Gesichtspunkt EDV-gestützter Auswertung der Gesamtkosten – sinnvoll, die entsprechenden (Unter)Konten in Listenform zu führen – ähnlich wie in der Mietenbuchhaltung. im Folgenden soll diese Organisationsform verdeutlicht werden.

Das **Grundprinzip** besteht darin, sich **außerhalb dieser „Liste"** auf das vom Gesetzgeber vorgeschriebene **Minimum des Bruttoausweises** für wesentliche betriebstypische Leistungen zu beschränken. Die Unterscheidung der Kostengruppen in der Liste entspricht der Übersicht am Ende des Abschnitts „5.2 Erfassung der Herstellungskosten".

Eine Kopiervorlage dieser Liste ist am Ende dieses Abschnitts beigefügt.

Der Gebrauch dieser Liste wird anhand folgender Basissachverhalte zu einem bereits erworbenen und auf dem Konto „(10) Grundstücke ohne Bauten" gebuchten Grundstück (Kaufpreis: 250.000,00 €) erläutert. Diese dienen auch der Erklärung der ersten Variante zum Umlaufvermögen und – abgesehen von Sachverhalt Nr. 12 – der Erklärung der Bebauung von Grundstücken des Anlagevermögens.

1) Rechnung des Fremdarchitekten für die Grundlagenermittlung und Vorplanung: 8.000,00 €
2) Gebührenbescheid für die Baugenehmigung: 450,00 €
3) Rechnung des Fernwärmeunternehmens für das Fernheizungshauptrohr (bis zum Grundstück): 14.000,00 €
4) Rechnung für den Rohbau: 420.000,00 €
5) Rechnung für die Feuerlöscherausstattung: 4.000,00 €
6) Rechnung für die Gartenanlage: 15.000,00 €
7) Rechnung für eine Lärmschutzwand: 35.000,00 €
8) Rechnung für das Richtfest: 1.200,00 €
9) dem Bauvorhaben zurechenbare Eigenleistungen des Immobilienunternehmens: 5.500,00 €
10) Während der Bauzeit (anteilig) angefallene Fremdkapitalzinsen: 45.000,00 €
11) Während der Bauzeit (anteilig) angefallene Grundsteuer: 300,00 €
12) Veräußerung des gesamten Objekts für 850.000,00 €

Der Umgang mit den verschiedenen Fertigstellungs- und Veräußerungszeitpunkten wird anhand folgender Beispiele gezeigt:

Beispiel 1

Jahr 01: Bauvorbereitung – Jahr 02: Bebauung – Jahr 03: Veräußerung

Beispiel 2

Jahr 01: Bauvorbereitung – Jahr 02: Bebauung und Veräußerung

Beispiel 3

Jahr 01: Bauvorbereitung – Jahr 02: Baubeginn – Jahr 03: Fertigstellung und Veräußerung

Beispiel 4

Jahr 01: Bauvorbereitung – Jahr 02: Baubeginn – Jahr 03: Fertigstellung – Jahr 04: Veräußerung

5.4.2.1 Bauvorbereitung

Die Phase der Bauvorbereitung für ein Grundstück, das erworben werden kann und überhaupt bebaut werden darf, beginnt mit einer Vorkalkulation, die klären soll, ob sich eine Bebauung (im weitesten Sinne) „lohnt". Erst wenn dies der Fall ist, kann daran gedacht werden, das Grundstück zu erwerben.

Mit dem Bau tatsächlich begonnen werden darf jedoch erst, wenn eine (Teil)Baugenehmigung vorliegt. Hierfür müssen jedoch Anträge, Bauzeichnungen, statische Berechnungen usw. eingereicht werden. Insbesondere dann, wenn noch verschiedene Ausnahmegenehmigungen (von baurechtlichen Vorschriften – z. B. Einhaltung der Baugrenzen, der Geschossflächenzahl usw.) erforderlich sind, kann sich das Genehmigungsverfahren zum Teil über Jahre hinziehen. Unter Umständen stellt sich aufgrund weitreichender Auflagen seitens der Bauaufsicht und nach vielen Änderungen der ursprünglichen Planung heraus, dass von der Realisierung des Vorhabens aus wirtschaftlichen Gründen abgesehen werden muss.

Auch für die Bauvorbereitungskosten übernimmt das **Konto „(44200) Verbindlichkeiten aus Bau-/Instandhaltungsleistungen – laufende Rechnung"** regelmäßig die Funktion des **Sammelkontokorrents** für die eintreffenden **Rechnungen.**

Bauvorbereitungskosten

im Sinne dieser Position sind die bei der Vorbereitung von Baumaßnahmen (Neubau, Sanierung und Modernisierung) entstandenen Kosten, soweit sie Herstellungskosten werden (können).

allgemeine Planungskosten

- Typenplanungen
- Ortsplanungen

spezielle Planungen für einzelne Bauvorhaben

- Marktforschung und Bedarfsplanung
- Architekten- und Ingenieurleistungen
- Verwaltungsleistungen des Immobilienunternehmens
- Gebühren für Behördenleistungen
- Kosten für Baugrunduntersuchungen, Baustoffprüfungen, Lichtpausen etc.

Beispiel 1

Jahr 01: Bauvorbereitung – Jahr 02: Bebauung – Jahr 03: Veräußerung
Jahr 01: Bauvorbereitung

Sachverhalt Nr. 1:

Rechnung des Fremdarchitekten für die Grundlagenermittlung und Vorplanung: 8.000,00 €

Es handelt sich hier um spezielle Planungsaufwendungen. Deshalb werden sie in der Liste direkt den Baunebenkosten zugeordnet.

Ermittlung der Herstellungskosten											
Aufwandsposition			1	2	3	4	5	6	7	
Konto	Sachverhalts-stichwort	€	Kosten des Baugrund-stücks	Kosten der Er-schließung	Kosten des Bauwerks	Kosten des Geräts	Kosten der Außen-anlagen	Kosten der zusätzl. Maßnahmen	Bauneben-kosten	Summe
(810)	(Fremd) Architekt	8.000,00							8.000,00	
	Summe Jahr 01	**8.000,00**	**0,00**	**0,00**	**0,00**	**0,00**	**0,00**	**0,00**	**8.000,00**	**8.000,00**

Da bereits in der „Liste" z. B. zwischen „Kosten des Bauwerks" und „Kosten der Außenanlagen" unterschieden wird, wird selbst dann auf eine Untergliederung des Kontos „(810) Fremdkosten" verzichtet, wenn es sich um Bauvorbereitungskosten handelt.

(810)	Fremdkosten	8.000,00 €	
	an (44200) Verbindlichkeiten aus Bau-/Instandhaltungsleistungen – laufende Rechnung		8.000,00 €

Zum **Jahresende 01** ist mit dem Bau noch nicht begonnen worden. Also ist lediglich die Vorplanung auf dem Konto „(12) Bauvorbereitungskosten" zu aktivieren. Der Ausgleich erfolgt über das Konto „(640) Bestandserhöhungen aus aktivierten Fremdkosten".

Im Rahmen von „III vorbereitende Abschlussbuchungen" ist zu buchen:

(12)	Bauvorbereitungskosten	8.000,00 €	
	an (640) Bestandserhöhungen aus aktivierten Fremdkosten		8.000,00 €

Kontendarstellung: (ohne Verbindlichkeiten und flüssige Mittel)

S (8100)	Fremdkosten		H
(44200)	8.000,00	IV GuV	8.000,00
	8.000,00		8.000,00

S (640)	Bestandserhöhungen Fremdkosten		H
IV GuV	8.000,00	III (12)	8.000,00
	8.000,00		8.000,00

S (12)	Bauvorbereitungskosten		H
III (640)	8.000,00	IV SBK	8.000,00
	8.000,00		8.000,00

S (989)	Schlussbilanzkonto		H
IV (12)	8.000,00		

S (982)	GuV-Konto		H
IV (810)	8.000,00	IV (640)	8.000,00

Zu Beginn des neuen Jahres ist das Konto „(12) Bauvorbereitungskosten" wieder zu eröffnen. Bei Baubeginn im kommenden Jahr bleiben die auf dem Konto „(12) Bauvorbereitungskosten" aktivierten Bauvorbereitungskosten zunächst unverändert dort stehen. Sie dürfen nicht ein zweites Mal in der Klasse 8 erfasst werden. Erst bei Fertigstellung oder zum nächsten Jahreswechsel sind sie auf das fertige oder unfertige Bauwerk in die Klasse 1 (Konto „(13) Grundstücke mit unfertigen Bauten" bzw. Konto „(14) Grundstücke mit fertigen Bauten") umzubuchen.

Beispiel 1 (Fortsetzung)
Jahr 01: Bauvorbereitung – Jahr 02: Bebauung – Jahr 03: Veräußerung
Jahr 02: Bebauung

Sachverhalt Nr. 2:
Gebührenbescheid für die Baugenehmigung: 450,00 €

(810)	Fremdkosten	450,00 €	
	an (44200) Verbindlichkeiten aus Bau-/Instandhaltungsleistungen – laufende Rechnung		450,00 €

5.4.2.2 Baubeginn

Zum Baubeginn wird der auf dem Konto „(10) Grundstücke ohne Bauten" „aufgelaufene" Buchwert auch buchmäßig in die Bautätigkeit übernommen werden. Beim Umlaufvermögen erfolgt die Übernahme aufgrund des Bruttoprinzips in die Klasse 8, genauer: in die Kontengruppe „(81) Aufwendungen für Verkaufsgrundstücke" auf das

Konto „(811) Buchwert der in die Bebauung übernommenen unbebauten Grundstücke“.

(Um)Buchungen zum Baubeginn:

Umbuchung des Buchwerts des Baugrundstücks (hier: 250.000,00 €)

(811)	Buchwert der in die Bebauung übernommenen unbebauten Grundstücke	250.000,00 €	
	an (10) Grundstücke ohne Bauten		250.000,00 €

Entsprechend wird die **Liste** fortgeführt:

Ermittlung der Herstellungskosten										
Aufwandsposition Konto	Sachverhalts-stichwort	€	1 Kosten des Baugrund-stücks	2 Kosten der Er-schließung	3 Kosten des Bauwerks	4 Kosten des Geräts	5 Kosten der Außen-anlagen	6 Kosten der zusätzl. Maßnahmen	7 Bauneben-kosten	Summe
(810)	(Fremd) Architekt	8.000,00							8.000,00	
	Summe Jahr 01	**8.000,00**	**0,00**	**0,00**	**0,00**	**0,00**	**0,00**	**0,00**	**8.000,00**	**8.000,00**
(810)	Baugenehmigung	450,00							450,00	
(811)	Baubeginn/ Grundstück	250.000,00	250.000,00							

5.4.2.3 Fremdkosten (Kosten für Leistungen Dritter), die nicht nach dem Primärkosten(ausweis)prinzip erfasst werden

Sachverhalt Nr. 3:
Rechnung des Fernwärmeunternehmens für das Fernheizungshauptrohr (bis zum Grundstück): 14.000,00 €

Diese Maßnahme liegt ausschließlich außerhalb des Grundstücks. Es handelt sich also um „Kosten der Erschließung“

Sachverhalt Nr. 4:
Rechnung für den Rohbau: 420.000,00 €

Sachverhalt Nr. 5:
Rechnung für die Feuerlöscherausstattung: 4.000,00 €

Feuerlöschgeräte sind zwingend notwendig, soweit nicht andere Einrichtungen vorhanden sind. Es handelt sich also um „Kosten des Geräts“.

Sachverhalt Nr. 6:
Rechnung für die Gartenanlage: 15.000,00 €

Die Gartenanlage liegt außerhalb des Gebäudes, jedoch innerhalb der Grundstücksgrenze. Es handelt sich also um „Kosten der Außenanlagen“.

Sachverhalt Nr. 7:
Rechnung für eine Lärmschutzwand: 35.000,00 €

Die Lärmschutzwand ist nicht immer notwendig und würde bei einem Kostenvergleich die Außenanlagen dieses Objekts unverhältnismäßig teuer erscheinen lassen. Es handelt sich also um „Kosten der zusätzlichen Maßnahmen“.

Sachverhalt Nr. 8:
Rechnung für das Richtfest: 1.200,00 €

Hierbei handelt es sich um sonstige „Baunebenkosten“.

Da die Liste **differenziert** fortgeführt wird, lautet die **Buchung zu den Sachverhalten Nr. 3 bis Nr. 8:**

(810) Fremdkosten .... €
an (44200) Verbindlichkeiten aus Bau-/Instandhaltungsleistungen – laufende Rechnung .... €

Ermittlung der Herstellungskosten										
Aufwandsposition			1	2	3	4	5	6	7	
Konto	Sachverhalts-stichwort	€	Kosten des Baugrund-stücks	Kosten der Er-schließung	Kosten des Bauwerks	Kosten des Geräts	Kosten der Außen-anlagen	Kosten der zusätzl. Maßnahmen	Bauneben-kosten	Summe
(810)	(Fremd) Architekt	8.000,00							8.000,00	
	Summe Jahr 01	**8.000,00**	**0,00**	**0,00**	**0,00**	**0,00**	**0,00**	**0,00**	**8.000,00**	**8.000,00**
(810)	Baugenehmigung	450,00							450,00	
(811)	Baubeginn/ Grundstück	250.000,00	250.000,00							
(810)	Fernheizungs-hauptrohr	14.000,00		14.000,00						
(810)	Rohbau	420.000,00			420.000,00					
(810)	Feuerlöschgeräte	4.000,00				4.000,00				
(810)	Gartenanlage	15.000,00					15.000,00			
(810)	Lärmschutzwand	35.000,00						35.000,00		
(810)	Richtfest	1.200,00							1.200,00	

5.4.2.4 Aktivierung des Grundstücks (Bilanzstichtag/Fertigstellung)

Wird die Eigentumsmaßnahme bis zum Bilanzstichtag nicht veräußert, so müssen das Grundstück und die Baukosten aktiviert werden. Im Gegensatz zu den „Bestandserhöhungen bei noch nicht abgerechneten Betriebskosten" werden jedoch mehrere Konten benutzt, für das Grundstück das Konto „(641) Bestandserhöhungen aus der Übernahme unbebauter Grundstücke in die Bebauung" – siehe Buchung im Anschluss an die vervollständigte Liste.

5.4.2.5 Aktivierung der Fremdkosten (die nicht nach dem Primärkosten(ausweis)prinzip erfasst wurden)

Hierbei handelt es sich um alle auf dem Konto „(810) Fremdkosten" erfassten Kosten. Die Bestandserhöhung wird auf dem Konto „(640) Bestandserhöhung aus aktivierten Fremdkosten" gebucht.

5.4.2.6 Aktivierung der Eigenleistungen des Immobilienunternehmens – Primärkosten(ausweis)prinzip

Zu den Eigenleistungen zählen

- die Leistungen der im Unternehmen tätigen Architekten und Ingenieure (**„eigene Architekten- und Ingenieurleistungen"**), soweit ihre Tätigkeit dem Objekt zuzurechnen ist, und
- **die Verwaltungsleistungen.**

Das sind die Leistungen der **im Unternehmen arbeitenden Kaufleute und Techniker,** soweit sie für das Objekt tätig sind, und die sächlichen Verwaltungsaufwendungen

(z. B. Lichtpausen, Fotokopien, Kosten für Ausschreibungsunterlagen, Portokosten), soweit sie auf das Objekt entfallen.

Welcher Teil der Arbeitszeit eines Mitarbeiters dem Objekt zuzurechnen ist, wird in der Regel über die Arbeitszeitstatistik ermittelt, während die sächlichen Verwaltungsaufwendungen über den Betriebsabrechnungsbogen (BAB) zugerechnet werden. **Aktivierungsfähig** ist alles, **was** nachgewiesenermaßen **der Bebauung zuzurechnen ist.** Das kann Zeiträume vor, während und nach der Bauzeit betreffen.

Handelsrechtlich besteht für **alle Eigenleistungen** ein **Aktivierungswahlrecht** (§ 255 Abs. 2 HGB). Nach **Steuerrecht müssen** hiervon die **„eigenen Architekten- und Ingenieurleistungen“** aktiviert werden (u. a. Abschn. 33 EStR).

Im Falle der **Eigenleistungen** werden **jeden Monat** Löhne bzw. **Gehälter** gezahlt. Der **Anteil,** der den **Herstellungskosten** zugerechnet werden kann, ist darin enthalten und somit nicht „sichtbar“. Wird die **Arbeitszeitstatistik** ausgewertet, ergibt sich der **Betrag für** die **Aktivierung.**

Sachverhalt Nr. 9:

Dem Bauvorhaben zurechenbare Eigenleistungen des Immobilienunternehmens: 5.500,00 €

[Primärbuchung bei (monatlicher) Fälligkeit – der hier angegebene Betrag ist in den Gehaltszahlungen enthalten]

[83...]	Personalaufwand	5.500,00 €	
	an [47...] Verbindlichkeiten Löhne und Gehälter		5.500,00 €

Entsprechend ist die Liste zu vervollständigen – siehe unten.

Für die **Aktivierung** wird das Konto „(642) Bestandserhöhungen aus aktivierten eigenen Architekten- und Verwaltungsleistungen“ benutzt.

5.4.2.7 Aktivierung der Fremdkapitalzinsen (nach dem Primärkosten (ausweis)prinzip gebuchte Fremdkosten)

Nach § 255 Abs. 3 HGB dürfen auch die **Fremdkapitalzinsen** und die **Grundsteuer** den Herstellungskosten zugerechnet werden, **soweit sie auf** den Zeitraum vom Baubeginn bis zur technischen Fertigstellung („Zeitraum der Herstellung“) – **die Bauzeit – entfallen.** Im Falle der Fremdkapitalzinsen muss das Darlehen jedoch zur Finanzierung der Herstellung des Gebäudes dienen.

Sachverhalt Nr. 10:

Während der Bauzeit (anteilig) angefallene Fremdkapitalzinsen: 45.000,00 €

Primärbuchung bei Zahlung (Abbuchung):

(872)	Zinsen auf Verbindlichkeiten gegenüber Kreditinstituten	45.000,00 €	
	an (2740) Bank		45.000,00 €

Entsprechend ist die Liste zu vervollständigen – siehe unten.

Für die **Aktivierung** wird das Konto „(6430) Bestandserhöhungen aus aktivierten Fremdzinsen“ benutzt.

5.4.2.8 Aktivierung der Grundsteuer (nach dem Primärkosten(ausweis)prinzip gebuchte Fremdkosten)

Sachverhalt Nr. 11:

Während der Bauzeit (anteilig) angefallene Grundsteuer: 300,00 €

Primärbuchung bei Rechnungseingang:

(8910) Grundsteuer 300,00 €
an (4709) Verbindlichkeiten aus sonstigen Steuern 300,00 €

Entsprechend ist die Liste zu vervollständigen – siehe unten.

Für die **Aktivierung** wird das Konto „(6431) Bestandserhöhungen aus sonstigen Aktivierungen" benutzt.

Ermittlung der Herstellungskosten											
Aufwandsposition Konto	Sachverhalts-stichwort	€	1 Kosten des Baugrund-stücks	2 Kosten der Er-schließung	3 Kosten des Bauwerks	4 Kosten des Geräts	5 Kosten der Außen-anlagen	6 Kosten der zusätzl. Maßnahmen	7 Bauneben-kosten	Summe
(810)	(Fremd) Architekt	8.000,00							8.000,00	
	Summe Jahr 01	**8.000,00**	**0,00**	**0,00**	**0,00**	**0,00**	**0,00**	**0,00**	**8.000,00**	**8.000,00**
(810)	Baugenehmigung	450,00							450,00	
(811)	Baubeginn/ Grundstück	250.000,00	250.000,00							
(810)	Fernheizungs-hauptrohr	14.000,00		14.000,00						
(810)	Rohbau	420.000,00			420.000,00					
(810)	Feuerlöschgeräte	4.000,00				4.000,00				
(810)	Gartenanlage	15.000,00					15.000,00			
(810)	Lärmschutzwand	35.000,00						35.000,00		
(810)	Richtfest	1.200,00							1.200,00	
(83...)	Personal-aufwendungen	5.500,00							5.500,00	
(872)	Fremdzinsen	45.000,00							45.000,00	
(8910)	Grundsteuer	300,00							300,00	
	Summe Jahr 02	**790.450,00**	**250.000,00**	**14.000,00**	**420.000,00**	**4.000,00**	**15.000,00**	**35.000,00**	**52.450,00**	**790.450,00**
	Gesamtsumme	**798.450,00**	**250.000,00**	**14.000,00**	**420.000,00**	**4.000,00**	**15.000,00**	**35.000,00**	**60.450,00**	**798.450,00**

In diesem Beispiel 1 ist zum Jahresende das Objekt zwar fertig gestellt, aber noch nicht verkauft. Deshalb hat sich der Bestand erhöht, der zu aktivieren ist – nämlich auf dem Konto „(14) Grundstücke mit fertigen Bauten".

Die Aktivierungsbuchungen (spätestens im Rahmen von „III vorbereitende Abschlussbuchungen") lauten:

(14) Grundstücke mit fertigen Bauten 790.450,00 €
an (640) Bestandserhöhungen aus aktivierten Fremdkosten 250.000,00 €
(an) (641) Bestandserhöhungen aus der Übernahme unbebauter Grundstücke in die Bebauung 489.650,00 €
(an) (642) Bestandserhöhungen aus aktivierten eigenen Architekten- und Verwaltungsleistungen 5.500,00 €
(an) (6430) Bestandserhöhungen aus aktivierten Fremdzinsen 45.000,00 €
(an) (6431) Bestandserhöhungen aus sonstigen Aktivierungen 300,00 €

5.4.2.9 Umbuchung der Bauvorbereitungskosten aus dem Vorjahr

Da die Bauvorbereitungskosten aus dem Jahr 01 (hier die Rechnung des Fremdarchitekten) im Vorjahr bereits in der Kontenklasse 8 erfasst worden waren, sind sie jetzt lediglich auf Konto „(14) Grundstücke mit fertigen Bauten" umzubuchen:

(14)	Grundstücke mit fertigen Bauten	8.000,00 €	
	an (12) Bauvorbereitungskosten		8.000,00 €

Schließt man alle Konten ab, ergeben sich folgende Ausschnitte für das GuV- und das Schlussbilanzkonto:

S	(989) Schlussbilanzkonto		H	S	(982) GuV-Konto		H
(14)	798.450,00			(810)	489.650,00	(640)	489.650,00
				(811)	250.000,00	(641)	250.000,00
				[83..]	5.500,00	**(642)**	**5.500,00**
				(872)	45.000,00	**(6430)**	**45.000,00**
				(8910)	300,00	**(6431)**	**300,00**
					790.450,00		*790.450,00*

Aus der Kontendarstellung (insbesondere aus dem „GuV-Konto") ist zu erkennen, dass der **Aufwand aus der Bautätigkeit und** die **Bestandserhöhung** wertgleich und damit **ergebnisneutral** sind. Die gesamten Baukosten (Herstellkosten) des Gebäudes (Konto „(14) Grundstücke und grundstücksgleiche Rechte mit fertigen Bauten") übersteigen mit 798.450,00 € den Aufwand des Baujahres (790.450,00 €) um die 8.000,00 € Bauvorbereitungskosten, die Aufwand (und Bestandserhöhung) im Vorjahr waren.

Wirkung der Ausübung von Aktivierungswahlrechten:

Verzichtet man auf die Aktivierung (hervorgehobene Teilbeträge auf „(982) GuV-Konto"), so wirken sich die Kosten in der GuV-Rechnung in dem Jahr erfolgsmindernd aus, in dem sie anfallen, und der Buchwert des Objekts ist entsprechend geringer (747.650,00 € ohne Aktivierung). Der Gewinn wird im Jahr der Veräußerung entsprechend höher (Ergebnisverschiebung).

Aktiviert man, erhöhen die Kosten den Buchwert (hier auf 798.450,00 €), und der Gewinn ist im Jahr der Veräußerung entsprechend geringer.

Exkurs: Aktivierungen am Jahresende ohne vorherige Fertigstellung

Wird das Gebäude im laufenden Jahr nicht fertig, so werden die Baukosten nicht auf dem Konto „(14) Grundstücke mit fertigen Bauten" sondern auf dem Konto „(13) Grundstücke mit unfertigen Bauten" aktiviert. Die Konten für die Bestandserhöhungen sind jeweils die gleichen. Das Konto „(13) Grundstücke mit unfertigen Bauten" bleibt bis zur Fertigstellung des Gebäudes erhalten. Danach wird es auf das Konto „(14) Grundstücke mit fertigen Bauten" (wie gegebenfalls die Bestände auf dem Konto „(12) Bauvorbereitungskosten") umgebucht.

Die im zweiten Jahr anfallenden Baukosten werden, wie die des ersten Jahres, in der Klasse 8 gebucht und bei Fertigstellung aktiviert. Es empfiehlt sich, die Aktivierung nach Fertigstellung ebenfalls auf dem Konto „(13) Grundstücke mit unfertigen Bauten" vorzunehmen und dann die Baukosten des ersten und die des zweiten Jahres in einem Betrag auf das Konto „(14) Grundstücke mit fertigen Bauten" umzubuchen.

Beispiel 1 (Fortsetzung)
Jahr 01: Bauvorbereitung – Jahr 02: Bebauung – Jahr 03: Veräußerung

Jahr 03: Veräußerung
Die Eröffnung des Kontos „(14) Grundstücke mit fertigen Bauten" ist in der Kontendarstellung vorgegeben.

Wird eine Eigentumsmaßnahme in auf die Fertigstellung folgenden Jahren verkauft, so ist zunächst der Erlös auf dem Konto **„(610) Umsatzerlöse aus dem Verkauf von bebauten Grundstücken“** zu buchen. Anschließend ist Abgang der Wohnung auf dem Konto **„(14) Grundstücke mit fertigen Bauten“** zu buchen. Die Bestandsverminderung wird auf dem Konto **„(644) Bestandsverminderungen aus Veräußerungen“** erfasst.

Sachverhalt Nr. 12:
Veräußerung des gesamten Objekts für 850.000,00 €

(210)	Forderungen aus Verkauf von Grundstücken	850.000,00 €	
	an (610) Umsatzerlöse aus dem Verkauf von bebauten Grundstücken		850.000,00 €
(644)	Bestandsverminderungen aus Veräußerungen	798.450,00 €	
	an (14) Grundstücke mit fertigen Bauten		798.450,00 €

Kontendarstellung:

S	(210) Ford. Grundstücksverkäufe				H
	(610)	850.000,00	IV	GuV	850.000,00

S	(810) Umsatzerlöse aus Verkauf bebauter Verkaufsgrundstücke				H
IV	GuV	850.000,00		(210)	850.000,00

S	(14) Grundstücke mit fertigen Bauten				H
I	EBK	798.450,00		(644)	798.450,00

S	(844) Bestandsverminderungen aus Veräußerung				H
IV	GuV	798.450,00		(14)	798.450,00

S	(982) GuV-Konto				H
IV	(644)	798.450,00	IV	(610)	850.000,00
	Saldo	51.550,00			

Auf dem hier vorläufigen GuV-Konto stehen sich Verkaufserlös und Bestandsverminderung gegenüber. Der Saldo von 51.550,00 € ist der **Rohgewinn** (in anderen Fällen auch der Rohverlust) aus der Veräußerung des Gebäudes. Unter dem Rohgewinn versteht man den Überschuss des Erlöses über die zu seiner Erzielung notwendigen Aufwendungen bei einer betriebstypischen Leistung. Der Rohgewinn unterscheidet sich vom „richtigen“ Gewinn dadurch, dass zu dessen Ermittlung auch noch die übrigen Aufwendungen und Erträge, die nicht speziell für die betrachtete Leistung angefallen sind, zu berücksichtigen sind.

Beispiel 2:
Jahr 01: Bauvorbereitung – Jahr 02: Bebauung und Veräußerung

Jahr 02: Bebauung und Veräußerung
An den Buchungen zur Bauvorbereitung im Jahr 01 sowie zur Bautätigkeit im Jahr 02 ändert sich nichts. Es entfallen jedoch die Bestandserhöhungen und die Umbuchung der Bauvorbereitungskosten aus dem Jahr 02. Da die Baukosten des Jahres 02 nicht aktiviert wurden, kann auch keine Bestandsverminderung für das Jahr 02 vorgenommen werden. Dagegen ist die Bestandsverminderung der 8.000,00 € Bauvorbereitungskosten, die im Vorjahr (01) aktiviert wurden, vorzunehmen.

Sachverhalt Nr. 12:

Veräußerung des gesamten Objekts für 850.000,00 €

(210)	Forderungen aus Verkauf von Grundstücken	850.000,00 €	
	an (610) Umsatzerlöse aus dem Verkauf von bebauten Grundstücken		850.000,00 €
(644)	Bestandsverminderungen aus Veräußerungen	8.000,00 €	
	an (12) Bauvorbereitungskosten		8.000,00 €

Den Bestandsverminderungen der Bauvorbereitungskosten aus dem Jahr 01 und den Baukosten aus dem Jahr 02 steht der Erlös aus der Veräußerung im GuV-Konto unsaldiert gegenüber. Damit ist auch diese Variante der betriebstypischen Leistung nach dem **Bruttoprinzip** gebucht. Der Saldo des vorläufigen GuV-Kontos weist (wie schon bei der Veräußerung im Folgejahr) den Rohgewinn von 51.550,00 € aus der Errichtung und Veräußerung der Eigentumswohnung aus.

Es ergibt sich folgender Ausschnitt aus dem (vorläufigen) GuV-Konto:

S (982)	**GuV-Konto**		**H**
(644)	8.000,00	(610)	850.000,00
(810)	489.650,00		
(811)	250.000,00		
(83...)	5.500,00		
(872)	45.000,00		
(8910)	300,00		
Saldo	*51.550,00*		

Beispiel 3

Jahr 01: Bauvorbereitung – Jahr 02: Baubeginn – Jahr 03: Fertigstellung und Veräußerung

Grundsätzlich wird das Objekt mit den gleichen Gewerken und auf dem gleichen Grundstück errichtet. Es ergeben sich jedoch folgende Änderungen im Zeitablauf und Ergänzungen:

a) Die Kosten für das Richtfest und die Lärmschutzwand fallen erst im Jahr 03 an.

b) Auch im Jahr 03 fallen 45.000,00 € Fremdzinsen und 300,00 € Grundsteuer für das Objekt an. Davon ist den Baukosten jedoch nur jeweils ein Drittel zurechenbar, da das Vorhaben am 1. Mai 03 fertig gestellt wird.

c) Im Jahr 03 ergibt die Arbeitszeitstatistik 3.000,00 € an eigenen Verwaltungsleistungen für dieses Objekt.

Jahr 01: Bauvorbereitung

Die Buchungen im Jahr 01 sind durch die Änderungen nicht berührt.

Jahr 02: Baubeginn

Am Ende des Jahres 02 hat die Liste zur Ermittlung der Herstellungskosten dann folgendes Aussehen:

Ermittlung der Herstellungskosten											
Aufwandsposition Konto	Sachverhalts-stichwort	€	1 Kosten des Baugrund-stücks	2 Kosten der Er-schließung	3 Kosten des Bauwerks	4 Kosten des Geräts	5 Kosten der Außen-anlagen	6 Kosten der zusätzl. Maßnahmen	7 Bauneben-kosten	Summe
(810)	(Fremd) Architekt	8.000,00							8.000,00	
	Summe Jahr 01	**8.000,00**	**0,00**	**0,00**	**0,00**	**0,00**	**0,00**	**0,00**	**8.000,00**	**8.000,00**
(810)	Baugenehmigung	450,00							450,00	
(811)	Baubeginn/ Grundstück	250.000,00	250.000,00							
(810)	Fernheizungs-hauptrohr	14.000,00		14.000,00						
(810)	Rohbau	420.000,00			420.000,00					
(810)	Feuerlöschgeräte	4.000,00				4.000,00				
(810)	Gartenanlage	15.000,00					15.000,00			
(83..)	Personal-aufwendungen	5.500,00							5.500,00	
(872)	Fremdzinsen	45.000,00							45.000,00	

Die Buchungen für die Lärmschutzwand und das Richtfest entfallen in diesem Jahr. Die dadurch um 36.200,00 € geringeren Baukosten sind jetzt auf dem Konto „(13) Grundstücke mit unfertigen Bauten“ zu aktivieren (und nicht auf dem Konto „(14) Grundstücke mit fertigen Bauten“). Entsprechend geringer ist der Betrag auf dem Konto „(640) Bestandserhöhungen aus aktivierten Fremdkosten“. Die Bauvorbereitungskosten aus dem Jahr 01 sind ebenfalls auf das Konto „(13) Grundstücke mit unfertigen Bauten“ umzubuchen.

GuV-Konto und SBK zum Ende des Jahres 02

S (989)	Schlussbilanzkonto	H	S (982)	GuV-Konto		H
(13)	762.250,00		(810)	453.450,00	(640)	453.450,00
			(811)	250.000,00	(641)	250.000,00
			[83..]	5.500,00	(642)	5.500,00
			(872)	45.000,00	(6430)	45.000,00
			(8910)	300,00	(6431)	300,00
				754.250,00		*754.250,00*

Beispiel 3 (Fortsetzung)
Jahr 01: Bauvorbereitung – Jahr 02: Baubeginn – Jahr 03: Fertigstellung und Veräußerung

Jahr 03: Fertigstellung und Veräußerung
Nach Fertigstellung weist die Liste die gesamten Herstellungskosten aus:

Ermittlung der Herstellungskosten										
Aufwandsposition Konto	Sachverhalts-stichwort	€	1 Kosten des Baugrund-stücks	2 Kosten der Er-schließung	3 Kosten des Bauwerks	4 Kosten des Geräts	5 Kosten der Außen-anlagen	6 Kosten der zusätzl. Maßnahmen	7 Bauneben-kosten	Summe
(810)	(Fremd) Architekt	8.000,00							8.000,00	
	Summe Jahr 01	**8.000,00**	**0,00**	**0,00**	**0,00**	**0,00**	**0,00**	**0,00**	**8.000,00**	**8.000,00**
(810)	Baugenehmigung	450,00							450,00	
(811)	Baubeginn/ Grundstück	250.000,00	250.000,00							
(810)	Fernheizungs-hauptrohr	14.000,00		14.000,00						
(810)	Rohbau	420.000,00			420.000,00					
(810)	Feuerlöschgeräte	4.000,00				4.000,00				
(810)	Gartenanlage	15.000,00					15.000,00			
(83..)	Personal-aufwendungen	5.500,00							5.500,00	
(872)	Fremdzinsen	45.000,00							45.000,00	
(8910)	Grundsteuer	300,00							300,00	
	Summe Jahr 02	**754.250,00**	**250.000,00**	**14.000,00**	**420.000,00**	**4.000,00**	**15.000,00**	**0,00**	**51.250,00**	**754.250,00**
(810)	Lärmschutzwand	35.000,00						35.000,00		
(810)	Richtfest	1.200,00							1.200,00	
(83..)	Personal-aufwendungen	3.000,00							3.000,00	
(872)	Fremdzinsen	45.000,00							15.000,00	
(8910)	Grundsteuer	300,00							100,00	
	Summe Jahr 03	**84.500,00**	**0,00**	**0,00**	**0,00**	**0,00**	**0,00**	**35.000,00**	**19.300,00**	**54.300,00**
	Gesamtsumme	**846.750,00**	**250.000,00**	**14.000,00**	**420.000,00**	**4.000,00**	**15.000,00**	**35.000,00**	**78.550,00**	**816.550,00**

Die Kosten, die im Zusammenhang dieses Objekts angefallen sind, sind höher als in den Beispielen 1 und 2, obwohl es wertmäßig mit den gleichen Gewerken errichtet wurde. Die Steigerung resultiert aus einer längeren Bauzeit, die (zwangsläufig) dazu geführt hat, dass mehr Zinsen und mehr Grundsteuer (und in diesem Fall auch mehr Verwaltungsleistungen) angefallen sind.

Sachverhalt Nr. 12:

Veräußerung des gesamten Objekts für 850.000,00 €

Es wird entsprechend zu Jahr 02 aus Beispiel 2 verfahren. Die Buchung der Bestandsverminderungen ergeben sich aus dem Eröffnungsbestand des Kontos „(13) Grundstücke mit unfertigen Bauten“, sofern alles verkauft wird.

(210) Forderungen aus Verkauf von Grundstücken		850.000,00 €	
an (610)	Umsatzerlöse aus dem Verkauf von bebauten Grundstücken		850.000,00 €
(644) Bestandsverminderungen aus Veräußerungen		762.250,00 €	
an (13)	Grundstücke mit unfertigen Bauten		762.250,00 €

Nach dem Abschluss sämtlicher Konten ergeben sich folgende Ausschnitte für das GuV- und das Schlussbilanzkonto:

S (989) Schlussbilanzkonto		H
(210)	850.000,00	

S (982) GuV-Konto			H
(644)	762.250,00	(610)	850.000,00
(810)	36.200,00		
(83...)	3.000,00		
(872)	45.000,00		
(8910)	300,00		
Saldo	*3.250,00*		

Der Rohgewinn von 33.450,00 € ist aus dem GuV-Konto nicht mehr ablesbar, sondern ergibt sich aus dem Verkaufspreis von 850.000,00 € abzüglich der Gesamtsumme der Herstellungskosten aus der Liste in Höhe von 816.550,00 €.

Der Saldo des GuV-Kontos (3.250,00 €) ergibt sich dadurch, dass nach der Bauzeit noch 30.000,00 € Zinsen und 200,00 € angefallen sind, die zwar dem Objekt zurechenbar sind, aber nicht zu den Herstellungskosten zählen.

Im Falle größerer Baukomplexe, die über mehrere Jahre abschnittweise fertig und Wohnung für Wohnung zu unterschiedlichen Zeitpunkten verkauft werden, müssten die bei den Objekten jeweils anfallenden Bestandserhöhungen und -verminderungen einzeln bei der Zusammenfassung berücksichtigt werden.

Exkurs: Teilverkäufe im Jahr der Fertigstellung

wie Beispiel 3 – jedoch im Jahr 03: **Sachverhalt Nr. 12 (abgewandelt):**

Veräußerung nur einer der beiden baugleichen Doppelhaushälften für 425.000,00 €

(210) Forderungen aus Verkauf von Grundstücken		425.000,00 €	
an (610)	Umsatzerlöse aus dem Verkauf von bebauten Grundstücken		425.000,00 €

Für die Erfassung der Bestandsverminderung wird hier gleicher Bautenstand bei beiden Hälften zum Ende des Jahres 02 vorausgesetzt.

(644) Bestandsverminderungen aus Veräußerungen		381.125,00 €	
an (13)	Grundstücke mit unfertigen Bauten		381.125,00 €

Da die andere Doppelhaushälfte zwar fertig gestellt, aber nicht verkauft wurde, sind zum Jahresende im Rahmen von „III Vorbereitende Abschlussbuchungen“ die anteiligen Bestandserhöhungen zu buchen.

(13)	Grundstücke mit unfertigen Bauten		27.150,00 €	
	an (640)	Bestandserhöhungen aus aktivierten Fremdkosten		18.100,00 €
	(an) (642)	Bestandserhöhungen aus aktivierten eigenen Architekten- und Verwaltungsleistungen		1.500,00 €
	(an) (6430)	Bestandserhöhungen aus aktivierten Fremdzinsen		7.500,00 €
	(an) (6431)	Bestandserhöhungen aus sonstigen Aktivierungen		50,00 €
(14)	Grundstücke mit fertigen Bauten		408.275,00 €	
	an (13)	Grundstücke mit unfertigen Bauten		408.275,00 €

Nach dem Abschluss sämtlicher Konten ergeben sich folgende Ausschnitte für das GuV- und das Schlussbilanzkonto:

S (989)	Schlussbilanzkonto	H
(14)	408.275,00	
(210)	425.000,00	

S (982)	GuV-Konto		H
(644)	381.125,00	(610)	425.000,00
(810)	36.200,00	(640)	18.100,00
(83..)	3.000,00	(642)	1.500,00
(872)	45.000,00	(6430)	7.500,00
(8910)	300,00	(6431)	50,00
	465.625,00		*452.150,00*

Der Rohgewinn von 16.725,00 € ergibt sich aus dem (anteiligen) Verkaufspreis von 425.000,00 € abzüglich der Gesamtsumme der anteiligen Herstellungskosten aus der Liste in Höhe von 408.275,00 €.

Für den Saldo des GuV-Kontos (13.475,00 € Verlust) lässt sich folgende Rechnung aufstellen:

	425.000,00 €	Erlös des verkauften Teils
./.	381.125,00 €	anteilige Bestandsverminderung für die Jahre 01 und 02
./.	18.100,00 €	anteilige Fremdkosten Jahr 03
./.	1.500,00 €	anteilige eigene Verwaltungsleistungen Jahr 03
./.	7.500,00 €	anteilige Fremdzinsen während der Bauzeit Jahr 03
./.	50,00 €	anteilige Grundsteuer während der Bauzeit Jahr 03
	16.725,00 €	Rohgewinn des verkauften Teils
	30.000,00 €	Fremdzinsen nach der Bauzeit für beide Hälften
	200,00 €	Grundsteuer nach der Bauzeit für beide Hälften
	– 13.475,00 €	Saldo des GuV-Kontos

In der GuV-**Rechnung** beinhaltet die die Position „2 Erhöhung oder Verminderung des Bestandes an zum Verkauf bestimmten Grundstücken mit fertigen und unfertigen Bauten sowie unfertigen Leistungen“ die saldierte Bestandsveränderung nicht nur aus dem Baugeschehen sondern auch aus der Hausbewirtschaftung (Betriebskosten) und der Baubetreuung, so dass sich für diese Position eine Nebenrechnung außerhalb der Buchhaltung anbietet.

Beispiel 4
Jahr 01: Bauvorbereitung – Jahr 02: Baubeginn – Jahr 03: Fertigstellung – Jahr 04: Veräußerung

Jahr 01 und Jahr 02 – wie dargestellt

Jahr 03: Fertigstellung
Obwohl das Gebäude bereits fertig gestellt ist, sollten die Baukosten dieses Jahres zunächst auf „(13) Grundstücke mit unfertigen Bauten“ aktiviert und dann zusammen mit dessen Eröffnungsbestand (762.250,00 €) zum richtigen Bilanzausweis auf das Konto „(14) Grundstücke mit fertigen Bauten“ umgebucht werden, so dass dort der Buchwert von 816.550,00 € in einer Summe zu sehen ist.

(13)	Grundstücke mit unfertigen Bauten		54.300,00 €	
an	(640)	Bestandserhöhungen aus aktivierten Fremdkosten		36.200,00 €
(an)	(642)	Bestandserhöhungen aus aktivierten eigenen Architekten- und Verwaltungsleistungen		3.000,00 €
(an)	(6430)	Bestandserhöhungen aus aktivierten Fremdzinsen		15.000,00 €
(an)	(6431)	Bestandserhöhungen aus sonstigen Aktivierungen		100,00 €
(14)	Grundstücke mit fertigen Bauten		816.550,00 €	
an	(13)	Grundstücke mit unfertigen Bauten		816.550,00 €

SBK- und GuV-Ausschnitte

S (989)	Schlussbilanzkonto		H	S (982)	GuV-Konto		H
(14)	816.550,00	(4...)	84.500,00	(810)	36.200,00	(640)	36.200,00
				(83...)	3.000,00	(642)	3.000,00
				(872)	45.000,00	(6430)	15.000,00
				(8910)	300,00	(6431)	100,00

Der Soll-Saldo der GuV-Kontos entspricht den nicht aktivierten Anteilen der Fremdkapitalzinsen und der Grundsteuer.

Jahr 04: Verkauf

(210)	Forderungen aus Verkauf von Grundstücken		850.000,00 €	
an	(610)	Umsatzerlöse aus dem Verkauf von bebauten Grundstücken		850.000,00 €
(644)	Bestandsverminderungen aus Veräußerungen		816.550,00 €	
an	(14)	Grundstücke mit fertigen Bauten		816.550,00 €

GuV-Ausschnitt für diesen Fall nach Abschluss der entsprechenden Konten:

S (982)	GuV-Konto		H
(644)	816.550,00	(610)	850.000,00
Saldo	*33.450,00*		

In diesem Fall entspricht der Saldo wieder dem Rohgewinn!

Liste zur Ermittlung der Herstellungskosten

Aufwandsposition Konto	 Sachverhaltsstichwort	 €	1 Kosten des Baugrund-stücks	2 Kosten der Er-schließung	3 Kosten des Bauwerks	4 Kosten des Geräts	5 Kosten der Außen-anlagen	6 Kosten der zusätzlichen Maßnahmen	7 Bauneben-kosten	Summe

5.5 Die Umsatzsteuer in der Bautätigkeit

5.5.1 Errichtung von Gebäuden zu Wohnzwecken

Die Errichtung eines Gebäudes ist stets mit erheblichen Umsatzsteuerbeträgen z.B. aus den Bauhandwerkerrechnungen belastet. Bei einem Gebäude, dass zu Wohnzwecken errichtet wird, kann diese Umsatzsteuer nicht als Vorsteuer geltend gemacht werden.

An andere Unternehmer gezahlte Umsatzsteuer kann ein Unternehmer grundsätzlich als Vorsteuer abziehen, wenn diese auf Lieferungen oder sonstige Leistungen für sein Unternehmen in Zusammenhang mit steuerpflichtigen Umsätzen angefallen ist (§ 15 Abs. 1 Nr. 1 UStG (Umsatzsteuergesetz)). Nach § 4 Nr.12 UStG sind jedoch u.a. die Umsätze aus: „... Vermietung und ... Verpachtung von Grundstücken, ... von der Umsatzsteuer befreit". Ein Verzicht auf diese Steuerbefreiung (Option) ist bei der Vermietung zu Wohnzwecken nicht möglich. Der Vorsteuerabzug in der Bauphase (und auch später) ist daher in diesem Zusammenhang nicht möglich.

5.5.2 Errichtung von Gebäuden zum Zwecke der Vermietung an Unternehmer oder für die eigengewerbliche bzw. eigenberufliche Nutzung

Bei einem Gebäude, dass von einem Unternehmer an andere Unternehmer vermietet werden soll, ist der Abzug der im Rahmen der Bautätigkeit anfallenden Umsatzsteuer als Vorsteuer aus gleichem Grund zunächst ebenfalls grundsätzlich verwehrt. Es kann in diesem Fall jedoch bei der Vermietung auf die Steuerbefreiung der Vermietungsumsätze nach § 4 Nr. 12 UStG verzichtet, also zur Umsatzsteuer „optiert" werden. Die Unternehmereigenschaft des Vermietenden kann dabei auch erst durch die zukünftigen Vermietungsumsätze aus dem Gebäude entstehen.

(§ 9 Verzicht auf Steuerbefreiungen (1) Der Unternehmer kann einen Umsatz, der nach § 4 Nr. 12 steuerfrei ist, als steuerpflichtig behandeln, wenn der Umsatz an einen anderen Unternehmer für dessen Unternehmen ausgeführt wird.)

Beispiel:

Ein Lottogewinner errichtet ein Bürogebäude zur Vermietung an Unternehmer und verzichtet auf die Steuerbefreiung seiner Vermietungsumsätze. Der Unternehmer kann auch dann die bei Errichtung angefallene Umsatzsteuer als Vorsteuer absetzen, wenn das Gebäude zur eigengewerblichen bzw. eigenberuflichen Nutzung errichtet wurde, soweit er es zur Erzielung umsatzsteuerpflichtiger Umsätze dient.

Beispiel:

Ein Steuerberater errichtet in Teileigentum in einem Bürokomplex eine Büroetage und betreibt darin sein Steuerberatungsbüro. Der Vorsteuerabzug aus den Baurechnungen ist möglich.

Aber auch wenn die Nutzung unternehmerischen Zwecken dient, ist der Vorsteuerabzug bei Errichtung der Immobilie ausgeschlossen, wenn die „in Anspruch genommenen Leistungen" zur Ausführung von **Ausschlussumsätzen** verwendet werden. (§ 15 Abs. 2 UStG: „vom Vorsteuerabzug ausgeschlossen ist die Steuer für die Lieferungen, ... , die der Unternehmer zur Ausführung folgender Umsätze verwendet: 1. steuerfreie Umsätze ...".) Die Mieter der Immobilie müssen also ihrerseits die gemieteten Räume zur Erzielung umsatzsteuerpflichtiger Umsätzen nutzen. Gleiches gilt sinngemäß für die eigenunternehmerische bzw. eigenberufliche Nutzung.

Beispiele:

Ein Unternehmer errichtet ein Mietwohnhaus. Die Wohnungen werden (umsatzsteuerfrei) an Privatleute vermietet (§ 4 Nr. 12 UStG).

Ein Frauenarzt errichtet als Bauherr Teileigentum in einem Ärztehaus und betreibt darin seine Praxis. (Dort erzielt er nach § 4 Nr. 14 UStG steuerfreie Umsätze!).

In beiden Fällen ist der Vorsteuerabzug bei Errichtung und Erwerb nicht möglich.

Obwohl im Umsatzsteuergesetz nicht vorgesehen, betrachtet die Finanzverwaltung Ausschlussumsätze bis 5 % der Gesamtumsätze als unerheblich. Sie stehen dem Vorsteuerabzug nicht im Wege. (Abschn. 148 a UStR – Bagatellgrenze)

Anschaffungs- oder Herstellungskosten mit Vorsteuer

Sind die genannten Voraussetzungen erfüllt, ist es bei der (geplanten) Vermietung an vorsteuerabzugsberechtigte Unternehmer regelmäßig sinnvoll auf die Steuerbefreiung zu verzichten. In diesem Fall kann die Umsatzsteuer aus den Bauhandwerkerrechnungen als Vorsteuer in Abzug gebracht werden.

Für das Beispiel zu Abschnitt: „5.3 Bauvorbereitung und Bebauung von Objekten des Anlagevermögens ergeben sich **folgende Buchungen:**

1. Jahr

Sachverhalt Nr. 1:

Rechnung des Fremdarchitekten für die Grundlagenermittlung und Vorplanung: brutto 8.000,00 €

(700)	Kosten der Bauvorbereitung	6.722,69 €	
(253)	Vorsteuer	1.277,31 €	
an	(44200) Verbindlichkeiten aus Bau-/Instandhaltungsleistungen – laufende Rechnung		8.000,00 €

Nach der Umbuchung auf das Konto „(070) Bauvorbereitungskosten“ und dessen Abschluss ergibt sich ein Posten im Anlagevermögen in Höhe von 6.722,69 € (gegenüber 8.000,00 € ohne Vorsteuerabzug).

2. Jahr

Rückbuchung der Bauvorbereitungskosten unter „I Eröffnungsbuchungen“ in die Kontenklasse 7:

(700)	Kosten der Bauvorbereitung	6.722,69 €	
an	(070) Bauvorbereitungskosten		6.722,69 €

Sachverhalt Nr. 2:

Gebührenbescheid für die Baugenehmigung: 450,00 € (Im Gebührenbescheid ist keine Umsatzsteuer enthalten!)

(700)	Kosten der Bauvorbereitung	450,00 €	
an	(44200) Verbindlichkeiten aus Bau-/Instandhaltungsleistungen – laufende Rechnung		450,00 €

(Um)Buchungen zum Baubeginn:

Umbuchung des Buchwerts des Baugrundstücks (hier: 250.000,00 €)

(701)	Kosten des Baugrundstücks	250.000,00 €	
an	(02) Grundstücke ohne Bauten		250.000,00 €

Umbuchung der Bauvorbereitungskosten auf Baunebenkosten

(707)	Baunebenkosten	7.172,69 €	
an	(070) Bauvorbereitungskosten		7.172,69 €

Sachverhalt Nr. 3:

Rechnung des Fernwärmeunternehmens für das Fernheizungshauptrohr (bis zum Grundstück): brutto 14.000,00 €

(702) Kosten der Erschließung	11.764,71 €	
(253) Vorsteuer	2.235,29 €	
an (44200) Verbindlichkeiten aus Bau-/Instandhaltungsleistungen – laufende Rechnung		14.000,00 €

Sachverhalt Nr. 4:

Rechnung für den Rohbau: brutto 420.000,00 €

(703) Kosten des Bauwerks	352.941,18 €	
(253) Vorsteuer	67.058,82 €	
an (44200) Verbindlichkeiten aus Bau-/Instandhaltungsleistungen – laufende Rechnung		420.000,00 €

Sachverhalt Nr. 5:

Rechnung für die Feuerlöscherausstattung: brutto 4.000,00 €

(704) Kosten des Geräts	3.361,34 €	
(253) Vorsteuer	638,66 €	
an (44200) Verbindlichkeiten aus Bau-/Instandhaltungsleistungen – laufende Rechnung		4.000,00 €

Sachverhalt Nr. 6:

Rechnung für die Gartenanlage: brutto 15.000,00 €

(705) Kosten der Außenanlagen	12.605,04 €	
(253) Vorsteuer	2.394,96 €	
an (44200) Verbindlichkeiten aus Bau-/Instandhaltungsleistungen – laufende Rechnung		15.000,00 €

Sachverhalt Nr. 7:

Rechnung für eine Lärmschutzwand: brutto 35.000,00 €

(706) Kosten der zusätzlichen Maßnahmen	29.411,76 €	
(253) Vorsteuer	5.588,24 €	
an (44200) Verbindlichkeiten aus Bau-/Instandhaltungsleistungen – laufende Rechnung		35.000,00 €

Sachverhalt Nr. 8:

Rechnung für das Richtfest: brutto 1.200,00 €

(707) Baunebenkosten	1.008,40 €	
(253) Vorsteuer	191,60 €	
an (44200) Verbindlichkeiten aus Bau-/Instandhaltungsleistungen – laufende Rechnung		1.200,00 €

Aktivierung der Eigenleistungen des Immobilienunternehmens

Im Beispiel werden nur Gehaltsaufwendungen, Fremdkapitalzinsen und Grundsteuer aktiviert. Durch die Vorsteuerabzugsberechtigung ergibt sich keine Veränderung, da diese Posten nicht mit Umsatzsteuer belastet sind. Werden zusätzlich anteilige sächliche Verwaltungsaufwendungen aktiviert, kann für diesen Anteil Vorsteuer in Ansatz gebracht werden. Der zu aktivierende Betrag ist dann um den Vorsteuerbetrag vermindert.

Sachverhalt Nr. 9:

Dem Bauvorhaben zurechenbare Eigenleistungen des Immobilienunternehmens (Gehaltsaufwendungen): 5.500,00 €

(707) Baunebenkosten	5.500,00 €	
an (650) aktivierte eigene Architekten- und Verwaltungsleistungen		5.500,00 €

Aktivierung der nach dem Primärkosten(ausweis)prinzip zu buchenden Fremdkosten

Bei der Aktivierung der „Primärkosten" ergibt sich keine Änderung, da sowohl die Fremdzinsen als auch die Grundsteuer nicht mit Umsatzsteuer belastet sind.

Sachverhalt Nr. 10:

Während der Bauzeit (anteilig) angefallene Fremdkapitalzinsen: 45.000,00 €

(707) Baunebenkosten	45.000,00 €	
an (6590) aktivierte Fremdzinsen		45.000,00 €

Sachverhalt Nr. 11:

Während der Bauzeit (anteilig) angefallene Grundsteuer: 300,00 €

(707) Baunebenkosten	300,00 €	
an (6591) aktivierte Grundsteuer		300,00 €

Das Objekt ist (bis zum Bilanzstichtag) fertig gestellt.

(00) Grundstücke mit Wohnbauten	719.065,12 €		
an (701) Kosten des Baugrundstücks		250.000,00 €	
(an) (702) Kosten der Erschließung		11.764,71 €	Fernheizungshauptrohr
(an) (703) Kosten des Bauwerks		352.941,18 €	Rohbau
(an) (704) Kosten des Geräts		3.361,34 €	Feuerlöschgeräte
(an) (705) Kosten der Außenanlagen		12.605,04 €	Gartenanlage
(an) (706) Kosten der zusätzlichen Maßnahmen		29.411,76 €	Lärmschutzwand
(an) (707) Baunebenkosten		58.981,09 €	7.172,69 Bauvorbereitung 1.008,40 Richtfest **5.500,00 Eigenleistungen** **45.000,00 Zinsen** **300,00 Grundsteuer**

Durch den Vorsteuerabzug haben sich die Baukosten von 798.450,00 € auf 719.065,12 € verringert. Dieser Betrag ist tatsächlich eingespart worden, weil das Finanzamt die 79.384,88 € aufgrund der Umsatzsteuervoranmeldungen erstattet hat. Entsprechend geringer ist damit allerdings auch die Bemessungsgrundlage für die Abschreibung des Gebäudes.

Wird das Gebäude dem Gesetz entsprechend an Unternehmer ohne Ausschlussumsätze vermietet, so hat das auf die Erlöse der Wohnungsunternehmung keinen Einfluss. Auf die erzielbare Miete wird die jeweils geltende Umsatzsteuer aufgeschlagen, da sie für den Mieter in diesem Fall ein durchlaufender Posten ist. (Er macht sie als Vorsteuer geltend!)

5.5.3 Vorsteuerabzug bei Errichtung eines zum Verkauf vorgesehenen Gebäudes (UV)

Der Verkauf eines Grundstücks ist nach § 4 Nr. 9 a UStG von der Umsatzsteuer befreit, weil er mit Grunderwerbsteuer belastet ist. Auch auf diese Steuerbefreiung kann nach § 9 Abs. 1 UStG verzichtet werden.

Wird das Gebäude aus dem Beispiel nach Fertigstellung an einen Unternehmer verkauft und dabei zur Umsatzsteuer optiert, so kann die auf die Baukosten entfallende Umsatzsteuer ebenfalls als Vorsteuer abgezogen werden. Dabei spielt es keine Rolle, ob der kaufende Unternehmer weniger als 5 % Ausschlussumsätze tätigt. Die entsprechende Einschränkung des § 9 Abs. 2 UStG gilt beim Verkauf also anders als im Falle der Vermietung nicht.

Wirtschaftlich macht das Optieren aber nur Sinn, wenn der Erwerber mit dem Gebäude umsatzsteuerpflichtige Umsätze erzielt, weil er sonst die auf den Verkaufspreis zu berechnende Umsatzsteuer nicht als Vorsteuer geltend machen kann. Er hätte also höhere Erwerbskosten für das Grundstück zu zahlen. (Bei gegebener Marktsituation würde allerdings wohl eher der Erlös des Verkäufers entsprechend geringer ausfallen.)

Beispiel:

Hätte beim Bau des Gebäudes aus dem Beispiel zu Abschnitt: „5.4 Bauvorbereitung, Bautätigkeit und Verkauf von Objekten des Umlaufvermögens" die Absicht bestanden, es im Jahr nach der Fertigstellung an eine Bank für 850.000,00 € zur Nutzung als Niederlassung zu verkaufen, so wäre zur Umsatzsteuer optiert worden. Die Bautätigkeit wäre buchhalterisch in der Klasse 8 erfasst worden. Das fertiggestellte Gebäude wäre mit Baukosten in Höhe von 719.065,12 € auf dem Konto „14 Grundstücke mit fertigen Bauten" aktiviert worden. (Das Zahlenbeispiel entspricht dem aus dem Beispiel zu 5.3 für das Anlagevermögen.)

Buchung des Verkaufs:

(210) Forderungen aus Verkauf von Grundstücken		1.011.500,00 €	
an (610)	Umsatzerlöse aus dem Verkauf von bebauten Grundstücken		850.000,00 €
(an) (4701)	Verbindlichkeiten aus der Umsatzsteuer		161.500,00 €
(644) Bestandsverminderungen aus Veräußerungen		719.065,12 €	
an (14)	Grundstücke mit fertigen Bauten		719.065,12 €

Die Bank als Käufer würde die 161.500,00 € Umsatzsteuer als Vorsteuer geltend machen. Ihre Anschaffungskosten für das Gebäude betrügen (marktgerechte) 850.000,00 €. Der Rohgewinn der verkaufenden Wohnungsunternehmung aus diesem Verkauf betrüge 130.934,88 €.

Beispiel:

Hätte beim Bau des Gebäudes aus dem Beispiel zu Abschnitt: „5.4 Bauvorbereitung, Bautätigkeit und Verkauf von Objekten des Umlaufvermögens" die Absicht bestanden, es im Jahr nach der Fertigstellung als Ärztehaus für 850.000,00 € an eine Ärztegemeinschaft zu verkaufen, so hätte die Option zur Umsatzsteuer keinen wirtschaftlichen Sinn ergeben. Die Bautätigkeit wäre buchhalterisch in der Klasse 8 erfasst worden. Das fertige Gebäude wäre mit Baukosten in Höhe von 798.450,00 € (siehe Abschnitt 5.4) auf dem Konto „(14) Grundstücke mit fertigen Bauten" aktiviert worden.

Buchung des Verkaufs:

(210) Forderungen aus Verkauf von Grundstücken		850.000,00 €	
an (610)	Umsatzerlöse aus dem Verkauf von bebauten Grundstücken		850.000,00 €
(644) Bestandsverminderungen aus Veräußerungen		798.450,00 €	
an (14)	Grundstücke mit fertigen Bauten		798.450,00 €

Der Rohgewinn aus diesem Verkauf betrüge also nur 51.550,00 € bei abgesehen von der unterlassenen Option und dem damit nicht möglichen Vorsteuerabzug gleichen Voraussetzungen.

5.5.4 Vorsteuerabzug bei Erwerb eines Gebäudes zum Zwecke der Vermietung oder der eigengewerblichen bzw. eigenberuflichen Nutzung bzw. der Veräußerung

Wie bei der Errichtung eines Gebäudes kann die Umsatzsteuer nach Optierung durch den Verkäufer vom Erwerber eines Gebäudes als Vorsteuer geltend werden, wenn das Gebäude an Unternehmer ohne Ausschlussumsätze vermietet oder (nach erneuter Optierung) an einen Unternehmer verkauft werden soll.

Beispiel:
Ein Steuerberater erwirbt in Teileigentum in einem Bürokomplex eine Büroetage darin sein Steuerberatungsbüro zu betreiben. Der Kaufpreis beträgt marktgerechte 400.000,00 €. Der Verkäufer optiert zur Umsatzsteuer. Er berechnet dem Steuerberater also 400.000,00 € für die Büroetage zuzüglich 76.000,00 € (19 %) Umsatzsteuer. Der Steuerberater kann die Umsatzsteuer als Vorsteuer zum Abzug bringen.

In diesem Beispiel ist die Umsatzsteuer den Käufer nur ein „durchlaufender" Posten. Der Verkäufer kann die Vorsteuer aus den Bauleistungen abziehen. Seine Aufwendungen für den Bau sind geringer und damit ist sein Rohgewinn aus dieser Maßnahme entsprechend höher. Für den Käufer ergäbe sich kein Vorteil (aber auch kein Nachteil). Bei angespannter Marktlage könnte aber z.B. der Verkäufer den Käufer ganz oder teilweise in den Genuss der durch die Option ermöglichten Baukostensenkung kommen lassen, indem er den Verkaufspreis entsprechend senkt.

5.5.5 Berichtigung des Vorsteuerabzuges

Bei Grundstücken muss der Vorsteuerabzug zugunsten oder zu ungunsten des Unternehmers berichtigt werden, wenn sich die für den Vorsteuerabzug maßgebenden Verhältnisse innerhalb von 10 Jahren ändern (§ 15 a Abs. 1 Satz 2 UStG).

Das ist zum Beispiel der Fall beim Mieterwechsel, wenn der neue Mieter kein Unternehmer ist, oder beim Verkauf des Grundstücks, wenn nicht zur Umsatzsteuer optiert wird. Zu berichtigen ist in diesem Zeitraum die Vorsteuer, die auf Herstellungs- bzw. Anschaffungskosten des Gebäudes entfallen ist. (Vorsteuer auf Erhaltungsaufwendungen muss nicht berichtigt werden.)

Eine Änderung der maßgeblichen Verhältnisse liegt auch bereits dann vor, wenn der ursprüngliche Mieter die Bagatellgrenze von 5 % Ausschlussumsätzen überschreitet.

Die nachträgliche Berichtigung der Vorsteuer führt zur anteiligen Rückzahlung an das Finanzamt. Der Vorsteuerabzug ist beginnend mit dem Jahr der Änderung für jedes Jahr bis zum Ablauf des Berichtigungszeitraumes um ein Zehntel zu korrigieren.

Beispiel:
Im 6. Jahr des Berichtigungszeitraums wird das Gebäude (Beispiel zu 5.5.2) an eine Ärztegemeinschaft vermietet. Die Voraussetzungen für den Vorsteuerabzug der Baukosten ist damit entfallen. Die Hälfte (5/10) der 79.384,88 € Vorsteuer ist an das Finanzamt zurückzuzahlen. Diese 39.692,44 € sind zu aktivieren und erhöhen somit von diesem Zeitpunkt an die Bemessungsgrundlage für die Abschreibungen des Gebäudes.

(00)	Grundstücke mit Wohnbauten		39.692,44 €	
	an (4709)	Verbindlichkeiten aus sonstigen Steuern		39.692,44 €

bei Zahlung:

(4709)	Verbindlichkeiten aus sonstigen Steuern		39.692,44 €	
	an (2740)	Bank		39.692,44 €

6 Betreuungstätigkeit

6.1 Die Baubetreuung als Dienstleistung der Immobilienwirtschaft

Die Baubetreuung ist eine Dienstleistung der Immobilienunternehmen. Der Betreute ist der Bauherr des Betreuungsbaus. Das Immobilienunternehmen (als [Bau-]Betreuer) beauftragt als Bevollmächtigter des Bauherrn die an Vorbereitung und Durchführung des Bauvorhabens Beteiligten (Bauhandwerker, etc.) und koordiniert deren Leistungen.

Die Dienstleistungen, die das Immobilienunternehmen als Betreuer erbringt, können sich auf alle Aufgaben erstrecken, die bei der Bautätigkeit anfallen. Man unterscheidet zwischen wirtschaftlicher (u. a. Kalkulation, Finanzierung, Rechnungsprüfung) und technischer Baubetreuung (u. a. Entwurfsplanung, Bauüberwachung). Der Katalog der Dienstleistungen, die im Einzelnen im Rahmen der technischen und wirtschaftlichen Baubetreuung übernommen werden können, ist groß. Er kann im Lehrbuch „Spezielle Betriebswirtschaftslehre der Grundstücks- und Immobilienwirtschaft" (Hrsg. Murfeld, Hammonia-Verlag), nachgelesen werden.

Welche Leistungen ein Immobilienunternehmen als Betreuer im Einzelfall zu erbringen hat, regelt der **Betreuungsvertrag.** In ihm ist auch die Höhe der **Betreuungsgebühr** (des Entgelts für die Betreuungstätigkeit) vereinbart. Diese ist grundsätzlich frei vereinbar.

Die Baubetreuung gehört zu den **betriebstypischen Leistungen** der Immobilienunternehmen. Sie muss also in der GuV-Rechnung nach dem **Brutto-Prinzip** ausgewiesen werden. Den Aufwendungen für die Betreuungstätigkeit stehen die Erlöse aus der Betreuungstätigkeit unsaldiert gegenüber, korrigiert um eventuelle Bestandsverminderungen oder -erhöhungen.

S		GuV-Konto	H
(820)	Fremdkosten für die Baubetreuung	(620)	Umsatzerlöse aus der Baubetreuung
[83/85]	Eigenleistungen		
(649)	*Bestandsverminderungen bei anderen unfertigen Leistungen*	*(647)*	*Bestandserhöhungen bei anderen unfertigen Leistungen*

Anders als bei der eigenen Bautätigkeit handelt das betreuende Immobilienunternehmen nur als Bevollmächtigter. Es ist im Namen und für Rechnung des Bauherrn („im fremden Namen, auf fremde Rechnung") gegen Entgelt (Betreuungsgebühr) tätig. Rechnungen für den Betreuungsbau, die aufgrund des Betreuungsverhältnisses beim Betreuer zur sachlichen und rechnerischen Prüfung und zur Bezahlung für den Bauherrn (mit von ihm zur Verfügung gestellten Mitteln) eingehen, sind an den Bauherrn gerichtet. Diese Rechnungen können der betreuenden Wohnungsunternehmung wirtschaftlich nicht zugeordnet werden. Sie sind weder Aufwand noch Verbindlichkeit der Wohnungsunternehmung und finden daher in deren Buchhaltung keinen Niederschlag.

6.2 Fremdkosten für die Baubetreuung

Überträgt ein Immobilienunternehmen eine ihm aufgrund des Betreuungsvertrages obliegende Teilaufgabe auf einen Dritten, die dieser dann als Erfüllungsgehilfe des Betreuers ausführt, so fallen **Fremdkosten für die Baubetreuung (Konto 820)** an. Das ist z. B. der Fall, wenn die Wohnungsunternehmung einen fremden Architekten mit der Bauüberwachung auf der Baustelle beauftragt. Das Immobilienunternehmen (Betreuer) erteilt in diesem Fall **im eigenen Namen und für eigene Rechnung Aufträge an Dritte.** Das in Rechnung gestellte Architektenhonorar ist unter den „Fremdkosten für die Baubetreuung" als Leistung auszuweisen. Bis zu seiner Bezahlung ist es eine Verbindlichkeit der Wohnungsunternehmung.

6.3 Eigenleistungen für die Baubetreuung

Die für die Baubetreuung zu erbringenden **Eigenleistungen** der Wohnungsunternehmung fallen zu einem großen Teil in das Gebiet ihrer technischen Abteilungen. Die dabei anfallenden Aufwendungen (z. B. für die Gehälter der Architekten und für sächliche Verwaltungsaufwendungen) sind in den Kontengruppen **„[83] Personalaufwand"** und **„[85] Sonstige betriebliche Aufwendungen"** erfasst. Die der Betreuungstätigkeit zuzuordnenden Anteile werden wie bei der eigenen Bautätigkeit z. B. mittels eines Betriebsabrechnungsbogens (BAB) ermittelt. [Die eckigen Klammern um die Positionen 83/85 in den Beispielen sollen andeuten, dass die Beträge als solche nicht aus den Konten und der GuV-Rechnung zu ersehen sind.]

6.4 Betreuungsgebühr und Betreuungsgebührenraten

Dem Immobilienunternehmen steht für seine Betreuungstätigkeit ein Entgelt zu, die **Betreuungsgebühr.** Diese darf erst nach Fertigstellung der Betreuungsmaßnahme und nach vollständiger Abrechnung als Umsatzerlös (Konto **„(620) Umsatzerlöse aus der Baubetreuung"**) ausgewiesen werden. Erträge dürfen nach dem **Realisationsprinzip** erst berücksichtigt werden, wenn sie realisiert sind.

Liegt zwischen Beginn und Abrechnung der Betreuungstätigkeit ein oder mehrere Bilanzstichtag(e), so ist die unfertige Betreuungsleistung (wie z. B. auch nicht abgerechnete Betriebskosten) zu aktivieren und nach Abrechnung wieder aus dem Bestand zu nehmen. Auch in diesen Fällen dienen die Konten aus der Gruppe 64 (hier **„(647) Bestandserhöhungen bei anderen unfertigen Leistungen"** und **„(649) Bestandsverminderungen bei anderen unfertigen Leistungen"**) dem Ausgleich der erfolgswirksamen Buchungen.

Da sich Betreuungsaufträge oft über einen längeren Zeitraum erstrecken und ein Anspruch auf die Betreuungsgebühr erst nach Abrechnung besteht, könnte es sehr lange dauern, bis die Betreuungsunternehmung Einnahmen erhält. Aus diesem Grund ist im Betreuungsvertrag in der Regel festgelegt, wann und in welcher Höhe **Betreuungsgebührenraten** als Anzahlung auf die noch unfertige Leistung fällig sind (vergleichbar den Umlagenvorauszahlungen der Mieter). Diese Anzahlungen dürfen nicht als Erlös aus der Baubetreuung ausgewiesen werden (Realisationsprinzip). Auf dem Bankkonto eingehende Betreuungsgebührenraten sind bis zur Abrechnung des Betreuungsauftrages als Verbindlichkeit auf dem Konto **„(431) Anzahlungen auf unfertige Leistungen"** zu buchen.

6.5 Betreuungstätigkeit und Umsatzsteuer

Anders als die übrigen betriebstypischen Leistungen der Immobilienwirtschaft unterliegt die Betreuungstätigkeit (im Inland) ohne Einschränkung der **Umsatzsteuer.** Dem Entgelt für die Betreuungstätigkeit, der Betreuungsgebühr, aber auch bereits den Anzahlungen auf die unfertige Leistung, den Betreuungsgebührenraten, sind derzeit 19 % Umsatzsteuer hinzuzurechnen. Der Umsatzsteuerbetrag ist bis zu seiner Überweisung an das Finanzamt oder einer eventuellen Verrechnung mit der Vorsteuer unter den Verbindlichkeiten aus Steuern zu erfassen (Konto **„(4701) Verbindlichkeiten aus der Umsatzsteuer"**).

Andererseits kann jedoch die in Eingangsrechnungen der Betreuungsunternehmung z. B. für Fremdkosten, Büromaterial, etc. ausgewiesene Umsatzsteuer als Vorsteuer(-forderung) gegenüber dem Finanzamt geltend gemacht werden. Die Vorsteuer ist unter den Sonstigen Vermögensgegenständen auf dem Konto **„(253) Vorsteuer"** zu erfassen.

6.6 Betreuungsbankkonto

Die Bauhandwerker reichen ihre Baurechnungen über das Betreuungsunternehmen ein. Die Bauhandwerkerrechnungen werden vom Betreuer im Rahmen des Betreuungsauftrages sachlich und rechnerisch geprüft. Da die Auftragsvergabe im Namen des Bauherrn (Betreuten) erfolgt, sind die Rechnungen auf dessen Namen ausgestellt. Sie führen also nicht zu einer Verbindlichkeit für das Betreuungsunternehmen. Auch dann nicht, wenn dieses im Rahmen des Betreuungsauftrages die Bezahlung dieser Bauhandwerkerrechnungen übernimmt. Die Zahlung erfolgt dann **im Namen und mit Mitteln des Betreuten.** Damit kann u. a. sichergestellt werden, dass Zahlungsziele eingehalten werden und gegebenenfalls Skonto in Anspruch genommen werden kann. Zu diesem Zweck richtet die Betreuungsunternehmung ein **gesondertes Konto** bei ihrer Bank ein. Derartige Konten sind im Kontenrahmen der Immobilienwirtschaft als **„(2745) Guthaben auf Sonderkonten (Betreuungsbankkonto)"** vorgesehen.

Es ist sinnvoll, eine Kontenbezeichnung zu wählen, die auf den speziellen Betreuungsauftrag hinweist, wie z. B. „Betreuungsbankkonto Maier". Im Folgenden wird das Konto **„(2745) Betreuungsbankkonto"** genannt. Auf dieses Konto überweist der Betreute Mittel für die Bezahlung der Rechnungen. Oft ruft das Immobilienunternehmen im Rahmen des Betreuungsauftrages auch die Finanzierungsmittel für den Betreuten (Kapitalmarktmittel, öffentl. Mittel usw.) ab. Das auf dem Betreuungsbankkonto eingehende Geld schuldet das Betreuungsunternehmen dem Betreuten zunächst. Es wird daher auf dem (Gegen-)Konto „(441) Verbindlichkeiten aus Betreuungstätigkeit" verbindlich gestellt.

6.7 Buchmäßige Erfassung einer Baubetreuung über mehrere Jahre

Eine Wohnungsunternehmung (im Folgenden kurz Betreuer genannt) betreut im Rahmen eines Betreuungsauftrages die Erstellung eines Einfamilienhauses. Im Rahmen dieses Betreuungsauftrages übernimmt der Betreuer auch die Bezahlung der Bauhandwerkerrechnungen für den Auftraggeber. Da die Baustelle in einem Nachbarort liegt, beauftragt der Betreuer für Betreuungsaufgaben vor Ort einen Fremdarchitekten.

Jahr 01

1) Auf dem Betreuungsbankkonto gehen 50.000,00 € zur Bezahlung von Bauhandwerkerrechnungen vom Betreuten ein.

(2745) Betreuungsbankkonto		50.000,00 €	
an (441)	Verbindlichkeiten aus Betreuungstätigkeit		50.000,00 €

2) Die Eingangsrechnung des mit der Baubetreuung vor Ort beauftragten Fremdarchitekten geht ein: Architektenleistung 3.000,00 € zuzüglich 19 % USt 570,00 € = brutto 3.570,00 €

(820) Fremdkosten für die Baubetreuung		3.000,00 €	
(253) Vorsteuer		570,00 €	
an (44219)	Verbindlichkeiten aus sonstigen Lieferungen und Leistungen		3.570,00 €

3) Eine Betreuungsgebührenrate in Höhe von 5.000,00 € zuzüglich 950,00 € Umsatzsteuer geht vertragsgemäß auf dem Bankonto ein. Diese Anzahlung dient nicht der Bezahlung von Rechnungen für den Betreuten. Sie geht daher auf dem regulären Bankkonto des Betreuers ein.

(2740) Bank		5.950,00 €	
an (431)	Anzahlungen auf unfertige Leistungen		5.000,00 €
(an) (4701)	Verbindlichkeiten aus der Umsatzsteuer		950,00 €

4) Die Bauhandwerkerrechnung für den Keller des Betreuungsbaus geht ein, 40.000,00 € zuzüglich 7.600,00 € Umsatzsteuer = 47.600,00 €. Die Rechnung wird sachlich und rechnerisch geprüft. Ihr Eingang löst jedoch keine Buchung beim Betreuer aus. Erst und nur die auftragsgemäße Bezahlung des Brutto-Rechnungsbetrages ist vom Betreuungsunternehmen zu buchen. Durch die Verwendung der zu diesem Zweck zur Verfügung gestellten Mittel nimmt die Verbindlichkeit aus Betreuungstätigkeit gegenüber dem Betreuten wieder ab.

(441)	Verbindlichkeiten aus Betreuungstätigkeit	47.600,00 €	
	an (2745) Betreuungsbankkonto		47.600,00 €

Jahresende (III. Vorbereitende Abschlussbuchungen)

Die anteilig auf den Betreuungsauftrag entfallenden Personalaufwendungen und sächlichen Verwaltungsaufwendungen sind in diesem Beispiel als Salden aus den Konten „(830) Löhne und Gehälter“ und „(850) Sächliche Verwaltungsaufwendungen“ des Hauptbuches zu ersehen. Aus Vereinfachungsgründen sind sie hier mit den zugehörigen Gegenbuchungen auf den Konten „(253) Vorsteuer“, „(2740) Bank“ und „(44219) Verbindlichkeiten aus sonstigen Lieferungen und Leistungen“ kursiv vorgegeben.

Diesen erbrachten Eigenleistungen und den Fremdkosten für die Betreuungsleistungen (Konto 820) steht kein Erlös gegenüber, da der Betreuungsauftrag weder abgeschlossen noch abgerechnet ist. In der Gewinn- und Verlustrechnung würde das zu einem Verlust aus diesem Betreuungsauftrag führen. Die erbrachte unfertige Leistung hat jedoch (wie die noch nicht abgerechneten Betriebskosten oder ein unfertiger Bau) einen Wert. Der Wert der unfertigen Leistung entspricht den für den Betreuungsauftrag aufgewandten Eigenleistungen und Fremdkosten. In dieser Höhe ist eine Aktivierung (Bestandserhöhung) der unfertigen Betreuungsleistung vorzunehmen.

In der Praxis müssen dafür die für jeden einzelnen Betreuungsauftrag aufgewendeten Eigenleistungen gesondert ermittelt werden. Das geschieht mithilfe eines Betriebsabrechnungsbogen (BAB), einer Arbeitszeitstatistik und/oder auch nur durch einfaches Aufschreiben.

Die Aktivierung (zum Ausweis auf der Aktivseite der Bilanz) der unfertigen Betreuungsleistung erfolgt im Rahmen von „III. Vorbereitende Abschlussbuchungen“ auf dem Konto **„(160) Noch nicht abgerechnete Betreuungsleistungen“**. Die Bestandserhöhung wird auf dem Konto **„(647) Bestandserhöhungen bei anderen unfertigen Leistungen“** dagegen gebucht.

3.000,00 € Fremdkosten (Konto 820), 5.300,00 € Personalkosten (Konto 830) und 600,00 € sächliche Verwaltungsleistungen (Konto 850) ergeben einen Wert der unfertigen Betreuungsleistung in Höhe von 8.900,00 €.

(160)	Noch nicht abgerechnete Betreuungsleistungen	8.900,00 €	
	an (647) Bestandserhöhungen bei anderen unfertigen Leistungen		8.900,00 €

Nach der Aktivierung gleichen sich die entstandenen Aufwendungen für den Betreuungsauftrag und die Bestandserhöhung der unfertigen Leistung in der Gewinn- und Verlustrechnung aus. Ein Gewinn (oder Verlust) aus der Betreuungstätigkeit entsteht also in diesem ersten Jahr vor Fertigstellung des Betreuungsauftrages nicht.

Als weitere vorbereitende Abschlussbuchung sind Vorsteuer und Umsatzsteuer miteinander zu verrechnen:

(4701)	Verbindlichkeiten aus der Umsatzsteuer	684,00 €	
	an (253) Vorsteuer		684,00 €

[114,00 € Vorsteuer gehören zu den 600,00 € sächliche Verwaltungsleistungen.]

IV. Abschlussbuchungen: siehe Kontendarstellung

S (160) Noch nicht abgerechnete Betreuungsleistungen H

S		H	
(647)	8.900,00	IV SBK	8.900,00
	8.900,00		8.900,00

S (431) Anzahlungen auf unfertige Leistungen H

S		H	
IV SBK	5.000,00	(2740)	5.000,00
	5.000,00		5.000,00

S (253) Vorsteuer H

S		H	
(44219)	570,00	(4701)	684,00
(44211)	*114,00*		
	684,00		684,00

S (441) Verbindlichkeiten aus Betreuung H

S		H	
(2745)	47.600,00	(2745)	50.000,00
IV SBK	2.400,00		
	50.000,00		50.000,00

S (44211) Verbindlichkeiten aus sächl. Verwaltungsaufwendungen H

S		H	
IV SBK	714,00	*(850/253)*	*714,00*
	714,00		714,00

S (2740) Bank H

S		H	
(431/4701)	5.950,00	*(830)*	*5.300,00*
		IV SBK	650,00
	5.950,00		5.950,00

S (44219) Verbindlichkeiten aus sonst. Lieferungen und Leistungen H

S		H	
IV SBK	3.570,00	(820/253)	3.570,00
	3.570,00		3.570,00

S (2745) Betreuungsbankkonto H

S		H	
(441)	50.000,00	(441)	47.600,00
		IV SBK	2.400,00
	50.000,00		50.000,00

S (4701) Verbindlichkeiten Umsatzsteuer H

S		H	
(253)	684,00	(2740)	950,00
IV SBK	266,00		
	950,00		950,00

S (820) Fremdk. f. d. Baubetreuung H

S		H	
(44219)	3.000,00	IV GuV	3.000,00
	3.000,00		3.000,00

S (850) Sächl. Verwaltungsaufw. H

S		H	
(44211)	*600,00*	IV GuV	600,00
	600,00		600,00

S (830) Löhne und Gehälter H

S		H	
(2740)	*5.300,00*	IV GuV	5.300,00
	5.300,00		5.300,00

S (647) Bestandserhöhungen Baubetreuung H

S		H	
IV GuV	8.900,00	(160)	8.900,00
	8.900,00		8.900,00

S (989) Schlussbilanzkonto H

S		H	
(160)	8.900,00	(431)	5.000,00
(2740)	650,00	(441)	2.400,00
(2745)	2.400,00	(44211)	714,00
		(44219)	3.570,00
		(4701)	266,00

S (982) GuV-Konto H

S		H	
(820)	3.000,00	(647)	8.900,00
(830)	5.300,00		
(850)	600,00		

Jahr 02

Im neuen Jahr sind im Rahmen von „I. Eröffnungsbuchungen" die Konten zu eröffnen (siehe Kontendarstellung).

1) Der Betreuer ruft ein Bankdarlehen, das der Betreute zur Bezahlung von Bauhandwerkerrechnungen aufgenommen hat, bei dessen Bank ab. Darlehenssumme 200.000,00 € (nominal), Auszahlung 95 %. Der Eingang auf dem Betreuungsbankkonto beläuft sich auf 190.000,00 €. Die Geldbeschaffungskosten sind nicht vom Betreuungsunternehmen zu buchen, sondern vom Darlehensnehmer.

(2745)	Betreuungsbankkonto	190.000,00 €	
	an (441) Verbindlichkeiten aus Betreuungstätigkeit		190.000,00 €

2) Eingang einer Fremdarchitektenrechnung für die Bauabnahme vor Ort, 1.500,00 € zuzüglich 19 % Umsatzsteuer 284,00 € = 1.785,00 €.

(820)	Fremdkosten für die Baubetreuung	1.500,00 €	
(253)	Vorsteuer	285,00 €	
	an (44219) Verbindlichkeiten aus sonstigen Lieferungen und Leistungen		1.785,00 €

3) Die Bauhandwerkerrechnung über 192.000,00 € für den schlüsselfertigen Betreuungsbau wird für den Betreuten bezahlt.

(441)	Verbindlichkeiten aus Betreuungstätigkeit	192.000,00 €	
	an (2745) Betreuungsbankkonto		192.000,00 €

Der Betreuungsbau ist fertig gestellt.

4) Damit ist auch die Betreuungsleistung vollständig und kann abgerechnet werden. Als Betreuungsgebühr sind 20.000,00 € (zuzüglich 19 % Umsatzsteuer) vereinbart. In der Abrechnung ist zu berücksichtigen, dass der Betreuer eine Betreuungsgebührenrate erhalten hat und dass für diese Anzahlung die Umsatzsteuer bereits berechnet und abgeführt worden ist.

Abrechnung:

	Betreuungsgebühr (Erlös)	20.000,00 €
./.	Betreuungsgebührenrate	5.000,00 €
		15.000,00 €
+	darauf 19 % USt	2.850,00 €
	Forderung aus Baubetreuung	17.850,00 €

(220)	Forderungen aus Betreuungstätigkeit	17.850,00 €	
(431)	Anzahlungen auf unfertige Leistungen	5.000,00 €	
	an (620) Umsatzerlöse aus der Baubetreuung		20.000,00 €
	(an) (4701) Verbindlichkeiten aus der Umsatzsteuer		2.850,00 €

[Soll die Gesamtforderung gegenüber dem Betreuten im Kontokorrent sichtbar sein, wird gebucht:

(220)	Forderungen aus Betreuungstätigkeit	23.800,00 €	
	an (620) Umsatzerlöse aus der Baubetreuung		20.000,00 €
	(an) (4701) Verbindlichkeiten aus der Umsatzsteuer		2.850,00 €

(431)	Anzahlungen auf unfertige Leistungen	5.000,00 €	
(4701)	Verbindlichkeiten aus der Umsatzsteuer	950,00 €	
	an (220) Forderungen aus Betreuungstätigkeit		5.950,00 €]

5) Die am Ende des ersten Jahres aktivierte unfertige Betreuungsleistung ist nun nicht länger „unfertig". Der Bestand auf dem Konto „(160) Noch nicht abgerechnete Betreuungsleistungen" muss um den den fertig gestellten Betreuungsauftrag betreffenden Betrag gemindert werden. Da in diesem Beispiel der Bestand von 8.900,00 € aus nur einem Betreuungsauftrag stammt, ist er vollständig auf dem Konto **„(649) Bestandsverminderungen bei anderen unfertigen Leistungen"** zu buchen.

(649) Bestandsverminderungen bei anderen unfertigen Leistungen 8.900,00 €
an (160) Noch nicht abgerechnete Betreuungsleistungen 8.900,00 €

6) Zum Abschluss des Betreuungsauftrages ist jetzt die Forderung aus der Abrechnung des Betreuungsauftrages und die verbliebene Verbindlichkeit aus der Überlassung der Mittel zur Bezahlung der Rechnungen für den Betreuungsbau zu verrechnen.

(441) Verbindlichkeiten aus Betreuungsleistungen 400,00 €
an (220) Forderungen aus Betreuungstätigkeit 400,00 €

7) Da das Betreuungsbankkonto nun nicht mehr benötigt wird, wird es aufgelöst.

Wem gehört das auf dem Betreuungsbankkonto verbliebene Guthaben?

Das Betreuungsunternehmen hat bei Eingang der Gelder des Betreuten eine Verbindlichkeit in gleicher Höhe gebucht. Diese Verbindlichkeit weist aus, wieviel der Betreuer dem Betreuten schuldet. Das verbliebene Geld auf dem „Betreuungsbankkonto" gehört daher nach der Abrechnung und der Verrechnung der Forderungen und Verbindlichkeiten aus dem Betreuungsauftrag dem Betreuer. Das Betreuungsunternehmen überweist den Restbetrag in Höhe von 400,00 € daher vom Banktreuhandkonto auf sein reguläres Bankkonto.

(2740) Bank 400,00 €
an (2745) Guthaben auf Sonderkonten (Betreuungsbankkonto) 400,00 €

8) In diesem Beispiel verbleibt eine Forderung gegenüber dem Betreuten in Höhe von 17.450,00 €. Überweist der Betreute diesen Betrag auf das Bankkonto des Betreuers, wird die Forderung aus Betreuungstätigkeit ausgeglichen. Bei Bankeingang wird gebucht:

(2740) Bank 17.450,00 €
an (220) Forderungen aus Betreuungstätigkeit 17.450,00 €

Besteht in anderen Fällen nach der Verrechnung noch eine Verbindlichkeit aus Betreuungstätigkeit, so wird der entsprechende Betrag sofort an den Betreuten überwiesen und die Schuld damit ausgeglichen.

(441) Verbindlichkeiten aus Betreuungsleistungen ... €
an (2740) Bank ... €

9) Umsatzsteuerzahlungstermin:

(4701) Verbindlichkeiten aus der Umsatzsteuer 285,00 €
an (253) Vorsteuer 285,00 €

(4701) Verbindlichkeiten aus der Umsatzsteuer 2.831,00 €
an (2740)Bank 2.831,00 €

Kontendarstellung:

S (160) Noch nicht abgerechnete Betreuungsleistungen H

S		H	
I EBK	8.900,00	(649)	8.900,00

S (431) Anzahlungen auf unfertige Leistungen H

S		H	
(620/4701)	5.000,00	I EBK	5.000,00

S (220) Forderungen aus Betreuungtätigkeit H

S		H	
(620/4701)	17.850,00	(441)	400,00
		(2740)	17.450,00

S (441) Verbindlichkeiten aus Betreuung H

S		H	
(2745)	192.000,00	I EBK	2.400,00
(220)	400,00	(2745)	190.000,00

S (253) Vorsteuer H

S		H	
(44219)	285,00	(4701)	285,00

S (44211) Verbindlichkeiten sächliche Verwaltungsaufwendungen H

S		H	
		I EBK	714,00

S (2740) Bank H

S		H	
I EBK	650,00	(4701)	2.831,00
(2745)	400,00		
(220)	17.450,00		

S (44219) Verbindlichkeiten aus sonst. Lieferungen und Leistungen H

S		H	
		I EBK	3.570,00
		(820/253)	285,00

S (2745) Betreuungsbankkonto H

S		H	
I EBK	2.400,00	(441)	192.000,00
(441)	190.000,00		

S (4701) Verbindlichkeiten Umsatzsteuer H

S		H	
(253)	285,00	I EBK	266,00
(2740)	2.831,00	(220/431)	2.850,00

S (820) Fremdk. f. d. Baubetreuung H

S		H	
(44219)	1.500,00		

S (620) Umsatzerlöse Baubetreuung H

S		H	
		(220/431)	20.000,00

S (830) Löhne und Gehälter H

S		H	
(div.)	*3.400,00*		

S (850) Sächliche Verwaltungsaufw. H

S		H	
(div.)	*550,00*		

S (649) Bestandsverminderungen Baubetreuung H

S		H	
(160)	8.900,00		

S vorläufiges GuV-Konto H

S		H	
(649)	*8.900,00*	*(620)*	*20.000,00*
(820)	*1.500,00*		
(830)	*3.400,00*		
(850)	*550,00*		
Rohgewinn	*5.650,00*		

Das GuV-Konto ist „vorläufig", weil mitten im Jahr i. d. R. kein GuV-Konto erstellt wird. Es zeigt, wieviel **Rohgewinn** durch diesen Betreuungsauftrag erwirtschaftet wurde. Unter dem Rohgewinn aus einem Betreuungsauftrag versteht man den Überschuss des Erlöses aus der Betreuungstätigkeit über die zu seiner Erzielung notwendigen Aufwendungen. Der Rohgewinn unterscheidet sich vom „richtigen" Gewinn dadurch, dass zu dessen Ermittlung auch noch die übrigen Aufwendungen und Erträge, die nicht speziell für den betreffenden Auftrag angefallen sind, zu berücksichtigen sind.

In diesem Beispiel mit nur einer Betreuungsmaßnahme entspricht der Erlös aus dem Betreuungsauftrag dem Saldo des Kontos „(620) Erlöse aus Betreuungstätigkeit". Die Aufwendungen des Vorjahres kommen über den Saldo des Kontos „(649) Bestandsverminderungen bei anderen unfertigen Leistungen", die Fremdkosten des laufenden Jahres über den Saldo des Kontos „(820) Fremdkosten für die Baubetreuung" und die Eigenleistungen des laufenden Jahres über die Salden der Konten(gruppe) „[83] Personalaufwendungen" und „(850) Sächliche Verwaltungsaufwendungen" in das vorläufige GuV-Konto. In dieser Gegenüberstellung spiegelt sich das **Brutto(ausweis)prinzip.** Zur Vereinfachung der Darstellung waren die den Betreuungsauftrag betreffenden Personalaufwendungen und sächlichen Verwaltungsaufwendungen (und nur die) des laufenden Jahres wieder kursiv auf den Konten vorgegeben.

Der Rohgewinn aus dem Betreuungsauftrag des Beispiels beträgt also 5.650,00 €.

7 Periodengerechte Erfolgsermittlung

7.1 Zeitliche Abgrenzung von Aufwendungen und Erträgen

Um den Erfolg eines Geschäftsjahres periodengerecht (zeitraumrichtig) ausweisen zu können, müssen Aufwendungen und Erträge in dem Geschäftsjahr erfasst werden, dem sie wirtschaftlich zuzuordnen sind. Das ist nicht in jedem Fall das Jahr, in dem die zugehörigen Ausgaben bzw. Einnahmen erfolgen. Nach **§ 252 Abs. 1 Zi. 5 HGB** sind Aufwendungen und Erträge des Geschäftsjahres unabhängig von den Zeitpunkten der entsprechenden Zahlungen im Jahresabschluss zu berücksichtigen.

So werden z. B. Zinsen für einen Grundstücksankaufskredit am 31. März für die zurückliegenden 12 Monate nachschüssig fällig, oder der Pächter eines unbebauten Grundstücks zahlt seine Jahrespacht am 1. September im Voraus.

Um dem Gebot der periodengerechten Erfassung der Aufwendungen und Erträge gerecht zu werden, ist vor der Aufstellung des Jahresabschlusses zu prüfen, ob alle gebuchten Aufwendungen und Erträge das abgelaufene Geschäftsjahr betreffen und ob alle Aufwendungen und Erträge, die dem abgelaufenen Geschäftsjahr zuzurechnen sind, bereits gebucht wurden.

Ist das nicht der Fall, dann wurden Aufwendungen bzw. Erträge zu hoch, zu niedrig oder überhaupt noch nicht erfasst. Die entsprechenden Erfolgsposten müssen dann „berichtigt", d. h. **abgegrenzt** werden.

7.1.1 Zahlungen vor dem Bilanzstichtag (Rechnungsabgrenzungsposten)

Ausgaben und Einnahmen der Abrechnungsperiode (des beendeten Geschäftsjahres), die Aufwand bzw. Ertrag **für eine bestimmte Zeit nach dem Bilanzstichtag** darstellen, müssen in die Erfolgsrechnung des neuen Jahres übertragen werden.

Nach § 250 Abs. 1 und 2 HGB sind Aufwendungen des kommenden Jahres auf der Aktivseite der Bilanz und Erträge des kommenden Jahres auf der Passivseite der Bilanz jeweils als **„Rechnungsabgrenzungsposten"** auszuweisen. Eine Ausnahme gilt für die bereits behandelte Abgrenzung der Geldbeschaffungskosten (Konto „(290) Geldbeschaffungskosten"), für die § 250 Abs. 3 ein Ansatzwahlrecht vorsieht.

Diese Bilanzpositionen werden als **transitorische Posten*)** bezeichnet, weil mit ihrer Hilfe die Ausgaben bzw. Einnahmen des alten Jahres als Aufwendungen bzw. Erträge in das neue Jahr hinübergeführt werden.

Die Ausgaben bzw. Einnahmen werden zunächst in voller Höhe als Aufwendungen bzw. Erträge gebucht. Die Rechnungsabgrenzung wird im Rahmen von „III. vorbereitende Abschlussbuchungen" zum Jahresende vorgenommen. (Die Abgrenzung kann aber auch bereits bei Buchung der Ausgabe bzw. Einnahme vorgenommen werden.) Die zu hoch gebuchten Aufwendungen und Erträge werden dann mithilfe der Konten **„(291) Andere Rechnungsabgrenzungsposten"** und **„(49) Passive Abgrenzungsposten"** berichtigt. Die Rechnungsabgrenzungsposten sind also **Korrekturposten** und keine Vermögensgegenstände oder Schulden.

---

*) lat. transire = hinübergehen

7.1.1.1 Aktive Rechnungsabgrenzung

Aufwendungen, die im abgelaufenen Geschäftsjahr bezahlt und gebucht wurden, aber das alte und auch das neue Geschäftsjahr wirtschaftlich betreffen, müssen mit dem das kommende Jahr betreffenden Teil auf dem Konto **„(291) Andere Rechnungsabgrenzungsposten“** abgegrenzt werden.

Beispiel:

Die Feuerversicherungsprämie in Höhe von 840,00 € für ein Wohngebäude wurde am 1. Mai für die Zeit vom 1. Mai des laufenden Jahres bis zum 30. April des kommenden Jahres per Bank überwiesen. Zum 1. Mai wurde gebucht:

(8013)	Kosten für Sach- und Haftpflichtversicherung	840,00 €	
	an (2740) Bank		840,00 €

Von den 840,00 € entfallen 560,00 € als Aufwand auf das laufende (840,00 € : 12 Monate = 70,00 €/Monat für 8 Monate) und 280,00 € (70,00 €/Monat für 4 Monate) auf das kommende Geschäftsjahr. Der nachfolgende Zeitstrahl verdeutlicht das grafisch:

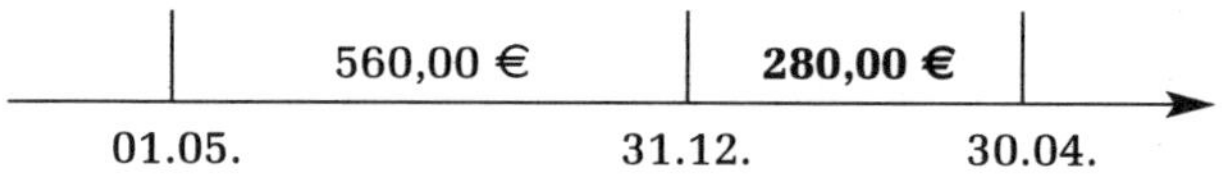

Um die 280,00 € der gezahlten Prämie, die also kein Aufwand des abzuschließenden, sondern des kommenden Jahres sind, muss das Konto „(8013) Kosten für Sach- und Haftpflichtversicherung“ berichtigt werden. Das erfolgt mit dem Buchungssatz:

(291)	Andere Rechnungsabgrenzungsposten	280,00 €	
	an (8013) Kosten für Sach- und Haftpflichtversicherung		280,00 €

Nach erfolgter Rechnungsabgrenzung sind die Konten wie gewohnt abzuschließen. Das Konto 291 „Andere Rechnungsabgrenzungsposten“ wird als aktives Bestandskonto über das Konto „(989) Schlussbilanzkonto“ abgeschlossen.

(982)	GuV-Konto	560,00 €	
	an (8013) Kosten für Sach- und Haftpflichtversicherung		560,00 €
(989)	Schlussbilanzkonto	280,00 €	
	an (291) Andere Rechnungsabgrenzungsposten		280,00 €

Kontendarstellung:

S (8013) Kosten für Sach- und Haftpflichtversicherung H

S			H		
II	(2740)	840,00	III	(291)	280,00
			IV	GuV	560,00
		840,00			840,00

S (291) Andere Rechnungsabgrenzungsposten H

S			H		
III	(8013)	280,00	IV	SBK	280,00
		280,00			280,00

S (982) GuV-Konto H

S		H
(8013)	560,00	

S (989) Schlussbilanzkonto H

S		H
(291)	280,00	

Nur der Teil der Feuerversicherung für die Zeit vom 01. Mai bis 31. Dezember (560,00 €), der dem alten Jahr zuzurechnen ist, mindert den Erfolg des abgeschlossenen Geschäftsjahres. Der für die Monate Januar bis April des nächsten Jahres im Voraus gezahlte Anteil von 280,00 € erscheint als Aktivposten in der Bilanz.

Der abgegrenzte Betrag ist **Aufwand des neuen Geschäftsjahres**. Er ist daher im neuen Jahr zu Beginn auf das Konto „(8013) Kosten für Sach- und Haftpflichtversicherung" zu erfassen. Dazu wird der vor dem Jahresabschluss gebildete Rechnungsabgrenzungsposten nach der Konteneröffnung wieder aufgelöst:

Konteneröffnung:

(291)	Andere Rechnungsabgrenzungsposten	280,00 €	
	an (980) Eröffnungsbilanzkonto		280,00 €

Auflösung der Abgrenzung:

(8013)	Kosten für Sach- und Haftpflichtversicherung	280,00 €	
	an (291) Andere Rechnungsabgrenzungsposten		280,00 €

Kontendarstellung:

S	(291) Andere Rechnungsabgrenzungsposten			H
I	EBK	280,00	(8013)	280,00

S	(8013) Kosten f. Sach- und Haftpflichtversicherung			H
(291)		280,00		

7.1.1.2 Passive Rechnungsabgrenzung

Erträge, die im abgelaufenen Geschäftsjahr bezahlt und gebucht wurden, aber das alte und auch **das neue Geschäftsjahr wirtschaftlich betreffen,** müssen mit dem das kommende Jahr betreffenden Teil auf dem Konto **„(49) Passive Rechnungsabgrenzungsposten"** abgegrenzt werden.

Beispiel:

Der Pächter eines unbebauten Grundstückes bezahlt seine Pacht in Höhe von 1.200,00 € am 1. November für ein Jahr im Voraus bar.

(271)	Kassenbestand	1.200,00 €	
	an (665) Erträge aus unbebauten Grundstücken		1.200,00 €

Von diesen 1.200,00 € gehören 200,00 € (1.200,00 € : 12 Monate = 100,00 €/Monat für 2 Monate) in das alte und 1.000,00 € (100,00 €/Monat für 10 Monate) in das neue Jahr. Der Zeitstrahl veranschaulicht das:

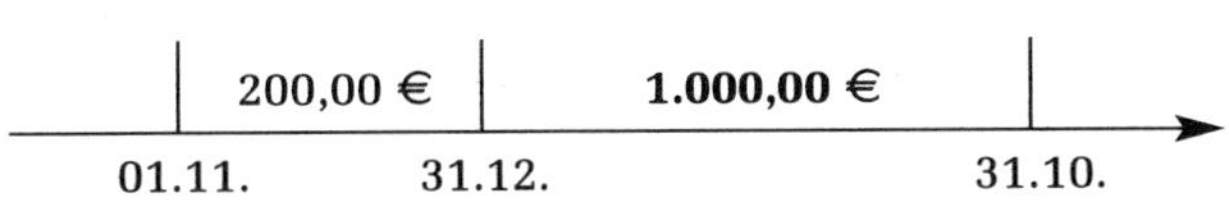

Am 31.12. sind also 1.000,00 € abzugrenzen. Die Abgrenzung erfolgt über das Konto „(49) Passive Rechnungsabgrenzungsposten":

(665)	Erträge aus unbebauten Grundstücken	1.000,00 €	
	an (49) Passive Rechnungsabgrenzungsposten		1.000,00 €

Anschließend sind die Konten abzuschließen. Das Konto „(49) Passive Rechnungsabgrenzungsposten" wird als passives Bestandskonto über das Schlussbilanzkonto abgeschlossen.

(665) Erträge aus unbebauten Grundstücken 200,00 €
an (982) GuV-Konto 200,00 €

(49) Passive Rechnungsabgrenzungsposten 1.000,00 €
an (989) Schlussbilanzkonto 1.000,00 €

Kontendarstellung:

S	(665) Erträge aus unbeb. Grundst.				H
III	(49)	1.000,00	II	(271)	1.200,00
IV	GuV	200,00			
		1.200,00			1.200,00

S	(49) Passive Rechnungs-abgrenzungsposten				H
IV	SBK	1.000,00	III	(665)	1.000,00
		1.000,00			1.000,00

S	(982) GuV-Konto			H
			(665)	200,00

S	(989) Schlussbilanzkonto			H
			(49)	1.000,00

Nur der Teil der Pacht für den Zeitraum vom 1.11. bis 31.12. (200,00 €) mehrt den Erfolg des abzuschließenden Geschäftsjahres. Der für die Monate Januar bis Oktober des nächsten Jahres im Voraus gezahlte Anteil von 1.000,00 € erscheint als Passivposten in der Bilanz.

Der abgegrenzte Betrag ist **Ertrag des neuen Geschäftsjahres.** Zu Beginn des Jahres ist er auf dem Konto „(665) Erträge aus unbebauten Grundstücken" zu buchen. Dazu wird der vor dem Jahresabschluss gebildete Rechnungsabgrenzungsposten nach der Konteneröffnung wieder aufgelöst:

Konteneröffnung:

(980) Eröffnungsbilanzkonto 1.000,00 €
an (49) Passive Rechnungs-abgrenzungsposten 1.000,00 €

Auflösung der Abgrenzung:

(49) Passive Rechnungsabgrenzungsposten 1.000,00 €
an (665) Erträge aus unbebauten Grundstücken 1.000,00 €

Kontendarstellung:

S	(49) Passive Rechnungs-abgrenzungsposten			H
(665)	1.000,00	I	EBK	1.000,00

S	(665) Erträge aus unbeb. Grundst.			H
			(49)	1.000,00

7.1.2 Zahlungen nach dem Bilanzstichtag (Forderungen aus aufgelaufenen Erträgen und Verbindlichkeiten aus aufgelaufenen Aufwendungen)

Erträge und Aufwendungen, die wirtschaftlich dem abgelaufenen Geschäftsjahr zuzurechnen sind, die jedoch erst im kommenden Geschäftsjahr zu Einnahmen oder Ausgaben führen, müssen nach dem Prinzip periodengerechter Erfolgsermittlung ebenfalls in der GuV-Rechnung erfasst werden. Am Jahresende sind dann in diesen Fällen Ergänzungen bei den entsprechenden Aufwands- und Ertragspositionen erforderlich. Im abgelaufenen Geschäftsjahr hat es für diese Erträge und Aufwendungen keine Geschäftsfälle (Zahlungen) gegeben. Sie sind daher noch nicht gebucht worden. Man bezeichnet sie als „aufgelaufene" Erträge bzw. Aufwendungen.

In der Bilanz führen sie zum Ausweis von Forderungen bzw. Verbindlichkeiten. Nach § 250 HGB ist ein Ausweis dieser so genannten **antizipativen*) Posten** als Rechnungs-

*) lat. anticipere = vorwegnehmen

abgrenzungsposten i. d. R. nicht zulässig, da die Leistung für den entsprechenden Zeitraum erbracht bzw. empfangen wurde, so dass hierfür eine bestimmbare Gegenleistung (Zahlung) erwartet werden kann. Die Wahl des Forderungs- bzw. Verbindlichkeitskontos ergibt sich aus dem jeweiligen Sachverhalt. Im Regelfall sind die Forderungen aus aufgelaufenen Erträgen in der Kontengruppe **„[25] Sonstige Vermögensgegenstände“** und die Verbindlichkeiten aus aufgelaufenen Aufwendungen in der Kontengruppe **„[47] Sonstige Verbindlichkeiten“** zu buchen.

Die Buchung erfolgt am Geschäftsjahresende im Rahmen von „III. vorbereitende Abschlussbuchungen“.

7.1.2.1 Forderungen aus ausgelaufenen Erträgen

Erträge, die wirtschaftlich das abgelaufene Geschäftsjahr betreffen, bis zum Geschäftsjahresende jedoch noch nicht vereinnahmt wurden, werden in der Regel auf dem Konto **„(259) Forderungen aus aufgelaufenen sonstigen Erträgen“** abgegrenzt.

Beispiel:

Ein Immobilienunternehmen hat einem Eigenheimerwerber das dazugehörige Grundstück am 1. Mai des abzuschließenden Geschäftsjahres in Erbpacht überlassen. Der Erbbauzins in Höhe von 3.600,00 € ist jeweils am 30. April nachträglich für die vorangegangenen 12 Monate zu entrichten.

Zum 31. Dezember ist auf dem Konto „(6693) Erbbauzinsen“ kein Ertrag gebucht, weil kein Geschäftsvorfall Anlass dazu bot. Der Erbbauzins für die Zeit vom 01. Mai bis zum 31. Dezember ist jedoch, obwohl noch nicht eingegangen, Ertrag des abgelaufenen Geschäftsjahres. Er beträgt 2.400,00 € (3.600,00 € : 12 Monate = 300,00 €/Monat für 8 Monate).

Der folgende Zeitstrahl macht das deutlich:

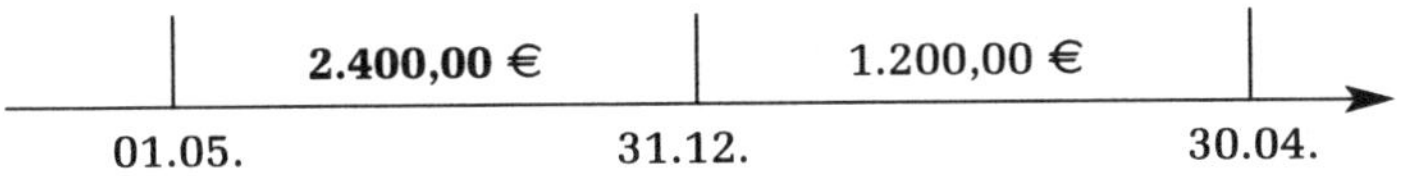

Der in das alte Geschäftsjahr gehörende Ertrag ist am 31. Dezember zu buchen:

(259)	Forderungen aus aufgelaufenen sonstigen Erträgen	2.400,00 €	
	an (6693) Erbbauzinsen		2.400,00 €

Anschließend sind die Konten abzuschließen. Das Konto „(259) Forderungen aus aufgelaufenen sonstigen Erträgen“ ist als aktives Bestandskonto über das Schlussbilanzkonto abzuschließen.

(6693)	Erbbauzinsen	2.400,00 €	
	an (982) GuV-Konto		2.400,00 €
(989)	Schlussbilanzkonto	2.400,00 €	
	an (259) Forderungen aus aufgelaufenen sonstigen Erträgen		2.400,00 €

Kontendarstellung:

S (259)	Ford. aus sonst. Erträgen		H
III (6693)	2.400,00	IV SBK	2.400,00
	2.400,00		2.400,00

S (6693)	Erbbauzinsen		H
IV GuV	2.400,00	III (259)	2.400,00
	2.400,00		2.400,00

S (982)	GuV-Konto		H
		(6693)	2.400,00

S (989)	Schlussbilanzkonto		H
(259)	2.400,00		

Zu **Beginn des neuen Geschäftsjahres** ist das Abgrenzungskonto zu eröffnen. Im Gegensatz zu den transitorischen Abgrenzungen werden antizipative Abgrenzungen nicht schon zu Beginn des Geschäftsjahres aufgelöst, sondern erst dann, wenn durch den Zahlungseingang im weiteren Verlauf des Jahres, in diesem Beispiel also am 30. April, ein Anlass dazu besteht.

Konteneröffnung:

(259) Forderungen aus aufgelaufenen sonstigen Erträgen	2.400,00 €	
an (980) Eröffnungsbilanzkonto		2.400,00 €

Am 30.04. gehen die 3.600,00 € Erbpacht für die vergangenen 12 Monate auf dem Bankkonto ein. (Ertrag des laufenden Jahres sind nur die auf die Zeit vom 1. Januar bis 30. April entfallenden 1.200,00 €. Die restlichen 2.400,00 € werden gegen das Konto „(259) Forderungen aus aufgelaufenen sonstigen Erträgen" gebucht. Sie sind bereits im abgelaufenen Geschäftsjahr als Ertrag gebucht worden.)

(2740) Bank	3.600,00 €	
an (6693) Erbbauzinsen		1.200,00 €
(an) (259) Forderungen aus aufgelaufenen sonstigen Erträgen		2.400,00 €

Kontendarstellung:

S	(259)	Ford. aus sonst. Erträgen			H
I	EBK	2.400,00	II	(2740)	2.400,00

S	(6693)	Erbbauzinsen			H
			II	(2740)	1.200,00

S	(2740)	Bank			H
II	(259/6693)	3.600,00			

7.1.2.2 Verbindlichkeiten aus aufgelaufenen Aufwendungen

Aufwendungen, die wirtschaftlich das abgelaufene Geschäftsjahr betreffen, bis zum Geschäftsjahresende jedoch noch nicht bezahlt wurden, werden in der Regel auf dem Konto

„(4799) Verbindlichkeiten aus sonstigen aufgelaufenen Aufwendungen"

als so genannte antizipative Passiva abgegrenzt.

Für die Immobilienwirtschaft spielen die so genannten antizipativen Passiva eine besondere Rolle, da die unternehmenseigenen Immobilien häufig fremdfinanziert sind. Darlehenszinsen sind in der Regel nachträglich zu zahlen. Liegt zwischen zwei Fälligkeitsterminen ein Geschäftsjahreswechsel, so ist zum Jahresende ein Zinsaufwand für den das alte Jahr betreffenden Zeitraum bereits „aufgelaufen". Dieser Aufwand muss am 31. Dezember gebucht werden.

Beispiel:

Die Zinsen für ein Bankdarlehen (zur Objektfinanzierung AV) in Höhe von 15.000,00 € sind nachträglich für ein Jahr jeweils am 30. September fällig. Das Darlehen wurde am 1. Oktober des abgelaufenen Geschäftsjahres aufgenommen. Es waren also bisher noch keine Zinsen zu entrichten. Die auf das abgelaufene Geschäftsjahr entfallenden Zinsaufwendungen betragen 3.750,00 € (15.000,00 € : 12 Monate = 1.250,00 €/Monat für 3 Monate).

Der folgende Zeitstrahl macht das deutlich:

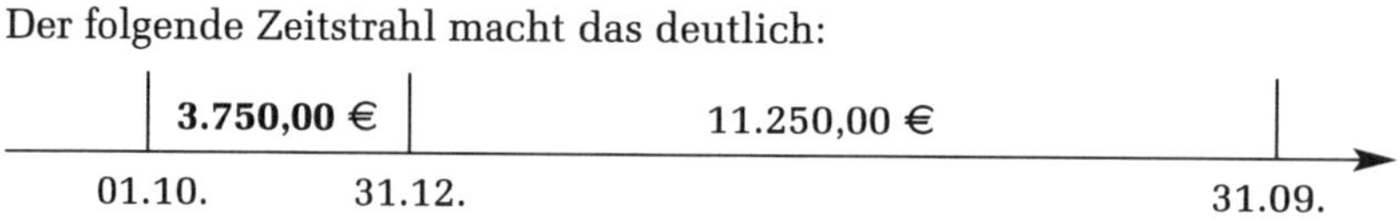

Zum 31.12. werden die zeitanteiligen Zinsen gebucht:

(872)	Zinsen auf Verbindlichkeiten gegenüber Kreditinstituten	3.750,00 €	
an (4799)	Verbindlichkeiten aus sonstigen aufgelaufenen Aufwendungen		3.750,00 €

Anschließend sind die Konten abzuschließen. Das Konto „(4799) Verbindlichkeiten aus sonstigen aufgelaufenen Aufwendungen" wird als passives Bestandskonto über das Schlussbilanzkonto abgeschlossen.

(982)	GuV-Konto	3.750,00 €	
an (872)	Zinsen auf Verbindlichkeiten gegenüber Kreditinstituten		3.750,00 €
(4799)	Verbindlichkeiten aus sonstigen aufgelaufenen Aufwendungen	3.750,00 €	
an (989)	Schlussbilanzkonto		3.750,00 €

Kontendarstellung:

S (872) Zinsen auf Verbindlichkeiten gegenüber Kreditinstituten H

III	(4799)	3.750,00	IV	GuV	3.750,00
		3.750,00			3.750,00

S (4799) Verbindlichkeiten sonstige aufgelaufene Aufwendungen H

IV	SBK	3.750,00	III	(872)	3.750,00
		3.750,00			3.750,00

S (982) GuV-Konto H

(872)	3.750,00		

S (989) Schlussbilanzkonto H

		(4799)	3.750,00

Zu Beginn des neuen Geschäftsjahres ist das Abgrenzungskonto zu eröffnen. Auch die antizipativen Passiva werden nicht schon zu Beginn des Geschäftsjahres aufgelöst, sondern erst dann, wenn durch die Zahlung im weiteren Verlauf des Jahres, in unserem Beispiel also am 30. September, ein Anlass dazu besteht.

Konteneröffnung:

(980)	Eröffnungsbilanzkonto	3.750,00 €	
an (4799)	Verbindlichkeiten aus sonstigen aufgelaufenen Aufwendungen		3.750,00 €

Am 30.09. werden die 15.000,00 € Zinsen vom Bankkonto an die Gläubigerbank überwiesen. (Nur die 11.250,00 € auf den Zeitraum vom 1. Januar bis 30. September entfallenden Zinsen sind Aufwand des laufenden Jahres. Die abgegrenzten 3.750,00 € wurden als Aufwand bereits im vergangenen Geschäftsjahr gebucht. In Höhe dieses Betrages wird bei Zahlung die antizipative Abgrenzung aufgelöst.)

(872)	Zinsen auf Verbindlichkeiten gegenüber Kreditinstituten	11.250,00 €	
(4799)	Verbindlichkeiten aus sonstigen aufgelaufenen Aufwendungen	3.750,00 €	
an (2740)	Bank		15.000,00 €

Kontendarstellung:

S (872) Zinsen auf Verbindlichkeiten gegenüber Kreditinstituten H

II	(2740)	11.250,00			

S (4799) Verbindlichkeiten sonstige aufgelaufene Aufwendungen H

II	(2740)	3.750,00	I	EBK	3.750,00

S (2740) Bank H

			II	(872/4799)	15.000,00

7.2 Rückstellungen

Mit Rückstellungen werden ungewisse Verbindlichkeiten erfasst. Darunter versteht man Verpflichtungen, die am Bilanzstichtag dem Grunde nach bestehen, deren genaue Höhe und/oder Fälligkeit aber noch nicht feststeht.

Liegen ihnen Aufwendungen zugrunde, so kann man Rückstellung auch als Spezialfall der periodengerechten Erfolgsermittlung verstehen.

Die Höhe der Rückstellungen ist nach vernünftiger kaufmännischer Beurteilung festzulegen. Sie muss ausreichen, um die Verpflichtungen aus allen Risiken abzudecken, mit denen das Unternehmen voraussichtlich in Anspruch genommen werden kann. Dabei ist der Grundsatz der Vorsicht zu beachten. Rückstellungen dürfen jedoch nicht ohne wirtschaftlich vertretbare Begründung gebildet werden.

Rückstellungen sind, mit Ausnahme der Rückstellungen für Bauinstandhaltung, zu Lasten des Kontos vorzunehmen, dem der Aufwand wirtschaftlich zuzurechnen ist.

Inanspruchnahmen von Rückstellungen sind i. d. R. direkt gegen die Rückstellung zu buchen. Ausnahmen bilden die Pensionsrückstellungen und die Rückstellung für Bauinstandhaltung.

Nicht mehr benötigte Rückstellungen (auch Teilbeträge) sind über das Konto „(662) Erträge aus der Auflösung von Rückstellungen" in der Kontengruppe „(66) Sonstige betriebliche Erträge" aufzulösen". (Ausnahmen bei Steuerrückstellungen s. 7.2.2)

Aus Gründen des Gläubigerschutzes schreibt § 249 HGB vor, für welche Sachverhalte Rückstellungen gebildet werden müssen (Pflichtrückstellungen) bzw. gebildet werden dürfen (Wahlrückstellungen).

Nach § 249 Abs. 1 HGB müssen Rückstellungen gebildet werden (Passivierungspflicht)

- für ungewisse Verbindlichkeiten (z. B. zu erwartende Steuernachzahlungen, Steuerberatungs- und Jahresabschlusskosten, Prozesskosten, etc.),
- für drohende Verluste aus schwebenden Geschäften (z. B. wenn die Aufwendungen für einen laufenden, zu einem Festpreis abgeschlossenen Betreuungsauftrag einen Verlust aus diesem Auftrag erwarten lassen),
- für im Geschäftsjahr unterlassene Aufwendungen für Instandhaltung, die in den ersten drei Monaten des folgenden Geschäftsjahres nachgeholt werden, oder für unterlassene Abraumbeseitigung, die im folgenden Geschäftsjahr nachgeholt wird,
- und für Gewährleistungen ohne rechtliche Verpflichtungen (Kulanzleistungen).

Nach § 249 Abs. 1 HGB dürfen Rückstellungen gebildet werden (Wahlrecht)

- für im Geschäftsjahr unterlassene Aufwendungen für Instandhaltung, die im folgenden Geschäftsjahr nach den ersten drei Monaten nachgeholt werden.

Nach § 249 Abs. 2 HGB dürfen Rückstellungen gebildet werden (Wahlrecht)

- für ihrer Eigenart nach genau umschriebene, dem Geschäftsjahr oder früheren Geschäftsjahren zuzuordnende Aufwendungen, die am Abschlussstichtag wahrscheinlich oder sicher, aber hinsichtlich ihrer Höhe oder des Zeitpunktes ihres Eintritts unbestimmt sind (Aufwandsrückstellungen). Eine besondere Ausprägung dieser Aufwandsrückstellungen bilden die Rückstellungen für Bauinstandhaltung, die für die Immobilienwirtschaft eine besondere Bedeutung haben.

Für andere als diese in § 249 Abs. 1 und 2 HGB genannten Zwecke dürfen Rückstellungen nicht gebildet werden (§ 249 Abs. 3 HGB).

Rückstellungen nach § 249 HGB

- **Pflichtrückstellungen**
  - für ungewisse Verbindlichkeiten
  - für drohende Verluste aus schwebenden Geschäften
  - für im Geschäftsjahr unterlassene Aufwendungen für Instandhaltung, die in den ersten 3 Monaten des Folgejahres nachgeholt werden, oder für Abraumbeseitigung, die im folgenden Geschäftsjahr nachgeholt wird
  - für Gewährleistung ohne rechtliche Verpflichtung
- **Wahlrückstellungen**
  - für im Geschäftsjahr unterlassene Aufwendungen für Instandhaltung, die in den Monaten 4 bis 12 des Folgejahres nachgeholt werden
  - Aufwandsrückstellungen

Rückstellungen, die nach § 249 HGB handelsrechtlich zu bilden sind (Pflichtrückstellungen), müssen auch steuerrechtlich gebildet werden. Rückstellungen, die handelsrechtlich gebildet werden dürfen, sind dagegen steuerrechtlich nicht zulässig.

Eine Ausnahme bilden die Rückstellungen für drohende Verluste aus schwebenden Geschäften. Bis Ende 1996 mussten Rückstellungen für drohende Verluste aus schwebenden Geschäften (Drohverlustrückstellungen) sowohl handels- als auch steuerrechtlich gebildet werden. Nach einer Änderung der einkommensteuerrechtlichen Vorschriften dürfen Drohverlustrückstellungen in der Steuerbilanz für Geschäftsjahre, die nach dem 31.12.1996 enden, nicht mehr gebildet werden. Handelsrechtlich muss die Rückstellung dagegen unverändert gebildet werden.

Auch wenn sich dieses Lehrbuch für die Grundausbildung grundsätzlich an den handelsrechtlichen Bestimmungen orientiert, ist, insbesondere für die Entscheidung, ob das Wahlrecht zur Bildung einer Rückstellung für Bauinstandhaltung in Anspruch genommen werden soll, auch der steuerliche Aspekt von Bedeutung.

Da die Rückstellung für Bauinstandhaltung als handelsrechtliche Wahlrückstellung steuerlich nicht zulässig ist, beschränkt sich ihre Auswirkung, wie die aller steuerlich nicht zulässigen Rückstellungen, auf das Handelsbilanzergebnis. Durch sie wird eine Ausschüttung des Gewinnanteils, der sich ohne ihre Bildung ergeben hätte, an die Eigentümer (z. B. als Dividenden) und an die Mitarbeiter (als Erfolgsbeteiligungen) verhindert.

Aufwendungen bei der Bildung steuerlich zulässiger Rückstellungen vermindern dagegen auch das Steuerbilanzergebnis. Das führt zu einer Verminderung der Steuerlast im Jahr der Rückstellungsbildung.

Sowohl das geringere Ergebnis durch Bildung von Rückstellungen mit Wirkung für Steuer- und Handelsbilanz, als auch mit ausschließlicher Wirkung für die Handelsbilanz, führen nur zu einer zeitlichen Verschiebung des Ergebnisses.

Beispiel:

Wird eine Rückstellung für eine unterlassene Instandhaltung in Höhe von 1.000,00 € gebildet, die im Januar des kommenden Jahres nachgeholt werden soll, so fällt im Jahr der Bildung das handels- und steuerrechtliche Ergebnis um diese 1.000,00 € geringer aus, als das ohne die Bildung der Fall gewesen wäre. Damit ist auch die Steuerlast und der zur Ausschüttung an die Eigentümer zur Verfügung stehende Betrag um diese 1.000,00 € geringer. Im kommenden Jahr fällt bei Ausführung der Instandhaltungsmaßnahme dagegen (in Höhe der Rückstellung) kein Aufwand mehr an. Handels- und Steuerbilanzergebnis fallen also um 1.000,00 € besser aus, als das ohne die Rückstellung durch die Instandhaltungsaufwendungen der Fall wäre. Es sind entsprechend mehr Steuern zu zahlen und auch der zur Ausschüttung zur Verfügung stehende Betrag ist höher.

Auf die Buchungstechnik hat es keinen Einfluss, ob eine Rückstellung aufgrund einer Passivierungspflicht oder eines Passivierungswahlrechtes gebildet wird.

Für den Ausweis in der Bilanz schreiben der § 266 HGB (für Genossenschaften in Verbindung mit den §§ 336 und 337 HGB) und die Formblattverordnungen für die Immobilienwirtschaft für Kapitalgesellschaften und Genossenschaften die folgende Gliederung vor, die sich auch im Kontenrahmen der Immobilienwirtschaft widerspiegelt.

- Rückstellungen für Pensionen und ähnliche Aufwendungen (Konto 36),
- Steuerrückstellungen (Konto 37),
- Rückstellungen für Bauinstandhaltung (Konto 38) und
- Sonstige Rückstellungen (Konto 39).

Auch der Kontenplan dieses Buches verwendet diese Gliederung. In der Praxis halten sich auch Einzelunternehmen und Personengesellschaften an sie.

Rückstellungen sind grundsätzlich einzeln zu bewerten. Bei der Bildung ist ihre Höhe auf der Grundlage einer vernünftigen kaufmännischen Beurteilung zu schätzen. Rückstellungen für ungewisse Verbindlichkeiten sind Schulden. Sie sind mit dem Betrag anzusetzen, mit dem bei Erfüllung der Verbindlichkeit zu rechnen ist. Rückstellungen dürfen nur aufgelöst werden, wenn der Grund für ihre Bildung entfallen ist.

7.2.1 Rückstellungen für Pensionen und ähnliche Verpflichtungen

Haben alle oder einzelne Mitarbeiter eines Unternehmens eine Pensionszusage für die Zeit nach dem Ausscheiden aus dem Unternehmen aufgrund des Erreichens der Altersgrenze (oder auch aufgrund von Arbeitsunfähigkeit) erhalten, so sind Pensionsrückstellungen zu bilden, wenn die Zusagen nach dem 31.12.1986 gemacht wurden. Das gilt allerdings nur dann, wenn das Unternehmen die späteren Pensionszahlungen selbst übernehmen soll. Die übernommenen Verpflichtungen können auch durch Zahlungen an Versicherungen, Zusatzversorgungskassen, Pensionssicherungsvereine, etc. erfüllt werden.

Für jeden Pensionsanwärter muss die Rückstellung während der Zeit der Mitarbeit im Unternehmen derart angesammelt werden, dass zum Zeitpunkt des Eintritts der Pensionsberechtigung ausreichend Mittel zur Verfügung stehen, um die zugesagte Pension zahlen zu können.

Die Rückstellungen werden so bemessen, dass sie bis zum Ende der statistischen Lebenserwartung ausreichen. Mit der Annäherung an die statistische Lebenserwartung sinkt der Rückstellungsbedarf für die Pensionsempfänger. Die einzelne Rückstellung wird entsprechend abgebaut. Vorzeitig aufgelöst werden muss sie, wenn der Berechtigte gestorben ist, da dann der Grund für ihre Bildung weggefallen ist.

Der Rückstellungsbedarf ist für jeden Pensionsanwärter und für jeden Pensionsempfänger jährlich nach versicherungsmathematischen Grundsätzen einzeln zu ermitteln. Dabei sind Höhe der Pensionszusage, biometrische Grundlagen (Sterbe- und Invalidisierungswahrscheinlichkeiten), betriebliche Fluktuation und voraussichtliche Pensioniergewohnheiten auf Basis der Verhältnisse am Bilanzstichtag zu berücksichtigen.

Der Rückstellungsbedarf für die einzelnen Pensionsanwärter und -empfänger wird zum Bilanzstichtag saldiert. Der Rückstellungsbestand wird mit dem so ermittelten Rückstellungsbedarf verglichen und durch Zuführung zur bzw. Entnahme aus der Rückstellung angepasst. (Im Folgenden wird von lohnsteuer- und sozialversicherungsrechtlichen Aspekten abgesehen.)

Pensionsrückstellungen werden auf dem Konto „(36) Rückstellungen für Pensionen und ähnliche Verpflichtungen“ gebucht.“

Ist der Rückstellung ein Betrag zuzuführen, so ist zu buchen:

(8320)	Zuführung zu Pensionsrückstellungen	... €	
	an (36) Rückstellungen für Pensionen und ähnliche Verpflichtungen		... €

Beispiel:

Das versicherungsmathematische Gutachten hat für eine Wohnungsunternehmung zum Bilanzstichtag Pensionsverpflichtungen in Höhe von 65.000,00 € ergeben. Der Rückstellungsbestand beträgt 56.000,00 €. Den Pensionsrückstellungen sind zum Bilanzstichtag also 9.000,00 € zuzuführen.

(8320)	Zuführung zu Pensionsrückstellungen	9.000,00 €	
	an (36) Rückstellungen für Pensionen und ähnliche Verpflichtungen		9.000,00 €

Kontenabschluss:

(982)	GuV-Konto	9.000,00 €	
	an (8320) Zuführung zu Pensionsrückstellungen		9.000,00 €
(36)	Rückstellungen für Pensionen und ähnliche Verpflichtungen	65.000,00 €	
	an (989) Schlussbilanzkonto		65.000,00 €

Kontendarstellung:

S (8320) Zuführung zu Pensionsrückstellungen H

S		H	
III (36)	9.000,00	IV GuV	9.000,00
	9.000,00		9.000,00

S (36) Pensionsrückstellungen H

S		H	
IV SBK	65.000,00	I EBK	56.000,00
		III (8320)	9.000,00
	65.000,00		65.000,00

S (982) GuV-Konto H

S		H	
(8320)	9.000,00		

S (989) Schlussbilanzkonto H

S		H	
		(36)	65.000,00

Ist der Rückstellung ein Betrag zu entnehmen, so ist zu buchen:

(36)	Rückstellungen für Pensionen und ähnliche Verpflichtungen	... €	
	an (662) Erträge aus der Auflösung von Rückstellungen		... €

Beispiel:

Das versicherungsmathematische Gutachten hat für eine Wohnungsunternehmung zum Bilanzstichtag Pensionsverpflichtungen in Höhe von 65.000,00 € ergeben. Der Rückstellungsbestand beträgt 70.000,00 €. Den Pensionsrückstellungen sind zum Bilanzstichtag also 5.000,00 € zu entnehmen.

		Soll	Haben
(36)	Rückstellungen für Pensionen und ähnliche Verpflichtungen	5.000,00 €	
	an (662) Erträge aus der Auflösung von Rückstellungen		5.000,00 €

Kontenabschluss:

		Soll	Haben
(662)	Erträge aus der Auflösung von Rückstellungen	5.000,00 €	
	an (982) GuV-Konto		5.000,00 €
(36)	Rückstellungen für Pensionen und ähnliche Verpflichtungen	65.000,00 €	
	an (989) Schlussbilanzkonto		65.000,00 €

Kontendarstellung:

S (662) Erträge aus der Auflösung von Rückstellungen H

IV GuV	5.000,00	III (36)	5.000,00
	5.000,00		5.000,00

(36) Pensionsrückstellungen H

III (662)	5.000,00	I EBK	70.000,00
IV SBK	65.000,00		
	70.000,00		70.000,00

S (982) GuV-Konto H

		(662)	5.000,00

S (989) Schlussbilanzkonto H

		(36)	65.000,00

Eine Pensionszahlung an einen aus dem Berufsleben ausgeschiedenen Mitarbeiter erfolgt zu Lasten des Kontos „(8321) Pensionszahlungen“, unabhängig davon, ob für diesen Mitarbeiter Pensionsrückstellungen gebildet wurden oder nicht. (Für Pensionszusagen, die vor dem 01.01.1987 gemacht wurden, besteht ein Passivierungswahlrecht.)

		Soll	Haben
(8321)	Pensionszahlungen	... €	
	an (2740) Bank		... €

7.2.2 Steuerrückstellungen

In den Steuerrückstellungen sind alle noch nicht durch Steuerbescheide veranlagten oder aufgrund von Betriebsprüfungen nachzuzahlenden Steuern auszuweisen, soweit sie als Aufwand anzusehen sind. In der Regel handelt es sich dabei um Steuern vom Einkommen und Ertrag (Konto „(890) Steuern vom Einkommen und Ertrag“). Das sind zum Beispiel Körperschaftsteuer und Gewerbesteuer, nicht aber die Einkommensteuer bei Nicht-Kapitalgesellschaften.

Der Rückstellungsbetrag ergibt sich aus dem voraussichtlichen Steuer-Soll aufgrund der Selbstberechnung durch das Immobilienunternehmen (oder z. B. durch Hinweise des Betriebsprüfers) abzüglich der bis zum Bilanzstichtag geleisteten (Voraus-)Zahlungen.

Die Steuerrückstellungen sind Rückstellungen für ungewissene Verbindlichkeiten. Sie werden auf dem Konto „(37) Steuerrückstellungen“ gebucht.

Beispiel:

Eine Wohnungsunternehmung schätzt zum Bilanzstichtag die aufgrund einer Betriebsprüfung nachzuentrichtende Körperschaftssteuer auf 8.000,00 €. (Auf die Darstellung der Abschluss- und Eröffnungsbuchungen wird aus Gründen der Übersicht verzichtet.)

Bildung der Steuerrückstellung

(890) Steuern vom Einkommen und vom Ertrag 8.000,00 €
an (37) Steuerrückstellungen 8.000,00 €

Kontendarstellung:

S	(890) Steuern vom Einkommen und Ertrag		H
(37)	8.000,00		

S	(37) Steuerrückstellungen		H
		(890)	8.000,00

Inanspruchnahme der Steuerrückstellung

Im folgenden Jahr geht der Wohnungsunternehmung der Steuerbescheid zu.

a) Die Steuerschuld entspricht der Rückstellung von 8.000,00 €.

(37) Steuerrückstellungen 8.000,00 €
an (4709) Verbindlichkeiten aus sonstigen Steuern 8.000,00 €

Kontendarstellung:

S	(4709) Verbindlichkeiten sonstige Steuern		H
		(37)	8.000,00

S	(37) Steuerrückstellungen		H
(4709)	8.000,00	EBK	8.000,00

b) Die Steuerschuld ist mit 7.000,00 € um 1.000,00 € geringer ausgefallen, als bei Bildung der Rückstellung angenommen wurde.
Die gesetzliche GuV-Position „Steuern vom Einkommen und vom Ertrag“ soll die Belastung eines Unternehmens mit Ertragsteuern ausweisen. Aus diesem Grund wird der aufzulösende Rückstellungsbetrag (im Beispiel 1.000,00 €) nicht als Ertrag aus der Auflösung von Rückstellungen (also als sonstiger betrieblicher Ertrag) erfasst, sondern gegen das Aufwandskonto „(890) Steuern vom Einkommen und Ertrag“ gebucht (gleiches gilt für „Sonstige Steuern“). Da auch Steuererstattungen auf der Habenseite des Steuerkontos gebucht werden, kann sich ausnahmweise am Jahresende ein Habensaldo ergeben. Dieser ist in der GuV dann als „Erstattete Steuern vom Einkommen und Ertrag“ auzuweisen.

(37) Steuerrückstellungen 8.000,00 €
an (4709) Verbindlichkeiten aus sonstigen Steuern 7.000,00 €
an (890) Steuern vom Einkommen und Ertrag 1.000,00 €

Kontendarstellung:

S	(4709) Verbindlichkeiten sonstige Steuern		H
		(37)	7.000,00

S	(37) Steuerrückstellungen		H
(890)	8.000,00	(EBK)	8.000,00

S	(890) Steuern vom Einkommen und Ertrag		H
		(37)	1.000,00

c) Die Steuerschuld ist mit 9.500,00 € um 1.500,00 € höher ausgefallen, als bei Bildung der Rückstellung angenommen wurde.
Diese zusätzlichen 1.500,00 € sind als Steueraufwand zu erfassen.

(37)	Steuerrückstellungen	8.000,00 €	
(890)	Steuern vom Einkommen und Ertrag	1.500,00 €	
	an (4709) Verbindlichkeiten aus sonstigen Steuern		9.500,00 €

Kontendarstellung:

S	(4709) Verbindlichkeiten sonstige Steuern		H
		(37) (890)	9.500,00

S	(37) Steuerrückstellungen		H
(4709)	8.000,00	I EBK	8.000,00

S	(890) Steuern vom Einkommen und Ertrag		H
(4709)	1.500,00		

7.2.3 Rückstellungen für Bauinstandhaltung

„Bei Gebäuden werden in mehrjährigem Turnus Instandhaltungsmaßnahmen notwendig. Aus betriebswirtschaftlicher Sicht müssen die hierfür entstehenden Ausgaben gleichmäßig über die Perioden als Aufwendungen verteilt werden, da alle Perioden in gleicher Weise zu der Instandhaltungsnotwendigkeit beigetragen haben. Während die Anschaffungs- oder Herstellungskosten der Bewertungseinheit „Gebäude" durch planmäßige Abschreibungen über die Nutzungsdauer aufwandswirksam zu verrechnen sind, können Ausgaben für Instandhaltungsmaßnahmen durch die Bildung von Aufwandsrückstellungen nach § 249 Abs. 2 HGB periodisiert werden. Mittels dieser sog. Rückstellung für Bauinstandhaltung werden die vor einer bestimmten Instandhaltungsmaßnahme liegenden Perioden mit den ihnen zurechenbaren Erhaltungsaufwendungen belastet."*)

Rückstellungen für Bauinstandhaltung werden auf dem Konto **„(38) Rückstellungen für Bauinstandhaltung"** gebucht. Sie können z. B. für Dacherneuerungen, Erneuerungen der Heizungsanlagen und Fassadenerneuerungen gebildet werden. Das Wahlrecht für den Ansatz der Rückstellung für Bauinstandhaltung kann für jedes Gewerk gesondert in Anspruch genommen werden. Eine Wohnungsunternehmung kann für die zukünftige Dacherneuerung eines Hauses eine Rückstellung bilden, das aber sowohl für ihre anderen Häuser, als auch z. B. für die Erneuerung der Heizungsanlage im selben Haus unterlassen.

Mit der Rückstellung für ein Gewerk kann begonnen werden, wenn ein Gebäude zum bewirtschafteten Bestand hinzukommt, aber auch zu jedem späteren Zeitpunkt. Wird zu einem späteren Zeitpunkt mit der Bildung der Rückstellung für Bauinstandhaltung begonnen, so kann die Zuführung für zurückliegende Jahre nachgeholt werden. Eine einmal begonnene Rückstellung für Bauinstandhaltung unterliegt dann dem Stetigkeitsgebot (§ 252 Abs. 1 Nr. 6 HGB). Das heißt die Zuführung muss in den folgenden Jahren (bis zur Durchführung der Instandhaltungsmaßnahme) im gleichen Maßstab fortgesetzt werden. Die Rückstellungen für Bauinstandhaltung sind (wie alle Rückstellungen) zweckgebunden, d. h., sie dürfen nur für die konkrete Maßnahme, für die sie gebildet wurden, in Anspruch genommen werden. Eine Auflösung ist jedoch möglich (und zwingend vorzunehmen), wenn das Gebäude z. B. durch Verkauf oder Abbruch aus dem Bestand ausscheidet.

Der zu erwartende Instandhaltungsaufwand kann mittels eines mehrjährigen Instandhaltungsplanes für jedes Gewerk gesondert auf Basis der Preisverhältnisse am Bilanzstichtag geschätzt werden. Es sind nach Ansicht des immobilienwirtschaftlichen Fach-

*) aus dem Fachgutachten des immobilienwirtschaftlichen Fachausschusses des IDW (Institut der Wirtschaftsprüfer) zur Rückstellung für Bauinstandhaltung von Wohngebäuden

ausschusses des IDW aus Vereinfachungsgründen auch pauschale Bewertungsverfahren (z. B. pro m² Wohnfläche) zulässig.

Beispiel zur Bildung einer Rückstellung für Bauinstandhaltung

Die Dacherneuerung für ein Mietwohnhaus hat am Ende des Jahres 00 stattgefunden. Der Intervallzeitraum für eine Dacherneuerung beträgt bei der technischen Beschaffenheit des Daches 25 Jahre. Am Ende des Jahres 01 soll mit der Bildung einer Rückstellung für Bauinstandhaltung für die nächste Dacherneuerung begonnen werden. Die voraussichtlichen Aufwendungen dafür betragen nach dem Preisstand am Bilanzstichtag 125.000,00 €. Am Ende des Jahres 01 wird 1/25 von 125.000,00 €, also 5.000,00 € (der auf das Jahr entfallende Aufwand für die Dacherneuerung im Jahre 30) zurückgestellt werden.

Da bei der Einstellung in die Rückstellungen für Bauinstandhaltung noch kein akuter Instandhaltungsbedarf vorliegt, wird der Aufwand nicht in der Gruppe „[80] Hausbewirtschaftung“ (Konten 805 bis 808) gebucht, sondern auf dem Konto „(858) Zuführung zu den Rückstellungen für Bauinstandhaltung“ in der Gruppe „[85] Sonstige betriebliche Aufwendungen“.

(858)	Zuführung zu den Rückstellungen für Bauinstandhaltung	5.000,00 €	
	an (38) Rückstellungen für Bauinstandhaltung		5.000,00 €

Kontenabschluss

(982)	GuV-Konto	5.000,00 €	
	an (858) Zuführung zu den Rückstellungen für Bauinstandhaltung		5.000,00 €
(38)	Rückstellungen für Bauinstandhaltung	5.000,00 €	
	an (989) Schlussbilanzkonto		5.000,00 €

Kontendarstellung:

S	(858) Zuführung zur Rückstellung für Bauinstandhaltung		H
(38)	5.000,00	IV GuV	5.000,00
	5.000,00		5.000,00

S	(38) Rückstellungen für Bauinstandhaltung		H
IV SBK	5.000,00	(858)	5.000,00
	5.000,00		5.000,00

S	(982) GuV-Konto		H
(858)	5.000,00		

S	(989) Schlussbilanzkonto		H
		(38)	5.000,00

Zu Beginn des Jahres 02 wird das Rückstellungskonto wieder eröffnet.

(980)	Eröffnungsbilanzkonto	5.000,00 €	
	an (38) Rückstellungen für Bauinstandhaltung		5.000,00 €

Am Ende des Jahres 02 würde die Maßnahme durch Preissteigerungen 130.000,00 € kosten. Es dürfen jetzt insgesamt 2/25 von nunmehr 130.000,00 €, also 10.400,00 € zurückgestellt sein. Die Rückstellung enthält aus dem Vorjahr bereits 5.000,00 €. Der Rest, 5.400,00 €, wird im Jahr 02 der Rückstellung zugeführt. (Auf diese Art wird Jahr für Jahr die Preissteigerung auch für die bereits vergangenen Jahre berücksichtigt.)

(858)	Zuführung zu den Rückstellungen für Bauinstandhaltung	5.400,00 €	
	an (38) Rückstellungen für Bauinstandhaltung		5.400,00 €

Kontenabschluss

(982)	GuV-Konto	5.400,00 €	
	an (858) Zuführung zu den Rückstellungen für Bauinstandhaltung		5.400,00 €
(38)	Rückstellungen für Bauinstandhaltung	10.400,00 €	
	an (989) Schlussbilanzkonto		10.400,00 €

In dieser Weise wird die Rückstellung für Bauinstandhaltung fortgeführt. Die Ermittlungsmethode des jährlich zuzuführenden Betrages unterliegt dem Stetigkeitsgebot. Soll sie in Ausnahmefällen geändert werden, so ist das im Anhang zum Jahresabschluss zu vermerken.

Kontendarstellung:

S (858) Zuführung zur Rückstellung für Bauinstandhaltung H

S		H	
(38)	5.400,00	IV GuV	5.400,00
	5.400,00		5.400,00

S (38) Rückstellungen für Bauinstandhaltung H

S		H	
IV SBK	10.400,00	I EBK	5.000,00
		(858)	5.400,00
	10.400,00		10.400,00

S (982) GuV-Konto H

S		H	
(858)	5.400,00		

S (989) Schlussbilanzkonto H

S		H	
		(38)	10.400,00

Die Inanspruchnahme einer Rückstellung für Bauinstandhaltung wird auf dem Konto „(668) Verbrauch der Rückstellung für Bauinstandhaltung“ in der Gruppe „[66] Sonstige betriebliche Erträge“ erfasst. (Sie kann auch mit den tatsächlich angefallenen Instandhaltungsausgaben der Periode verrechnet werden. Da die tatsächlich angefallenen Instandhaltungsausgaben dann nicht in ihrer vollen Höhe ausgewiesen werden, ist die erstgenannte Methode vorzuziehen.)

Beispiel zur Inanspruchnahme einer Rückstellung für Bauinstandhaltung

Im Jahr 25 wird wie geplant das Dach erneuert. Die Rückstellung enthält zu Beginn des 25. Jahres aufgrund der Preissteigerungen seit dem 1. Jahr 185.000,00 €. Die Rechnung des Dachdeckers beläuft sich auf 188.000,00 €.

Die Rechnung wird in voller Höhe als Instandhaltungsaufwand für die Hausbewirtschaftung gebucht:

(805)	Instandhaltungskosten	188.000,00 €	
	an (44200) Verbindlichkeiten aus Bau-/Instandhaltungsleistungen – laufende Rechnungen		188.000,00 €

Die Inanspruchnahme der Rückstellung für Bauinstandhaltung erfolgt entsprechend ihrer Bildung als sonstiger betrieblicher Ertrag:

(38)	Rückstellung für Bauinstandhaltung	185.000,00 €	
	an (668) Verbrauch der Rückstellung für Bauinstandhaltung		185.000,00 €

Kontendarstellung:

S	(805) Instandhaltungskosten		H
(44200)	188.000,00		

S	(44200) Verbindlichkeiten aus Bau- u. Instandhaltungsleistungen		H
		(805)	188.000,00

S	(38) Rückstellungen für Bauinstandhaltung		H
(668)	185.000,00	I EBK	185.000,00

S	(668) Verbrauch der Rückstellung für Bauinstandhaltung		H
		(38)	185.000,00

S	*vorläufiges GuV-Konto*		*H*
(805)	*188.000,00*	*(668)*	*185.000,00*

Aus dem vorläufigen GuV-**Konto** ist zu erkennen, dass das Ergebnis im Jahr der Erneuerung des Daches nur mit 3.000,00 € belastet wird, weil der anteilige Aufwand in den Vorjahren durch die Einstellungen in die Rückstellungen für Bauinstandhaltung bereits erfolgswirksam war. Dennoch ist der tatsächliche Instandhaltungsaufwand des (laufenden) Jahres aus dem GuV-Konto zu ersehen.

(In der GuV-**Rechnung** können die tatsächlich angefallenen Instandhaltungsaufwendungen mit der Inanspruchnahme der Rückstellung für Bauinstandhaltung auch verrechnet ausgewiesen werden. Gemäß § 284 Abs. 2 Nr. 1 HGB ist im Anfang zum Jahresabschluss anzugeben, ob davon Gebrauch gemacht wurde. Dem Bruttoausweis der Instandhaltungsaufwendungen und des Ertrages aus dem Verbrauch der Rückstellung für Bauinstandhaltung ist jedoch der Vorzug zu geben.)

7.2.4 Sonstige Rückstellungen

Alle Rückstellungen, die nicht den Konten „(36) Rückstellungen für Pensionen und ähnliche Verpflichtungen“, „(37) Steuerrückstellungen“ und „(38) Rückstellungen für Bauinstandhaltung“ zuzuordnen sind, werden auf dem Konto **„(39) Sonstige Rückstellungen“** oder einem seiner Unterkonten (Ergänzung Nr. 5 im Anhang) gebucht. Dazu gehören Rückstellungen für ungewisse Verbindlichkeiten (mit Ausnahme der Pensions- und Steuerrückstellungen), für drohende Verluste aus schwebenden Geschäften, für im Geschäftsjahr unterlassene Aufwendungen für Instandhaltung und für Gewährleistungen, die ohne rechtliche Verpflichtungen erbracht werden (Kulanzleistungen).

Rückstellungen für ungewisse Verbindlichkeiten müssen gebildet werden (Passivierungspflicht). Zu den Verbindlichkeiten der Wohnungsunternehmung, die dem Grund und/oder der Höhe nach ungewiss sind, gehören die Aufwendungen für den Jahresabschluss und die Jahresabschlussprüfung, Prozessrisiken, Aufwendungen des abgelaufenen Geschäftsjahres für die Hausbewirtschaftung, die bis zum Bilanzstichtag noch nicht in Rechnung gestellt wurden, Gewährleistungen mit rechtlicher Verpflichtung, Urlaubsansprüche, evtl. noch zu tragende Kosten aus verkauften Eigentumsmaßnahmen, etc.

Die Bildung der Rückstellung erfolgt zu Lasten des entsprechenden Aufwandskontos (z. B. für die Prüfungskosten Konto „(850) Sächliche Verwaltungsaufwendungen“, für Prozesskosten für Mieterprozesse Konto „(8091) Kosten für Miet- und Räumungsklagen“, etc.):

(850)	Sächliche Verwaltungsaufwendungen	... €	
	an (39) Sonstige Rückstellungen		... €

Bei Inanspruchnahme der Rückstellung wird das Rückstellungskonto direkt gegen die Verbindlichkeit aus der eingehenden Rechnung gebucht. Ein eventueller Mehraufwand wird gegen das betreffende Aufwandskonto, ein eventueller Ertrag aus der Inanspruchnahme gegen das Konto „(662) Erträge aus der Auflösung von Rückstellungen“ gebucht. (Siehe folgendes Beispiel zur Rückstellung für unterlassene Instandhaltung.)

Drohende Verluste aus schwebenden Geschäften sind am Bilanzstichtag noch nicht realisierte Verluste, mit deren Eintritt zu rechnen ist, z. B. sich abzeichnende Verluste aufgrund einer Festpreisvereinbarung bei der Baubetreuung.

Rückstellung für unterlassene Instandhaltung

Die Bildung einer Rückstellung für unterlassene Instandhaltung setzt voraus, dass im abgelaufenen Geschäftsjahr ein Instandhaltungsanlass bestand (z. B. ein nicht durch eine Versicherung gedeckter Sturmschaden an einem Dach), die Maßnahme nicht durchgeführt wurde (Wetter, Terminschwierigkeiten des Handwerkers, etc.) und dass die Arbeiten im folgenden Geschäftsjahr nachgeholt werden. Soweit die Arbeiten in den ersten drei Monaten des neuen Geschäftsjahres nachgeholt werden, besteht eine Passivierungspflicht. Erfolgt die Instandhaltung in den restlichen Monaten des neuen Geschäftsjahres, besteht ein Passivierungswahlrecht. Wird die Maßnahme noch später nachgeholt, darf keine Rückstellung gebildet werden.

Die Rückstellung für unterlassene Instandhaltung wird in der Bilanz unter den Sonstigen Rückstellungen ausgewiesen. Aufgrund der besonderen Bedeutung für die Immobilienwirtschaft sieht der Kontenrahmen und der Kontenplan dieses Buches für die Erfassung dieser Rückstellung das gesondertes Unterkonto **„(390) Rückstellungen für unterlassene Instandhaltung“** vor.

Die Zuführung zu dieser Rückstellung erfolgt über das Konto „(808) Zuführung zur Rückstellung für unterlassene Instandhaltung“ in der Gruppe „[80] Aufwendungen für die Hausbewirtschaftung“. Anders als bei der Rückstellung für Bauinstandhaltung wird die Verbindlichkeit aus der eingehenden Handwerkerrechnung direkt gegen das Rückstellungskonto gebucht. Fällt der Aufwand im kommenden Jahr höher aus, so ist dieser zusätzliche Aufwand auf dem Konto „(805) Instandhaltungskosten“ zu buchen.

Beispiel

Für einen Sturmschaden an einem Dach, der aus Witterungsgründen erst im Januar repariert werden kann, ist eine Rückstellung in Höhe von 5.000,00 € zu bilden.

Zuführung zur Rückstellung für unterlassene Instandhaltung

(808)	Zuführung zur Rückstellung für unterlassene Instandhaltung	5.000,00 €	
	an (390) Rückstellungen für unterlassene Instandhaltung		5.000,00 €

Kontenabschluss

(982)	GuV-Konto	5.000,00 €	
	an (808) Zuführung zur Rückstellung für unterlassene Instandhaltung		5.000,00 €
(390)	Rückstellungen für unterlassene Instandhaltung	5.000,00 €	
	an (989) Schlussbilanzkonto		5.000,00 €

Kontendarstellung:

S (808) Zuführung z. Rückstellung f. unterlassene Instandhaltung H

(390)	5.000,00	IV GuV	5.000,00
	5.000,00		5.000,00

S (390) Rückstellungen für unterlassene Instandhaltung H

IV SBK	5.000,00	(808)	5.000,00
	5.000,00		5.000,00

S (982) GuV-Konto H

(808)	5.000,00		

S (989) Schlussbilanzkonto H

		(390)	5.000,00

Nach Eröffnung der Konten im neuen Jahr wird die Reparatur durchgeführt.

(980)	Eröffnungsbilanzkonto	5.000,00 €	
	an (390) Rückstellungen für unterlassene Instandhaltung		5.000,00 €

Die Handwerkerrechnung geht ein. Sie beläuft sich auf

a) **5.000,00 €**

(390)	Rückstellungen für unterlassene Instandhaltung	5.000,00 €	
	an (44200) Verbindlichkeiten aus Bau-/Instandhaltungsleistungen – laufende Rechnungen		5.000,00 €

Kontendarstellung:

S (44200) Verbindlichkeiten aus Bau-/Instandhaltungsleistungen H

S		H	
		(390)	5.000,00

S (390) Rückstellungen für unterlassene Instandhaltung H

S		H	
(44200)	5.000,00	I EBK	5.000,00

b) **5.200,00 €**

Die Rückstellung wurde zu niedrig gebildet. Der zusätzliche Aufwand in Höhe von 200,00 € wird als Instandhaltungsaufwand über das Konto „(805) Instandhaltungskosten“ gebucht!

(390)	Rückstellungen für unterlassene Instandhaltung	5.000,00 €	
(805)	Instandhaltungskosten	200,00 €	
	an (44200) Verbindlichkeiten aus Bau-/Instandhaltungsleistungen – laufende Rechnungen		5.200,00 €

Kontendarstellung:

S (44200) Verbindlichkeiten aus Bau-/Instandhaltungsleistungen H

S		H	
		(390/805)	5.200,00

S (390) Rückstellungen für unterlassene Instandhaltung H

S		H	
(44200)	5.000,00	I EBK	5.000,00

S (805) Instandhaltungskosten H

S		H	
(44200)	200,00		

c) **4.500,00 €**

Die Rückstellung wurde zu hoch gebildet. Sie wird nur mit 4.500,00 € in Anspruch genommen. Der nicht für die Instandhaltungsmaßnahme benötigte Teil der Rückstellung in Höhe von 500,00 € wird erfolgswirksam aufgelöst.

(390)	Rückstellungen für unterlassene Instandhaltung	5.000,00 €	
	an (44200) Verbindlichkeiten aus Bau-/Instandhaltungsleistungen – laufende Rechnungen		4.500,00 €
	(an) (662) Erträge aus der Auflösung von Rückstellungen		500,00 €

Kontendarstellung:

S (44200) Verbindlichkeiten aus Bau-/Instandhaltungsleistungen H

S		H	
		(390)	4.500,00

S (390) Rückstellungen für unterlassene Instandhaltung H

S		H	
(44200/662)	5.000,00	I EBK	5.000,00

S (662) Erträge aus der Auflösung von Rückstellungen H

S		H	
		(390)	500,00

7.3 Übersicht

Periodengerechte Erfolgsermittlung		
Art/Konten	**vor dem Bilanzstichtag**	**nach dem Bilanzstichtag**
Aktive Rechnungsabgrenzung „(291) Andere Rechnungsabgrenzungsposten"	**Ausgabe**	**Aufwand**
Passive Rechnungsabgrenzung „(49) Passive Rechnungsabgrenzungsposten"	**Einnahme**	**Ertrag**
Sonstige Vermögensgegenstände „(259) Forderungen aus aufgelaufenen sonstigen Erträgen"	**Ertrag**	**Einnahme**
Sonstige Verbindlichkeiten „(4799) Verbindlichkeiten aus sonstigen aufgelaufenen Aufwendungen"	**Aufwand**	**Ausgabe**
Rückstellungen*) „(36) Rückstellungen für Pensionen und ähnliche Aufwendungen" „(37) Steuerrückstellungen" „(38) Rückstellungen für Bauinstandhaltung" „(39) Sonstige Rückstellungen"	**Aufwand**	**Ausgabe**

*) Anders als bei den Rechnungsabgrenzungsposten und bei den Sonstigen Vermögensgegenständen und Sonstigen Verbindlichkeiten sind bei den Rückstellungen Höhe und Zeitpunkt der Ausgabe ungewiss.

8 Bewertung von Vermögensteilen und Schulden

8.1 Allgemeine Bilanzierungs- und Bewertungsgrundsätze

Alle Vermögensteile und Schulden müssen für den Jahresabschluss zum Ende des (Geschäfts-)Jahres bewertet werden. Der Wertansatz hat unmittelbare Auswirkungen auf den Gewinn oder Verlust. Die Bewertungsvorschriften des HGB orientieren sich vordringlich am Gedanken des Gläubigerschutzes. Aus diesem Grund ist das „Vorsichtsprinzip" das wesentliche Bewertungskriterium des Handelsrechts. Vermögenswerte sind eher niedrig, Schulden eher hoch zu bewerten. Die nach den handelsrechtlichen Bewertungsvorschriften aufgestellte Bilanz ist die **Handelsbilanz.**

Um eine gerechte Besteuerung zu ermöglichen, sind u. a. auch im Einkommensteuergesetz (EStG) Bewertungsvorschriften zu finden. Grundsätzlich orientiert sich die steuerliche Bewertung an den handelsrechtlichen Vorschriften. Es gilt die Maßgeblichkeit der Handelsbilanz für die Steuerbilanz **(Maßgeblichkeitsprinzip)**, solange steuerliche Vorschriften nicht eine andere Bewertung zwingend vorschreiben. Weichen steuerliche Bewertungsvorschriften von den handelsrechtlichen ab, so führen sie in der Regel zu einem höheren Gewinn (oder geringerem Verlust), weil sie neben der „Ermittlung des Gewinns nach einheitlichen Grundsätzen" insbesondere auch der Sicherung der Einnahmen des Staates dienen sollen.

Es gibt aber auch steuerliche Bewertungsvorschriften, die aus politischen Gründen Investitionsanreize bieten sollen (wie z. B. die Abschreibungsregeln für Gebäude im § 7 Abs. 4 und 5 EStG) und die deshalb zu einer Verschlechterung des Jahresergebnisses führen, damit weniger Steuern zu zahlen sind. In diesen Fällen sind in der Regel die steuerlichen Bewertungsvorschriften auch handelsrechtlich zulässig. Man spricht dann von **„umgekehrter Maßgeblichkeit"**, weil in diesen Fällen die Steuerbilanz maßgeblich für die Handelsbilanz ist. Die nach den steuerrechtlichen Bewertungsvorschriften aufgestellte Bilanz ist die **Steuerbilanz.**

Die zu veröffentlichende Bilanz eines Unternehmens ist die Handelsbilanz. Die Steuerbilanz unterliegt keiner besonderen Form. Sie wird durch Hinzurechnungen und Kürzungen aufgrund steuerlicher Vorschriften aus der Handelsbilanz entwickelt.

Handelsrechtliche Bewertungsgrundsätze

In §§ 252 bis 256 HGB finden sich Bewertungsgrundsätze, die für alle Kaufleute (Einzelunternehmen, Personengesellschaften und Kapitalgesellschaften) gelten.

Grundsatz der Bilanzidentität

„Die Wertansätze in der Eröffnungsbilanz des Geschäftsjahrs müssen mit denen der Schlussbilanz des vorhergehenden Geschäftsjahrs übereinstimmen." (§ 252 Abs. 1 Satz 1 HGB) Vereinfacht ausgedrückt: die Schlussbilanz stimmt mit der Eröffnungsbilanz des Folgejahres überein.

Grundsatz der Unternehmensfortführung

„Bei der Bewertung ist von der Fortführung des Unternehmens auszugehen, ..." (§ 252 Abs. 1 Satz 2 HGB)

Grundsatz der Einzelbewertung und Grundsatz der Stichtagsbezogenheit

„Die Vermögensgegenstände und Schulden sind zum Abschlussstichtag einzeln zu bewerten." (§ 252 Abs. 1 Satz 3 HGB) Bewertungsvereinfachungsverfahren wie z. B. Sammelbewertungen von Rohstoffbeständen sind als Ausnahmen zulässig, wenn die Einzelbewertung nur mit unzumutbarem wirtschaftlichen Aufwand möglich wäre.

Grundsatz der Vorsicht (Vorsichtsprinzip)

„Es ist vorsichtig zu bewerten, namentlich sind alle vorhersehbaren Risiken und Verluste, die bis zum Abschlussstichtag entstanden sind, zu berücksichtigen, ... ; Gewinne sind nur zu berücksichtigen, wenn sie am Abschlussstichtag realisiert sind" (§ 252 Abs. 1 Satz 4 HGB) (Realisationsprinzip).

Das Vorsichtsprinzip ist der zentrale Bewertungsgrundsatz des Handelsrechts. Von ihm abgeleitet sind das Anschaffungswertprinzip, das Niederstwertprinzip und das Höchstwertprinzip.

Anschaffungswertprinzip

Die Anschaffungskosten (bzw. Herstellungskosten) bilden die absolute Wertobergrenze für Vermögensgegenstände in der Bilanz. Sie sind gegebenenfalls um die planmäßigen Abschreibungen zu vermindern. Auch wenn sich z. B. der Wert eines Grundstücks seit der Anschaffung verdoppelt hat, darf der Wertansatz seine Anschaffungskosten nicht übersteigen. (§ 253 Abs. 1 HGB)

Niederstwertprinzip

Am Bilanzstichtag gibt es zwei mögliche Wertansätze für Vermögensgegenstände, die Anschaffungs- bzw. Herstellungskosten (gegebenenfalls vermindert um planmäßige Abschreibungen) und den Tageswert (Börsenwert, Marktpreis, etc.). Für den Bilanzansatz ist grundsätzlich der niedrigere zu wählen. (§ 253 Abs. 2 und 3 HGB)

Beispiel

Ein unbebautes Grundstück mit Anschaffungskosten von 350.000,00 € ist nur noch 260.000,00 € wert, weil eine neue Bundesstraße an ihm vorbeiführen wird und deshalb eine Bebauung mit hochwertigen Wohnungen nicht mehr wirtschaftlich ist. Aufgrund der dauerhaften Wertminderung ist das Grundstück in der Bilanz mit dem niedrigeren Wert, 260.000,00 €, anzusetzen.

Das **Niederstwertprinzip** führt also zum Ausweis noch nicht realisierter Verluste.

Vermögensgegenstände des Umlaufvermögens müssen auf jeden Fall mit dem niedrigeren Wert bilanziert werden **(„strenges Niederstwertprinzip")**. Vermögensgegenstände des Anlagevermögens dagegen müssen nur bei dauerhaften Wertminderungen mit dem niedrigeren Wert angesetzt werden. Ist die Wertminderung voraussichtlich nur vorübergehend, so darf der niedrigere Wert angesetzt werden **(„gemildertes Niederstwertprinzip")**. Dieses Wahlrecht gilt bei Kapitalgesellschaften nur für das Finanzanlagevermögen.

Beispiel

Der Kurswert von für 2.000,00 € gekauften festverzinslichen Wertpapieren ist zum Bilanzstichtag auf 1.800,00 € gefallen. Sind die Papiere zur vorübergehenden Geldanlage gekauft worden, also als Wertpapiere des Umlaufvermögens zu bilanzieren, so dürfen sie nur mit 1.800,00 €, dem niedrigeren Wert, angesetzt werden. Wurden die Papiere dagegen zur langfristigen Erzielung von Zinseinnahmen gekauft, sind sie also als Wertpapiere des Anlagevermögens zu bilanzieren, darf auch der höhere Wert, 2.000,00 €, bilanziert werden. Kursverluste bei fest verzinslichen Wertpapieren sind in der Regel keine dauerhaften Wertminderungen.

Höchstwertprinzip

Schulden müssen mit ihrem Höchstwert bilanziert werden. (§ 252 Abs. 1 Nr. 4 HGB)

Beispiel

Aus dem Direktimport eines Computers besteht eine Verbindlichkeit über 3.000,00 $, die bei Rechnungseingang mit 3.333,33 € (Kurs 0,90 $) gebucht wurde. Am Bilanzstichtag ist der Kurs auf 0,88 $ gesunken. Die Verbindlichkeit ist nun mit 3.409,09 € zu bilanzieren. (Eine Kurssteigerung des € wäre als nicht realisierter Gewinn dagegen nicht zu berücksichtigen.)

Nicht realisierte Verluste müssen also bilanziert werden, während nicht realisierte Gewinne nicht berücksichtigt werden dürfen **(Imparitätsprinzip)**.

8.2 Bewertung des Anlagevermögens

Anlagenbuchhaltung

In der Anlagenbuchhaltung (Nebenbuchhaltung) werden die einzelnen Gegenstände des Anlagevermögens u. a. mit Bezeichnung, Standort im Betrieb, Anlagennummer, Anschaffungs- oder Herstellungsdatum, Anschaffungs- oder Herstellungskosten, voraussichtliche Nutzungsdauer, aufgelaufenen Abschreibungen und Inbetriebnahme bzw. Abschreibungsbeginn festgehalten.

Zum Anlagevermögen zählen alle Vermögensgegenstände, die dazu bestimmt sind, dem Unternehmen langfristig zu dienen (§ 247 Abs. 2 HGB). Dazu gehören nach § 266 Abs. 2 HGB

1. Immaterielle Vermögensgegenstände (individuelle Software, Lizenzen, Firmenwert, etc.)
2. Sachanlagen (bebaute und unbebaute Grundstücke, technische Anlagen und Maschinen, Betriebs- und Geschäftsausstattung, etc.)
3. Finanzanlagen (Beteiligungen, Wertpapiere des Anlagevermögens, sonstige Ausleihungen (z. B. aktive Restkaufgeldhypotheken), etc.

8.2.1 Planmäßige Abschreibungen auf das Anlagevermögen

Vermögensgegenstände sind (höchstens) mit ihren Anschaffungs- oder Herstellungskosten zu aktivieren (§ 253 Abs. 1 HGB). Zu den Anschaffungskosten von Anlagegütern gehören neben dem Anschaffungspreis alle Aufwendungen, die notwendig sind, das Anlagegut in einen betriebsbereiten Zustand zu versetzen.

	Anschaffungspreis
+	Anschaffungsnebenkosten
–	Anschaffungspreisminderungen
	Anschaffungskosten

Der **Anschaffungspreis** ist bei vorsteuerabzugsberechtigten Unternehmen der Nettopreis des Anlagegutes, da die bezahlte Vorsteuer ein durchlaufender Posten ist. Für nichtvorsteuerabzugsberechtigte Unternehmen (die Mehrzahl der Immobilienunternehmen) ist dagegen der Bruttopreis (also inkl. der gezahlten Umsatzsteuer) der Anschaffungspreis. Diese Unterscheidung gilt sinngemäß auch für die Anschaffungsnebenkosten und die Anschaffungspreisminderungen.

Anschaffungsnebenkosten sind alle Aufwendungen, die bei oder nach der Anschaffung des Anlagegutes anfallen. Dazu gehören Anschaffungsnebenkosten beim Erwerb von Grundstücken, wie Notar- und Gerichtskosten, Maklercourtage, etc. ebenso, wie die Kosten der Überführung und Zulassung von Kraftfahrzeugen oder die Transport- und Fundamentierungskosten einer Fertigungsmaschine.

Anschaffungspreisminderungen sind alle Preisnachlässe für das Anlagegut wie z. B. Rabatte und Skonti, aber auch die nachträglich gewährten Boni.

Erstellt die Unternehmung ein Anlagegut selbst, so treten an die Stelle der Anschaffungskosten die **Herstellungskosten.** Bei Immobilienunternehmen wird es sich dabei i. d. R. um die Erstellung von Bauten des Anlagevermögens handeln.

Die Nutzung vieler Gegenstände des Anlagevermögens ist entweder aufgrund von Abnutzung und Alterung oder durch Vertrag (z. B. bei Nutzungsrechten wie Lizenzen) zeitlich begrenzt. Der dadurch entstehende Wertverlust ist durch **„planmäßige"** Abschreibungen in der Buchhaltung zu erfassen (§ 253 Abs. 2 HGB). Die planmäßigen Abschreibungen werden so bemessen, dass die Anschaffungs- oder Herstellungskosten nach einem den Grundsätzen ordnungsmäßiger Buchführung entsprechenden Plan auf die Geschäftsjahre verteilt werden, in denen die Gegenstände voraussichtlich genutzt werden. Die Finanzverwaltung hat so genannte „amtliche AfA*-Tabellen" herausgegeben, in denen die durchschnittliche Nutzungsdauer für viele unterschiedliche Wirtschaftsgüter aufgeführt sind. Diese Tabellen dienen auch für die handelsrechtlichen Abschreibungen als Anhaltspunkt. Aufgrund betrieblicher Erfordernisse kann jedoch von ihnen abgewichen werden. So zum Beispiel, wenn der Dienst-Pkw des Vorstandes in einer Wohnungsunternehmung üblicherweise 4 Jahre und nicht wie in den AfA-Tabellen vorgesehen 6 Jahre genutzt wird.

Jeder Posten des abnutzbaren Anlagevermögens wird dafür in einen Abschreibungsplan aufgenommen, nach dem die Abschreibung vorzunehmen ist. Traditionell werden die Abschreibungen jährlich im Rahmen von „III vorbereitende Abschlussbuchungen" vorgenommen. Zur Verbesserung der zunehmend durchgeführten monatlichen oder quartalsweisen kurzfristigen Erfolgsrechnung werden Abschreibungen zeitanteilig auch in diesen Intervallen gebucht.

Die Abschreibungen sind für das Unternehmen Aufwand (auch wenn ihnen keine Ausgabe zugrunde liegt). Sie mindern den Gewinn und (da sie nach § 7 EStG auch steuerrechtlich vorzunehmen sind) die Steuerschuld.

8.2.1.1 Abschreibungsmethoden

Eine genaue Ermittlung der Wertminderungen eines Anlagegegenstandes ist i. d. R. mit angemessenem Aufwand nicht möglich. Sie sind z. B. aufgrund unterschiedlicher Nutzung oder der Marktverhältnisse nicht Jahr für Jahr gleich groß. Zur Vereinfachung der Ermittlung werden die Anschaffungs- oder Herstellungskosten mittels verschiedener

---

*) Die auch handelsrechtlich bzw. betriebswirtschaftlich üblich gewordene Abkürzung „AfA" für die Abschreibung stammt von der steuerrechtlichen Bezeichnung „Absetzung für Abnutzung".

Methoden auf die vermutete Nutzungsdauer verteilt, so dass am Ende der Nutzungsdauer der Wert in den Büchern der Buchhaltung **(Buchwert)** Null ist.

Die gebräulichsten Methoden sind die **lineare** und die **degressive** Abschreibungsmethode.

Die lineare Abschreibung

Bei der linearen Abschreibung werden die Anschaffungs- oder Herstellkosten gleichmäßig auf die Jahre der Nutzungsdauer verteilt. Der jährlich gleichbleibende Abschreibungsbetrag ermittelt sich aus der Formel

$$\text{Abschreibungsbetrag} = \frac{\text{Anschaffungs- bzw. Herstellkosten}}{\text{Nutzungsdauer}}$$

Der jährliche Abschreibungsbetrag kann auch durch die Anwendung eines gleichbleibenden Prozentsatzes auf die Anschaffungs- oder Herstellungskosten ermittelt werden. Der Prozentsatz ergibt sich aus der Formel

$$\text{Abschreibungsprozentsatz} = \frac{100}{\text{Nutzungsdauer}}$$

Die lineare Ermittlung der Abschreibungsbeträge ist handels- und steuerrechtlich für alle abnutzbaren Gegenstände des Anlagevermögens zulässig.

Beispiel
Für einen Personalcomputer bezahlt eine Wohnungsunternehmung 1.200,00 € (Netto-Einkaufspreis) + 180,00 € (Umsatzsteuer) = 1.380,00 € (Brutto-Einkaufspreis) zuzüglich 120,00 € Rollgeld. Die Anschaffungskosten des PC betragen also 1.500,00 €. (Für ein vorsteuerabzugsberechtigtes Unternehmen betrügen die Anschaffungskosten nur 1.320,00 €!) Der PC hat eine voraussichtliche Nutzungsdauer von 5 Jahren. Der lineare Abschreibungsprozentsatz beträgt 20 % (100 : 5). Der jährliche Abschreibungsbetrag beträgt also 300,00 € (20 % von 1.500,00 € oder 1.500,00 € : 5 Jahre).

Für den PC ergibt sich daraus folgender Abschreibungsplan

	Anschaffungskosten	1.500,00 €
–	Abschreibung für das erste Jahr	300,00 €
	Buchwert am Ende des 1. Jahres	1.200,00 €
–	Abschreibung für das zweite Jahr	300,00 €
	Buchwert am Ende des 2. Jahres	900,00 €
–	Abschreibung für das dritte Jahr	300,00 €
	Buchwert am Ende des 3. Jahres	600,00 €
–	Abschreibung für das vierte Jahr	300,00 €
	Buchwert am Ende des 4. Jahres	300,00 €
–	Abschreibung für das fünfte Jahr	300,00 €
	Buchwert am Ende des 5. Jahres	0,00 €

Am Ende der voraussichtlichen Nutzungsdauer beträgt der Buchwert des PC also 0,00 €. Man sagt: er ist (vollständig) „abgeschrieben".

Oft wird ein abgeschriebenes Anlagegut mit 1,00 € Erinnerungswert in der Finanz- (oder Haupt-)buchhaltung fortgeführt, wenn es über den Abschreibungszeitraum hinaus im Unternehmen genutzt wird. In diesem Fall wird im letzten Abschreibungsjahr der Abschreibungsbetrag um 1,00 € gekürzt.

Die (geometrisch-)degressive Abschreibung*

Der Wertverlust vieler Gegenstände des Anlagevermögens ist in den ersten Jahren besonders hoch. Ein Pkw verliert z. B. bereits durch die erste Zulassung deutlich an Wert. Dem trägt die degressive Abschreibung Rechnung, bei der die Abschreibungsbeträge in den ersten Nutzungsjahren höher sind als bei der linearen Abschreibung. Der Abschreibungsbetrag wird bei ihr vom Buchwert des Anlagegutes ermittelt. Dieser stimmt nur im ersten Jahr mit den Anschaffungs- oder Herstellkosten überein. Dadurch ergeben sich von Jahr zu Jahr fallende Abschreibungsbeträge. Damit die Abschreibungsbeträge in den ersten Jahren höher sind als bei der linearen AfA, muss der Abschreibungsprozentsatz der degressiven AfA höher als der der linearen Abschreibung sein. Nach § 7 Abs. 2 EStG darf für Wirtschaftsgüter, die nach dem 31.12.2000 angeschafft wurden, der Prozentsatz maximal zweimal so hoch sein wie der lineare Prozentsatz, jedoch 20 % nicht übersteigen (bei Wirtschaftsgütern, die vor dem 1.01.2001 angeschafft wurden, 30 % bzw. dreimal so hoch). Damit bringt die degressive AfA nur noch Vorteile bei Wirtschaftsgütern, deren Nutzungsdauer mehr als 5 Jahre beträgt. Diese steuerliche Regel wird üblicherweise auch für die Handelsbilanz angewandt. Für die Jahre 2006 und 2007 sind die Grenzen wieder auf die alten Werte (30 % bzw. dreimal so hoch wie der lineare Prozentsatz) hochgesetzt worden. Zurzeit bringt die degressive AfA wieder Vorteile bei Wirtschaftsgütern, deren Nutzungsdauer mehr als 3 Jahre beträgt.

Die degressive AfA ist nur für bewegliche Anlagegüter zulässig (§ 7 Abs. 2 EStG).

Beispiel

Für eine im Januar 2005 angeschaffte Werkzeugmaschine für den Regiebetrieb bezahlt eine Wohnungsunternehmung 1.260,50 € (Netto-Einkaufspreis) + 239,50 € (19 % Umsatzsteuer) = 1.500,00 € (Brutto-Einkaufspreis) zuzüglich 108,00 € Rollgeld. Die Anschaffungskosten der Maschine betragen also 1.500,00 €. (Für ein vorsteuerabzugsberechtigtes Unternehmen betrügen die Anschaffungskosten nur 1.260,50 €!) Die Maschine hat eine voraussichtliche Nutzungsdauer von 8 Jahren. Der lineare Abschreibungsprozentsatz beträgt 12,5 % (100:8). Der degressive Abschreibungsprozentsatz beträgt dann 20 % (2 x linearer Prozentsatz, aber: maximal 20 %). Der Abschreibungsbetrag beträgt am Ende des 1. Jahres 300,00 € (20 % von 1.500,00 €). Der Abschreibungsbetrag für das zweite Jahr beträgt dann 240,00 € (20 % vom Buchwert am Ende des 1. Jahres).

Für die Maschine ergibt sich daraus folgender Abschreibungsplan:

Anschaffungskosten	1.500,00
Afa am Ende des 1. Jahres›	300,00
Buchwert am Ende des 1. Jahres	1.200,00
Afa am Ende des 2. Jahres	240,00
Buchwert am Ende des 2. Jahres	960,00
Afa am Ende des 3. Jahres	192,00
Buchwert am Ende des 3. Jahres	768,00
Afa am Ende des 4. Jahres**	154,00
Buchwert am Ende des 4. Jahres	614,00
Afa am Ende des 5. Jahres	123,00
Buchwert am Ende des 5. Jahres	491,00
Afa am Ende des 6. Jahres	99,00
Buchwert am Ende des 6. Jahres	392,00
Afa am Ende des 7. Jahres	79,00
Buchwert am Ende des 7. Jahres	313,00
Afa am Ende des 8. Jahres	63,00
Buchwert am Ende des 8. Jahres	250,00

*) Im Folgenden wie üblich kurz „degressive Abschreibung" genannt.

**) AfA-Beträge werden i. d. R. auf volle € aufgerundet.

Die fallenden Abschreibungsbeträge führen am Ende der Nutzungsdauer nicht wie bei der linearen AfA automatisch zu einem Restbuchwert von Null. Das Steuerrecht erlaubt jedoch bei Anwendung der degressiven Abschreibungsmethode einen Wechsel zur linearen Rest-AfA. Nicht gesetzlich geregelt ist der Zeitpunkt. Es gibt jedoch einen (und nur einen) wirtschaftlich optimalen Zeitpunkt zum Wechsel. Er wird vollzogen, wenn der Abschreibungsbetrag durch den Methodenwechsei größer wird, als er bei Fortsetzung der degressiven AfA wäre.

Das folgende Beispiel zeigt in einer Gegenüberstellung die lineare AfA, die degressive AfA und den Methodenwechsel.

Eine in 2005 angeschaffte Straßenkehrmaschine mit Anschaffungskosten von 40.000,00 € wird voraussichtlich 8 Jahre genutzt. Der lineare AfA-Prozentsatz beträgt also 12,5 % (100 : 8). Der jährlich abzuschreibende Betrag von 5.000,00 € ergibt am Ende des 8. Jahres einen Restbuchwert von 0,00 €.

Der höchstzulässige degressive AfA-Prozentsatz beträgt 20 % (2 x linearer Prozentsatz, aber: maximal 20 %). Für den Methodenwechsel ist die lineare Rest-AfA zu ermitteln. Diese erhält man, wenn man den Restbuchwert des vorangegangenen Jahres durch die Restnutzungsdauer teilt. (Am Ende des ersten Jahres sind lineare Rest-AfA und lineare AfA gleich.) Ist der sich ergebende AfA-Betrag größer als der degressive, erfolgt der Wechsel. Für die restliche Nutzungsdauer wird am Ende eines jeden Jahres der so ermittelte lineare Rest-AfA-Betrag abgeschrieben. (Eventuell muss im letzten Jahr ein Euro mehr oder weniger abgeschrieben werden, um den Buchwert auf Null zu bringen.)

	lineare Afa	**degressive Afa**	**Ermittlung der linearen Rest-Afa**	**Wechsel auf lineare Rest-Afa**
Anschaffungskosten	**40.000,00**	**40.000,00**		
Afa am Ende des 1. Jahres	**5.000,00**	**8.000,00**	40.000 : 8	5.000,00
Buchwert am Ende des 1. Jahres	**35.000,00**	**32.000,00**		
Afa am Ende des 2. Jahres	**5.000,00**	**6.400,00**	32.000 : 7	4.572,00
Buchwert am Ende des 2. Jahres	**30.000,00**	**25.600,00**		
Afa am Ende des 3. Jahres	**5.000,00**	**5.120,00**	25.600 : 6	4.267,00
Buchwert am Ende des 3. Jahres	**25.000,00**	**20.480,00**		
Afa am Ende des 4. Jahres	**5.000,00**	**4.096,00**	20.480 : 5	4.096,00
Buchwert am Ende des 4. Jahres	**20.000,00**	**16.384,00**		
Afa am Ende des 5. Jahres	**5.000,00**	3.277,00	16.384 : 4	**4.096,00**
Buchwert am Ende des 5. Jahres	**15.000,00**	13.107,00		**12.288,00**
Afa am Ende des 6. Jahres	**5.000,00**	2.622,00		**4.096,00**
Buchwert am Ende des 6. Jahres	**10.000,00**	10.485,00		**8.192,00**
Afa am Ende des 7. Jahres	**5.000,00**	2.097,00		**4.096,00**
Buchwert am Ende des 7. Jahres	**5.000,00**	8.388,00		**4.096,00**
Afa am Ende des 8. Jahres	**5.000,00**	1.678,00		**4.096,00**
Buchwert am Ende des 8. Jahres	**0,00**	6.710,00 €		0,00

Der Wechsel von der degressiven zur linearen Rest-AfA erfolgt, wenn der Rest-AfA-Betrag größer ist als der degressive AfA-Betrag. In diesem Beispiel wird also im 5. Jahr gewechselt (oder im 4. Jahr, da in diesem Jahr der degressive und der lineare Rest-AfA-Betrag gleich hoch sind).

Die degressive AfA ist steuerlich nur für bewegliche Wirtschaftsgüter des Anlagevermögens zulässig und ist auch handelsrechtlich nur für diese üblich. (Die in § 7 Abs. 5 EStG geregelte degressive Gebäude-Afa ist keine geometrisch-degressive AfA. Die fallenden Abschreibungsbeträge kommen bei ihr durch Anwendung gestaffelt fallender AfA-Prozentsätze auf den Anschaffungswert zustande.)

8.2.1.2 Besonderheiten im Jahr der Anschaffung „bzw. des Ausscheidens" eines Wirtschaftsgutes

Im Jahr der Anschaffung muss die Abschreibung grundsätzlich und unabhängig von der Abschreibungsmethode **zeitanteilig** („pro rata temporis") für die Dauer der Nutzung im ersten Jahr vorgenommen werden. Die Ermittlung des Abschreibungsbetrages erfolgt monatsgenau, wobei angefangene Monate i. d. R. mitgezählt werden. Eine Ausnahme bilden Gebäude, die nach § 7 Abs. 5 EStG (degressive Gebäude-AfA) abgeschrieben werden. Für sie wird auch im Jahr der Anschaffung bzw. Fertigstellung unabhängig vom Anschaffungszeitpunkt der volle Jahresbetrag abgeschrieben. Dieser steuerliche Abschreibungsbetrag kann auch handelsrechtlich angesetzt werden (§ 254 HGB).

Beispiele

Wird der PC mit den 1.500,00 € Anschaffungskosten am 2. April gekauft, so können am Ende des ersten Jahres 225,00 € abgeschrieben werden (300,00 € AfA für ein ganzes Jahr : 12 Monate x 9 Monate).

Wird der PC mit den 1.500,00 € Anschaffungskosten am 30. November gekauft, so können am Ende des ersten Jahres 50,00 € abgeschrieben werden (300,00 € AfA für ein ganzes Jahr : 12 Monate x 2 Monate).

Im Jahr des Ausscheidens eines Wirtschaftsgutes muss unabhängig von der Abschreibungsmethode eine zeitanteilige Abschreibung für die Dauer der Nutzung im Abgangsjahr vorgenommen werden. Das gilt auch für Gebäude, die nach § 7 Abs. 5 EStG (degressive Gebäude-AfA) abgeschrieben werden. Die Ermittlung des Abschreibungsbetrages erfolgt monatsgenau, wobei angefangene Monate i. d. R. mitgezählt werden.

8.2.1.3 Besonderheiten bei der Abschreibung auf Gebäude

Die Abschreibungssätze ergeben sich in der Regel aus der (geplanten) Nutzungsdauer eines Vermögensgegenstandes. Die besonderen sozialpolitischen Aspekte des Wohnungsbaues und die herausragende Bedeutung der gesamten Bautätigkeit für die Konjunktur hat zu diversen steuerlichen Sonderregelungen für die Abschreibung von Gebäuden geführt, die sich nicht an der zeitlichen Nutzung der Gebäude orientieren, sondern einen besonderen Anreiz zur Errichtung von Wohn- und Geschäftsbauten bieten sollen. Diese steuerlichen Regelungen finden sich insbesondere im § 7 Abs. 4 und 5 EStG. Diese und andere steuerliche Abschreibungserleichterungen dürfen auch handelsrechtlich angewendet werden (§ 254 HGB). Obwohl die steuerlichen Abschreibungsregeln für Gebäude in der Immobilienwirtschaft naturgemäß von besonderer Bedeutung sind, beschränkt sich dieses Buch auf die folgende Übersicht der Regelungen des § 7 Abs. 4 und 5, da lediglich die Ermittlung der Abschreibungsbeträge Unterschiede zu den handelsrechtlichen Abschreibungsmethoden aufweist, die ermittelten Beträge jedoch auf gleiche Weise gebucht werden.

Die geometrisch-degressive Abschreibung ist bei Gebäuden steuerlich nicht zulässig und handelsrechtlich nicht üblich. Die **„degressive Gebäude-AfA"** des **§ 7 Abs. 5 EStG** beruht auf im Gesetz festgelegten, in Intervallen fallenden Abschreibungssätzen, die auf die Anschaffungs- oder Herstellungskosten angewendet werden. Die sich daraus ergebenden Abschreibungsbeträge sinken in diesen festgelegten zeitlichen Abständen (und nicht kontinuierlich, wie bei der (geometrisch-)degressiven Abschreibung. Diese Abschreibung ist für Gebäude, deren Bauantrag oder Kaufvertrag nach dem 31.12.2005 gestellt bzw. abgeschlossen wurde, abgeschafft.

Übersicht über die lineare und degressive Gebäude-AfA nach § 7 EStG

Wirtschaftsgebäude

	linear		degressiv Staffel 85
Voraussetzungen	Betriebsvermögen; keine Wohnzwecke: Bauantrag nach dem 31.03.1985 Anschaffung oder Bauantrag		Betriebsvermögen; keine Wohnzwecke: Bauantrag **nach** dem 31.03.1985 und **vor** dem 01.01.1994
Afa-Satz	vor dem 31.12.00 **4 %**	nach dem 31.12.00 **3 %**	**4 x 10 %** **3 x 5 %** **18 x 2,5 %**
Bemessungs-grundlage	AK/HK		AK/HK
Personenkreis	Erwerber/ Bauherr		Bauherr/ ggf. Erwerber
Afa im Erstjahr	zeitanteilig		voll

alle anderen Gebäude

linear		degressiv Staffel 65/77*)	Staffel 81	Staffel 89	Staffel 96	Staffel 04
fertig gestellt		Bauantrag/ Kaufvertrag	Bauantrag/ Kaufvertrag	Wohnzwecke Bauantrag/ Kaufvertrag	Bauantrag/ Kaufvertrag	Bauantrag/ Kaufvertrag
vor 01.01.25	nach 31.12.24	vor dem 30.07.81	nach dem 29.07.81 und vor dem 01.01.95	nach dem 28.02.89	nach dem 31.12.95	nach dem 31.12.03
2,5 %	**2 %**	**12 x 3,5 %** **20 x 2 %** **18 x 1 %**	**8 x 5 %** **6 x 2,5 %** **36 x 1,25 %**	**4 x 7 %** **6 x 5 %** **6 x 2 %** **24 x 1,25 %**	**8 x 5 %** **6 x 2,5 %** **36 x 1,25 %**	**10 x 4 %** **8 x 2,5 %** **32 x 1,25 %**
AK/HK		HK/AK				
Erwerber/ Bauherr		Bauherr/ggf. Erwerber				
zeitanteilig		voll				

*) vom 08.05.1973 bis 01.09.1977 war die degressive Gebäude-AfA ausgeschlossen

8.2.1.4 Abschreibung geringwertiger Wirtschaftsgüter

„Geringwertige Wirtschaftsgüter" (GWG) können nach § 6 Abs. 2 EStG im Jahr der Anschaffung des Wirtschaftsguts in voller Höhe als Betriebsausgaben abgesetzt (abgeschrieben) werden. Handelsrechtlich kann genauso verfahren werden (§ 254 HGB). Dieses Wahlrecht wird in der Praxis handels- und steuerrechtlich überwiegend in Anspruch genommen.

Geringwertige Wirtschaftsgüter GWG müssen

1. zum beweglichen abnutzbaren Anlagevermögen gehören,
2. einer selbstständigen Nutzung fähig sein,
3. aus einem besonderen Verzeichnis oder aus der Buchführung ersichtlich sein

und

4. ihre Anschaffungs- oder Herstellungskosten, vermindert um einen darin enthaltenen Vorsteuerbetrag, dürfen für das einzelne Wirtschaftsgut 410,00 € lt. Gesetz zur Umrechnung und Glättung steuerlicher Euro-Beträge (Steuerglättungsgesetz – StEuglG) nicht übersteigen.

Zu 1. bewegliches abnutzbares Anlagevermögen

Immaterielle Wirtschaftsgüter (z. B. Software) gehören grundsätzlich nicht zu den beweglichen Wirtschaftsgütern. (Ausnahme: Trivial-Programme [Standard-Anwendersoftware] sind abnutzbare bewegliche und selbstständig nutzbare Wirtschaftsgüter [R 31 a Abs. 1 Satz 2 EStR 1993] und können somit als GWG abgeschrieben werden.)

Zu 2. selbstständige Nutzungsfähigkeit

Eine zusätzlich für 250,00 € gekaufte, in einen Personalcomputer mit Anschaffungskosten von 2.500,00 € eingebaute Festplatte ist nicht selbstständig nutzungsfähig und somit kein GWG.

Zu 3. Höchstgrenze der AK/HK von 410,00 €

Es ist stets vom tatsächlich gezahlten Netto-Einkaufspreis auszugehen. Ob der Vorsteuerbetrag umsatzsteuerrechtlich abziehbar ist oder nicht, spielt in diesem Fall keine Rolle (R 86 Abs. 5 EStR 1993). Ein Organizer, der netto 410,00 € und brutto bei 16 % Mehrwertsteuer 475,60 € kostet, ist also ein GWG. Ein vorsteuerabzugsberechtigtes Unternehmen aktiviert den Organizer mit 410,00 € Anschaffungskosten, ein nichtvorsteuerabzugsberechtigtes Immobilienunternehmen dagegen mit 475,60 €. Entsprechend kann ersteres 410,00 € und letzteres 475,60 € im Jahr der Anschaffung, abschreiben.

Zu 4. besonderes, laufend zu führendes Verzeichnis

Geringwertige Wirtschaftsgüter müssen unter Angabe des Tages der Anschaffung oder Herstellung und der Anschaffungs- oder Herstellungskosten in einem besonderen, laufend zu führenden Verzeichnis aufgeführt werden. Das kann ein besonderes Konto des Hauptbuches sein, aus dem diese Angaben ersichtlich sind.

Beispiel

Ein nicht vorsteuerabzugsberechtigtes Immobilienunternehmen kauft ein Faxgerät für 390,00 € zuzüglich 16 % Umsatzsteuer 62,40 €. Das Faxgerät wird mit 452,40 € aktiviert. Diese 452,40 € dürfen am Ende des Jahres unabhängig von der Nutzungsdauer und vom Anschaffungszeitpunkt abgeschrieben werden.

Wird das Faxgerät von einem vorsteuerabzugsberechtigten Betreuungsunternehmen gekauft, so wird es mit 390,00 € aktiviert. Die 62,40 € Umsatzsteuer werden als Vorsteuer(-forderung) gebucht. Am Jahresende können 390,00 € abgeschrieben werden.

Die im Jahr der Anschaffung oder Herstellung in voller Höhe abgeschriebenen GWG brauchen nicht in das besondere Verzeichnis aufgenommen bzw. auf das besondere Konto Geringwertige Wirtschaftsgüter bis 410,00 € (800,00 DM) gebucht zu werden, wenn die

Anschaffungs- bzw. Herstellungskosten vermindert um einen darin enthaltenen Vorsteuerbetrag, für das einzelne Wirtschaftsgut nicht mehr als 51,13 €* (100,00 DM) betragen (R 31 Abs. 3 EStR 1993). In der Praxis ist es üblich, die GWG bis 51,13 € (100,00 DM) direkt auf ein entsprechendes Aufwandskonto (z. B. „Bürobedarf") zu buchen, auch wenn es sich z. B. um einen langfristig zu nutzenden Taschenrechner handelt.

8.2.1.5 Buchung der Abschreibungen

Für die Abschreibungen auf das Anlagevermögen sieht der Kontenrahmen der Immobilienwirtschaft in der Gruppe „[84] Abschreibungen" das Konto „(840) Abschreibungen auf immaterielle Vermögensgegenstände des Anlagevermögens und Sachanlagen sowie auf aktivierte Aufwendungen für die Ingangsetzung und Erweiterung des Geschäftsbetriebes (außer Sonderabschreibungen gemäß § 254 HGB)", im Folgenden kurz **„(840) Abschreibungen auf Sachanlagen"**, vor. Für die betriebliche Praxis sieht der Kontenrahmen umfangreiche Unterkonten für die Abschreibungen unterschiedlicher Vermögensgegenstände vor, auf die in diesem Zusammenhang nicht eingegangen werden.

Die Buchung der Abschreibungen erfolgt gegen das jeweilige Bestandskonto, auf dem der abzuschreibende Vermögensgegenstand gebucht ist.

Beispiel

In einer Wohnungsunternehmung ist am 31.12. die Abschreibung für einen am 17. Mai d. J. gekauften Personalcomputer, Anschaffungskosten 4.200,00 €, voraussichtliche Nutzungsdauer 3 Jahre, lineare Abschreibung, zu buchen. Die Vereinfachungsregel ist in Anspruch zu nehmen.

(840) Abschreibungen auf Sachanlagen 1.400,00 €
an (05) Andere Anlagen, Betriebs- und Geschäftsausstattung 1.400,00 €

Abschluss der Konten

(982) GuV-Konto 1.400,00 €
an (840) Abschreibungen auf Sachanlagen 1.400,00 €

(989) Schlussbilanzkonto 2.800,00 €
an (05) Andere Anlagen, Betriebs- und Geschäftsausstattung 2.800,00 €

S	(05) Andere Anlagen, Betriebs- und Geschäftsausstattung		H
(44219)	4.200,00	III (840)	1.400,00
		IV SBK	2.800,00
	4.200,00		4.200,00

S	(840) Abschreibungen auf Sachanlagen		H
III (05)	1.400,00	IV GuV	1.400,00
	1.400,00		1.400,00

S	(989) Schlussbilanzkonto		H
(05)	2.800,00		

S	(982) GuV-Konto		H
(840)	1.400,00		

* Bisher nur in DM festgesetzt; eine Glättung ist jedoch zu erwarten.

Hauptbuch:

8.2.2 Außerplanmäßige Abschreibungen auf das Anlagevermögen

Sowohl bei zeitlich begrenzt nutzbaren (also z. B. abnutzbaren) als auch zeitlich nicht begrenzt nutzbaren Gegenständen des Anlagevermögens sind „außerplanmäßige" Abschreibungen möglich, wenn ihnen am Abschlussstichtag ein niedrigerer Wert beizulegen ist. Ist die Wertminderung von Dauer, so **muss** die außerplanmäßige Abschreibung vorgenommen werden. Ist die Wertminderung voraussichtlich vorübergehend, so **kann** die außerplanmäßige Abschreibung vorgenommen werden (**Niederstwertprinzip** – § 253 Abs. 2 Satz 3 HGB).

Die „außerplanmäßigen" Abschreibungen werden bei zeitlich begrenzt nutzbaren Gegenständen des Anlagevermögens neben den planmäßigen vorgenommen.

Ein niedrigerer beizulegender Wert kann wirtschaftlich (technischer Fortschritt, Wechsel im Käufergeschmack, Änderung der Absatzstruktur, etc.) oder technisch (Brand, Unwetter, Explosion, unsachgemäße Bedienung, etc.) bedingt sein. So kann z. B. der Wert eines Gewerbegrundstücks sinken, wenn eine geplante Autobahnabfahrt nicht gebaut wird (wirtschaftlich bedingt), oder ein Lkw verliert an Wert, wenn er aufgrund eines Schadens nur noch auf dem Betriebshof eingesetzt werden kann (technisch bedingt).

Eine außerplanmäßige Abschreibung wird genauso gebucht wie eine planmäßige.

Beispiel

Bei einem selbstverschuldeten Unfall Ende Dezember ist ein Lkw, Buchwert am 01.01. d. J. 48.000,00 €, erheblich beschädigt worden. Der Gutachter schätzt den Wert des Unfallfahrzeuges auf 13.000,00 €. Die jährliche lineare Abschreibung beträgt 24.000,00 €.

Neben der jährlichen planmäßigen Abschreibung in Höhe von 24.000,00 € ist also eine außerplanmäßige Abschreibung in Höhe von 11.000,00 € vorzunehmen, damit der Buchwert nach der Abschreibung dem beizulegenden Wert entspricht. Die planmäßige und die außerplanmäßige Abschreibung können zusammen in einem Buchungssatz gebucht werden. (Bei Kapitalgesellschaften sind außerplanmäßige Abschreibungen in „wesentlichem" Umfang im Anhang zum Jahresabschluss zu erläutern. Zur besseren Übersicht sehen z. B. die DATEV-Kontenpläne daher separate Konten für planmäßige und außerplanmäßige Abschreibungen vor.)

(840)	Abschreibungen auf Sachanlagen	35.000,00 €	
an (05)	Andere Anlagen, Betriebs- und Geschäftsausstattung		35.000,00 €

Wertaufholung

Entfällt bei einem außerplanmäßig abgeschriebenen Wirtschaftsgut der Grund für die außerplanmäßige Abschreibung und steigt sein Wert wieder an, so ist eine Zuschreibung bis maximal zur Höhe der Anschaffungs- bzw. Herstellungskosten (bei zeitlich begrenzt nutzbaren Vermögensgegenständen vermindert um die planmäßigen Abschreibungen) vorzunehmen.

Für Einzelunternehmen und Personengesellschaften kann die Zuschreibung unterbleiben (§ 253 Abs. 5 HGB). Kapitalgesellschaften müssen* die Zuschreibung auf jeden Fall vornehmen (§ 280 Abs. 1 HGB).

Wird eine **Zuschreibung** vorgenommen, so erfolgt diese über das Konto „(661) Erträge aus Zuschreibungen".

---

* § 280 Abs. 2 HGB nach dem die Zuschreibung auch für Kapitalgesellschaften unterbleiben kann, wenn der niedrigere Wertansatz bei der steuerrechtlichen Gewinnermittlung beibehalten werden kann und wenn Voraussetzung für die Beibehaltung ist, dass der niedrigere Wertansatz auch in der Bilanz beibehalten wird, ist bedeutungslos geworden, weil seit dem 1. Januar 1999 ein niedrigerer Teilwert nicht mehr beibehalten werden darf (Änderung von § 6 Abs. 1 Nr. 2 EStG).

Beispiel

Der Wert eines außerplanmäßig um 40.000,00 € abgeschriebenen unbebauten Grundstücks, Anschaffungskosten 220.000,00 €, ist auf 250.000,00 € gestiegen, weil ein Gerichtsentscheid eine vorher nicht genehmigte Bebauung (Grund für die außerplanmäßige Abschreibung) ermöglicht. Das Unternehmen möchte die höchst mögliche Zuschreibung vornehmen.

(02)	Grundstücke ohne Bauten	40.000,00 €	
	an (661) Erträge aus Zuschreibungen		40.000,00 €

Eine **Zuschreibung** über die Anschaffungskosten (gegebenenfalls vermindert um die planmäßigen Abschreibungen) hinaus ist nicht zulässig.

8.2.3 Ausscheiden von Anlagegütern

Vermögensgegenstände des Anlagevermögens können durch Verschrottung, Verkauf oder Entnahme aus dem Unternehmen ausscheiden. Im Falle der Verschrottung ist der restliche Buchwert auf den Schrottwert bzw. 0,00 € abzuschreiben. Auf die buchmäßige Darstellung wird hier verzichtet.

Eine Entnahme durch den Eigentümer ist buchmäßig mit einem Verkauf vergleichbar. Aus diesem Grund beschränkt sich die folgende Darstellung auf den Verkauf.

Der Verkauf von Anlagegütern ist ein **steuerbarer** Vorgang (Umsatz). Das heißt, grundsätzlich ist beim Verkauf von Anlagegütern Umsatzsteuer zu entrichten. Ist der Verkäufer des Anlagegutes ein nicht umsatzsteuerpflichtiges (und damit auch nicht vorsteuerabzugsberechtigtes) Unternehmen, dann ist dieser Umsatz jedoch **nicht steuerpflichtig**.

Verkauf von Anlagegütern (nicht umsatzsteuerpflichtig)

Beispiel

Ein am 14.05.00 für 2.320,00 € (Netto-Verkaufspreis 2.000,00 € + 16 % Umsatzsteuer) von einem nicht umsatzsteuerpflichtigen Immobilienunternehmen gekaufter Schreibtisch, geplante Nutzungsdauer 10 Jahre, lineare Abschreibung, wird am 24.06.02 verkauft. Der Buchwert am 01.01.02 betrug 1.856,00 €. (Das nicht umsatzsteuerpflichtige Unternehmen hatte 2.320,00 € als Anschaffungskosten aktiviert. Aufgrund der Anwendung der Vereinfachungsregel wurden für die Jahre 00 und 01 je 232,00 € abgeschrieben.)

Zum Zeitpunkt des Verkaufs eines Vermögensgegenstandes des Anlagevermögens ist zunächst die auf das laufende Jahr entfallende Abschreibung in Höhe von 116,00 € (für 6 Monate) zu buchen.

(840)	Abschreibungen auf Sachanlagen	116,00 €	
	an (05) Andere Anlagen, Betriebs- und Geschäftsausstattung		116,00 €

Der Buchwert zum Verkaufstag beträgt nach der Abschreibung 1.740,00 €.

a) Verkauf des Schreibtisches zum Buchwert von 1.740,00 €.

(230)	Forderungen aus anderen Lieferungen und Leistungen	1.740,00 €	
	an (05) Andere Anlagen, Betriebs- und Geschäftsausstattung		1.740,00 €

Hauptbuch:

S	(05) Andere Anlagen, Betriebs- und Geschäftsausstattung			H
I	EBK	1.856,00	(840)	116,00
			(230)	1.740,00

S	(840) Abschreibungen auf Sachanlagen			H
	(05)	116,00		

S	(230) Ford. aus anderen LuL			H
	(05)	1.740,00		

b) Verkauf des Schreibtisches für 1.500,00 €. Durch den Verkauf des Schreibtisches unter Buchwert entsteht ein **„Verlust aus dem Abgang von Gegenständen des Anlagevermögens“** (Konto 854) in Höhe von 240,00 €.

(230)	Forderungen aus anderen Lieferungen und Leistungen	1.500,00 €	
(854)	Verluste aus dem Abgang von Gegenständen des Anlagevermögens	240,00 €	
	an (05) Andere Anlagen, Betriebs- und Geschäftsausstattung		1.740,00 €

Hauptbuch:

S	(05) Andere Anlagen, Betriebs- und Geschäftsausstattung				H
I	EBK	1.856,00	(840)	116,00	
			(230/854)	1.740,00	

S	(840) Abschreibungen auf Sachanlagen			H
	(05)	116,00		

S	(230) Ford. aus anderen LuL			H
	(05)	1.500,00		

S	(854) Verluste AV-Verkäufe			H
	(05)	240,00		

c) Verkauf des Schreibtisches für 2.000,00 €. Durch den Verkauf des Schreibtisches über Buchwert entsteht ein **„Ertrag aus Anlageverkäufen“** (Konto 660) in Höhe von 260,00 €.

(230)	Forderungen aus anderen Lieferungen und Leistungen	2.000,00 €	
	an (05) Andere Anlagen, Betriebs- und Geschäftsausstattung		1.740,00 €
	(an) (660) Erträge aus Anlageverkäufen		260,00 €

Hauptbuch:

S	(05) Andere Anlagen, Betriebs- und Geschäftsausstattung				H
I	EBK	1.856,00	(840)	116,00	
			(230/854)	1.740,00	

S	(840) Abschreibungen auf Sachanlagen			H
	(05)	116,00		

S	(230) Ford. aus anderen LuL			H
	(05/660)	2.000,00		

S	(660) Erträge AV-Verkäufe			H
			(05)	260,00

Verkauf von Anlagegütern (umsatzsteuerpflichtig)

Beispiel

Ein am 14.05.00 für 2.000,00 € + 16 % Umsatzsteuer von einem umsatzsteuerpflichtigen Betreuungsunternehmen gekaufter Schreibtisch, geplante Nutzungsdauer 10 Jahre, lineare Abschreibung, wird am 24.06.02 verkauft. Der Buchwert am 01.01.02 betrug 1.600,00 €. (Anders als die nicht umsatzsteuerpflichtige Wohnungsunternehmung hat die Betreuungsunternehmung nur Anschaffungskosten in Höhe von 2.000,00 € aktiviert. Dadurch sind auch Abschreibungsbasis und Jahresabschreibung niedriger. Aufgrund der Anwendung der Vereinfachungsregel wurden für die Jahre 00 und 01 je 200,00 € abgeschrieben.)

Zum Zeitpunkt des Verkaufs eines Vermögensgegenstandes des Anlagevermögens ist zunächst die auf das laufende Jahr entfallende Abschreibung in Höhe von 100,00 € (für 6 Monate) zu buchen.

(840) Abschreibungen auf Sachanlagen 100,00 €
an (05) Andere Anlagen, Betriebs- und Geschäftsausstattung 100,00 €

Der Buchwert zum Verkaufstag beträgt nach der Abschreibung 1.500,00 €.

a) Verkauf des Schreibtisches zum Buchwert von 1.500,00 €. Dieser Verkauf ist umsatzsteuerpflichtig. Dem Käufer sind zusätzlich 16 % Umsatzsteuer (240,00 €) in Rechnung zu stellen.

		Soll	Haben
(230)	Forderungen aus anderen Lieferungen und Leistungen	1.740,00 €	
an (05)	Andere Anlagen, Betriebs- und Geschäftsausstattung		1.500,00 €
(an) (4701)	Verbindlichkeiten aus der Umsatzsteuer		240,00 €

Hauptbuch:

S (05) Andere Anlagen, Betriebs- und Geschäftsausstattung H

I	EBK	1.600,00	(840)	100,00
			(230)	1.500,00

S (840) Abschreibungen auf Sachanlagen H

(05)	100,00		

S (230) Ford. aus anderen LuL H

(05/4701)	1.740,00		

S (4701) Verbindlichkeiten Umsatzsteuer H

		(230)	240,00

b) Verkauf des Schreibtisches für 1.300,00 €. Durch den Verkauf des Schreibtisches unter Buchwert entsteht ein **„Verlust aus dem Abgang von Gegenständen des Anlagevermögens“** (Konto 854) in Höhe von 200,00 €. Auch dieser Verkauf ist umsatzsteuerpflichtig. Dem Käufer sind zusätzlich 16 % Umsatzsteuer (208,00 €) in Rechnung zu stellen.

		Soll	Haben
(230)	Forderungen aus anderen Lieferungen und Leistungen	1.508,00 €	
(854)	Verluste aus dem Abgang von Gegenständen des Anlagevermögens	200,00 €	
an (05)	Andere Anlagen, Betriebs- und Geschäftsausstattung		1.500,00 €
(an) (4701)	Verbindlichkeiten aus der Umsatzsteuer		208,00 €

Hauptbuch:

S (05) Andere Anlagen, Betriebs- und Geschäftsausstattung H

I	EBK	1.600,00	(840)	100,00
			(230/854)	1.500,00

S (840) Abschreibungen auf Sachanlagen H

(05)	100,00		

S (230) Ford. aus anderen LuL H

(05/4701)	1.508,00		

S (854) Verluste AV-Verkäufe H

(05/4701)	200,00		

S (4701) Verbindlichkeiten Umsatzsteuer H

		(230/854)	208,00

c) Verkauf des Schreibtisches für 1.800,00 €. Durch den Verkauf des Schreibtisches über Buchwert entsteht ein **„Ertrag aus Anlageverkäufen“** (Konto 660) in Höhe von 300,00 €. Auch dieser Verkauf ist umsatzsteuerpflichtig. Dem Käufer sind zusätzlich 16 % Umsatzsteuer (288,00 €) in Rechnung zu stellen.

				Soll	Haben
(230)	Forderungen aus anderen Lieferungen und Leistungen			2.088,00 €	
	an	(05)	Andere Anlagen, Betriebs- und Geschäftsausstattung		1.500,00 €
	(an)	(660)	Erträge aus Anlageverkäufen		300,00 €
	(an)	(4701)	Verbindlichkeiten aus der Umsatzsteuer		288,00 €

Hauptbuch:

S (05) Andere Anlagen, Betriebs- und Geschäftsausstattung H

I	EBK	1.600,00	(840)	100,00
			(230)	1.500,00

S (840) Abschreibungen auf Sachanlagen H

(05)	100,00		

S (230) Ford. aus anderen LuL H

(div.)	2.088,00		

S (660) Erträge AV-Verkäufe H

		(230)	300,00

S (4701) Verbindlichkeiten Umsatzsteuer H

		(230)	288,00

8.3 Bewertung des Umlaufvermögens

Das Umlaufvermögen ist nicht ausdrücklich im HGB definiert. In Anlehnung an die Definition des Anlagevermögens gehören zum Umlaufvermögen alle Vermögensgegenstände, die dem Unternehmen nur vorübergehend dienen sollen.

§ 266 Abs. 2 HGB gliedert das Umlaufvermögen (der Kapitalgesellschaften) in

1. Vorräte (Betriebsstoffe; unfertige Erzeugnisse und Leistungen; fertige Erzeugnisse, etc.)
2. Forderungen und sonstige Vermögensgegenstände,
3. Wertpapiere und
4. Schecks, Kassenbestand, Bundesbank- und Postgiroguthaben, Guthaben bei Kreditinstituten.

Für die Bewertung des Umlaufvermögens gilt das **„strenge Niederstwertprinzip“**. Vermögensgegenstände des Umlaufvermögens dürfen höchstens mit ihren Anschaffungskosten angesetzt werden. Liegt ihr Wert am Bilanzstichtag darunter, so ist eine Abschreibung auf den niedrigeren Tageswert vorzunehmen. „Außerdem dürfen **darüber hinaus** Abschreibungen vorgenommen werden, soweit diese nach vernünftiger kaufmännischer Beurteilung notwendig sind, um zu verhindern, dass in der nächsten Zukunft der Wertansatz dieser Vermögensgegenstände aufgrund von Wertschwankungen geändert werden muss.“ (§ 253 Abs. 3 Satz 3 HGB) Abschreibungen auf Vermögensgegenstände des Umlaufvermögens sind immer „außerplanmäßig“.

8.3.1 Bewertung der Vorräte

Typische Vorräte immobilienwirtschaftlicher Unternehmen sind

- Heiz- und Reparaturmaterial,
- nicht abgerechnete Betriebskosten,
- Anzahlungen auf zum Verkauf bestimmte Grundstücke,
- unfertige und fertige Bauten des Umlaufvermögens und
- nicht abgerechnete Betreuungsleistungen.

Die Bewertung der nicht abgerechneten Betriebskosten, der unfertigen und fertigen Bauten des Umlaufvermögens und der nicht abgerechneten Betreuungsleistungen sind bereits im Fachteil dieses Buches behandelt worden. Heizmaterialvorräte, insbesondere Heizölvorräte können mit dem gewogenen Durchschnittswert der einzelnen Zugänge bewertet werden (§ 240 Abs. 4 HGB), wenn der Stichtagswert (hier Marktpreis des Heizöls) nicht niedriger ist („strenges Niederstwertprinzip"). Die Anzahlungen auf zum Verkauf bestimmte Grundstücke erfolgt zum Nominalwert (Geldwert).

8.3.2 Bewertung der Forderungen

Der wirtschaftliche Wert einer Forderung (ihr Tageswert) deckt sich oft nicht mit ihrem Anschaffungswert, dem Nennwert. Zahlungsausfälle wegen Zahlungsunfähigkeit des Schuldners treten regelmäßig im Alltag des Unternehmens ein. Forderungen lassen sich in „einwandfreie", „zweifelhafte" und „uneinbringliche" unterscheiden. Von „einwandfreien Forderungen" ist zu erwarten, dass sie in voller Höhe eingehen werden. Über „zweifelhafte Forderungen" gibt es Informationen, die deren Eingang ganz oder teilweise fraglich erscheinen lassen. „Uneinbringliche Forderungen" dagegen sind nicht mehr zu realisieren.

Der Kontenrahmen der Immobilienwirtschaft unterscheidet die „Forderungen aus Vermietung" (Konto 200), die „Forderungen aus Verkauf von Grundstücken" (Konto 210), die „Forderungen aus Betreuungstätigkeit" (Konto 220) und die „Forderungen aus anderen Lieferungen und Leistungen" (Konto 230). Die buchhalterische Behandlung dieser Forderungsarten ist grundsätzlich gleich. Die im Folgenden dargestellten Beispiele lassen sich auf die jeweils anderen Forderungsarten übertragen. (Auf die Darstellung der Umsatzsteuerproblematik im Zusammenhang mit der Abschreibung und der Wertberichtigung von Forderungen wird in diesem Buch verzichtet.)

Direkte Abschreibungen auf Forderungen

Uneinbringliche Forderungen werden **direkt** gegen das betreffende Forderungskonto abgeschrieben. (Die direkte Abschreibung von endgültig ausgefallenen Mietforderungen ist bereits im Fachteil behandelt worden.) Steht fest, dass eine Forderung an einen Mieter uneinbringlich geworden ist, so ist sie in voller Höhe abzuschreiben.

Beispiel:

Ein Mieter ist unbekannt verzogen. Die Mietforderung gegen ihn beträgt noch 400,00 €.

(8550)	Abschreibungen auf Forderungen	400,00 €	
	an (200) Mietforderungen		400,00 €

Einzelwertberichtigungen auf Forderungen

Forderungen, die zweifelhaft geworden sind, werden häufig auf ein gesondertes Konto (z. B. **„(205) Zweifelhafte Mietforderungen"**) umgebucht. Sie müssen aufgrund des Vorsichtsprinzips in Höhe des vermuteten Ausfalls abgeschrieben werden. Vermutet man nur einen Teilausfall der zweifelhaften Forderung, so ist auch nur dieser Teilbetrag abzuschreiben.

Die Abschreibung auf zweifelhafte Forderungen werden in der Regel **indirekt** vorgenommen. Die Abschreibung wird dabei nicht gegen das Forderungskonto, sondern gegen ein „Wertberichtigungskonto“ gebucht. Die zweifelhafte Forderung bleibt bis zum Zahlungseingang unverändert aus dem Konto ersichtlich.

Beispiel

Aus dem Verkauf eines gebrauchten Personalcomputers hat ein Immobilienunternehmen eine „Forderung aus anderen Lieferungen und Leistungen“ in Höhe von 2.000,00 €. Der Insolvenzverwalter des Käufers kündigt eine Quote von 60 % an, d. h. vermutlich werden 800,00 € der Forderung ausfallen.

Zunächst ist die Forderung umzubuchen:

(235)	Zweifelhafte Forderungen aus anderen Lieferungen und Leistungen	2.000,00 €	
	an (230) Forderungen aus anderen Lieferungen und Leistungen		2.000,00 €

Anschließend ist die Wertberichtigung um den voraussichtlich ausfallenden Betrag vorzunehmen.

(8555)	Zuführung zu Wertberichtigungen zu Forderungen	800,00 €	
	an (239) Wertberichtigungen zu Forderungen aus anderen Lieferungen und Leistungen		800,00 €

Wenn bis zum Jahresende das Konkursverfahren noch nicht abgeschlossen ist, so sind die Konten abzuschließen.

(982)	GuV-Konto	800,00 €	
	an (8555) Zuführung zu Wertberichtigungen zu Forderungen		800,00 €
(989)	Schlussbilanzkonto	2.000,00 €	
	an (235) Zweifelhafte Forderungen aus anderen Lieferungen und Leistungen		2.000,00 €
(239)	Wertberichtigungen zu Forderungen aus anderen Lieferungen und Leistungen	800,00 €	
	an (989) Schlussbilanzkonto		800,00 €

Hauptbuch:

S (230) Ford. aus anderen LuL H

S		H	
(05)	2.000,00	(235)	2.000,00

S (8555) Zuführung zu Wertberichtigungen auf Forderungen H

S		H	
(239)	800,00	IV GuV	800,00
	800,00		800,00

S (235) Zweifelh. Ford. aus and. LuL H

S		H	
(230)	2.000,00	IV SBK	2.000,00
	2.000,00		2.000,00

S (239) Wertb. zu Ford. aus and. LuL H

S		H	
IV SBK	800,00	(8555)	800,00
	800,00		800,00

S (989) Schlussbilanzkonto H

S		H	
(235)	2.000,00	(239)	800,00

S (982) GuV-Konto H

S		H	
(8555)	800,00		

Der wirtschaftliche Wert der Forderung ist als Differenz aus dem Saldo des Kontos „(235) Zweifelhafte Forderungen aus anderen Lieferungen und Leistungen" und dem Saldo des Kontos „(239) Wertberichtigungen zu Forderungen aus anderen Lieferungen und Leistungen", hier 1.200,00 €, zu ersehen.

In der Bilanz von Kapitalgesellschaften dürfen Wertberichtigungen nicht auf der Passivseite ausgewiesen werden. Sie werden für den Bilanzausweis mit den Forderungen verrechnet. Auch bilden die „zweifelhaften Forderungen" zusammen mit den „einwandfreien Forderungen" eine Bilanzposition. In der Buchhaltung dagegen dienen die Trennung der „einwandfreien" von den „zweifelhaften" Forderungen und die Führung des Wertberichtigungskontos der besseren Übersicht und Kontrolle (Rechnungswesen als Controllinginstrument).

Zu Beginn des neuen Geschäftsjahres werden die Konten wieder eröffnet:

(235) Zweifelhafte Forderungen aus
anderen Lieferungen und Leistungen 2.000,00 €
an (980) Eröffnungsbilanzkonto 2.000,00 €

(980) Eröffnungsbilanzkonto 800,00 €
an (239) Wertberichtigungen zu Forderungen aus
anderen Lieferungen und Leistungen 800,00 €

Nach Abschluss des Insolvenzverfahrens können drei Situationen eintreten.

a) Die Einschätzung des Insolvenzverwalters war richtig. Es gehen 1.200,00 € auf dem Bankkonto ein. Weitere Zahlungen sind nicht zu erwarten. Zunächst wird jetzt die Wertberichtigung (Konto „(239) Wertberichtigungen") gegen das Forderungskonto („(235) Zweifelhafte Forderungen aus anderen Lieferungen und Leistungen") aufgelöst.

(239) Wertberichtigungen zu Forderungen aus
anderen Lieferungen und Leistungen 800,00 €
an (235) Zweifelhafte Forderungen aus
anderen Lieferungen und Leistungen 800,00 €

Nach anschließender Buchung des Zahlungseinganges ist das Konto „(235) Zweifelhafte Forderungen aus anderen Lieferungen und Leistungen" ausgeglichen.

(2740) Bank 1.200,00 €
an (235) Zweifelhafte Forderungen aus
anderen Lieferungen und Leistungen 1.200,00 €

Hauptbuch:

S	(235) Zweifelh. Ford. aus and. LuL			H
I	EBK	2.000,00	(239)	800,00
			(2740)	1.200,00

S	(239) Wertb. zu Ford. aus and. LuL			H
	(235)	800,00	I EBK	800,00

S	(2740) Bank			H
	(235)	1.200,00		

b) Die Einschätzung des Insolvenzverwalters war zu optimistisch. Es gehen nur 900,00 € auf dem Bankkonto ein. Weitere Zahlungen sind nicht zu erwarten. Auch in diesem Fall wird (nach der Konteneröffnung) zunächst die Wertberichtigung aufgelöst und dann der Zahlungseingang gebucht.

(239) Wertberichtigungen zu Forderungen aus
anderen Lieferungen und Leistungen 800,00 €
an (235) Zweifelhafte Forderungen aus
anderen Lieferungen und Leistungen 800,00 €

(2740) Bank 900,00 €
an (235) Zweifelhafte Forderungen aus anderen Lieferungen und Leistungen 900,00 €

Aufgrund der Angaben des Insolvenzverwalters war die Wertberichtigung zu niedrig vorgenommen worden. Da keine weitere Zahlung zu erwarten ist, muss zum Ausgleich des Kontos „(235) Zweifelhafte Forderungen aus anderen Lieferungen und Leistungen" der Rest der Forderung in Höhe von 300,00 € jetzt abgeschrieben werden. Diese Restabschreibung erfolgt direkt gegen das Forderungskonto, da der Ausfall nun feststeht.

(8550) Abschreibungen auf Forderungen 300,00 €
an (235) Zweifelhafte Forderungen aus anderen Lieferungen und Leistungen 300,00 €

Hauptbuch:

S	(235) Zweifelh. Ford. aus and. LuL		H	
I	EBK	2.000,00	(239)	800,00
			(2740)	900,00
			(8550)	300,00

S	(239) Wertb. zu Ford. aus and. LuL		H	
	(235)	800,00	I EBK	800,00

S	(2740) Bank		H	
	(235)	900,00		

S	(8550) Abschreibungen auf Forderungen		H	
	(235)	300,00		

c) Der Insolvenzverwalter war in seiner Schätzung zu vorsichtig. Es gehen nun doch 1.600,00 € auf dem Bankkonto ein. Weitere Zahlungen sind auch in diesem Fall nicht zu erwarten. Auch hier wird (nach der Konteneröffnung) zunächst die Wertberichtigung aufgelöst.

(239) Wertberichtigungen zu Forderungen aus anderen Lieferungen und Leistungen 800,00 €
an (235) Zweifelhafte Forderungen aus anderen Lieferungen und Leistungen 800,00 €

Das Konto „(235) Zweifelhafte Forderungen aus anderen Lieferungen und Leistungen" weist nach der Auflösung der Wertberichtigung nur noch einen Saldo von 1.200,00 € auf. Der zu buchende Zahlungseingang beträgt jedoch 1.600,00 €. Die im Vorjahr erfolgte zu hohe Wertberichtigung kann nicht mehr rückgängig gemacht werden. Durch den nicht erwarteten Teil des Zahlungseinganges in Höhe von 400,00 € sind **„Erträge aus der Auflösung von Wertberichtigungen zu Forderungen" (Konto 66992)** entstanden.

2740) Bank 1.600,00 €
an (235) Zweifelhafte Forderungen aus anderen Lieferungen und Leistungen 1.200,00 €
(an) (66992) Erträge aus der Auflösung von Wertberichtigungen zu Forderungen 400,00 €

Hauptbuch:

S	(235) Zweifelh. Ford. aus and. LuL		H	
I	EBK	2.000,00	(239)	800,00
			(2740)	1.200,00

S	(239) Wertb. zu Ford. aus and. LuL		H	
	(235)	800,00	I EBK	800,00

S	(2740) Bank		H	
	(235/66992)	1.600,00		

S	(66992) Erträge aus der Auflösung von Wertberichtigungen zu Forderungen		H	
			(2740)	400,00

Erfolgt der Zahlungseingang im Jahr der Wertberichtigung, so entsteht im Fall des unerwartet hohen Zahlungseinganges kein Ertrag. Es wird einfach der zu hohe Betrag auf dem Aufwandskonto korrigiert. Der Zahlungseingang wird in diesem Fall mit dem folgenden Buchungssatz gebucht:

(2740)	Bank		1.600,00 €	
an	(235)	Zweifelhafte Forderungen aus anderen Lieferungen und Leistungen		1.200,00 €
(an)	(8550)	Abschreibungen auf Forderungen		400,00 €

Sinngemäß ist genauso zu verfahren, wenn direkt abgeschriebene Forderungen im gleichen Jahr bzw. in Folgejahren unerwartet ganz oder teilweise eingehen.

Pauschalwertberichtigungen auf Forderungen

Im Alltag der Unternehmen fällt regelmäßig ein gewisser Teil der Forderungen aus, bei denen keine individuellen und offensichtlichen Risikofaktoren erkennbar waren. Dieses allgemeine Kreditrisiko ist aufgrund des im Umlaufvermögen geltenden strengen Niederstwertprinzips bei der Aufstellung der Bilanz zu berücksichtigen. Da eine Einzelbewertung in diesem Fall nicht möglich ist, stellt die Bildung der **Pauschalwertberichtigung auf Forderungen** eine Ausnahme vom Grundsatz der Einzelbewertung dar.

Pauschalwertberichtigungen dürfen nur für Forderungen gebildet werden, für die keine Einzelwertberichtigung besteht. Die Pauschalwertberichtigungen sind unter Anwendung eines auf Erfahrungen des Unternehmens beruhenden Prozentsatzes der **nicht einzelwertberichtigten Forderungen** zu ermitteln. Werden die zweifelhaften Forderungen auf gesonderte Konten umgebucht (wie in diesem Buch dargestellt), kann die Höhe der Pauschalwertberichtigung einfach durch Anwendung dieses Prozentsatzes auf die einwandfreien Forderungen ermittelt werden. Die Pauschalwertberichtigungen werden hier auf den Konten 209, 219, 229 und 239 „Wertberichtigungen zu Forderungen aus ..." gebucht. Es können jedoch Unterkonten dieser Konten zur getrennten Buchung der Einzelwertberichtigungen und der Pauschalwertberichtigungen eingerichtet werden.

Die Prozentsätze für die Pauschalwertberichtigungen sind von Branche zu Branche, aber auch von Unternehmen zu Unternehmen unterschiedlich. Die Höhe der üblichen Forderungsausfälle einwandfreier Mietforderungen hängt z. B. stark von der sozialen Struktur der Mieter ab. Pauschalwertberichtigung auf Forderungen sind nicht in allen Immobilienunternehmen üblich.

Beispiel

Ein Immobilienunternehmen hat zum Bilanzstichtag einwandfreie Mietforderungen in Höhe von 54.000,00 €. Erfahrungsgemäß ist damit zu rechnen, dass 2 % dieser Forderungen im folgenden Geschäftsjahr endgültig ausfallen werden. Es ist also eine Pauschalwertberichtigung in Höhe von 1.080,00 € zu bilden.

(8555)	Zuführung zu Wertberichtigungen zu Forderungen		1.080,00 €	
an	(209)	Wertberichtigungen zu Mietforderungen		1.080,00 €

Hauptbuch:

S	(200) Mietforderungen		H
(600)	54.000,00		

S	(209) Wertberichtigungen auf Mietforderungen		H
IV SBK	1.080,00	(8555)	1.080,00

S	(8555) Zuführung zu Wertberichtigungen auf Forderungen		H
(209)	1.080,00		

Fällt eine einwandfreie Forderung im folgenden Geschäftsjahr aus, so wird sie üblicherweise direkt abgeschrieben, ohne dass die Pauschalwertberichtigung verändert wird. Diese wird erst zum Bilanzstichtag durch Zuführung oder Auflösung an den veränderten Forderungsbestand angepasst.

Fortsetzung des Beispiels

Am Ende des nächsten Geschäftsjahres betragen die einwandfreien Mietforderungen 60.000,00 €. Die Pauschalwertberichtigung ist also von 1.080,00 € um 120,00 € auf 1.200,00 € zu erhöhen.

(8555) Zuführung zu Wertberichtigungen zu Forderungen		120,00 €	
an	(209) Wertberichtigungen zu Mietforderungen		120,00 €

Hauptbuch:

S	(200) Mietforderungen		H
(600)	60.000,00		

S	(209) Wertberichtigungen auf Mietforderungen				H
IV	SBK	1.200,00	I	EBK	1.080,00
				(8555)	120,00

S	(8555) Zuführung zu Wertberichtigungen auf Forderungen		H
(209)	120,00		

Am Ende eines weiteren Geschäftsjahres betragen die einwandfreien Mietforderungen nur 34.000,00 €. Die Pauschalwertberichtigung ist also von 1.200,00 € um 520,00 € auf 680,00 € zu senken. Die Teilauflösung der Pauschalwertberichtigung führt zu einem Ertrag. Ist kein gesondertes Konto im Kontenplan für diesen Ertrag vorgesehen (wie z. B. im SKR 03 der DATEV das Konto „Erträge aus der Herabsetzung der Pauschalwertberichtigung zu Forderungen"), so ist er auf dem Konto **„(669) Verschiedene sonstige Erträge"** zu buchen.

(209) Wertberichtigungen zu Mietforderungen		520,00 €	
an	(669) Verschiedene sonstige Erträge		520,00 €

Hauptbuch:

S	(200) Mietforderungen		H
(600)	34.000,00		

S	(209) Wertberichtigungen auf Mietforderungen				H
(669)		520,00	I	EBK	1.200,00
Saldo		680,00			

	(669) verschiedene sonstige Erträge		H
		(209)	520,00

8.3.3 Bewertung der Wertpapiere des Umlaufvermögens

Wertpapiere des Umlaufvermögens sollen dem Unternehmen nur vorübergehend dienen. Sie sind am ersten Bilanzstichtag entweder mit den Anschaffungskosten (Kaufpreis [Kurswert] und Anschaffungsnebenkosten [Bankprovision, Maklergebühr]) oder mit dem niedrigeren Börsen-(oder Markt-)wert anzusetzen.

Beispiel

10 Wertpapiere A wurden am 14.03. zum Kurswert von 100,00 € zuzüglich 2,00 € (2 %) Nebenkosten erworben.

(262) Sonstige Wertpapiere 1.020,00 €
an (2740) Bank 1.020,00 €

Zum Bilanzstichtag ist der Kurswert auf 102,00 € gestiegen. Die Papiere sind mit den niedrigeren Anschaffungskosten (1.020,00 €) zu bilanzieren.

(989) Schlussbilanzkonto 1.020,00 €
an (262) Sonstige Wertpapiere 1.020,00 €

Hauptbuch:

S (262)	Sonstige Wertpapiere		H
(2740)	1.020,00	IV SBK	1.020,00
	1.020,00		1.020,00

S (989)	Schlussbilanzkonto		H
(262)	1.020,000		

Beispiel

10 Wertpapiere B wurden am 14.03. zum Kurswert von 100,00 € zuzüglich 2,00 € (2 %) Nebenkosten erworben.

(262) Sonstige Wertpapiere 1.020,00 €
an (2740) Bank 1.020,00 €

Zum Bilanzstichtag ist der Kurswert auf 90,00 € gesunken. Die Papiere sind aufgrund des strengen Niederstwertprinzips mit 918,00 € zu bilanzieren. (Die 2 % Anschaffungskosten sind zu berücksichtigen.) Die Wertpapiere sind um 102,00 € abzuschreiben.

(868) Abschreibungen auf Wertpapiere des Umlaufvermögens 102,00 €
an (262) Sonstige Wertpapiere 102,00 €

(982) GuV-Konto 102,00 €
an (868) Abschreibungen auf Wertpapiere des Umlaufvermögens 102,00 €

(989) Schlussbilanzkonto 918,00 €
an (262) Sonstige Wertpapiere 918,00 €

Hauptbuch:

S (262)	Sonstige Wertpapiere		H
(2740)	1.020,00	(868)	102,00
		IV SBK	918,00
	1.020,00		1.020,00

S (868)	Abschreibungen auf Wertpapiere d. Umlaufvermögens		H
(262)	102,00	IV GuV	102,00
	102,00		102,00

S (989)	Schlussbilanzkonto		H
(262)	918,00		

S (982)	GuV-Konto		H
(868)	102,00		

An den folgenden Bilanzstichtagen sind die Wertpapiere entweder mit dem letzten Bilanzansatz oder mit dem niedrigeren Börsenwert anzusetzen.

Nach § 253 Abs. 5 HGB **darf** ein niedrigerer Wertansatz beibehalten werden, wenn der (Kurs-)Wert wieder gestiegen ist. Das heißt es gibt ein Wertaufholungswahlrecht.

9 Gewinnverwendung und Jahresabschluss der Kapitalgesellschaften

9.1 Rücklagen

In der Umgangssprache versteht man unter Rücklagen Vermögenswerte, die den Charakter eines Notvorrates haben. Das heißt, ihr Einsatz ist erst geplant, wenn die üblicherweise für die Lebenshaltung bereitgestellten Vermögenswerte nicht ausreichen. Die Rücklagen der Kapitalgesellschaft dienen ähnlichen Zwecken (z. B. die Gesetzliche Rücklage) oder aber auch planmäßiger Vorsorge (z. B. die Bauerneuerungsrücklage).

Die betriebswirtschaftliche Literatur unterscheidet zwischen stillen und offenen Rücklagen. Stille Rücklagen sind aus der Bilanz nicht zu ersehen. Sie entstehen durch die Unterbewertung von Vermögenswerten (die z. B. dadurch entstehen, dass auch Grundstücke und Gebäude maximal mit dem Anschaffungswert bilanziert werden dürfen) und die Überbewertung von Schulden (z. B. durch zu hohen Ansatz von Rückstellungen).

Offene Rücklagen sind Eigenkapital, das nicht auf dem Konto gezeichnetes Kapital (Grund- oder Stammkapital), sondern auf gesonderten Rücklagenkonten ausgewiesen wird. Offene Rücklagen sind nur bei Kapitalgesellschaften (und Genossenschaften) sinnvoll und werden in der Regel auch nur bei diesen Gesellschaften gebildet. Nach dem Bilanzschema der Formblattverordnung für die Immobilienwirtschaft für Kapitalgesellschaften (und bis auf die Bauerneuerungsrücklage auch nach § 266 HGB) werden folgende Rücklagen unterschieden:

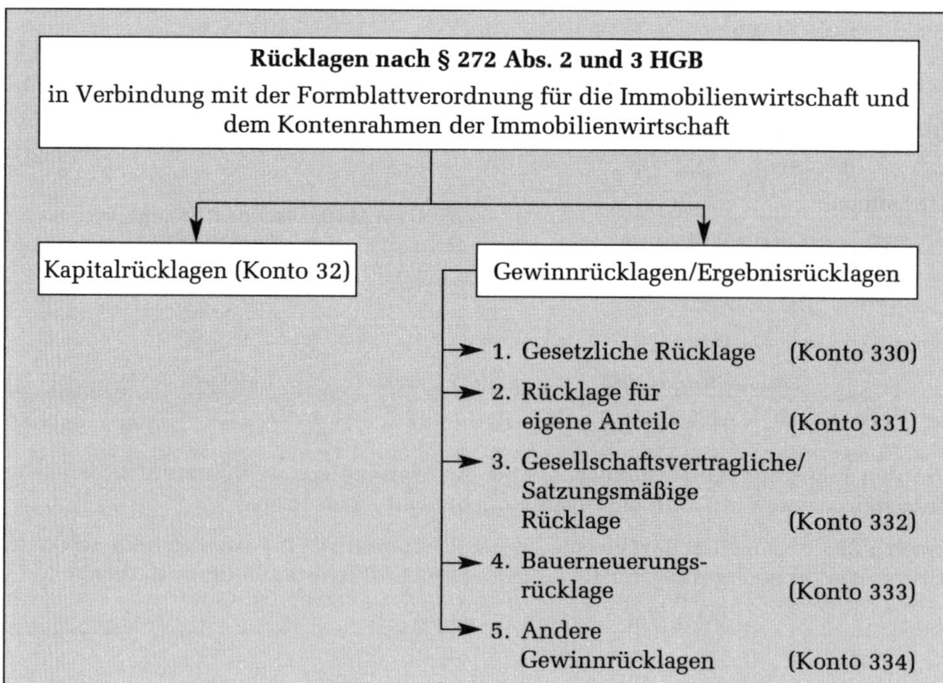

9.1.1 Kapitalrücklagen

In den Kapitalrücklagen werden Eigenkapitalanteile ausgewiesen, die der Gesellschaft **von außen** zufließen. Nach § 272 Abs. 2 Nr. 1 bis 4 HGB kann es sich zum Beispiel um das Agio (Aufgeld) bei der Ausgabe von Anteilen, um Zuzahlungen der Gesellschafter für die Gewährung von Vorzugsrechten oder um Nachschüsse auf das Eigenkapital handeln. Auf jeden Fall sind die in die Kapitalrücklagen einzustellenden Beträge nicht im Unternehmen erwirtschaftet worden, sondern kommen von außen in das Unternehmen (Außenfinanzierung). Sie werden auf dem Konto **„(32) Kapitalrücklagen"** gebucht.

9.1.2 Gewinnrücklagen/Ergebnisrücklagen

Als Gewinnrücklagen/Ergebnisrücklagen dürfen dagegen nur Beträge ausgewiesen werden, die im Geschäftsjahr oder in einem früheren Geschäftsjahr aus dem (versteuerten) Ergebnis gebildet worden sind (§ 272 Abs. 3 HGB). Über die Einstellung in Gewinnrücklagen entscheiden nach Maßgabe der gesetzlichen Vorschriften Geschäftsführung und Eigentümer. Die Gewinnrücklagen wurden also im Unternehmen erwirtschaftet (Innenfinanzierung).

Gesetzliche Rücklagen

Nur Aktiengesellschaften (und Genossenschaften) sind verpflichtet, **Gesetzliche Rücklagen** zu bilden. Sie werden auf dem Konto **„(330) Gesetzliche Rücklage"** gebucht. In die gesetzliche Rücklage einer AG muss solange 1/20 (5 %) des um einen Verlustvortrag aus dem Vorjahr geminderten Jahresüberschusses eingestellt werden, bis die gesetzliche Rücklage zusammen mit der Kapitalrücklage 1/10 (10 %) des Grundkapitals erreicht hat (§ 150 Abs. 2 AktG). In der Satzung kann auch ein höherer Betrag festgelegt werden.

Solange die gesetzliche Rücklage zusammen mit der Kapitalrücklage 10 % des Grundkapitals nicht übersteigt, darf sie nach § 150 Abs. 3 AktG nur **zum Ausgleich eines Jahresfehlbetrages** (soweit er nicht durch einen Gewinnvortrag aus dem Vorjahr gedeckt ist oder durch die Auflösung anderer Gewinnrücklagen ausgeglichen werden kann) oder **zum Ausgleich eines Verlustvortrages** (soweit der nicht durch einen Jahresüberschuss gedeckt ist oder durch die Auflösung anderer Gewinnrücklagen ausgeglichen werden kann) verwendet werden.

Übersteigen die gesetzliche Rücklage und die Kapitalrücklagen zusammen den zehnten oder den in der Satzung bestimmten höheren Teil des Grundkapitals, so darf der übersteigende Betrag auch **zur Kapitalerhöhung aus Gesellschaftsmitteln** verwendet werden (§ 150 Abs. 4 AktG).

Rücklagen für eigene Anteile

Die **Rücklage für eigene Anteile** ist nach § 272 Abs. 4 HGB zu bilden, wenn eine Kapitalgesellschaft eigene Anteile besitzt. Diesen als Vermögensposten auf der Aktivseite der Bilanz auszuweisenden eigenen Anteilen muss die Rücklage für eigene Anteile in gleicher Höhe auf der Passivseite der Bilanz gegenübergestellt werden. Die Rücklage darf erst aufgelöst werden, wenn die eigenen Anteile ausgegeben, verkauft oder eingezogen worden sind. Die Bindung von Eigenmitteln der Gesellschaft durch die Verpflichtung zur Bildung einer Rücklage für eigene Anteile soll die (in Deutschland rechtlich stark eingeschränkte) Möglichkeit des Erwerbes eigener Anteile durch eine Kapitalgesellschaft wirtschaftlich erschweren. Sie ist auf dem Konto **„(331) Rücklage für eigene Anteile"** zu buchen.

Gesellschaftsvertragliche/Satzungsmäßige Rücklage

Die Bildung einer Gesellschaftsvertraglichen/Satzungsmäßigen Rücklage ist in Gesellschaftsvertrag, Satzung oder Statut verankert. Häufig unterliegt die Satzungsmäßige

Rücklage einer Zweckbindung. Sie ist auf dem Konto **„(332) Gesellschaftsvertragliche/Satzungsmäßige Rücklage"** zu buchen.

Bauerneuerungsrücklage

Die Bauerneuerungsrücklage wird gebildet, um zukünftige Großinstandhaltungen finanzieren zu können. Wie schon die Rückstellung für Bauinstandhaltung, wird auch die Bauerneuerungsrücklage wegen ihrer besonderen Bedeutung für die Immobilienwirtschaft aufgrund der Formblattverordnung in der Bilanz der Wohnungsunternehmungen in einer gesonderten Position ausgewiesen. Sie ist auf dem Konto **„(333) Bauerneuerungsrücklage"** zu buchen. In anderen Wirtschaftszweigen werden diesem Zweck dienende Rücklagen, entweder unter den Anderen Gewinnrücklagen oder (wenn im Gesellschaftsvertrag vorgesehen) unter den Satzungsmäßigen Rücklagen ausgewiesen, da die Vorschriften zur Gliederung der Bilanz der Kapitalgesellschaften (§ 266 HGB) die Bauerneuerungsrücklage nicht vorsehen.

Exkurs: Bauerneuerungsrücklage oder/und Rückstellung für Bauinstandhaltung?

Bis zur Einführung des Bilanzrichtliniengesetzes konnte eine Wohnungsunternehmung nur durch die Bildung einer Bauerneuerungsrücklage Mittel für Großinstandhaltungsmaßnahmen im Unternehmen „ansparen". Erst in nach dem 31.12.1996 beginnenden Geschäftsjahren wurde es handelsrechtlich zulässig, so genannte Aufwandsrückstellungen (wie die Rückstellung für Bauinstandhaltung) zu bilden. Auch wenn durch die Aufnahme der Rückstellung für Bauinstandhaltung in die Formblattverordnung deren besondere Bedeutung für die Immobilienwirtschaft früh dokumentiert wurde, fand sie zunächst nur zögerlich Eingang in die Bilanzierung der Immobilienunternehmen. Als handelsrechtliche Wahlrückstellung steuerlich unzulässig, ist sie wie die Bauerneuerungsrücklage aus versteuertem Gewinn zu bilden. Zusätzlich hat sie durch das Gebot der Einzelbewertung, die Stetigkeitsverpflichtung und die strenge Zweckbindung sogar an einzelne Gewerke gravierende Nachteile gegenüber der flexibel zu handhabenden Bauerneuerungsrücklage.

Einstellungen in die Bauerneuerungsrücklage können ohne detaillierte Planung Jahr für Jahr in unterschiedlicher Höhe (z. B. in Abhängigkeit vom Jahresergebnis) vorgenommen werden. In der Regel kann sie durch einfachen Gesellschafterbeschluss zu völlig anderen Zwecken (auch für eine Ausschüttung), aber natürlich auch zur Finanzierung von Großinstandhaltungsmaßnahmen eingesetzt werden.

Ein wesentlicher Unterschied zwischen Bauerneuerungsrücklage und Rückstellung für Bauinstandhaltung ist, dass die Zuführung zu Rückstellungen ausschließlich der Geschäftsleitung obliegt. Insbesondere Geschäftsleitungen kommunaler Unternehmungen bietet sich so die Möglichkeit, zu verhindern, dass die Eigentümer der Gesellschaft für zukünftige Instandhaltungsmaßnahmen dringend benötigte Mittel entziehen können. (Zweckbindung und Stetigkeitsgebot verhindern das.)

In zunehmenden Maße findet man in den Bilanzen der Immobilienunternehmen sowohl Bauerneuerungsrücklagen als auch Rückstellungen für Bauinstandhaltung. So lässt sich in gewissem Maß die Flexibilität der Rücklage mit der verpflichtenden Wirkung der Rückstellung bei der Vorsorge für Großinstandhaltungsmaßnahmen vereinen.

Andere Gewinnrücklagen/Andere Ergebnisrücklagen

Außer der Gesetzlichen Rücklage, der Rücklage für eigene Anteile, der Gesellschaftsvertraglichen/Satzungsmäßigen Rücklage und der Bauerneuerungsrücklage können Andere Gewinnrücklagen/Andere Ergebnisrücklagen gebildet werden. Diese können sowohl zweckgebunden als auch nicht zweckgebunden sein. Sie werden auf dem Konto **„(334) Andere Gewinnrücklagen/Andere Ergebnisrücklagen"** gebucht.

Verwendung und Buchung der Gewinnrücklagen

Die Verwendung von Gewinnrücklagen kann gesetzlich bestimmt oder eingeschränkt sein (Gesetzliche Rücklage, Rücklage für eigene Anteile). Weiter kann eine Zweckbestimmung durch Gesellschaftsvertrag (Gesellschaftsvertragliche/Satzungsmäßige Rücklage) oder Gesellschafter- oder Geschäftsführungsbeschluss vorgesehen sein. Da Gewinnrücklagen Eigenkapital sind, kann die Zweckbestimmung für letztere durch Änderung des Gesellschaftsvertrages bzw. durch erneuten Gesellschafterbeschluss jederzeit geändert werden. So ist es rechtlich möglich, z. B. Teile einer Bauerneuerungsrücklage zur Gewinnausschüttung zu verwenden.

Auf die Darstellung der buchhalterischen Behandlung der Kapitalrücklagen wird aus Vereinfachungsgründen verzichtet. Die Buchung von Gewinnrücklagen wird im Zusammenhang mit der Buchung des Jahresabschlusses bei Kapitalgesellschaften dargestellt.

9.2 Buchung des Jahresabschlusses bei Kapitalgesellschaften

Die Aufwendungen und Erträge des abgelaufenen Geschäftsjahres werden durch Abschluss der Konten der Klassen 8 und 6 (wie gewohnt) im Konto „(982) Jahresüberschuss/Jahresfehlbetrag" gegenübergestellt. Dieses wurde bisher zur Veranschaulichung Gewinn- und Verlust-Konto (GuV-Konto) genannt. Im Zusammenhang mit dem Jahresabschluss der Kapitalgesellschaft ist es (wie im Kontenplan ebenfalls vorgesehen) „Jahresüberschuss/Jahresfehlbetrag" benannt.

Das Konto „(982) GuV-Konto" wurde in den Beispielen und Übungen dieses Buches bisher in das Konto „(301) Eigenkapital" abgeschlossen. Das unterstellte eine Einzelunternehmung. Bei Kapitalgesellschaften weist das Konto „(30) Gezeichnetes Kapital" das Grundkapital (AG) oder Stammkapital (GmbH) aus. Grund- und Stammkapital können nur durch Satzungsänderung, nicht aber durch das Jahresergebnis verändert werden. Das Konto **„(982) Jahresüberschuss/Jahresfehlbetrag"** kann als Abschlusskonto nicht in der Bilanz ausgewiesen werden. Zum Ausweis des Jahresergebnisses gibt es deshalb das zum Eigenkapital gehörende passive Bestandskonto „(341) Jahresüberschuss/Jahresfehlbetrag".

Wird die Bilanz ohne Verwendung des Jahresergebnisses aufgestellt, so ist in ihr nach § 266 Abs. 2 HGB der **Jahresüberschuss** bzw. **Jahresfehlbetrag** des Geschäftsjahres auszuweisen. In diesem Fall (in diesem Buch nicht behandelt) wird das Konto „(982) Jahresüberschuss/Jahresfehlbetrag" in das Konto „(341) Jahresüberschuss/Jahresfehlbetrag" abgeschlossen. Ein Gewinn- oder Verlustvortrag wird als gesonderter Bilanzposten ausgewiesen.

Wird die Bilanz unter Verwendung des Jahresergebnisses aufgestellt, so tritt an die Stelle der Posten **„Jahresüberschuss/Jahresfehlbetrag"** und „Gewinnvortrag/Verlustvortrag" der Posten **„Bilanzgewinn/Bilanzverlust"** (§ 268 Abs. 1 Satz 2 HGB). (Wird die Bilanz unter vollständiger Verwendung des Jahresergebnisses vorgenommen, so entfallen die Positionen „Jahresüberschuss/Jahresfehlbetrag" und „Bilanzgewinn/Bilanzverlust" ersatzlos.) Eine Verwendung des Jahresergebnisses liegt vor, wenn Vorstand bzw. Geschäftsführung bei Aufstellung des Jahresabschlusses Einstellungen in und/oder Entnahmen aus Rücklagen vornehmen. Im Folgenden werden Einstellungen in Rücklagen und Entnahmen aus Rücklagen in zwei getrennten Beispielen dargestellt. In der Praxis kommt es häufig vor, dass bei der Aufstellung eines Jahresabschlusses Einstellungen und Entnahmen vorgenommen werden.

Der Bilanzgewinn ist der nach der teilweisen Ergebnisverwendung verbleibende Betrag, über den die Eigentümer, z. B. bei der AG die Hauptversammlung, verfügen können. Er ist auf dem Konto **„(342) Bilanzgewinn/Bilanzverlust“** zu buchen.

Der Abschluss des Kontos „(982) Jahresüberschuss/Jahresfehlbetrag“ wird dann wie folgt gebucht:

bei einem Überschuss der Erträge über die Aufwendungen (Gewinn)

(982) **Jahresüberschuss**/Jahresfehlbetrag
an (342) Bilanzgewinn/Bilanzverlust

bei einem Überschuss der Aufwendungen über die Erträge (Verlust)

(342) Bilanzgewinn/Bilanzverlust
an (982) Jahresüberschuss/**Jahresfehlbetrag**

In beiden Fällen muss zusätzlich ein eventueller Gewinnvortrag oder Verlustvortrag auf das Konto „(342) Bilanzgewinn/Bilanzverlust“ umgebucht werden:

bei einem Gewinnvortrag

(340) **Gewinnvortrag**/Verlustvortrag
an (342) Bilanzgewinn/Bilanzverlust

bei einem Verlustvortrag

(342) Bilanzgewinn/Bilanzverlust
an (340) Gewinnvortrag/**Verlustvortrag**

Das Konto „(342) Bilanzgewinn/Bilanzverlust“ wird in das Konto „(989) Schlussbilanzkonto“ abgeschlossen.

bei einem Bilanzgewinn

(342) **Bilanzgewinn**/Bilanzverlust
an (989) Schlussbilanzkonto

bei einem Bilanzverlust

(989) Schlussbilanzkonto
an (342) Bilanzgewinn/**Bilanzverlust**

9.3 Aufstellung des Jahresabschlusses bei Kapitalgesellschaften

Einstellung in die Gewinnrücklagen durch Vorstand/Geschäftsführung

Stellen Vorstand bzw. Geschäftsführung bei der Aufstellung des Jahresabschlusses Beträge aus dem Jahresüberschuss in die Gewinnrücklagen ein, so ist z. B. für die Einstellung in Andere Gewinnrücklagen zu buchen

(984) Einstellungen in Rücklagen
an (334) Andere Gewinnrücklagen

Das Konto „(984) Einstellungen in Rücklagen“ wird wie das Konto „(982) Jahresüberschuss/Jahresfehlbetrag“ über das Konto „(342) Bilanzgewinn/Bilanzverlust“ abgeschlossen:

(342) Bilanzgewinn/Bilanzverlust
an (984) Einstellungen in Rücklagen

Beispiel für einen Jahresüberschuss

Jahresabschluss der Wohn AG zum 31.12.01 unter teilweiser Verwendung des Jahresüberschusses

Der Jahresüberschuss der Wohn AG beträgt im Jahr 01 150.000.00 €. Ihr Grundkapital beläuft sich auf 500.000,00 €. Die Gesetzliche Rücklage hat 32.000.00 € erreicht. Aus dem Jahr 00 stammt ein Gewinnvortrag von 1.800.00 €. Weitere Rücklagen sind nicht vorhanden.

Vorüberlegung

Nach dem Aktiengesetz (AktG) ist der Gesetzlichen Rücklage solange der zwanzigste Teil (5 %) des Jahresüberschusses (vermindert um einen eventuellen Verlustvortrag aus dem Vorjahr) zuzuführen, bis diese zusammen mit der Kapitalrücklage den zehnten Teil (10 %) des Grundkapitals erreicht hat.

Gesetzliche Mindesthöhe	50.000,00 €
Zum Vorjahresende erreichte Höhe	32.000,00 €
Insgesamt noch in die gesetzlichen Rücklage einzustellen	18.000,00 €
Errechnung des Einstellungsbetrages im Jahr 00	
5 % von 150.000,00 € (vom Jahresüberschuss)	= 7.500,00 €

Diese 7.500,00 € sind in die Gesetzliche Rücklage einzustellen, da damit die gesetzliche Mindesthöhe von 50.000,00 € nicht überschritten wird.

(984)	Einstellungen in Rücklagen	7.500,00 €	
	an (330) Gesetzliche Rücklage		7.500,00 €

Die Konten „(982) Jahresüberschuss/Jahresfehlbetrag“, „(984) Einstellungen in Rücklagen“ und „(340) Gewinnvortrag/Verlustvortrag“ werden über das Konto „(342) Bilanzgewinn/Bilanzverlust“ abgeschlossen:

(982)	**Jahresüberschuss**/Jahresfehlbetrag	150.000,00 €	
	an (342) **Bilanzgewinn**/Bilanzverlust		150.000,00 €
(342)	**Bilanzgewinn**/Bilanzverlust	7.500,00 €	
	an (984) Einstellungen in Rücklagen		7.500,00 €
(340)	**Gewinnvortrag**/Verlustvortrag	1.800,00 €	
	an (342) **Bilanzgewinn**/Bilanzverlust		1.800,00 €

Die Konten „(300) Grundkapital“, „(330) Gesetzliche Rücklage“ und „(342) Bilanzgewinn/Bilanzverlust“ werden in das Konto „(989) Schlussbilanzkonto“ abgeschlossen:

(30)	Gezeichnetes Kapital	500.000,00 €	
	an (989) Schlussbilanzkonto		500.000,00 €
(330)	Gesetzliche Rücklage	39.500,00 €	
	an (989) Schlussbilanzkonto		39.500,00 €
(342)	**Bilanzgewinn**/Bilanzverlust	144.300,00 €	
	an (989) Schlussbilanzkonto		144.300,00 €

Kontendarstellung:

S (982)	Jahresüberschuss/Jahresfehlbetrag		H
Kl. 8	800.000,00	Kl. 6	950.000,00
(342)	150.000,00		
	950.000,00		950.000,00

S (300)	Grundkapital		H
SBK	500.000,00	EBK	500.000,00
	500.000,00		500.000,00

S (984)	Einstellung in Rücklagen		H
(330)	7.500,00	(342)	75.000,00
	7.500,00		75.000,00

S (340)	Gewinnvortrag/Verlustvortrag		H
(342)	1.800,00	(342 alt*)	1.800,00
	1.800,00		1.800,00

S (330)	Gesetzliche Rücklagen		H
SBK	39.500,00	EBK	32.000,00
		(984)	7.500,00
	39.500,00		39.500,00

S (342)	Bilanzgewinn/Bilanzverlust		H
(984)	7.500,00	GuV	150.000,00
SBK	144.300,00	(340)	1.800,00
	151.800,00		151.800,00

S (989)	Schlussbilanzkonto		H
		(300)	500.000,00
		(330)	39.500,00
		(342)	144.300,00

* Als Rest nach der Gewinnverwendung für das Jahr 00 auf der Hauptversammlung im Sommer 01 übrig geblieben.

Das Eigenkapital einer Kapitalgesellschaft gliedert sich nach § 266 Abs. 3 HGB in

I. Gezeichnetes Kapital*

II. Kapitalrücklagen

III. Gewinnrücklagen

IV. Gewinnvortrag/Verlustvortrag

V. Jahresüberschuss/Jahresfehlbetrag.

Erfolgt die Aufstellung des Jahresabschlusses unter teilweiser Verwendung des Ergebnisses, so tritt die Position Bilanzgewinn/Bilanzverlust an die Stelle der Positionen Jahresüberschuss/Jahresfehlbetrag und Gewinnvortrag/Verlustvortrag.

Für das vorstehende Beispiel 1 ergibt sich das folgende Bild der Position Eigenkapital der Wohn AG zum 31.12.01 auf der Passivseite der Bilanz:

Bilanz der Wohn AG zum 31.12.01			Passiva
	A. Eigenkapital		
	I. Gezeichnetes Kapital	500.000,00	
	III. Gewinnrücklagen		
	1. Gesetzliche Rücklagen	39.500,00	
	V. Bilanzgewinn	144.300,00	**683.800,00**

Entnahmen aus Gewinnrücklagen durch Vorstand/Geschäftsführung

Entnehmen Vorstand bzw. Geschäftsführung bei der Aufstellung des Jahresabschlusses Beträge aus den Gewinnrücklagen, so ist z. B. für die Entnahme aus Anderen Gewinnrücklagen zu buchen

(334) Andere Gewinnrücklagen/Andere Ergebnisrücklagen
an (983) Entnahme aus Rücklagen

* Nach § 152 Abs. 1 AktG wird das Grundkapital der AG und nach § 52 Abs. 1 GmbHG wird das Stammkapital der GmbH als Gezeichnetes Kapital in der Bilanz ausgewiesen.

Das Konto „(983) Entnahme aus Rücklagen" wird wie das Konto „(982) Jahresüberschuss/Jahresfehlbetrag" und das Konto „(984) Einstellung in Rücklagen" über das Konto „(342) Bilanzgewinn/Bilanzverlust" abgeschlossen:

(983) Entnahmen aus Rücklagen
an (342) Bilanzgewinn/Bilanzverlust

Beispiel für einen Jahresfehlbetrag

Jahresabschluss der Wohn GmbH zum 31.12.01 mit teilweiser Verwendung des Jahresergebnisses

Die Wohn GmbH hat ein Stammkapital von 200.0000,00 €, eine Andere Gewinnrücklage von 40.000,00 €, einen Verlustvortrag von 1.000,00 € und einen Jahresfehlbetrag von 70.000,00 €.

Die Geschäftsleitung entscheidet sich, den Anderen Gewinnrücklagen 20.000,00 € zur Verringerung des Verlustes zu entnehmen.

		Soll	Haben
(334)	Andere Gewinnrücklagen/ Andere Ergebnisrücklagen	20.000,00 €	
	an (983) Entnahme aus Rücklagen		20.000,00 €

Die Konten „(982) Jahresüberschuss/Jahresfehlbetrag", „(983) Entnahme aus Rücklagen" und „(340) Gewinnvortrag/Verlustvortrag" werden über das Konto „(342) Bilanzgewinn/Bilanzverlust" abgeschlossen:

		Soll	Haben
(342)	Bilanzgewinn/**Bilanzverlust**	70.000,00 €	
	an (982) Jahresüberschuss/**Jahresfehlbetrag**		70.000,00 €
(983)	Entnahme aus Rücklagen	20.000,00 €	
	an (342) Bilanzgewinn/**Bilanzverlust**		20.000,00 €
(342)	Bilanzgewinn/**Bilanzverlust**	1.000,00 €	
	an (340) Gewinnvortrag/**Verlustvortrag**		1.000,00 €

Die Konten „(300) Stammkapital", „(334) Andere Gewinnrücklagen/Andere Ergebnisrücklagen" und „(342) Bilanzgewinn/Bilanzverlust" werden in das Konto „(989) Schlussbilanzkonto" abgeschlossen:

		Soll	Haben
(300)	Stammkapital	200.000,00 €	
	an (989) Schlussbilanzkonto		200.000,00 €
(334)	Andere Gewinnrücklagen/ Andere Ergebnisrücklagen	20.000,00 €	
	an (989) Schlussbilanzkonto		20.000,00 €
(989)	Schlussbilanzkonto	51.000,00 €	
	an (342) Bilanzgewinn/**Bilanzverlust**		51.000,00 €

Kontendarstellung:

S (982) GuV-Konto H

Kl. 8	420.000,00	Kl. 6	350.000,00
		(342)	70.000,00
	420.000,00		420.000,00

S (300) Stammkapital H

(989)	200.000,00	(980)	200.000,00
	200.000,00		200.000,00

S (983) Entnahme aus Rücklagen H

(342)	20.000,00	(334)	20.000,00
	20.000,00		20.000,00

S (340) Gewinnvortrag/Verlustvortrag H

(980)	1.000,00	(342)	1.000,00
	1.000,00		1.000,00

S	(334)	Andere Gewinnrücklagen	H
(983)	20.000,00	(980)	40.000,00
(989)	20.000,00		
	40.000,00		40.000,00

S	(342)	Bilanzgewinn/Bilanzverlust	H
(982)	70.000,00	(983)	20.000,00
(340)	1.000,00	(989)	51.000,00
	71.000,00		71.000,00

S	(989)	Schlussbilanzkonto	H
(342)	51.000,00	(300)	200.000,00
		(334)	20.000,00

Für das vorstehende Beispiel 2 ergibt sich das folgende Bild der Position Eigenkapital der Wohn GmbH zum 31.12.01 auf der Passivseite der Bilanz:

Bilanz der Wohn AG zum 31.12.01				Passiva
	A.	Eigenkapital		
	I.	Gezeichnetes Kapital	200.000,00	
	III.	Gewinnrücklagen		
	4.	Andere Gewinnrücklage	20.000,00	
	V.	Bilanzgewinn	–51.000,00	**169.000,00**

Ein Bilanzverlust wird also mit einem negativen Vorzeichen mit den restlichen Positionen des Eigenkapitals auf der Passiv-Seite der Bilanz ausgewiesen.

9.4 Verwendung des Bilanzgewinnes

Der Eigentümerversammlung (Hauptversammlung bei der AG, Gesellschafterversammlung bei der GmbH) steht der Bilanzgewinn zur Beschlussfassung zur Verfügung. Der zu verteilende Betrag kann durch Entnahmen aus den Rücklagen erhöht werden. Die Gesellschafter können den zur Verfügung stehenden Betrag ganz oder teilweise als Gewinn ausschütten, ganz oder teilweise den Rücklagen zuführen und/oder (oft einen Rest) als Gewinnvortrag stehen lassen. Diese Vorgänge werden auf dem Bilanzgewinnkonto verrechnet. (In der Praxis wird für diese Buchungen häufig ein besonderes Gewinnverwendungskonto geführt.)

Die Einstellung in Gewinnrücklagen (hier in die Bauerneuerungsrücklage) aufgrund eines Gesellschafterbeschlusses zur Gewinnverwendung wird direkt gegen das Bilanzgewinnkonto gebucht:

(342) Bilanzgewinn/Bilanzverlust
an (333) Bauerneuerungsrücklage

Die Entnahme aus Gewinnrücklagen (hier aus den Anderen Gewinnrücklagen) aufgrund eines Gesellschafterbeschlusses wird ebenfalls direkt gegen das Bilanzgewinnkonto gebucht:

(334) Andere Gewinnrücklagen
an (342) Bilanzgewinn/Bilanzverlust

Der aufgrund des Eigentümerbeschlusses auszuschüttende Betrag wird bis zur tatsächlichen Ausschüttung als Verbindlichkeit gegenüber Aktionären/Gesellschaftern auf dem Konto **„(4790) Verbindlichkeiten gegenüber Aktionären/Gesellschaftern“** gebucht:

(342) Bilanzgewinn/Bilanzverlust
an (4790) Verbindlichkeiten gegenüber Aktionären/Gesellschaftern

Ein verbleibender Bilanzgewinnrest wird auf das Konto „(340) Gewinnvortrag/Verlustvortrag“ umgebucht:

(342) **Bilanzgewinn**/Bilanzverlust
an (340) **Gewinnvortrag**/Verlustvortrag

Die Auszahlung des zur Ausschüttung vorgesehenen Betrages (bei der AG die Dividende) erfolgt in der Regel über das Bankkonto:

(4790) Verbindlichkeiten gegenüber
Aktionären/Gesellschaftern
an (2740) Bank

Fortsetzung des Beispiels für einen Jahresüberschuss von Seite 220.

Auf der Hauptversammlung der Wohn AG im Sommer 02 ist beschlossen worden, für das Jahr 01 eine Dividende von 28 % zu zahlen. Damit sollen 140.000,00 € (28 % des Grundkapitals von 500.000,00 €) des Bilanzgewinnes von 144.300,00 € ausgeschüttet werden. Der Rest in Höhe von 4.300,00 € wird als Gewinnvortrag auf neue Rechnung vorgetragen.

Buchung des Dividendenbeschlusses und des Gewinnvortrages:

		Soll	Haben
(342)	**Bilanzgewinn**/Bilanzverlust	140.000,00 €	
	an (4790) Verbindlichkeiten gegenüber Aktionären/Gesellschaftern		140.000,00 €
(342)	**Bilanzgewinn**/Bilanzverlust	4.300,00 €	
	an (340) **Gewinnvortrag**/Verlustvortrag		4.300,00 €

Überweisung der Dividende an die Aktionäre:

		Soll	Haben
(4790)	Verbindlichkeiten gegenüber Aktionären/Gesellschaftern	140.000,00 €	
	an (2740) Bank		140.000,00 €

Kontendarstellung:

S (4790) Verbindlichkeiten gegenüber Gesellschaftern H

S		H	
(2740)	140.000,00	(342)	140.000,00

S (342) Bilanzgewinn/Bilanzverlust H

S		H	
(4790)	140.000,00	EBK	144.300,00
(340)	4.300,00		

S (340) Gewinnvortrag/Verlustvortrag H

S		H	
		(342)	4.300,00

S (2740) Bank H

S		H	
		(4790)	140.000,00

9.5 Der Jahresabschluss nach HGB

Für alle Kaufleute geltende Vorschriften des HGB zum Jahresabschluss

In den §§ 242 bis 256 HGB sind für alle Kaufleute (also auch für Kapitalgesellschaften) geltende Vorschriften zum Jahresabschluss zu finden.

Einzelkaufleute und Personenhandelsgesellschaften haben die Pflicht, einen aus Bilanz und Gewinn- und Verlustrechnung bestehenden Jahresabschluss aufzustellen (§ 242 Abs. 1 und 2 HGB). Dabei sind die Grundsätze ordnungsmäßiger Buchführung (GoB) zu beachten (§ 243 Abs. 1 HGB).

In der **Bilanz** sind Anlagevermögen, Umlaufvermögen, Eigenkapital, Schulden und Rechnungsabgrenzungsposten gesondert auszuweisen (§ 247 Abs. 1 HGB). Diese Posten sind hinreichend aufzugliedern. Es gibt jedoch, anders als für die Kapitalgesellschaften, keine detaillierte Gliederungsvorschrift.

Unter der Bilanz sind die Haftungsverhältnisse (Wechselobligo, Verbindlichkeiten aus Bürgschaften, Verbindlichkeiten aus Gewährleistungsverträgen, etc.) auszuweisen (§ 252 HGB).

Auch die **Gewinn- und Verlustrechnung** ist nach den Grundsätzen ordnungmäßiger Buchführung aufzustellen. Sie muss nach § 246 HGB alle Aufwendungen und Erträge unsaldiert enthalten (Vollständigkeitsgebot bzw. Saldierungsverbot). Wie für die Bilanz gibt es keine spezielle Gliederungsvorschrift, jedoch ist aus Gründen der Klarheit und Übersichtlichkeit (§ 243 Abs. 2 HGB) eine Mindestgliederung erforderlich.

Die Gewinn- und Verlustrechnung der Einzelkaufleute und Personenhandelsgesellschaften darf in Konten- oder Staffelform aufgestellt werden. Da die Gewinn- und Verlustrechnung der Kapitalgesellschaften in Staffelform aufgestellt werden muss, ist die Kontenform auch bei Einzelkaufleuten und Personenhandelsgesellschaften unüblich.

Nach § 243 Abs. 3 HGB hat die Aufstellung des Jahresabschlusses innerhalb der einem ordnungsmäßigen Geschäftsgang entsprechenden Zeit zu erfolgen. Das HGB nennt also keine bestimmte Frist. Neuere Urteile des Bundesfinanzhof (BFH) gehen von einer Höchstfrist für Einzelkaufleute und Personenhandelsgesellschaften von einem Jahr aus. Diese Frist ist wohl auch handelsrechtlich einzuhalten.

Einzelkaufleute und Personenhandelsgesellschaften sind **nach HGB** nicht verpflichtet, ihren Jahresabschluss prüfen zu lassen und offenzulegen. Sind zwei der drei nachfolgend genannten Größenmerkmale an drei aufeinanderfolgenden Bilanzstichtagen erfüllt, so verpflichtet jedoch das **Publizitätsgesetz** zur Prüfung und Offenlegung:

1. Bilanzsumme mehr als 65 Mio. €,
2. Umsatzerlös mehr als 130 Mio. €,
3. Beschäftigung mehr als 5.000 Arbeitnehmer.

Einzelkaufleute und Personenhandelsgesellschaften, die unter das Publizitätsgesetz fallen, müssen ihre Gewinn- und Verlustrechnung nach den Vorschriften des HGB für große Kapitalgesellschaften aufstellen.

Rechnungslegungsvorschriften für Kapitalgesellschaften

Zunächst gelten auch für Kapitalgesellschaften die Vorschriften der §§ 238 bis 263 HGB (1. Abschnitt des Dritten Buches des HGB). Die §§ 264 bis 289 HGB enthalten ergänzende Bestimmungen zum Jahresabschluss und Lagebericht für Kapitalgesellschaften.

Die Neuregelung des § 264 a HGB durch das Kapitalgesellschaften- und Co-Richtliniengesetz (KapCoRiLig) verpflichtet auch bestimmte Personenhandelsgesellschaften die Regelungen für den Jahresabschluss und den Lagebericht der Kapitalgesellschaften entsprechend anzuwenden. Betroffen sind alle offenen Handelsgesellschaften und Kommanditgesellschaften, bei denen nicht wenigstens ein persönlich haftender Gesellschafter eine natürliche Person oder eine OHG, KG oder andere Personengesellschaft, die eine natürliche Person als persönlich haftenden Gesellschafter hat, ist.

Größenklassen

Das HGB unterscheidet für die Anwendung der ergänzenden Vorschriften drei Größenklassen von Kapitalgesellschaften:

1. kleine Kapitalgesellschaften,
2. mittelgroße Kapitalgesellschaften und
3. große Kapitalgesellschaften.

Kapitalgesellschaften	Bilanzsumme	Umsatzerlöse	Arbeitnehmer
kleine	bis 3.438.000 €	bis 6.875.000 €	bis 50
mittelgroße	bis 13.750.000 €	bis 27.500.000 €	bis 250
große	über 13.750.000 €	über 27.500.000 €	mehr als 250

Die Einordnung in eine der Größenklassen erfolgt, wenn an den Abschlussstichtagen von zwei aufeinanderfolgenden Geschäftsjahren die maßgebenden Merkmale über- oder unterschritten sind (§ 267 Abs. 4 Satz 1 HGB). Bei Neugründung, Verschmelzung oder Umwandlung ist bereits der erste Abschlussstichtag entscheidend.

Als große Kapitalgesellschaften gelten unabhängig von der Größe auch solche, deren Aktien an einer Börse in einem Mitgliedstaat der EG zum amtlichen Handel beantragt oder zugelassen sind (§ 267 Abs. 3 Satz 2 HGB).

Je nach Größenklasse werden unterschiedliche Anforderungen an den Jahresabschluss gestellt.

Aufstellungspflichten

Kapitalgesellschaften müssen – unabhängig von ihrer Größe – den Jahresabschluss um einen **Anhang** erweitern und einen **Lagebericht** aufstellen.

Der Jahresabschluss nach HGB (für Vollkaufleute)	
Einzelkaufleute und Personengesellschaften	**Kapitalgesellschaften und bestimmte Personengesellschaften**
Jahresabschluss (bestehend aus Bilanz und GuV) (§ 242 HGB)	**Um Anhang erweiterter Jahresabschluss und Lagebericht** (§ 264 HGB)

Nach § 266 Abs. 1 ist die **Bilanz** der Kapitalgesellschaften in Kontoform aufzustellen. In § 266 Abs. 2 (Aktivseite) und Abs. 3 (Passivseite) ist für sie die nachstehende Gliederung der Bilanz vorgeschrieben.

Aktivseite	**Passivseite**
A. Anlagevermögen **I. Immaterielle Vermögensgegenstände** 1. Konzessionen, gewerbliche Schutzrechte und ähnliche Rechte und Werte sowie Lizenzen an solchen Rechten und Werten 2. Geschäfts- oder Firmenwert 3. geleistete Anzahlungen **II. Sachanlagen** 1. Grundstücke, grundstücksgleiche Rechte und Bauten einschließlich der Bauten auf fremden Grundstücken 2. technische Anlagen und Maschinen 3. andere Anlagen, Betriebs- und Geschäftsausstattung 4. geleistete Anzahlungen und Anlagen im Bau **III. Finanzanlagen** 1. Anteile an verbundenen Unternehmen 2. Ausleihungen an verbundene Unternehmen 3. Beteiligungen 4. Ausleihungen an Unternehmen, mit denen ein Beteiligungsverhältnis besteht 5. Wertpapiere des Anlagevermögens 6. sonstige Ausleihungen **B. Umlaufvermögen** **I. Vorräte** 1. Roh-, Hilfs- und Betriebsstoffe 2. unfertige Erzeugnisse, unfertige Leistungen 3. fertige Erzeugnisse und Waren 4. geleistete Anzahlungen **II. Forderungen und sonstige Vermögensgegenstände** 1. Forderungen aus Lieferungen und Leistungen 2. Forderungen gegen verbundene Unternehmen 3. Forderungen gegen Unternehmen, mit denen ein Beteiligungsverhältnis besteht 4. sonstige Vermögensgegenstände **III. Wertpapiere** 1. Anteile an verbundenen Unternehmen 2. eigene Anteile 3. sonstige Wertpapiere **IV. Kassenbestand, Bundesbankguthaben, Guthaben bei Kreditinstituten und Schecks** **C. Rechnungsabgrenzungsposten**	**A. Eigenkapital** **I. Gezeichnetes Kapital** **II. Kapitalrücklage** **III. Gewinnrücklagen** 1. gesetzliche Rücklage 2. Rücklage für eigene Anteile 3. satzungsmäßige Rücklagen 4. andere Gewinnrücklagen **IV. Gewinnvortrag/Verlustvortrag** **V. Jahresüberschuss/Jahresfehlbetrag** **B. Rückstellungen** 1. Rückstellungen für Pensionen und ähnliche Verpflichtungen 2. Steuerrückstellungen 3. sonstige Rückstellungen **C. Verbindlichkeiten** 1. Anleihen, davon konvertibel 2. Verbindlichkeiten gegenüber Kreditinstituten 3. erhaltene Anzahlungen auf Bestellungen 4. Verbindlichkeiten aus Lieferungen und Leistungen 5. Verbindlichkeiten aus der Annahme gezogener Wechsel und der Ausstellung eigener Wechsel 6. Verbindlichkeiten gegenüber verbundenen Unternehmen 7. Verbindlichkeiten gegenüber Unternehmen, mit denen ein Beteiligungsverhältnis besteht 8. sonstige Verbindlichkeiten, davon aus Steuern, davon im Rahmen der sozialen Sicherheiten **D. Rechnungsabgrenzungsposten**

Große und mittelgroße Kapitalgesellschaften haben die im Gliederungsschema genannten Posten der Aktivseite und der Passivseite gesondert und in der vorgeschriebenen Reihenfolge auszuweisen.

Kleine Kapitalgesellschaften können die Bilanz in verkürzter Form aufstellen. In dieser verkürzten Form müssen nur die mit Buchstaben und römischen Zahlen bezeichneten Posten des Gliederungsschemas (in der Abbildung fett gedruckt) gesondert und in der vorgeschriebenen Reihenfolge ausgewiesen werden.

Gewinn- und Verlustrechnung

Nach § 275 HGB ist die Gewinn- und Verlustrechnung der Kapitalgesellschaft in Staffelform nach dem Gesamtkostenverfahren oder dem Umsatzkostenverfahren aufzustellen. Bei Anwendung des (in der Immobilienwirtschaft üblichen) Gesamtkostenverfahrens sind gesondert auszuweisen:

1. Umsatzerlöse
2. Erhöhung oder Verminderung des Bestands an fertigen und unfertigen Erzeugnissen
3. andere aktivierte Eigenleistungen
4. sonstige betriebliche Erträge
5. Materialaufwand:
   a) Aufwendungen für Roh-, Hilfs- und Betriebsstoffe und für bezogene Waren
   b) Aufwendungen für bezogene Leistungen
6. Personalaufwand:
   a) Löhne und Gehälter
   b) soziale Abgaben und Aufwendungen für Altersversorgung und für Unterstützung,
   davon für Altersversorgung
7. Abschreibungen:
   a) auf immaterielle Vermögensgegenstände des Anlagevermögens und Sachanlagen sowie auf aktivierte Aufwendungen für die Ingangsetzung und Erweiterung des Geschäftsbetriebs
   b) auf Vermögensgegenstände des Umlaufvermögens, soweit diese die in der Kapitalgesellschaft üblichen Abschreibungen überschreiten
8. sonstige betriebliche Aufwendungen
9. Erträge aus Beteiligungen,
   davon aus verbundenen Unternehmen
10. Erträge aus anderen Wertpapieren und Ausleihungen des Finanzanlagevermögens,
   davon aus verbundenen Unternehmen
11. sonstige Zinsen und ähnliche Erträge,
   davon aus verbundenen Unternehmen
12. Abschreibungen auf Finanzanlagen und auf Wertpapiere des Umlaufvermögens
13. Zinsen und ähnliche Aufwendungen,
   davon aus verbundenen Unternehmen
14. Ergebnis der gewöhnlichen Geschäftstätigkeit
15. außerordentliche Erträge
16. außerordentliche Aufwendungen
17. außerordentliches Ergebnis
18. Steuern vom Einkommen und vom Ertrag
19. sonstige Steuern
20. Jahresüberschuss/Jahresfehlbetrag

Für die Aufstellung der Gewinn- und Verlustrechnung gibt es für kleine und mittelgroße Kapitalgesellschaften Erleichterungen (§ 276 HGB). Sie dürfen z. B. die ersten 5 Posten Umsatzerlöse, Erhöhung oder Verminderung des Bestands an fertigen und unfertigen Erzeugnissen, andere aktivierte Eigenleistungen, sonstige betriebliche Erträge und Materialaufwand zu einer Position **Rohergebnis** zusammenfassen.

Formblattverordnung

Das Bundesministerium der Justiz wird durch § 330 HGB ermächtigt, im Einvernehmen mit dem Bundesministerium der Finanzen und dem Bundesministerium für Wirtschaft durch Rechtsverordnung für Kapitalgesellschaften Formblätter für den Jahresabschluss vorzuschreiben, wenn der Geschäftszweig eine von den §§ 266 (Bilanz) und 275 (GuV) abweichende Gliederung des Jahresabschlusses erfordert.

Für die Immobilienwirtschaft ist 1987 die derzeit gültige „Erste Verordnung zur Änderung der Verordnung über Formblätter für die Gliederung des Jahresabschlusses von Immobilienunternehmen" erlassen worden. (U. a. abgedruckt in den „Erläuterungen zur Rechnungslegung der Immobilienunternehmen Kapitalgesellschaften", herausgegeben vom GdW Bundesverband deutscher Immobilienunternehmen e.V., Hammonia-Verlag GmbH, Hamburg 1996)

Aufgrund der besonderen Bedeutung in der Branche müssen die Unternehmen der Immobilienwirtschaft u. a. folgende Positionen in der Bilanz gegebenenfalls verändert oder zusätzlich zu den Positionen des § 266 HGB ausweisen:

Auf der Aktivseite

A.II.1. Grundstücke und grundstücksgleiche Rechte mit Wohnbauten
A.II.2. Grundstücke und grundstücksgleiche Rechte mit Geschäfts- und anderen Bauten
A.II.3. Grundstücke und grundstücksgleiche Rechte ohne Bauten
A.II.4. Grundstücke mit Erbbaurechten Dritter
A.II.5. Bauten auf fremden Grundstücken

Auf der Passivseite

A.III. Bauerneuerungsrücklage
B.3 Rückstellung für Bauinstandhaltung
C.3 Verbindlichkeiten gegenüber anderen Kreditgebern

In die Gewinn- und Verlustrechnung müssen bei Anwendung des Gesamtkostenverfahrens gegebenenfalls u. a. folgende Positionen verändert oder zusätzlich zu den Positionen des § 275 HGB aufgenommen werden:

1. Umsatzerlöse
   a) aus der Hausbewirtschaftung
   b) aus Verkauf von Grundstücken
   c) aus anderen Lieferungen und Leistungen

2. Erhöhung oder Verminderung des Bestandes an zum Verkauf bestimmten Grundstücken mit fertigen und unfertigen Bauten sowie unfertigen Leistungen

5. Aufwendungen für bezogene Lieferungen und Leistungen
   a) Aufwendungen für Hausbewirtschaftung
   b) Aufwendungen für Verkaufsgrundstücke
   c) Aufwendungen für andere Lieferungen und Leistungen

Anhang

Kapitalgesellschaften haben nach § 264 Abs. 1 HGB den Jahresabschluss um einen Anhang zu erweitern, der mit der Bilanz und der GuV-Rechnung eine Einheit bildet. Der Anhang muss – wie die Bilanz und die GuV-Rechnung – unter Beachtung der Grundsätze ordnungsmäßiger Buchführung ein den tatsächlichen Verhältnissen entsprechendes Bild der Vermögens-, Finanz- und Ertragslage der Kapitalgesellschaft vermitteln. Für einige Angabepflichten bestehen Erleichterungen für kleine und mittelgroße Kapitalgesellschaften.

Der Anhang ist neben Bilanz und GuV-Rechnung gleichwertiger Bestandteil des Jahresabschlusses. Umfangreiche Berichts- und Angabepflichten können alternativ entweder in der Bilanz bzw. GuV-Rechnung oder im Anhang erfüllt werden. Der GdW schlägt den Immobilienunternehmen vor, bei alternativen Berichtsmöglichkeiten die Angabepflichten in der Regel in den Anhang zu verlegen, um den Jahresabschluss insgesamt lesbar, klar und übersichtlich zu gestalten. Insbesondere sollten Anlagenspiegel, Rücklagenspiegel, Angabe der Haftungsverhältnisse und die Darstellung der Verbindlichkeiten nach Fristigkeiten im Anhang ihren Platz finden.

Nach § 284 Abs. 1 HGB sind in den Anhang diejenigen Angaben aufzunehmen, die zu den einzelnen Posten der Bilanz oder der Gewinn- und Verlustrechnung vorgeschrieben oder die im Anhang zu machen sind, weil sie in Ausübung eines Wahlrechts nicht in die Bilanz oder in die Gewinn- und Verlustrechnung aufgenommen wurden. Im Anhang sind u. a. darzulegen:

- die auf die Posten der Bilanz und der Gewinn- und Verlustrechnung angewandten Bilanzierungs- und Bewertungsmethoden;
- die Einbeziehung von Fremdkapitalzinsen in die Herstellungskosten;
- die außerplanmäßigen Abschreibungen bei Vermögensgegenständen des Anlagevermögens und die Abschreibungen bei Vermögensgegenständen des Umlaufvermögens;
- die in der Position „Unfertige Leistungen“ enthaltenen, noch nicht abgerechneten Betriebskosten;
- die Darstellung der Entwicklung des Anlagevermögens und der Abschreibungen des Geschäftsjahres;
- Angabe der Forderungen mit einer Restlaufzeit von mehr als einem Jahr;
- Verbindlichkeitenspiegel (einschließlich Sicherheiten);
- Erläuterung von wesentlichen außerordentlichen Erträgen und Aufwendungen;
- Angabe der in § 251 HGB bezeichneten Haftungsverhältnisse;
- Angabe der durchschnittlichen Zahl der während des Geschäftsjahres beschäftigten Arbeitnehmer getrennt nach Gruppen.

Das am 01.05.1998 in Kraft getretene Gesetz zur Kontrolle und Transparenz im Unternehmensbereich (KonTraG) verpflichtet die Unternehmen, nun auch die voraussichtliche Entwicklung der Gesellschaft weitreichend darzustellen. Dabei ist insbesondere auch auf die Risiken der künftigen Entwicklung abzustellen. Ist aufgrund der bestehenden Risiken der Fortbestand der Unternehmung gefährdet, so muss im Lagebericht darauf hingewiesen werden.

Der Abschlussprüfer hat zu prüfen, ob der Lagebericht die Situation des Unternehmens zutreffend beschreibt.

Die Neuregelungen des KonTraG sollen nach der Intention des Gesetzgebers die Aussagekraft des Lageberichtes erheblich verbessern.

Anlagenspiegel

Bei der Darstellung des Anlagenspiegels ist die direkte Bruttomethode anzuwenden. Dabei sind die Anfangsbestände, die Zugänge, die Abgänge und die Umbuchungen des Geschäftsjahres zu Anschaffungs- bzw. Herstellungskosten, sowie die während der bisherigen Nutzungsdauer aufgelaufenen Abschreibungen (kumulierte Abschreibungen) und die Abschreibungen des Geschäftsjahres in einer der Gliederung des Anlagevermögens entsprechenden Aufgliederung anzugeben.

Der Anlagenspiegel kann alternativ in der Bilanz oder im Anhang dargestellt werden. Es gibt keine vorgeschriebene Form für den Anlagenspiegel. Das auf der nächsten Seite abgebildete Beispiel zeigt eine der gebräuchlichen Darstellungsformen.

Rücklagenspiegel und Verbindlichkeitenspiegel

Die Entwicklung der Rücklagen in der abzuschließenden Periode (Anfangsbestand, Zuführungen, Entnahmen und Endbestand) und die Zusammensetzung der Verbindlichkeiten (nach Fristigkeiten) werden oft in entsprechenden Übersichten dargestellt.

Lagebericht

Große und mittelgroße Kapitalgesellschaften haben neben dem erweiterten Jahresabschluss grundsätzlich einen Lagebericht aufzustellen. Kleine Kapitalgesellschaften brauchen den Lagebericht nicht aufzustellen.

Hauptzweck des Lageberichts ist es, den Geschäftsverlauf sowie die Lage der Kapitalgesellschaft so darzustellen, dass ein den tatsächlichen Verhältnissen entsprechendes Bild vermittelt wird. Während Jahresabschluss und Anhang vergangenheitsorientiert sind, ist der Lagebericht zukunftsorientiert.

Nach HGB § 289 Abs. 2 soll der Lagebericht auch eingehen auf:

- Vorgänge von besonderer Bedeutung, die nach dem Schluss des Geschäftsjahres eingetreten sind (z. B. Verlust von Großabnehmern, Ausfuhrsperren, Streiks);
- die voraussichtliche Entwicklung der Gesellschaft (Auftragseingang, geplante Großinvestitionen, geplante Fusionen, etc.);
- Forschung und Entwicklung.

Prüfungspflichten

Mittelgroße und große Kapitalgesellschaften müssen ihre Rechnungslegungsunterlagen (Buchführung, Bilanz, GuV, Anhang, Lagebericht) durch einen Abschlussprüfer prüfen lassen. Kleine Kapitalgesellschaften unterliegen nicht der Prüfungspflicht. Besteht Prüfungpflicht, so kann der Jahresabschluss ohne Prüfung nicht festgestellt werden.

Abschlussprüfer sind in der Regel Wirtschaftsprüfer oder Wirtschaftsprüfungsgesellschaften. Bei mittelgroßen GmbH können auch vereidigte Buchprüfer oder Buchprüfungsgesellschaften Abschlussprüfer sein.

Sind nach dem abschließenden Ergebnis der Prüfung keine Einwendungen zu erheben, so hat der Abschlussprüfer dies durch einen Vermerk zum Jahresabschluss, den sog. „Bestätigungsvermerk“, zu bestätigen.

Offenlegungspflichten

Je nach Einordnung in die entsprechende Größenklasse ergeben sich für Kapitalgesellschaften unterschiedliche Offenlegungspflichten (§§ 325 bis 327 HGB).

Kleine Kapitalgesellschaften sind lediglich verpflichtet, die Bilanz und den Anhang zum Handelsregister des Sitzes der Gesellschaft einzureichen.

Entwicklung des Anlagevermögens zu Anschaffungs- oder Herstellungskosten

Bezeichnung	Stand 01.01.00 €	Zugang €	Abgang €	Umbuchungen €	Stand 31.12.00 €	Buchwert 01.01.01 €
Grundstücke mit Wohnbauten	4.534.600,00		60.000,00	480.000,00	4.954.600,00	4.024.250,00
Bauten auf fremden Grundstücken	42.000,00				42.000,00	30.800,00
Technische Anlagen und Maschinen	34.400,00	28.400,00		– 4.400,00	58.400,00	25.200,00
Betriebs- und Geschäftsausstattung	58.410,00	15.500,00		4.400,00	78.310,00	45.110,00
Anlagen im Bau	222.400,00	340.000,00		– 480.000,00	82.400,00	13.110,00
	4.891.810,00	383.900,00	60.000,00	–	5.215.710,00	4.138.470,00

Entwicklung der Wertberichtigungen (Normal-Abschreibungen)

Bezeichnung	Stand 01.01.00 €	Zugang €	Abgang €	Umbuchungen €	Stand 31.12.00 €
Grundstücke mit Wohnbauten	905.500,00	84.850,00	60.000,00		930.350,00
Bauten auf fremden Grundstücken	8.000,00	3.200,00			11.200,00
Technische Anlagen und Maschinen	27.000,00	7.300,00		–1.100,00	33.200,00
Betriebs- und Geschäftsausstattung	60.990,00	7.200,00		1.100,00	69.290,00
	1.001.490,00	102.550,00	60.000,00	–	1.044.040,00

Mittelgroße Kapitalgesellschaften sind verpflichtet, neben der Bilanz und dem Anhang auch noch die Gewinn- und Verlustrechnung sowie den Lagebericht beim Handelsregister einzureichen. Der Umfang der Bilanz, der GuV und des Anhangs wird allerdings für mittelgroße Kapitalgesellschaften verkürzt.

Kleine und mittelgroße Kapitalgesellschaften haben im Bundesanzeiger einen Hinweis bekannt zu machen, bei welchem Handelsregister und unter welcher Nummer die oben genannten Rechnungslegungsunterlagen eingereicht worden sind.

Große Kapitalgesellschaften sind verpflichtet, ihre Bilanz, GuV-Rechnung, Anhang, ggf. Gewinnverwendungsrechnung und ihren Lagebericht im Bundesanzeiger bekannt zu machen und die Unterlagen beim Handelsregister einzureichen.

Offenlegungspflichten				
Größenklassen	**Bilanz**	**GuV**	**Anhang**	**Lagebericht**
kleine	Handelsregister	–	Handelsregister	–
mittelgroße	Handelsregister	Handelsregister	Handelsregister	Handelsregister
große	Bundesanzeiger Handelsregister	Bundesanzeiger Handelsregister	Bundesanzeiger Handelsregister	Bundesanzeiger Handelsregister

Fristen

Die Rechnungslegungs- und Offenlegungspflichten sind innerhalb bestimmter Fristen zu erfüllen. Je nach Einordnung in die entsprechende Größenklasse ergeben sich für Kapitalgesellschaften unterschiedliche Fristen.

Kleine Kapitalgesellschaften sind verpflichtet, den Jahresabschluss und den Anhang bis spätestens sechs Monate nach Ende des Geschäftsjahres aufzustellen (§ 264 Abs. 1 HGB). Die offen zu legenden Unterlagen sind innerhalb von zwölf Monaten nach Abschluss des Geschäftsjahres beim zuständigen Handelsregister einzureichen (§ 325 Abs. 1 i. V. m. § 326 HGB).

Mittelgroße und große Kapitalgesellschaften sind verpflichtet, den Jahresabschluss, den Anhang und den Lagebericht innerhalb von drei Monaten nach Ende des Geschäftsjahres aufzustellen (§ 264 Abs. 1 HGB).

Die offen zu legenden Unterlagen sind innerhalb von neun Monaten nach Abschluss des Geschäftsjahres beim zuständigen Handelsregister einzureichen (§ 325 Abs. 1 HGB). Große Kapitalgesellschaften müssen die offen zu legenden Unterlagen vorher im Bundesanzeiger bekannt machen (§ 325 Abs. 2 HGB).

	Fristen					
	kleine		**mittelgroße**		**große**	
	Aufstellung	**Offenlegung**	**Aufstellung**	**Offenlegung**	**Aufstellung**	**Offenlegung**
Bilanz	6 Monate	12 Monate	3 Monate	9 Monate	3 Monate	9 Monate
GuV	6 Monate		3 Monate	9 Monate	3 Monate	9 Monate
Anhang	6 Monate	12 Monate	3 Monate	9 Monate	3 Monate	9 Monate
Lagebericht			3 Monate	9 Monate	3 Monate	9 Monate

Fachteil 2 – Kosten- und Leistungsrechnung

1 Grundlagen

1.1 Aufgabe der Kostenrechnung

Die Kostenrechnung hat die in einer Periode angefallenen Kosten vollständig zu erfassen und den Kostenstellen und Kostenträgern verursachungsgerecht zuzurechnen.

Kresse[1]) nennt folgende Aufgaben der Kostenrechnung insbesondere für die Unternehmensführung

Kontrolle der Wirtschaftlichkeit der betrieblichen Abläufe

Die Kontrolle der Wirtschaftlichkeit dient dem Ziel die vorhandenen Mittel effektiv (Minimalprinzip) bei der Erstellung der betrieblichen Leistung einzusetzen. Dazu ist es erforderlich, die entstehenden Kosten unaufhörlich zu beobachten. Ungewollten Abweichungen von den geplanten Kosten müssen analysiert werden. Kostensteigerungen muss sofort entgegengewirkt werden.

Hilfeleistung bei der Preisstellung

Miet- und Immobilienpreise werden in der Regel vom Markt diktiert. Mit zunehmender Diversifikation immobilienwirtschaftlicher Leistungen nimmt jedoch die Bedeutung der Kostenrechnung für die Preisgestaltung zu. Das gilt insbesondere für den Dienstleistungsbereich der Immobilienunternehmen.

Preiskontrolle und Programmplanung

Auch wenn für die Vermietung oder den Verkauf von Immobilien der Markt der den Preis be-stimmende Faktor ist, sind Kosteninformationen für die Programmplanung und für die zukünftigen Miet- oder Verkaufspreise schon vor Errichtung eines Gebäudes unerlässlich. Wirtschaftlicher Erfolg wird nur erreicht, wenn die Kosten unter den erzielbaren Erlösen liegen. Ist der durch die Kostenrechnung vorgegebene Preis nicht erzielbar, ist gegebenenfalls das Projekt aufzugeben bzw. sind bereits im Bestand befindliche Objekte zu veräußern.

Ermittlung des Leistungsergebnisses je Abrechnungsperiode

Im Rahmen der kurzfristigen Erfolgsrechnung (vierteljährlich oder monatlich) werden mit Hilfe der Kostenrechnung die Leistungsergebnisse für das Unternehmen, für verschiedene Leistungsbereiche und einzelne Leistungen ermittelt. Dazu werden den Leistungen die Kosten gegenübergestellt. Die erforderlichen Informationen müssen dazu für die kurze Periode bereitgestellt werden. Z.B. Abschreibungen werden in der Finanzbuchhaltung in der Regel jährlich erfasst. Für die kurzfristige Erfolgsrechnung müssen sie gegebenenfalls monatlich ermittelt werden.

Hilfestellung für andere Bereiche des Rechnungswesens

Die Kostenrechnung liefert die Voraussetzung für die Ermittlung der Werte der zu aktivierenden unfertigen (betriebstypischen) Leistungen für den Jahresabschluss der Finanzbuchhaltung. Das betrifft z.B. ein selbst errichtetes aber noch nicht verkauftes Gebäude des Umlaufvermögens oder eine noch nicht abgerechnete Baubetreuung. Gleiches gilt für die Ermittlung des Wertes der zu aktivierenden anderen Eigenleistungen. Im Rahmen der Errichtung von Mietwohngebäuden, zur Vermietung bestimmten Geschäftsgebäuden oder eigenen Verwaltungsgebäuden müssen eigene Architekten- und Ingenieursleistungen aktiviert werden. Weiter können Teile der eigenen Verwal-

---

[1]) Kresse, Die neue Schule des Bilanzbuchhalters Band 3, Stuttgart 1997

tungsaufwendungen (Personalaufwand und sächliche Verwaltungsaufwendungen) aktiviert werden. Hierzu liefert die Kostenrechnung das entsprechende Zahlenmaterial.

Barltes und Fischer[2]) betonen die durch die Kostenrechnung unterstützten Planungs-, Kontroll- und Entscheidungsfunktionen der Unternehmensleitung. Vor Beginn der Planungsperiode schafft die Kosten- und Leistungsrechnung die Grundlage für die Zielsetzung in der anstehenden Periode. Während der betrachteten Periode schafft der ständige Soll-Ist-Vergleich zwischen Planung und tatsächlichen Kosten die Voraussetzung für den korrigierenden Eingriff durch die verantwortlichen Personen. Die Kosten- und Leistungsrechnung stellt in diesem Prozess die kostenmäßigen Konsequenzen möglicher Entscheidungen als Entscheidungsgrundlage zur Verfügung.

Die Kostenrechnung ist in besonderem Maße Grundlage für die betriebliche Finanz- und Investitionsplanung (Plankostenrechnung).

Darüber hinaus liefert die Kostenrechnung die erforderlichen Grundlagen für Betriebsvergleiche. Im Rahmen der Erfordernisse internationaler Rechnungslegungsstandards wie den International Financial Reporting Standards (IFRS) und internationaler Abkommen wie Basel 2 gewinnen diese an Bedeutung.

1.2 Prinzipien der Kosten- und Leistungsrechnung

Kresse[1]) nennt für die Kosten- und Leistungsrechnung u.a. folgende Prinzipien

Prinzip der Wirtschaftlichkeit

Die Durchführung der Kostenrechnung verursacht selber Kosten. Diese müssen in einem vernünftigen Verhältnis zu den zu gewinnenden Erkenntnissen stehen. So ist es nicht sinnvoll jedes einzelne Blatt Papier, das im Rahmen eines Betreuungsauftrages verwendet wird, gesondert zu erfassen. Auch wenn ein pauschaler Zuschlag für die sächlichen Verwaltungskosten auf die für den Auftrag ermittelten Mitarbeiterstunden nicht 100%ig die tatsächlichen Kosten erfasst, ist das eine sinnvolle Methode. Die genaue Erfassung wäre zu unwirtschaftlich.

Prinzip der Objektivität

Der betriebliche Werteverzehr muss unabhängig von rechtlichen Gesichtspunkten in der Kostenrechnung erfasst werden. Ein Gehalt für den unternehmerisch tätigen Einzelunternehmer kann in der Finanzbuchhaltung aus handels- und steuerrechtlichen Gründen nicht erfasst werden, ein Geschäftsführergehalt in einer GmbH dagegen schon. In der Kostenrechnung sind beide Fälle gleichwertig zu behandeln. Der Ansatz eines fiktiven Geschäftsführergehalts für den Unternehmer ist daher unerlässlich.

Prinzip der Vollständigkeit

Es gilt analog zu den Grundsätzen ordnungsgemäßer Buchführung, dass alle Kosten einer Periode vollständig erfasst werden. Ist das nicht der Fall, sind die Ergebnisse der Kostenrechnung nicht aussagefähig.

Verursachungsprinzip

Das Verursachungsprinzip verlangt, dass den Kostenträgern alle durch sie verursachten Kosten zugerechnet werden. Wie schon beschrieben, ist das nicht für alle Kosten mit vernünftigem Aufwand möglich. Kresse[1]) beschreibt als praxisbezogene Fassung des

---

[2]) http://winfo1-www.uni-paderborn.de/organisation/personen/fischer/Skript Kosten-Leistungsrechnung.pdf

Verursachungsprinzips daher die Forderung, den Kostenträgern nur die mit einem vertretbaren Aufwand zurechenbaren Kosten zuzurechnen.

Prinzip der relativen Genauigkeit

Die Kostenrechnung weist nicht die Genauigkeit bis auf den letzten Cent auf wie die Finanzbuchhaltung. Sie ist in vielen Bereichen auf Schätzungen angewiesen. So ist z.B. der Werteverzehr für eine vermietete Gewerbeimmobilie durch lineare Abschreibungen nicht wirklich genau. (In der Finanzbuchhaltung entsprechen die Abschreibungen in der Regel ebenfalls nicht dem Wertverlust. Die Abschreibungsbeträge sind jedoch durch steuer- und/oder handelsrechtliche Regelungen bestimmt.) Im Rahmen der Kostenrechnung muss mit vertretbarem Aufwand eine möglichst hohe Genauigkeit angestrebt werden.

Prinzip der Aktualität

Je aktueller die Kostenrechnung und die kurzfristige Erfolgsrechnung sind, desto besser sind sie als Grundlage für unternehmerische Entscheidungen geeignet. Die monatliche Erfolgsrechnung wird daher auch in den Immobilienunternehmen immer mehr zur Regel.

1.3 Grundbegriffe

In den sich in der Regel mit industriellen Leistungsprozessen befassenden Lehrbüchern der Kostenrechnung werden Kosten als „der wertmäßige Verzehr von Produktionsfaktoren zur Leistungserstellung und Leistungsverwertung sowie zur Sicherung der dafür notwendigen betrieblichen Kapazitäten“[3]) bezeichnet. Allgemeiner ausgedrückt sind Kosten **bewerteter Güter- und Dienstleistungsverzehr für die Erbringung der betrieblichen Leistung**.

Auch die in der Finanzbuchhaltung erfassten Aufwendungen entstehen weitgehend durch den betrieblichen Leistungsprozess. Aufwendungen und Kosten sind jedoch nicht identisch. Die erfolgswirksamen in der Finanzbuchhaltung erfassten Geschäftsfälle betreffen alle betrieblichen **und** neutralen Aufwendungen. **Betriebliche Aufwendungen** entstehen im Prozess der Erstellung betrieblichen Leistungen, wie der Hausbewirtschaftung, der Errichtung und Veräußerung von Gebäuden des Umlaufvermögens und der Verwaltungs- oder Baubetreuung. Beispiele dafür sind die Fremdkosten für die genannten betriebstypischen Leistungen (Kontengruppen 80, 81 und 82), die Personalaufwendungen (Kontengruppe 83), die Abschreibungen auf Sachanlagen (Kontengruppe 84), die sonstigen betrieblichen Aufwendungen (Kontengruppe 85), die Fremdzinsen für die erforderlichen Finanzierungsmittel (Kontengruppe 87) und die betrieblichen Steuern (Kontengruppe 89). **Neutrale Aufwendungen** sind entweder betriebs- oder periodenfremd. Betriebsfremde Aufwendungen sind z.B. Spenden und Spekulationsverluste. Periodenfremde Aufwendungen sind z.B. Gehalts- und Steuernachzahlungen oder Gewährleistungsaufwendungen. Sie sind früheren Abrechnungsperioden zuzurechnen.

Während die Abrechnungsperioden der Finanzbuchhaltung in der Regel die Geschäftsjahre sind, sind die Abrechnungsperioden der modernen Kosten- und Leistungsrechnung kürzer. Wie in den Industrieunternehmen bereits die Regel, gehen auch die Immobilienunternehmen zunehmend zu einer monatlichen kurzfristigen Erfolgsrechnung über.

---

[3]) Olfert, Kostenrechnung, Ludwigshafen 2005

Die Mehrzahl der betrieblichen Aufwendungen der Finanzbuchhaltung können der Art und der Höhe nach unverändert in die Kostenrechnung übernommen werden. Die auf diese Art ermittelten Kosten werden als **Grundkosten** bezeichnet. Zu ihnen gehören die oben genannten Fremdkosten, die Personalaufwendungen, die sonstigen betrieblichen Aufwendungen, die Fremdzinsen und die betrieblichen Steuern.

Während die Kostenrechnung im Allgemeinen frei von rechtsverbindlichen Vorschriften ist (Ausnahmen bilden z.B. die Ermittlung der Kostenmiete nach der II. BV und die Kalkulationsvorschriften bei öffentlichen Aufträgen aufgrund der Verordnung über die Preise bei öffentlichen Aufträgen.), sind eine Vielzahl betrieblicher Aufwendungen in der Höhe durch handels- und steuerrechtliche Regelungen bestimmt. Hierzu gehören z.B. die seit Anfang 2007 abgeschafften degressiven Gebäudeabschreibungen nach § 7 EStG. Die in den ersten Nutzungsjahren durch sie anfallenden höheren Abschreibungsbeträge führen zwar zu einem höheren Mittelrückfluss aus ersparten Steuern, spiegeln jedoch nicht den tatsächlichen Werteverzehr durch die Nutzung des Gebäudes wieder. In der Kostenrechnung wird häufig stattdessen eine lineare Abschreibung angesetzt. Die Abschreibungen für die Mietwohngebäude werden dann mit einem anderen Wert als in der Finanzbuchhaltung erfasst. Die Kosten werden daher als **Anderskosten** bezeichnet. Sie gehören zu den **kalkulatorischen Kosten**.

Ebenfalls kalkulatorische Kosten sind die **Zusatzkosten**. Sie gibt es in der Finanzbuchhaltung weder der der Art noch der Höhe nach. Zu ihnen gehören die kalkulatorische Miete, der kalkulatorische Unternehmerlohn und die kalkulatorischen Zinsen auf das eingesetzte Eigenkapital. Zur Erläuterung: Nutzt ein Immobilienunternehmen eigene Geschäftsräume, so muss in der Kostenrechnung die Miete angesetzt werden, die bei Vermietung erzielbar wäre. Entstehen durch den unternehmerisch tätigen Einzelunternehmer keine Gehaltsaufwendungen für die Geschäftsleitung, so muss in der Kostenrechnung ein marktübliches fiktives Gehalt angesetzt werden. Für das eingesetzte Eigenkapital muss ein um einen Risikozuschlag erhöhter marktüblicher Zinssatz angesetzt werden. Das Eigenkapital könnte ja z.B. auch risikolos in festverzinslichen Bundesanleihen Ertrag bringend angelegt werden.

Eine andere Art der Unterscheidung von Kosten wird vorgenommen, wenn es um die Verrechnung der Kosten auf die Kostenträger geht. Kosten die sich einem Kostenträger direkt zurechnen lassen werden als **Einzelkosten** bezeichnet. Zu ihnen gehören z.B. die Betriebskosten der Mietwohngebäude. Sie lassen sich den Kostenträgern (z.B. Wirtschaftseinheiten oder Gebäuden) ohne großen Aufwand unmittelbar zurechnen. Die Kosten der Geschäftsleitung, eines Fuhrparks oder der IT-Abteilung lassen sich den Kostenträgern dagegen nicht direkt zurechnen. Sie werden als **Gemeinkosten** bezeichnet. Diese werden in Kostenstellen erfasst und meist in einem Betriebsabrechnungsbogen (BAB) mittels geeigneter Schlüssel den Kostenträgern zugerechnet.

Unterscheidet man Kosten nach ihrer Abhängigkeit vom Beschäftigungsgrad (z.B. vom Vermietungsgrad), so unterscheidet man **fixe Kosten** und **variable Kosten**. Fixe Kosten sind vom Beschäftigungsgrad unabhängig. Die Fremdzinsen für die Finanzierung einer Gewerbeimmobilie fallen unverändert an, auch wenn mehr oder weniger Flächen vermietet sind. Variable Kosten verändern sich dagegen mit dem Beschäftigungsgrad. So fallen in einer besser vermieteten Gewerbeimmobilie mehr Allgemeinstrom, mehr Wasser, mehr Reinigungskosten, etc. an.

2 Vollkostenrechnung

Ausgangssituation

Für die Darstellungen der Vollkostenrechnung wird als Ausgangssituation der vereinfachte und verkürzte Jahresabschluss einer Einzelunternehmung gewählt. Eine Übertragung der Ergebnisse auf Personengesellschaften und Kapitalgesellschaften ist ohne große Schwierigkeiten möglich.

Die Wohnbau Hösel des Einzelunternehmers Robby Pitt war im Jahre 2005 in den Unternehmensbereichen Hausbewirtschaftung und Erstellung und Veräußerung von Eigentumsmaßnahmen tätig.

Am Jahresende ergab sich folgenden Hauptabschlussübersicht:

	Konto/Kontengruppe	Soll T EUR	Haben T EUR	Soll T EUR	Haben T EUR
00	Grundstücke mit Wohnbauten	239.000			
01	Grundstücke mit Geschäftsbauten	560			
05	Betriebs- und Geschäftsausstattung	640			
27	Flüssige Mittel	35			
301	Eigenkapital		80.900		
41	Verbindlichkeiten gegenüber Kreditinstituten		140.000		
600	Sollmieten				45.010
601	Umlagenerlöse				10.755
610	Umsatzerlöse aus dem Verkauf bebauter Grundstücke				15.500
646	Bestandserhöhungen nicht abgerechnete Betriebskosten				6.600
648	Bestandsverminderungen nicht abgerechnete Betriebskosten		5.610		
8000-802	Betriebskosten			11.400	
8091	Kosten für Miet- und Räumungsklagen			100	
810	Fremdkosten			12.000	
805	Instandhaltung			6.500	
83	Personalaufwendungen			3.600	
8400	Abschreibungen auf Sachanlagen			10.170	
85	Sonstige betriebliche Aufwendungen			1.290	
87	Zinsaufwendungen			7.500	
8910	Grundsteuer			360	
	Gewinn		19.335	19.335	
		240.235	240.235	77.865	77.865

Robby Pitt hat mit der Bautätigkeit erst im Jahre Januar 2005 begonnen. Das Gebäude wurde vor Jahresende fertig gestellt und veräußert. Der wirtschaftliche Eigentumsübergang fand im Dezember 2005 statt. Es gab also keine Bestandsveränderungen in diesem Bereich.

Die Vollkostenrechnung unterscheidet nicht in fixe und variable Kosten. Sie umfasst die drei Stufen

1. Kostenartenrechnung
2. Kostenstellenrechnung und
3. Kostenträgerrechnung

Mit der Kostenartenrechnung soll die Frage beantwortet werden: **welche** Kosten sind angefallen? Sie ist die Grundlage für Kostenstellen- und Kostenträgerrechnung.

Mit der Kostenstellenrechnung soll die Frage beantwortet werden: **wo** sind die Kosten angefallen, die den Kostenträgern nicht unmittelbar zugerechnet werden können? In der Kostenstellenrechnung werden die auf die Kostenstellen entfallenden Gemeinkosten als Zuschlagsatz auf die in der Kostenstelle angefallenen Einzelkosten ermittelt. Dazu wird der Betriebsabrechnungsbogen (BAB) verwendet. Die ermittelten Zuschlagsätze werden in die Kostenträgerrechnung übernommen, um die anteilige Zurechnung der Gemeinkosten auf die Kostenträger zu ermöglichen.

Mit der Kostenträgerrechnung soll die Frage beantwortet werden: **wofür** sind die Kosten angefallen. In der Kostenträgerrechnung werden die Einzelkosten aus der Kostenartenrechnung und die Gemeinkosten aus der Kostenstellenrechnung den Kostenträgern zugerechnet. Weiter werden in der Kostenträgerrechnung die Erlöse erfasst, die durch die Kostenträger (Leistungen) erzielt wurden.

2.1 Kostenartenrechnung

Die Zahlen der Buchhaltung (genauer der Kontenklasse 8) bilden die Basis für die Ermittlung der Kosten in der Kostenartenrechnung. Die unmittelbar aus den Aufwendungen der Klasse 8 zu übernehmenden Grundkosten werden nach Zweckmäßigkeitsgesichtspunkten zu Kostenarten zusammengefasst. Aus Vereinfachungs- und Platzgründen ist das hier schon in der zu Grunde liegenden Saldenbilanz erfolgt. So sind dort die Konten mit den umlagefähigen Betriebskosten der der Gruppe 80 und die sonstigen betrieblichen Aufwendungen der Gruppe 85 nur mit je einem Saldo ausgewiesen.

Anschließend sind Anders- und Zusatzkosten in die Kostenartenrechnung aufzunehmen. Dazu werden in unserem Beispiel folgende ergänzende Informationen benötigt:

Die sonstigen betrieblichen Aufwendungen enthalten 90 T EUR Verluste aus dem Abgang von Gegenständen des Anlagevermögens In 2005 wurde die gesamte IT-Ausstattung erneuert und die alte Anlage weitestgehend verschrottet.

Die Aufwendungen werden um die **neutralen** Bestandteile bereinigt. In diesem Beispiel sind die 90 T EUR Verluste aus dem Abgang von Gegenständen des Anlagevermögens nicht in den Sonstigen Kosten zu erfassen.

345 T EUR Grundsteuer sind für die Mietwohngebäude angefallen und in der Kostenübersicht bei den umlagefähigen Betriebskosten hinzugerechnet und daher bei der Grundsteuer abgezogen worden.

Die Abschreibungen werden als Anderskosten in die Kostenrechnung übernommen. Es werden für alle Gebäude einheitlich 3 % angesetzt. Die übrigen Abschreibungsaufwendungen sind auch Grundkosten. Die Abschreibungskosten sind daher um 3.995 T EUR geringer als die Aufwendungen[1]).

Als **Zusatzkosten** werden erfasst:
250.000 T EUR kalkulatorischen Unternehmerlohn und
4.045 T EUR kalkulatorische Eigenkapitalzinsen[2])

[1]) Der Grundstücksanteil der Grundstücke mit Wohnbauten beträgt 49.000 T EUR, der Buchwert der 2004 fertig gestellten Gebäude also 190.000 T EUR und damit ihre Herstellungskosten als Abschreibungsbasis 200.000 T EUR.
Abschreibungsaufwendungen für die Gebäude:
10.000 T EUR 5% degressiver Gebäude AfA für die Mietwohngebäude (Staffel 96)
10 T EUR 2% linearer Abschreibung für das gebraucht erworbene Verwaltungsgebäude
Es sind also Anderskosten zu berücksichtigen:
a) für die Mietwohngebäude:
5% AfA 10.000 T EUR 3% AfA = 10.000/5*3 = 6.000 T EUR = -4.000 T EUR
b) für das eigene Verwaltungsgebäude:
3% AfA 15 T EUR 3% AfA = 10/2*3 = 15 T EUR = +5 T EUR

[2]) Geschäftsführer in einer vergleichbaren Kapitalgesellschaft erzielen ein Jahreseinkommen in Höhe von durchschnittlich 250 T EUR.
Für das Eigenkapital wird inklusive branchenüblichem Risikozuschlag ein Zinssatz von 5% angesetzt (4.045 T EUR = 5% von 80.900 T EUR).

Damit ergeben sich als Kosten:

Kostenarten	Aufwand T EUR	neutral T EUR	Anderskosten T EUR	Zusatzkosten T EUR	Gesamtkosten
Umlagefähige Betriebskosten	11.745			11.745	
Kosten für Miet- und Räumungsklagen	100				
Fremdkosten	12.000				12.000
Instandhaltungskosten	6.500				6.500
Personalkosten	3.600			250	3.850
Abschreibungen auf Sachanlagen	10.170		– 3.995		6.175
Sonstige Kosten	1.290	–90			1.200
Zinskosten	7.500			4.045	11.545
Grundsteuer	15				15
	52.920	– 90	– 3.995	4.295	53.130

2.2 Kostenstellenrechnung

Zu den zentralen Aufgaben der Kostenrechnung gehört die Ermittlung der Selbstkosten der betrieblichen Leistungen (Kostenträger), die Kalkulation. Die Kosten der betrachteten Periode müssen dazu den Kostenträgern verursachungsgerecht zugerechnet werden. Nur die Einzelkosten lassen sich direkt den Kostenträgern zurechnen. Gemeinkosten dagegen lassen sich zwar nicht den Kostenträgern, aber den Orten an denen sie entstanden sind, den Kostenstellen, zurechnen. In einer Wohnungsunternehmung, die unterschiedliche betriebliche Leistungen erbringt, können z.B. die Leistungsbereiche als Kostenstellen eingerichtet werden.

Üblicherweise werden organisatorisch abgegrenzte Leistungs- und Funktionsbereiche einer Unternehmung in denen Kosten entstehen als Kostenstelle bezeichnet. Soll die Kostenstellenrechnung einer Unternehmung zu effektiven Ergebnissen führen, so ist eine zweckgemäße Unterteilung des Unternehmens in Kostenstellen unabdingbare Voraussetzung. Die Literatur unterscheidet für die Bildung von Kostenstellen zwischen Funktionsorientierung, Raumorientierung und Organisationsorientierung.

Sind die Funktionen von Organisationseinheiten einer Unternehmung Gliederungsprinzip bei der Bildung der Kostenstellen, so spricht man von **funktionsorientierten Kostenstellen**. In einer Immobilienunternehmung können z.B. der Empfang, die IT-Abteilung, die Hausbewirtschaftung (gegebenenfalls unterteilt in Vermietung, Instandhaltung, etc.), die Personalabteilung, das Rechnungswesen, etc. als funktionsorientierte Kostenstellen gebildet werden.

Bei kleineren Unternehmen fasst man häufig verschiedene betriebliche Funktionen zu einer Kostenstelle zusammen, wenn diese in einem Bürobereich angesiedelt sind. Oft sind auch Außenstellen größerer Unternehmen mit verschiedenen Funktionen zu einer Kostenstelle zusammengefasst. In dieser sind dann unterschiedlichen Bereiche der Hausbewirtschaftung und der allgemeinen Verwaltung zusammengefasst. Man spricht dann von **raumorientierten Kostenstellen**. Das ist auch der Fall, wenn an unterschiedlichen Betriebsstätten gleiche betriebliche Funktionen ausgeübt werden. So können in den Filialen einer Hausverwaltungsunternehmung gleiche Aufgaben unabhängig voneinander wahrgenommen werden.

Es ist sinnvoll, dass jede Kostenstelle einen Kostenstellenleiter mit alleiniger Verantwortung erhält. Dazu können auch mehrere Kostenstellen zusammengefasst werden. Man spricht von **organisationsorientierten Kostenstellen** (oder auch von Kostenstellen nach Verantwortung).

Die Wohnbau Hösel hat (stark vereinfachend) drei Kostenstellen: Allgemeine Verwaltung (Poststelle, Buchhaltung, IT, etc.) Hausbewirtschaftung und Eigentumsmaßnahmen (Erstellung und Veräußerung von Eigentumsmaßnahmen). Im Grundsatz handelt es sich um funktionsorientierten Kostenstellen. Da es in allen drei Kostenstellen einen verantwortlichen Leiter gibt und die Mitarbeiter der Kostenstellen auch jeweils ihre Arbeitsplätze in gemeinsamen Großraumbüros haben, spiegeln die Kostenstellen auch die Organisation und sind gleichzeitig raumorientiert angelegt.

Die Kosten der Kostenstellen Hausbewirtschaftung und Bauerstellung werden unmittelbar den Kostenträgern (Leistungen) zugerechnet. Die Kosten der Allgemeinen Kostenstelle werden auf die beiden anderen Kostenstellen verteilt.

Kostenstellen, die unmittelbar mit der Erstellung der betrieblichen Leistung (in der Industrie der Produktion der Kostenträger) befasst sind, werden als Hauptkostenstellen bezeichnet. Ihre Kosten werden auf die Kostenträger verrechnet.

Kostenstellen, die wie die Allgemeine Kostenstelle der Wohnbau Hösel, für die Hauptkostenstellen tätig sind, werden als Hilfskostenstellen bezeichnet. Ihre Kosten werden auf die Hauptkostenstellen verteilt. Mit der Verrechnung der Kosten der Hauptkostenstellen werden dann auch die Kosten der **Hilfskostenstellen** den Kostenträgern zugerechnet.

(In der industriellen Kostenrechnung wird der Begriff Hilfskostenstelle oft auf Fertigungshilfsstellen verengt. Fertigungshilfsstellen erbringen Leistungen ausschließlich für die Fertigungshauptstellen. Beispiel: Die Werkzeugmacherei produziert Spannvorrichtungen für die Dreherei.)

Die Allgemeine Verwaltung der Wohnbau ist also eine Hilfskostenstelle, die Kostenstellen Hausbewirtschaftung und Eigentumsmaßnahmen sind Hauptkostenstellen.

Ein Teil der Gemeinkosten kann den Kostenstellen direkt zugerechnet werden. So lässt sich z.B. das Gehalt des IT-Leiters direkt der Kostenstelle IT (oder der allgemeinen Kostenstelle) zurechnen. Es handelt sich um **Einzelkosten in Bezug auf die Kostenstellen** (oder vereinfacht Stelleneinzelkosten). Andere Gemeinkosten (wie z.B. das Gehalt des Geschäftsführers) lassen sich nur mit Hilfe geeigneter Schlüssel auf die Kostenstellen verteilen. (Der Geschäftsführer erbringt seine Arbeitsleistung für alle Leistungsbereiche). Es handelt sich um **Gemeinkosten in Bezug auf die Kostenstellen** (oder vereinfacht Stellengemeinkosten). Die Unterscheidung der Kosten in Einzel- und Gemeinkosten muss daher für die Kostenstellenrechnung genauer gefasst werden. Genauer (aber auch umständlicher) sind die Bezeichnungen **Einzelkosten in Bezug auf die Kostenträger** und **Gemeinkosten in Bezug auf die Kostenträger**.

Für die Übernahme der Kosten aus der Kostenartenrechnung in die Kostenstellenrechnung müssen diese nun zunächst in Einzel- und Gemeinkosten aufgeteilt werden. Dazu ist es erforderlich, einmal die „Produktion“, also die Leistung der Wohnbau Hösel aus dem Jahr 2005 zu betrachten.

Die Hausbewirtschaftung hat aus Gründen der Vereinfachung ihre Leistung für zwei Kostenträger erbracht. Dabei handelt es sich um die Umsatzerlöse für vermietete Bestände in den Nachbarstädten Bochum und Witten. Die Verwaltung der Bestände erfolgt an einem der Standorte in einem eigenen Verwaltungsgebäude. (In der Praxis ist die Herunterrechnung auf einzelne Objekte erforderlich, damit Wohnungsunternehmung die erforderlichen Informationen für die Bewirtschaftung erhalten.)

Im Bereich Bautätigkeit wurden drei größere Objekte 1, 2 und 3 erstellt und veräußert.

Die umlagefähigen Betriebskosten, die Kosten für Miet- und Räumungsklagen und die Abschreibungen auf die Mietwohngebäude (6.000 T EUR) sind Einzelkosten für die Kostenträger der Hausbewirtschaftung. Die Zinsen werden als Gemeinkosten behandelt, weil der Unternehmer den Finanzierungsbedarf nicht objektbezogen versteht. Die dinglichen Sicherungen auf die einzelnen Objekte sind aus seiner Sicht aus Zweckmäßigkeitsgründen gewählt worden. Betrachtet man die Zinsen als objektabhängig, ist auch die Zuordnung zu den Einzelkosten möglich.

Die Fremdkosten für die Verkaufsgrundstücke sind Einzelkosten für die Bautätigkeit.

Die restlichen Kosten müssen über den BAB verrechnet werden.

Gemeinkosten	Kosten
Personalkosten	3.850
Abschreibungen auf Sachanlagen	175
Sonstige Kosten	1.200
Zinskosten	11.545
Grundsteuer (ohne Mietwohngebäude)	15
	16.785

Kostenart/Kostenstelle		Allgemeiner Bereich	Hausbewirtschaftung	Bauerstellung
Personalkosten	3.850			
Abschreibungen auf Sachanlagen	175			
Sonstige Kosten	1.200			
Zinskosten	11.545			
Grundsteuer	15			
	16.785			

In einem ersten Schritt, der **Primärverteilung**, werden die Gemeinkosten auf die drei Kostenstellen der Wohnbau Hösel verteilt.

Die Personalkosten bis auf das kalkulatorische Gehalt für den Unternehmer Robby Pitt Einzelkosten in Bezug auf die Kostenstellen, da die Kosten der Mitarbeiter der Kostenstellen den Unterlagen der Gehaltsbuchhaltung zu entnehmen sind:

Allgemeine Kostenstelle	900 T EUR
Hausbewirtschaftung	2.310 T EUR
Bauerstellung	390 T EUR

Robby Pitt schätzt, dass er etwa 30 % seiner Arbeitszeit für die Hausbewirtschaftung aufgewendet hat. Die restliche Zeit hat er sich der Bauerstellung gewidmet. Den Allgemeinen Bereich und die Verwaltung hat er den Kostenstellenverantwortlichen vollständig überlassen. Damit sind der Hausbewirtschaftung 75 T EUR und der Bauerstellung 175 T EUR kalkulatorischer Unternehmerlohn zuzurechen. Dabei handelt es sich um Gemeinkosten in Bezug auf die Kostenstelle.

Als Verteilung der Personalkosten auf die Kostenstellen ergibt sich:

Personalkosten	Kosten	Allg. Bereich	Hausbew.	Bauerstellung
Unternehmer	250	0	75	175
Angestellte	3.600	900	2.310	390
	3.850	900	2.385	565

Die Abschreibungen für die Mietwohngebäude sind Einzelkosten. Die Abschreibungen auf das Verwaltungsgebäude sind dagegen Gemeinkosten in Bezug auf die Kostenstelle. Bei der Verteilung muss ein geeigneter Schlüssel angewendet werden. Hier erfolgt die Verrechnung auf Basis der von den Kostenstellen genutzten Flächen im m^2.

	Gesamt-m^2	Allg. Bereich	Hausbew.	Bauerstellung
Verwaltungsgebäude	1.500	500	800	200

Die Abschreibungen auf die Geschäftsausstattung werden anhand der Kostenstellenauswertung der Finanzbuchhaltung verrechnet.

Die Verteilung der Abschreibungskosten ergibt damit folgendes Bild:

Abschreibungen	Kosten	Allg. Bereich	Hausbew.	Bauerstellung
Verwaltungsgebäude	15	5	8	2
BGA	160	125	20	15
	175	130	28	17

Von den verbleibenden Kosten werden die Zinskosten soweit sie durch Darlehen für die Mietwohngebäude verursacht sind der Kostenstelle Hausbewirtschaftung direkt zugerechnet. Ausweislich der Jahreszinsbescheinigungen der Bank betreffen die Zinsaufwendungen mit 7.470 T EUR die Mietwohngebäude und mit 30 T EUR das Verwaltungsgebäude. Die Zinsen für das Verwaltungsgebäude werden auf Basis der genutzten m? verrechnet. Die kalkulatorischen Zinsen für das Eigenkapital werden im Verhältnis der (aus Vereinfachungsgründen) auf volle 1.000 T EUR gerundeten Mieterlöse (45.000 T EUR) bzw. Umsatzerlöse aus dem Verkauf bebauter Grundstücke (15.000 T EUR) auf die Kostenstellen Hausbewirtschaftung und Bauerstellung verrechnet. Gerundet ergibt sich folgende Verteilung:

Zinskosten	Kosten	Allg. Bereich	Hausbew.	Bauerstellung
Mietwohngebäude	7.470	0	7.470	0
kalkulat. Zinsen	4.045	0	3.000	1.045
Verwaltungsgebäude	30	10	16	4
	11.545	10	10.486	1.049

Die Sonstigen Kosten werden auf Basis der Personalkosten der Kostenstellen verrechnet:

	Kosten	Allg. Bereich	Hausbew.	Bauerstellung
Sonstige Kosten	1.200	300	770	130

Die Grundsteuer für das Verwaltungsgebäude wird auf Basis der genutzten m² verrechnet.

	Kosten	Allg. Bereich	Hausbew.	Bauerstellung
Grundsteuer	15	5	8	2

Nach der Primärverteilung ergibt der BAB folgendes Bild:

Kostenart/Kostenstelle		**Allgemeiner Bereich**	**Hausbewirtschaftung**	**Bauerstellung**
Personalkosten	3.850	900	2.385	565
Abschreibungen auf Sachanlagen	175	130	28	17
Sonstige Kosten	1.200	300	770	130
Zinskosten	11.545	10	10.486	1.049
Grundsteuer	15	5	8	2
	16.785	1.345	13.677	1.763

In einem zweiten Schritt, der **Sekundärverteilung**, werden nun die Kosten des Allgemeinen Bereichs auf die beiden Hauptkostenstellen verrechnet. Auch für diese Verteilung werden die auf volle 1.000 T EUR gerundeten Mieterlöse (45.000 T EUR) bzw. Umsatzerlöse aus dem Verkauf bebauter Grundstücke (15.000 T EUR) als Schlüssel gewählt.

Kostenart/Kostenstelle		Allgemeiner Bereich	Hausbewirt-schaftung	Bauerstellung
Personalkosten	3.850	900	2.385	565
Abschreibungen auf Sachanlagen	175	130	28	17
Sonstige Kosten	1.200	300	770	130
Zinskosten	11.545	10	10.486	1.049
Grundsteuer (ohne Mietwohngebäude)	15	5	8	2
	16.785	1.345	13.677	1.763
Allgemeiner Bereich	0	- 1.345	998	347
	16.785	0	14.675	2.110

Nach der Sekundärverteilung sind sämtliche Gemeinkosten den beiden Kostenstellen Hausbewirtschaftung und Bauerstellung zugerechnet. Um diese den Kostenträgern zurechnen zu können, werden in der Kostenstellenrechnung nun abschließend Zuschlagsätze auf Basis der Einzelkosten für die Kalkulation in der Kostenträgerechnung ermittelt.

Einzelkosten der Hausbewirtschaftung sind

Einzelkosten der Hausbewirtschaftung	Kosten
Umlagefähige Betriebskosten	11.745
Kosten für Miet- und Räumungsklagen	100
Instandhaltungskosten	6.500
Abschreibungen auf Mietwohngebäude	6.000
	24.345

Einzelkosten der Bauerstellung sind die Fremdkosten in Höhe von 12.000 T EUR

Kostenart/Kostenstelle	Hausbewirt-schaftung	Bauerstellung
Gemeinkosten nach BAB	14.675	2.110
Einzelkosten	24.345	12.000
Zuschlagsatz[3]	60,28 %	17,59 %

2.3 Kostenträgerrechnung

In der Kostenträgerrechnung werden die Einzelkosten und mittels der Zuschlagsätze auch die Gemeinkosten auf die Kostenträger (die Leistungen) verrechnet.

Die Einzelkosten der Hausbewirtschaftung verteilen sich wie folgt auf die beiden Kostenträger der Hausbewirtschaftung, die Standorte Bochum und Witten. (Die Zuordnung erfolgt anhand der Unterlagen der Finanzbuchhaltung. Dabei sind die Veränderungen durch den Ansatz der kalkulatorischen Abschreibungen zu berücksichtigen.)

[3]) Ermittlung der Zuschlagsätze

Hausbewirtschaftung:	24.345 T EUR	entsprechen	100%	
	14.675 T EUR	entsprechen	?%	= **60,28 %**
Bauerstellung:	12.000 T EUR	entsprechen	100%	
	2.110 T EUR	entsprechen	?%	= **17,59 %**

Einzelkosten der Hausbewirtschaftung	Kosten	Bochum	Witten
Umlagefähige Betriebskosten	11.745	7.200	4.545
Kosten für Miet- und Räumungsklagen	100	20	80
Instandhaltungskosten	6.500	4.900	1.600
Abschreibungen auf Mietwohngebäude	6.000	4.200	1.800
	24.345	16.320	8.025

Auf die Einzelkosten der Kostenträger werden nun mit Hilfe der in der Kostenstellenrechnung ermittelten Zuschlagsätze die Gemeinkosten verrechnet.

Die Gemeinkosten des Kostenträgers Bochum betragen also im Jahr 2005 60,28 % der Einzelkosten in Höhe von 16.320 T EUR, die des Kostenträgers Witten 60,28 % der Einzelkosten in Höhe von 8.025 T EUR.

Kosten der Hausbewirtschaftung	Kosten	Bochum	Witten
Einzelkosten der Hausbewirtschaftung	24.345	16.320	8.025
Gemeinkosten der Hausbewirtschaftung	14.675	9.837	4.838
	39.020	26.157	12.863

Auf die gleiche Weise werden die Kosten der drei Kostenträger der Bauerstellung, der errichteten und veräußerten Gebäude, ermittelt:

Kosten der Bauerstellung	Kosten	Objekt 1	Objekt 2	Objekt 3
Einzelkosten der Bauerstellung	12.000	6.000	3.500	2.500
Gemeinkosten der Bauerstellung	2.110	1.055	615	440
	14.110	7.055	4.115	2.940

(Auch hier erfolgte die Aufteilung der Einzelkosten auf die drei Kostenträger anhand der Unterlagen der Finanzbuchhaltung.)

2.4 Erfolgsrechnung auf Vollkostenbasis

Stellt man die in der Kostenträgerrechnung ermittelten Kosten den Erlösen der Kostenträger gegenüber, so erhält man den betrieblichen Erfolg. In der Praxis erfolgt diese Ergebnisrechnung monatlich oder zumindest vierteljährlich. Sie wird als kurzfristige Erfolgsrechnung bezeichnet. Dieses Beispiel basiert auf Zahlen eines Geschäftsjahres. Deswegen heißt dieser Abschnitt „Erfolgsrechnung".

Vorbetrachtung:

Dieses Beispiel geht aus Vereinfachungsgründen von einer 100 %igen Vermietung aus. Aus diesem Grund ist der Saldo aus umlagefähigen Betriebskosten und Bestandsverminderungen bei nicht abgerechneten Betriebskosten einerseits und den Umlagenerlösen und den Bestandserhöhungen aus nicht abgerechneten Betriebskosten andererseits 0 T EUR.

Umlagefähige Betriebskosten (inkl. Grundsteuer) 2005	11.745 T EUR
Bestandsverminderungen 2005	5.610 T EUR
	17.355 T EUR
Umlagenerlöse 2005	10.755 T EUR
Bestandserhöhungen 2005	6.600 T EUR
	17.355 T EUR

Wenn die Vermietungsquote (wie in der Praxis unvermeidbar) unter 100 % liegt, trägt die Immobilienunternehmung die anteiligen Betriebskosten für die nicht vermieteten Objekte. Diese Betriebskosten sind dann für die Wohnungsunternehmung Kosten.

Erfolgsübersicht:

	Unternehmen	Hausbewirtschaftung			Bauerstellung			
		gesamt	Bochum	Witten	gesamt	Objekt 1	Objekt 2	Objekt 3
Erlöse	60.510	45.010	31.190	13.820	15.500	7.700	4.900	2.900
Kosten	53.130	39.020	26.157	12.863	14.110	7.055	4.115	2.940
Ergebnis	7.380	5.990	5.033	957	1.390	845	785	- 40
	12,20 %	13,31 %	16,14 %	6,92 %	8,97 %	8,38 %	16,02 %	- 1,38 %

Der Übersicht können die Erlöse, die Kosten und das Ergebnis (der betriebliche Gewinn oder Verlust) für jeden Kostenträger, für die Unternehmensbereiche und für das Gesamtunternehmen entnommen werden.

Bei den Prozentzahlen handelt es sich um die Umsatzrentabilität:

$$\frac{\text{Betriebsergebnis} \cdot 100}{\text{Umsatz}}$$

Sie gibt Auskunft über den umsatzbezogenen Erfolg. Auf das Gesamtunternehmen bezogen dient sie dem Vergleich verschiedener Wirtschaftsperioden und zwischenbetrieblichen Vergleichen. Mit den Teilrentabilitäten lassen sich die Unternehmensbereiche vergleichen. Innerhalb der Unternehmensbereiche erhält man Auskunft über den Erfolg einzelner Kostenträger.

In der Hausbewirtschaftung ist auffällig, dass der Standort Bochum ein deutlich höhere Umsatzrentabilität hat als der Standort Witten. In einer Analyse wäre zu untersuchen, ob die Ursache externe oder betriebsinterne Gründe hat. Externe Gründe könnte z.B. eine unterschiedlichen Wohnungsmarktsituation und damit Unterschiede in der erzielbaren Miete sein. Interne Ursachen könnten z.B. die unterschiedliche Qualität des Bestandes oder der unterschiedliche Einsatz der betreffenden Mitarbeiter sein.

Auch die Kostenträger der Bauerstellung weisen sehr unterschiedliche Umsatzrentabilitäten auf. Eines der Objekte weist sogar einen, wenn auch geringen Verlust aus. Ausweislich der Erfolgsübersicht wäre das Ergebnis ohne diesen Kostenträger um 40 T EUR besser ausgefallen. Eine Antwort auf die Frage, ob dieses Objekt daher besser nicht erstellt und verkauft worden wäre, gibt das nächste Kapitel zur Teilkostenrechnung.

3 Teilkostenrechnung (Deckungsbeitragsrechnung)

In der Teilkostenkostenrechnung werden andres als bei der Vollkostenrechnung nicht alle Kosten den Leistungseinheiten (Kostenträgern) zugerechnet. Sie vermeidet dadurch Nachteile der Vollkostenrechnung, die Proportionalisierung der fixen Kosten und die Schlüsselung der Gemeinkosten. Sie ermöglicht damit eine bessere Erfolgsanalyse, die Ermittlung von Gewinnschwellenmengen und von kurzfristigen Preisuntergrenzen.

Beispiel: In einer Gewerbeimmobilie werden bei Vollkostenrechnung z.B. die Gebäudeabschreibungen vollständig den vermieteten Flächen (den Leistungseinheiten oder Kostenträgern) belastet. Werden sie als Gemeinkosten verrechnet, so gehen sie in den Gemeinkostenzuschlagsatz ein (Proportionalisierung). Ändert sich die vermietete

Fläche, so werden entweder zuviel (Steigerung der Vermietung) oder zuwenig (Verringerung der Vermietung) Abschreibungen verrechnet. Dies steht jedoch im Widerspruch zu der Tatsache dass die Abschreibungen von der vermieteten Fläche (in der Industrie der Ausbringungsmenge) unabhängig sind.

Daher unterteilt die Teilkostenrechnung die Kosten in **fixe** und **variable** Kosten. Fixe Kosten sind vom Beschäftigungsgrad, also im Beispiel von der vermieteten Fläche (in der Industrie von der Ausbringungsmenge) unabhängig. Sie fallen bereits an, wenn nur die Vermietungsbereitschaft (in der Industrie Produktionsbereitschaft) erhalten werden soll. Abschreibungen, Hausmeister- und Pförtnerservice, Pflege der Außenanlagen, Reinigung des Gebäudes, Wartungsarbeiten u.a. sind zumindest kurzfristig unabhängig von der vermieteten Fläche. Die fixen Kosten werden in der Teilkostenrechnung als Block erfasst. Sie werden nicht auf die Kostenträger verteilt. Variable Kosten sind dagegen unmittelbar durch den Kostenträger verursacht. Sie entstehen erst mit der Vermietung der Flächen (in der Industrie mit der Produktion). Zu ihnen gehören die verbrauchsabhängigen Betriebskosten, wie z.B. Allgemeinstrom, Wasser und die Heizöl, etc... Sie werden den Kostenträgern, also den vermieteten Flächen, zugerechnet.

Die Höhe der umlagefähigen Betriebskosten spielt als „2. Miete" in der Vermietung eine weiter zunehmende Rolle. Für die die Kostenrechnung der Wohnungsunternehmung scheinen sie ohne Bedeutung zu sein, da sie ja durch die Umlagenerlöse neutralisiert werden. Bei Leerstand werden die Betriebskosten jedoch zu „echten" Kosten der Wohnungsunternehmung. Zwar lassen sich die nach Verbrauch umgelegten Betriebskostenbestandteile für leerstehende Flächen in der Regel wesentlich reduzieren. Die fixen Betriebskosten fallen jedoch auch bei Leerstand in vollem Umfang an. Zu ihnen gehören z.B. die Kosten für die Müllbeseitigung, der Hausmeister, die Kosten für Wartungen, die Versicherungsbeiträge und die Grundsteuer. Sie führen dann zu einer erheblichem Kostenbelastung für die Wohnungsunternehmung.

3.1 Deckungsbeitragsrechnung

Die Wohnbau Hösel erwirbt eine ältere Gewerbeimmobilie mit 2.000 m? Bürofläche in Toplage einer rheinischen Großstadt. Diese wurde vom Voreigentümer bisher eigengenutzt. Die Wohnbau Hösel beabsichtigt, die Flächen zu vermieten. Die bauliche und technische Beschaffenheit lassen eine verbrauchsgerechte Aufteilung der Betriebskosten ohne größere Investitionen nicht zu. Die Flächen sollen daher zu einem Festpreis von 24 EUR pro m? einschließlich der Betriebskosten vermietet werden.

Der Vermietungsgrad des Objektes beträgt am Ende des ersten Bewirtschaftungsjahres 75 %. Die 1.500 m² vermietete Flächen erwirtschaften also jährlich einen Erlös (E) von 432.000,00 EUR (1.500 m² * 24,00 EUR *12). Die jährlichen Gesamtkosten (K) des Objekts betragen 420.000,00 EUR. Die Kostenanlyse ergibt, dass 276.000,00 EUR von der vermieteten Fläche unabhängig anfallen. Bei diesen **Fixkosten** (Kf) handelt es sich z.B. um Zinskosten, Abschreibungen, vom Vermietungsgrad unabhängige Betriebskosten (z.B. Pflege der Außenanlagen, Sicherheitsdienst, etc.) und ein Teil der Verwaltungskosten, die in der Wohnbau Hösel bei der Bewirtschaftung des Objektes anfallen. Die restlichen Kosten in Höhe von 144.000,00 EUR sind die durch die Vermietung angefallenen variablen Kosten (Kv). Zu ihnen gehören u.a. die verbrauchsabhängigen Betriebskosten und ebenfalls Verwaltungskosten (hier soweit sie vom Vermietungsgrad abhängig sind).

Der Erfolg der Bewirtschaftung wird mittels des Deckungsbeitrages ermittelt, den das Objekt zum Gesamterfolg der Wohnbau Hösel beiträgt. Der Deckungsbeitrag ist die Differenz zwischen Erlösen und variablen Kosten.

	Erlöse (E)	432.000,00 EUR
-	Variable Kosten (Kv)	144.000,00 EUR
	Deckungsbeitrag (DB)	288.000,00 EUR

Der Deckungsbeitrag dient zunächst der „Deckung" der fixen Kosten. Ein verbleibender Betrag ist dann der Gewinn.

	Deckungsbeitrag (DB)	288.000,00 EUR
-	Fixe Kosten (Kf)	276.000,00 EUR
	Gewinn (G)	12.000,00 EUR

Bei dieser Rechnung erschließt sich der Unterschied zur Vollkostenrechnung zunächst nicht. Auch hier ergeben sich 12.000 EUR Gewinn.

	Erlöse (E)	432.000,00 EUR
-	Gesamtkosten (K)*	420.000,00 EUR
	Gewinn (G)	12.000,00 EUR

Deutlich wird der Unterschied, wenn eine Veränderung bei der Vermietung (Beschäftigungsgrad) eintritt. Werden weitere 200 m² vermietet ergeben sich Vollkosten in Höhe von 476.000,00 EUR* und damit ein um 1.600,00 EUR auf 13.600,00 EUR gesteigerter Gewinn.

	Erlöse (E) (1.700 m² x 24 EUR x 12)	489.600,00 EUR
-	Gesamtkosten (K)*	476.000,00 EUR
	Gewinn (G)	13.600,00 EUR

*420.000,00 EUR / 1.500 m² x 1.700 m² = 476.000,00 EUR (Die Gesamtkosten verändern sich bei der Vollkostenbetrachtung proportional mit der Vermietung (Beschäftigung).

In der Teilkostenbetrachtung ergibt sich dagegen ein um 38.400,00 EUR auf 503.400,00 EUR gesteigerter Gewinn. Da durch die zusätzliche Vermietung nur die variablen Kosten steigen, ist die Teilkostenbetrachtung richtig.[1])

	Erlöse (E)	489.600,00 EUR
-	Variable Kosten (Kv)	163.200,00 EUR
	Deckungsbeitrag (DB)	326.400,00 EUR

*144.000,00 EUR / 1.500 m² x 1.700 m² = 163.200,00 EUR

	Deckungsbeitrag (DB)	326.400,00 EUR
-	Fixe Kosten (Kf) **unverändert!**	276.000,00 EUR
	Gewinn (G)	50.400,00 EUR

Die fixen Kostenbleiben dagegen unverändert. Dadurch sinken die fixen Kosten pro Stück (kf) mit steigender Beschäftigung (Vermietung). Dieser Sachverhalt wird als Fixkostendegression bezeichnet.

3.2 Gewinnschwellenanalyse (Break-even-Analyse)

Die Teilkostenrechnung ermöglicht auch die Antwort auf die Frage, wie viel m² vermietet sein müssen, damit die Investition keinen Verlust erzeugt. Die Gewinnschwelle (der Break-even-point) markiert die Beschäftigung, bei der die Gesamtkosten gerade den Erlösen entsprechen. Vor dieser Menge „produziert" das Unternehmen in der Verlustzone, danach in der Gewinnzone.

[1]) Wenn das Bauobjekt 3 (S. 270) einen positiven Deckungsbeitrag hat, dann hat es zum Gesamterfolg der Unternehmung beigetragen, auch wenn seine Gesamtkosten unter dem erzielten Erlös liegen!

Zur Ermittlung der Gewinnschwelle werden die Gesamtkosten, die variablen Kosten, die fixen Kosten, der Deckungsbeitrag und der Gewinn pro m² betrachtet.

	e (Erlös pro m² pro Jahr)	288,00 EUR
-	kv (variable Kosten pro m² pro Jahr)	96,00 EUR
	db (Stückdeckungsbeitrag pro m² pro Jahr)	192,00 EUR

Jeder zu 24,00 EUR pro Monat vermietete m² erbringt also einen Deckungsbeitrag von 192,00 EUR. Es müssen also so viele m² vermietet werden, bis die summierten Stückdeckungsbeiträge (db) die Fixkosten erreichen bzw. überschreiten

$$\text{Gewinnschwelle} = \frac{\text{Fixkosten (Kf)}}{\text{db}} = \frac{276.000{,}00 \text{ EUR}}{192{,}00 \text{ EUR/m}^2} = 1.437{,}5 \text{ m}^2 \approx 1{,}438 \text{ m}^2$$

In diesem Beispiel wird die Gewinnschwelle bei vermieteten 1.438 m² erreicht.

Zeichnerische Lösung:

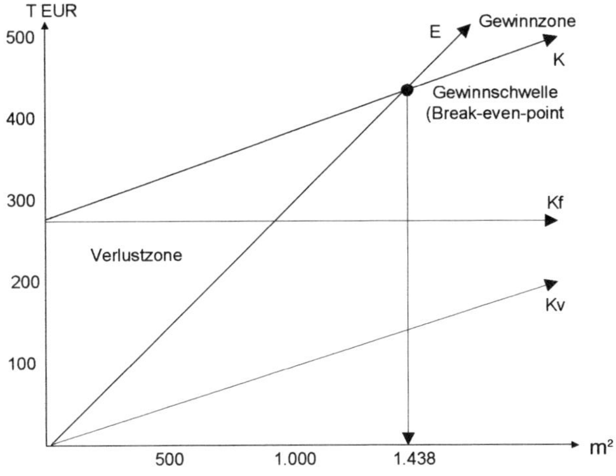

Erlöse und Kosten lassen sich als Geraden darstellen. Ein Lot von der Schnittstelle zwischen Erlösgerade und Gesamtkostengerade markiert die Gewinnschwellenmenge, hier die vermieteten m² bei denen die Gewinnzone beginnt.

3.3 Preisuntergrenze

Der Stückdeckungsbeitrag dient auch der Ermittlung der kurzfristigen Preisuntergrenze.

Die Wohnbau Hösel erhält bei vermieteten 1.500 m² das Angebot eines Mietinteressenten 150 m² für 20,00 EUR pro m² und Monat anzumieten.

Die Vollkostenbetrachtung ergibt einen Verlust pro zusätzlich für 20 EUR vermieteten m² von 40,00 EUR*.

*	Erlös pro zusätzlichem m² (e) = 20,00 EUR * 12 Monate =	240,00 EUR/m²
-	Kosten pro m² (k) = Gesamtkosten (K) / vermietete m² = 420.000,00 EUR / 1.500 m²=	280,00 EUR/m²
=	Verlust pro m²	-40,00 EUR/m²

Wie schon bei der Betrachtung der zusätzlichen Vermietung für 24,00 EUR/m² ist auch diese Vollkostenrechnung nicht richtig. Wieder sind in den Kosten/m² (k) Fixkosten verrechnet, die auch bei dem möglichen Zusatzauftrag unverändert bleiben.

Die Teilkostenrechnung ergibt dagegen einen zusätzlichen Stückdeckungsbeitrag von 144,00 EUR/m^2. Das ist gleichzeitig die Gewinnsteigerung pro für 20,00 EUR zusätzlich vermietetem m^2, da das Unternehmen bei 1.500 m^2 die Gewinnschwelle bereits überschritten hatte.

	ez (Zusatzerlös pro m^2 pro Jahr)	240,00 EUR
-	kv (variable Kosten pro m^2 pro Jahr)	96,00 EUR
	db (Stückdeckungsbeitrag pro m^2 pro Jahr)	144,00 EUR

Ob der Zusatzauftrag angenommen werden sollte, ist natürlich nicht nur mit dem Instrument der Teilkostenrechnung zu beantworten. Immobilienwirtschaftlich ist z.B. Auswirkungen auf die bisherigen und zukünftigen Mieter zu denken.

Fachteil 3 – Unternehmenskennzahlen

1 Definition und Aufgabe von Kennzahlen

Betriebswirtschaftliche Kennzahlen drücken messbare Sachverhalte eines Unternehmens aus, die in konzentrierter Form über bestimmte Aspekte informieren.

Durch Kennzahlen lassen sich Vergleiche, bezogen auf Zeitpunkte bzw. Perioden innerhalb eines Unternehmens (Zeitvergleiche), bzw. zwischen Unternehmen innerhalb einer Branche durchführen.

Intern decken sie einen Teil des Informationsbedarfs zur Steuerung des Unternehmens. Aber auch **Externe** wie z.B. Gesellschafter, Aufsichtsgremien, Banken usw. können sich mit ihrer Hilfe ein Urteil über die wirtschaftliche Lage und Entwicklung eines Unternehmens bilden.

Kennzahlen sind **entweder**:

- **Absolute Zahlen**, wie z.B. Preise, Stückzahlen, Mietzins, Mitarbeiter, Bilanzsumme, Umsatz;
- **Gliederungszahlen**, Teilgrößen werden zu einer Gesamtgröße in Beziehung gesetzt, wie z.B. Anlagevermögen/Gesamtvermögen;
- **Beziehungszahlen**, verschiedenartige Größen, die in einem betriebswirtschaftlichen Zusammenhang betrachtet werden, werden zueinander in Beziehung gesetzt, wie z.B. Jahresergebnis/Eigenkapital (= Eigenkapitalrentabilität);
- **Indexzahlen**, die eine relative Veränderung einer Größe in einem Basiszeitraum prozentual ausdrücken, wie z.B. der Index für die Entwicklung der Lebenshaltungskosten oder die Entwicklung bestimmter (absoluter) Kennzahlen, wie z.B. Umsatz, Gesamtkapital usw.

Nach § 91 Abs. 2 AktG hat der Vorstand „[...] geeignete Maßnahmen zu treffen, insbesondere ein Überwachungssystem einzurichten, damit den Fortbestand der Gesellschaft gefährdende Entwicklungen früh erkannt werden."

Aus § 53 GenG und § 53 Haushaltsgrundsätzegesetz (HGrG) wird dies auch für Vorstände von Genossenschaften und Geschäftsführer von GmbHs – in jedem Fall bei kommunaler Beteiligungsmehrheit – abgeleitet.

Im Allgemeinen wird dieses Überwachungssystem zu einem umfassenden Risikomanagementsystem mit entsprechender Reportstruktur ausgebaut, so dass „den Fortbestand der Gesellschaft gefährdende Entwicklungen" nicht nur früh erkannt sondern darauf auch entsprechend reagiert werden kann.

Teil des Risikomanagements ist der Aufbau und die Pflege eines unternehmenseinheitlichen Kennzahlensystems zur Früherkennung von Fehlentwicklungen. Damit die gewünschten Erkenntnisse über die Jahre auch sicher gewonnen werden können, müssen die Kennzahlen genormt werden. Dies geschieht durch unternehmenseinheitliche Festlegung u. a. der Kennzahlendefinitionen, -berechnungsformeln, Datengewinnungsmethodik, Betrachtungsperioden sowie der entsprechenden Dokumentation (z.B. in Kennzahlentabellen). Natürlich müssen diese Festlegungen von Zeit zu Zeit den veränderten Informationsbedürfnissen angepasst werden – dann aber unternehmenseinheitlich.

Hier kann nur ein Überblick über die wichtigsten Kennzahlen gegeben werden – orientiert an hauptsächlich eigenen Bestand verwaltenden Immobilienunternehmen.

Die Kennzahlendefinitionen sowie Hinweise auf aktuelle Größenordnungen und Trends in der Branche „Immobilienwirtschaft" sind folgender Publikation entnommen:

„Wohnungswirtschaftliche Daten und Trends 2005/2006 – Zahlen und Analysen aus der Jahresstatistik des GdW", hrsg. v. GdW, Bundesverband deutscher Wohnungs- und Immobilienunternehmen e.V., Berlin, Oktober 2005. Die dort angegebenen Werte beziehen sich jedoch i.d.R. auf das Jahr 2003.

Es lassen sich im Wesentlichen zwei Gruppen von Kennzahlen ausmachen:

1. Kennzahlen zur **Vermögens-, Kapital- und Ertragslage** und
2. **Leistungs**kennzahlen

2 Kennzahlen zur Vermögens-, Kapital- und Ertragslage

2.1 Kennzahlen zur Vermögensstruktur

Zur Analyse der Vermögensstruktur werden Kennzahlen über den Aufbau des Vermögens herangezogen. Zur betriebswirtschaftlichen Bewertung werden diese Kennzahlen im zeitlichen Vergleich hinsichtlich ihrer Veränderung und im überbetrieblichen Vergleich mit Branchendurchschnitten verwendet, um Auffälligkeiten in der Vermögensbildung des Unternehmens aufzudecken.

2.1.1 Anlagenintensität/(-quote)

Die Anlagenintensität misst das Verhältnis von Anlage- zum Gesamtvermögen. Ihre Höhe korrespondiert mit der betrieblichen Anpassungsfähigkeit an marktwirtschaftliche Veränderungen.

$$\text{Anlagenintensität} = \frac{\text{Anlagevermögen x 100}}{\text{Gesamtvermögen}}$$

Im gesamtdeutschen Durchschnitt der vom GdW untersuchten Unternehmen beträgt die Anlagenintensität ca. 87 %.

Immobilienunternehmen mit umfangreichem eigenen Bestand können ihre Wohnungen nur mit erheblichem Kostenaufwand an sich ändernde Bedürfnisse anpassen, denn große Wohnungen lassen sich nicht ohne weiteres in mehrere kleine aufteilen.

Außerdem muss ein erheblicher Fixkostenblock in Form von Instandhaltung, Kapitaldienst und Abschreibungen durch laufende Vermietungserlöse gedeckt werden.

2.1.2 Umlaufintensität/(-quote)

Die Umlaufintensität misst das Verhältnis von Umlauf- zum Gesamtvermögen. Sie ist in Immobilienunternehmen mit umfangreichem eigenen Bestand naturgemäß klein, soweit nicht das Bauträgergeschäft (zur Zeit jeweils) eine erhebliche Rolle spielt.

$$\text{Umlaufintensität} = \frac{\text{Umlaufvermögen x 100}}{\text{Gesamtvermögen}}$$

Allerdings muss als Teil der Umlaufintensität die (Miet)Forderungsquote beobachtet werden, da ihre Steigerung nur dann nicht negativ zu bewerten ist, wenn die Umsatzerlöse aus der Hausbewirtschaftung ebenfalls steigen, andernfalls ist von sinkender Zahlungsmoral auszugehen.

$$\text{Forderungsquote} = \frac{\text{(Miet)Forderungen x 100}}{\text{Gesamtvermögen}}$$

2.2 Kennzahlen zur Kapitalstruktur

Die Kapitalstruktur-Kennzahlen beschreiben die Kapitalausstattung des Unternehmens in differenzierter Form.

2.2.1 Eigenmittelquote(/Eigenkapitalanteil)

Die Eigenkapitalquote misst das Verhältnis der Eigenmittel (i. d. R. Grund- bzw. Stammkapital + Rücklagen + langfristige Rückstellungen) zum Gesamtkapital. Die Eigenmittel haben Haftungsfunktion. Je größer die Eigenmittelquote ist, desto höher ist im allgemeinen die Kreditwürdigkeit des Unternehmens. In Immobilienunternehmen gelten die „Rückstellungen für Bauinstandhaltung" als langfristige Rückstellungen[1].

$$\text{Eigenmittelquote} = \frac{\text{Eigenmittel x } 100}{\text{Gesamtkapital}}$$

Im gesamtdeutschen Durchschnitt der vom GdW untersuchten Unternehmen beträgt die Eigenmittelquote ca. 30,7 %.

Diese Kennzahl ist selbst im Branchenvergleich kritisch zu betrachten, da sich das Eigenkapital einer Kapitalgesellschaft nicht nur aus den in der Bilanz ausgewiesenen Positionen, sondern auch aus stillen Rücklagen zusammensetzt. Hierbei handelt es sich beim Anlagevermögen um die Differenz zwischen den Verkehrs- und den niedrigeren Buchwerten.

Immobilienunternehmen mit erheblichem Langzeitbestand sollten wegen der stillen Rücklagen die Eigenkapitalquote mit pauschal ermittelten Verkehrswerten errechnen – z.B.:

$$\text{Eigenmittelquote} = \frac{(\text{Nettokaltmiete x } 11 + \text{Umlaufvermögen} - \text{Fremdkapital}) \text{ x } 100}{\text{Nettokaltmiete x } 11 + \text{Umlaufvermögen}}$$

Bei den „Nettokaltmieten" sind die tatsächlich erzielten Erlöse anzusetzen. Bei sehr uneinheitlichem Bestand müssen unterschiedliche Vervielfältiger gewählt und die Teilergebnisse dann zusammengefasst werden. In bestimmten Regionen kann der Vervielfältiger auch deutlich über „11" liegen. Die Vervielfältiger müssen – entsprechend der Marktlage – von Zeit zu Zeit überprüft werden.

Wird der so gewonnene Wert für das Anlagevermögen mit den Buchwerten verglichen, lassen sich die stillen Rücklagen abschätzen.

Als kritische Untergrenze für die Eigenkapitalquote gelten 10 %. Ab 20 % kann man von einer „soliden Finanzdecke" sprechen.

Hinweis:
„Eigenkapital" und „Eigenmittel" werden hier – einem Teil der Literatur folgend – nicht unterschieden. Der GdW scheint sich mittlerweile entschlossen zu haben, von Eigenmitteln unter Einbeziehung der Rückstellungen für Bauinstandhaltung auszugehen. Bei Verhandlungen mit Kreditgebern, Branchen- und Zeitvergleichen sollte bei dieser Größe klar sein, ob langfristige Rückstellungen einbezogen sind oder nicht.

[1] Der GdW addiert stets im Rahmen der Ermittlung der Eigenmittel noch "(Sonderposten mit Rücklagenanteil ./. Sonderposten für Investitionszulagen) x 0,5 + Sonderposten für Investitionszulagen".

2.2.2 Fremdkapitalanteil(/-quote) [Anspannungskoeffizient]

Der Anspannungskoeffizient bzw. die Fremdkapitalquote misst das Verhältnis zwischen dem Fremdkapital und dem Gesamtkapital des Unternehmens. Eine hohe Fremdkapitalquote kann eine potentielle Gefahr der Abhängigkeit von Gläubigern aufzeigen. Sie spielt insbesondere für die Beurteilung des Bonitätsrisikos bei der Kreditvergabe der Banken eine Rolle.

$$\text{Fremdkapitalanteil} = \frac{\text{Fremdkapital x 100}}{\text{Gesamtvermögen}}$$

Die Regel „Verschuldungsgrad <= 50 %" lässt sich aber u.a. auf Immobilienunternehmen mit großem, fremdfinanziertem Anlagevermögen nicht anwenden, da hier der Fremdkapitalanteil im Regelfall über 50 % liegt.

Wichtiger ist die Betrachtung des Prozentsatzes des langfristigen Fremdkapitals am Gesamtkapital.

$$\text{langfristiger Fremdkapitalanteil} = \frac{\text{langfristiges Fremdkapital x 100}}{\text{Gesamtvermögen}}$$

Im gesamtdeutschen Durchschnitt der vom GdW untersuchten Unternehmen beträgt der „langfristige Fremdkapitalanteil" ca. 56 %.

2.2.3 Fremdkapitalkostensatz

Der Fremdkapitalkostensatz ist der für das langfristige Fremdkapital durchschnittlich entrichtete Zinssatz.

$$\text{Fremdkapitalkostensatz} = \frac{\text{Zinsen u.ä. Aufwendungen für langfristiges Fremdkapital x 100}}{\text{langfristiges Fremdkapital}}$$

Der Zinssatz für das langfristige Fremdkapital liegt im gesamtdeutschen Durchschnitt der vom GdW untersuchten Unternehmen bei 4,6 %, was z.T. den niedrigverzinslichen Fördermitteln geschuldet ist.

2.2.4 (statischer) Verschuldungsgrad(/-koeffizient)

Der Verschuldungskoeffizient bringt das Verhältnis von Fremdkapital zu Eigenmitteln zum Ausdruck. Ihm wird besondere Bedeutung beigemessen, weil er sichtbar macht, in welchem Verhältnis die Finanzierung des Unternehmens durch außenstehende Dritte zur Finanzierung durch die Eigentümer des Unternehmens steht.

$$\text{Verschuldungsgrad} = \frac{\text{Fremdkapital x 100}}{\text{Eigenmittel}}$$

Für Immobilienunternehmen ist insbesondere die Variante des „langfristigen Verschuldungsgrads" von Bedeutung.

$$\text{langfristiger Verschuldungsgrad} = \frac{\text{langfristiges Fremdkapital x 100}}{\text{Eigenmittel}}$$

Im gesamtdeutschen Durchschnitt der vom GdW untersuchten Unternehmen beträgt der „langfristige Verschuldungsgrad" ca. 184 %.

2.3 Kennzahlen zur Liquidität

Die Liquidität ist die Fähigkeit und die Bereitschaft eines Unternehmens, seine fälligen Zahlungsverpflichtungen termingerecht zu erfüllen. Liquiditäts-Kennzahlen drücken das Verhältnis zwischen dem Bestand an flüssigen Mitteln und dem Bestand an kurzfristigen Verbindlichkeiten (Deckungsgrad) aus.

2.3.1 Liquiditätsgrad 1 – 3

Die Liquidiätsgrade beschreiben das Verhältnis der liquiden Mittel, differenziert nach kurz-, mittel- und langfristiger Liquidierbarkeit, zu den kurzfristigen Verbindlichkeiten.

Dabei gilt:

„liquide Mittel 1. Grades“ (Zahlungsmittel bzw. flüssige Mittel) = Kassenbstand + Bankguthaben (+ Wechsel)

„liquide Mittel 2. Grades“ = Forderungen (+ Wertpapiere +‚gängige‘ Waren)

„liquide Mittel 3. Grades“ = (‚nicht gängige‘ Waren +) Rohstoffe + Betriebsstoffe

Als kurzfristig gelten alle Verbindlichkeiten mit Fälligkeit innerhalb von zwölf Monaten. Dazu zählen:

Dispokredite, erhaltene Anzahlungen, Verbindlichkeiten aus Vermietung, laufende Rechnungen, passive Rechnungsabgrenzungsposten und alle Rückstellungen, mit deren Inanspruchnahme in den nächsten zwölf Monaten gerechnet wird.

$\text{Liquidität 1. Grades} = \dfrac{\text{Zahlungsmittel x 100}}{\text{kurzfristige Verbindlichkeiten}}$	liquide Mittel 1. Grades
$\text{Liquidität 2. Grades} = \dfrac{\text{(Zahlungsmittel + Forderungen) x 100}}{\text{kurzfristige Verbindlichkeiten}}$	liquide Mittel 1. + 2. Grades
$\text{Liquidität 3. Grades} = \dfrac{\text{Umlaufvermögen x 100}}{\text{kurzfristige Verbindlichkeiten}}$	liquide Mittel 1., 2. + 3. Grades

Sie informieren über die Zahlungsfähigkeit des Unternehmens. Ihre Aussagekraft gilt als relativ gering, da die Kennzahlen die Liquidität nur zeitpunktbezogen (statisch) auf der Basis der Bilanz ausdrücken, während sich die Liquidität eines Unternehmens kurzfristig verändert. Sie wird auch dadurch beeinträchtigt, dass die Verbindlichkeiten nicht alle zu leistenden Auszahlungen umfassen (z.B. laufende Zinszahlungen)

2.3.2 Deckungsgrade I + II (A + B) – Kapitalverwendung (Investierung)

Die Deckungsgradkennzahlen informieren über die Einhaltung der Fristenentsprechung von Investition und Kapital (Fristenkongruenz). Ermittelt wird, in welchem Umfang langfirstige Investitionen (Anlagevermögen) durch langfristig verfügbares Kapital gedeckt sind.

2.3.2.1 Anlageneckungsgrad A (I)

Der **„Deckungsgrad A“** misst das Verhältnis der Eigenmittel zum Anlagevermögen. Er ist für Immobilienunternehmen in der Regel eine ungeeignete Größe, da diese häufig eine hohes, fremdfinanziertes Anlagvermögen aufweisen.

$$\text{Anlagendeckungsgrad I} = \frac{\text{Eigenmittel x 100}}{\text{Anlagevermögen}}$$

2.3.2.2 Deckungsgrad B (II)

Der **„Deckungsgrad B"** ist das Verhältnis der Eigenmittel zuzüglich des langfristigen Fremdkapitals zum Anlagevermögen. Über diese Kennzahl wird von den Banken die langfristige finanzielle Stabilität eines Unternehmens beurteilt.

$$\text{Anlagendeckungsgrad II} = \frac{(\text{Eigenmittel} + \text{langfristiges Fremdkapital}) \times 100}{\text{Anlagevermögen}}$$

Zur Erfüllung der Fristenkongruenz sind Werte über 100 % anzustreben („goldene Bilanzregel"), da auch ein Teil des Umlaufvermögens langfristig finanziert sein sollte.

Liegen umgekehrt die Werte deutlich unter 100 %, dann ist ein Teil des langfristigen Vermögens mit nur kurzfristig verfügbarem Kapital finanziert.

Im gesamtdeutschen Durchschnitt der vom GdW untersuchten Unternehmen liegt der Anlagendeckungsgrad II bei 99,5 %.

2.4 Kennzahlen zur (Unternehmens-)Rentabilität

Die Rentabilität zeigt die **Ertragsfähigkeit eines Unternehmens**. Sie wird durch das **Verhältnis einer Gewinngröße** (Jahresüberschuss, Jahresergebnis (aus ordentlicher Geschäftstätigkeit), handelsrechtlicher Gewinn, betriebswirtschaftlicher Gewinn, Steuerbilanzgewinn) **zu einer den Gewinn wesentlich mitbestimmenden Einflussgröße** (Kapital oder Umsatz) ausgedrückt. Eine hohe Eigenkapital- bzw. Gesamtkapitalrentabilität zeigt eine hohe Verzinsung des eingesetzten Kapitals auf und damit eine hohe Effizienz der Kapitalverwendung (Investition).

2.4.1 Eigenmittel(/-kapital)rentabilität

Die Eigenkapitalrentabilität ist das **prozentuale Verhältnis des Gewinns einer Periode zu den Eigenmitteln** des Unternehmens. Sie ermöglicht einen Vergleich mit anderen Anlageformen.

$$\text{Eigenmittelrentabilität} = \frac{\text{Jahresüberschuss/-fehlbetrag} \times 100}{\text{Eigenmittel}}$$

Die Eigenkapitalrentabilität sollte mindestens dem Zinssatz für langfristige Kapitalanlagen zuzüglich Risikozuschlag entsprechen, sonst ist es betriebswirtschaftlich sinnvoller, das Geld zur Bank zu bringen. Bei diesem Vergleich sollten die langfristigen Rückstellungen allerdings nicht einbezogen werden.

Im gesamtdeutschen Durchschnitt der vom GdW untersuchten Unternehmen beträgt die Eigenmittelrentabilität ca. 0,2 %.

2.4.2 Gesamtkapitalrentabilität

Die Gesamtkapitalrentabilität ist das **prozentual ausgedrückte Verhältnis des Gewinns zuzüglich der** (Fremdkapital)**Zinsen** (und ähnlicher Aufwendungen) **einer Periode zum Gesamtkapital des Unternehmens**. Sie zeigt die Ertragskraft eines Unternehmens unabhängig von der Kapitalherkunft und ist deshalb besser für den Branchenvergleich geeignet als die Eigenkapitalrentabilität.

$$\text{Gesamtkap.rentabilität} = \frac{(\text{Jahresüberschuss/-fehlbetrag} + \text{Zinsen für lgfr. Fremdkapital}) \times 100}{\text{Gesamtkapital}}$$

Die Gesamtkapitalrentabilität sollte nicht unter dem Zinssatz für langfristiges Fremdkapital liegen.

Im gesamtdeutschen Durchschnitt der vom GdW untersuchten Unternehmen beträgt die Gesamtkapitalrentabilität ca. 2,5 %.

Der Jahresüberschuss entsteht während des Jahres nach und nach und erhöht somit laufend das verfügbare Kapital, mit dem er erwirtschaftet wird. Deshalb sollte er jeweils auf den Mittelwert zwischen dem (Eigen)Kapital zu Beginn und am Ende der Periode bezogen werden (dynamische Betrachtungsweise). Auch hier muss beim Branchen- bzw. Zeitvergleich klar sein, wie gerechnet wird.

2.4.3 Umsatzrentabilität

Die Umsatzrentabilität bzw. der Retum on Sales (ROS) ist das prozentual ausgedrückte Verhältnis des Jahresüberschusses einer Periode zum Umsatz des Unternehmens. Sie drückt die markt- und kostenbezogene Erfolgskraft eines Unternehmens aus. Je höher die Rentabilität des Umsatzes ist, umso höher ist der prozentuale Anteil des Gewinns an den Umsatzerlösen.

$$\text{Umsatzrentabilität} = \frac{\text{Jahresüberschuss/-fehlbetrag x 100}}{\text{Gesamtkapital}}$$

Ermittelt man die Umsatzrentabilität getrennt für die einzelnen Geschäftsfelder des Unternehmens (z.B. Bestandsbewirtschaftung, Bauträgergeschäft, Fremdverwaltung), werden die gewinnbringenden Bereiche sichtbar, so dass die zukünftige Geschäftstätigkeit renditeorientiert ausgerichtet werden kann.

2.4.4 Return of Investment (ROI)

Der „Return on Investment“ gibt an, mit wie viel Prozent das erwitschaftete Jahresergebnis das investierte Gesamtkapital (Eigen- + Fremdkapital) verzinst bzw. wie viel vom eingesetzten Kapital in das Unternehmen wieder zurückfliesst.

$$\text{Return on Investment} = \frac{\text{Jahresüberschuss/-fehlbetrag x 100}}{\text{Gesamtkapital}}$$

Im gesamtdeutschen Durchschnitt der vom GdW untersuchten Unternehmen beträgt der „Return on Investment“ ca. 0,1 %.

3 Leistungskennzahlen

Obwohl Leistungskennzahlen für eine unverzerrte Betrachtungsweise in jedem Fall auch für einzelne Standorte, Objekte und dort nach Teilbereichen (z.B. preisfreie, preisgebundene Wohnungen, Gewerbe, Garagen usw.) ermittelt werden müssen, geht dieser Überblick über die Unternehmenskennzahlen von einer Gesamtbetrachtung aus, da die Ermittlung vom Prinzip her gleich ist.

3.1 durchschnittliche Sollmiete (für Wohnungen)

In der Gesamtbetrachtung zeigt diese Größe den zur Zeit mietvertraglich realisierten Umsatz ohne Bereinigung durch Erlösschmälerungen. Erst bei Aufgliederung nach Standorten wird sie aufgrund von Vergleichen mit Mietspiegelwerten zur aussagefähigen Größe.

$$\text{durchschnittliche Sollmiete (für Wohnungen)} = \frac{\text{Sollmiete (Wohnungen) pro Monat}}{\text{Gesamt(wohn)fläche}}$$

3.2 durchschnittliche Mieterlöse (für Wohnungen)

Die um die Erlösschmälerungen bereinigte Größe „Sollmieten" zeigt, was an Umsatz im Mittel dem gesamten Unternehmen tatsächlich zur Verfügung steht.

$$\text{durchschnittliche Mieterlöse (für Wohnungen)} = \frac{\text{Umsatzerlöse (Wohnungen) pro Monat}}{\text{Gesamt(wohn)fläche}}$$

3.3 Leerstandsquote

Diese Zahl gibt den prozentualen Anteil leer stehender Miet(wohn)einheiten an. Um stichtagsbezogene Zufälligkeiten zu vermeiden sollte mit gewichteten Durchschnittswerten einer Periode gerechnet werden.

$$\text{Leerstandsquote} = \frac{\text{Anzahl leer stehender Miet(wohn)einheiten}}{\text{Gesamt(wohnungs)bestand}}$$

3.4 Fluktuationsquote

Diese Zahl zeigt das prozentuale Verhältnis von Mieterwechseln (Kündigungen mit anschließender Neuvermietung) zur Gesamtzahl der Wohnungen im Bestand.

$$\text{Fluktuationsquote} = \frac{\text{Anzahl der Mieterwechsel x 100}}{\text{Gesamt(wohnungs)bestand}}$$

Nach dem Prinzip der letzten vier Kennziffern lassen sich je nach Fragestellung weitere bilden; z. B. Erlösschmälerungs-, Instandhaltungskosten-, Abschreibungs-, Verwaltungskosten-, Umsetzer-, Wiederbelegungsquote usw. oder Quote nicht umgelegter Betriebskosten etc. Sie dienen häufig der Darstellung von Teilaspekten einer anderen Kennzahl. So können z. B. die Leerstands- und Erlösschmälerungsquote eine Erklärung für die durchschnittlichen Mieterlöse pro Wohnung liefern.

Die folgenden Kennzahlen gelten als Risikoindikatoren, falls bestimmte Grenzwerte über- oder unterschritten werden.

3.5 Mietenmultiplikator

Der Mietnmultiplikator zeigt das Verhältnis von Anlagevermögen zu Mieterlösen (Sollmieten ./. Erlösschmälerungen). Ein hoher Wert bedeutet, dass die Mieten im Verhältnis zum Anlagevermögen (Buchwerten) sehr niedrig sind. Dahinter kann eine hohe Leerstandsquote stecken. Umgekehrt kann ein niedriger Wert bedeuten, dass die Buchwerte (im Verhältnis zu den Marktwerten) sehr niedrig sind (stille Reserven).

$$\text{Mietenmultiplikator} = \frac{\text{Anlagevermögen}}{\text{Mieterlöse}}$$

Im gesamtdeutschen Durchschnitt der vom GdW untersuchten Unternehmen beträgt der Mietenmultiplikator ca. 9,2. Der kritische Wert soll bei 9 bis 10 liegen.

3.6 Kapitaldienstdeckung (/-anteilsquote)

Diese Kennzahl zeigt den Anteil des Kapitaldienstes (Zinsen [und ähnliche Aufwendungen] + Tilgung) für langfristiges Fremdkapital an den Mieterlösen; d.h. wie viel davon ein Immobilienunternehmen für den Kapitaldienst für Objektfinanzierungsmittel aufwenden muss.

$$\text{Kapitaldienstdeckung} = \frac{\text{(Zinsen + Tilgung) für langfristiges Fremdkapital x 100}}{\text{Mieterlöse}}$$

Im gesamtdeutschen Durchschnitt der vom GdW untersuchten Unternehmen beträgt die Kapitaldienstdeckung ca. 45 %. Der kritische Wert soll bei 50 % liegen, d. h. wenn die Hälfte und mehr der Mieteinnahmen für den Kapitaldienst aufgewendet werden müssen.

3.7 Zinsdeckung (/-anteilsquote)

Diese Kennzahl zeigt den Anteil der Zinsen (und ähnlichen Aufwendungen für langfristiges Fremdkapital) an den Mieterlösen.

$$\text{Zinsdeckung} = \frac{\text{Zinsen für langfristiges Fremdkapital x 100}}{\text{Mieterlöse}}$$

Im gesamtdeutschen Durchschnitt der vom GdW untersuchten Unternehmen beträgt die Zinsdeckung ca. 26 %. Der kritische Wert soll bei 40 % liegen, d. h. wenn 40 % und mehr der Mieteinnahmen für Zinszahlungen aufgewendet werden müssen.

Wenn im Rahmen einer Zeitreihenbetrachtung bei in etwa gleich bleibender Zinsdeckung die Kapitaldienstdeckung steigt, kann dies auf Sondertilungen hindeuten.

3.8 Cashflow

Der Cashflow (engl. Bargeldfluss) gibt an, wie viel liquide Mittel vom Unternehmen selbst erwirtschaftet wurden. Diese Mittel stehen dem Unternehmen im Wesentlichen für Investitionen, Schuldentilgung, Gewinnausschüttungen usw. zur freien Verfügung. Insofern ist der Cashflow auch ein Gradmesser für die Selbst- bzw. Innenfinanzierungskraft eines Unternehmens.

	Jahresüberschuss/Jahresfehlbetrag
+/–	Abschreibungen/Zuschreibungen
+/–	Zunahme/Abnahmme langfristiger Rückstellungen
=	**Cashflow**

Die hier dargestellte „Praktikerformel“ wird auch „indirekte Methode“ genannt, weil vom Prinzip her aus dem GuV-Jahresergebnis die zahlungsunwirksamen Größen herausgerechnet werden[2].

Da die im Laufe des Jahres erwirtschafteten Mittel auch während dieser Periode z.T. wieder ausgegeben werden, ist der Cashflow nicht mit dem Bestand an liquiden Mietteln zum Ende eines Geschäftsjahres gleichzusetzen. Hierzu müsste das Verfahren zu einer vollständigen Geldflussrechnung erweitert werden.

---

[2] Der GdW bezieht allerdings in die hier dargestellte Rechnung noch die Veränderungen der Sonderposten mit Rücklagenanteil, der sonstigen zahlungsunwirksamen Aufwendungen und Erträge sowie der Ein- und Auszahlungen aus außerordentlichen Posten ein.

3.9 Tilgungskraft

Für das Risikomanagement muss u.a. überwacht werden. ob denn für die Tilgung langfristiger Darlehen genügend Cashflow erwirtschaftet wird.

$$\text{Tilgungskraft} = \frac{\text{Cashflow}}{\text{Tilgung für langfristiges Fremdkapital}}$$

Liegt diese Kennzahl unter 1, dann werden nicht genügend liquide Mittel für die Tilgung erwirtschaftet. Hält dieser Zustand dauerhaft an, führt er zu einer Liquiditätskrise und dann zur Insolvenz.

Im gesamtdeutschen Durchschnitt der vom GdW untersuchten Unternehmen beträgt die Tilgungskraft ca. 1,2.

Übungsteil 1: Buchführung

Zu den einzelnen Kapiteln/Abschnitten

Übung Nr. 1 zu: Kapitel „2 Personalkosten"

1. Definieren Sie den Begriff „Personalkosten", und nennen Sie die Hauptbestandteile!
2. Definieren Sie den Begriff „Löhne und Gehälter", nennen Sie Beispiele für „Nebenbezüge"!
3. Nennen Sie die Teile, aus denen die Abzüge „Steuern/Abgaben" bestehen (können), beschreiben Sie, wovon deren Höhe abhängt, und geben Sie an, wer sie trägt!
4. Nennen Sie die Teile, aus denen die Abzüge „Sozialversicherung" bestehen, beschreiben Sie, wovon deren Höhe abhängt, und geben Sie an, wer sie trägt!
5. Nennen Sie jeweils zu folgenden Sachverhalten den Buchungssatz, begründen Sie den Zeitpunkt der Buchung und bestimmen Sie sowohl für jede einzelne als auch für alle Buchungen insgesamt die Auswirkung auf die Bilanzsumme und das Eigenkapital!
   - Erfassung der Gehaltsabrechnung und des AG-Anteils zur Sozialversicherung
   - Überweisung des AN-Gehalts
   - Überweisung der „Steuern/Abgaben"
   - Überweisung der „Sozialversicherung"
6. Nennen Sie den Buchungssatz für die Barauszahlung eines Lohn- und Gehaltsvorschusses, und bestimmen Sie die Auswirkung auf die Bilanzsumme und das Eigenkapital!
7. Beschreiben Sie die Auswirkungen auf die Gehaltsabrechnung und die entsprechenden Buchungen, falls der Arbeitnehmer vermögenswirksames Sparen betreibt und hierfür vom Arbeitgeber Zuschüsse erhält!

Übungsteil 1: Buchführung

Übung Nr. 2 zu: Kapitel „2 Personalkosten"

Erstellen Sie zu folgenden Sachverhalten die Gehaltsabrechnung für diesen Monat, und führen Sie unter Angabe des Buchungsdatums das Grundbuch für die Zeit vom 20. dieses bis zum 20. des nächsten Monats!

1. Sachbearbeiter Maier (ledig, kinderlos, Steuerklasse I) bezieht ein Monatsgehalt von 1.568,00 €.
2. Sachbearbeiterin Müller (ledig, kinderlos, Steuerklasse I) bezieht ein Monatsgehalt von 1.640,00 €. Am 25. dieses Monat erhielt sie einen Vorschuss von 100,00 €.
3. Sachbearbeiter Moos (ledig, kinderlos, Steuerklasse I, evangelisch) bezieht einen tariflichen Monatslohn von 1.920,00 €. Zusätzlich erhält er vom Arbeitgeber 20,00 € von den 40,00 € Sparleistung, die er an die Bausparkasse überweisen lässt. Am 22. dieses Monats erhielt er einen Vorschuss von 300,00 €.

Übungsteil 1: Buchführung

Übung Nr. 1 zu: Abschnitt „3.1 Mieten, Zuschläge, Mietvorauszahlungen"

1. Nennen Sie den Buchungssatz für die Sollstellung einer Pauschalmiete, und beschreiben Sie die Auswirkung dieser Buchung auf die Bilanzsumme und das Eigenkapital!

2. Nennen und begründen Sie den Zeitpunkt für die Buchung einer Pauschalmiete sowie die Art der benutzten Konten!

3. Beschreiben Sie die Aufgaben einer Mietenbuchhaltung, und begründen Sie ihre Notwendigkeit!

4. Beschreiben Sie die Stelle der Buchhaltung, die den für die Sollstellung der Pauschalmiete zu buchenden €-Betrag ausweist!

5. Beschreiben Sie Zeitpunkt und Erfassung von Zahlungseingängen für Mieten in der Buchhaltung!

6. Begründen Sie die Notwendigkeit der Einrichtung des Kontos „(440) Verbindlichkeiten aus Vermietung", nennen Sie die in diesem Zusammenhang erforderliche Buchung zu „III. Vorbereitende Abschlussbuchungen", und beschreiben Sie die Auswirkung dieser Buchung auf die Bilanzsumme und das Eigenkapital!

7. Beschreiben und begründen Sie die Stelle in der Buchhaltung, aus der sich der für den Ausweis der Mietvorauszahlungen im Rahmen von „III. Vorbereitende Abschlussbuchungen" zu buchende €-Betrag ergibt, und begründen Sie die Notwendigkeit, im Rahmen dieser Buchung das Konto „(200) Mietforderungen" im Soll ‚anzusprechen', obwohl eine Verbindlichkeit ausgewiesen werden soll!

8. Beschreiben Sie die Stellen in der Mietenbuchhaltung (Buchungsliste), die am Jahresende mit den Salden auf den Konten „(200) Mietforderungen" und „(440) Verbindlichkeiten aus Vermietung" übereinstimmen müssen!

9. Beschreiben Sie den Zweck für die Führung eines Kontos für Gebühren und Zuschläge in der Hauptbuchhaltung!

Übungsteil 1: Buchführung

Übung Nr. 2 zu: Abschnitt „3.1 Mieten, Zuschläge, Mietvorauszahlungen"

Für ein Haus mit preisfreiem Wohnraum und drei Mietern gab es zu Beginn des Geschäftsjahres in der Hauptbuchhaltung u. a. folgende Eröffnungsbestände:

Bank	50.000,00 €	Eigenkapital	50.000,00 €

Aufgabe 1:
Eröffnen Sie den entsprechenden Ausschnitt der Hauptbuchhaltung mit diesen Konten!

Aufgrund der Mietvereinbarungen und der geleisteten Zahlungen gilt seit Beginn des Geschäftsjahres:

	Saldovortrag **Jan. d. J.**	Sollmieten **01.-08. d. J.**	Zahlungen **01.-08.** insges.
Mieter A:	0,00 € (S)	350,00 €	2.800,00 €
Mieter B:	0,00 € (S)	500,00 €	4.000,00 €
Mieter C:.	0,00 € (S)	700,00 €	5.600,00 €

Aufgabe 2:
Führen Sie die begonnene Hauptbuchhaltung weiter!
Monatlich wiederkehrende Buchungen sind sinnvoll zusammenzufassen!

Zum **01.10. d. J.** wird für alle drei Mieter die Miete um 5 % erhöht!

Zahlungen der Mieter:

Mieter/am:	**02.09. d. J.**	**02.10. d. J.**	**02.11. d. J.**	**02.12. d. J.**	**02.01. n. J.**
Mieter A:	300,00 €	350,00 €	0,00 €	500.00 €	Die Mieter
Mieter B:	500,00 €	525,00 €	525,00 €	525,00 €	gleichen ihre
Mieter C:	720,00 €	720,00 €	770,00 €	720,00 €	Konten aus.

Aufgabe 3:
Führen Sie den Ausschnitt der Mietenbuchhaltung **von September d. J. bis Januar n. J.!** Berücksichtigen Sie dabei auch die Werte aufgrund der Bearbeitung der vorigen Aufgabe! Führen Sie parallel dazu die begonnene Hauptbuchhaltung weiter! In der Mieten- und in der Hauptbuchhaltung sind auch monatlich wiederkehrende Buchungen einzeln zu erfassen!

Übungsteil 1: Buchführung

Übung Nr. 3 zu: Abschnitt „3.1 Mieten, Zuschläge, Mietvorauszahlungen"

Für ein Haus mit preisfreiem Wohnraum und drei Mietern wurde seit Beginn des Geschäftsjahres folgende Buchungsliste geführt:

Saldovortrag			Miete		Umlagen			Korrekturen			Zahlungen		Saldo		
Soll	Haben	Monat	Sollmieten	Zuschläge	Vorausz.	Abrechnung	sonstige Belastungen	Miete	Umlagen	Abschreibungen	Ausgänge	Eingänge	Soll	Haben	Mietverh.
660,00	-	01	7.260,00	-	-	-	-	-	-	-	-	7.000,00	920,00	-	A
-	880,00	bis	9.680,00	-	-	-	-	-	-	-	-	8.620,00	180,00	-	B
-	200,00	11	10.890,00	-	-	-	-	-	-	-	-	11.000,00	-	310,00	C
660,00	1.080,00	∑	27.830,00	-	-	-	-	-	-	-	-	26.620,00	1.100,00	310,00	insges.

Saldovortrag			Miete		Umlagen			Korrekturen			Zahlungen		Saldo		
Soll	Haben	Monat	Sollmieten	Zuschläge	Vorausz.	Abrechnung	sonstige Belastungen	Miete	Umlagen	Abschreibungen	Ausgänge	Eingänge	Soll	Haben	Mietverh.
		12	660,00												A
		12	880,00												B
		12	990,00												C
		12	2.530,00												insges.

Aufgaben

1. Führen Sie dazu die Konten „(200) Mietforderungen" und „(440) Verbindlichkeiten aus Vermietung"!
2. Erstellen Sie eine bis zum Ende des Geschäftsjahres vervollständigte Buchungsliste unter Berücksichtigung folgender Zahlungseingänge:

   Mieter A: 1.800,00 €; Mieter B: 0,00 €; Mieter C: 500,00 €!
3. Führen Sie zur Buchungsliste aus Aufgabe 2 das Grundbuch vom 01.12. d.J. bis zum Ende des Geschäftsjahres. „IV Abschlussbuchungen" sind wegzulassen!
4. Führen Sie zu den Aufgaben 2 und 3 die beiden in Aufgabe 1 begonnenen Hauptbuchkonten bis zum Ende des Geschäftsjahres weiter, und schließen Sie diese formgerecht ab!

Übungsteil 1: Buchführung

Übung Nr. 1 zu: Abschnitt „3.2 Erlösschmälerungen"

1. Beschreiben Sie die beiden Fallgruppen, die eine Korrektur der (Miet)Sollstellung erforderlich machen, begründen Sie die Korrekturnotwendigkeit, und erklären Sie, warum dies nur nachträglich möglich ist!

2. Beschreiben Sie die Stelle und die Art des Ausweises der Korrektur der (Miet)Sollstellung in der Mietenbuchhaltung (Buchungsliste)!

3. Begründen Sie die Einrichtung und Führung des für die Korrektur der (Miet)Sollstellung vorgesehenen Kontos, nennen Sie den Buchungssatz und beschreiben Sie die Auswirkung dieser Buchung auf die Bilanzsumme und das Eigenkapital!

4. Begründen Sie die Einordnung des Kontos für Korrektur der (Miet)Sollstellung in die entsprechende Kontenklasse!

5. Beschreiben Sie die Stelle in der Buchhaltung, die den in der Geschäftsbuchhaltung zu buchenden €-Betrag ausweist!

6. Welche Sachverhalte stellen die €-Beträge am Jahresende an folgenden Stellen dar:
   - Kontensumme von „(600) Sollmieten"
   - Kontensumme von „(609) Erlösschmälerungen"?

7. Beschreiben und begründen Sie den möglichen Unterschied in der Darstellung der Korrekturen der (Miet)Sollstellung im GuV-**Konto** einerseits und in der GuV-**Rechnung** andererseits!

Übungsteil 1: Buchführung

Übung Nr. 2 zu: Abschnitt „3.2 Erlösschmälerungen"

Für ein Haus mit preisfreiem Wohnraum und drei Mietern gab es zu Beginn des Geschäftsjahres in der Hauptbuchhaltung u. a. folgende Eröffnungsbestände:

Mietforderungen	1.550,00 €	Eigenkapital	7.950,00 €
Bank	7.000,00 €	Mietverbindlichkeiten	600,00 €

Aufgabe 1:
Eröffnen Sie den entsprechenden Ausschnitt der Hauptbuchhaltung mit diesen Konten!

Aufgrund der Mietvereinbarungen und der geleisteten Zahlungen gilt seit Beginn des Geschäftsjahres:

	Saldovortrag **Jan. d. J.**	Sollmieten **01.-08. d. J.**	Erlösschm. **01.-08.** insges.	Zahlungen **01.-08.** insges.
Mieter A:	(H) 600,00 €	600,00 €	120,00 €	3.960,00 €
Mieter B:	(S) 700,00 €	700,00 €	140,00 €	6.160,00 €
Mieter C:	(S) 850,00 €	800,00 €	160,00 €	7.090,00 €

Aufgabe 2:
Führen Sie die begonnene Hauptbuchhaltung weiter! Monatlich wiederkehrende Buchungen sind sinnvoll zusammenzufassen!

Für **Oktober d. J.** werden Mieter A 80,00 € und Mieter C 120,00 € Mietnachlass gewährt!

Zum **01.11. d. J.** wird für alle drei Mieter die Miete um 5,5 % erhöht!

Zahlungen der Mieter:

Name/am:	02.09. d. J.	02.10. d. J.	02.11. d. J.	02.12. d. J.	02.01. n. J.
Mieter A:	600,00 €	600,00 €	600,00 €	600,00 €	Die Mieter
Mieter B:	700,00 €	700,00 €	738,50 €	738,50 €	gleichen ihre
Mieter C:	800,00 €	800,00 €	800,00 €	800,00 €	Konten aus.

Aufgabe 3:
Führen Sie den Ausschnitt der Mietenbuchhaltung **von September d. J. bis Januar n. J.**! Berücksichtigen Sie dabei auch die Werte aufgrund der Bearbeitung der vorigen Aufgabe! Führen Sie parallel dazu die begonnene Hauptbuchhaltung weiter! In der Mieten- und in der Hauptbuchhaltung sind auch monatlich wiederkehrende Buchungen einzeln zu erfassen!

Übungsteil 1: Buchführung

Übung Nr. 3 zu: Abschnitt „3.2 Erlösschmälerungen"

Für ein Miethaus beträgt auf ein Jahr bezogen

	das Mietsoll (in €)	der Zahlungseingang (in €)
für Mieter A	6.340,00	6.340,00
für Mieter B	9.400,00	8.800,00
für Mieter C	10.260,00	9.700,00
für Mieter D	7.300,00	7.150,00
für Mieter E	11.200,00	11.550,00

Informationen der Mietenbuchhaltung:
Wegen eines Sturmschadens wurde dem Mieter B eine Mietminderung von 500,00 € und Mieter C eine Mietminderung von 560,00 € eingeräumt. Die Mietvorauszahlungen betragen lt. Saldenliste zum 31.12. 350,00 €.

Aufgabe:
Geben Sie die Buchungssätze zu den folgenden Geschäftsvorfällen an.

1. Mietsollstellung (jährlich).
2. Eingang einer Rechnung für Heizöl, 5.000,00 €.
3. Die Haftpflichtversicherung für das Mietwohngebäude wird bei Eingang ohne Verbindlichstellung per Bank überwiesen, 880,00 €.
4. Eingang einer Rechnung für die Teerung des Hauszuweges, 2.400,00 €.
5. Barzahlung für die Reparatur des Haustüraufstellers, 56,00 €.
6. Interner Beleg für Mietminderung für Mieter B und Mieter C.
7. Bankgutschrift (Mieteingänge für das ganze Jahr).
8. Gärtnerrechnung wird bei Eingang mit Scheck bezahlt, 1.200,00 €.
9. Vorbereitende Abschlussbuchungen:
   Hier ausnahmsweise: Abschluss des Kontos „(609) Erlösschmälerungen".
   Umbuchung der Mietvorauszahlungen lt. Saldenliste Storno zu 5. Die Reparatur bezog sich auf das Privathaus des Chefs und wurde von ihm privat bar bezahlt.

Übungsteil 1: Buchführung

Übung Nr. 1 zu: Abschnitt „3.3.1 Umlagen ... Teil I ..."

1. Beschreiben Sie die Stelle, an der die von den einzelnen Mietern zu leistenden Umlagenvorauszahlungen in der Mietenbuchhaltung (Buchungsliste) erfasst werden.

2. Nennen Sie die Buchung, die für den Mietenbereich bis zum Beginn eines jeden Monats von der EDV in der Hauptbuchhaltung automatisch erzeugt wird, beschreiben Sie die Auswirkung dieser Buchung auf die Bilanzsumme und das Eigenkapital, und begründen Sie den Zeitpunkt!

3. Nennen Sie das Konto für die Erfassung der Umlagenvorauszahlungen, und begründen Sie die Einordnung in die entsprechende Kontenklasse!

4. Beschreiben Sie die Stelle in der Buchhaltung, die den in der Geschäftsbuchhaltung für die Umlagenvorauszahlungen allmonatlich zu buchenden €-Betrag ausweist!

5. Begründen Sie den Satz: „Die Wärmelieferung ist in der GuV-Rechnung nach dem Bruttoprinzip auszuweisen!"

6. Beschreiben Sie das Bruttoausweisprinzip allgemein und die Auswirkung auf die Erfassung von Wartungsentgelt für die Anlagen zur Wärmelieferung und den Heizmaterialverbrauch!

7. Beschreiben Sie das Prinzip der aufwandsnahen Erfassung von Heizmaterial in der Variante mit Korrektur des (Eröffnungs)Bestands!

8. Beschreiben Sie die FIFO-Methode für die Bewertung des Endbestands an Heizmaterial!

9. Nennen und begründen Sie, unter welchen Voraussetzungen jeweils eine der Korrekturbuchungen für Bestand an Heizmaterial im Rahmen von „III. Vorbereitende Abschlussbuchungen" erforderlich ist, falls nach dem Prinzip der aufwandsnahen Erfassung gebucht wird!

10. Am Ende des Geschäftsjahres ist für die Darstellung der Wärmelieferung im Rahmen von „III. Vorbereitende Abschlussbuchungen" unter anderem zu buchen:

    (15) Noch nicht abgerechnete Betriebskosten ... €
    an (646) Bestandserhöhungen bei noch nicht abgerechneten Betriebskosten ... €

    Beschreiben Sie die Auswirkung dieser Buchung auf die Bilanzsumme und das Eigenkapital sowie die Funktion der beiden Konten, und begründen Sie (damit) jeweils die Notwendigkeit ihrer Benutzung!

Übungsteil 1: Buchführung

Übung Nr. 2 zu: Abschnitt „3.3.1 Umlagen ... Teil I ..."

Für ein Haus mit preisfreiem Wohnraum und drei Mietern gab es zu Beginn des Geschäftsjahres in der Hauptbuchhaltung u. a. folgende Eröffnungsbestände:

Heizmaterial	3.500,00 €	Bank	1.000,00 €
Mietforderungen	825,00 €	Mietverbindlichkeiten	500,00 €

Aufgabe 1:
Eröffnen Sie den entsprechenden Ausschnitt der Hauptbuchhaltung mit diesen Konten!

Aufgrund der Mietvereinbarungen und der geleisteten Zahlungen gilt seit Beginn des Geschäftsjahres:

	Saldovortrag **Jan. d. J.**	Sollmieten **01.-08. d. J.**	Umlagen **01.-08. d. J.**	Erlösschm. **01.-08.** insges.	Zahlungen **01.-08.** insges.
Mieter A:	(S) 825,00 €	800,00 €	150,00 €	100,00 €	7.475,00 €
Mieter B:	0,00 €	650,00 €	125,00 €	100,00 €	6.200,00 €
Mieter C:	(H) 500,00 €	500,00 €	100,00 €	100,00 €	4.200,00 €

Aufgabe 2:
Führen Sie die begonnene Hauptbuchhaltung für Januar bis einschließlich August. Monatlich wiederkehrende Buchungen sind für diesen Zeitraum jeweils sinnvoll zusammenzufassen!

Im **Oktober d. J.** werden Mieter A 120,00 € und Mieter B 80,00 € Mietminderung gewährt.

Zum **01.11. d. J.** wird die (Bruttokalt)Miete für alle drei Mieter um 5 % erhöht.

Von den Mietern gehen ein:

Name/am:	**01.09. d. J.**	**01.10. d. J.**	**01.11. d. J.**	**01.12. d. J.**
Mieter A:	1.800,00 €	700,00 €	950,00 €	950,00 €
Mieter B:	775,00 €	775,00 €	775,00 €	775,00 €
Mieter C:	600,00 €	600,00 €	600,00 €	0,00 €

Aufgabe 3:
Führen Sie den Ausschnitt der Mietenbuchhaltung **von September bis Ende Dezember d. J.**! Berücksichtigen Sie dabei auch die Angaben der vorigen Aufgaben! Führen Sie parallel dazu die begonnene Hauptbuchhaltung weiter! In der Mieten- und Hauptbuchhaltung sind auch monatlich wiederkehrende Buchungen einzeln zu erfassen!

Bis zum Ende des Geschäftsjahres wurden für 2.456,90 € netto Heizöl nachgekauft. Der Endbestand beträgt 2.400,00 €. 600,00 € wurden für die Wartung bezahlt.

Aufgabe 4:
Führen Sie die begonnene Neben- und Hauptbuchhaltung bis zum Ende des Geschäftsjahres weiter, und erstellen Sie die entsprechenden Ausschnitte des GuV-Kontos und des SBK! Im Grundbuch kann „IV. Abschlussbuchungen" weggelassen werden.

Übungsteil 1: Buchführung

Übung Nr. 1 zu: Abschnitt „3.3.2 Umlagen ... Teil II ..."

1. Beschreiben Sie die für die Abrechnung der Umlagen notwendigen Arbeitsschritte, ordnen Sie jeweils die entsprechende(n) Buchung(en) zu, und geben Sie dazu deren Auswirkung sowohl auf die Bilanzsumme als auch das Eigenkapital an!

2. Bestimmen Sie die Auswirkung aller Buchungen zur Abrechnung der Umlagen insgesamt auf die Bilanzsumme und das Eigenkapital!

3. Begründen Sie den buchungstechnischen ‚Umweg' über das Konto „(201) Umlagenabrechnung" im Rahmen der Buchungen zur Abrechnung der Umlagen!

4. Beschreiben Sie die Übereinstimmung zwischen Haupt- und Mietenbuchhaltung (Buchungsliste), die signalisiert, dass keine Abstimmarbeiten zwischen den Einzelabrechnungen und der Gesamtsumme der Umlagen mehr zu leisten sind!

5. Begründen Sie die Buchung auf dem Konto „(200) Mietforderungen" für die Umbuchung von
   a) Nachzahlungsverpflichtungen seitens der Mieter und
   b) Erstattungsansprüchen seitens der Mieter
   im Rahmen der Abrechnung der Umlagen!

6. Beschreiben Sie die Möglichkeit, die €-Beträge für die Umbuchungen von Nachzahlungsverpflichtungen und Erstattungsansprüchen im Rahmen der Umlagenabrechnung mithilfe der Mietenbuchhaltung (Buchungsliste) zu ermitteln!

7. Begründen Sie die Notwendigkeit der Buchung

   (648) Bestandsverminderungen bei noch nicht
   abgerechneten Betriebskosten ... €
   an (15) Noch nicht abgerechnete Betriebskosten ... €

   und erläutern Sie die zusätzliche Funktion des Kontos „(15) Noch nicht abgerechnete Betriebskosten", falls der dort gebuchte Bestand in Teilbeträgen aufgelöst wird.

Übungsteil 1: Buchführung

Übung Nr. 2 zu: Abschnitt „3.3.2 Umlagen ... Teil II ..."

Für ein Haus mit preisfreiem Wohnraum und drei Mietern gab es zu Beginn des Geschäftsjahres in der Hauptbuchhaltung u. a. folgende Eröffnungsbestände:

Nicht abger. Betriebskosten	4.300,00 €	Bank	12.400,00 €
Heizmaterial	3.400,00 €	Anzahl. auf unfert. Leist.	4.310,00 €
Mietforderungen	620,00 €	Mietverbindlichkeiten	1.200,00 €

Aufgabe:

Eröffnen Sie den entsprechenden Ausschnitt der Hauptbuchhalung mit diesen Konten! Führen Sie zu den folgenden Sachverhalten die Neben- und die begonnene Hauptbuchhaltung bis zum Ende des Geschäftsjahres (weiter). Erstellen Sie den entsprechenden Ausschnitt der Konten „GuV" und „SBK"!

Seit **Beginn des Geschäftsjahres** gilt:

	Saldovortrag **Jan. d. J.**	Sollmieten **monatlich**	Umlagen **monatlich**	Zahlungen **Jan. d. J.**
Mieter A: (S)	620,00 €	420,00 €	110,00 €	1.000,00 €
Mieter B: (H)	530,00 €	460,00 €	140,00 €	0,00 €
Mieter C: (H)	670,00 €	565,00 €	180,00 €	450,00 €

Im **Februar d. J.** weisen die Heizkostenabrechnngen gegenüber den Mietern aus:

Mieter A: 5,00 € Guthaben, Mieter B: 20,00 € Guthaben und Mieter C: 15,00 € Nachzahlung.

Guthaben bzw. Nachzahlung werden jeweils bei allen Mietern verrechnet.

In diesem Zeitraum gehen insgesamt ein von Mieter A 720,00 €, Mieter B 0,00 € und von Mieter C 745,00 €.

Für die Monate **März bis Dezember d. J.** werden die Sollstellungen und Vorauszahlungen dann beibehalten. Diese sind in der Nebenbuchhaltung für alle Mieter jeweils in einer Summe zu erfassen!

In diesem Zeitraum werden Mieter B 220,00 € Mietminderung gewährt.

An Mietzahlungen gehen bis zum Jahresende ein von Mieter A 5.350,00 €, Mieter B 6.630,00 € und von Mieter C 5.985,00 €.

Bis zum Ende des Geschäftsjahres wurden für 5.115,00 € Heizöl nachgekauft. Der Endbestand beträgt 3.720,00 €. 415,00 € wurden für die Wartung bezahlt.

Übungsteil 1: Buchführung

Übung Nr. 3 zu: Abschnitt „3.3.2 Umlagen ... Teil II ..."

Für ein Haus mit preisfreiem Wohnraum und drei Mietern gab es zu Beginn des Geschäftsjahres in der Hauptbuchhaltung u. a. folgende Eröffnungsbestände:

Nicht abger. Betriebskosten	4.270,00 €	Bank	32.000,00 €
Heizmaterial	1.650,00 €	Anzahlungen auf unfert. Leistungen	4.290,00 €
Mietforderungen	0,00 €	Mietverbindlichkeiten	580,00 €

Aufgabe:
Eröffnen Sie den entsprechenden Ausschnitt der Hauptbuchhaltung mit diesen Konten! Führen Sie zu den folgenden Sachverhalten die Neben- und die begonnene Hauptbuchhaltung bis zum Ende des Geschäftsjahres (weiter). Erstellen Sie den entsprechenden Ausschnitt der Konten „GuV" und „SBK"!

Seit **Beginn des Geschäftsjahres** gilt:

	Saldovortrag **01.01. d. J.**	Sollmieten **monatlich**	Umlagen **monatlich**	Zahlungen **01.01. d. J.**
Mieter A:	0,00 €	660,00 €	135,00 €	795,00 €
Mieter B:	0,00 €	590,00 €	120,00 €	710,00 €
Mieter C:	(H) 580,00 €	480,00 €	100,00 €	0,00 €

Zahlungsweise für Wohnung A: Dauerauftrag, Wohnung B: Einzugsverfahren und Wohnung C: Einzelüberweisung.

Im **Februar d. J.** ergibt die Zusammenstellung der Kosten für die Wärmelieferung des letzten Jahres 4.270,00 €. In den Einzelabrechnungen wird den Mietern mitgeteilt: Mieter A: 75,00 € Guthaben, Mieter B: 55,00 € Guthaben und Mieter C: 110,00 € Nachzahlung.
Guthaben bzw. Nachzahlungen werden bei allen Mietern verrechnet.
Aufgrund des Abrechnungsergebnisses betragen die Vorauszahlungen ab März d. J. für: Mieter A: 128,00 €; Mieter B: 115,00 € und Mieter C: 110,00 €.

Im Februar d. J. gehen insgesamt durch (Einzel)Überweisung ein von Mieter C: 580,00 €.

Für die Monate **März bis Dezember d. J.** werden die Sollstellungen und Vorauszahlungen dann beibehalten. Diese sind in der Nebenbuchhaltung für alle Mieter jeweils in einer Summe zu erfassen!

In diesem Zeitraum werden Mieter C 200,00 € Mietminderung gewährt.

Sonst wurden bis Ende Dezember von allen Mietern insgesamt 19.671,00 € gezahlt. Zum Jahresende zeigt die Buchungsliste (vorläufig) folgende Salden:
Mieter A: (H) 145,00 €; Mieter B: ausgeglichen und Mieter C: (S) 1.084,00 €.

Bis zum Ende des Geschäftsjahres werden für 3.983,00 € Heizöl nachgekauft. Der Endbestand beträgt 1.840,00 €. 380,00 € wurden für die Wartung bezahlt.

Übungsteil 1: Buchführung

Übung Nr. 1 zu: Abschnitt „3.3.3 Umlagen ... Teil III ..."

1. Beschreiben Sie die beiden Fallgruppen, die für die Heizkosten hinsichtlich der zu buchenden €-Beträge zu unterscheiden sind!

2. Erklären Sie für die Heizkosten anhand eines Beispiels die Auswirkung der Verpflichtung, bestimmte Kosten primär und nicht nach ihrem Verursachungszusammenhang zu buchen, auf die Salden der Konten „(8002) Kosten der Beheizung" und „(646) Bestandserhöhungen bei noch nicht abgerechneten Betriebskosten"!

3. Beschreiben Sie die Stelle(n) in der Mietenbuchhaltung (Buchungsliste) für die Erfassung vorübergehender Leerstände.

4. Nennen Sie den Buchungssatz für den Leerstand einer Wohnung, und bestimmen Sie die Auswirkung auf die Bilanzsumme und das Eigenkapital!

5. Begründen Sie die Auswirkung von Leerständen auf die €-Beträge der Kosten für die Wärmelieferung einerseits und deren Aktivierung andererseits, und erklären Sie die Auswirkung dieses Sachverhalts auf das Eigenkapital!

6. Begründen Sie das Verhältnis der €-Beträge auf den Konten „(15) Noch nicht abgerechnete Betriebskosten" und „(601) Umlagen", falls sich die ‚Leerstandsschätzung' zum Ende vorigen Jahres nun im laufenden Geschäftsjahr bei der Abrechnung als zu hoch bzw. zu niedrig erweist!

7. Begründen Sie die Möglichkeit, im preisgebundenen Wohnraum den Mietern zusätzlich ein Umlagenausfallwagnis in Rechnung zu stellen!

8. Begründen Sie Auswirkung des Umlagenausfallwagnisses auf das Eigenkapital, falls alle Nachforderungen aus der Abrechnung von den Mietern ausgeglichen werden und im Vorjahr keine Leerstände zu verzeichnen waren!

Übungsteil 1: Buchführung

Übung Nr. 2 zu: Abschnitt „3.3.3 Umlagen ... Teil III ..."

Für ein Haus mit preisfreiem Wohnraum und drei Mietern gab es zu Beginn des Geschäftsjahres in der Hauptbuchhaltung u. a. folgende Eröffnungsbestände:

Nicht abger. Betriebskosten	5.550,00 €	Bank	22.150,00 €
Heizmaterial	4.610,00 €	Anzahlungen auf unfert. Leistungen	5.700,00 €
Mietforderungen	1.050,00 €	Mietverbindlichkeiten	100,00 €

Aufgabe:

Eröffnen Sie den entsprechenden Ausschnitt der Hauptbuchhaltung mit diesen Konten! Führen Sie zu den folgenden Sachverhalten die Neben- und die begonnene Hauptbuchhaltung bis zum Ende des Geschäftsjahres (weiter). Erstellen Sie den entsprechenden Ausschnitt der Konten „GuV" und „SBK"! Hinsichtlich der Umlagen genügt die Darstellung der Heizkosten!

Seit **Beginn des Geschäftsjahres** gilt:

	Saldovortrag **Januar d. J.**	Sollmieten **monatlich**	Umlagen **monatlich**	Zahlungen **Januar d. J.**
Mieter A:	(H) 100,00 €	800,00 €	160,00 €	860,00 €
Mieter B:	(S) 1.000,00 €	600,00 €	150,00 €	0,00 €
Mieter C:	(S) 50,00 €	750,00 €	150,00 €	1.800,00 €

Im **Februar d. J.** weisen die Heizkostenabrechnungen gegenüber den Mietern aus:

Mieter A: 20,00 € Nachzahlung, Mieter B: 230,00 € Guthaben und Mieter C: 60,00 € Nachzahlung.
Guthaben bzw. Nachzahlungen werden bei allen Mietern überwiesen.
Aufgrund des Abrechnungsergebnisses betragen die Vorauszahlungen ab März d. J. für Mieter A 162,00 €; Mieter B 131,00 € und Mieter C 155,00 €.

Insgesamt gehen im Februar d. J. ein vom Mieter A 1.060,00 €; von Mieter B 2.500,00 € und von Mieter C 600,00 €.

Für die Monate **März bis Dezember d. J.** werden die Sollstellungen und Vorauszahlungen dann beibehalten. Diese sind in der Nebenbuchhaltung für alle Mieter jeweils in einer Summe zu erfassen!

In diesem Zeitraum werden Mieter B 300,00 € Mietminderung gewährt.

An Mietzahlungen gingen bis zum Jahresende ein von Mieter A: 10.250,00 €; von Mieter B: 5.540,00 € und von Mieter C: 8.560,00 €.

Bis zum Ende des Geschäftsjahres werden für 3.820,00 € Heizöl nachgekauft. Der Endbestand beträgt 4.310,00 €. 400,00 € wurden für die Wartung bezahlt und für den Betriebsstrom 170,00 € ermittelt.

Übungsteil 1: Buchführung

Übung Nr. 3 zu: Abschnitt „3.3.3 Umlagen ... Teil III ..."

Für ein Haus mit preisfreiem Wohnraum und drei Mietern gab es zu Beginn des Geschäftsjahres in der Hauptbuchhaltung u. a. folgende Eröffnungsbestände:

Nicht abger. Betriebskosten	4.560,00 €	Bank	27.000,00 €
Heizmaterial	2.310,00 €	Anzahlungen auf unfert. Leistungen	4.560,00 €
Mietforderungen	500,00 €	Mietverbindlichkeiten	200,00 €

Aufgabe:
Eröffnen Sie den entsprechenden Ausschnitt der Hauptbuchhaltung mit diesen Konten! Führen Sie zu den folgenden Sachverhalten die Neben- und die begonnene Hauptbuchhaltung bis zum Ende des Geschäftsjahres (weiter). Erstellen Sie den entsprechenden Ausschnitt der Konten „GuV" und „SBK"! Hinsichtlich der Umlagen genügt die Darstellung der Heizkosten!

Seit **Beginn des Geschäftsjahres** gilt:

	Saldovortrag **Januar d. J.**	Sollmieten **monatlich**	Umlagen **monatlich**	Zahlungen **Januar d. J.**
Mieter A:	(S) 500,00 €	630,00 €	130,00 €	760,00 €
Mieter B:	(H) 200,00 €	520,00 €	105,00 €	625,00 €
Mieter C:	0,00 €	450,00 €	100,00 €	550,00 €

Im **Februar d. J.** ergibt die Heizkostenabrechnung gegenüber den Mietern:

Mieter A: 123,00 € Nachzahlung; Mieter B: 33,00 € Guthaben und Mieter C: 90,00 € Guthaben.

Guthaben bzw. Nachzahlungen werden bei Mieter A verrechnet und bei Mieter B sowie Mieter C jeweils überwiesen.

Aufgrund des Abrechnungsergebnisses betragen die Vorauszahlungen ab März d. J. für: Mieter A 141,00 €; Mieter B 103,00 € und Mieter C 93,00 €.

Insgesamt gehen im Februar d. J. ein vom Mieter A 760,00 €; von Mieter B 625,00 € und von Mieter C 550,00 €.

Für die Monate **März bis Dezember d. J.** werden die Sollstellungen und Vorauszahlungen dann beibehalten. Diese sind in der Nebenbuchhaltung für alle Mieter jeweils in einer Summe zu erfassen!

In diesem Zeitraum werden Mieter C 220,00 € Mietminderung gewährt.

An Mietzahlungen gingen bis zum Jahresende ein von Mieter A 7.600,00 €; von Mieter B 6.370,00 € und von Mieter C 5.210,00 €.

Bis zum Ende des Geschäftsjahres werden für 1.710,00 € und für 1.385,00 € Heizöl nachgekauft. Der Endbestand beträgt 1.860,00 €. 435,00 € wurden für die Wartung bezahlt. Für den Betriebsstrom ermittelte man 135,00 €. Die zurechenbaren Hauswarttätigkeiten beliefen sich auf 60,00 €.

Übungsteil 1: Buchführung

Übung Nr. 4 zu: Abschnitt „3.3.3 Umlagen ... Teil III ..."

Für ein Haus mit preisgebundenem Wohnraum und drei Mietern gab es zu Beginn des Geschäftsjahres in der Hauptbuchhaltung u. a. folgende Eröffnungsbestände:

Nicht abger. Betriebskosten	2.590,00 €	Bank	27.000,00 €
Heizmaterial	1.155.00 €	Anzahlungen auf unfert. Leistungen	2.670,00 €
Mietforderungen	500,00 €	Mietverbindlichkeiten	300,00 €

Aufgabe:
Eröffnen Sie den entsprechenden Ausschnitt der Hauptbuchhaltung mit diesen Konten! Führen Sie zu den folgenden Sachverhalten die Neben- und die begonnene Hauptbuchhaltung bis zum Ende des Geschäftsjahres (weiter). Erstellen Sie den entsprechenden Ausschnitt der Konten „GuV" und „SBK"! Hinsichtlich der Umlagen genügt die Darstellung der Heizkosten!

Seit **Beginn des Geschäftsjahres** gilt:

	Saldovortrag **Januar d. J.**	Sollmieten **monatlich**	Umlagen **monatlich**	Zahlungen **Januar d.J.**
Mieter A:	(H) 300,00 €	350,00 €	70,00 €	420,00 €
Mieter B:	0,00 €	412,00 €	80,00 €	0,00 €
Mieter C:	(S) 500,00 €	455,00 €	90,00 €	1.045,00 €

Im **Februar d.J.** erweist sich bei der Heizkostenabrechnung gegenüber den Mietern die Leerstandsschätzung als um 125.00 € zu hoch. Im Einzelnen ergibt sich:
Mieter A: 54,00 € Nachzahlung; Mieter B: 77,00 € Guthaben und Mieter C: 122,30 € Nachzahlung.
Guthaben bzw. Nachzahlungen werden bei Mieter B verrechnet und bei Mieter A sowie Mieter C jeweils überwiesen.
Aufgrund des Abrechnungsergebnisses betragen die Vorauszahlungen ab März d. J. für: Mieter A: 75,00 €; Mieter B: 74,00 € und Mieter C: 101,00 €.

Insgesamt gehen im Februar d. J. ein vom Mieter A 420,00 €; von Mieter B 0,00 € und von Mieter C 667,30 €.

Für die Monate **März bis Dezember d. J.** werden die Sollstellungen und Vorauszahlungen dann beibehalten. Diese sind in der Nebenbuchhaltung für alle Mieter jeweils in einer Summe zu erfassen!

In diesem Zeitraum werden Mieter A 250,00 € Mietminderung gewährt. Wohnung B ist wegen Bauarbeiten 2 Monate nicht bewohnbar.

An Mietzahlungen gingen bis zum Jahresende ein von Mieter A: 3.640,00 €; für Wohnung B: 5.281,00 € und von Mieter C: 5.282,00 €.

Bis zum Ende des Geschäftsjahres werden für 1.035,00 € und für 878,00 € Heizöl nachgekauft. Der Endbestand beträgt 930,00 €. 375,00 € wurden für die Wartung bezahlt. Für den Betriebsstrom ermittelte man 183,00 €. Die zurechenbaren Hauswarttätigkeiten beliefen sich auf 40,00 €. Der Leerstandsanteil wurde auf 80,00 € geschätzt.

Übungsteil 1: Buchführung

Übung Nr. 5 zu: Abschnitt „3.3.3 Umlagen ... Teil III ..."

Für ein Haus mit preisgebundenem Wohnraum und drei Mietern gab es zu Beginn des Geschäftsjahres in der Hauptbuchhaltung u. a. folgende Eröffnungsbestände:

Nicht abger. Betriebskosten	3.710,00 €	Anzahlungen auf	
Heizmaterial	1.290,00 €	unfertige Leistungen	3.810,00€

Die im Januar d. J begonnene Buchungsliste weist u. a. aus:

Saldovortrag			Miete		Umlagen			Korrekturen			Zahlungen		Saldo		
Soll	Haben	Monat	Sollmieten	Zuschläge	Vorausz.	Abrechnung	sonstige Belastungen	Miete	Umlagen	Abschreibungen	Ausgänge	Eingänge	Soll	Haben	Mietverh.
–	825,00	01	695,00		130,00							825,00	–	825,00	A
670,00	–	01	570,00		100,00							–	1.340,00	–	B
–	–	01	490,00		90,00							580,00	–	–	C
670,00	825,00	01	1.755,00		320,00							1.405,00	1.340,00	825,00	insges.

Zusätzlich zur begonenen Buchungsliste gelten folgende Sachverhalte:

1. Mieter A zahlt per Einzelüberweisung (im **Januar d. J.** 825,00 €) und nimmt ab Februar d. J. am Einzugsverfahren teil. Mieter B zahlt per Einzelüberweisung 0,00 € und Mieter C per Dauerauftrag.

2. Im **Februar d. J.** ergibt die Zusammenstellung der Kosten für die Wärmelieferung des letzten Jahres, dass die Leerstandsschätzung 30,00 € zu hoch war.

   In den Einzelabrechnungen wird den Mietern mitgeteilt: Mieter A: 20,00 € Guthaben; Mieter B: 110,00 € Guthaben; Mieter C: 134,80 € Nachzahlung.

   Begründen Sie Ihre Verfahrensweise hinsichtlich der Guthaben und Nachzahlungen bei der Bearbeitung der Aufgabe b)!

   Aufgrund des Abrechnungsergebnisses betragen die Vorauszahlungen ab März d. J. für Mieter A 129,00 €, Mieter B 91,00 € und Mieter C 102,00 €.

   In diesem Monat ist Wohnung B wegen Bauarbeiten nicht bewohnbar.

   Insgesamt gehen im Februar d. J. von Mieter B 670,00 € durch (Einzel)Überweisung ein.

3. Für die Monate **März bis Dezember d. J.** werden die Sollstellungen und Vorauszahlungen dann beibehalten. Diese sind in der Nebenbuchhaltung für alle Mieter jeweils in einer Summe zu erfassen.

   In diesem Zeitraum werden Mieter C insgesamt 280,00 € Mietminderung gewährt. Bis Ende Dezember wurden von allen Mietern insgesamt 20.200,00 € gezahlt.

Bis zum Ende des Geschäftsjahres wurden für 2.900,00 € Heizöl nachgekauft. Der Endbestand beträgt 1.320,00 €. 420,00 € wurden für die Wartung bezahlt. Für den Betriebsstrom ermittelte man 130,00 €. Die zurechenbaren Hauswarttätigkeiten beliefen sich auf 38,00 €. Der Leerstandsanteil wurde auf 70,00 € geschätzt.

Aufgaben:

a) Erstellen Sie unter zusätzlicher Beachtung der oben angegebenen Sachverhalte eine in formaler und sachlicher Hinsicht vollständige Buchungsliste!

b) Führen Sie das Grundbuch für Februar d. J. und „III vorbereitende Abschlussbuchungen"!

c) Führen Sie für das ganze Geschäftsjahr die Konten „Mietforderungen" und „Umlagenabrechnung" inhaltlich und formal vollständig!

d) Erstellen Sie den entsprechenden Ausschnitt der Konten „GuV" und „SBK"! Hinsichtlich der Umlagen genügt die Darstellung der Heizkosten. Der Ausweis der Positionen „(2740) Bank" und „(301) EK" ist wegzulassen!

Übungsteil 1: Buchführung

Übung Nr. 6 zu: Abschnitt „3.3.3 Umlagen ... Teil III ..."

Die Abrechnungsperiode für die Heizkosten eines im eigenen Bestand des Immobilienunternehmens befindlichen, preisgebundenen Mietwohnhauses ist das Kalenderjahr. Für die Heizperiode des Vorjahres waren insgesamt 56.712,00 € den Mietern in Rechnung gestellt worden.

Aufgaben:

1. Zum Jahresende sind die Buchungen zu „III. Vorbereitende Abschlussbuchungen" vorzunehmen. Es wurden folgende Beträge zusammengestellt:
   - für die Erfassung des Heizölverbrauchs:
     Anfangsbestand: 35.000,00 €;
     Zukäufe: 50.000,00 €;
     Endbestand: 30.000,00 €;
   - Wartung: 1.400,00 €;
   - Betriebsstrom: 1.600,00 €;
   - der Leerstandsanteil wird auf 2.000,00 € geschätzt.
2. Erstellen Sie den Ausschnitt des GuV-Kontos, der für das gesamte Geschäftsjahr die Umsätze darstellt, die sich auf die Wärmelieferung beziehen!

Übungsteil 1: Buchführung

Übung Nr. 7 zu: Abschnitt „3.3.3 Umlagen ... Teil III ..."

Der folgende Ausschnitt des GuV-Kontos bezieht sich ausschließlich auf Anlagen preisgebundenen Wohnraums.

Beantworten Sie die danach aufgeführten Fragen in Stichworten durch Angabe der entsprechenden Position und/oder durch stichwortartig erläuterte Nebenrechnungen!

S (982)		GuV-Konto	H
(609)	15.820,00	(600)	449.650,00
(648)	120.000,00	(601)	122.910,00
(8002)	126.000,00	(646)	124.000,00
(805)	2.500,00		
(830/831)*	42.000,00		

*davon für die Reinigung des Heizungskellers: 1.000,00 €

Fragen:

1. Wie hoch ist der Betrag, der den Mietern im Rahmen der diesjährigen Heizkostenabrechnung in Rechnung gestellt wurde?
2. Wieviel umlagefähiger Aufwand für die Wärmelieferung wurde Ende vorigen Jahres ermittelt?
3. Wie hoch sind die Aufwendungen für die Wärmelieferung, die in diesem Jahr insgesamt angefallen sind?
4. Um wieviel € wurden die nichtumlagefähigen Heizkosten Ende des vorigen Jahres zu hoch oder zu niedrig geschätzt?
5. Wie hoch waren in diesem Jahr die Umsatzerlöse aus der Vermietung?

Übungsteil 1: Buchführung

Übung Nr. 1 zu: Abschnitt „3.4 Abschreibungen auf Mietforderungen"

1. Beschreiben Sie allgemein(!) die beiden Fallgruppen, in denen Korrekturen zu (gebuchten) Mietforderungen(/-erträgen) erforderlich sind, und kennzeichnen Sie allgemein(!) die jeweils erforderlichen Maßnahmen in der Buchhaltung!
2. Nennen Sie die drei Kategorien für den wirtschaftlichen Wert einer Forderung!
3. Beschreiben Sie die Zielsetzungen, die den beiden Arten, die Wertminderung von Mietforderungen zu erfassen, zugrunde liegen!
4. Beschreiben Sie die Stelle(n) in der Mietenbuchhaltung (Buchungsliste) für die Erfassung der direkten Abschreibung!
5. Nennen Sie den Buchungssatz für die direkte Abschreibung einer Mietforderung, und bestimmen Sie die Auswirkung auf die Bilanzsumme und das Eigenkapital!
6. Beschreiben Sie die Erfassung von Zahlungen auf (direkt) abgeschriebene Mietforderungen in der Neben- (Buchungsliste) und der Hauptbuchhaltung, falls
   a) noch im laufenden Geschäftsjahr bzw.
   b) in den nächsten Geschäftsjahren Geld eingeht!
7. Beschreiben Sie die Bildung von Wertberichtigungen zu Mietforderungen in der Haupt- und Nebenbuchhaltung (Buchungsliste), und bestimmen Sie die Auswirkung auf die Kontensumme des Schlussbilanzkontos und auf das Eigenkapital!
8. Begründen Sie die Auswirkung der Bildung von Wertberichtigungen auf die **Bilanz**summe (von Kapitalgesellschaften)!
9. Beschreiben Sie die Erfassung von Zahlungen auf wertberichtigte Mietforderungen in der Haupt- und Nebenbuchhaltung (Buchungsliste), und bestimmen Sie die Auswirkung auf die Kontensumme des Schlussbilanzkontos, die Bilanzsumme und auf das Eigenkapital, falls in den nächsten Geschäftsjahren Geld eingeht!
10. Beschreiben Sie die Erfassung in der Haupt- und Nebenbuchhaltung (Buchungsliste), und bestimmen Sie die Auswirkung auf die Kontensumme des Schlussbilanzkontos, die Bilanzsumme und auf das Eigenkapital, falls sich eine wertberichtigte Mietforderung nach dem Bilanzstichtag als uneinbringlich erweist.

Übungsteil 1: Buchführung

Übung Nr. 2 zu: Abschnitt „3.4 Abschreibungen auf Mietforderungen"

Für ein Haus mit preisgebundenem Wohnraum und drei Mietern gab es zu Beginn des Geschäftsjahres in der Hauptbuchhaltung u.a. folgende Eröffnungsbestände:

Nicht abger. Betriebskosten	6.400,00 €	Bank	15.000,00 €
Heizmaterial	5.600,00 €	Anzahlungen auf	
Mietforderungen	690,00 €	unfert. Leistungen	6.200,00 €
		Mietverbindlichkeiten	760,00 €

Aufgabe:
Eröffnen Sie den entsprechenden Ausschnitt der Hauptbuchhaltung mit diesen Konten! Führen Sie zu den folgenden Sachverhalten die Neben- und die begonnene Hauptbuchhaltung bis zum Ende des Geschäftsjahres (weiter). Erstellen Sie den entsprechenden Ausschnitt der Konten „GuV" und „SBK"! Hinsichtlich der Umlagen genügt die Darstellung der Heizkosten!

Seit **Beginn des Geschäftsjahres** gilt:

	Saldovortrag **Januar d. J.**	Sollmieten **monatlich**	Umlagen **monatlich**	Zahlungen **Januar d. J.**
Mieter A:	0,00 €	660,00 €	140,00 €	870,00 €
Mieter B:	(S) 690,00 €	790,00 €	160,00 €	970,00 €
Mieter C:	(H) 760,00 €	880,00 €	185,00 €	0,00 €

Im **Februar d. J.** ergibt die Zusammenstellung der Kosten für die Wärmelieferung des letzten Jahres 6.280,00 €. In den Einzelabrechnungen wird den Mietern mitgeteilt:

Mieter A: 250,00 € Guthaben; Mieter B: 180,00 € Nachzahlung und Mieter C: 275,60 € Nachzahlung.

Bei Mieter C wird verrechnet und bei Mieter A sowie Mieter B jeweils überwiesen.

Aufgrund des Abrechnungsergebnisses betragen die Vorauszahlungen ab März d. J. für Mieter A 119,00 €; Mieter B 175,00 € und Mieter C 208,00 €.

Im Februar d. J. werden Mieter A 120,00 € Mietminderung gewährt.

Insgesamt gehen im Februar d. J. ein vom Mieter A 870,00 €, von Mieter B 1.620,00 € und von Mieter C 1.940,00 €.

Wohnung B ist im **März d. J.** wegen Sanierungsarbeiten nicht bewohnbar.

In diesem Monat gehen insgesamt ein von Mieter A 870,00 €, von Mieter B 180,00 € und von Mieter C 658,00 €.

Für die Monate **April bis Dezember d. J.** werden die Sollstellungen und Vorauszahlungen dann beibehalten. Diese sind in der Nebenbuchhaltung für alle Mieter jeweils in einer Summe zu erfassen!

Sonst wurden bis Ende Dezember von allen Mietern insgesamt 22.976,00 € gezahlt. Zum Jahresende zeigt die Buchungsliste (vorläufig) folgende Salden:

Mieter A: (S) 880,00 €; Mieter B: (H) 965,00 € und Mieter C: (S) 2.381,60 €.

Außerdem gehen 1.800,00 € auf Mietforderungen gegenüber anderen Mietern ein, die im Vorjahr abgeschrieben worden waren.

Von den Forderungen gegenüber Mieter A hält die Rechtsabteilung alles für unsicher. Der Rückstand von Mieter C erscheint zu 100 % uneinbringlich.

Bis zum Ende des Geschäftsjahres werden für 3.870,00 € Heizöl nachgekauft. Der Endbestand beträgt 4.200,00 €. 720,00 € wurden für die Wartung bezahlt. Für den Betriebsstrom ermittelte man 220,00 €. Die zurechenbaren Hauswarttätigkeiten beliefen sich auf 135,00 €, der Leerstandsanteil wurde auf 100,00 € geschätzt.

Übungsteil 1: Buchführung

Übung Nr. 3 zu: Abschnitt „3.4 Abschreibungen auf Mietforderungen"

Für ein Haus mit preisfreiem Wohnraum und drei Mietern gab es zu Beginn des Geschäftsjahres in der Hauptbuchhaltung u. a. folgende Eröffnungsbestände:

Nicht abger. Betriebskosten	4.810,00 €	Wertberichtigungen	300,00 €
Heizmaterial	1.600,00 €	Anzahlungen auf unfert. Leistungen	4.780,00 €
Mietforderungen	900,00 €	Mietverbindlichkeiten	450,00 €

Aufgabe:
Eröffnen Sie den entsprechenden Ausschnitt der Hauptbuchhaltung mit diesen Konten! Führen Sie zu den folgenden Sachverhalten die Neben- und die begonnene Hauptbuchhaltung bis zum Ende des Geschäftsjahres (weiter). Erstellen Sie den entsprechenden Ausschnitt der Konten „GuV" und „SBK"! Hinsichtlich der Umlagen genügt die Darstellung der Heizkosten!

Seit **Beginn des Geschäftsjahres** gilt:

	Saldovortrag **Januar d. J.**	Sollmieten **monatlich**	Umlagen **monatlich**	Zahlungen **Januar d. J.**
Mieter A:	(H) 450,00 €	485,00 €	90,00 €	0,00 €
Mieter B:	0,00 €	585,00 €	110,00 €	695,00 €
Mieter C:	(S) 900,00 €	620,00 €	110,00 €	0,00 €

Im **Februar d. J.** ergibt die Zusammenstellung der Kosten für die Wärmelieferung des letzten Jahres 4.900,00 €. In den Einzelabrechnungen wird den Mietern mitgeteilt: Mieter A: 40,00 € Guthaben; Mieter B: 240,00 € Nachzahlung und Mieter C: 80,00 € Guthaben.
Guthaben bzw. Nachzahlungen werden bei Mieter C verrechnet und bei Mieter A sowie Mieter B jeweils überwiesen.
Aufgrund des Abrechnungsergebnisses betragen die Vorauszahlungen ab März d. J. für: Mieter A 87,00 €; Mieter B 130,00 € und Mieter C 104,00 €

Im Februar d.J. werden Mieter B 130,00 € Mietminderung gewährt.

Insgesamt gehen im Februar d. J. ein vom Mieter A 740,00 €; von Mieter B 695,00 € und von Mieter C 0,00 €.

Wohnung C ist wegen Instandsetzungsarbeiten im **März d. J.** nicht bewohnbar.

An Mietzahlungen gehen in diesem Monat gehen insgesamt ein von Mieter A 535,00 €; von Mieter B 695,00 € und von Mieter C 1.385,00 €.

Die Forderungen gegenüber Mieter C erscheinen uneinbringlich. Im Vorjahr waren der Wertberichtigung 300,00 € zugeführt worden. Das Mieterverhältnis ist Ende März beendet.

Für die Monate **April bis Dezember d. J.** werden die Sollstellungen und Vorauszahlungen dann beibehalten. Diese sind in der Nebenbuchhaltung für alle Mieter jeweils in einer Summe zu erfassen!

An Mietzahlungen gingen bis zum Jahresende ein von Mieter A 4.580,00 €, Mieter B 6.215,00 € und vom neuen Mieter C 7.240,00 €.

Außerdem gehen 2.300,00 € auf Mietforderungen gegenüber anderen Mietern ein, die im Vorjahr abgeschrieben worden waren.

Von den Forderungen gegenüber Mieter B hält die Rechtsabteilung 80 % für unsicher.

Bis zum Ende des Geschäftsjahres werden für 4.200,00 € Heizöl nachgekauft. Der Endbestand beträgt 2.450,00 €. 400,00 € wurden für die Wartung bezahlt. Für den Betriebsstrom ermittelte man 135,00 €. Die zurechenbaren Hauswarttätigkeiten beliefen sich auf 60,00 €. Der Leerstandsanteil wurde auf 45,00 € geschätzt.

Übung Nr. 4 zu: Abschnitt „3.4 Abschreibungen auf Mietforderungen"

Für ein Haus mit preisfreiem Wohnraum und drei Mietern gab es zu Beginn des Geschäftsjahres in der Hauptbuchhaltung u. a. folgende Eröffnungsbestände:

Nicht abger. Betriebskosten	2.785,00 €	Wertberichtigungen	200,00 €
Heizmaterial	1.850,00 €	Anzahlungen auf unfert. Leistungen	2.765,00 €

Saldovortrag			Miete		Umlagen			Korrekturen			Zahlungen		Saldo		
Soll	Haben	Monat	Sollmieten	Zuschläge	Vorausz.	Abrechnung	sonstige Belastung	Miete	Umlagen	Abschreibungen	Ausgänge	Eingänge	Soll	Haben	Mieter
–	450,00	01	415,00		70,00							–	35,00	–	A
–	–	01	460,00		80,00							540,00	–	–	B
450,00	–	01	440,00		85,00							–	975,00	–	C
450,00	450,00	01	1.315,00		235,00							540,00	1.010,00	–	insg.

Saldovortrag			Miete		Umlagen			Korrekturen			Zahlungen		Saldo		
Soll	Haben	Monat	Sollmieten	Zuschläge	Vorausz.	Abrechnung	sonstige Belastung	Miete	Umlagen	Abschreibungen	Ausgänge	Eingänge	Soll	Haben	Mieter
35,00	–	02	415,00		70,00	H 40,00		–			–	485,00			A
–	–	02	460,00		80,00	S 251,00		-140,00			–	460,00			B
975,00	–	02	440,00		85,00	H 80,00		–			–	–			C
1.010,00	–	02	1.315,00		235,00	S 131,00		-140,00			–	945,00			insg.

Saldovortrag			Miete		Umlagen			Korrekturen			Zahlungen		Saldo		
Soll	Haben	Monat	Sollmieten	Zuschläge	Vorausz.	Abrechnung	sonstige Belastung	Miete	Umlagen	Abschreibungen	Ausgänge	Eingänge	Soll	Haben	Mieter
		03	415,00		67,00			–	–		40,00	602,00			A
		03	460,00		101,00			–	–		–	561,00			B
		03	440,00		79,00			-440,00	-79,00		–	1.120,00			C
		03	1.315,00		247,00			-440,00	-79,00		40,00	2.283,00			insg.

Saldovortrag			Miete		Umlage			Korrekturen			Zahlungen		Saldo		
Soll	Haben	Monat	Sollmieten	Zuschläge	Vorausz.	Abrechnung	sonstige Belastungen	Miete	Umlagen	Abschreibungen	Ausgänge	Eingänge	Soll	Haben	Mieter
		04	3.735,00		603,00							4.020,00			A
		bis	4.140,00		909,00							3.850,00			B
		12	3.960,00		711,00							5.050,00			C
		∑	11.835,00		2.223,00							12.920,00			insg.

Zusätzlich zu den in der Buchungsliste (zum Teil) dargestellten Sachverhalten gelten folgende:

1. Im **Februar d. J.**: Für Nachzahlungs- und Erstattungsansprüche aus der Heizkostenabrechnung ist mit Mieter A und B Überweisung sowie mit Mieter C Verrechnung vereinbart.
2. Im **März d. J.** erscheinen die Forderungen gegenüber Mieter C uneinbringlich. Im Vorjahr waren der Wertberichtigung 200,00 € zugeführt worden.

April bis 31.12. d.J.:

3. Außerdem gehen 1.650,00 € auf Mietforderungen gegenüber anderen Mietern ein, die im Vorjahr abgeschrieben worden waren. Von den zurzeit gegenüber Mieter B bestehenden Forderungen hält die Rechtsabteilung 80 % für uneinbringlich.
4. Bis zum Ende des Geschäftsjahres werden für 2.355,00 € Heizöl nachgekauft. Der Endbestand beträgt 1.740,00 €. 320,00 € wurden für die Wartung bezahlt. Für den Betriebsstrom ermittelte man 150,00 €. Die zurechenbaren Hauswarttätigkeiten beliefen sich auf 50,00 €. Der Leerstandsanteil wurde auf 40,00 € geschätzt.

Aufgaben:

a) Erstellen Sie unter zusätzlicher Beachtung der oben angegebenen Sachverhalte eine in formaler und sachlicher Hinsicht vollständige Buchungsliste!

b) Führen Sie auf der Grundlage von Aufgabe a) das Grundbuch für Februar und März d. J. sowie zu Sachverhalt Nr. 3. Es ist – soweit möglich – entsprechend eines sinnvollen zeitlichen Ablaufes der Sachverhalte zu buchen!

c) Führen Sie auf der Grundlage von Aufgabe a) für das ganze Geschäftsjahr das Konto „Mietforderungen" inhaltlich und formal vollständig.

d) Erstellen Sie den entsprechenden Ausschnitt der Konten „GuV" und „SBK"! Hinsichtlich der Umlagen genügt die Darstellung der Heizkosten! Der Ausweis der Position „(2740) Bank" ist wegzulassen!

Übungsteil 1: Buchführung

Übung Nr. 5 zu: Abschnitt „3.4 Abschreibungen auf Mietforderungen"

Die folgenden Kontenausschnitte beziehen sich auf preisgebundenen Wohnraum. Andere Sachverhalte als die, auf die sich die danach gestellten Fragen beziehen, sind nicht aufgenommen worden. Beantworten Sie diese in Stichworten durch Angabe der entsprechenden Position und/oder durch stichwortartig erläuterte Nebenrechnungen!

S	(200)	Mietforderungen			H
I	EBK	30.000,00	I	(440)	10.000,00
	(431, 600)	800.000,00		(431, 609)	8.000,00
	(201)	15.000,00		(201)	4.000,00
III	(440)	6.000,00		(2740)	802.000,00
				(209)	2.000,00

S	(982)	GuV-Konto		H
(8002)	175.600,00		(600)	594.000,00
(648)	180.500,00		(601)	183.600,00
(8555)	2.500,00		(646)	175.000,00
			(66992)	1.600,00

1. Wie hoch war der tatsächliche umlagefähige Aufwand für die Wärmelieferung im letzten Geschäftsjahr, der auf die Mieter umgelegt wird?

2. Um wieviel € wurden die nichtumlagefähigen Heizkosten Ende des vorigen Geschäftsjahres zu hoch oder zu niedrig geschätzt?

3. Wie hoch waren jeweils die Nachforderungen an die Mieter und deren Erstattungsansprüche aufgrund der Heizkostenabrechnung für das letzte Geschäftsjahr?

4. Wieviel € waren im Rahmen der Heizkostenabrechnung für das letzte Geschäftsjahr insgesamt an Vorauszahlungen verrechnet worden?

5. Wie hoch sind in diesem Geschäftsjahr die zu bilanzierenden noch nicht abgerechneten Heizkosten?

6. Wie hoch waren in diesem Jahr die leerstandsbedingten Mietforderungsausfälle bei den Grundmieten, wenn das Immobilienunternehmen den selbst zu tragenden Aufwand für die Wärmelieferung mit 30 % der zu stornierenden Vorauszahlungen ansetzt?

7. Wie viele von den wertberichtigten Mietforderungen erwiesen sich in diesem Jahr als uneinbringlich, und wieviele gingen dennoch ein?

8. Wieviel Prozent der in diesem Jahr verbleibenden Mietforderungen wurden den Wertberichtigungen zugeführt?

Übungsteil 1: Buchführung

Übung Nr. 1 zu: Abschnitt „3.5 Streit um Forderungen aus dem Mietverhältnis"

1. Beschreiben Sie allgemein(!) die Fälle, in denen das Immobilienunternehmen Kosten als Mieterbelastung erfasst, und begründen Sie die Notwendigkeit für den Bruttoausweis in der GuV-Rechnung!
2. Beschreiben Sie die Stelle in der Mietenbuchhaltung (Buchungsliste) für die Erfassung einer Mieterbelastung!
3. Nennen Sie die Buchungssätze für eine als Mieterbelastung zu erfassende Rechnung (einschließlich Bezahlung), und bestimmen Sie sowohl für jede einzelne als auch für alle Buchungen insgesamt die Auswirkung auf die Bilanzsumme und das Eigenkapital!
4. Beschreiben und begründen Sie die Art des Ausganges eines Mietprozesses, die Korrekturen in der Buchhaltung nach sich zieht!
5. Begründen Sie die uneingeschränkte (vorübergehende) Weiterbelastung von Kosten nach Prozessende auch in den Fällen, in denen das Immobilienunternehmen nicht gewinnt.
6. Beschreiben Sie das Prinzip, nach dem Korrekturen zu Buchungen von Prozesskosten und ‚Streitgegenstand' vor bzw. nach Beginn des Geschäftsjahres erfasst werden!
7. Stellen Sie die Überlegungen bzw. Rechenschritte dar, die zur Ermittlung der für Prozesskosten und ‚Streitgegenstand' zu buchenden Korrekturbeträge führen, falls das Immobilienunternehmen den Prozess nicht (vollständig) gewinnt!
8. Beschreiben Sie die Erfassung von Korrekturen zu Prozesskosten und ‚Streitgegenstand' in der Nebenbuchhaltung (Buchungsliste) für den Fall, dass das Immobilienunternehmen den Prozess nicht (vollständig) gewinnt!
9. Nennen Sie die Buchungssätze für die Erfassung von Korrekturen zu Prozesskosten und ‚Streitgegenstand' in der Hauptbuchhaltung für den Fall, dass das Immobilienunternehmen den Prozess nicht (vollständig) gewinnt, und bestimmen Sie sowohl für jede einzelne als auch für zusammengehörige Buchungen insgesamt die Auswirkung auf die Bilanzsumme und das Eigenkapital!

Übungsteil 1: Buchführung

Übung Nr. 2 zu: Abschnitt „3.5 Streit um Forderungen aus dem Mietverhältnis"

Für ein Haus mit preisgebundenem Wohnraum und drei Mietern gab es zu Beginn des Geschäftsjahres in der Hauptbuchhaltung u. a. folgende Eröffnungsbestände:

Nicht abger. Betriebskosten	2.900,00 €	Wertberichtigungen	446,00 €
Heizmaterial	2.850,00 €	Anzahlungen auf unfert. Leistungen	3.100,00 €
Mietforderungen	621,00 €	Mietverbindlichkeiten	505,00 €

Aufgabe:
Eröffnen Sie den entsprechenden Ausschnitt der Hauptbuchhaltung mit diesen Konten! Führen Sie zu den folgenden Sachverhalten die Neben- und die begonnene Hauptbuchhaltung bis zum Ende des Geschäftsjahres (weiter). Erstellen Sie den entsprechenden Ausschnitt der Konten „GuV" und „SBK"! Hinsichtlich der Umlagen genügt die Darstellung der Heizkosten!

Seit **Beginn des Geschäftsjahres** gilt:

	Saldovortrag **Januar d. J.**	Sollmieten **monatlich**	Umlagen **monatlich**	Zahlungen **Januar d.J.**
Mieter A:	(S) 446,00 €	365,00 €	81,00 €	0,00 €
Mieter B:	(S) 175,00 €	435,00 €	90,00 €	700,00 €
Mieter C:	(H) 505,00 €	420,00 €	85,00 €	0,00 €

Im **Januar d. J.** werden Mieter B 600,00 € für eine von ihm verschuldete Instandsetzungsmaßnahme in Rechnung gestellt.

Im **Februar d. J.** erweist sich bei der Heizkostenabrechnung gegenüber den Mietern die Leerstandsschätzung als um 60,00 € zu hoch. Im Einzelnen ergibt sich:
Mieter A: 117,00 € Nachzahlung; Mieter B: 105,80 € Guthaben und Mieter C: 92,00 € Guthaben.
Guthaben bzw. Nachzahlungen werden bei Mieter C überwiesen und bei Mieter A sowie Mieter B jeweils verrechnet.
Aufgrund des Abrechnungsergebnisses betragen die Vorauszahlungen ab März d. J. für: Mieter A 91,00; Mieter B 82,00 € und Mieter C 78,00 €.

Im Februar d. J. werden Mieter C 150,00 € Mietminderung gewährt.

Insgesamt gehen im Februar d. J. ein vom Mieter A 0,00 €; von Mieter B 525,00 € und von Mieter C 655.00 €.

Für eine außergerichtliche Mahnung werden Mieter B 4,00 € in Rechnung gestellt.

Wohnung A ist im **März d. J.** wegen Bauarbeiten nicht bewohnbar.

An Mietzahlungen gehen in diesem Monat insgesamt ein von Mieter A 1.250,00 €; von Mieter B 525,00 € und von Mieter C 498,00 €.

Für den Mahnbescheid gegen Mieter B werden diesem 40,00 € Gebühren in Rechnung gestellt.

Die Forderungen gegenüber Mieter A erscheinen uneinbringlich. Im Vorjahr waren der Wertberichtigung 446,00 € zugeführt worden.

Für die Monate **April bis Dezember d. J.** werden die Sollstellungen und Vorauszahlungen dann beibehalten. Diese sind in der Nebenbuchhaltung für alle Mieter jeweils in einer Summe zu erfassen!

Das Immobilienunternehmen prozessiert gegen Mieter B und stellt ihm weitere 200,00 € in Rechnung.

Sonst wurden bis Ende Dezember von allen Mietern insgesamt 13.729,20 € gezahlt. Zum Jahresende zeigt die Buchungsliste (vorläufig) folgende Salden:
Mieter A: (H) 457,00 €; Mieter B: (S) 744,00 € und Mieter C: (H) 347,00 €.

Außerdem gehen 1.220,00 € auf Forderungen ein, die im Vorjahr abgeschrieben worden waren.

Von den Forderungen gegenüber Mieter B hält die Rechtsabteilung 80 % für unsicher.

Bis zum Ende des Geschäftsjahres werden für 2.450,00 € Heizöl nachgekauft. Der Endbestand beträgt 2.832,00 €. 300,00 € wurden für die Wartung bezahlt. Für den Betriebsstrom ermittelte man 155,00 €. Die zurechenbaren Hauswarttätigkeiten beliefen sich auf 30,00 €. Der Leerstandsanteil wurde auf 40,00 € geschätzt.

Übungsteil 1: Buchführung

Übung Nr. 3 zu: Abschnitt „3.5 Streit um Forderungen aus dem Mietverhältnis"

Für ein Haus mit preisgebundenem Wohnraum und drei Mietern gab es zu Beginn des Geschäftsjahres in der Hauptbuchhaltung u. a. folgende Eröffnungsbestände:

Nicht abger. Betriebskosten	3.540,00 €	Wertberichtigungen	736,00 €
Heizmaterial	2.550,00 €	Anzahlungen auf	
Mietforderungen	920,00 €	unfert. Leistungen	3.455,00 €
		Mietverbindlichkeiten	943,00 €

Aufgabe:

Eröffnen Sie den entsprechenden Ausschnitt der Hauptbuchhaltung mit diesen Konten! Führen Sie zu den folgenden Sachverhalten die Neben- und die begonnene Hauptbuchhaltung bis zum Ende des Geschäftsjahres (weiter). Erstellen Sie den entsprechenden Ausschnitt der Konten „GuV" und „SBK"! Hinsichtlich der Umlagen genügt die Darstellung der Heizkosten!

Seit **Beginn des Geschäftsjahres** gilt:

	Saldovortrag **Januar d. J.**	Sollmieten **monatlich**	Umlagen **monatlich**	Zahlungen **Januar d. J.**
Mieter A:	(H) 530,00 €	440,00 €	90,00 €	0,00 €
Mieter B:	(S) 920,00 €	520,00 €	95,00 €	615,00 €
Mieter C:	(H) 413,00 €	500,00 €	100,00 €	600,00 €

Im **Februar d. J.** erweist sich bei der Heizkostenabrechnung gegenüber den Mietern die Leerstandsschätzung als um 90,00 € zu niedrig. Im Einzelnen ergibt sich:
Mieter A: 75,00 € Nachzahlung; Mieter B: 32,00 € Nachzahlung und Mieter C: 43,00 € Guthaben.
Guthaben bzw. Nachzahlungen werden bei Mieter C überwiesen und bei Mieter A sowie Mieter B jeweils verrechnet.
Aufgrund des Abrechnungsergebnisses betragen die Vorauszahlungen ab März d. J. für: Mieter A 97,00 €; Mieter B 98,00 € und Mieter C 97,00 €.

Im Februar d. J. werden Mieter A 100,00 € Mietminderung gewährt.

Insgesamt gehen im Februar d. J. ein vom Mieter A 605,00 €; von Mieter B 615,00 € und von Mieter C 288,00 €.

Wohnung C ist im **März d .J.** wegen Modernisierungsarbeiten nicht bewohnbar.

An Mietzahlungen gehen in diesem Monat insgesamt ein von Mieter A 530,00 €; von Mieter B 650 € und von Mieter C 600,00 €.

Mieter C wurden 744,00 € erstattet.

Für die Monate **April bis Dezember d. J.** werden die Sollstellungen und Vorauszahlungen dann beibehalten. Diese sind in der Nebenbuchhaltung für alle Mieter jeweils in einer Summe zu erfassen!

An Mietzahlungen gingen bis zum Jahresende ein von Mieter A 4.580,00 €; von Mieter B 1.170,00 € und von Mieter C 6.100,00 €.

Das Immobilienunternehmen gewinnt den im Vorjahr gegen Mieter B begonnenen Prozess vollständig. Es muss noch weitere 958,00 € Prozesskosten an das Gericht entrichten.

Die Pfändung bei Mieter B zum Jahresende erweist sich als fruchtlos. Im Vorjahr waren die Rückstände mit 736,00 € wertberichtigt worden.

Bis zum Ende des Geschäftsjahres werden für 3.150,00 € Heizöl nachgekauft. Der Endbestand beträgt 2.750,00 €. 315,00 € wurden für die Wartung bezahlt. Für den Betriebsstrom ermittelte man 140,00 €. Die zurechenbaren Hauswarttätigkeiten beliefen sich auf 35,00 €. Der Leerstandsanteil wurde auf 38,00 € geschätzt.

Übungsteil 1: Buchführung

Übung Nr. 4 zu: Abschnitt „3.5 Streit um Forderungen aus dem Mietverhältnis"

Für ein Haus mit preisfreiem Wohnraum und drei Mietern gab es zu Beginn des Geschäftsjahres in der Hauptbuchhaltung u. a. folgende Eröffnungsbestände:

Nicht abger. Betriebskosten	3.720,00 €	Bank	32.000,00 €
Heizmaterial	2.945,00 €	Anzahlungen auf	
Mietforderungen	1.495,00 €	unfert. Leistungen	3.750,00 €
		Mietverbindlichkeiten	545,00 €

Aufgabe:

Eröffnen Sie den entsprechenden Ausschnitt der Hauptbuchhaltung mit diesen Konten! Führen Sie zu den folgenden Sachverhalten die Neben- und die begonnene Hauptbuchhaltung bis zum Ende des Geschäftsjahres (weiter). Erstellen Sie den entsprechenden Ausschnitt der Konten „GuV" und „SBK"! Hinsichtlich der Umlagen genügt die Darstellung der Heizkosten!

Seit **Beginn des Geschäftsjahres** gilt:

	Saldovortrag **Januar d. J.**	Sollmieten **monatlich**	Umlagen **monatlich**	Zahlungen **Januar d. J.**
Mieter A:	(S) 1.495,00 €	470,00 €	95,00 €	495,00 €
Mieter B:	(H) 545,00 €	450,00 €	95,00 €	0,00 €
Mieter C:	(H) 0,00 €	675,00 €	120,00 €	795,00 €

Im **Februar d. J.** ergibt die Zusammenstellung der Kosten für die Wärmelieferung des letzten Jahres 3.690,00 €. In den Einzelabrechnungen wird den Mietern mitgeteilt: Mieter A: 97,00 € Nachzahlung; Mieter B: 66,00 € Guthaben und Mieter C: 91,00 € Guthaben.

Guthaben bzw. Nachzahlungen werden bei Mieter A überwiesen und bei Mieter B sowie Mieter C jeweils verrechnet.

Aufgrund des Abrechnungsergebnisses betragen die Vorauszahlungen ab März d. J. für: Mieter A 104,00 €; Mieter B 90,00 € und Mieter C 113,00 €.

Im Februar d. J. werden Mieter B 95,00 € Mietminderung gewährt.

Insgesamt gehen im Februar d. J. ein vom Mieter A 592,00 €; von Mieter B 545,00 € und von Mieter C 704,00 €.

Für einen im Vorjahr gegen Mieter A begonnenen Prozess um die Erhöhung der Bruttokaltmiete zum 01.05. v. J. (70,00 € monatlich) entstehen weitere 360,00 € Kosten.

Wohnung B ist im **März d.J.** wegen Bauarbeiten nicht bewohnbar.

Das Immobilienunternehmen gewinnt den Prozess gegen Mieter A nur zu 60 %. Es muss weitere 200,00 € an das Gericht zahlen. Der Kostenfestsetzungsbeschluss lautet jedoch auf anteilige Kostentragung. Im Vorjahr waren bereits 370,00 € an Anwälte und Gericht überwiesen worden.

An Mietzahlungen gehen in diesem Monat insgesamt ein von Mieter A 504,00 €; von Mieter B 0,00 € und von Mieter C 788,00 €.

Mieter B werden 161,00 € erstattet.

Für die Monate **April bis Dezember d. J.** werden die Sollstellungen und Vorauszahlungen dann beibehalten. Diese sind in der Nebenbuchhaltung für alle Mieter jeweils in einer Summe zu erfassen!

An Mietzahlungen gingen bis zum Jahresende ein von Mieter A 6.499,00 €; von Mieter B 3.780,00 € und von Mieter C 7.092,00 €.

Bis zum Ende des Geschäftsjahres werden für 2.750,00 € Heizöl nachgekauft. Der Endbestand beträgt 2.630,00 €. 410,00 € wurden für die Wartung bezahlt. Für den Betriebsstrom ermittelte man 140,00 €. Die zurechenbaren Hauswarttätigkeiten beliefen sich auf 40,00 €. Der Leerstandsanteil wurde auf 50,00 € geschätzt.

Übungsteil 1: Buchführung

Übung Nr. 5 zu: Abschnitt „3.5 Streit um Forderungen aus dem Mietverhältnis"

Für ein Haus mit preisfreiem Wohnraum und drei Mietern gab es zu Beginn des Geschäftsjahres in der Hauptbuchhaltung u. a. folgende Eröffnungsbestände:

Nicht abger. Betriebskosten	3.030,00 €	Wertberichtigungen	1.040,00 €
Heizmaterial	3.200,00 €	Anzahlungen auf unfert. Leist.	3.050,00 €

Saldovortrag			Miete		Umlage			Korrekturen			Zahlungen		Saldo		
Soll	Haben	Monat	Sollmieten	Zuschläge	Vorausz.	Abrechnung	sonstige Belastungen	Miete	Umlagen	Abschreibungen	Ausgänge	Eingänge	Soll	Haben	Mieter
–	–	01	330,00		75,00							405,00	–	–	A
1.040,00	–	01	440,00		85,00							–	1.565,00	–	B
750,00	–	01	495,00		92,00							537,00	800,00	–	C
1.790,00	–	01	1.265,00		252,00							942,00	2.365,00	–	insg.

Saldovortrag			Miete		Umlage			Korrekturen			Zahlungen		Saldo		
Soll	Haben	Monat	Sollmieten	Zuschläge	Vorausz.	Abrechnung	sonstige Belastungen	Miete	Umlagen	Abschreibungen	Ausgänge	Eingänge	Soll	Haben	Mieter
–	–	02	330,00		75,00	H 30,00									A
1.565,00	–	02	440,00		85,00	H 31,00									B
800,00	–	02	495,00		92,00	H 20,00									C
2.365,00	–	02	1.265,00		252,00	H 81,00									insg.

Saldovortrag			Miete		Umlage			Korrekturen			Zahlungen		Saldo		
Soll	Haben	Monat	Sollmieten	Zuschläge	Vorausz.	Abrechnung	sonstige Belastungen	Miete	Umlagen	Abschreibungen	Ausgänge	Eingänge	Soll	Haben	Mieter
		03	330,00		73,00										A
		03	440,00		83,00										B
		03	495,00		91,00										C
		03	1.265,00		247,00										insg.

Saldovortrag			Miete		Umlage			Korrekturen			Zahlungen		Saldo		
Soll	Haben	Monat	Sollmieten	Zuschläge	Vorausz.	Abrechnung	sonstige Belastungen	Miete	Umlagen	Abschreibungen	Ausgänge	Eingänge	Soll	Haben	Mieter
		04			657,00										A
		bis			747,00										B
		12			819,00										C
		Σ			2.223,00										insg.

Zusätzlich zu den in der Buchungsliste (zum Teil) dargestellten Sachverhalten gelten folgende:

1. Mieter A und B nehmen am Einzugsverfahren teil. Jedoch ist das Konto für das Mietverhältnis B in den Monaten November v. J. bis Januar d. J. nicht gedeckt. Ende v. J. wurde die gesamte Mietforderung wertberichtigt.

2. Der zum 01.10. v. J. ausschließlich gegenüber Mieter C geltend gemachten Erhöhung der Bruttokaltmiete in Höhe von 50,00 € pro Monat hatte dieser nicht zugestimmt und demzufolge auch seinen Dauerauftrag nicht geändert. Daraufhin hatte das Immobilienunternehmen einen Prozess begonnen und bis Ende v. J. 600,00 € Vorschüsse an das Gericht überwiesen.

3. Zum 31.01. d. J. endet Bs Mietverhältnis. Die Wohnung steht einen Monat leer. Der Nachmieter nimmt dann ab 01.03. d. J. ebenfalls am Einzugsverfahren teil.

4. Im Februar d. J. werden Nachzahlungen bzw. Erstattungsansprüche aus der Heizkostenabrechnung bei allen Mietern verrechnet.
5. Für den Prozess gegen Mieter C fallen weitere 400,00 € Prozesskosten an.
6. Ende Februar d. J. gehen auf das (Alt)Mietverhältnis B 650,00 € ein. Die Restforderung hält die Rechtsabteilung für uneinbringlich.
7. Ende März verliert das Immobilienunternehmen den Prozess gegen Mieter C vollständig und muss weitere 200,00 € an das Gericht zahlen. Mieter C ändert seinen Dauerauftrag bis Ende d. J. nicht.
8. Bis zum Ende des Geschäftsjahres werden für 2.795,00 € Heizöl nachgekauft. Der Endbestand beträgt 3.475,00 €. 360,00 € brutto wurden für die Wartung bezahlt, ferner für den Betriebsstrom 90,00 € ermittelt und der Leerstandsanteil auf 30,00 € geschätzt.

Aufgaben:

a) Erstellen Sie unter zusätzlicher Beachtung der oben angegebenen Sachverhalte eine in formaler und sachlicher Hinsicht vollständige Buchungsliste!

b) Führen Sie auf der Grundlage von Aufgabe a) den Ausschnitt „II. Laufende Buchungen" des **Grundbuchs zu den Sachverhalten 5. bis 7.** Es ist – soweit möglich – entsprechend eines sinnvollen zeitlichen Ablaufes der Sachverhalte zu buchen!

c) Führen Sie auf der Grundlage aller Sachverhalte für das ganze Geschäftsjahr das Konto „Mietforderungen" inhaltlich und formal vollständig!

d) Erstellen Sie auf der Grundlage aller Sachverhalte den Ausschnitt der Konten „GuV" und „SBK"! Bei diesen Ausschnitten genügt hinsichtlich der Umlagen die Darstellung der Heizkosten! Der Ausweis der Position „(2740) Bank" ist wegzulassen!

Übungsteil 1: Buchführung

Übung Nr. 6 zu: Abschnitt „3.5 Streit um Forderungen aus dem Mietverhältnis"

Für ein Haus mit preisfreiem Wohnraum und drei Mietern gab es zu Beginn des Geschäftsjahres in der Hauptbuchhaltung u.a. folgende Eröffnungsbestände:

Nicht abger. Betriebskosten	5.010,00 €	Wertberichtigungn	2.000,00 €
Heizmaterial	1.700,00 €	Anzahl. auf unfert. Leist.	5.140,00 €

Saldovortrag Soll	Saldovortrag Haben	Monat	Miete Sollmieten	Miete Zuschläge	Umlage Vorausz.	Umlage Abrechnung	sonstige Belastungen	Korrekturen Miete	Korrekturen Umlagen	Korrekturen Abschreibungen	Zahlungen Ausgänge	Zahlungen Eingänge	Saldo Soll	Saldo Haben	Mieter
2.000,00	–	01	850,00		150,00							–	3.000,00	–	A
–	940,00	01	800,00		140,00							–	–	–	B
300,00	–	01	770,00		135,00							905,00	300,00	–	C
2.300,00	940,00	01	2.420,00		425,00							905,00	3.300,00	–	insg.

Saldovortrag Soll	Saldovortrag Haben	Monat	Miete Sollmieten	Miete Zuschläge	Umlage Vorausz.	Umlage Abrechnung	sonstige Belastungen	Korrekturen Miete	Korrekturen Umlagen	Korrekturen Abschreibungen	Zahlungen Ausgänge	Zahlungen Eingänge	Saldo Soll	Saldo Haben	Mieter
3.000,00	–	02	850,00	–	150,00	H 240,00									A
–	–	02	800,00	–	140,00	S 94,00									B
300,00	–	02	770,00	–	135,00	S 16,00									C
3.300,00	–	02	2.420,00	–	425,00	H 130,00									insg.

Saldovortrag			Miete		Umlage			Korrekturen			Zahlungen		Saldo		
Soll	Haben	Monat	Sollmieten	Zuschläge	Vorausz.	Abrechnung	sonstige Belastungen	Miete	Umlagen	Abschreibungen	Ausgänge	Eingänge	Soll	Haben	Mieter
		03	850,00	-	130,00							980,00			A
		03	800,00	-	148,00							948,00			B
		03	770,00	-	137,00							907,00			C
		03	2.420,00	-	415,00							2.835,00			insg.

Saldovortrag			Miete		Umlage			Korrekturen			Zahlungen		Saldo		
Soll	Haben	Monat	Sollmieten	Zuschläge	Vorausz.	Abrechnung	sonstige Belastungen	Miete	Umlagen	Abschreibungen	Ausgänge	Eingänge	Soll	Haben	Mieter
		04	7.650,00	-	1.170,00							8.820,00			A
		bis	7.200,00	-	1.332,00							8.532,00			B
		12	6.678,00	-	1.233,00							7.108,00			C
		∑	21.528,00	-	3.735,00							24.460,00			insg.

Zusätzlich zu den in der Buchungsliste (zum Teil) dargestellten Sachverhalten gelten folgende:

1. Mieter As Rückstand war Ende v. J. wertberichtigt worden. Sein Mietverhältnis endet am 31.01. d. J.

   Mieter C hatte seiner Mieterhöhung zum 01.09. v. J. (70,00 €/Monat) nicht zugestimmt, die Erhöhung jedoch unter Vorbehalt gezahlt. Das Immobilienunternehmen hatte auf Zustimmung geklagt und noch im Vorjahr 300,00 € Gerichtskostenvorschüsse gezahlt.
2. Im **Februar d. J.** hinterlässt Mieter A eine völlig unrenovierte Wohnung, sodass diese erst ab März wieder vermietet wird (Schadenshöhe: 5.000,00 €).
3. Obwohl von Mieter A noch einmal 1.200,00 € eingehen, erwartet die Rechtsabteilung keine Zahlungen mehr. Deshalb wird das verpfändete (Kautions)Sparbuch aufgelöst (Guthaben: 3.550,00 €).

   Mieter B gleicht sein Konto aus. Mieter C berücksichtigt zusätzlich lediglich das Ergebnis seiner Heizkostenabrechnung.
4. Im März d. J. ergeht das Urteil im Prozess gegen Mieter C. Das Wohnungsunternehmen überweist noch einmal 200,00 € Prozessgebühren. 42,00 €/Monat werden als berechtigt anerkannt und entsprechend die Anteile für die Gerichtskosten festgesetzt.
5. Im Zeitraum April bis Dezember d. J. werden Mieter B insgesamt 450,00 € Mietminderung gewährt.
6. Bis zum Ende des Geschäftsjahres wurden für 4.240,00 € Heizöl nachgekauft. Der Endbestand beträgt 1.480,00 €. 550,00 € wurden für die Wartung bezahlt. Für den Betriebsstrom ermittelte man 170,00 €. Die zurechenbaren Hauswarttätigkeiten beliefen sich auf 50,00 €. Der Leerstandsanteil wurde auf 100,00 € geschätzt.

Aufgaben:

a) Erstellen Sie unter zusätzlicher Beachtung der oben angegebenen Sachverhalte eine in formaler und sachlicher Hinsicht vollständige Buchungsliste!

b) Führen Sie auf der Grundlage von Aufgabe a) den Ausschnitt „II Laufende Buchungen“ des **Grundbuchs zu den Sachverhalten 3. und 4.**! Es ist – soweit möglich – entsprechend eines sinnvollen zeitlichen Ablaufs der Sachverhalte zu buchen!

c) Führen Sie auf der Grundlage aller Sachverhalte für das ganze Geschäftsjahr das Konto „Mietforderungen“ inhaltlich und formal vollständig!

d) Erstellen Sie auf der Grundlage aller Sachverhalte den Ausschnitt der Konten „GuV“ und „SBK“! Bei diesen Ausschnitten genügt hinsichtlich der Unlagen die Darstellung der Heizkosten! Der Ausweis der Position „(2740) Bank“ ist wegzulassen!

Übungsteil 1: Buchführung

Übung Nr. 1 zu: Abschnitt „3.6 Instandhaltung, Instandsetzung, Modernisierung"

1. Beschreiben Sie für Instandhaltungs- und Instandsetzungskosten die Fallgruppen, die nach ihrer Buchungstechnik unterschieden werden müssen, und geben Sie jeweils das Buchungsprinzip an!

2. Beschreiben Sie die prinzipiellen Unterschiede zwischen der bestandsintensiven und der aufwandsnahen Erfassung von (Verbrauchs)Materialkäufen!

3. Geben Sie die Regel für die Korrektur des Eröffnungsbestands nach oben bzw. unten an, nach der bei aufwandsnaher Erfassung von Materialkäufen im Rahmen von „III. vorbereitende Abschlussbuchungen" zu buchen ist, nennen Sie dazu jeweils die Buchungssätze, und bestimmen Sie jeweils die Auswirkung auf die Bilanzsumme und das Eigenkapital!

4. Beschreiben Sie jeweils das Prinzip und die Art der Buchung, nach der Rabatte, Skonti und Mängel erfasst werden!

5. Begründen Sie die Notwendigkeit, Versicherungsschäden nach dem Bruttoausweisprinzip zu buchen!

6. Nennen Sie die Buchungssätze für eine als Versicherungsbelastung zu erfassende Rechnung (einschließlich Bezahlung), und bestimmen Sie sowohl für jede einzelne als für auch für alle Buchungen insgesamt die Auswirkung auf die Bilanzsumme und das Eigenkapital!

7. Nennen Sie die Buchungssätze für den Teil eines Schadens, der von der Versicherung nicht erstattet wird, sowohl für den ‚Erstattungsfall' vor als auch nach dem Bilanzstichtag, und bestimmen Sie für jede einzelne und für zusammengehörige Buchungen insgesamt die Auswirkung auf die Bilanzsumme und das Eigenkapital!

8. Nennen Sie den Zweck, und beschreiben Sie das Erhebungsverfahren der Bauabzugssteuer!

9. Nennen Sie mit selbstgewählten Beträgen die Buchungssätze für den Eingang und die Bezahlung einer Instandhaltungsrechnung sowie die Überweisung des Einbehalts an das Finanzamt, und bestimmen Sie jeweils die Auswirkung auf die Bilanzsumme und das Eigenkapital!

10. Nennen Sie für den Regelfall der Praxis die Voraussetzung, unter der keine Bauabzugssteuer erhoben wird, und geben Sie an, wie in diesem Fall eine Eingangsrechnung für Instandhaltung und deren Bezahlung zu buchen ist!

Übungsteil 1: Buchführung

Übung Nr. 2 zu: Abschnitt „3.6 Instandhaltung, Instandsetzung, Modernisierung"

Geben Sie die Eröffnungsbuchungssätze an, buchen Sie die Anfangsbestände auf die Konten, geben Sie die Buchungssätze zu den Geschäftsvorfällen an, buchen Sie auf den Bestands- und Erfolgskonten und schließen Sie die Konten ab.

Anfangsbestände:

(00)	500.000,00 €,	(05)	95.000,00 €,	(171)	5.000,00 €,	(200)	1.400,00 €,
(271)	3.000,00 €,	(2740)	13.820,00 €,	(30)	?,	(410)	200.000,00 €,
(44219)	25.000,00 €,	(440)	120,00 €,	(473)	7.600,00 €.		

Geschäftsfälle:

1. Kauf von Reparaturmaterial auf Ziel, 1.000,00 €. (Bestandskonto)
2. Mietsollstellung, 29.500,00 €.
3. Barzahlung für Schreibmaschine, 950,00 €.
4. Mieteingang auf Bankkonto, 29.900,00 €.
5. Wir zahlen an Lieferanten bar 1.000,00 € und per Bankscheck 3.500,00 €.
6. Bankabbuchung der Zinsen (2.400,00 €) und Tilgung (1.500,00 €) für das Hypothekendarlehen.
7. Barkauf von Büromaterial, 100,00 €.
8. Gehaltszahlung per Bankkonto, 4.400,00 €.
9. Verkauf eines Computers auf Ziel, 2.500,00 €.
10. Gehaltszahlung per Bank, 3.200,00 €.
11. Ein Mieter zahlt Mietrest bar, 550,00 €.
12. Jahresabschluss;
    Information aus der Mietenbuchhaltung: die Mietrückstände betragen 800,00 €.
    Der Inventurbestand an Reparaturmaterial beträgt 3.100,00 €.

Übungsteil 1: Buchführung

Übung Nr. 3 zu: Abschnitt „3.6 Instandhaltung, Instandsetzung, Modernisierung"

Geben Sie die Buchungssätze für die folgenden Geschäftsfälle an und führen Sie die Konten.

1. Anfangsbestände

(00)	500.000,00 €,	(15)	14.800,00 €,	(200)	1.200,00 €,
(2740)	22.500,00 €,	(301)	523.280,00 €,	(431)	15.000,00 €,
(440)	220,00 €.				

2. Sollstellung der Mieten, 52.000,00 €, und der Betriebskostenvorauszahlungen, 7.400,00 €.
3. Mieteingänge auf dem Bankkonto, 51.980,00 €; Betriebskostenvorauszahlungen, 7.400,00 €.
4. Eingangsrechnung des Gärtners für die Pflege des Gartens des Mietwohnhauses, 5.800,00 €.
5. Die umlagefähigen Betriebskosten sind abzurechnen. In dieser Übung ist die Abrechnungsperiode der Zeitraum vom 01.05. v. J. bis 30.04. d. J. Berücksichtigen Sie dabei die Sachverhalte 1. bis 5. in vollem Umfang! Die Einzelabrechnungen gegenüber den Mietern ergeben ausschließlich Guthaben.

6. Eingangsrechnung für fremden Hausmeister in der neuen Abrechnungsperiode, 12.400,00 €.
7. Banküberweisung der überzahlten Vorschüsse auf die Betriebskostenumlage an die Mieter.
8. Überweisung für die Rechnungen aus 5) und 7).
9. Sofortige Banküberweisung für Treppenhausreinigung in den Mietwohnhäusern, 2.500,00 €.
10. Sollstellung der Mieten, 52.000,00 € und der Betriebskostenvorauszahlungen, 7.400,00 €.
11. Mieteingänge auf dem Bankkonto, 51.520,00 €; Betriebskostenvorauszahlungen, 7.400,00 €.
13. Jahresabschluss.
Die Mietenbuchhaltung meldet Vorauszahlungen in Höhe von 800,00 €. Die nicht abgerechneten Betriebskosten sind zu aktivieren.
Die Konten sind abzuschließen.

Übungsteil 1: Buchführung

Übung Nr. 1 zu: Abschnitt „3.7 Die Umsatzsteuer in der Immobilienwirtschaft"

1. Geben Sie die gültigen Umsatzsteuersätze an, und nennen Sie Beispiele für die Anwendung des jeweiligen Satzes!
2. Erklären Sie den Zusammenhang der Begriffe „Umsatzsteuer", „Vorsteuer" und „Zahllast" für eine vorsteuerabzugsberechtigte Unternehmung!
3. Erklären Sie,warum beim System der Mehrwertsteuer stets der Endverbraucher wirtschaftlicher Träger der Steuer ist und nicht derjenige, der sie an das Finanzamt entrichtet!
4. Geben Sie die Arbeitsschritte an, die (allmonatlich) zur Überweisung der Umsatzsteuerzahllast notwendig sind, nennen Sie jweils die Regel zur Ermittlung des €-Betrags, den Buchungssatz, und bestimmen Sie die Auswirkung der entsprechenden Buchung auf die Bilanzsumme und das Eigenkapital!
5. Beschreiben Sie, wie Umsatzsteuer und Vorsteuer in der Bilanz auszuweisen sind!

Übungsteil 1: Buchführung

Übung Nr. 2 zu: Abschnitt „3.7 Die Umsatzsteuer in der Immobilienwirtschaft"

Geben Sie die Buchungssätze für die folgenden Geschäftsvorfälle an, und buchen Sie auf den Umsatzsteuerkonten (253) und (4701). (Reine Betreuungsunternehmung)

1. Anfangsbestand Konto (4701) 1.200,00 €.
2. Bareinkauf von Büromaterial, 238,00 €.
3. Eingangsrechnung für die Fensterreinigung des Geschäftsgebäudes, brutto 1.071,00 €.
4. Umsatzsteuerzahlungstermin.
5. Zielkauf eines Personalcomputers, Bruttorechnungsbetrag 5.950,00 €.
6. Verkauf eines Pkw der Geschäftsleitung für 10.710,00 € (Buchwert inkl. Umsatzsteuer).
7. Banküberweisung für den Computer aus 5).
8. Jahresende (nur die geführten Konten (253) und (4701) sind abzuschließen.

Übungsteil 1: Buchführung

Übung Nr. 1 zu: Abschnitt „3.8 Die Umsatzsteuer in der Hausbewirtschaftung"

1. Erläutern Sie den Hintergrund für die Feststellung: „Im Regelfall der Praxis tätigen Immobilienunternehmen sowohl umsatzsteuerfreie als auch umsatzsteuerpflichtige Umsätze."!
2. Erläutern Sie den Satz: „Das Immobilienunternehmen optiert zur Umsatzsteuer.", nennen Sie allgemein die Voraussetzungen dafür, und beschreiben Sie eine mögliche Form der Ausübung!
3. Beschreiben Sie die Auswirkung der Option zur Umsatzsteuer auf die monatliche Sollstellung der Mieten, nennen Sie mit selbstgewählten Beträgen für einen optierten Gewerbemieter den Buchungssatz, und bestimmen Sie die Auswirkung auf die Bilanzsumme und das Eigenkapital!
4. Beschreiben Sie die Auswirkung für ein Immobilienunternehmen mit sowohl umsatzsteuerfreien als auch umsatzsteuerpflichtigen Umsätzen auf den buchhalterischen Umgang mit bezogenen Lieferungen und Leistungen!
5. Nennen Sie für ein Immobilienunternehmen mit sowohl umsatzsteuerfreien als auch umsatzsteuerpflichtigen Umsätzen die beiden Aufteilungsschlüssel für die abziehbare Vorsteuer und jeweils ein typisches Beispiel!
6. Beschreiben Sie für ein Immobilienunternehmen mit sowohl umsatzsteuerfreien als auch umsatzsteuerpflichtigen Umsätzen jeweils das Verfahren für die Ermittlung der beiden Schlüssel für die Errechnung der abziehbaren Vorsteuer!
7. Nennen Sie mit selbstgewählten Beträgen für ein gemischt genutztes Objekt mit Option zur Umsatzsteuer den Buchungssatz für den Eingang einer Dachreparaturrechnung, und bestimmen Sie die Auswirkung auf die Bilanzsumme und das Eigenkapital!
8. Beschreiben Sie für ein gemischtgenutztes Objekt mit Option zur Umsatzsteuer die Besonderheiten bei den umlagefähigen Betriebskosten hinsichtlich der Ermittlung der abziehbaren Vorsteuer!
9. Nennen Sie für ein Gewerbeobjekt mit Option zur Umsatzsteuer die Buchungssätze für die Umlagenabrechnung, und bestimmen Sie jeweils die Auswirkung auf die Bilanzsumme und das Eigenkapital!
10. Begründen Sie für folgenden Buchungssatz die Buchung auf dem Konto „(4701) Verbindlichkeiten aus der Umsatzsteuer" und den €-Betrag:

(431)	Anzahlungen auf unfertige Leistungen	... €	
(4701)	Verbindlichkeiten aus der Umsatzsteuer	... €	
	an (201) Umlagenabrechnung		... €

11. Geben Sie die Voraussetzung an, unter der sich für ein Immobilienunternehmen im Falle der Vermietung von Gewerberaum die Option zur Umsatzsteuer lohnt!

Übungsteil 1: Buchführung

Übung Nr. 2 zu: Abschnitt „3.8 Die Umsatzsteuer in der Hausbewirtschaftung"

Ein Immobilienunternehmen vermietet Wohnungen und ausschließlich optierten Gewerberaum. Die übrigen Mietvertragsvereinbarungen entsprechen den für Wohnraum üblichen. Der unternehmensbezogene Schlüssel ist 1 : 19.

Dem Unternehmen gehören:
- ein Wohn- und Geschäftshaus A mit einem objektorientierten Schlüssel von 2 : 4;
- ein Objekt B mit 4 Wohnungen (Gesamtfläche: 280 m^2), 2 Läden (117 m^2 und 85 m^2 Nutzfläche und einer Gaststätte (158 m^2 Nutzfläche)
- andere Wohnanlagen und
- das Geschäftshaus.

Bilden Sie, soweit nicht anders angegeben, zu folgenden Sachverhalten ausschließlich für die Eingangs- bzw. Ausgangsrechnungen die Buchungssätze!

1. Bruttobeträge für die (während des Jahres gleichbleibende) Monatsmietsollstellung:

	Nettokaltmiete	BeKo-Vorauszahlungen
Objekt A (Wohnteil):	5.950,00 €	3.570,00 €
Objekt A (Gewerbeteil):	5.255,00 €	2.737,00 €
Objekt B (Wohnteil):	2.380,00 €	1.190,00 €
Objekt B (Gewerbeteil):	3.570,00 €	1.785,00 €
andere Wohnanlagen:	71.400,00 €	42.840,00 €

2. Kauf von Computern für 5.473,00 € netto zur Erweiterung der DV-Anlage des Immobilienunternehmens.
3. Verkauf des Rasenmähers von Objekt A zum Buchwert von 100,00 €.
4. Für Instandhaltungsarbeiten am Treppenhaus von Objekt A sind 2.029,26 € fällig.
5. 2.881,05 € Leasinggebühren für die Firmenwagen sind fällig.
6. Für die Reparatur der Gegensprechanlage in Objekt B sind 712, 61 € zu bezahlen.
7. Für die Fahrstuhlreparatur im Geschäftsgebäude fallen 1.002,11 € an.
8. Das Schneeräumgerät für die anderen Wohnanlagen wird zum Buchwert von 238,00 € verkauft.
9. Für die Beseitigung von Katzenstreu aus dem Abwasserrohr in Wohnung 3 von Objekt B sind 357,00 € zu bezahlen.
10. Die Gebühr für den Schornsteinfeger in Höhe von 812,00 € für Objekt B ist fällig.
11. Laut Arbeitszeitstatistik hat der Hauswart Reparaturen für Objekt B in Höhe von 3.790,00 € vorgenommen, davon entfallen auf den Gewerbeteil 2.380,00 €.

Übungsteil 1: Buchführung

Übung Nr. 3 zu: Abschnitt „3.8 Die Umsatzsteuer in der Hausbewirtschaftung"

Bilden Sie, soweit nicht anders angegeben, die Buchungssätze zu folgenden Sachverhalten für einen nach § 9 UStG voll optierten Gewerbepark! Die übrigen Mietvertragsvereinbarungen entsprechen den für Wohnraum üblichen.

1. Die Nettoentgelte für die Sollstellung der Mieten für das Jahr 01 betragen 120.000,00 € und für die Vorauszahlungen auf die Betriebskosten 30.000,00 €.
2. Folgende Rechnungen/Bescheide (Bruttobeträge) für das Jahr 01 sind einzeln zu erfassen:

2.1 Städtische Wasserwerke – Bewässerung: 8.560,00 €; Entwässerung: 8.330,00 €
2.2 Verbundene Gebäudeversicherung: 3.570,00 €

2.3 Städtische Straßenreinigung: 1.190,00 €
2.4 Hausreinigung: 7.140,00 €
2.5 Austausch von Thermostatventilen: 2.618,00 €
2.6 Gartenpflege: 6.545,00 €
2.7 Wartungsarbeiten des Hauswarts (Anteil laut Arbeitszeitstatistik): 1.785,00 €

3. Buchen Sie „III. vorbereitende Abschlussbuchungen" für das Jahr 01, und erstellen Sie im Hauptbuch den Ausschnitt des GuV-Kontos sowie die Konten für die Vor- und die Umsatzsteuer!

4. Im Jahr 02 ergeben die Einzelabrechnungen der Umlagen für das Jahr 01 unter anderem 781,25 € Guthaben. Buchen Sie im Jahr 02 die Umlagenabrechnung für das Jahr 01, und erstellen Sie im Hauptbuch die Konten „(201) Umlagenabrechnung" und „(431) Anzahlungen auf unfertige Leistungen" sowie die Ausschnitte des Umsatzsteuer- und des GuV-Kontos!

Übungsteil 1: Buchführung

Übung Nr. 1 zu: Kapitel „4 Finanzierungsmittel"

1. Beschreiben Sie die wesentlichen Finanzierungszwecke, nach denen im Kontenrahmen der Immobilienwirtschaft innerhalb der Kontengruppen „41 Verbindlichkeiten gegenüber Kreditinstituten" und „42 Verbindlichkeiten gegenüber anderen Kreditgebern" unterschieden wird!
2. Erklären Sie an einem Beispiel, worum es sich bei „Zinsen", „Tilgung", „Annuität" und „Annuitätendarlehen" handelt!
3. Erklären Sie allgemein, warum bei sonst gleichen und gleich bleibenden Konditionen für Annuitätendarlehen sowohl kürzere Zahlungsperioden als auch höhere Zinssätze zu einer Laufzeitverkürzung der Kredite führen!
4. Erklären Sie allgemein für den Zusammenhang von Darlehen die Begriffe „... Jahre fest", „nominal", „... % Auszahlung", „Damnum", „Disagio" und „Geldbeschaffungskosten"!
5. Der Bau von Mietwohnhäusern für den eigenen Bestand soll mithilfe einer Hypothekenbank finanziert werden. Nennen Sie für Annuitätendarlehen mit 100%iger Auszahlung sowie Zahlung und Verrechnung im Nachhinein die Buchungssätze für die Valutierung des Kredits und die Überweisung der Annuität(en), und bestimmen Sie jeweils die Auswirkung auf die Bilanzsumme und das Eigenkapital!
6. Begründen Sie den Verzicht auf das Kontokorrentprinzip bei der Buchung der Annuität(en)!
7. Nennen Sie den Buchungssatz für die Valutierung eines Annuitätendarlehens (durch eine Hypothekenbank) zum Bau von Kaufeigenheimen mit – z. B. 95%iger – Auszahlung sowie Zahlung und Verrechnung im nachhinein, und bestimmen Sie die Auswirkung auf die Bilanzsumme und das Eigenkapital!
8. Erklären Sie die Funktion des Kontos „(290) Geldbeschaffungskosten"!
9. Nennen Sie den Buchungssatz für die Abschreibung des Damnums, und bestimmen Sie die Auswirkung auf die Bilanzsumme und das Eigenkapital!
10. Erklären Sie die Regel „pro rata temporis" für die Abschreibung des Damnums!

Übungsteil 1: Buchführung

Übung Nr. 2 zu: Kapitel „4 Finanzierungsmittel"

Für die Modernisierung eines Mietwohnhauses wurde ein Annuitätendarlehen zu folgenden Konditionen aufgenommen:

150.000,00 € nominal; 8 % Zinsen bei 96 % Auszahlung und 2 Jahren fest; 1,5 % Tilgung; Valutierung am 01.01. 01.

1. Erstellen Sie die Tilgungspläne für die ersten 6 Monate jeweils für vierteljährliche und monatliche Zahlungsperioden!
2. Ermitteln Sie die Differenz zwischen der Restschuld nach 6 Monaten bei vierteljährlicher und monatlicher Zahlungsweise.
3. Buchen Sie unter Angabe des Datums zu Aufgabe 1 im Grundbuch für die ersten 3 Monate einschließlich „III. Vorbereitende Abschlussbuchungen" sowohl für Zahlung im Voraus als auch im Nachhinein!

Übungsteil 1: Buchführung

Übung Nr. 3 zu: Kapitel „4 Finanzierungsmittel"

Ein Immobilienunternehmen nimmt zur Finanzierung eines UV-Bauvorhabens am 1. Oktober ein Hypothekendarlehen in Höhe von 250.000,00 € auf ein Mietwohnhaus bei einer Lebensversicherung auf. Die Auszahlung beträgt 92 % bei 7 % Zinsen. Die Bedingungen sind auf 8 Jahre festgeschrieben. Auf dem Grundstück lastet eine Resthypothek der gleichen Versicherung (Grundstücksankaufskredit) von 70.000,00 €. Mit der Lebensversicherung ist vereinbart, dass in Verbindung mit der Auszahlung des neuen Hypothekendarlehens die Restbelastung einbehalten wird. Gleichzeitig werden die anteiligen Zinsen (6 %) für den Grundstücksankaufskredit seit dem 1. Januar einbehalten.

Geben Sie die Buchungssätze an für

a) die Auszahlung des Darlehens durch die Lebensversicherung,

b) die Abschreibung auf die Geldbeschaffungskosten am Jahresende.

Übungsteil 1: Buchführung

Übung Nr. 4 zu: Kapitel „4 Finanzierungsmittel"

Ein Immobilienunternehmen nimmt zur Finanzierung eines AV-Bauvorhabens am 1. Oktober ein Hypothekendarlehen in Höhe von 250.000,00 € auf ein Mietwohnhaus bei einer Hypothekenbank auf. Die Auszahlung beträgt 92 % bei 7 % Zinsen. Die Bedingungen sind auf 5 Jahre festgeschrieben. Auf dem Grundstück lastet eine Resthypothek einer Lebensversicherung (Grundstücksankaufskredit) von 80.000,00 €. Die Hypothekenbank hat sich verpflichtet, in Verbindung mit der Auszahlung des neuen Hypothekendarlehens die Restbelastung (Tilgung und 6 % Zinsen seit dem 1. Januar) unmittelbar an die Lebensversicherung zurückzuzahlen.

Geben Sie die Buchungssätze an für

a) die Auszahlung des Darlehens durch die Hypothekenbank,

b) Abschreibung auf die Geldbeschaffungskosten am Jahresende.

Übungsteil 1: Buchführung

Übung Nr. 1 zu: Abschnitt „5.1 Erwerb, Bewirtschaftung und Verkauf unbebauter Grundstücke"

1. Begründen Sie, welche Kontenklasse im Rahmen eines Grundstückerwerbs für die Erfassung der Anzahlung jeweils zu wählen ist!
2. Nennen Sie jeweils den Buchungssatz für die Kaufpreisanzahlung im Rahmen des Grundstückserwerbs für das Anlagevermögen und für das Umlaufvermögen, und bestimmen Sie die Auswirkung der entsprechenden Buchung auf die Bilanzsumme und das Eigenkapital!
3. Begründen Sie die Wahl des jeweiligen Grundstückskontos für die Buchung von Anschaffungsnebenkosten.
4. Nennen Sie jeweils für ein Grundstück des Anlagevermögens sowie des Umlaufvermögens den Buchungssatz für die Erfassung von Anschaffungsnebenkosten, und bestimmen Sie die Auswirkung der entsprechenden Buchung auf die Bilanzsumme und das Eigenkapital!
5. Begründen Sie innerhalb des Erwerbsvorgangs den Zeitpunkt, von dem an ein Grundstück in der Buchhaltung des Käufers erscheinen muss!
6. Nennen Sie jeweils unter Berücksichtigung einer bereits geleisteten Anzahlung die Buchungssätze für die Erfassung eines unbebauten Grundstücks des Anlage- bzw. Umlaufvermögens, und bestimmen Sie für jede einzelne und für zusammengehörige Buchungen insgesamt die Auswirkung auf die Bilanzsumme und das Eigenkapital!
7. Nennen Sie im Rahmen des Grundstückserwerbs den Buchungssatz für den Ausgleich des Restkaufpreises durch das Immobilienunternehmen, und bestimmen Sie die Auswirkung auf die Bilanzsumme und das Eigenkapital!
8. Nennen Sie jeweils für ein Grundstück des Anlage- und des Umlaufvermögens den Buchungssatz für die Valutierung eines Grundstücksankaufskredits in Höhe des (Rest)Kaufpreises an das Immobilienunternehmen, und bestimmen Sie die Auswirkung der entsprechenden Buchung auf die Bilanzsumme und das Eigenkapital!
9. Nennen Sie jeweils für ein Grundstück des Anlage- und des Umlaufvermögens den Buchungssatz für die Valutierung eines Grundstücksankaufskredits in Höhe des (Rest)Kaufpreises auf das Notaranderkonto bzw. das Konto des Verkäufers, und bestimmen Sie die Auswirkung der entsprechenden Buchung auf die Bilanzsumme und das Eigenkapital!
10. Begründen Sie die Benutzung besonderer Erfolgskonten im Rahmen der Bewirtschaftung unbebauter Grundstücke und die Ausnahmen dazu!
11. Nennen Sie für die Benutzung besonderer Erfolgskonten im Rahmen der Bewirtschaftung unbebauter Grundstücke jeweils ein Beispiel für Anwendungen und Erträge, geben Sie dazu den entsprechenden Buchungssatz an, und bestimmen Sie die Auswirkung der entsprechenden Buchung auf die Bilanzsumme und das Eigenkapital!
12. Erklären Sie am Beispiel der Grund- und Grunderwerbsteuer den Hauptunterschied zwischen Anschaffungsnebenkosten und Bewirtschaftungskosten für unbebaute Grundstücke und anhand zweier Beispiele die Ausnahmen!
13. Beschreiben Sie jeweils allgemein das Ausweisprinzip in der GuV-Rechnung für den Verkauf von Anlage- und Umlaufvermögen, und begründen Sie die verschiedenen Verfahrensweisen!

14. Nennen Sie für den Verkauf eines Grundstücks mit Mehrerlös (ohne Bezahlung) jeweils den bzw. die Buchungssätze für das Anlage- und Umlaufvermögen, und bestimmen Sie für jede einzelne und für zusammengehörige Buchungen insgesamt die Auswirkung auf die Bilanzsumme und das Eigenkapital!

15. Nennen Sie für den Verkauf eines Grundstücks mit Mindererlös (ohne Bezahlung) jeweils den bzw. die Buchungssätze für das Anlage- und Umlaufvermögen, und bestimmen Sie für jede einzelne und für zusammengehörige Buchungen insgesamt die Auswirkung auf die Bilanzsumme und das Eigenkapital!

Übungsteil 1: Buchführung

Übung Nr. 2 zu: Abschnitt „5.1 Erwerb, Bewirtschaftung und Verkauf unbebauter Grundstücke"

Bilden Sie, falls die Aufgabe nicht anders lautet, zu den folgenden Sachverhalten den bzw. die Buchungssätze jeweils für ein Grundstück A, das zur Bebauung mit Mietwohnungen für den eigenen Bestand vorgesehen ist, als auch für ein Grundstück B, das mit Kaufeigenheimen bebaut werden soll.

Soweit nicht anders bezeichnet, handelt es sich um Rechnungsbeträge. Etwa erforderliche Zahlungen werden ausschließlich über das Bankkonto abgewickelt.

1. Abschluss des Kaufvertrags für das unbebaute Grundstück, Kaufpreis: 2.000.000,00 €

2 Die fällige Anzahlung wird geleistet: 500.000,00 €.

3. Der Grunderwerbsteuerbescheid trifft ein – Gegenleistung: 2.000.000,00 €.

4. Eingang der Maklerrechnung – Nettobetrag: 100.000,00 €.

5. Der Grundbuchauszug für die Umschreibung trifft ein.

6. Der Restkaufpreis wird durch einen Grundstücksankaufskredit finanziert. Die Bank valutiert zu 100 % auf das Konto des Verkäufers.

7. Die Rechnung des Notars für die Beurkundung des Grundstückskaufvertrags geht ein: 20.000,00 €.

8. Die fällige Entschädigung an den Pächter des Grundstücks für die vorzeitige Beendigung des Vertragsverhältnisses wird bezahlt: 10.000,00 €.

9. Dem Verkäufer werden die anteilig übernommene Grundsteuer (500,00 €) sowie Straßenreinigung (750,00 €) erstattet.

10. Erstellen Sie für beide Objekte den gemeinsamen Ausschnitt des SBK. Der Eröffnungsbestand für das Bankkonto beträgt 1.500.000,00 €.

Übungsteil 1: Buchführung

Übung Nr. 3 zu: Abschnitt „5.1 Erwerb, Bewirtschaftung und Verkauf unbebauter Grundstücke"

Geben Sie die Buchungssätze für die folgenden Geschäftsfälle an.

1. Barkauf von Unkrautvertilgungsmitteln für ein unbebautes Grundstück des AV, 180,00 €.
2. Bankeingang der Pacht für ein unbebauten Grundstücks des UV, 490,00 €.
3. Banküberweisung der noch nicht gebuchten Grunderwerbsteuer für ein unbebautes Grundstück des AV, 12.000,00 €.
4. Banklastschrift einer Versicherung für Hypothekenzinsen für ein unbebautes Grundstück des UV, 2.400,00 €.
5. Postbanküberweisung der Straßenreinigungsgebühr für ein unbebautes Grundstück des AV, 65,00 €.
6. Bankeinzug der Haftpflichtversicherung für ein unbebautes Grundstück des UV, 230,00 €.
7. Bankeingang für zuviel berechnete Haftpflichtversicherung aus 6., 44,00 €.
8. Die jährlichen Erbbauzinsen für ein unbebautes Grundstück des AV werden vom Bankkonto abgebucht, 4.000,00 €.
9. Banküberweisung für Verkehrswertermittlung für ein unbebautes Grundstück des AV, 1.650,00 €.

Übungsteil 1: Buchführung

Übung Nr. 4 zu: Abschnitt „5.1 Erwerb, Bewirtschaftung und Verkauf unbebauter Grundstücke"

Führen Sie zu den folgenden Sachverhalten das Grund- und Hauptbuch – das GuV-Konto und das SBK jedoch nur ausschnittweise!

Soweit nicht anders bezeichnet, handelt es sich um Rechnungsbeträge. Etwa erforderliche Zahlungen werden ausschließlich über das Bankkonto abgewickelt.

Sofern ein Kalenderdatum angegeben ist, ist für das ganze Geschäftsjahr in sinnvoller zeitlicher Reihenfolge unter Angabe des Datums zu buchen!

Eröffnungsbestände:	(02)	Grundstücke ohne Bauten	3.000.000,00 €
	(10)	Grundstücke ohne Bauten	10.000.000,00 €
	(2740)	Bank	600.000,00 €

1. Abschluss von Kaufverträgen für zwei unbebaute Grundstücke:
   Grundstück A soll mit Mietwohnungen bebaut werden. Der Kaufpreis beträgt 500.000,00 €. Die fällige Anzahlung über 100.000,00 € wird geleistet.
   Grundstück B soll mit Kaufeigenheimen bebaut werden. Der Kaufpreis beträgt 750.000,00 €. Die fällige Anzahlung über 150.000,00 € wird ebenfalls geleistet.

2. Die Grunderwerbsteuer für **A** und **B** wird überwiesen. Die Gegenleistung entspricht hier jeweils dem Kaufpreis.

3. Amtliche Genehmigungen werden bezahlt – **A**: 2.000,00 € und **B**: 2.500,00 €.

4. Der Grundbuchauszug für **A** trifft ein – Bezahlung der ersten Kaufpreisrate über 200.000,00 €.

   Am 01.04. d. J. valutiert die Bank dem Immobilienunternehmen den Grundstücksankaufskredit für den Restkaufpreis, der vom Immobilienunternehmen dann überwiesen wird.

Konditionen: Annuitätendarlehen: 21,5 % Tilgung und 10 % Zinsen bei 100%iger Auszahlung: vierteljährliche Zahlung und Verrechnung nachträglich.

5. Die Notargebühren für beide Grundstücke werden bezahlt – für **A** 3.600,00 € und für **B** 5.400,00 €.

6. Der Grundbuchauszug für **Grundstück B** trifft ein.
   Am 01.07. d. J. valutiert die Bank den Grundstücksankaufskredit direkt an den Verkäufer – **Konditionen wie A**, jedoch halbjährliche Zahlung und Verrechnung nachträglich.

7. Aufgrund entsprechender Einigung in den Kaufverträgen wird der Jahresbetrag der Grundsteuer bezahlt für **A** 805,00 € und für **B** 1.207,00 €.

8. Der Pächter von **Grundstück A** erhält seine fällige Abfindung: 10.000.00 €. Vom Pächter für **B** gehen 4.000,00 € ein.

9. Dem Verkäufer von **Grundstück A** werden 7.500,00 € für die vertraglich vereinbarte Abräumung des Grundstücks erstattet.

10. Für beide Grundstücke werden die Haftpflichtversicherungen bezahlt (**A**: 50,00 €. **B**: 75,00 €) sowie die Straßenreinigungsgebühren (**A**: 200,00 €; **B**: 300,00 €).

11. **Grundstück B** wird mit 20.000,00 € Mehrerlös verkauft.

Übungsteil 1: Buchführung

Übung Nr. 1 zu: Abschnitt „5.2 Erfassung der Herstellungskosten"

1. Nennen Sie mögliche Gründe für die über die Gliederung der Bilanzkonten hinausgehende, wesentlich differenziertere Erfassung der Herstellungskosten von Objekten des Anlage- und Umlaufvermögens!
2. Nennen Sie drei Möglichkeiten, die Herstellungskosten von Anlage- und Umlaufvermögen über die Gliederung der Bilanzkonten hinausgehend wesentlich differenzierter zu erfassen!
3. Kennzeichnen Sie allgemein (soweit möglich) die Kostengruppen nach der herkömmlichen Gliederung der Herstellungskosten von Objekten des Anlage- und Umlaufvermögens, und nennen Sie jeweils ein Beispiel!
4. Nennen Sie die Voraussetzungen, unter denen im Rahmen der Herstellung von Objekten des Anlage- oder Umlaufvermögens ein Sicherheitseinbehalt als vereinbart angenommen werden kann, geben Sie mit selbstgewählten Beträgen den Buchungssatz für den Rechnungsausgleich an, und bestimmen Sie die Auswirkung der entsprechenden Buchung auf die Bilanzsumme und das Eigenkapital!
5. Nennen Sie die Voraussetzungen, unter denen im Rahmen der Herstellung von Objekten des Anlage- oder Umlaufvermögens ein Sicherheitseinbehalt auszuzahlen ist, geben Sie mit selbstgewählten Beträgen den Buchungssatz für die Auszahlung an, und bestimmen Sie die Auswirkung der entsprechenden Buchung auf die Bilanzsumme und das Eigenkapital!
6. Nennen Sie die Voraussetzungen, unter denen im Rahmen der Herstellung von Objekten des Anlage- oder Umlaufvermögens eine Rechnung ohne Sicherheitseinbehalt bezahlt wird, geben Sie den Buchungssatz für den Rechnungsausgleich an, und bestimmen Sie die Auswirkung der entsprechenden Buchung auf die Bilanzsumme und das Eigenkapital!

Übungsteil 1: Buchführung

Übung Nr. 2 zu: Abschnitt „5.2 Erfassung der Herstellungskosten"

Bestimmen Sie, welcher Kostengruppe die folgenden Sachverhalte jeweils zuzuordnen sind!

1. Bau der Zentralheizungsanlage
2. Errichtung einer Wasserzapfstelle im Hof
3. Kauf eines Schneeräumgeräts für den Hauswart
4. Anlage von Grünflächen
5. Einbau des Personenaufzuges
6. Legen der Gasleitung vom Haus bis zur Hauptleitung
7. Installationsarbeiten für die Be- und Entwässerung im Haus
8. Maurerarbeiten am Fundament
9. Umzäunung des Grundstücks
10. Legen der Starkstromleitung im Haus
11. Einbau von Türschlössern
12. Kauf von Werkzeug für den Hauswart
13. Anlage eines Parkplatzes
14. Kellerfenstervergitterung
15. Blitzschutzanlage
16. Fliesen der Bäder
17. Aufstellen von Teppichklopfstangen
18. Einbau von Garagentoren
19. Kauf von Müllcontainern

Übungsteil 1: Buchführung

Übung Nr. 1 zu: Abschnitt „5.3 Bauvorbereitung und Bebauung von Objekten des Anlagevermögens"

1. Beschreiben Sie den Charakter der Konten der Kontenklasse 7!

2. Beschreiben Sie die beiden Funktionen des Kontos „(070) Bauvorbereitungskosten"!

3. Nennen Sie mit entsprechender Kennzeichnung des Buchungszwecks die im Rahmen der Herstellung von Objekten des Anlagevermögens zum Baubeginn zwingend notwendigen, die eventuell erforderlichen und die gegebenenfalls sinnvollen Buchungen, geben Sie jeweils den Buchungssatz dazu an, und bestimmen Sie die Auswirkung der entsprechenden Buchung auf die Bilanzsumme und das Eigenkapital!

4. Erklären Sie den Begriff „Aktivieren" im Rahmen der Herstellung von Objekten des Anlagevermögens für die Primärkosten, und geben Sie an, welche davon aktivierungspflichtig sind und für welche ein Aktivierungswahlrecht besteht!

5. Beschreiben Sie die Funktion der Konten der Kontengruppe „(65) Andere aktivierte Eigenleistungen"!

6. Beschreiben Sie den möglichen Inhalt der Eigenleistungen des Immobilienunternehmens im Rahmen der Herstellung von Anlagevermögen und das Verfahren der Ermittlung für den Kostenansatz, nennen Sie mit entsprechender Kennzeichnung des Buchungszwecks die Buchungssätze, und bestimmen Sie für jede einzelne und für zusammengehörige Buchungen insgesamt die Auswirkung auf die Bilanzsumme und das Eigenkapital!

7. Nennen Sie mit entsprechender Angabe der Voraussetzung die Konten, über die (spätestens) im Rahmen von „III. Vorbereitende Abschlussbuchungen“ die Konten der Kontenklasse 7 abgeschlossen werden, und bestimmen Sie die Auswirkung der Buchungen auf die Bilanzsumme und das Eigenkapital!

8. Beschreiben Sie die Wirkung der Ausübung von Aktivierungswahlrechten im Rahmen der Herstellung von Objekten des Anlagevermögens!

Übungsteil 1: Buchführung

Übung Nr. 2 zu: Abschnitt „5.3 Bauvorbereitung und Bebauung von Objekten des Anlagevermögens“

Bilden Sie, falls die Aufgabe nicht anders lautet, zu den folgenden Sachverhalten die Buchungssätze!

Das Immobilienunternehmen macht von allen Primärausweis- und Aktivierungsmöglichkeiten Gebrauch.

Soweit nicht anders bezeichnet, handelt es sich um Rechnungsbeträge. Etwa erforderliche Zahlungen werden ausschließlich über das Bankkonto abgewickelt.

Die folgenden Sachverhalte Nr. 1 bis 4 beziehen sich alle auf dasselbe unbebaute Grundstück des Anlagevermögens.

1. Die Rechnung des Architekten über 50.000,00 € geht ein;
2. Rechnungen über 3.000,00 € für Lichtpausen und Fotokopien gehen ein;
3. Die Rechnung für die Straßenreinigungsgebühren über 100,00 € geht ein;
4. Aufgrund von Bodenuntersuchungen ergibt sich, dass das Vorhaben innerhalb des vorgegebenen Kostenrahmens nicht durchführbar ist; die bisher erbrachten Leistungen erscheinen jedoch zu 50 % anderweitig verwendbar.

Übungsteil 1: Buchführung

Übung Nr. 3 zu: Abschnitt „5.3 Bauvorbereitung und Bebauung von Objekten des Anlagevermögens“

Führen Sie zu den folgenden Sachverhalten das Grund- und Hauptbuch – das GuV-Konto und das SBK jedoch nur ausschnittweise!

Das Immobilienunternehmen macht von allen Primärausweis- und Aktivierungsmöglichkeiten Gebrauch.

Soweit nicht anders bezeichnet, handelt es sich um Rechnungsbeträge. Etwa erforderliche Zahlungen werden ausschließlich über das Bankkonto abgewickelt. Dabei ist dann gegebenenfalls der nach § 17 Nr. 6 VOB(B) übliche Sicherheitseinbehalt von 5 % zu berücksichtigen!

Sofern ein Kalenderdatum angegeben ist, ist für das ganze Geschäftsjahr in sinnvoller zeitlicher Reihenfolge unter Angabe des Datums zu buchen!

Eröffnungsbestände:	(02)	Grundstücke ohne Bauten	24.000.000,00 €
	(070)	Bauvorbereitungskosten (keine Typenplanungen)	50.000,00 €
	(2740)	Bank	11.000.000,00 €
	(44200)	Verbindlichkeiten aus Bau-/ Instandhaltungsleistungen – laufende Rechnung	5.000.000,00 €

1. Der Kaufvertrag für das **Grundstück A** weist einen Kaufpreis von 900.000,00 € aus. Die 20%ige Anzahlung wird geleistet.
2. 53.550,00 € Maklerprovision für die Vermittlung von **A** werden bezahlt.
3. Der Architekt erhält sein Honorar für die Vorplanung der **Objekte A, B** und **C** von insgesamt 34.000,00 €.
4. **Baubeginn** auf **Grundstück B**:

   Die Grundstückskosten betragen 5.000.000,00 € und die Bauvorbereitungskosten 17.000,00 €.
5. (Wirtschaftlicher) Eigentumsübergang von **Grundstück A**.

6. Die Bebauungsabsicht von **Grundstück C** wird aufgegeben. Die Arbeiten für die Bauvorbereitung in Höhe von 4.000,00 € erscheinen auch anderweitig nicht verwendbar.
7. Am **01.07. d. J.** valutiert der Kreditgeber das Restkaufpreisdarlehen für **Grundstück A** direkt auf das Notaranderkonto.
   Konditionen: Annuitätendarlehen: 28 % Tilgung; 10 % Zinsen bei 100%iger Auszahlung; halbjährliche Zahlung und Verrechnung im Voraus.
8. Rechnungen für Maurer- und Tischlerarbeiten für **Objekt B** gehen ein: insgesamt 1.700.000,00 €
9. Die Anschlüsse für Strom, Gas und Wasser an das öffentliche Versorgungsnetz auf dem Grundstück bei **Objekt B** werden bezahlt: 70.000,00 €.
10. Der Architekt erhält sein Honorar für die Ausführungsplanung von **Objekt B**: 14.000,00 €.
11. Die Rechnung für das Anlegen einer privaten Zufahrtsstraße zum **Grundstück B** geht ein: 500.000,00 €.
12. Malerarbeiten für **Objekt B** werden bezahlt: 12.000,00 €.
13. Die Rechnung für die Notverglasung von **Objekt B** geht ein: 20.000,00 €.
14 Die Rechnungen zu Nr. 8, 11 und 13 werden bezahlt – Sammelbuchung reicht.
15. Die Realisierung von **Objekt A** wird aufgegeben. Von den 13.000,00 € Planungsaufwendungen erscheinen 50 % auch anderweitig nicht verwendbar.
16. Zum Jahresende wird **Grundstück A** mit 50.000,00 € über allen dafür angefallenen Kosten verkauft. Der Kreditgeber rechnet auf den 31.12. d. J. ab. Das Restkaufgelddarlehen wird zurückgezahlt.
17. Zum Jahresende ist **Objekt B** noch im Bau!

Übungsteil 1: Buchführung

Übung Nr. 4 zu: Abschnitt „5.3 Bauvorbereitung und Bebauung von Objekten des Anlagevermögens"

Führen Sie zu den folgenden Sachverhalten das Grund- und Hauptbuch – das GuV-Konto und das SBK jedoch nur ausschnittweise!

Das Immobilienunternehmen macht von allen Primärausweis- und Aktivierungsmöglichkeiten Gebrauch.

Soweit nicht anders bezeichnet, handelt es sich um Rechnungsbeträge. Etwa erforderliche Zahlungen werden ausschließlich über das Bankkonto abgewickelt. Dabei ist dann gegebenenfalls der nach § 17 Nr. 6 VOB(B) übliche Sicherheitseinbehalt von 5 % zu berücksichtigen!

Sofern ein Kalenderdatum angegeben ist, ist für das ganze Geschäftsjahr in sinnvoller zeitlicher Reihenfolge unter Angabe des Datums zu buchen!

Eröffnungsbestände:	(00)	Grundstücke mit Bauten	20.000.000,00 €
	(02)	Grundstücke ohne Bauten	1.750.000,00 €
	(06)	Anlagen im Bau	3.100.000,00 €
	(2740)	Bank	4.500.000,00 €
	(290)	Geldbeschaffungskosten	168.000,00 €
	(410)	Objektfinanzierung	2.880.000,00 €
	(44200)	Verbindlichkeiten Bau-/Inst.leistungen	950.000,00 €
	(44201)	Garantieeinbehalte Bau-/Inst.leistungen	55.000,00 €
	(44212)	Verbindlichkeiten Hausbewirtschaftung	32.000,00 €

1. Der Buchwert des seit Beginn des Vorjahres im Bau befindlichen **Objekts A** setzt sich zusammen aus 1.200.000,00 € Grundstückskosten, 1.500.000,00 € Bauwerkskosten und 400.000,00 € Baunebenkosten.

2. Die zu Beginn dieses Jahres fällige Annuität für den Baukredit wird bezahlt. Die Grundschuld wurde zu Beginn vorigen Jahres valutiert.
   Konditionen: Annuitätendarlehen über nominal 3.000.000,00 €; 94 % Auszahlung bei 7 % Zinsen und 4 % Tilgung; jährliche Zahlung und Verrechnung im Voraus; Konditionenfestschreibung über die Laufzeit von 15 Jahren.
3. Für das **Objekt A** entstehen im laufenden Jahr folgende Kosten, die auch bezahlt werden:

Innenausbau der Tiefgarage:	450.000,00 €;
gebündelte Bauwesenversicherung:	3.800,00 €;
Gebühren für den Anschluss an das Fernheizungsnetz:	5.000,00 €;
sonstige Bauwerkskosten:	1.400.000,00 €.

4. Für Objekte des Anlagevermögens werden bezahlt:

	jährliche Grundsteuer	Grundstücks-haftpflichtvers.	Straßenreinigung
a) unbebaute Grundstücke:	3.680,00 €	600,00 €	1.500,00 €
b) **Objekt A:**	2.630,00 €	1.000,00 €	800,00 €
c) andere Wohnanlagen:	42.000,00 €	3.700,00 €	8.000,00 €

5. Zu bereits bezahlten Rechnungen für **Objekt A** über 2.400.000,00 € werden Bankbürgschaften vorgelegt.
6. Zum Jahresende ist das Bauwerk fertig und wird abgerechnet. Dabei ergeben sich laut Arbeitszeitstatistik 40.000,00 € an zurechenbaren Verwaltungsleistungen.

Übungsteil 1: Buchführung

Übung Nr. 1 zu: Abschnitt „5.4 Bauvorbereitung, Bautätigkeit und Verkauf von Objekten des Umlaufvermögens"

1. Begründen Sie den Satz: „Bautätigkeit und Verkauf von Objekten des Umlaufvermögens sind in der GuV-Rechnung nach dem Bruttoprinzip auszuweisen!"
2. Beschreiben Sie das „Bruttoausweisprinzip" allgemein, und erläutern Sie die Auswirkung auf die Darstellung der Baukosten und der Verkaufserlöse im Jahresabschluss für die Bautätigkeit und den Verkauf von Objekten des Umlaufvermögens!
3. Erläutern Sie kurz den Begriff „Fremdkosten", nennen Sie ein Beispiel für Fremdkosten, die nicht nach dem Primärkostenausweisprinzip erfasst werden, geben Sie den Buchungssatz dazu an, und bestimmen Sie die Auswirkung der Buchung auf die Bilanzsumme und das Eigenkapital!
4. Beschreiben Sie im Rahmen von Bautätigkeit und Verkauf von Objekten des Umlaufvermögens die Handhabung der „Liste zur Ermittlung der Herstellungskosten" für den Fall, dass eine Rechnung für das Anlegen von Wegen auf dem Grundstück des Objekts eingeht, und geben Sie dabei die gemeinsame Funktion zusammengehöriger Spalten an!
5. Erklären Sie kurz den Begriff „Primärkosten", beschreiben Sie diejenigen, die im Rahmen der Bautätigkeit und des Verkaufs von Objekten des Umlaufvermögens anfallen können, und das Verfahren der Ermittlung der zu erfassenden Beträge, geben Sie den Buchungssatz dazu an, und bestimmen Sie die Auswirkung der Buchungen auf die Bilanzsumme und das Eigenkapital!
6. Beschreiben Sie die Funktion der Konten der Kontengruppe „(64) Erhöhung oder Verminderung des Bestandes an zum Verkauf bestimmten Grundstücken mit fertigen und unfertigen Bauten sowie unfertigen Leistungen", die für die Bautätigkeit

und den Verkauf von Objekten des Umlaufvermögens benutzt werden, und geben Sie jeweils die Entsprechung zu den Konten für den Ausweis der Betriebskosten an!

7. Nennen Sie jeweils mit Angabe der Voraussetzung die Gegenkonten zu den Konten der Kontengruppe „(64) Erhöhung und Verminderung des Bestandes an zum Verkauf bestimmten Grundstücken mit fertigen und unfertigen Bauten sowie unfertigen Leistungen", die für die Bautätigkeit und den Verkauf von Objekten des Umlaufvermögens benutzt werden, und bestimmen Sie die Auswirkung der entsprechenden Buchung auf die Bilanzsumme und das Eigenkapital!
8. Geben Sie an, welche Primärkosten im Rahmen von Bautätigkeit und Verkauf von Objekten des Umlaufvermögens aktivierungspflichtig sind und für welche ein Aktivierungswahlrecht besteht!
9. Beschreiben Sie im Rahmen von Bautätigkeit und Verkauf von Objekten des Umlaufvermögens die Handhabung der „Liste zur Ermittlung der Herstellungskosten" für den Fall, dass Fremdzinsen für einen Kredit zur Herstellung des Objekts für einen Zeitraum zu entrichten sind, der zu zwei Dritteln Bauzeit beinhaltet!
10. Beschreiben Sie die Wirkung der Ausübung von Aktivierungswahlrechten im Rahmen von Bautätigkeit und Verkauf von Objekten des Umlaufvermögens!

Übungsteil 1: Buchführung

Übung Nr. 2 zu: Abschnitt „5.4 Bauvorbereitung, Bautätigkeit und Verkauf von Objekten des Umlaufvermögens"

Geben Sie die Buchungssätze für die folgenden, nicht zusammenhängenden Geschäftsfälle an. Verwenden Sie dabei die Unterkonten des Kontos „(810) Fremdkosten" (8100, 8102, 8103, etc.).

1. ER eines Fremdarchitekten (Vorplanung für Reiheneigenheime), 5.600,00 €.
2. Aktivierung von 2.400,00 € auf die Bauzeit entfallenden Fremdzinsen auf ein Mietwohnhaus.
3. Aktivierung von 2.400,00 € auf die Bauzeit entfallenden Fremdzinsen auf ein Eigenheim.
4. Umbuchung von 4.500,00 € im gleichen Jahr gebuchten Bauvorbereitungskosten bei Baubeginn.
5. ER für die Feuerlöschererstausstattung für ein Mietwohnhaus, 1.800,00 €.
6. ER für die Errichtung eines Mülltonnenhäuschens (direkt an der Straße), 8.400,00 €.
7. Umbuchung der aktivierten Bauvorbereitungskosten bei Fertigstellung einer Eigentumsmaßnahme, 12.000,00 €.
8. ER eines Bauhandwerkers für den Einbau der Dachfenster in einem Eigenheim, 17.500,00 €.
9. ER eines Fremdarchitekten für die Bauaufsicht vor Ort auf einer Eigenheimbaustelle, 2.400,00 €.
10. Die Hausbank bucht Zinsen für einen Bauzwischenkredit UV vom Konto ab, 4.400,00 €.
11. ER für den Hauszuweg von der Straße, 24.000,00 €.
12. Banküberweisung für die Abnahme einer Aufzugsanlage in einer Eigentumswohnungsanlage, 850,00 €.

13. Auszahlung eines Objektfinanzierungskredites UV in Höhe von 400.000,00 €, Disagio 6 %. Ein Bauzwischenkredit über 200.000,00 € bei der gleichen Bank und 6.000,00 € Zinsen für diesen Kredit werden bei der Auszahlung verrechnet.
14. ER eines Fremdarchitekten für die Erstellung des Bauantrages für ein Doppeleigenheim, 550,00 €.

Übungsteil 1: Buchführung

Übung Nr. 3 zu: Abschnitt „5.4 Bauvorbereitung, Bautätigkeit und Verkauf von Objekten des Umlaufvermögens"

Geben Sie die Buchungssätze für die folgenden zusammenhängenden Geschäftsvorfälle zum Bau einer Eigentumsanlage an.

1. Banküberweisung für die Baugenehmigung, 550,00 €.
2. Baubeginn auf dem nicht erschlossenen Grundstück, Buchwert 200.000,00 €; ER für den Bodenaushub, 15.000,00 €.
3. Bankabbuchung der Grundsteuer, 380,00 €.
4. ER des Generalübernehmers für den Rohbau, 400.000,00 €.
5. Aufnahme eines Bauzwischenkredites bei der Hausbank, 320.000,00 €.
6. ER für 1. Müllhäuschen (ans Haus angebaut) 16.000,00 €,
   2. Mülltonnen 2.400,00 €.
7. Banklastschrift der Zinsen für den Bauzwischenkredit, 10.000,00 €.
8. ER für Büromaterial, 950,00 €.
9. Jahresende; der Bau ist nicht fertig gestellt. Aktivieren Sie neben den Fremdkosten und dem Grundstück 9.000,00 € (auf die Bauzeit entfallende) Zinsen für den Bauzwischenkredit, die gesamte Grundsteuer und 1.200,00 € eigene Verwaltungsleistungen. Abzuschließen ist nur das Konto mit dem unfertigen Gebäude.

Übungsteil 1: Buchführung

Übung Nr. 4 zu: Abschnitt „5.4 Bauvorbereitung, Bautätigkeit und Verkauf von Objekten des Umlaufvermögens"

Geben Sie Buchungssätze für die folgenden zusammenhängenden Geschäftsfälle an.

Variante 1
Verwenden Sie dabei die Unterkonten des Kontos „(810) Fremdkosten" (8100, 8102, 8103, etc.).

Variante 2
Buchen Sie die Fremdkosten auf dem Gruppenkonto „(810) Fremdkosten", und ermitteln Sie die Kosten des Objektes in einer „Liste zur Ermittlung der Herstellungskosten".

1. Der Grunderwerbsteuerbescheid geht ein und wird per Bank überwiesen, 11.900,00 €.
2. Eintragung (rechtlicher Eigentumsübergang) eines unbebauten, unerschlossenen Grundstücks (UV), Kaufpreis 340.000,00 €.
3. Maklerrechnung für das Grundstück geht ein, 9.300,00 €.
4. ER für Marktanalyse (geplanter Bau von Eigentumswohnungen auf dem Grundstück), 5.000,00 €.

5. Lohnabrechnung für unseren Architekten: Brutto-Gehalt 3.000,00 €, Steuern/Abgaben 535,00 €, Sozialversicherungsbeitrag 634,50 €, Vorschusseinbehalt 500,00 €; Arbeitgeberanteil zur Sozialversicherung 634,50 €.
6. Ablösung eines Pachtverhältnisses, Banküberweisung 9.000,00 €.
7. Beginn der Bautätigkeit. ER für die Errichtung des Bauzaunes geht ein, 8.000,00 €.
8. Grundsteuer für das Baugrundstück wird vom Bankkonto abgebucht, 500,00 €.
9. Aufnahme eines Bauzwischenkredites bei der Hausbank für das Bauvorhaben (Auszahlung ohne Abzüge auf das Bankkonto), 300.000,00 €.
10. Barzahlung an den Partyservice für das Richtfest, 2.500,00 €.
11. ER für den schlüsselfertigen Bau, 720.000,00 €.
12. Beitragsbescheid der Gemeinde über Erschließungsmaßnahmen geht ein, 12.000,00 €.
13. ER für die kompletten Außenanlagen, 48.000,00 €.
14. ER für die Mülltonnenerstausstattung, 2.400,00 €.
15. Banklastschrift für Zinsen für den Bauzwischenkredit, 12.000,00 €.
16. Jahresende:
Der Bau ist fertig. Neben dem Grundstück und den Fremdkosten sind eigene Architektenleistungen in Höhe von 2.000,00 €, eigene Verwaltungsleistungen in Höhe von 800,00 €, auf die Bauzeit entfallende Fremdzinsen in Höhe von 10.500,00 € und auf die Bauzeit entfallende Grundsteuer in Hohe von 300,00 € zu aktivieren.

Übungsteil 1: Buchführung

Übung Nr. 5 zu: Abschnitt „5.4 Bauvorbereitung, Bautätigkeit und Verkauf von Objekten des Umlaufvermögens"

Buchen Sie in Grund- und Hauptbuch von „(980) Eröffnungsbilanzkonto" bis „(989) Schlussbilanzkonto". Verwenden Sie dabei die Unterkonten des Kontos „(810) Fremdkosten" (8100, 8102, 8103, etc.).

Anfangsbestände: Konto (2740) 825.000,00 €, Konto (301) 825.000,00 €.

1. Grunderwerbsteuerbescheid geht ein, 10.500,00 €.
2. Banküberweisung der Grunderwerbsteuer.
3. Grundbuchumschreibung für ein unbebautes, unerschlossenes Grundstück, das zwecks Bebauung mit Eigentumswohnungen erworben wurde; Kaufpreis 300.000,00 €.
4. Beitragsbescheid über Teilerschließungsmaßnahme geht ein, 15.000,00 €.
5. Banküberweisung für 3 und 4.
6. Die Kosten für den Bauantrag werden per Scheck bezahlt, 240,00 €.
7. Beginn der eigenen Erschließungsmaßnahmen:
Eingang einer Fremdrechnung für die Enttrümmerung des Grundstücks über 39.000,00 €.
8. Aufnahme einer Hypothek zur Finanzierung der Eigentumswohnungen bei einer Lebensversicherungsgesellschaft in Höhe von 900.000,00 €; Auszahlung 92 %.
9. ER eines Ingenieurbüros für die Statikberechnung, 3.300,00 €.

10. Baubeginn
    1. Rechnungseingang für den Kellerbau, 80.000,00 €,
    2. Rechnungseingang für die Gartenanlage, 77.000,00 €,
    3. Rechnungseingang für die Mülltonnenerstausstattung, 1.800,00 €.

11. Banküberweisung für die Rechnungen aus 7. und 9. (Ein Buchungssatz!)

12. ER des Generalunternehmers für das Gebäude über 1.220.000,00 €.

13. Der Beitragsbescheid der Gemeinde für die restlichen Erschließungsmaßnahmen geht ein, 32.000,00 €.

14. Grundsteuer für das in Bebauung befindliche Grundstück wird vom Bankkonto abgebucht, 480,00 €.

15. Banküberweisung für die Gebäuderechnung aus 12.

16. Die Versicherung bucht 27.000,00 € Tilgung und 34.000,00 € Zinsen für das Hypothekendarlehen vom Bankkonto ab.

17. Jahresende:
    Die Eigentumswohnungen sind fertig gestellt, aber nicht verkauft.
    Es sind 32.000,00 € Zinsen für die Objektfinanzierung und 350,00 € Grundsteuer zu aktivieren.
    Eigenleistungen werden nicht aktiviert.
    Die Konten sind abzuschließen.

Übungsteil 1: Buchführung

Übung Nr. 6 zu: Abschnitt „5.4 Bauvorbereitung, Bautätigkeit und Verkauf von Objekten des Umlaufvermögens"

Buchen Sie in Grund- und Hauptbuch von „(980) Eröffnungsbilanzkonto" bis „(989) Schlussbilanzkonto".

Anfangsbestände:

(102)	140.000,00 €,	(12)	4.000,00 €,	(13)	440.000,00 €,
		(2740)	110.000,00 €,	(?!)	
(416)	200.000,00 €,	(430)	50.000,00 €,	(44200)	15.000,00 €.

Variante 1
Verwenden Sie für die Aufgabe die Unterkonten des Kontos „(810) Fremdkosten" (8100, 8102, 8103, etc.).

Variante 2
Buchen Sie die Fremdkosten auf dem Gruppenkonto „(810) Fremdkosten", und ermitteln Sie die Kosten des Objektes in der dafür vorgesehenen Liste.

Auf dem Konto (102) sind zwei unbebaute Vorratsgrundstücke gebucht. Der Anfangssaldo von 440.000,00 € auf dem Konto (13) betrifft zu gleichen Teilen zwei Haushälften, mit deren Bau im Vorjahr begonnen wurde (Bauvorhaben 1). Im nun zu beginnenden Jahr wird mit dem Bau eines weiteren Hauses begonnen (Bauvorhaben 2), für das auf dem Konto (12) 4.000,00 € für die Vorplanung aktiviert sind.

Geschäftsfälle:

1. Baubeginn (Bauvorhaben 2) auf einem unbebauten UV-Grundstück (Buchwert 90.000,00 €). ER für den Bodenaushub über 12.000,00 €.

2. Fortsetzung des UV-Bauvorhabens 1 aus dem Vorjahr (zwei Doppelhäuser). ER für das Dach über 45.000,00 €.

3. ER für das Richtfest über 500,00 €. Damit ist das Bauvorhaben 1 abgeschlossen.

4. Eine Haushälfte ist für 330.000,00 € verkauft worden. Der Käufer hat im Vorjahr eine Anzahlung von 50.000,00 € geleistet. Bei Eingang des Restkaufpreises wird der Erlös gebucht. In der Hoffnung, noch im laufenden Jahr einen Käufer für das zweite Haus zu finden, wird vorläufig auf die Aktivierung verzichtet. Die 440.000,00 € auf dem Konto (13) betreffen zu gleichen Teilen die beiden Haushälften.

5. Der Bauzwischenkredit wird zuzüglich 8.600,00 € Zinsen per Banküberweisung zurückgezahlt.

6. Verkauf des nicht in der Bebauung befindlichen UV-Grundstücks, Buchwert 50.000,00 € für 75.000,00 €.

7. Eingangsrechnungen: 240.000,00 € für den Rohbau, 14.000,00 € für das Aufbringen von Mutterboden auf das Grundstück, 60.000,00 € für die Heizanlage und 5.400 € für ein zusätzliches Bodengutachten.

8. Aufnahme eines neuen Bauzwischenkredites für das 2. Bauvorhaben bei einer Lebensversicherung, 150.000,00 €, 100 % Auszahlung.

9. ER für die Wohnungstüren über 8.400,00 €.

10. Abschluss eines Vorvertrages für die fertige zweite Haushälfte. Der Käufer leistet eine Anzahlung von 25.000,00 € auf unser Bankkonto.

11. ER für den Außenputz über 32.000,00 €.

12. Die Lebensversicherung bucht 5.500,00 € Zinsen für den Bauzwischenkredit vom Bankkonto ab.

13. Jahresende:
    Die fertige zweite Haushälfte wurde nicht verkauft. (Die Anzahlung ist noch nicht zurückbezahlt worden.) Von den 8.600,00 € Zinsen für den zurückgezahlten Bauzwischenkredit fallen 8.200,00 € in die Bauzeit. Der auf das nicht verkaufte Haus entfallende Teil (50 %) ist zu aktivieren. Das 2. Bauvorhaben ist nicht fertig gestellt. Das Grundstück, die Fremdkosten und die Zinsen für den Zwischenkredit von der Lebensversicherung sind zu aktivieren. Anschließend sind die Konten abzuschließen.

Übungsteil 1: Buchführung

Übung Nr. 1 zu: Kapitel „6 Die Baubetreuung"

1. Nennen Sie die wesentlichen Leistungen, die eine Wohnungsunternehmung im Rahmen der Baubetreuung für den Betreuten erbringt!

2. Beschreiben Sie Eigenleistungen, die bei der Baubetreuung durch eine Wohnungsunternehmung erbracht werden können!

3. Begründen Sie, warum die Leistungen der eigenen Architekten des Betreuers für die Baubetreuung nicht in der Kontengruppe „(82) Aufwendungen für andere Lieferungen und Leistungen" gebucht werden.

4. Erklären Sie, wann eine Eingangsrechnung für Architektenleistungen im Rahmen einer Betreuungsmaßnahme als Fremdkosten für die Baubetreuung erfasst wird, und geben Sie den Buchungssatz an!

5. Erklären Sie den Unterschied zwischen einer auf dem Bankkonto eingehenden Betreuungsgebührenrate und den auf Konto „(2745) Guthaben auf Sonderkonten (Betreuungsbankkonto)“ zu buchenden beim Betreuer eingehenden Geldern, und geben Sie die Buchungssätze zu diesen beiden Geschäftsfällen an!
6. Geben Sie den Buchungssatz für die Aktivierung der nicht abgerechneten Betreuungsleistungen an!
7. Beschreiben Sie die Gemeinsamkeiten zwischen nicht abgerechneten Betreuungsleistungen, unfertigen Bauten im UV und nicht abgerechneten Betriebskosten am Jahresende!
8. Nennen Sie alle bei Abrechnung der Betreuungsleistung einer mehrjährigen Betreuungsmaßnahme möglichen Buchungen mit ihren Buchungssätzen!

Übungsteil 1: Buchführung

Übung Nr. 2 zu: Kapitel „6 Die Baubetreuung"

Geben Sie die Buchungssätze für folgende nicht zusammenhängende Geschäftsfälle an.

1. Eine Betreuungsgebührenrate ist fällig und geht auf dem Bankkonto ein, 2.618,00 € brutto.
2. Bestandminderung der aktivierten, nicht abgerechneten Betreuungsleistungen aus dem Vorjahr nach der Abrechnung eines Betreuungsauftrages, 7.500,00 €.
3. Auflösung des Betreuungsbankkontos, Saldo 12.400,00 € nach Verrechnung der Verbindlichkeiten aus der Baubetreuung.
4. Eingang einer Bauhandwerkerrechnung für den Betreuungsbau, brutto 35.700,00 €.
5. Banküberweisung für die Rechnung aus 4).
6. Eingang einer Architektenrechnung für die Baubetreuung vor Ort, netto 1.200,00 €
7. Gehaltsabrechnung für unseren mit der Betreuung beauftragten Architekten:

Tarifgehalt	2.970,00 €,	Steuern/Abgaben	525,00 €,
Soz.-Vers. AN	665,21 €,	Sparrate (VL)	40,00 €,
AG-Zuschuss VL	13,00 €,	Soz-Vers. AG	630,90 €.

8. Aktivierung von 4.500,00 € eigenen Betreuungsleistungen am Jahresende (Architektentätigkeit).
9. Geldeingang auf dem Betreuungsbankkonto für die Bezahlung von Baurechnungen, 40.000,00 €.
10. Abrechnung eines Betreuungsauftrages (Nettobeträge):

Betreuungsgebühr	18.000,00 €
Erhaltene Betreuungsgebührenraten	12.000,00 €
Aktivierte Betreuungsleistungen aus dem Vorjahr	4.000,00 €
Guthaben auf dem Betreuungsbankkonto	2.000,00 €
Saldo auf Konto 441	2.000,00 €

11. Eine Hypothek für das Bauvorhaben des Betreuten kommt an uns zur Auszahlung, Kreditsumme 200.000,00 €; Disagio 5.000,00 €.

Übungsteil 1: Buchführung

Übung Nr. 3 zu: Kapitel „6 Die Baubetreuung"

Geben Sie die Buchungssätze für die folgenden zusammenhängenden Geschäftsfälle an. (Es ist sinnvoll, die die Betreuung betreffenden Konten zu führen.)

Geschäftsfälle:

1. Zahlungseingang auf dem Banktreuhandkonto zur Bezahlung von Bauhandwerkerrechnungen für den Betreuungsbau, 140.000,00 €.
2. Bezahlung von Bauhandwerkerrechnungen für den Betreuungsbau, 100.000,00 €.
3. Eingang einer Fremdarchitektenrechnung (Baubetreuung auf der Baustelle im Auftrag der Wohnungsunternehmung), brutto 9.520,00 €;
4. Gehaltsabrechnung für den eigenen Architekten:

Tarifgehalt	4.000,00 €,	Steuern/Abgaben	925,00 €,
Soz.-Vers. AN	897,80 €,	Sparrate (VL)	40,00 €,
AG-Zuschuss VL	26,00 €,	Soz-Vers. AG	851,50 €.

5. Auszahlung der Hypothek für den Betreuungsbau an den Betreuer: Darlehenssumme 120.000,00 €, Damnum 6.000,00 €.
6. Überweisung für Büromaterial (Rechnung bereits gebucht), 2.380,00 €.
7. Bankeingang einer Betreuungsgebührenrate, 19.040,00 €.
8. Umsatzsteuerzahlungstermin.
9. Jahresabschluss; die Eigenleistungen für die Betreuungstätigkeit belaufen sich auf 7.500,00 €. Es sind nur die Abschlussbuchungssätze für die Konten 160, 253, 2745, 431, 441 und 4701 anzugeben.
10. Jahresbeginn. Die abgeschlossenen Konten sind wieder zu eröffnen.
11. Zahlungseingang auf dem Bautreuhandkonto, 50.000,00 €.
12. Bezahlung von Bauleistungen für den Betreuungsbau, 80.000,00 €.
13. Eingang einer Fremdarchitektenrechnung (Betreuungsleistung), brutto 9.282,00 €.
14. Gehaltsabrechnung:

Tarifgehalt	2.000,00 €,	Steuern/Abgaben	223,00 €,
Soz.-Vers. AN	446,00 €,	Vorschusseinbehalt	500,00 €,
Soz-Vers. AG	423,00 €.		

15. Bankeingang einer nun fälligen Betreuungsgebührenrate, 8.330,00 €.
16. ER für Büromaterial, 1.190,00 € brutto.
17. Die vereinbarte Betreuungsgebühr in Höhe von 25.000,00 € wird in Rechnung gestellt.
    Alle erforderlichen Buchungen sind vorzunehmen.
18. Umsatzsteuerzahlungstermin.

Übungsteil 1: Buchführung

Übung Nr. 4 zu: Kapitel „6 Die Baubetreuung"

Die Betreuungsunternehmung führt zurzeit nur einen Betreuungsauftrag aus. Buchen Sie in Grund- und Hauptbuch (das Konto „(980) Eröffnungsbilanzkonto" ist im Hauptbuch nicht zu führen).

Anfangsbestände:

(160)	12.500,00 €,	(2740)	45.656,00 €,	(2745)	25.000,00 €,
(301)	48.800,00 €,	(431)	8.500,00 €,	(441)	25.000,00 €,
(4701)	856,00 €.				

Variante 1

Geschäftsfälle:

1. Bankeingang auf dem Betreuungsbankkonto zur Bezahlung von Rechnungen für den Betreuungsbau, 40.000,00 €.
2. Eingang einer Architektenrechnung (Betreuungsleistung), netto 4.000,00 €
3. Zielkauf von Kopierpapier für die Betreuungstätigkeit, brutto 238,00 €
4. Eingang einer Rechnung für den Betreuungsbau, brutto 29.000,00 €
5. Eingang einer weiteren Architektenrechnung (Betreuungsleistung), netto 1.000,00 €
6. Die Rechnung aus 4) wird überwiesen.
7. Abrechnung der Betreuungsleistung am 31.12. Die Betreuungsgebühr beträgt 28.000,00 €.
   Es sind alle für den Abschluss des Betreuungsauftrages notwendigen Buchungen vorzunehmen.
   Anschließend sind die Konten abzuschließen.

Variante 2

Bis inkl. 6. identisch mit Variante 1.

7. Jahresende:

   Der Betreuungsauftrag ist nicht abgeschlossen. Kopierpapier für 50,00 € ist dem Betreuungsauftrag zuzurechnen. Es sind alle erforderlichen Buchungen vorzunehmen.

Übungsteil 1: Buchführung

Übung Nr. 5 zu: Kapitel „6 Die Baubetreuung""

Die Betreuungsunternehmung führt zurzeit nur einen Betreuungsauftrag aus. Buchen Sie in Grund- und Hauptbuch. (Das Konto „(980) Eröffnungsbilanzkonto" ist im Hauptbuch nicht zu führen.)

Anfangsbestände:

(05)	15.000,00 €,	(160)	6.500.00 €,	(2740)	65.000,00 €,
(2745)	65.000.00 €,	(301)	?	(431)	5.000,00 €,
(441)	25.000.00 €,	(4701)	1.100,00 €.		

Geschäftsfälle:

1. Bankeingang einer Betreuungsgebührenrate, 2.975,00 €.
2. Der Betreute überweist 80.000,00 € Eigenmittel zur Bezahlung von Bauhandwerkerrechnung.
3. Überweisung für eine Bauhandwerkerrechnung, 52.000,00 €.
4. ER von einem freien Architekten, der für uns die Baubetreuung vor Ort vorgenommen hat, 2.500,00 € netto.
5. Bankeingang einer Betreuungsgebührenrate, 1.785,00 € brutto.
6. Eingangsrechnung für Büromaterial, brutto 595,00 €.

7. Banküberweisung für die Rechnungen aus 4) und 6).
8. Umsatzsteuerzahlungstermin (Ermittlung und wenn notwendig Überweisung der Zahllast).
9. Nach Abschluss der Betreuungstätigkeit wird dem Betreuten die Betreuungsleistung mit 18.000,00 € in Rechnung gestellt.
   Zu buchen sind die Abrechnung, die Verrechnung der Forderung mit den Verbindlichkeiten, die Bestandsverminderung bei den Noch nicht abgerechneten Betreuungsleistungen und die Auflösung des Banktreuhandkontos. Eine eventuell verbleibende Verbindlichkeit aus Betreuungstätigkeit ist an den Betreuten zu überweisen.
10. Umsatzsteuerzahlungstermin.
11. Jahresabschluss. Die Konten sind abzuschließen.

Übungsteil 1: Buchführung

Übung Nr. 6 zu: Kapitel „6 Die Baubetreuung"

Die Betreuungsunternehmung führt zurzeit nur einen Betreuungsauftrag aus. Buchen Sie in Grund- und Hauptbuch (das Konto „(980) Eröffnungsbilanzkonto" ist im Hauptbuch nicht zu führen).

Anfangsbestände:
(2740) 50.000,00 €, (301) 40.000,00 €, (44211) 10.000,00 €.

Variante 1

Geschäftsfälle:

1. Der Betreute überweist 40.000,00 € Eigenmittel zur Bezahlung von Bauhandwerkerrechnung.
2. ER von einem freien Architekten für die Baubetreuung vor Ort, 5.000,00 € (zuzüglich Umsatzsteuer).
3. Überweisung für eine fällige Bauhandwerkerrechnung für den Betreuungsbau, 52.000,00 €.
4. Bankeingang einer nun fälligen Betreuungsgebührenrate (irrtümlich auf dem Betreuungsbankkonto), 2.975,00 €.
5. Umsatzsteuerzahlungstermin.
6. Die Betreuungsgebührenrate aus 4) wurde von der Bank auf das laufende Bankkonto umgebucht.
7. Eine Reparaturrechnung für den Kopierer geht ein, brutto 833,00 €.
8. Banküberweisung für eine fällige, bereits gebuchte Rechnung (sächliche Verwaltungsaufw.), 580,00 €.
9. Umsatzsteuerzahlungstermin (Ermittlung und wenn notwendig Überweisung der Zahllast).
10. Auszahlung eines Darlehens des Betreuten auf das Betreuungsbankkonto:
    Darlehenssumme 40.000,00 €, Auszahlung 96 %.
11. Gehaltsabrechnung:

Tarifgehalt	2.970,00 €,	Steuern/Abgaben	525,00 €,
Soz.-Vers. AN	662,31 €,	Soz-Vers. AG	628,18 €.

12. Überweisung einer Rechnung für den Betreuungsbau, 12.000,00 €.
13. ER eines Architekten für die Prüfung der Statik für den Betreuungsbau, brutto 4.760,00 €.
14. Jahresabschluss.
    Es sind zunächst die Fremdkosten für den Betreuungsauftrag und 2.400,00 € eigene Leistungen des Betreuers zu aktivieren. Anschließend sind die Konten abzuschließen.

Variante 2

Bis inkl. 13. identisch mit Variante 1.

14. Der Betreuungsauftrag ist abgeschlossen. Die Betreuungsgebühr beträgt 16.000,00 €. Es sind alle erforderlichen Buchungen vorzunehmen.

Übungsteil 1: Buchführung

Übung Nr. 7 zu: Kapitel „6 Die Baubetreuung"

Die Betreuungsunternehmung führt zurzeit nur einen Betreuungsauftrag aus. Geben Sie die Buchungssätze für die folgenden Geschäftsfälle an. Die Führung der Konten, die in unmittelbarem Zusammenhang mit dem Betreuungsauftrag stehen (deren Anfangsbestände angegeben sind und das Konto (253)), ist nicht zwingend erforderlich, erleichtert Ihnen jedoch die Arbeit!

Anfangsbestände aus einem im Vorjahr begonnenen Betreuungsauftrag (Kontenausschnitt):

Konto (160)	10.200,00 €	Konto (2745)	40.000,00 €		
Konto (431)	12.000,00 €	Konto (441)	40.000,00 €	Konto (4701)	2.400,00 €

1. Nach eingehender Prüfung wird die Rechnung für die Heizungsanlage des Betreuungsbaus in Höhe von 32.000,00 € überwiesen.
2. Eingangsrechnung des Büromateriallieferanten, brutto 1.071,00 €.
3. Auszahlung des Hypothekendarlehens des Betreuten an uns. Darlehenssumme 350.000,00 €, Disagio 8 %, 6 % Zinsen und 2 % Tilgung für 10 Jahre fest.
4. Eingang der Rechnung eines Architekten für die Baubetreuung vor Ort, netto 2.200,00 €.
5. Eine Betreuungsgebührenrate geht auf dem Bankkonto ein, Bankgutschrift 2.975,00 €.
6. Umsatzsteuerzahlungstermin.
7. Banküberweisung der Rechnung für den Rohbau, 320.000,00 €.
8. Eingangsrechnung für 2 PC für je 3.000,00 € zuzüglich 19 % Umsatzsteuer. Der erste ist für die Buchhaltung, der zweite für die Tochter des Inhabers bestimmt.
9. Eingang der Rechnung eines Architekten für die letzten Änderungen an den Bauplänen, brutto 4.760,00 €.
10. Gehaltsabrechnung für den angestellten Architekten:

Bruttogehalt	3.835,00 €,	Lohnsteuer	857,00 €,
Soz.-Vers. AN	861,00 €,	Sparrate (VL)	40,00 €,
AG-Zuschuß VL	26,00 €,	Vorschusseinbehalt	500,00 €,
Soz-Vers. AG	816,60 €.		

11. Eingang der Telefonrechnung: Gebühren 250,00 € zuzüglich 19 % Umsatzsteuer.
12. Abrechnung des Betreuungsauftrages: die Betreuungsgebühr beträgt 24.000,00 €. Nehmen Sie alle erforderlichen Buchungen im Zusammenhang mit der Abrechnung vor.
13. Wieviel € beträgt der Rohgewinn oder Rohverlust aus diesem Betreuungsauftrag, wenn im laufenden Jahr der angestellte Architekt für 2.600,00 € Leistungen für den Auftrag erbracht hat und die Hälfte des Büromaterials aus 2. für den Auftrag verwendet wurde?

Übungsteil 1: Buchführung

Übung Nr. 1 zu: Abschnitt „7.1 Zeitliche Abgrenzung von Aufwendungen und Erträgen"

1. Erklären Sie den Begriff „transitorischer Posten".
2. Nennen Sie das Konto, auf dem ins kommende Geschäftsjahr gehörende Aufwendungen abgegrenzt werden.
3. Nennen Sie das Konto, auf dem ins kommende Geschäftsjahr gehörende Erträge abgegrenzt werden.
4. Geben Sie an, mit welchem Buchungssatz die Abgrenzung die im ablaufenden Geschäftsjahr bezahlte und ins kommende Geschäftsjahr gehörend, Betriebshaftpflichtversicherung gebucht wird.
5. Geben Sie an, mit welchem Buchungssatz die Abgrenzung der im ablaufenden Geschäftsjahr erhaltenen und ins kommende Geschäftsjahr gehörenden Pachterträge für ein unbebautes Grundstück gebucht werden.
6. Erklären Sie, warum die transitorischen Posten unmittelbar nach der Konteneröffnung im neuen Geschäftsjahr wieder aufgelöst werden.
7. Nennen Sie die Buchungssätze für die Auflösung der unter 4. und 5. gebildeten Abgrenzung für die Betriebshaftpflichtversicherung bzw. die Pachterträge für ein unbebautes Grundstück.
8. Erklären Sie die Begriffe „aufgelaufene Erträge" und „aufgelaufene Aufwendungen".
9. Geben Sie an, mit welchem Buchungssatz die Erbbauzinsen für die drei letzten Monate des Geschäftsjahres für ein dem Immobilienunternehmen gehörendes Grundstück erfasst werden, wenn die Zahlung erst im kommenden Geschäftsjahr fällig wird.
10. Nennen Sie den Buchungssatz für Zinsen des ablaufenden Geschäftsjahres für ein Darlehen zur Unternehmensfinanzierung der Hausbank, wenn diese erst im kommenden Geschäftsjahr fällig werden.
11. Geben Sie an, zu welchem Zeitpunkt „antizipative Posten" aufgelöst werden.
12. Geben Sie die Buchungssätze für die Auflösung der unter 9. und 10. abgegrenzten Erbbauzinsen bzw. Fremdzinsen an.

Übungsteil 1: Buchführung

Übung Nr. 2 zu: Abschnitt „7.1 Zeitliche Abgrenzung von Aufwendungen und Erträgen"

Anfangsbestände (Kontenausschnitt): Konto (291) 1.470,00 €
Konto (49) 3.300,00 €.

Geben Sie die Eröffnungsbuchungssätze an, und eröffnen Sie die Konten. Geben Sie zu den folgenden Geschäftsfällen die Buchungssätze an, und buchen Sie auf den Konten (291) und (49) und auf den Erfolgskonten.

1. Im Konto (291) sind 470,00 € Aufwendungen für unsere Betriebshaftpflichtversicherung und 1.000,00 € Erbbauzinsen für ein unbebautes Grundstück abgegrenzt. Im Konto (49) sind Pachterträge aus unbebauten Grundstücken abgegrenzt.
2. Eingang einer Rechnung für die Schornsteinreinigung eines Mietwohngebäudes, 450,00 €.

3. Abbuchungen der Erbbauzinsen für ein unbebautes Grundstück für das kommende halbe Jahr vom Bankkonto am 1.03., 3.000,00 €.
4. Belastung unseres Bankkontos mit der Kfz-Steuer für die kommenden 12 Monate am 1.04., 660,00 €.
5. Abbuchung der Erbbauzinsen für ein unbebautes Grundstück für das kommende halbe Jahr vom Bankkonto am 1.09., 3.000,00 €.
6. Pacht für das unbebaute Grundstück für die kommenden 12 Monate geht am 1.12. auf dem Bankkonto ein, 3.600,00 €.
7. Abgrenzung und Abschluss der geführten Konten.

Übungsteil 1: Buchführung

Übung Nr. 3 zu: Abschnitt „7.1 Zeitliche Abgrenzung von Aufwendungen und Erträgen"

Geben Sie die Buchungssätze zu den folgenden Geschäftsfällen an. Führen Sie die Konten (259), (291), (4799) und (49) sowie die Erfolgskonten.

1. Anfangsbestände und Angaben zur Auflösung der transitorischen und antizipativen Abgrenzung:

Konto (259)	4.500,00 €	(Zinsen auf Wertpapiere des Umlaufvermögens)
Konto (291):	2.400,00 €	(600,00 € Haftpflichtversicherung für die Mietwohngebäude und 1.800,00 € vorausbezahlte Erbbauzinsen für ein unbebautes Grundstück)
Konto (4799):	9.000,00 €	(Zinsen für einen Kredit für die Unternehmensfinanzierung von einer Lebensversicherung)
Konto (49):	3.300,00 €	(Pachterträge aus unbebauten Grundstücken)

2. Eingang der Zinsen für die Wertpapiere des Umlaufvermögens auf dem Bankkonto am 1.04., 6.000,00 € für die zurückliegenden 12 Monate.
3. Am 31.03. wird die Haftpflichtversicherung für die Mietwohngebäude für die kommenden 12 Monate bezahlt, 2.400,00 €.
4. Die Zinsen (18.000,00 €) und Tilgung (10.000,00 €) für den Kredit der Lebensversicherung zur Finanzierung der betrieblichen UV-Anlage für die vergangenen 12 Monate werden am 30.06. per Bank überwiesen.
5. Am 30.09. werden die Erbbauzinsen in Höhe von 2.400,00 € für die nächsten 12 Monate per Bank überwiesen.
6. Die Pacht für das unbebaute Grundstück (3.600,00 €) für die kommenden 12 Monate geht am 01.12. auf dem Bankkonto ein.
7. Am Jahresende sind zunächst die Zinsen für den Kredit der Lebensversicherung (Zinssatz 9 %) und für die Wertpapiere des Umlaufvermögens (in unveränderter Höhe) abzugrenzen. Anschließend sind die notwendigen transitorischen Abgrenzungen vorzunehmen.
8. Die Konten sind unter Angabe der Buchungssätze abzuschließen.

Übungsteil 1: Buchführung

Übung Nr. 4 zu: Abschnitt „7.1 Zeitliche Abgrenzung von Aufwendungen und Erträgen"

Geben Sie die Buchungssätze zur Bildung der Abgrenzung im alten Jahr und zu ihrer Auflösung im neuen Jahr für die folgenden Geschäftsfälle an. Geben Sie zusätzlich an, zu welchem Zeitpunkt die Auflösung erfolgt (am 1.01. oder zum Zahlungstermin).

1. Am 31.03. des nächsten Jahres sind die Zinsen für eine Hypothek von einer Lebensversicherung für die zurückliegenden 12 Monate mit 60.000,00 € fällig.
2. Am 30. 09. dieses Jahres haben wir die verbundene Gebäudeversicherung für Mietwohnhäuser in Höhe von 18.000,00 € für ein Jahr im Voraus entrichtet.
3. Am 30.11. haben wir die Pacht für ein unbebautes Grundstück in Höhe von 900,00 € für ein Jahr im Voraus erhalten.
4. Am 28.02. des folgenden Jahres werden die Halbjahreszinsen für ein dem Käufer einer Eigentumswohnung eingeräumtes Restkaufgelddarlehen (Laufzeit 10 Jahre) in Höhe von 9.000,00 € fällig.
5. Am 31.08. haben wir die Feuerversicherung für unser Bürogebäude in Höhe von 12.000,00 € für ein Jahr im Voraus bezahlt. Nehmen Sie die Abgrenzung zum Jahresende vor.

Übungsteil 1: Buchführung

Übung Nr. 1 zu: Abschnitt „7.2 Rückstellungen"

1. Geben Sie an, worin sich Rückstellungen von den transitorischen und antizipativen Posten unterscheiden!
2. Geben Sie an, für wofür nach § 249 HGB Rückstellungen gebildet werden müssen bzw. dürfen!
3. Ordnen Sie die Rückstellungen nach § 249 HGB den Rückstellungskonten des Kontenrahmens der Immobilienwirtschaft zu!
4. Geben Sie die Buchungssätze für die Zuführung zu einer Pensionsrückstellung und für die Pensionszahlung an einen ehemaligen Mitarbeiter an!
5. Beschreiben Sie die Besonderheit bei der Auflösung einer zu hoch gebildeten Steuerrückstellung!
6. Erörtern Sie, welchem Zweck eine Rückstellung für Bauinstandhaltung dient!
7. Geben Sie an, **warum** bei der Inanspruchnahme einer Rückstellung für Bauinstandhaltung diese in voller Höhe gegen ein Ertragskonto und die eingegangene Handwerkerrechnung ebenfalls in voller Höhe auf dem Konto „(805) Instandhaltungskosten" gebucht wird.
8. Erläutern Sie den Unterschied zwischen einer Rückstellung für Bauinstandhaltung und einer Rückstellung für unterlassene Instandhaltung.
9. Geben Sie die Buchungssätze für die Inanspruchnahme einer Rückstellung für unterlassene Instandhaltung an, wenn der Rückstellungsbetrag
   a) dem Rechnungsbetrag entspricht,
   b) höher als der Rechnungsbetrag ist und c) niedriger als der Rechnungsbetrag ist.

Übungsteil 1: Buchführung

Übung Nr. 2 zu: Abschnitt „7.2 Rückstellungen"

Bilden Sie für die folgenden Geschäftsfälle die erforderlichen Buchungssätze, und führen Sie die Rückstellungskonten.

Im Jahresabschluss einer Wohnungsunternehmung sind Rückstellungen zu bilden für

1. noch zu veranlagende Grundsteuer in Höhe von 1.200,00 €,
2. für noch nicht veranlagte Müllabfuhrgebühren 900,00 €.
3. Für die Zukunftssicherung langjähriger Angestellter sind einer bereits bestehenden Pensionsrückstellung 4.000,00 € zuzuführen. (AB 50.000,00 €)
4. Im kommenden Jahr sind voraussichtlich Urlaubsansprüche aus dem laufenden Jahr in Höhe von 3.000,00 € (Aufwand: Kto. 830/831) bar abzugelten.
5. Für die unterlassene Reparatur an einem automatischen Garagentor ist eine Rückstellung in Höhe von 5.000,00 € zu bilden.
6. Zur Deckung der Gerichtskosten eines schwebenden Mietprozesses, den das Unternehmen zu verlieren droht, ist eine Rückstellung in Höhe von 1.250,00 € zu bilden.

Übungsteil 1: Buchführung

Übung Nr. 3 zu: Abschnitt „7.2 Rückstellungen"

Die Rückstellungskonten aus der Übung 2 sind wieder zu eröffnen. Bilden Sie für die folgenden Geschäftsvorfälle die erforderlichen Buchungssätze, und führen Sie die Rückstellungskonten. Nicht mehr benötigte Rückstellungsreste sind aufzulösen.

1. Es sind 1.100,00 € Grundsteuer für das Vorjahr zu überweisen.
2. An ausgeschiedene Angestellte werden 3.800,00 € Pensionen überwiesen.
3. ER für die Reparatur des Garagentores, 5.700,00 €.
4. Für den Mieterprozess, der zu Ungunsten des Unternehmens ausgegangen ist, sind 190,00 € zu überweisen.
5. Die jetzt veranlagten Müllabfuhrgebühren in Höhe von 950,00 € werden per Bank überwiesen.
6. Überweisung zur Abgeltung von Urlaubsansprüchen, 2.600,00 €.

Übungsteil 1: Buchführung

Übung Nr. 4 zu: Abschnitt „7.2 Rückstellungen"

Kreuzen Sie in der folgenden Tabelle an, ob bei dem geschilderten Sachverhalt zum Jahresende eine Rückstellung gebildet werden muss (Passivierungspflicht), gebildet werden darf (Passivierungswahlrecht) oder nicht gebildet werden darf (Passivierungsverbot).

	Gebot	Wahlrecht	Verbot
1. Kulanzzusage an Käufer einer Wohnung			
2. Am 1.02. des kommenden Jahres werden Schuldzinsen für eine Hypothek fällig.			
3. Ein Dachschaden soll im März des folgenden Jahres behoben werden.			
4. Für einen Mieterprozess fallen voraussichtlich im kommenden Jahr 500,00 € Prozesskosten an.			
5. Ein Schaden an der Fassade soll im kommenden Sommer repariert werden.			
6. Eine durchlässige Fassade soll im übernächsten Jahr grundlegend saniert werden.			
7. Für die in 15 Jahren anstehende Erneuerung der Heizanlage eines Mietwohnhauses soll wirtschaftlich Vorsorge getroffen werden.			

Übungsteil 1: Buchführung

Übung Nr. 5 zu: Abschnitt „7.2 Rückstellungen"

Die Berlin-Hösel Wohnbau GmbH hat für ihre Mietwohngebäude in Bochum, Müllerstraße 36 (A), Berlin, Maierstraße 44 (B) und Ratingen, Schneiderstraße 20 (C) Vorsorge für die Dacherneuerung zu treffen.

Zum Bilanzstichtag 31.12.01 würde die Dacherneuerung für A 235.000,00 €, für B 180.000,00 € und für C 205.000,00 € kosten. Die letzte Dacherneuerung für A hat vor 11 Jahren, für B vor 19 Jahren und für C vor 3 Jahren stattgefunden. Voraussichtlich wird bei A das Dach in 14 Jahren, bei B in 11 Jahren und bei C in 17 Jahren erneuert werden müssen.

1. Zum Bilanzstichtag 01 soll zum ersten Mal eine Rückstellung für Bauinstandhaltung gebildet werden. Welche Voraussetzungen müssen dafür erfüllt sein, und wieviel € können am 31.12.01 höchstens in die Rückstellung eingestellt werden? Geben Sie den Buchungssatz für die höchstmögliche Zuführung zur Rückstellung für Bauinstandhaltung an.

Variante 1

2. Wieviel € sind am Bilanzstichtag 02 in die Rückstellung einzustellen bzw. ihr zu entnehmen, wenn das Gebäude C im Laufe des Jahres 02 verkauft wurde und wenn die Instandhaltungskosten für die verbliebenen Gebäude bis zum Bilanzstichtag 02 um 10 % gegenüber 01 gestiegen sind? Geben Sie den Buchungssatz für die Einstellung bzw. die Entnahme an.

Variante 2

2. Wieviel € sind am Bilanzstichtag 02 in die Rückstellung einzustellen bzw. ihr zu entnehmen, wenn das Gebäude B im Laufe des Jahres 02 verkauft wurde und die Instandhaltungskosten für die verbliebenen Gebäude bis zum Bilanzstichtag 02 um 15 % gegenüber 01 gestiegen sein werden? Geben Sie den Buchungssatz für die Einstellung bzw. die Entnahme an.

Übungsteil 1: Buchführung

Übung Nr. 6 zu: Abschnitt „7.2 Rückstellungen"

Für die nachstehenden Geschäftsfälle sind Rückstellungen zu bilden oder in Anspruch zu nehmen. Bilden Sie die Buchungssätze.

1. **altes Jahr:**
   Eine Wohnungsgesellschaft schätzt die Kosten für die Erstellung des Jahresabschlusses auf 20.000,00 €.
   neues Jahr:
   Die Rechnung des Steuerberaters für den Jahresabschluss über 26.000,00 € geht ein.
2. Aufgrund von Pensionszusagen sind 12.000,00 € der Pensionsrückstellung zuzuführen.
3. 8.000,00 € Pensionen an ehemalige Mitarbeiter werden per Bank überwiesen.
4. **altes Jahr:**
   Für einen Mieterprozess schätzen wir die Kosten auf 1.300,00 €.
   neues Jahr:
   Im folgenden Geschäftsjahr werden die Kosten nach Abschluss des Prozesses überwiesen. Sie betragen nur 800,00 €.
5. Die Rückstellung für Bauinstandhaltung einer Wohnungsunternehmung beläuft sich auf 24.000,00 €. Sie wurde für die Dacherneuerung eines Mietwohnhauses gebildet. Die letzte Dacherneuerung hat 6 Jahre vor dem Bilanzstichtag stattgefunden. Die Kosten werden auf 156.000,00 € geschätzt. Instandhaltungsintervall: 30 Jahre.
6. Eine Wohnungsunternehmung hat eine Fassade an einem Mietwohnhaus erneuert. Die Rückstellung für Bauinstandhaltung, die für diese Maßnahme gebildet wurde, beläuft sich auf 85.000,00 €. Die eingehende Handwerkerrechnung beläuft sich auf 82.950,00 €.
7. **altes Jahr:**
   Im abgelaufenen Geschäftsjahr ist eine notwendige Fassadenreparatur am Mietwohnhaus aus Witterungsgründen nicht durchgeführt worden. Die geschätzten Kosten betragen 18.000,00 €
   neues Jahr:
   Die Handwerkerrechnung nach der Reparatur beläuft sich auf 18.400,00 €.

Übungsteil 1: Buchführung

Übung Nr. 1 zu: Kapitel „8 Bewertung von Vermögensteilen und Schulden"

1. Unterscheiden Sie das „gemilderte" und das „strenge" Niederstwertprinzip.
2. Erklären Sie die „Ungleichheit" des Imparitätsprinzips.
3. Erklären Sie, wozu die „amtlichen AfA-Tabellen" für den Abschreibungsplan eines zeitlich begrenzt nutzbaren Wirtschaftsplanes dienen können.
4. Ermitteln Sie die möglichen Abschreibungsbeträge für ein im August angeschafftes bewegliches Wirtschaftsgut mit Anschaffungskosten von 240 € und einer Nutzungsdauer von 5 Jahren im Anschaffungsjahr gibt, wenn die degressive Abschreibung nicht angewendet werden soll.
5. Entscheiden Sie unter dem Ziel möglichst hoher Abschreibungsbeträge mindestens für die ersten beiden Nutzungsjahre, von welcher betriebsgewöhnlichen Nutzungsdauer an die Anwendung der degressiven Abschreibung für ein bewegliches Wirtschaftsgut sinnvoll ist, wenn das Wirtschaftsgut
   a) vor dem 1. Januar 2001 und
   b) nach dem 1. Januar 2001 angeschafft wurde.
6. Ermitteln Sie den wirtschaftlich optimalen Zeitpunkt zum Wechsel von der degressiven Abschreibung zur linearen Restabschreibung für einen im Februar 2001 für 48.000 € angeschafften Pkw (Nutzungsdauer wie in den amtlichen AfA-Tabellen).
7. Ermitteln Sie, wie sich die Änderung des Prozentsatzes für die lineare AfA für Wirtschaftsgebäude von 4 % auf 3 % durch die Änderung des § 7 EStG zum 1. Januar 2001 auf die angenommene Nutzungsdauer auswirkt.
8. Nennen Sie die Voraussetzungen für die Anwendung der degressiven Gebäude-AfA nach § 7 Abs. 5 EStG für ein Gebäude im Eigentum einer Wohnungsunternehmung.
9. Geben Sie die Buchungssätze für die Veräußerung (ohne Berücksichtigung von Umsatzsteuer) eines noch nicht vollständig abgeschriebenen Wirtschaftgutes an, wenn der Restbuchwert
   a) dem Verkaufspreis entspricht,
   b) höher als der Verkaufspreis ist bzw.
   c) niedriger als der Verkaufspreis ist.
10. Nennen Sie das Prinzip, nach dem Gegenständen des Umlaufvermögens bilanziert werden müssen.
11. Unterscheiden Sie a) einwandfreie, b) zweifelhafte und c) uneinbringliche Forderungen.
12. Beschreiben Sie die Behandlung zweifelhafter Forderungen in der Buchhaltung vom Auftreten erster Zweifel bis zur endgültigen Abwicklung.
13. Begründen Sie die Bildung von Pauschalwertberichtigungen auf Forderungen.
14. Benennen Sie die Wertobergrenze für Wertpapiere des Umlaufvermögens in der Bilanz.

Übungsteil 1: Buchführung

Übung Nr. 1 zu: Abschnitt „8.2 Bewertung des Anlagevermögens"

1. Das Bürogebäude in Bochum, Müllerstraße, das 1960 fertig gestellt worden ist, wurde am 15.8.1972 angeschafft. Die AK des Gebäudes haben 615.000,00 € betragen. Berechnen Sie die lineare AfA für 2001. Entnehmen Sie den AfA-Satz der Übersicht über die steuerlichen Regelungen zur Gebäude-AfA.
2. Das Bürogebäude in Bochum, Meyerstraße, das 1922 fertig gestellt worden ist, wurde am 14.6.2001 angeschafft. Die AK des Gebäudes haben 600.000,00 € betragen. Berechnen Sie die lineare AfA 1. für 2001 und 2. für 2002.
3. Das Werkstattgebäude in Bochum, Schulzestraße, wurde am 24.04.1982 fertig gestellt. Der Bauantrag ist am 7.04.1981 gestellt worden. Die HK des Gebäudes haben 690.000,00 € betragen. Berechnen Sie die höchstzulässige AfA für 2001. In den Vorjahren wurde ebenfalls die höchstzulässige AfA vorgenommen.
4. Das Bürogebäude in Bochum, Schmidtstraße, wurde in 2001 aufgrund eines am 9.04.2001 abgeschlossenen Kaufvertrages vom Bauträger für 690.000,00 € angeschafft. Das Gebäude ist in 2001 vom Verkäufer fertig gestellt worden. Berechnen Sie die höchstzulässige AfA des Käufers für 2001.

Übungsteil 1: Buchführung

Übung Nr. 2 zu: Abschnitt „8.2 Bewertung des Anlagevermögens"

1. Berechnen Sie den jährlichen linearen AfA-Betrag für die folgenden beweglichen Anlagegegenstände:

	Anschaffungskosten	Nutzungsdauer (Jahre)
A	36.000,00 €	6
B	40.000,00 €	10
C	8.400,00 €	4
D	12.000,00 €	3
E	12.400.00 €	5
F	8.400,00 €	8

2. Berechnen Sie den AfA-Betrag bei degressiver AfA im ersten (vollen) Jahr (Anschaffung nach dem 01.01.2001) für die folgenden beweglichen Anlagegegenstände:

	Anschaffungskosten	Nutzungsdauer (Jahre)
A	36.000,00 €	6
B	40.000,00 €	10
C	8.400,00 €	4
D	12.000,00 €	3
E	12.400,00 €	5
F	8.400,00 €	8

3. Berechnen Sie den AfA-Betrag bei degressiver AfA im zweiten Jahr für die folgenden beweglichen Anlagegegenstände (Anschaffung nach dem 01.01.2001):

	Anschaffungskosten	Nutzungsdauer (Jahre)
A	36.000,00 €	6
B	40.000,00 €	10
C	8.400,00 €	4
D	12.000,00 €	3
E	12.400,00 €	5
F	8.400,00 €	8

4. Berechnen Sie den linearen Afa-Satz für die unterschiedlichen Nutzungsdauern bei beweglichen Anlagegütern .
Nutzungsdauer (in Jahren): 3, 4, 5, 6, 8, 10, 15, 20, 25, 40.

Übungsteil 1: Buchführung

Übung Nr. 3 zu: Abschnitt „8.2 Bewertung des Anlagevermögens"

1. Berechnen Sie die lineare AfA für das Jahr 01 ohne Anwendung der Vereinfachungsregel für folgende bewegliche Anlagegüter:

Anlagegut	Anschaffungstag	Anschaffungskosten	Nutzungsdauer
Computer	27.03.01	6.000,00 €	4 Jahre
Schreibtisch	07.03.01	1.200,00 €	10 Jahre
Drucker	26.10.01	3.600,00 €	4 Jahre
Drehbank	05.12.01	24.000,00 €	8 Jahre

2. Berechnen Sie die lineare AfA für das Jahr 01 unter Anwendung der Vereinfachungsregel für folgende bewegliche Anlagegüter:

Anlagegut	Anschaffungstag	Anschaffungskosten	Nutzungsdauer
Computer	27.03.01	6.000,00 €	4 Jahre
Schreibtisch	7.03.01	1.200,00 €	10 Jahre
Drucker	26.10.01	3.600,00 €	4 Jahre
Drehbank	05.12.01	24.000,00 €	8 Jahre

Übungsteil 1: Buchführung

Übung Nr. 4 zu: Abschnitt „8.2 Bewertung des Anlagevermögens"

Stellen Sie fest, wann bei folgenden degressiv abgeschriebenen beweglichen Anlagegegenständen ein Übergang zur linearen AfA zweckmäßig ist. Im Anschaffungsjahr wurde die Vereinfachungsregel angewandt.

Anlagegegenstand	Anschaffungs-zeitpunkt	Anschaffungs-kosten (€)	Nutzungsdauer
Pkw Audi	1.05.02	42.000,00 €	6 Jahre
Kopierer	12.03.02	4.800,00 €	5 Jahre
Schreibtisch	12.06.01	2.400,00 €	10 Jahre
Kehrmaschine	5.04.01	32.000,00 €	8 Jahre

Übungsteil 1: Buchführung

Übung Nr. 5 zu: Abschnitt „8.2 Bewertung des Anlagevermögens"

Für die folgenden Aufgaben ist jeweils die Afa-Art zu wählen, die in den ersten Jahren unter Berücksichtigung der Vereinfachungsregel die größtmöglichen Abschreibungsbeträge ergibt. Steuerliche Afa-Sätze sind jedoch nicht anzuwenden. Geben Sie jeweils die Buchungssätze am Verkaufstag an (anteilige Afa und Veräußerung) für eine Vermietungsunternehmung (nicht umsatzsteuerpflichtig) und für eine Betreuungsunternehmung (umsatzsteuerpflichtig).

1. Ein am 14.04.01 für 4.000,00 € zuzüglich 19 % Umsatzsteuer gekaufter PC wird am 28.08.02 für 952,00 € bar verkauft. Die geplante Nutzungsdauer beträgt 3 Jahre.
   Geben Sie die Buchungssätze am Verkaufstag an.
2. Ein am 14.09.01 für 60.000,00 € zuzüglich 19 % Umsatzsteuer gekaufter Pkw wird am 28.08.05 für 35.700,00 € (Bankeingang) verkauft. Die geplante Nutzungsdauer beträgt 4 Jahre.
   Geben Sie die Buchungssätze am Verkaufstag an.
3. Ein am 29.06.01 für 300.000,00 € gekauftes Bürogebäude auf fremden Grundstück wird am 28.08.07 für 330.000,00 € verkauft. Die geplante Nutzungsdauer beträgt 40 Jahre.
4. Ein am 14.01.01 für 2.000,00 € zuzüglich 19 % Umsatzsteuer gekaufter Schreibtisch wird am 28.08.01 für 833,00 € bar verkauft. Die geplante Nutzungsdauer beträgt 10 Jahre.

Übungsteil 1: Buchführung

Übung Nr. 1 zu: Abschnitt „8.3 Bewertung des Umlaufvermögens"

Bilden Sie die laufenden Buchungssätze und gegebenenfalls die vorbereitenden Abschlussbuchungssätze zu den folgenden Geschäftsfällen.

1. Kauf von Wertpapieren zur vorübergehenden Geldanlage über die Bank für 100.000,00 €.
2. Der Kurswert der Wertpapiere aus 1) beträgt am 31.12. 101.200,00 €.
3. Der Kurswert der Wertpapiere aus 1) beträgt am 31.12. 99.200,00 €.
4. Verkauf eines unbebauten, unerschlossenen Grundstücks des Umlaufvermögens, Buchwert 120.000,00 €, Verkaufserlös 170.000,00 €.
5. Auf eine Mietforderung über 3.600,00 €, die im Vorjahr mit 1.900,00 € einzelwertberichtigt wurde, gehen auf dem Bankkonto ein

   1) 1.700,00 €, 2) 2.400,00 € bzw. 3) 700,00 €.
   Weitere Zahlungen sind nicht mehr zu erwarten.
6. Eine Restforderung aus einem Grundstücksverkauf über 3.000,00 € wird zweifelhaft.
7. Der Forderungsausfall aus 6. wird zum Bilanzstichtag auf 40 % geschätzt.
8. Im kommenden Jahr geht der vollständige Forderungsbetrag auf dem Bankkonto ein.
9. Die Ausfallquote der „einwandfreien" Mietforderungen beträgt bei der Wohnbau Hösel – Berlin erfahrungsgemäß 1 %. Der Saldo des Kontos (200) beträgt 64.000,00 €. Es besteht eine Pauschalwertberichtigung in Höhe von 520,00 €.

Übungsteil 1: Buchführung

Übung Nr. 2 zu: Abschnitt „8.3 Bewertung des Umlaufvermögens"

Bilden Sie die erforderlichen Buchungssätze für die Jahre 00 und 01 (ohne Abschlussbuchungssätze).

1. Über das Vermögen des Gewerbemieters Müller wird am 18.10.00 das Insolvenzverfahren eröffnet. Die Mietforderungen an ihn betragen 14.000,00 €.

2. Nach Angaben des Insolvenzverwalters wird mit einem Ausfall von 70 % der Forderung an Müller zum 31.12.00 (Bilanzstichtag) gerechnet.

3. Nach Abwicklung des Insolvenzverfahrens über das Vermögen des Mieters Müller erhalten wir am 15.06.01 vom Insolvenzverwalter die Abschlusszahlung in Höhe von 5.400,00 € per Banküberweisung.

Übungsteil 1: Buchführung

Übung Nr. 3 zu: Abschnitt „8.3 Bewertung des Umlaufvermögens"

Vor dem Jahresabschluss weist ein Auszug aus der Saldenbilanz zum 31.12.01 folgende Salden auf;

Konto	Soll	Haben
(200) Forderungen aus Vermietung	61.500,00 €	
(205) Zweifelhafte Mietforderungen	24.500,00 €	
(210 Forderungen aus Verkauf von Grundstücken	400.000,00 €	
(215) Zweifelhafte Forderungen aus Verkauf von Grundstücken	140.000,00 €	
(209) Wertberichtigungen zu Mietforderungen		8.400,00 €
(219) Wertberichtigungen zu Forderungen aus Verkauf von Grundstücken		80.000,00 €

Vor dem Jahresabschluss sind noch die folgenden Geschäftsfälle und Informationen zu berücksichtigen. Bilden Sie die erforderlichen Buchungssätze.

1. Für eine mit 4.600,00 € wertberichtigte zweifelhafte Mietforderung in Höhe von 6.800,00 € sind am 30.12.01 1.400,00 € auf dem Bankkonto eingegangen. Der Rest der Forderung ist uneinbringlich.

2. Die zweifelhafte Forderung aus Verkauf von Grundstücken in Höhe von 140.000,00 € ist vollständig und endgültig ausgefallen.

3. Eine Mietforderung in Höhe von 1.500,00 € ist zusätzlich zweifelhaft geworden. Es ist mit einem Ausfall von 40 % zu rechnen.

4. Auf die einwandfreien Mietforderungen ist erstmalig eine Pauschalwertberichtigung in Höhe von 1,5 % zu bilden.

5. Bilden Sie die Abschlussbuchungssätze für die im Ausschnitt der Saldenbilanz aufgeführten Konten.

Übungsteil 1: Buchführung

Übung Nr. 4 zu: Abschnitt „8.3 Bewertung des Umlaufvermögens"

Ein Immobilienunternehmen hat folgende Wertpapiere in seinem Umlaufvermögen:

Wertpapiere	Anschaffungskosten	letzter Bilanzwert (Jahr 00)	Wert am 31.12.01
Anleihen	13.300,00 €	13.100,00 €	13.250,00 €
Obligationen	32.400,00 €	31.300,00 €	31.100,00 €
Pfandbriefe	13.200,00 €	12.800,00 €	13.500,00 €

1. Mit welchem Wert sind die Wertpapiere anzusetzen, wenn der niedrigstmögliche Gewinn ermittelt werden soll?
2. Mit welchem Wert sind die Wertpapiere anzusetzen, wenn der höchstmögliche Gewinn ermittelt werden soll?

Übungsteil 1: Buchführung

Übung Nr. 5 zu: Abschnitt „8.3 Bewertung des Umlaufvermögens"

1. Ein Immobilienunternehmen hat am 14.03.01 500 Stück Aktien einer Bauunternehmung zum Stückkurs von 22,50 € über seine Bank gekauft. Die Anschaffungsnebenkosten betrugen insgesamt 168,75 €. Die Wertpapiere sind dem Umlaufvermögen zuzuordnen, da sie nur der vorübergehenden Geldanlage dienen sollen. Bilden Sie den Buchungssatz für den Kauf der Aktien.
2. Diese 500 Aktien befanden sich am 31.12.01 noch im Besitz des Immobilienunternehmens. Mit welchem Wert ist der Bestand der Aktien zum Bilanzstichtag anzusetzen, wenn der Börsenwert je Aktie zu diesem Zeitpunkt 22,30 € betrug? Bilden Sie den Buchungssatz für die Wertanpassung zum Bilanzstichtag.

Übungsteil 1: Buchführung

Übung Nr. 1 zu: Kapitel „9 Gewinnverwendung und Jahresabschluss der Kapitalgesellschaften"

1. Erläutern Sie den Unterschied zwischen Rückstellungen und Rücklagen.
2. Nennen Sie die Voraussetzung, unter der die gesetzliche Rücklage einer Aktiengesellschaft zur Kapitalerhöhung aus Gesellschaftsmitteln verwendet werden kann.
3. Nennen Sie das Ziel, dass der Gesetzgeber mit der Rücklage für eigene Anteile nach § 272 Abs. 4 HGB verfolgt.
4. Stellen Sie die Vor- und Nachteile von Rückstellungen für Bauinstandhaltung und Bauerneuerungsrücklagen synoptisch gegenüber.
5. Geben Sie an, wie der Jahresüberschuss einer Kapitalgesellschaft ermittelt wird.
6. Nennen Sie die Verwendungsmöglichkeiten des Jahresüberschusses durch Vorstand/Geschäftsführung bei der Aufstellung des Jahresabschlusses.
7. Geben Sie die Zusammensetzung des Bilanzgewinns einer Kapitalgesellschaft an.
8. Begründen Sie, warum der Bilanzgewinn kein geeignetes Instrument zur Beurteilung des abgelaufenen Geschäftsjahres ist.

9. Geben Sie die Buchungssätze für folgende Geschäftsvorfälle als Folge eines Hauptversammlungsbeschlusses an, für
   a) eine Einstellung in die Bauerneuerungsrücklage,
   b) den Dividendenbeschluss,
   c) die Umbuchung des Bilanzgewinnrestes und
   d) die Auszahlung der Dividende.
10. Nennen Sie die Bestandteile des Jahresabschlusses einer Kapitalgesellschaft.
11. Begründen Sie die Notwendigkeit von Formblattverordnungen für die Immobilienwirtschaft und andere Wirtschaftszweige.
12. Beschreiben Sie beispielhaft die Aufgabe des Anhangs im Jahresabschluss von Kapitalgesellschaften.
13. Nennen Sie zwei wesentliche Pflichten mittelgroßer und großer Kapitalgesellschaften, die für kleine Kapitalgesellschaften nicht gelten.

Übungsteil 1: Buchführung

Übung Nr. 2 zu: Kapitel „9 Gewinnverwendung und Jahresabschluss der Kapitalgesellschaften"

Der Jahresüberschuss einer AG beträgt 350.000,00 €, das Grundkapital 1.000.000,00 €, die Kapitalrücklagen 20.000,00 €, die gesetzlichen Rücklagen 64.000,00 €. In die gesetzlichen Rücklagen ist der nach Gesetz vorgeschriebene Mindestbetrag einzustellen. Vom verbleibenden Jahresüberschuss sind 40 % einer neu zu bildenden Bauerneuerungsrücklage zuzuweisen.

Bilden Sie die Buchungssätze für die nachfolgenden Geschäftsfälle:

1. Einstellung in die Gesetzlichen Rücklagen,
2. Einstellung in die Bauerneuerungsrücklage,
3. Abschluss der Konten (982), (984), (342).

Im folgenden Geschäftsjahr beschließt die Hauptversammlung die Gewinnverteilung. Es sollen 20 % Dividende ausgeschüttet werden. Der Gewinnrest ist auf neue Rechnung vorzutragen.

4. Buchung der Dividende,
5. Buchung des Gewinnvortrags,
6. Auszahlung der Dividende vom Bankkonto.

Übungsteil 1: Buchführung

Übung Nr. 3 zu: Kapitel „9 Gewinnverwendung und Jahresabschluss der Kapitalgesellschaften"

Die Saldenliste einer AG weist zum Jahresende folgende Zahlen aus:

Grundkapital	5.000.000,00 €
Kapitalrücklagen	50.000,00 €
Gesetzliche Rücklagen	100.000,00 €
Andere Gewinnrücklagen	180.000,00 €
Verlustvortrag	4.000,00 €
Summe der Aufwendungen	7.500.000,00 €
Summe der Erträge	7.604.000,00 €

Vorstand und Aufsichtsrat beschließen, so viel den „Anderen Gewinnrücklagen" zu entnehmen, dass eine Dividendenzahlung in Höhe von 3 % erfolgen kann.

Bilden Sie die Buchungssätze zu den nachstehenden Geschäftsfällen:

1. Einstellung in die Gesetzlichen Rücklagen,
2. Entnahme aus den Anderen Gewinnrücklagen,
3. Abschluss der Konten (340), (982), (983), (984),
4. Abschluss des Kontos (342).

Übungsteil 1: Buchführung

Übung Nr. 4 zu: Kapitel „9 Gewinnverwendung und Jahresabschluss der Kapitalgesellschaften"

Die Wohnbau AG hat ein Grundkapital von 1.000.000,00 €. Vor dem Abschluss beträgt die Kapitalrücklage 38.000,00 € und die Gesetzliche Rücklage 56.000,00 €. Es besteht ein Gewinnvortrag von 2.400,00 €. Die Aufwendungen des vergangenen Jahres betragen 3.456.000,00 €, die Erträge 4.053.600,00 €.

1. Wieviel € beträgt der Jahresüberschuss?
2. Wieviel € sind in die Gesetzliche Rücklage einzustellen?

Geben Sie die Buchungssätze zu den folgenden Geschäftsfällen an.

3. Einstellung in die gesetzliche Rücklage.
4. Zusätzlich ist bei der Erstellung des Jahresabschlusses erstmalig eine Bauerneuerungsrücklage in Höhe von 50.000,00 € zu bilden.
5. Geben Sie die Buchungssätze für den Abschluss der bebuchten Konten der Gruppen [98], [32], [33] und [34] (in dieser Reihenfolge) an.

Übungsteil 1: Buchführung

Übung Nr. 5 zu: Kapitel „9 Gewinnverwendung und Jahresabschluss der Kapitalgesellschaften"

Eine AG mit einem Grundkapital von 1.200.000,00 € hatte im abgelaufenen Geschäftsjahr Aufwendungen in Höhe von 397.000,00 € und Erträge in Höhe von 467.000,00 €.

1. Wieviel € beträgt der Jahresüberschuss?
2. Welcher Betrag ist der gesetzlichen Rücklage zuzuführen, wenn Sie bereits im Vorjahr einen Stand von
   1. 120.000,00 €,
   2. 100.000,00 €,
   3. 119.000,00 € erreicht hatte?

Übungsteil 1: Buchführung

Übung Nr. 6 zu: Kapitel „9 Gewinnverwendung und Jahresabschluss der Kapitalgesellschaften"

Eine Aktiengesellschaft mit einem Grundkapital von 600.000,00 €, einer Gesetzlichen Rücklage von 40.000,00 €, einer Bauerneuerungsrücklage von 100.000,00 € und einem Verlustvortrag von 3.000,00 € weist zum Jahresende einen Jahresüberschuss von 53.000,00 € aus. Laut Satzung sind der Gesetzlichen Rücklage der gesetzliche Mindestbetrag und der Bauerneuerungsrücklage 50 % des nach der Zuweisung zur Gesetzlichen Rücklage und Verrechnung des Verlustvortrages verbleibenden Jahresüberschusses zuzuweisen.

1. Wieviel € beträgt der Jahresüberschuss?
2. Wieviel € sind in die Gesetzliche Rücklage einzustellen?
3. Wieviel € sind in die Bauerneuerungsrücklage einzustellen?

Geben Sie die Buchungssätze zu den folgenden Geschäftsfällen an.

4. Einstellung in die Gesetzliche Rücklage.
5. Abschluss Konto (982).
6. Abschluss Konto (340).
7. Einstellung in die Bauerneuerungsrücklage.
8. Abschluss Konto (984).
9. Abschluss der Konten (330), (333) und (342).

Übungsteil 1: Buchführung

Übung Nr. 7 zu: Kapitel „9 Gewinnverwendung und Jahresabschluss der Kapitalgesellschaften"

Ein großes Immobilienunternehmen in der Rechtsform der Aktiengesellschaft weist unabhängig von den übrigen Konten unverändert gegenüber dem Vorjahr aus:

gez. Kapital (Grundkapital):	80.000.000,00 €
Gewinnrücklagen	
gesetzliche Rücklage:	7.800.000,00 €
Bauerneuerungsrücklage:	3.200.000,00 €
andere Gewinnrücklagen:	600.000,00 €
Verlustvortrag aus dem Vorjahr:	200.000,00 €

Das Konto „Jahresüberschuss/Jahresfehlbetrag" hat sich folgendermaßen entwickelt: Aufwandsseite: 5.000.000,00 €; Ertragsseite: 9.500.000,00 €.

Der Vorstand sieht sich aufgrund der Fristenpläne für Instandhaltung gezwungen, neben der Einhaltung der aktienrechtlichen Mindesvorschriften seine gesetzlichen Befugnisse voll auszuschöpfen.

Aufgabe:
Führen Sie die für den entsprechenden Ausschnitt des Schlussbilanzkontos notwendigen Buchungen durch!

Übungsteil 1: Buchführung

Übung Nr. 8 zu:
Kapitel „9 Gewinnverwendung und Jahresabschluss der Kapitalgesellschaften"

Die folgende Saldenliste gehört zu einer Einzelunternehmung. Erstellen Sie den Jahresabschluss sinngemäß nach den Regeln der Formblattverordnung der Immobilienwirtschaft.

Summenbilanz		
Konto	Soll	Haben
12	6.000,00 €	
14	876.200,00 €	
2740	321.700 00 €	
300	vor Jahresabschluss	500.000,00 €
411		460.000,00 €
4420		258.500,00 €
4421		8.000,00 €
640		613.100,00 €
641		250 000,00 €
642		9.000,00 €
6430		5.000,00 €
6431		100,00 €
8100	6.000,00 €	
8103	540.000,00 €	
8104	4.000,00 €	
8105	28.500,00 €	
8107	34.600,00 €	
811	250.000,00 €	
830	18.000,00 €	
831	5.100,00 €	
850	8.000,00 €	
872	5.000,00 €	
8910	600,00 €	

Übungsteil 1: Buchführung

Übung Nr. 9 zu: Kapitel „9 Gewinnverwendung und Jahresabschluss der Kapitalgesellschaften"

1. Erstellen Sie aus der vorgegebenen Summenbilanz unter Anwendung der Formblattverordnung die Gewinn- und Verlustrechnung, und ermitteln Sie den Bilanzgewinn bzw. -verlust.
2. Erstellen Sie die Bilanz unter Anwendung der Formblattverordnung.

Saldenbilanz		
Konto	Soll	Haben
00	5.000.000,00 €	38.000,00 €
05	60.000,00 €	5.000,00 €
13	430.000,00 €	
15	180.000,00 €	
200	703.400,00 €	690.000,00 €
262	95.000,00 €	3.000,00 €
2740	800.000,00 €	750.000,00 €
290	20.000,00 €	4.000,00 €
291	750,00 €	
301		4.000.000,00 €
330		391.100,00 €
36		50.000,00 €
39		44.500,00 €
410		895.000,00 €
431		183.900,00 €
440		3.400,00 €
4799		20.000,00 €
49		500,00 €
600		700.000,00 €
640		300.000,00 €
641		80.000,00 €
642		30.000,00 €
6430		20.000,00 €
646		180.000,00 €
665	500,00 €	1.100,00 €
[8000-8017]	180.000,00 €	750,00 €
808	16.000,00 €	
8091	500,00 €	
8103	250.000,00 €	
8105	45.000,00 €	
8107	5.000,00 €	
811	80.000,00 €	
830	200.000,00 €	
831	30.000,00 €	
832	20.000,00 €	
840	43.000,00 €	
850	28.000,00 €	
855	5.000,00 €	
868	3.000,00 €	
872	180.000,00 €	
875	4.000,00 €	
984	11.100,00 €	
	8.390.250,00 €	8.390.250,00 €

Übungsteil 1: Buchführung

Übung Nr. 10 zu: Kapitel „9 Gewinnverwendung und Jahresabschluss der Kapitalgesellschaften"

Führen Sie auf dem Formular das begonnene Anlagengitter für das Jahr 01 fort.

Die Zugänge im Jahr 01 betragen:

Technische Anlagen und Maschinen	28.400,00 €
Betriebs- und Geschäftsausstattung	15.500,00 €
Anlagen im Bau	340.000,00 €

Ein bereits voll abgeschriebener Anbau an einem Mietwohngebäude (Herstellungskosten 60.000,00 €) wurde in 01 abgerissen.

Ein falsch zugeordneter Personal-Computer ist von „Technische Anlagen und Maschinen" auf „Betriebs- und Geschäftsausstattung" umzubuchen:

Anschaffungskosten	4.400,00 €
Umzubuchende Afa	1.100,00 €

Ein fertig gestelltes Mietwohnhaus ist aus den „Anlagen im Bau" auf „Grundstücke mit Wohnbauten" umzubuchen: 480.000,00 €

Die Abschreibungen im Jahr 01 betragen:

Grundstücke mit Wohnbauten	84.850,00 €
Bauten auf fremden Grundstücken	3.200,00 €
Technische Anlagen und Maschinen	7.575,00 €
Betriebs- und Geschäftsausstattung	7.200,00 €

Entwicklung des Anlagevermögens zu Anschaffungs- oder Herstellkosten

Bezeichnung	Stand 01.01.01 €	Zugang €	Abgang €	Umbuchungen €	Stand 31.12.01 €	Buchwert 01.01.02 €
Grundstücke mit Wohnbauten	5.104.600,00					
Bauten auf fremden Grundstücken	52.000,00					
Technische Anlagen und Maschinen	36.600,00					
Betriebs- und Geschäftsausstattung	68.110,00					
Anlagen im Bau	235.000,00					
	5.496.310,00					

Entwicklung der Wertberichtigungen (Normal-Abschreibungen)

Bezeichnung	Stand 01.01.01 €	Zugang €	Abgang €	Umbuchungen €	Stand 31.12.01 €
Grundstücke mit Wohnbauten	1.205.400,00				
Bauten auf fremden Grundstücken	9.400,00				
Technische Anlagen und Maschinen	29.560,00				
Betriebs- und Geschäftsausstattung	58.000,00				
	1.302.360,00				

Übungsteil 1: Buchführung

Kapitel-/Abschnittsübergreifende Übungen zur Wiederholung und Vertiefung

Übung Nr. 1:

Folgende Daten wurden für die Wärmelieferung zum Ende des Jahres zusammengestellt:

Bestand am 01.01.01: 21.200 Liter Wert: 7.080,80 €

Rechnung vom	Firma	Liter	Preis je 100 Liter brutto	Rechnungsbetrag brutto
27.01.01	Benzol KG	13.000	53,60 €	6.968,00 €
14.03.01	Benzol KG	19.400	55,10 €	10.689,40 €
23.11.01	Benzol KG	16.200	71,00 €	11.502,00 €

Bestand am 31.12.01: 17.100 Liter

Aufgaben

1. Ermitteln Sie die Kosten des Brennstoffverbrauchs für den Abrechnungszeitraum 01 (=Kalenderjahr). Der Endbestand ist nach der FIFO-Methode zu bewerten!

2. Geben Sie zu den folgenden vier Sachverhalten an, ob die Buchung im laufenden Jahr 01 bereits erfolgt ist, und nennen Sie dann den bzw. die Buchungssätze, falls dies der Fall ist!

   2.1 Der Betriebsstrom wurde – wie in den Vorjahren – auf einem Unterzähler erfasst. Der Verbrauch ergab umgerechnet einen Wert von 1.688,30 €.

   2.2 Die Wartungskosten für das laufende Geschäftsjahr 01 entstanden aufgrund der Rechnung der Firma Wärme KG vom 10.02.01 in Höhe von 662,50 €.

   2.3 Die TüV-Gebühren für die Tankprüfung wurden für eine Rechnung des TÜV e.V. vom 03.06.01 über 150,00 € bezahlt. Die Gebühren betreffen das Geschäftsjahr 01.

   2.4 Einzelkosten sind in einer Mietwohnung angefallen, weil ein Thermostatventil erneuert wurde. Die Raumtemperatur und damit der Verbrauch konnten vom Mieter nicht mehr reguliert werden; ein Mieterverschulden konnte nicht nachgewiesen werden. Die Rechnung der Wärme KG vom 17.10.01 lautet auf 127,00 €.

3. Tragen Sie die Gesamtkosten der abzurechnenden Heizkosten aus den Aufgaben 1 bis 2.4 in einer Aufstellung mit stichwortartig erläuterten €-Beträgen zusammen!

4. Erstellen Sie die Ausschnitte des GuV-Kontos und des SBK zum 31.12.01 für sämtliche Positionen aus den Aufgaben 1 bis 2.4, wenn gegenüber den Mietern erst im Jahre 02 abgerechnet wird. Dabei sind 28.390,00 € als Heizkostenvorauszahlungen zu berücksichtigen!

Übungsteil 1: Buchführung (kapitel-/abschnittsübergreifend)

Übung Nr. 2:

Als Sachbearbeiter sind Sie u. a. für ein peisgebundenes Mietwohnhaus zuständig, das sich im eigenen Bestand des Immobilienunternehmens befindet. Gegen Ende des Geschäftsjahres finden Sie in Ihren Unterlagen zu den Heizkosten für dieses Objekt folgendes:

- Rechnung der Wartungsfirma für die Anlage über 1.300,00 € (noch nicht gebucht);
- eine Heizölrechnung über 30.000,00 € und eine noch nicht gebuchte über 10.100,00 €;
- für den Anfangsbestand wurden für das Heizöl 28.000,00 € ermittelt;
- für das Vorjahr wurden insgesamt 45.700,00 € auf die Mieter umgelegt;
- 250,00 € Lohnanteile für die Wärmelieferung;
- für den Endbestand an Heizöl wurden 24.000,00 € ermittelt;
- für den Betriebsstrom ergeben sich lt. Zwischenzählerstand 1.600,00 €;
- für Leerstände werden 2.250,00 € angesetzt.

Aufgaben:

1. Buchen Sie einschließlich „III. Vorbereitende Abschlussbuchungen“, was noch erforderlich ist! „IV Abschlussbuchungen“ sind wegzulassen!
2. Erstellen Sie den Ausschnitt des GuV-Kontos, der für das gesamte Geschäftsjahr die Umsätze darstellt, die sich auf die Wärmelieferung beziehen!

Übungsteil 1: Buchführung (kapitel-/abschnittsübergreifend)

Übung Nr. 3:

Für ein Miethaus mit preisgebundenem Wohnraum wurden die nichtabgerechneten Betriebskosten mit 125.000,00 € und die Anzahlungen auf unfertige Leistungen mit 108.000,00 € in das laufende Geschäftsjahr übernommen.

Aus den Einzelabrechnungen ergibt sich, dass der geschätzte Anteil für den Wohnungsleerstand um 180,00 € zu niedrig angesetzt worden war.

Weiterhin ergeben sich an Nachforderungen 25.300,00 €.

Die Erstattungsansprüche und Nachzahlungen werden mit den Mietzahlungen verrechnet.

Führen Sie das Grundbuch! **Eröffnungsbuchungen** sind **wegzulassen**, soweit es sich **nicht** um **Umbuchungen** handelt!

Übungsteil 1: Buchführung (kapitel-/abschnittsübergreifend)

Übung Nr. 4:

Erstellen Sie zum folgenden Konto die darunter aufgeführte Tabelle, und tragen Sie dort entsprechend der Numerierung

- den Buchungssatz (nur mit Kontennummern)
- die Einordnung im Grundbuch
  (**I** für „I. Eröffnungsbuchungen" oder **II** für „II. laufende Rechnungen" oder **III** für „III. vorbereitende Abschlussbuchungen" oder **IV** für „IV. Abschlussbuchungen") und
- den Geschäftsfall ein!

S (200)		Mietforderungen	H
[1] (980)	830,00	[2] (440)	330,00
[3] (600),(431)	62.400,00	[4] (2740)	61.800,00
[5] (201)	820,00	[6] (201)	380,00
[7] (2740)	380,00	[8] (609)	700,00
[9] (440)	700,00	[10] (989)	1.920,00

lfd Nr.	Buchungssatz	Einord-nung	Geschäftsfall
[1]			
[2]			

Übungsteil 1: Buchführung (kapitel-/abschnittsübergreifend)

Übung Nr. 5:

Erstellen Sie zum folgenden Kontenausdruck die darunter aufgeführte Tabelle, und tragen Sie dort entsprechend der Nummerierung den Zweck bzw. Geschäftsfall ein, der den einzelnen Buchungen jeweils zugrunde liegt, und vervollständigen Sie gegebenenfalls sowohl den Kontenausdruck als auch die Tabelle!

Kontonummer: 201

Kontenbezeichnung: Umlagenabrechnung

Geschäftsjahr: 02

lfd. Nr.	Buchungsdatum	Gegenkonto	Soll (€)	Haben (€)
1	03.03.02	200	120,00	
2	03.03.02	200		1.480,00
3	03.03.02	431		15.500,00
4	03.03.02	601	14.900,00	
5	10.03.02	601		14.900,00

lfd Nr.	Buchungszweck bzw. Geschäftsfall
1	
2	

Übungsteil 1: Buchführung (kapitel-/abschnittsübergreifend)

Übung Nr. 6:

Bei den folgenden Ausschnitten des GuV-Kontos und des SBK handelt es sich um ein Mietwohnhaus im preisgebundenen Wohnraum.

Die darin enthaltenen Positionen beziehen sich ausschließlich auf die Wärmelieferung einer Verwaltungseinheit:

S (989)	Schlussbilanzkonto 01		H
(15)	79.000,00	(431)	78.000,00

S (982)	GuV-Konto 01		H
(648)	78.000,00	(601)	79.050,00
(8002)	79.500,00	(646)	79.000,00
(830/831)	700,00		

Die Einzelabrechnungen gegenüber den Mietern im Jahr 02 hatten folgendes ergeben:

- Der auf den Leerstand entfallende Anteil war um 300,00 € höher als im Vorjahr erwartet.
- Die Nachforderungen gegenüber den Mietern belaufen sich auf 2.650,00 €.

Aufgaben

1. Buchen Sie die Abrechnung (im Jahr 02) für das Jahr 01!
2. Eventuelle Erstattungsansprüche werden an die Mieter überweisen! Falls keine Buchung erforderlich ist, geben Sie dies ausdrücklich an!
3. Wie hoch war der im Vorjahr (Jahr 01) geschätzte Leerstandsanteil?
4. Wie hoch war der Betrag, der im Vorjahr (Jahr 01) auf die Mieter umgelegt wurde?
5. Nennen Sie zwei Leistungen, um es sich bei der Position „(830/831) Löhne + Gehälter/soziale Abgaben“ im GuV-Konto per 31.12.01 handeln könnte?

Übungsteil 1: Buchführung (kapitel-/abschnittsübergreifend)

Übung Nr. 7:

Erstellen Sie für ein preisgebundenes Mietwohnhaus den Ausschnitt des GuV-Kontos für das laufende Geschäftsjahr unter Berücksichtigung folgender Sachverhalte mit stichwortartig erläuterten Nebenrechnungen:

1. Für die Wärmelieferung im Vorjahr waren den Mietern insgesamt 93.228,00 € in Rechnung gestellt worden.
2. Es liegen eine Heizölrechnung über 60.000,00 € und eine Über 20.200,00 € vor.
3. Die Wartungsfirma für die Heizungsanlagen schickte für eine Rechnung über 2.600,00 €.
4. Für den Anfangsbestand an Heizöl wurden 56.000,00 € und für den Endbestand 48.000,00 € ermittelt.
5. Es liegen Reparaturrechnungen für die Heizungsanlage über 3.500,00 € vor.
6. Die Lohnanteile für die Wärmelieferung betragen 500,00 €.
7. Für den Betriebsstrom ergeben sich laut Zwischenzählerstand 3.200,00 €.
8. Der Leerstandsanteil (der Heizkosten) wird auf 4.500,00 € geschätzt.

Übungsteil 1: Buchführung (kapitel-/abschnittsübergreifend)

Übung Nr. 8:

Die Buchhaltung der WohnbauAG stellt zum Ende des Jahres folgende Rechnungen/Belege für das Jahr **01** zusammen, die im kommenden Jahr abgerechnet werden sollen.

Abrechnung für die Hausbeleuchtung:	4.300,00 €
Wasserverbrauch (geschätzt – Rechnung liegt noch nicht vor):	7.400,00 €
Gebührenbescheid der Stadtreinigung:	3.970,00 €
Hauswartlohnabrechnungen (einschl. 10 % für die Übernahme von Kleinreparaturen):	18.900,00 €
Schornsteinreinigungsgebühren waren **im voraus** fällig:	
für die Zeit vom 01.09.**00** bis 28.02.**01**	840,00 €
für die Zeit vom 01.03.**01** bis 31.08.**01**	840,00 €
für die Zeit vom 01.09.**01** bis 28.02.**02**	900,00 €
alljährliche Haftpflichtversicherung **rückwirkend** vom 01.07.**00** bis 30.06.**01**	1.920,00 €
Jahreswartungskosten für den Aufzug (einschl. 420,00 € für Reparaturen):	2.050,00 €
Grundsteuerjahresbescheid:	1.930,00 €

1. Fassen Sie die für das Jahr **01** umlagefähigen Betriebskosten in einer stichwortartig erläuterten Aufstellung zusammen!
2. Stellen Sie für den gesamten Sachverhalt den entsprechenden Ausschnitt des GuV-Kontos per 31.12.**01** dar! Die Kontennamen sind wegzulassen!

Übungsteil 1: Buchführung (kapitel-/abschnittsübergreifend)

Übung Nr. 9:

Für ein Haus mit preisfreiem Wohnraum und drei Mietern wurde im Februar d. J. bisher die folgende Nebenbuchhaltung geführt:

Saldovortrag			Miete		Umlagen			Korrekturen			Zahlungen		Saldo		
Soll	Haben	Monat	Sollmieten	Zuschläge	Vorausz.	Abrechnung	sonstige Belastung	Miete	Umlagen	Abschreibungen	Ausgänge	Eingänge	Soll	Haben	Mieter
200,00	–	02	425,00	–	90,00	H 5,00	–	–	–	–		515,00			A
–	50,00	02	500,00	–	100,00	S 25,00	–	–	–	–		600,00			B
100,00	–	02	550,00	–	110,00	S 30,00	–	–550,00	–110,00	–		–			C
															insges.

1. Erstellen Sie eine für den Monat Februar in formaler und inhaltlicher Hinsicht vollständige Nebenbuchhaltung!
2. Führen Sie unter Berücksichtigung Ihrer Eintragungen zu Aufgabe 1 das Grundbuch für den gesamten Monat Februar! Die nicht abgerechneten Betriebskosten wurden mit 3.620,00 € und die Anzahlungen auf unfertige Leistungen mit 3.570,00 € ins Abrechnungsjahr übernommen.

Übungsteil 1: Buchführung (kapitel-/abschnittsübergreifend)

Übung Nr. 10:

Führen Sie für den Zeitraum vom 01.01. bis 31.12. d. J. unter Berücksichtigung der folgenden Angaben und Sachverhalte – jeweils für den gesamten Zeitraum zusammengefasst –

a) die Buchungsliste und

b) das Konto „Mietforderungen“.

Angaben:

Sollmieten pro Monat					
Mieter A:	500,00 €	Mieter B:	600,00 €	Mieter C:	700,00 €
Zuschläge pro Monat					
Mieter A:	50,00 €	Mieter B:	–	Mieter C:	–
Umlagenvorauszahlungen pro Monat					
Mieter A:	100,00 €	Mieter B:	140,00 €	Mieter C:	180,00 €
Saldovortrag 01					
Mieter A:	S 50,00 €	Mieter B:	H 100,00 €	Mieter C:	–
Zahlungen insgesamt					
Mieter A:	7.000,00 €	Mieter B:	8.600,00 €	Mieter C:	11.000,00 €

Sachverhalte

1. Ab 01.10. d. J. steigt die Sollmiete aller Mieter um 5 %.
2. Wohnung A steht im April leer.
3. Mieter B wurde eine Mietminderung in Höhe von 200,00 € gewährt.
4. Mieter C hat eine Instandhaltungsmaßnahme in seiner Wohnung über 400,00 € zu vertreten.
5. Die Umlagenabrechnung ergab für Mieter A 400,00 € Guthaben; Mieter B 100,00 € Nachzahlung und Mieter C 150,00 € Nachzahlung. Mit allen Mietern war die Verrechnung von Guthaben und Nachzahlungen vereinbart worden. Die Vorauszahlungen werden nach der Abrechnung nicht angepasst.

Übungsteil 1: Buchführung (kapitel-/abschnittsübergreifend)

Übung Nr. 11:

Führen Sie für den Zeitraum vom 01.01. bis 31.12. d. J. unter Berücksichtigung der folgenden Angaben und Sachverhalte – jeweils für den gesamten Zeitraum zusammengefasst –

1. die Buchungsliste und
2. das Konto „(200) Mietforderungen“! Die Angabe der Kontennamen ist wegzulassen!

Angaben:

	Sollmieten monatlich insges.	Zuschläge monatlich	Umlagen monatlich	Saldovortrag	Zahlungen Jan. d. J.
Mieter A:	390,00 €;	50,00 €;	70,00 €;	50,00 € (S);	5.900,00 €
Mieter B:	425,00 €;	–	80,00 €;	100,00 € (H);	6.035,00 €
Mieter C:	510,00 €;	–	90,00 €;	–	7.141,00 €

Sachverhalte:

a) Ab 01.01. d. J. steigt die Sollmiete für alle Mieter um 5 %.
b) Wohnung C steht im April leer.
c) Mieter A erhielt eine Mietminderung in Höhe von 60,00 €.
d) Mieter B hat eine Instandhaltungsmaßnahme in seiner Wohnung über 180,00 € zu vertreten.
e) Die Umlagenabrechnung ergab für Mieter A 111,00 € Guthaben, Mieter B 12,00 € Nachzahlung und Mieter C 19,00 € Nachzahlung. Mit allen Mietern war die Verrechnung von Guthaben und Nachzahlungen vereinbart worden. Die Vorauszahlungen werden nach der Abrechnung nicht angepasst.

Übungsteil 1: Buchführung (kapitel-/abschnittsübergreifend)

Übung Nr. 12:

Die „Wohnbauten-AG" hat im Jahr 02 den Mietern eines preisgebundenen Wohnhauses für die Heizkostenabrechnung 3.060.000,00 € in Rechnung gestellt.

In dieser Abrechnung wurden 100.000,00 € tatsächliche Leerstandskosten berücksichtigt. Ende v. J. hatte man 75.000,00 € geschätzt.

Stellen Sie den entsprechenden Ausschnitt des GuV-Kontos für das Jahr 01 und 02 dar! Nebenrechnungen sind stichwortartig zu erläutern!

Übungsteil 1: Buchführung (kapitel-/abschnittsübergreifend)

Übung Nr. 13:

Die Wohnungsbaugesellschaft ermittelte zum Ende des Jahres 01 an Fremdkosten für die Wärmelieferung insgesamt 1.850.000,00 €. An umlagefähigen Löhnen wurden zusätzlich 150.000,00 € festgestellt. Der Leerstandsanteil wurde auf 100.000,00 € geschätzt. 2.450.000,00 € wurden als erhaltene Anzahlungen ausgewiesen.

Ende,des Jahres 02 rechnete man die Heizkosten unter Berücksichtigung eines Ist-Leerstandes von 75.000,00 € und eines 2%igen Umlagenausfallwagnisses ab. Die Einzelabrechnungen gegenüber den Mietern ergaben unter anderem insgesamt 113.500,00 € Nachforderungen. Die Vorschüsse für das Jahr 02 werden nicht verändert. Sowohl Nachforderungen als auch Guthaben werden erst im Jahr 03 durch Zahlungen ausgeglichen.

Aufgabe:

Erstellen Sie zu diesen Sachverhalten jeweils die Ausschnitte des GuV-Kontos und des SBK für das Jahr 01 und das Jahr 02!

Erforderliche Nebenrechnungen sind in einer stichwortartig erläuterten Aufstellung darzustellen!

Übungsteil 1: Buchführung (kapitel-/abschnittsübergreifend)

Übung Nr. 14:

Die Buchhaltung der Wohnbau AG stellt für ein Miethaus mit preisgebundenem Wohnraum zum Ende d. J. folgende Rechnungen/Belege für das Jahr 01 zusammen, die im kommenden Jahr 02 abgerechnet werden sollen.

01.03. d. J.	Öllieferung:	12.000 l	5.400,00 €
07.08. d. J.	Öllieferung:	7.000 l	2.730,00 €
06.12. d. J.	Öllieferung:	4.000 l	1.680,00 €
01.08. d. J.	jährlich gleichbleibende Wartungspauschale (01.08. d. J. – 31.07. n. J.)		420,00 €
10.01. d. J.	Technischer Überwachungsverein (01.01. – 31.12. d. J.)		300,00 €
08.10. d .J.	Ventilerneuerung für die Heizungsanlage		280,00 €
Hauswartlohnanteil für die Bedienung der Heizungsanlage			300,00 €
Betriebsstrom laut Zwischenzählerablesung			550,00 €
Ölbestand zu Beginn dieses Jahres			1.500,00 €
Ölbestand zum Ende dieses Jahres: 5.000 l			
Für Leerbestände schätzt das Immobilienunternehmen			450,00 €

Aufgaben:

1. Fassen Sie die für das Jahr 01 umlagefähigen Kosten für die Wärmelieferung in einer stichwortartig erläuterten Aufstellung zusammen! Gegebenenfalls ist nach FIFO-Methode zu bewerten!
2. Bilden Sie zu „III. Vorbereitende Abschlussbuchungen“ nur die Buchungssätze, die für die Wärmelieferung erforderlich sind!
3. Stellen Sie für den gesamten Sachverhalt den entsprechenden Ausschnitt des GuV-Kontos und des SBK per 31.12.01 dar!

Übungsteil 1: Buchführung (kapitel-/abschnittsübergreifend)

Übung Nr. 15:

Die Abrechnungsperiode für die Heizkosten eines im eigenen Bestand des Immobilienunternehmens befindlichen, preisgebundenen Mietwohnhauses ist das Kalenderjahr.

Die vergangene Heizperiode wird gegenüber den Mietern abgerechnet. Ende vorigen Jahres waren 158.000,00 € Gesamtaufwand ermittelt worden. Von den Mietern wurden Vorschüsse in Höhe von 153.340,00 € geleistet. Die Abrechnung ergibt Einzelnachforderungen von insgesamt 12.270,00 €.

Ein Pfändungsversuch für eine Einzelnachforderung über 670,00 € erweist sich als fruchtlos.

Am folgenden Bilanzstichtag sind Einzelnachforderungen im Gesamtwert von 2.700,00 € noch nicht gezahlt. Die Rechtsabteilung des Immobilienunternehmens hält diesen Betrag für unsicher.

Die übrigen Forderungen und Verbindlichkeiten werden bis zum Bilanzstichtag ausgeglichen.

Buchen Sie diese Sachverhalte!

Übungsteil 1: Buchführung (kapitel-/abschnittsübergreifend)

Übung Nr. 16:

Buchen Sie folgende Sachverhalte im Grundbuch!

1. Auf eine im Vorjahr als unsicher bewertete Forderung über 1.560,00 € geht der ausstehende Betrag vollständig ein.
2. Ein verstorbener Mieter hinterließ 1.400,00 € Mietschulden. Die Erben sind noch nicht bekannt. Das Immobilienunternehmen bewertet die Forderung als unsicher.
3. Für eine im Vorjahr als unsicher bewertete Mietforderung in Höhe von 5.500,00 € erhält das Immobilienunternehmen vom Gerichtsvollzieher eine Überweisung aus dem Versteigerungserlös in Höhe von 2.100,00 €. Der Rest der Forderung wird als uneinbringlich betrachtet.
4. Auf eine im Vorjahr für uneinbringlich gehaltene Forderung gehen 600,00 € ein. (Der Mieter wird nicht mehr in der Nebenbuchhaltung geführt.)

Übungsteil 1: Buchführung (kapitel-/abschnittsübergreifend)

Übung Nr. 17:

Die Wohnbauten GmbH hatte zum 31.12.01 für die vier Mieter der Sachverhalte 1 bis 4 jeweils Wertberichtigungen gebildet.

Bilden Sie zu diesen Sachverhalten alle im Jahre 02 erforderlichen Buchungssätze! Eröffnungs- und Abschlussbuchungen sind wegzulassen.

1. **Mieter Kalisch;** Vertragsende: 30.09.01

   Zum 31.12.01 wurden folgende Forderungen zu 100 % wertberichtigt:

Gesamtmiete vom 01.07. bis 30.09.01:	825,00 €
Schönheitsreparaturen incl. Instandhaltung der Wohnungseingangstür:	4.350,00 €
Anfragen beim Melderegister u. a.:	25,00 €

   Im Jahre 02 hält die Rechtsabteilung der Wohnbauten GmbH den Vorgang abschließend für uneinbringlich, weil keine Erben ermittelt werden konnten.

2. **Mieterin Krebs;** Vertragsende: 31.08.00

   Wertberichtigung zum 31.12.01: 1.100,00 € (100 % der zugrunde liegenden Forderung)

   Die ehemalige Mieterin zahlt – wie vereinbart – im Jahre 02 unverändert zwölf Raten à 50,00 € zur Tilgung der Altforderung.

   Die Rechtsabteilung der Wohnbauten GmbH hält weiterhin an der Unsicherheit der Restforderung wegen der noch ausstehenden Raten fest.

   Teilbeträge sind in einer Buchung zusammenzufassen!

3. **Mieter: Prompt-Bild GmbH & Co. KG;** Vertragsende: 30.04.01

   Wertberichtigung zum 31.12.01: 6.100,00 € (100 % der zugrunde liegenden Forderung)

   3.1 Aus der im Oktober 02 erstellten Umlagenabrechnung (für das Jahr 01) ergibt sich ein Guthaben von 400,00 € für die Mieterin und wird verrechnet.

3.2 Die Wohnbauten GmbH nimmt nach längeren Verhandlungen mit der KG im November 02 860,00 € für Prozesskosten aus dem Jahre 01 zurück.

3.3 Zum 31.12.02 beurteilt die Rechtsabteilung der Wohnbauten GmbH den Forderungsbestand zu 25 % als uneinbringlich und zu 75 % weiterhin als unsicher.

4. **Mieter: Die Chic GmbH;** Vertragsende: 31.12.01

   Wertberichtigung zum 31.12.01: 13.800,00 € (50 % der zugrunde liegenden Forderung)

   Die GmbH hatte am Jahresende schriftlich mitgeteilt, dass die Mietrückstände infolge des guten Weihnachtsgeschäftes im Jahre 01 bis zum 31.03.02 bis zur Hälfte ausgeglichen werden können.

   Bis zum 31.03.02 gehen keine Zahlungen ein.

   Für das Jahr 02 wird die Mieterin gemäß gesonderter vertraglicher Vereinbarung mit insgesamt 1.784,00 € als Verzugszinsen auf die Mietrückstände belastet.

   Die Rechtsabteilung der Wohnbauten AG beurteilt nun den Forderungsbestand als insgesamt unsicher.

Übungsteil 1: Buchführung (kapitel-/abschnittsübergreifend)

Übung Nr. 18:

Beantworten Sie zu folgenden Ausschnitten des Mietforderungskontos und des (vorläufigen) GuV-Kontos die danach aufgeführten Fragen mit stichwortartig erläuterter Nebenrechnung, falls erforderlich!

Die Ausschnitte geben den Stand per 31.12.02 wieder.

Andere Sachverhalte als die, auf die sich die Fragen beziehen, sind nicht aufgenommen worden.

S (200)	Mietforderungen		H
EBK	3.000,00	(440)	700,00
(600; 431)	482.000,00	(2740)	473.550,00
(440)	1.800,00	(609)	2.000,00
		(209)	600,00
		(8550)	2.985,00

S (982)	GuV-Konto		H
(609)	2.000,00	(600)	362.000,00
(8550)	2.985,00	(66992)	900,00
(8555)	4.975,00		

1. Wie hoch waren die Erlöse aus den Sollmieten im Jahr 02?
2. Wieviel € betrugen die geforderten Umlagenvorauszahlungen im Jahr 02?
3. Wie hoch waren die Mietvorauszahlungen für das Jahr 02?
4. Wie hoch waren die Mietrückstände Ende 01?
5. Die Mietforderungen waren Ende 01 zu 50 % wertberichtigt. Wieviel Prozent auf den wertberichtigten Teil wurden wider Erwarten gezahlt?
6. Gab es Mietvorauszahlungen für 03 und wenn ja, wie hoch waren diese?
7. Wurden Rückstände Ende 02 als unsicher und/oder uneinbringlich bewertet? – Lösung in €-Beträgen und Prozenten!
8. Mit welchem Betrag wurden im Jahr 02 die Mietforderungen in der Bilanz ausgewiesen?

Übung Nr. 19:

Nachdem die Zahlungseingänge des Monats Dezember 01 gebucht sind, erhalten Sie von der EDV-Abteilung eine Saldenliste (Stand 31.12.01) des Mietenkontokorrents.

Erfassen Sie auf einem Buchungsbeleg (entsprechend dem unten abgedruckten Schema) die fünf nach der folgenden Saldenliste aufgeführten Sachverhalte!

SALDENLISTE

Objekt-Nr.: 015
Grundstück: 12345 Berlin, Sommerstraße 122
Konto-Nr.: 2000
Bezeichnung: Mietenkontokorrent
Stand: 31. Dezember 01

Vertrags-Nr.	Name, Vorname	S/H	€
019/0010	Boblinsky, Gottfried	S	562,30
019/0022	Pohl, Eberhard und Renate	S	15,00
019/0031	Neumann, Karl	S	27,42
019/0040	Bauernschmid, Alois	S	1.691,40
019/0050	Lund, Armgard	H	230,27
019/0063	LEER	S	771,24
019/0064	Hager, Hedwig	S	0,00
019/0070	Deker-Meester, Piet und Svantje	S	42,00
019/0080	Kranich, Martin	S	0,00
SALDO			

1. **0063 – LEER**
   Die Warmmiete der leer stehenden Wohnung Nr. 6 für November 01 wurde noch nicht ausgebucht (Kaltmiete: 566,24 €; Untermietzuschlag: 5,00 €; Heizkostenvorschuss: 200,00 €).
2. **0031 – Neumann**
   Die Miete ist uneinbringlich.
3. **0080 – Kranich**
   Im Berichtsjahr war der Mieter mit den Zahlungen des Mietzinses im Rückstand. Aus dem Mahnverfahren sind Ende Dezember 01 noch (Gerichts)Kosten in Höhe von 96,00 € entstanden, die vom Mieter zu tragen sind.
4. **0040 – Bauernschmid**
   Das Mietverhältnis ist seit längerer Zeit beendet. Die Rechtsabteilung Ihres Unternehmens hält zurzeit einen Ausfall von 25 % der Forderung für wahrscheinlich.
5. **0010 – Boblinsky**
   Die Hausverwaltung schreibt an den Mieter, dass die Rechnung vom 12.10.01 für die beschädigte Wohnungseingangstür nicht von ihm zu bezahlen ist, weil der Schaden nachweislich von Dritten verursacht wurde. Der Rechnungsbetrag lautete auf 671,40 €. Der Rechnungsempfänger war das Immobilienunternehmen.

BUCHUNGSBELEG

Buchungsdatum: 31.12.01

Sachverhalts-Nr.	S/H	Vertr.-Nr.	Konto-Nr.	Kontobezeichnung	€
1	S	0063			
2					

Übungsteil 1: Buchführung (kapitel-/abschnittsübergreifend)

Übung Nr. 20:

Die „Wohnen am Waldrand"-GmbH ist Vermieterin eines kleinen Mehrfamilienhauses.

Prüfen Sie im Rahmen der vorläufigen Abschlussarbeiten die Salden des nachstehenden Mietenkontokorrents am 31.12.1996! – Buchungsstand (krankheitsbedingt): 30.11.1996.

Nehmen Sie zu den Sachverhalten 1 bis 5 die in der **Hauptbuchhaltung** erforderlichen Buchungen vor, und geben Sie dann mit entsprechender Kennzeichnung jeweils den neuen Kontostand an!

Begründen Sie Ihr Vorgehen, falls in der **Hauptbuchhaltung** nichts zu buchen ist!

Whg – Mieter	Vertragsbeginn	Vertragsende	Mieter/Name	vorläufiger Kontostand	
0001 – 1	01.03.1992	30.06.1996	„Gürtelland"-KG	S	12.000,00 €
0001 – 2	01.07.1996	00.00.00	Reisebüro Schäler	S	2.740,00 €
0002	01.03.1992	00.00.00	Dahn, Gotthold	S	13,22 €
0003 – 1	01.03.1992	30.11.1996	Schulz, Gerhard	S	0,00 €
0003 – 2	16.12.1996	00.00.00	Lahmann, Kurt	S	660,00 €
0004	01.10.1996	00.00.00	Mahlmann, Gerda	S	0,00 €
9999	00.00.00	00.00.00	ungeklärte Posten	H	651,20 €
				S	14.762,02 €

1. **0001 – 1 „Gürtelland"-KG**
Der Geschäftsführer der KG hatte mit Schreiben vom 30.11.1996 eine Teilzahlung auf den Rückstand angekündigt. Am 17.12.1996 sind 8.160,00 € auf dem Bankkonto der Vermieterin eingegangen. Zum Bilanzstichtag hält die Rechtsabteilung den noch ausstehenden Betrag für möglicherweise uneinbringlich.

2. **0001 – 2 Reisebüro Schäler**
Der Inhaber, Herr Hans Schäler, weist der Vermieterin die ordnungsgemäße Zahlung der Miete für den Monat Dezember 1996 nach.
Die Nachforschungen in der Buchhaltung haben ergeben, dass der Betrag am 09.12.1996 versehentlich mit der Forderung aus dem Verkauf einer Eigentumswohnung an Frau Margarete Schäler verrechnet wurde.

3. **0003 – 2 Lahmann, Kurt**
Herr Lahmann ist seit dem 16.12.1996 Mieter. Das Mietsoll beträgt monatlich 660,00 € (Bruttokaltmiete: 440,00 €; Heizkostenvorauszahlung: 220,00 €).
Das Konto für diese Wohnung zeigt seit dem 01.12.1996 außer der automatischen Sollstellung noch keine Bewegung. Die Miete für Dezember 1996 war jedoch überwiesen worden.

4. **0004 Mahlmann, Gerda**
Ein heruntergefallener Blumentopf der Mieterin hatte zur Folge, dass die Entwässerungsrinne des Vordaches im Hauseingangsbereich repariert werden musste. Frau Mahlmann hat den von ihr verursachten Schaden selbst gemeldet.
Die Rechnung für die erforderlichen Arbeiten lautet auf 731,42 € und geht am 18.12.1996 bei der „Wohnen am Waldrand"-GmbH ein.

5. **9999 ungeklärte Posten**
Der Überweisungsträger vom 29.12.1996 weist Frau Anneliese Späth als Auftraggeberin aus. Die Rücksprache mit der Hausverwaltung ergibt, dass Frau Späth die Lebenspartnerin von Gotthold Dahn ist.

Übungsteil 1: Buchführung (kapitel-/abschnittsübergreifend)

Übung Nr. 21:

Nach der Übernahme einer Wohnanlage in die Verwaltung sind die Mieterkonten zu klären. Die Einsicht in die Mieterakte von Herrn Bodo-Karl Bräsig ergibt, dass die unter seinem Konto aufgeführten Sachverhalte noch nicht gebucht sind.

Ermitteln Sie den vorläufigen Saldo, buchen Sie die aufgeführten Sachverhalte, führen Sie sein Konto nach dem vorläufigen Saldo fort, und bilden Sie den Schlusssaldo!

0815.0007.01 – Bräsig, Bodo-Karl	**S/H**	
Saldovortrag am 01.01.02	S	1.210,00 €
Sollstellung Januar 02	S	600,00 €
Zahlungseingang 05.01.02	H	500,00 €
Baumängel Januar 02	H	100,00 €
Belastung	S	50,00 €
Sollstellung Februar 02	S	600,00 €
Zahlungseingang	H	500,00 €

1. Der Erstattungsanspruch aus der Heizkostenabrechnung in Höhe von 60,00 € ist noch nicht umgebucht.
2. Die Mieterhöhung zum 01.11.01 in Höhe von 50,00 €/Monat wird zurückgenommen.
3. Aufgrund baulicher Mängel wird die Mietminderung wie schon im Januar auch für den Monat Februar zuerkannt.
4. Der Rückstand von Bräsig wird gestundet.
5. Das Immobilienunternehmen bewertet die Mietforderungen zu 100 % als unsicher.

Übungsteil 1: Buchführung (kapitel-/abschnittsübergreifend)

Übung Nr. 22:

Von der Mietenbuchhaltung erhalten Sie folgende vorläufige Saldenliste der Mieter, in der die Sollstellungen und Zahlungen für den Monat Dezember d. J. enthalten sind:

(vorläufige) **Saldenliste per 31.12. d.J.**

Objekt: Tosener Str. 43, 12900 Berlin

Mietverhältnis	Wohnung	Soll	Haben
A	300/001	–	–
A (alt)	300/001-1	2.890,00	–
B	300/002	835,00	–
C	300/003	–	–
D	300/004	680,00	–
E	300/005	–	890,00
F	300/006	3.780,00	–
G	300/007	1.680,00	–

Bilden Sie zu folgenden, noch nicht erfassten Sachverhalten die Buchungssätze, und erstellen Sie dann unter Berücksichtigung Ihrer Buchungen eine neue Saldenliste!

1. **Mietverhältnis A (alt) – Nr. 300/001-1**
   Lt. Auskunft des zuständigen Gerichtsvollziehers ist von dem Mieter keine Zahlung mehr zu erwarten.

2. **Mietverhältnis B – Nr. 300/002**
   Diese Wohnung steht seit dem 01.12. d. J. leer. Sollmiete: 690,00 €; Betriebskostenvorauszahlungen: 145,00 €

3. **Mietverhältnis C – Nr. 300/003**
Aufgrund des neuen Aufmaßes muss der Ansatz für die Sollmiete um 14,30 € pro Monat gesenkt werden. Vertragsbeginn bei C: 01.11. v. J.

4. **Mietverhältnis D – Nr. 300/004**
Die Mieterin wurde am 14.11. d. J. mit der Reparaturrechnung in Höhe von 680,00 € belastet. Es hat sich zwischenzeitlich herausgestellt, dass der Schaden von der Mieterin nicht zu vertreten ist.

5. **Mietverhältnis F – Nr. 300/006**
Wegen ungesicherter finanzieller Verhältnisse des Mieters ist ein Zahlungsausfall von 50 % möglich.

6. **Mietverhältnis G – Nr. 300/007**
Dem Mieter wird nachträglich für die Monate Oktober bis November d. J. eine Mietminderung von 198,00 € gewährt.

Übungsteil 1: Buchführung (kapitel-/abschnittsübergreifend)

Übung Nr. 23:

Ein Mieter bittet die Wohnungsbaugesellschaft im Rahmen eines außergerichtlichen Vergleichsverfahrens, ihm 25 % seiner Mietrückstände zu erlassen.

Die Wohnungsbaugesellschaft entspricht dieser Bitte, berechnet jedoch 30,00 € Bearbeitungsgebühr.

Trotzdem überweist der Mieter lediglich 1.134,00 €.

Die verbleibende Restforderung bewertet das Immobilienunternehmen im Rahmen des Jahresabschlusses in voller Höhe als zweifelhaft.

Zu Beginn des Jahres betrug die Forderung 3.720,00 € und war Ende vorigen Jahres zu 100 % wertberichtigt worden.

Führen Sie das Grundbuch! „I. Eröffnungs-“ und „IV. Abschlussbuchungen“ sind wegzulassen!

Übungsteil 1: Buchführung (kapitel-/abschnittsübergreifend)

Übung Nr. 24:

Zum Januar d. J. wurden die Mietforderungen gemäß BGB von 10.000,00 € auf 10.700,00 € monatlich erhöht.

Erfassen Sie die folgenden vier Geschäftsfälle im Grundbuch!

Erstellen Sie den Ausschnitt des Mietforderungskontos für den Gesamtsachverhalt! Mit gleichen Beträgen wiederkehrende Buchungen sind in einem Ausweis zusammenzufassen!

1. Die betroffenen Mieter widersprechen der Mieterhöhung. Das Immobilienunternehmen klagt auf Zustimmung. Der Gerichtskostenvorschuss über 1.750,00 € wird bezahlt.
2. Die Mieteingänge betragen für diesen Zeitraum bis zum Urteil insgesamt 64.000,00 €.
3. Im Juni d. J. wird über die Mieterhöhung vom Gericht entschieden und eine Erhöhung von insgesamt 500,00 € pro Monat als zulässig angesehen. Das Immobilienunternehmen überweist weitere 2.700,00 € Gerichtskosten, verzichtet jedoch auf jegliche Erstattung durch die Mieter.
4. Die Mieter, die nicht gezahlt hatten, zahlen für den Zeitraum vom 01.01 bis 30.06. d. J. nach. Die Mieter, die unter Vorbehalt überwiesen hatten, erhalten den zuviel gezahlten Betrag in Höhe von insgesamt 2.200,00 € zurück.

Übungsteil 1: Buchführung (kapitel-/abschnittsübergreifend)

Übung Nr. 25:

Zum 01.07.01 verlangte das Immobilienunternehmen von den Mietern in der Hübertusstraße 8 die Zustimmung zu einer Mieterhöhung um 10 %. Außer Herrn Breit stimmten alle Mieter zu. Herr Breit zahlte die neue Miete in Höhe von 1.320,00 € lediglich unter Vorbehalt.

Im Jahr 01 erhob daher das Immobilienunternehmen Klage auf Zustimmung und leistete 1.300,00 € Prozesskostenvorschüsse.

Im Jahr 02 fielen bis Prozessende nochmals Kosten in Höhe von 800,00 € an. Das Urteil am 20.05.02 gibt dem Immobilienunternehmen nur zu 30 % Recht und setzt die Gerichtskostenanteile entsprechend fest.

Aufgabe:

Bilden Sie alle notwendigen Buchungssätze, die sich im Jahr 02 nach Prozessende aus dem Urteil ergeben!

Einander geschuldete Zahlungen werden ohne Verrechnung geleistet.

Übungsteil 1: Buchführung (kapitel-/abschnittsübergreifend)

Übung Nr. 26:

Bilden sie, falls die Aufgabe nicht anders lautet, zu den folgenden Sachverhalten die Buchungssätze!

Erstellen Sie außerdem den Ausschnitt des GuV-Kontos, der sich auf Mieten, Zuschläge und Heizkosten bezieht.

Das Wohungsunternehmen macht von allen Primärausweis- und Aktivierungsmöglichkeiten Gebrauch.

Soweit nicht anders bezeichnet, handelt es sich um Rechnungsbeträge. Etwa erforderliche Zahlungen werden ausschließlich über das Bankkonto abgewickelt.

Sofern ein Kalenderdatum angegeben ist, ist für das ganze Geschäftsjahr in sinnvoller zeitlicher Reihenfolge unter Angabe des Datums zu buchen! In Fällen zeitlicher Abgrenzung ist außerdem für jede der in diesem Zusammenhang erforderlichen Kontierungen der Buchungszeitraum bzw. -zeitpunkt zu nennen!

Buchungssätze zu „IV. Abschlussbuchungen" sind wegzulassen!

1. Aufgrund von Leerständen ergeben sich Ausfälle von 10.000,00 € bei den Grundmieten, 1.000,00 € bei den Zuschlägen und 3.000,00 € bei den Heizkostenvorauszahlungen. Dies entspricht jeweils 2 % der diesjährigen Jahressollbeträge.
2. Die vergangene Heizperiode (= Kalenderjahr) wird gegenüber den Mietern abgerechnet. Unter anderem ergeben sich 10.000,00 € Erstattungsansprüche, die das Immobilienunternehmen überweist. Die Mieter hatten 144.000,00 € Vorauszahlungen geleistet. Ende v. J. waren 150.000,00 € Gesamtaufwand ermittelt worden. Die Mieter überweisen etwaige Nachforderungen.
3. Mitte v. J. hatte das Immobilienunternehmen einen Prozess um 20.000,00 € Heizkostennachforderungen begonnen und 2.500,00 € Gerichtskostenvorschüsse geleistet. Die Mieter hatten die Nachforderungen lediglich unter Vorbehalt bezahlt. Der Prozessausgang in diesem Jahr gibt dem Immobilienunternehmen zu 90 % recht. Entsprechend setzt das Gericht die Anteile für die insgesamt 8.000,00 € Gerichtskosten fest. Dann überweisen beide Parteien einander sämtliche erforderlichen Zahlungen ohne vorherige gegenseitige Verrechnung.
4. Es wird für 132.800,00 € Heizöl für die Mietwohnhäuser nachgekauft.
5. Am 01.04. d. J. wird ein Annuitätendarlehen für Arbeiten an Mietwohnhäusern des eigenen Bestands über nominal 1.000.000,00 € mit einer Laufzeit von 12 Jahren valutiert.
   Konditionen: 9 % Zinsen bei 4 % Damnum und einer Konditionenfestschreibungszeit von 12 Jahren; 5 % Tilgung; halbjährliche Zahlung und Verrechnung nachträglich.

6. Am 01.09. d. J. werden 15.000,00 € alljährliche Vorauszahlungen für die Wartungsverträge der Heizungsanlagen der Mietwohnhäuser bezahlt.

7. Am 01.10. d. J. werden 100.000,00 € alljährlich im Voraus zu bezahlende Pachten an das Immobilienunternehmen überwiesen.

8. Am 01.10. d. J. werden 20.000,00 € alljährlich nachträglich an das Immobilienunternehmen zu entrichtende Erbbauzinsen bezahlt.

9. Zum Jahresende werden für diese Heizperiode ermittelt:
   Der Wert des Schlussbestands an Heizmaterial entspricht dem Eröffnungsbestand; Wartung: siehe Sachverhalt Nr. 6; weitere Kosten für den Betrieb der Heizung: 3.200,00 €; Leerstandsschätzung: 1.300,00 €.
   Für die zu diesem Sachverhalt notwendigen Buchungen zu „III. Vorbereitende Abschlussbuchungen" ist davon auszugehen, dass es sich bei den Sachverhalten Nr. 1, Nr. 2, Nr. 4, Nr. 6 und Nr. 9 um dieselbe Häusergruppe handelt.

Übungsteil 1: Buchführung (kapitel-/abschnittsübergreifend)

Übung Nr. 27:

Bilden Sie, falls die Aufgabe nicht anders lautet, zu den folgenden Sachverhalten die Buchungssätze!

Das Immobilienunternehmen macht von allen Primärausweis- und Aktivierungsmöglichkeiten Gebrauch.

Soweit nicht anders bezeichnet, handelt es sich um Rechnungsbeträge. Etwa erforderliche Zahlungen werden ausschließlich über das Bankkonto abgewickelt.

Sofern ein Kalenderdatum angegeben ist, ist für das ganze Geschäftsjahr in sinnvoller zeitlicher Reihenfolge unter Angabe des Datums zu buchen! In Fällen zeitlicher Abgrenzung ist außerdem für jede der in diesem Zusammenhang erforderlichen Kontierungen der Buchungszeitraum bzw. -zeitpunkt zu nennen!

1. Am 01.09. d. J. wird ein Annuitätendarlehen über nominal 1.200.000,00 € für Mietwohnhäuser des eigenen Bestands valutiert.
   Konditionen: 8 % Zinsen bei 6 % Damnum und einem Konditionenfestschreibungszeitraum von 10 Jahren; 3 % Tilgung; vierteljährliche Zahlung und Verrechnung im Voraus.

2. Das Konto für die Pensionsrückstellungen wies zum Ende v. J. 910.000,00 € aus. Laut versicherungsmathematischem Gutachten sind nunmehr 980.000,00 € erforderlich.

3. a) Die Arbeiten für eine Treppenhausrenovierung in einem Altbau sind zum Ende d. J. noch nicht ganz abgeschlossen. Die Kostenvoranschläge belaufen sich auf insgesamt 35.000,00 €. Stellen Sie außerdem den entsprechenden Ausschnitt des SBK dar! Legen Sie für das Eigenkapital einen Ausgangswert von 1.600.000,00 € zugrunde!
   b) Stellen Sie für das nächste Geschäftsjahr jeweils nur den entsprechenden Ausschnitt des SBK dar, nachdem Rechnungen über insgesamt
      b1) 40.000,00 € bzw.
      b2) 33.000,00 € eingegangen sind.

4. Die Gebühr für einen Anschluss an das Kabelfernsehen (Schulungsraum der Personalabteilung) ist am 03.01.01 fällig und wird bezahlt. Der zu zahlende Betrag in Höhe von 300,00 € ist einmalig fällig und betrifft den Zeitraum vom 01.01.01 bis 31.12.03.

5. Zum 01.01. v. J. wurde für eine Wohnhausgruppe die monatliche Grundmiete um 5 % erhöht. Sie beträgt seitdem 42.000,00 € plus 10.000,00 € für die Heizkosten.
   Ein Teil der Mieter zahlt seitdem die gesamte Erhöhung unter Vorbehalt. Der andere verweigert jegliche Mehrzahlung, so dass 70 % der Erhöhungsbeträge monatlich eingehen.
   Das Immobilienunternehmen begann noch im vorigen Jahr einen Rechtsstreit und zahlte 7.000,00 € Gerichtskostenvorschüsse.

Im laufenden Geschäftsjahr werden vor Ende des Prozesses weitere 2.000,00 € an das Gericht überwiesen.

Mitte August d. J. ist der Prozess zu Ende. Das Immobilienunternehmen bekommt nur zu 75 % recht und muss die restlichen Prozesskosten in Höhe von 1.000,00 € entrichten. Der Kostenfestsetzungsbeschluss lautet jedoch auf anteilige Kostentragung. Außerhalb der regulären Mietzahlungen überweisen das Immobilienunternehmen und die Mieter jeweils einander ohne jegliche Verrechnung Nachforderungen und Erstattungsansprüche.

a) Buchen Sie diesen Sachverhalt für das laufende Geschäftsjahr. Eröffnungs- und Abschlussbuchungen sind wegzulassen.

b) Führen Sie zu diesem Sachverhalt für das gesamte laufende Geschäftsjahr das Mietforderungskonto. Gehen Sie für die Kontoeröffnung und dessen Abschluss davon aus, dass – soweit in der Sachverhaltsdarstellung nicht ausdrücklich anders angegeben – auch sonst alle erforderlichen Zahlungen geleistet wurden bzw. werden.

Übungsteil 1: Buchführung (kapitel-/abschnittsübergreifend)

Übung Nr. 28:

Bilden Sie, falls die Aufgabe nicht anders lautet, zu den folgenden Sachverhalten die Buchungssätze!

Soweit nicht anders bezeichnet, handelt es sich um Rechnungsbeträge. Etwa erforderliche Zahlungen werden ausschließlich über das Bankkonto abgewickelt.

1. Als Sachbearbeiter in der Finanzbuchhaltung eines Immobilienunternehmens sollen Sie zum 31.12.01 die Rückstellung für anfallende Prüfungsgebühren für den Jahresabschluss 01 in Höhe von 87.000,00 € bilden!
2. Am 16.02.02 erhalten Sie eine Zwischenrechnung über eine Abschlagszahlung für erbrachte Prüfungsleistungen für den Jahresabschluss 01 in Höhe von 55.000,00 €!
3. Für den Jahresabschluss zum 31.12.02 werden Prüfungskosten in Höhe von 92.000,00 € geschätzt!
4. Am 15.03.03 erhalten Sie die Schlussrechnung Ihres Prüfungsverbandes für die Prüfungskosten für den Jahresabschluss 01 in Höhe von 46.300,00 €!

Übungsteil 1: Buchführung (kapitel-/abschnittsübergreifend)

Übung Nr. 29:

Ein zum 31.12.01 ausziehender Mieter kann der vertraglichen Verpflichtung, seine stark eingewohnte Wohnung zu renovieren, nicht selbst nachkommen.

Das Immobilienunternehmen schätzt die Kosten auf 3.750,00 €. Am 25.12.01 überweist der Mieter aufgrund entsprechender Vereinbarung dem Immobilienunternehmen diesen Betrag.

Im Januar 02 beauftragt das Immobilienunternehmen eine Firma mit der Renovierung und erhält am 05.02.02 die entsprechende Rechnung.

1. Bilden Sie die im Jahr 01 erforderlichen Buchungssätze. Buchungen zu „IV. Abschlussbuchungen“ sind wegzulassen!
2. Bilden Sie zu den folgenden Beträgen a) und b) die erforderlichen Buchungssätze aufgrund der Rechnung vom 05.02.02 für den Fall, dass Pauschalabgeltung vereinbart war. Die Buchungen von Überweisungen etwaiger Forderungen oder Verbindlichkeiten sind wegzulassen!
   a) Der Rechnungsbetrag lautet 4.500,00 €.
   b) Der Rechnungsbetrag lautet 3.500,00 €.
3. Bilden Sie [entsprechend zu 2a) und 2b)] die Buchungssätze für den Fall, dass (gesonderte) Abrechnung vereinbart war!

Übungsteil 1: Buchführung (kapitel-/abschnittsübergreifend)

Übung Nr. 30:

Drei Mieter hatten ihre Wohnung zum 31.12.01 ordnungsgemäß gekündigt, sind jedoch ihrer vertraglichen Verpflichtung zur Ausführung der Schönheitsreparaturen nicht nach gekommen.

Die vom Immobilienunternehmen zum Ende des Jahres 01 veranlassten Kostenvoranschläge sowie die im Jahr 02 eintreffenden Rechnungen der Firmen ergeben:

Mieter	Kostenvoranschlag im Jahr 01	Rechnungsbetrag im Jahr 02
A	2.500,00 €	2.300,00 €
B	1.500,00 €	1.600,00 €
C	800,00 €	800,00 €

Alle drei Mieter zahlen die ihnen in Rechnung gestellten Beträge ohne Widerspruch!

Aufgabe

Bilden Sie jeweils unter Angabe des Jahres und gegebenenfalls des Mieters für das Jahr 01 und 02 alle erforderlichen Buchungssätze!

„IV Abschlussbuchungen" sowie „I Eröffnungsbuchungen" sind wegzulassen!

Lediglich für das Jahr 01 dürfen gleiche Buchungen mit verschiedenen €-Beträgen zu einer zusammengefasst werden!

Übungsteil 1: Buchführung (kapitel-/abschnittsübergreifend)

Übung Nr. 31:

Am 28.12.01 erhält das Immobilienunternehmen von einem zum 31.12.01 ausziehenden Mieter die fällige Zahlung von 4.250,00 €. Dieser Betrag war dafür vereinbart worden, dass das Immobilienunternehmen an Stelle des Mieters zu Beginn des nächsten Jahres (02) die Renovierung dessen eingewohnter Wohnung durchführt.

Aufgaben

1. Buchen Sie diesen Sachverhalt zum 28.12.01!
2. Erstellen Sie den entsprechenden Ausschnitt des Schlussbilanzkontos zum 31.12.01! Berücksichtigen Sie dabei auch das Eigenkapital. Es betrug bis zum Überweisungszeitpunkt 18.000.000,00 €.
3. Stellen Sie für das nächste Geschäftsjahr (02) unter Berücksichtigung des bisher Aufgeführten jeweils nur den entsprechenden Ausschnitt des Schlussbilanzkontos dar, **falls Pauschalabgeltung** vereinbart war und

   3.1 Rechnungen über 4.900,00 € bzw.

   3.2 Rechnungen über 4.100,00 € eingegangen sind.

   Zahlungen sind nicht zu berücksichtigen!
4. Stellen Sie entsprechend zu Aufgabe 3 den Ausschnitt des Schlussbilanzkontos dar, **falls Abrechnung** vereinbart war!

Übungsteil 1: Buchführung (kapitel-/abschnittsübergreifend)

Übung Nr. 32:

Bilden Sie, falls die Aufgabe nicht anders lautet, zu den folgenden Sachverhalten die Buchungssätze, und führen Sie im Hauptbuch das Mietforderungskonto für das ganze Geschäftsjahr.

Erstellen Sie außerdem den Ausschnitt des GuV-Kontos, der sich auf Mieten, Zuschläge und Heizkosten bezieht.

Das Immobilienunternehmen macht von allen Primärausweis- und Aktivierungsmöglichkeiten Gebrauch.

Soweit nicht anders bezeichnet, handelt es sich um Rechnungsbeträge. Etwa erforderliche Zahlungen werden ausschließlich über das Bankkonto abgewickelt.

Sofern ein Kalenderdatum angegeben ist, ist für das ganze Geschäftsjahr in sinnvoller zeitlicher Reihenfolge unter Angabe des Datums zu buchen! In Fällen zeitlicher Abgrenzung ist außerdem für jede der in diesem Zusammenhang erforderlichen Kontierungen der Buchungszeitraum bzw. -zeitpunkt zu nennen!

Buchungssätze zu „IV. Abschlussbuchungen“ sind wegzulassen!

Eröffnungsangaben:

Mietrückstände laut Buchungsliste: 20.000,00 €; Gesamtsumme der möglicherweise uneinbringlichen Beträge: 5 % der Rückstände; Mietvorauszahlungen: 6.000,00 €.

Alle **Sachverhalte** zu Mietwohnhäusern beziehen sich auf dieselbe Häusergruppe preisfreien Wohnraums aus dem eigenen Bestand.

1. Die monatliche Sollstellung enthält wie im Vorjahr 30.000,00 € Grundmieten, 3.000,00 € Zuschläge und 7.500,00 € Vorauszahlungen auf die Heizkosten. Zum 01.02. d. J. wird die Grundmiete bei allen Mietern um 10 % erhöht. Es sind jeweils in einer Sollstellung mehrere Monate sinnvoll zusammenzufassen!
2. Am 20.03. d. J. wird die fällige Rechnung über 65.000,00 € für die Erneuerung einer Miethausfassade bezahlt. Im Vorjahr waren dafür 60.000,00 € bereitgestellt worden.
3. Das Immobilienunternehmen gewährt 9.000,00 € (Grund)Mietminderungen.
4. Die Heizkostenabrechnung gegenüber den Mietern ergibt bei einer umlagefähigen Gesamtsumme von 95.000,00 € unter anderem 5.000,00 € Erstattungsansprüche, die das Immobilienunternehmen überweist. Im Vorjahr waren insgesamt 94.000,00 € Aufwand für die Wärmelieferung ermittelt worden.
5. Die stets halbjährlich fällige Vorauszahlung der Haftpflichtversicherung für die Geschäftsräume über 400,00 € wird am 01.04. d. J. auch entrichtet.
6. Am 01.09. d. J. werden die alljährlich nachträglich fälligen Pauschalen für die Wartung der Heizungsanlagen der Mietwohnhäuser in Höhe von 7.500,00 € auch bezahlt.
7. Es wird für 71.400,00 € Heizöl für die Mietwohnhäuser nachgekauft.
8. Das Immobilienunternehmen beginnt einen Prozess zur Durchsetzung der Mieterhöhung und bezahlt 4.000,00 € an das Gericht.
9. Pensionen von insgesamt 60.000,00 € werden bezahlt.
10. Am 01.10. d. J. wird ein Annuitätendarlehen für Arbeiten an den Mietwohnhäusern über nominal 800.000,00 € mit einer Laufzeit von 12 Jahren valutiert.

    Konditionen: 7 % Zinsen bei 6 % Damnum und einer Konditionenfestschreibungszeit von 10 Jahren; 4 % Tilgung; halbjährliche Zahlung und Verrechnung nachträglich.
11. Durch die Mieteingänge im Laufe des Jahres werden die Vorjahresrückstände und Heizkostennachforderungen ausgeglichen. Ein Teil der Mieter zahlt die gesamte Erhöhung unter Vorbehalt. Der andere verweigert jegliche Mehrzahlung, sodass von den geforderten Erhöhungsbeträgen 60 % eingehen. Die Buchungslisten weisen zum augenblicklichen Zeitpunkt 15.000,00 € Vorauszahlungen und 25.000,00 € Rückstände aus.
12. Kurz vor Jahresende wird der Prozess über die Mieterhöhung verloren. Die gezahlten Erhöhungsbeträge werden den Mietern erstattet.

13. Aufgrund des versicherungsmathematischen Gutachtens werden die Pensionsrückstellungen um 15.000,00 € angehoben.

14. Zum Jahresende wird bei einem Anfangsbestand von 40.000,00 € ein Endbestand an Heizöl von 25.000,00 € ermittelt sowie zusätzlich zu den bisher aufgeführten Sachverhalten 1.600,00 € weitere Kosten.

Übungsteil 1: Buchführung (kapitel-/abschnittsübergreifend)
Übung Nr. 33:

Dem Erhöhungsverlangen der Sollmiete zum 01.10.01 von 1.000,00 € auf 1.150,00 € pro Monat hatte der Mieter nicht zugestimmt. Für die Zustimmungsklage musste das Immobilienunternehmen noch im **Jahr 01** 400,00 € Prozesskosten bezahlen.

Mitte des **Jahres 02** fallen weitere 300,00 € Prozesskosten an.

Ende **November 02** verliert das Immobilienunternehmen den Prozess vollständig und erwartet, dass **Anfang 03** noch einmal ungefähr 200,00 € Prozesskosten zu bezahlen sind.

Buchen Sie diesen Sachverhalt nur für das **Jahr 02**! „I. Eröffnungs-" und „IV. Abschlussbuchungen" sind wegzulassen!

Übungsteil 1: Buchführung (kapitel-/abschnittsübergreifend)
Übung Nr. 34:

Erstellen Sie zu den folgenden Sachverhalten den entsprechenden Ausschnitt des GuV-Kontos und des SBK. Zahlungen sind nicht zu berücksichtigen!

1. Die Wartungskostenpauschale über 3.600,00 € für die Heizungsanlage wird am 01.08. d. J. alljährlich für 12 Monate im voraus überwiesen.
2. Ein Mietprozess geht verloren. das Unternehmen rechnet mit Prozesskosten im nächsten Geschäftsjahr in Höhe von 3.000,00 €.
3. Hypothekenzinsen in Höhe von 4.800,00 € für das am 01.11. d. J. valutierte Darlehen werden am 01.05. n. J. rückwirkend für 6 Monate fällig.
4. Das Immobilienunternehmen erhält am 01.12. d. J. erstmalig für 3 Monate im voraus Erbbauzinsen in Höhe von 3.000,00 €.
5. Bei der Aufnahme des unter Sachverhalt Nr. 3 aufgeführten Darlehens entstehen Geldbeschaffungskosten in Höhe von 36.000,00 €, die auf die Zinsfestschreibungszeit von 10 Jahren verteilt werden.

Übungsteil 1: Buchführung (kapitel-/abschnittsübergreifend)
Übung Nr. 35:

Ein Immobilienunternehmen kauft ein unbebautes Grundstück, auf dem Mietwohnungen errichtet werden sollen. Mit Kaufvertragsabschluss wird die fällige 20%ige Anzahlung in Höhe von 350.000,00 € entrichtet. Die Grunderwerbsteuer wird ebenfalls bezahlt (Gegenleistung = Kaufpreis). Mit dem wirtschaftlichen Eigentumsübergang des Grundstücks wird am 01.08. d. J. vereinbarungsgemäß der Grundstücksankaufskredit in Höhe des Restkaufpreises direkt auf das Notaranderkonto valutiert.

Es handelt sich um ein Abzahlungsdarlehen zu 7,5 % Zinsen bei 100%iger Auszahlung mit einer Laufzeit von vier Jahren – vierteljährliche Zahlung und Verrechnung im Voraus.

1. Erstellen Sie den Tilgungsplan, der den Zeitraum bis 31.12. d. J. enthält, mit allen für Aufgabe 2 sinnvollen Spalten!
2. Buchen Sie den gesamten Sachverhalt in sinnvoller zeitlicher Reihenfolge für das ganze laufende Geschäftsjahr! Abschlussbuchungen mit Gegenkonto GuV bzw. SBK sind wegzulassen!

Übungsteil 1: Buchführung (kapitel-/abschnittsübergreifend)

Übung Nr. 36:

Die Krogmann GmbH & Co. Grundstücks-KG ist seit fünf Jahren Eigentümerin eines unbebauten Grundstücks in Berlin.

Die Geschäftsführer beabsichtigen, das Areal zusammen mit dem noch zu erwerbenden Nachbargrundstück in zwei Jahren mit Mietwohnraum zu bebauen. Mit den Planungsarbeiten wurde bereits letztes Jahr begonnen.

Im laufenden Jahr liegen mehrere Bescheide/Rechnungen vor.

Aufgabe

Kontieren Sie diese im laufenden Jahr! €-Beträge sind wegzulassen!

1. Bescheid der Straßenreinigung für das laufende Kalenderjahr
2. Grundsteuerbescheid für das laufende Kalenderjahr
3. Gebührenrechnung des Grundbuchamtes vom 18.09. d. J. (beglaubigte Abschrift für den Darlehensantrag zur Finanzierung des Bauvorhabens)
4. Prämienrechnung für das laufende Kalenderjahr vom 02.01. d. J. (Grundstückshaftpflichtversicherung)
5. Ausgangsrechnung für die Nutzung des Grundstücks zu Werbezwecken für das laufende Kalenderjahr
6. Zwischenrechnung des Architekten Manfred Hagen

Übungsteil 1: Buchführung (kapitel-/abschnittsübergreifend)

Übung Nr. 37:

Für ein unbebautes Grundstück, das mit Mietwohnungen für den eigenen Bestand bebaut werden soll, betrugen die Anschaffungskosten 500.000,00 €.

1. Buchen Sie folgende Sachverhalte! In Fällen zeitlicher Abgrenzung ist außerdem für jede der in diesem Zusammenhang erforderlichen Kontierungen der Buchungszeitraum bzw. -zeitpunkt zu nennen!
   a) Die Rechnung des Architekten für die Vorplanung in Höhe von 100.000,00 € geht ein.
   b) Laut Arbeitszeitstatistik ergeben sich 5.000,00 € für eigene Planungskosten.
   c) Die Rechnung für die Straßenreinigungsgebühren über 500,00 € geht ein.
   d) Am 30.09. d. J. geht die Pacht in Höhe von 1.200,00 € ein für den Zeitraum vom 01.10. d. J. bis 30.09. n. J.
2. Erstellen Sie den auf diese Sachverhalte bezogenen Ausschnitt des GuV-Kontos per 31.12. d. J.!

Übungsteil 1: Buchführung (kapitel-/abschnittsübergreifend)

Übung Nr. 38:

Am 01.05. d.J. wird mit dem Bau eines Mietwohnhauses für den eigenen Bestand begonnen. Die Fertigstellung ist zu Mitte nächsten Jahres geplant.

Bis zum Baubeginn am 01.05. d. J. sind folgende Kosten für dieses Objekt entstanden, bezahlt und gebucht worden:

– Architektenrechnung:	35.000,00 €
– Grundsteuerbescheid (für das ganze Geschäftsjahr):	300,00 €
– Kaufpreis des Grundstücks:	750.000,00 €
– eigene, bereits aktivierte Verwaltungsleistungen:	10.000,00 €
– Notargebühren für den Grundstückserwerb:	1.850,00 €
– Grundstückshaftpflichtversicherung (für das ganze Geschäftsjahr):	1.800,00 €
– Grunderwerbsteuerbescheid:	? €
– Kosten für Lichtpausen:	400,00 €

Aufgaben

1. Buchen Sie aufgrund der vorstehenden Angaben den Baubeginn am 01.05. d. J.!
2. Geben Sie die Buchungen an, die aufgrund der bis zum Baubeginn am 01.05. d. J. entstandenen Kosten im Rahmen von „II laufende Buchungen“ noch notwendig sind!
3. Am 01.05. d. J. gehen für ein halbes Jahr rückwirkend 120,00 € für die Verpachtung des Grundstücks zu Werbezwecken auf dem Bankkonto ein.
4. Ende Dezember erhält das Immobilienunternehmen eine Rechnung für die Fertigstellung des Untergeschosses bis zur Kellerdecke über 250.000,00 €. Buchen Sie den Rechnungseingang und die Bezahlung! Die Vertragsvereinbarungen entsprechen dem Üblichen!

Übungsteil 1: Buchführung (kapitel-/abschnittsübergreifend)

Übung Nr. 39:

Buchen Sie folgende Sachverhalte für das Jahr 01 im Grundbuch!

Sofern ein Kalenderdatum angegeben ist, ist für das ganze Geschäftsjahr in sinnvoller zeitlicher Reihenfolge unter Angabe des Datums und des Zeitraums zu buchen!

Buchungen zu „I. Eröffnungsbuchungen“ und „IV. Abschlussbuchungen“ sind wegzulassen!

1. Eigentumsübergang eines unbebauten Grundstücks für den eigenen Bestand – Erwerbskosten: 600.000,00 €.
2. Die Rechnung des Architekten für die Vorplanung in Höhe von 50.000,00 € trifft ein.
3. Am 01.07.01 wird der Vertrag über die Haftpflichtversicherung für das erworbene Grundstück geschlossen. Es werden halbjährliche Zahlungen in Höhe von 800,00 € vereinbart. Entsprechend wird am 01.07.01 überwiesen.
4. Für das Quartal wird die Grundsteuer auf 450,00 € festgesetzt. Das Immobilienunternehmen vereinbart mit dem Finanzamt jährliche Zahlung und überweist am 30.06.01.
5. Am 01.12.01 ist Baubeginn.
   Zum gleichen Zeitpunkt wird das Annuitätdarlehen für das Bauvorhaben über nominal 3.000.000,00 € valutiert.

Konditionen: 5 % Zinsen bei 94 % Auszahlung und einer Konditionenfestschreibungszeit von 15 Jahren; 1 % Tilgung; jährliche Zahlung und Verrechnung nachträglich.

6. Die Betonarbeiten bis zur Kellerdecke sind abgeschlossen.
   Die Zwischenrechnung ist bis zum 31.12.01 noch nicht eingetroffen. Für diesen Bauabschnitt sind 150.000,00 € veranschlagt.

7. Erstellen Sie zu den Sachverhalten Nr. 1 bis Nr. 6 alle erforderlichen abschlussvor bereitenden Buchungen („III.“) sofern nicht jeweils schon geschehen!

Übungsteil 1: Buchführung (kapitel-/abschnittsübergreifend)

Übung Nr. 40:

Bilden Sie, falls die Aufgabe nicht anders lautet, zu den folgenden Sachverhalten die Buchungssätze!
Das Immobilienunternehmen macht von allen Primärausweis- und Aktivierungsmöglichkeiten Gebrauch.
Soweit nicht anders bezeichnet, handelt es sich um Rechnungsbeträge. Etwa erforderliche Zahlungen werden ausschließlich über das Bankkonto abgewickelt. Dabei ist dann gegebenenfalls der nach § 17 Nr. 6 VOB(B) übliche Sicherheitseinbehalt von 5 % zu berücksichtigen!

Ein Immobilienunternehmen hatte zu Beginn dieses Jahres mit dem Bau von Mietwohnungen für den eigenen Bestand begonnen. Gegen Ende dieses Jahres weist die Buchhaltung für das noch nicht vollendete Bauvorhaben folgende Werte aus:

- Kosten des Baugrundstücks: 1.500.000,00 €;
- Kosten des Bauwerks: 3.950.000,00 €;
- Kosten der Außenanlagen: 75.000,00 €;
- Baunebenkosten: 235.000,00 €.

Zwecks Abstimmung der Buchhaltung für dieses Bauvorhaben stellen Sie als Sachbearbeiter des Immobilienunternehmens bei Durchsicht der Unterlagen unter anderem Folgendes fest und nehmen jeweils gegebenenfalls die erforderlichen Buchungen vor! (Falls keine Buchungen nötig sind, schreiben Sie: „Buchung entfällt!“)

1. Als „Kosten des Bauwerks“ wurden erfasst und gegebenenfalls entsprechende Zahlungen veranlasst:
   - für die Erstellung des Baukörpers: 3.750.000,00 €
   - für das Anlegen der Zufahrt zur Tiefgarage: 50.000,00 €
   - für den Einbau des Fahrstuhls: 150.000,00 €

2. Als „Kosten der Außenanlagen“ wurden erfasst und gegebenenfalls entsprechende Zahlungen veranlasst:
   - für die Anlage des Spielplatzes: 40.000,00 €
   - für den Anbau eines Wintergartens: 35.000,00 €

3. Als „Baunebenkosten“ wurden erfasst und gegebenenfalls entsprechende Zahlungen veranlasst:
   - für den Fremdarchitekten: 60.000,00 €
   - für das Damnum: 175.000,00 €

Die Rechnungen/Bescheide zu folgenden Sachverhalten wurden noch gar nicht bearbeitet:

4. Einbau von Toren für die Tiefgarage: 12.500,00 €

5. Richtfestkosten: 3.250,00 €

6. Anschluss durch die Wasserwerke an das öffentliche Versorgungsnetz: 10.000,00 €

7. Gebühren für die Schlussabnahme: 6.000,00 €

8. Grundstückshaftpflichtversicherung für das Kalenderjahr: 600,00 €

9. Zurechenbare Zinsen laut Vermerk des Kapitaldienstes: 249.108,00 €
10. Anlieferung von (beweglichen) Fahrradständern: 450,00 €
11. Eigenleistungen laut Arbeitszeitstatistik: 25.000,00 €
12. Das Bauwerk ist fertig.
13. Die zu Sachverhalt Nr. 4 bis Nr. 12 erforderlichen Zahlungen sind mit stichwortartig erläuterter Nebenrechnung in einer (Sammel)Buchung zusammenzufassen. Von der Firma für die Tiefgarage liegt eine Bankbürgschaft vor.

Übungsteil 1: Buchführung (kapitel-/abschnittsübergreifend)

Übung Nr. 41:

Das Immobilienunternehmen macht von allen Primärausweis- und Aktivierungsmöglichkeiten Gebrauch.

Soweit nicht anders bezeichnet, handelt es sich um Rechnungsbeträge. Etwa erforderliche Zahlungen werden ausschließlich über das Bankkonto abgewickelt. Dabei ist dann gegebenenfalls der nach § 17 Nr. 6 VOB(B) übliche Sicherheitseinbehalt von 5 % zu berücksichtigen!

Sofern ein Kalenderdatum angegeben ist, ist für das ganze Geschäftsjahr in sinnvoller zeitlicher Reihenfolge unter Angabe des Datums zu buchen! In Fällen zeitlicher Abgrenzung ist außerdem für jede der in diesem Zusammenhang erforderlichen Kontierungen der Buchungszeitraum bzw. -zeitpunkt zu nennen!

Am 01.02. v. J. war mit dem Bau eines Mietwohnhauses für den eigenen Bestand begonnen worden. Es ist seit dem 01.04. d. J. technisch fertig und von diesem Zeitpunkt an vollständig vermietet.

Die Buchhaltung wies zum 01.04. d. J. für die seit Baubeginn in der Kontenklasse 7 aufgelaufenen Gesamtkosten Folgendes aus:

– Grundstück:	140.000,00 €
– Erschließung:	1.500,00 €
– Bauwerk:	426.000,00 €
– Außenanlagen:	3.600,00 €
– Zusätzliche Maßnahmen:	3.100,00 €
– Baunebenkosten:	81.000,00 €

Aufgabe:

Holen Sie zu den folgenden, noch unbearbeiteten Sachverhalten alle für die Bilanzierung dieses Mietwohnhauses erforderlichen Buchungen nach, und schließen Sie die Kontenklasse 7 ab!

Bilden Sie dann – soweit zu den folgenden Sachverhalten nicht jeweils schon geschehen – alle für den entsprechenden Ausschnitt des GuV-Kontos noch erforderlichen Buchungssätze, und erstellen Sie diesen im Hauptbuch! „IV. Abschlussbuchungen" sind im Grundbuch wegzulassen!

1. Die Straßenreinigungsgebühren für das laufende Kalenderjahr waren am 25.03. d. J. zu bezahlen: 750,00 €.
2. Zu den folgenden Vorgängen a) bis d) (einschließlich Bezahlung) weist die Rechnung jeweils Netto(einzel)preise aus:
   a) Lieferung von Gartenmobiliar für die Gemeinschaftseinrichtungen – Tische: 434,00 €; Stühle und Liegen: 806,00 €.
   b) Lieferung und Montage von Beleuchtungskörpern – für die Gehwege: 1.890,00 €; für das Treppenhaus: 730,00 €; für die auf dem Grundstück befindliche Zufahrt zum Mieterparkplatz: 870,00 €.
   c) Bescheinigung für die Schlussabnahme der Bauaufsichtsbehörde: 1.200,00 €
   d) Einbau von Sanitäranlagen: 16.000,00 € – von der Firma liegt eine Bankbürgschaft vor.

3. Für die Grundschuldbestellung sind an das Grundbuchamt zu entrichten: 670,00 €.

   Am 01.05. v. J. wurde für den Bau das entsprechende Annuitätendarlehen zu folgenden Konditionen valutiert: 400.000,00 € nominal; 6 % Zinsen bei 96 % Auszahlung und einer Konditionenfestschreibung von 9 Jahren; 3 % Tilgung; jährliche Zahlung und Verrechnung im Nachhinein.

4. Am 01.06. d. J. ist die alljährlich im Voraus zu entrichtende Grundstückshaftpflichtversicherung zu bezahlen: 360,00 €.

5. Am 01.07. d. J. ist die jährliche Grundsteuer zu bezahlen: 600,00 €.

Übungsteil 1: Buchführung (kapitel-/abschnittsübergreifend)

Übung Nr. 42:

Bilden Sie, falls die Aufgabe nicht anders lautet, zu den folgenden Sachverhalten die Buchungssätze!
Das Immobilienunternehmen macht von allen Primärausweis- und Aktivierungsmöglichkeiten Gebrauch.

Soweit nicht anders bezeichnet, handelt es sich um Rechnungsbeträge. Etwa erforderliche Zahlungen werden ausschließlich über das Bankkonto abgewickelt. Dabei ist dann gegebenenfalls der nach § 17 Nr. 6 VOB(B) übliche Sicherheitseinbehalt von 5 % zu berücksichtigen!

Sofern ein Kalenderdatum angegeben ist, ist für das ganze Geschäftsjahr in sinnvoller zeitlicher Reihenfolge unter Angabe des Datums zu buchen! In Fällen zeitlicher Abgrenzung ist außerdem für jede der in diesem Zusammenhang erforderlichen Kontierungen der Buchungszeitraum bzw. -zeitpunkt zu nennen!

1. Zum Abschluss eines Kaufvertrags über ein unbebautes Grundstück, das mit Kaufeigenheimen bebaut werden soll, wird die 20%ige Anzahlung fällig und bezahlt. Der Kaufpreis beträgt 375.000,00 €.
2. Die Rechnung des Grundstücksmaklers trifft ein: 20.000,00 € netto.
3. Die Grunderwerbsteuerbescheid wird bezahlt – Gegenleistung: 375.000,00 €.
4. Mit dem (wirtschaftlichen) Eigentumsübergang zum 01.04. d. J. valutiert auch die Bank das Abzahlungsdarlehen zwecks Ausgleich des Restkaufpreises direkt auf das Notaranderkonto: 10 % Zinsen bei 100 % Auszahlung und 2 Jahren Laufzeit; halbjährliche Zahlung und Verrechnung im Voraus.
5. Die jährliche Grundsteuer über 240,00 € wird bezahlt.
6. Für die Ablösung des Pachtvertrages werden 25.000,00 € bezahlt.
7. Die Rechnung für die Grundstückshaftpflichtversicherung trifft ein: 300,00 €.
8. Zum 31.12. d. J. wird das Grundstück mit 40.000,00 € über allen bisher entstandenen Kosten verkauft. Der Käufer übernimmt das Darlehen in der noch bestehenden Höhe unter Anrechnung auf den Kaufpreis, erstattet den auf ihn entfallenden Zinsteil und leistet eine Teilzahlung über 50.000,00 €.
9. Ein Grundstück mit Mietwohnungen für den eigenen Bestand wurde zum 01.11. d. J. bezugsfertig. Zu Beginn des Jahres wurden aus dem Vorjahr folgende Kosten wieder in die Kontenklasse 7 übernommen:

– Grundstück:	411.500,00 €
– Bauwerk:	2.640.000,00 €
– Baunebenkosten:	285.000,00 €

   Außerdem wurden folgende weiteren, in diesem Jahr angefallenen Kosten vor Fertigstellung bereits gebucht:

– Hausnummernbeleuchtung:	400,00 €
– Gehwegbeleuchtung:	2.500,00 €
– jährliche Grundstückshaftpflichtversicherung:	600,00 €
– Architektenrechnung:	32.500,00 €
– Pflasterung der Zufahrt zur Tiefgarage:	6.000,00 €

Folgende Sachverhalte sind für dieses Jahr noch zu buchen und dann das Objekt zu bilanzieren:

a) Bezahlung der jährlichen Grundsteuer: 360,00 €

b) Kapitaldienst seit Beginn des Jahres für das Annuitätendarlehen für das Bauwerk; es wurde am 01.03. v. J. valutiert; 3.000.000,00 € nominal; 8 % Zinsen bei 97 % Auszahlung und 10 Jahren Zinsfestschreibung; 3 % Tilgung; jährliche Zahlung und Verrechnung nachträglich.

10. a) Bilden Sie – soweit nicht schon bei den einzelnen Sachverhalten geschehen – die vorbereitenden Abschlussbuchungen für den Ausschnitt des GuV-Kontos!

b) Erstellen Sie diesen Ausschnitt formgerecht im Hauptbuch, und ermitteln Sie die Differenz zwischen der Soll- und der Habenseite!

c) Erklären Sie diese Differenz durch eine stichwortartig erläuterte Aufstellung!

Übungsteil 1: Buchführung (kapitel-/abschnittsübergreifend)

Übung Nr. 43:

Bilden Sie, falls die Aufgabe nicht anders lautet, zu den folgenden Sachverhalten die Buchungssätze, und führen Sie den für die Bautätigkeit erforderlichen Ausschnitt des Haupt- und/oder Nebenbuchs!

Das Immobilienunternehmen macht von allen Primärausweis- und Aktivierungsmöglichkeiten Gebrauch.

Soweit nicht anders bezeichnet, handelt es sich um Rechnungsbeträge. Etwa erforderliche Zahlungen werden ausschließlich über das Bankkonto abgewickelt. Dabei ist dann gegebenenfalls der nach § 17 Nr. 6 VOB(B) übliche Sicherheitseinbehalt von 5 % zu berücksichtigen!

Sofern ein Kalenderdatum angegeben ist, ist für das ganze Geschäftsjahr in sinnvoller zeitlicher Reihenfolge unter Angabe des Datums zu buchen! In Fällen zeitlicher Abgrenzung ist außerdem für jede der in diesem Zusammenhang erforderlichen Kontierungen der Buchungszeitraum bzw. -zeitpunkt zu nennen!

Zu Anfang des laufenden Geschäftsjahres weist die Buchhaltung für einen im Vorjahr begonnenen Komplex von 10 baugleichen Kaufeigenheimen folgende Werte aus:

– Kosten des Baugrundstücks:	350.000,00 €
– Kosten des Bauwerks:	1.300.000,00 €
– Kosten der Außenanlagen:	80.000,00 €
– Baunebenkosten:	400.000,00 €

1. Für die Kosten des Bauwerks treffen noch Rechnungen über 600.000,00 € und für die Erstellung der Außenanlagen noch welche über 70.000,00 € ein und werden bezahlt.
2. Am 01.07. d. J. sind sämtliche Kaufeigenheime technisch fertig.
3. Am 10.07. d. J. wird die jährlich fällige Grundsteuer in Höhe von 180,00 € bezahlt.
4. Am 20.07. d. J. wird die fällige Grundstückshaftpflichtversicherung für das Kalenderjahr in Höhe von 120,00 € überwiesen.
5. Am 01.08. d. J. wird die erste Annuität für das gesamte Kalenderjahr über 250.000,00 € an den Kreditgeber überwiesen. Es handelt sich um ein Annuitätendarlehen mit 8 % Zinsen und 2 % Tilgung.
6. Am 20.11. d. J. geht die Rechnung des Architekten über 35.100,00 € ein und wird bezahlt.
7. Zum 31.12. d. J. werden für 5 Kaufeigenheime mit dem Nutzen- und Lastenwechsel die Kaufpreise von insgesamt 1.750.000,00 € fällig. Die Kaufverträge sehen für diesen Zeitpunkt auch die anteilige Übernahme des Annuitätendarlehens vor.
8. a) Bilden Sie – soweit nicht schon bei den einzelnen Sachverhalten geschehen – die vorbereitenden Abschlussbuchungen für den Ausschnitt des GuV-Kontos!

   b) Erstellen Sie diesen Ausschnitt formgerecht im Hauptbuch, und ermitteln Sie die Differenz zwischen der Soll- und der Habenseite!

   c) Erklären Sie diese Differenz durch eine stichwortartig erläuterte Aufstellung!

Übungsteil 1: Buchführung (kapitel-/abschnittsübergreifend)

Übung Nr. 44:

Ein Immobilienunternehmen baut einen Komplex von Eigentumswohnungen, die zum Verkauf bestimmt sind. Baubeginn: 01.02.01; Bauende: 30.11.01

Ermittlung der Herstellungskosten										
Aufwandsposition Konto	Sachverhalts-stichwort	€	1 Kosten des Baugrund-stücks	2 Kosten der Er-schließung	3 Kosten des Bauwerks	4 Kosten des Geräts	5 Kosten der Außen-anlagen	6 Kosten der zusätzl. Maßnahmen	7 Bauneben-kosten	Summe
(811)	Baubeginn/ Grundstück	544.850,00	544.850,00							
(83...)	Eigenleistungen	5.000,00							5.000,00	
(83...)	eig. Architekten-leistungen	7.500,00							7.500,00	
(810)	Rohbau	5.250.000,00			5.250.000,00					
(872)	Fremdzinsen	564.375,00							513.300,00	
(8910)	Grundsteuer	1.200,00							1.000,00	
(810)	Trockenheizen	5.000,00						5.000,00		
(810)	Feuerlöscher	7.500,00				7.500,00				
(810)	Richtfest	2.500,00							2.500,00	
Gesamtsumme		**6.387.925,00**	**544.850,00**	**0,00**	**5.250.000,00**	**7.500,00**	**0,00**	**5.000,00**	**529.300,00**	**6.336.650,00**

Bis zum 31.12.01 ist noch keine Eigentumswohnung verkauft worden.

Aufgaben

1. Erstellen Sie zur fertig gestellten Übersicht „Ermittlung der Herstellungskosten" den entsprechenden Ausschnitt des GuV-Kontos zum 31.12.01, und ermitteln Sie die Differenz zwischen der Soll- und der Habenseite!
2. Erklären Sie die zu Aufgabe 1 ermittelte Differenz durch eine stichwortartig erläuterte Aufstellung!
3. Am 01.03.02 wird ein Teil der Eigentumswohnungen verkauft. Der Kaufpreis beträgt insgesamt 1.750.000,00 € und die anteiligen Herstellungskosten 20 %. Erstellen Sie den entsprechenden Ausschnitt des GuV-Kontos, der sich im Jahr 02 durch den Verkauf ergäbe!

Übungsteil 1: Buchführung (kapitel-/abschnittsübergreifend)

Übung Nr. 45:

Die „Wohnbauten-AG“ hatte zum 31.12.01 Herstellungskosten von 10 baugleichen Kaufeigenheimen (Konto „(13) Grundstücke mit unfertigen Bauten“) mit 4.200.000,00 € bei gleichem Bautenstand ausgewiesen.

Im Jahr 02 fallen noch folgende Herstellungskosten an:

Baukosten:	600.000,00 €
während der Bauzeit:	70.000,00 €
Grundsteuer während der Bauzeit:	8.000,00 €
Eigene Verwaltungskosten:	26.000,00 €

Bauende: 31.12.02

Zum Jahresende werden 5 Kaufeigenheime mit jeweils 50.000,00 € Rohgewinn verkauft.

Aufgabe:

Buchen Sie folgende Sachverhalte:

1. Eröffnung der im Jahr 01 ausgewiesenen Kaufeigenheime im Jahr 02
2. „II Laufende Buchungen“ und „III Vorbereitende Abschlussbuchungen“ für den Verkauf und die restlichen Kaufeigenheime im Jahr 02
3. Verkauf der restlichen Kaufeigenheime im Jahr 03 für insgesamt 3.000.000,00 €

Übungsteil 1: Buchführung (kapitel-/abschnittsübergreifend)

Übung Nr. 46:

Zu Beginn des Jahres 01 ging das Eigentum an einem Grundstück über, auf dem am 01.03.01 mit dem Bau eines Komplexes baugleicher Kaufeigenheime begonnen wurde.

Er wurde am 01.09.02 fertig gestellt und verkauft.

Der folgende Ausschnitt des GuV-Kontos stellt für das Jahr 01 ausschließlich diese dar:

S (982)	GuV-Konto	Jahr 01	H
(810)	2.340.000,00	(665)	1.000,00
(811)	1.000.000,00		
(852)	3.000,00		
(872)	91.000,00		
(8910)	4.200,00		

Auf die Bauzeit entfallen 75.000,00 € Zinsen.

Aufgaben:

1. Ermitteln Sie die Herstellungskosten der Eigntumsmaßnahme zum 31.12.01 und stellen Sie die Bestandsveränderungen im GuV-Konto dar, indem Sie das GuV-Konto um diese Positionen ergänzen!
2. Erklären Sie durch eine stichwortartig erläuterte Aufstellung so genau wie möglich die Differenz zwischen der Soll- und der Habenseite, die sich aus dem GuV-Ausschnitt einschließlich Ihrer Ergänzungen ergibt!

3. Der folgende Ausschnitt des GuV-Kontos stellt diese Maßnahme für das gesamte Jahr 02 dar.

   Ermitteln Sie die gesamten Herstellungskosten der Eigentumsmaßnahme in einer stichwortartig erläuterten Aufstellung!

S (982)	**GuV-Konto Jahr 02**	**H**
(810)	4.500.000,00	
(872)	90.000,00	
(8910)	4.200,00	

   Auf die Bauzeit entfallen 80.000,00 € Zinsen.

4. Buchen Sie den Eigentumsübergang auf den Käufer. Der Verkaufspreis beträgt 9.000.000,00 €.

5. Ermitteln Sie in einer stichwortartig erläuterten Aufstellung den Roh- und den Reingewinn aus dem Verkauf über beide Jahre!

Übungsteil 1: Buchführung (kapitel-/abschnittsübergreifend)

Übung Nr. 47:

Die WohnbauAG ist Bauträger und hat am 01.05. d. J. mit der Errichtung von 10 baugleichen Eigentumswohnungen begonnen. Ende d. J. befindet sich das Objekt noch im Bau. Folgende Belege/Rechnungen zu dem Objekt sind bisher eingetroffen:

Kaufpreis des Grundstücks:	600.000,00 €
Jahresbetrag der Grundsteuer:	1.200,00 €
Grunderwerbsteuer:	? €
eigene Verwaltungsleistungen:	13.500,00 €
Architektenrechnung:	64.000,00 €
Jahresbetrag Stadtreinigung:	600,00 €
Rohbaukosten lt. Rechnung:	1.150.000,00 €

Aufgaben:

1. Ermitteln Sie mithilfe einer stichwortartig erläuterten Aufstellung die vorläufigen Gesamtkosten!

2. Erstellen Sie den auf diesen Sachverhalt bezogenen Ausschnitt des GuV-Kontos zum Ende d. J.!
   Ordnen Sie jeder Position, deren €-Betrag sich aus mehreren Teilbeträgen zusammensetzt, eine stichwortartig erläuterte Nebenrechnung zu!

3. Nach Fertigstellung des Objekts im nächsten Geschäftsjahr werden von den 10 Eigentumswohnungen 6 verkauft.
   Der Erlös aus dem Verkauf dieser 6 Wohnungen betrug 2.466.000,00 €
   Wie hoch waren die (endgültigen) Gesamtkosten der 10 Eigentumswohnungen, wenn der Mehrerlös aus dem Verkauf der 6 Wohnungen jeweils 20 % betrug?

Übung Nr. 48:

Im Laufe des Jahres 01 wurde auf einem in den Vorjahren erworbenen Grundstück mit dem Bau eines Komplexes baugleicher Kaufeigenheime begonnen.

Ende Dezember des Jahres 02 wurde dieser Komplex fertig gestellt und zum Teil verkauft.

Die beiden Ausschnitte des GuV-Kontos stellen **ausschließlich** diese Eigentumsmaßnahme dar.

Belegen Sie Ihre Lösung zu den folgenden Aufgaben jeweils mit einer stichwortartig erläuterten Aufstellung!

S (982) GuV-Konto (01.01. bis 31.12.01) H

(810)	3.200.000,00	(640)	3.200.000,00
(811)	1.000.000,00	(641)	1.000.000,00
[83...]	90.000,00	(642)	93.000,00
(850)	3.000,00	(6430)	190.000,00
(852)	1.200,00	(6431)	750,00
(872)	200.000,00	(665)	900,00
(8910)	900,00		

1. Ermitteln Sie den Buchwert der Eigentumsmaßnahme zum 31.12.01!
2. Erklären Sie so genau wie möglich die Differenz zwischen der Soll- und der Habenseite!
3. In welchem Monat des Jahres 01 wurde mit dem Bau begonnen?

S (982) GuV-Konto (01.01. bis 31.12.02) H

(644)	2.241.875,00	(610)	4.750.000,00
(810)	3.500.000,00	(640)	1.750.000,00
(83...)	70.000,00	(641)	70.000,00
(850)	15.000,00	(642)	7.500,00
(872)	600.000,00	(6430)	300.000,00
(8910)	600,00	(6431)	300,00

4. Ermitteln Sie die Gesamtkosten dieser Eigentumsmaßnahme!
5. Ermitteln Sie, wieviel Prozent des Gesamtkomplexes verkauft wurden!
6. Ermitteln Sie den Rohgewinn aus dem Verkauf!

Übungsteil 1: Buchführung (kapitel-/abschnittsübergreifend)

Übung Nr. 49:

Am 01.02.01 war mit dem Bau von Kaufeigenheimen begonnen worden. Sie wurden zum 01.12.01 technisch fertig.

Als Sachbearbeiter des Immobilienunternehmens stellen Sie zum Jahresende im Rahmen von Abstimmarbeiten bei Durchsicht der Unterlagen zu diesem Bauvorhaben fest, dass folgende Sachverhalte noch nicht (vollständig) bearbeitet sind, und nehmen gegebenenfalls die erforderlichen Buchungen vor!

Sachverhalte

1. Der Bescheid für die ährliche Grundsteuer ist noch nicht bearbeitet. Zu überweisen sind 360,00 €.
2. Die Arbeitszeitstatistik für die Monate Oktober bis Dezember ergibt, dass dem Bauwerk 4.500,00 € an Eigenleistungen zuzurechnen sind.
3. Die Rechnung für die Grundstückshaftpflichtversicherung für das Kalenderjahr wurde noch nicht bearbeitet. Zu überweisen sind 600,00 €.
4. Für das Darlehen über 3.000.000,00 € nominal mit folgenden Konditionen wurde am 01.07.01 lediglich die Valutierung gebucht:
   99 % Auszahlung; 10 % Zinsen; 4 % Tilgung; halbjährliche Zahlung und Verrechnung nachträglich; Zinsfestschreibung: 18 Jahre.
5. Angenommen es ergibt sich zum Jahresende für die Kaufeigenheime ein Buchwert von 3.600.000,00 €, der neben den Sachverhalten 1 bis 4 auch die übrigen Herstellungskosten enthält.
   Ermitteln Sie in einer stichwortartig erläuterten Aufstellung den rechnerischen Verkaufspreis für einen Reingewinn von 400.000,00 €!

Übungsteil 1: Buchführung (kapitel-/abschnittsübergreifend)

Übung Nr. 50:

Die Bilanz eines Immobilienunternehmens weist zum 31.12.01 unter anderem folgende Werte aus:

a) unbebautes Grundstück des Anlagevermögens: 2.000.000,00 €
b) unbebautes Grundstück des Umlaufvermögens: 900.000,00 €
c) bebautes Grundstück des Umlaufvermögens: 2.100.000,00 €

1. Bilden Sie für das Jahr 02 die Buchungssätze für die Verkäufe zu folgenden Bedingungen:

   1) das Grundstück zu a): 1.600.000,00 € (Verkaufspreis);
   2) das Grundstück zu b) 1.125.000,00 € (Verkaufspreis) und
   3) die Hälfte des Grundstücks zu c): 1.250.000,00 € (Verkaufspreis)
      bereits geleistete Anzahlung: 312.500,00 €
      Übernahme der Grundschuld in Höhe von 85 % des anteiligen Buchwerts

2. Stellen Sie den Ausschnitt des GuV-Kontos dar, der sich aufgrund dieser Verkäufe ergibt!

Übungsteil 1: Buchführung (kapitel-/abschnittsübergreifend)

Übung Nr. 51:

Geben Sie zu jeder Kontierung an:

- so genau und so kurz wie möglich den Sachverhalt und/oder den Zweck der Buchung
- sowie unter Benutzung der jeweils angegebenen Abkürzungen
  a) die Art der Bilanzveränderung
  (Aktivtausch = **AT**; Passivtausch = **PT**; Aktiv-Passiv-Mehrung = **AP+**; Aktiv-Passiv-Minderung = **AP-**; keine Bilanzveränderung = **AP0**)
  b) die Auswirkung auf das Eigenkapital!
  (Eigenkapital steigt = **EK+**; Eigenkapital sinkt = **EK-**; keine Eigenkapitaländerung = **EK0**)

1.	(200)	***an***	(201)
2.	(209)	***an***	(200)
3.	(2740)	***an***	(689)
4.	(334)	***an***	(342)
5.	(38)	***an***	(668)
6.	(390)	***an***	(44200)
7.	(399)	***an***	(44212)
8.	(411)	***an***	(210)
9.	(413)	***an***	(210)
10.	(44201)	***an***	(2740)
11.	(473)	***an***	(251)
12.	(49)	***an***	(605)
13.	(8002)	***an***	(170)
14.	(8002)	***an***	(802)
15.	(8090)	***an***	(291)
16.	(8091)	***an***	(8099)
17.	(66982)	***an***	(200)
18.	(810)	***an***	(44200)
19.	(812)	***an***	(10)
20.	(8550)	***an***	(200)
21.	(872)	***an***	(4799)
22.	(875)	***an***	(290)
23.	(600)	***an***	(200)

Übungsteil 1: Buchführung (kapitel-/abschnittsübergreifend)

Übung Nr. 52:

Sie stellen als Sachbearbeiter zum Ende des Geschäftsjahres für folgende Objekte fest, dass jeweils Rechnungen bzw. Bescheide für Haftpflichtversicherung, Fremdkapitalzinsen und Grundsteuer noch nicht gebucht sind:

1. eigene Mietwohnanlage
2. das Geschäftsgrundstück
3. unbebautes Grundstück des Anlagevermögens
4. eigene Mietwohnanlage im Bau
5. Kaufeigenheime im Bau
6. im Vorjahr fertig gestellte Kaufeigenheime

Holen Sie die entsprechenden Buchungen nach und, geben Sie jeweils dazu auch die eventuell erforderlichen „vorbereitenden Abschlussbuchungen“ mit der Kennzeichnung „III“ an!

Wegzulassen sind die Buchungen für Zahlungen und die Buchungen für „IV. Abschlussbuchungen“!

Übungsteil 1: Buchführung (kapitel-/abschnittsübergreifend)

Übung Nr. 53:

Buchen Sie folgende Eingangsrechnunge bzw. Bescheide im Grundbuch, und geben Sie jeweils auch die eventuelle erforderlichen „Vorbereitenden Abschlussbuchungen“. mit der Kennzeichnung „III“ an!

	Stadtreinigung	Grundsteuer	Handwerker
1. eigene Mietwohnanlage	450,00 €	3.000,00 €	680,00 €
2. eig. Mietwohnanl. im Bau	210,00 €	870,00 €	13.800,00 €
3. unbebautes Grundstück	140,00 €	650,00 €	180,00 €

Übungsteil 1: Buchführung (kapitel-/abschnittsübergreifend)

Übung Nr. 54:

Prüfen Sie zu den folgenden Sachverhalten die beschriebenen bzw. aufgeführten Buchungen, und nehmen Sie gegebenenfalls entsprechende weitere vor!

1. Der Mieter wurde im laufenden Geschäftsjahr mit 90,00 € für Kleinreparaturen belastet. Der Mietvertrag enthält keine Kleinreparaturklausel.
2. Die eigenen Architektenleistungen sind während der Bauzeit im Anlagevermögen wie folgt aktiviert worden:

   (14) Grundstücke mit fertigen Bauten 4.750,00 €
   an (830) Löhne und Gehälter 4.750,00 €
3. Der gestern beurkundete Grundstückskaufvertrag für ein unbebautes Grundstück des Umlaufvermögens über 867.500,00 € wurde gebucht.
4. Auf eine im Vorjahr zu 100 % wertberichtigte Mietforderung geht jetzt Geld ein.

Übungsteil 1: Buchführung (kapitel-/abschnittsübergreifend)

Übung Nr. 55:

Die Anlagenkartei weist für drei Vermögensgegenstände, welche mit den höchstmöglichen Beträgen abgeschrieben wurden, die in der Tabelle aufgeführten Werte aus. Bestimmen Sie die Abschreibungsmethoden, die Abschreibungssätze und die zugrunde gelegten Nutzungsdauern!

Nutzungs-jahr	Buchwerte (während des Jahres)		
	Maschine	Lkw	EDV-Anlage
01	200.000,00 €	180.000,00 €	360.000,00 €
02	160.000,00 €	135.000,00 €	252.000,00 €
03	128.000,00 €	90.000,00 €	176.400,00 €
04	...	...	117.600,00 €
...	...	...	...
...	...	...	...

Übungsteil 1: Buchführung (kapitel-/abschnittsübergreifend)

Übung Nr. 56:

Buchen Sie folgende Sachverhalte für den gesamten, jeweils angegebenen Zeitraum! Geben Sie zu jedem Buchungssatz so genau wie möglich das Datum des Buchungszeitpunktes an! In Fällen zeitlicher Abgrenzung ist außerdem für jede der in diesem Zusammenhang erforderlichen Kontierungen der Buchungszeitraum zu nennen!
„IV. Abschlussbuchungen" sind wegzulassen!

1. Die WohnungsbauAG zahlt am 01.11. d. J. Erbbauzinsen für ein Mietwohngrundstück des eigenen Bestands für den Zeitraum vom 01.11. d. J. bis 30.04. n. J. in Höhe von 1.800,00 €.
2. Am 01.10. d. J. erhält das Immobilienunternehmen Erbbauzinsen in Höhe von 3.000,00 € für den Zeitraum vom 01.10. d. J. bis 30.09. n. J.
3. Am 31.12. d. J. stellt das Immobilienunternehmen für zu erwartende Prozesskosten 16.000,00 € zurück, weil man erwartet, dass das Gericht der Zustimmungsklage zur Mieterhöhung nicht stattgeben wird. 5 Monate später ergibt sich, dass diese Maßnahme unnötig war.
4. Für den Druck des Jahresabschlusses für das Kalenderjahr schätzt das Immobilienunternehmen die Kosten am 31.12. d. J. auf 90.000,00 €.
5. Im nächsten Geschäftsjahr lautet die Eingangsrechnung zu Sachverhalt Nr. 4 auf 86.000,00 €.
6. Alternativ zu Sachverhalt Nr. 5 lautet im nächsten Geschäftsjahr die Eingangsrechnung zu Sachverhalt Nr. 4 auf 92.000,00 €.
7. Alternativ zu Sachverhalt Nr. 5 lautet im nächsten Geschäftsjahr die Eingangsrechnung zu Sachverhalt Nr. 4 auf 90.000,00 €.

Übungsteil 1: Buchführung (kapitel-/abschnittsübergreifend)

Übung Nr. 57:

Bilden Sie, zunächst vom „Schlussbilanzkonto 01" ausgehend, den bzw. die Buchungssätze, die das „Schlussbilanzkonto 02" und dann das „Schlussbilanzkonto 03 (Variante 1)" bzw. das „Schlussbilanzkonto 03 (Variante 2)" ergeben! „I Eröffnungsbuchungen" und „IV Abschlussbuchungen" sind wegzulassen!

S (989)	Schlussbilanzkonto 01		H
[Kl. 0 bis 2]	1.000.000,00	(301)	1.000.000,00

S (989)	Schlussbilanzkonto 02		H
[Kl. 0 bis 2]	1.000.000,00	(301)	930.000,00
		(390)	70.000,00

S (989)	Schlussbilanzkonto 03 (Variante 1)		H
[Kl. 0 bis 2]	1.000.000,00	(301)	918.000,00
		(44200)	82.000,00

S (989)	Schlussbilanzkonto 03 (Variante 2)		H
[Kl. 0 bis 2]	1.000.000,00	(301)	934.000,00
		(44200)	66.000,00

Übungsteil 1: Buchführung (kapitel-/abschnittsübergreifend)

Übung Nr. 58:

Ein großes Immobilienunternehmen in der Rechtsform der Aktiengesellschaft weist unabhängig von den übrigen Konten unverändert gegenüber dem Vorjahr aus:

gez. Kapital (Grundkapital)	80.000.000,00 €
Gewinnrücklagen	
gesetzliche Rücklage:	7.800.000,00 €
Bauerneuerungsrücklage:	3.200.000,00 €
andere Gewinnrücklagen:	500.000,00 €
Verlustvortrag aus dem Vorjahr:	200.000,00 €

Das Konto „Jahresüberschuss/Jahresfehlbetrag" hat sich folgendermaßen entwickelt:

Aufwandsseite: 5.000.000,00 € Ertragsseite: 9.500.000,00 €

Der Vorstand sieht sich aufgrund der Fristenpläne für die (Groß)Instandhaltungen neben der Einhaltung der aktienrechtlichen Mindestvorschriften gezwungen, seine gesetzlichen Befugnisse voll auszuschöpfen.

Führen Sie die für den entsprechenden Ausschnitt des Schlussbilanzkontos notwendigenBuchungen durch!

Übungsteil 1: Buchführung (kapitel-/abschnittsübergreifend)

Übung Nr. 59:

Bei den Kontenausschnitten zu den Sachverhalten Nr. 1 und Nr. 2 handelt es sich jeweils um die Auswirkung auf das GuV-Konto und einen Teil des SBK.

Beiden Sachverhalten liegt jeweils eine einmalige, jährliche Zahlung zugrunde.

Aufgabe:

Bestimmen Sie jeweils so genau wie möglich den Zahlungsgrund, den Rechnungsbetrag und den Zahlungszeitraum!

Sachverhalt Nr. 1

S (989)	Schlussbilanzkonto		H
(291)	8.400,00		

S (982)	GuV-Konto		H
(8002)	6.000,00		

Sachverhalt Nr. 2

S (989)	Schlussbilanzkonto		H
		(49)	7.200,00

S (982)	GuV-Konto		H
		(605)	14.400,00

Übungsteil 1: Buchführung (kapitel-/abschnittsübergreifend)

Übung Nr. 60:

Führen Sie für die folgende Aufgabe das Grund- und Hauptbuch!

Anfangsbestände:

(00)	500.000,00 €,	(05)	30.000,00 €,	(15)	12.000,00 €,
(200)	1.800,00 €,	(205)	5.500,00 €,	(209)	4.500,00 €,
(2740)	300.000,00 €,	(291)	800,00 €,	(300)	500.000,00 €,
(330)	6.300,00 €,	(422)	300.000,00 €,	(44212)	17.500,00 €,
(431)	12.000,00 €,	(440)	800,00 €,	(4799)	9.000,00 €,

Im Konto (291) sind Aufwendungen für die Betriebshaftpflichtversicherung und im Konto (4799) Zinsen für einen Kredit für die Unternehmensfinanzierung von einer Lebensversicherung abgegrenzt.

Laufende Geschäftsfälle:

1. Banküberweisung für eine Fernwärmerechnung aus dem Vorjahr: 17.500,00 €.
2. Sollstellung der Mieten über 36.000,00 € und der Betriebskostenvorauszahlungen über 12.000,00 €.
3. Am 01.04, d. J. wird die Betriebshaftpflichtversicherung für die kommenden 12 Monate abgebucht, 3.200,00 €.
4. Die Zinsen (18.000,00 €) und die Tilgung (20.000,00 €) für den Kredit der Lebensversicherung für die vergangenen 12 Monate werden am 30.06. d. J. per Bank überwiesen.
5. Bankeingang für Mieten und Betriebskostenvorauszahlungen: 48.800,00 €.
6. Für die wertberichtigte Mietforderung gehen 1.400,00 € ein. Weitere Zahlungen sind nicht zu erwarten.
7. Eingang der Fernwärmerechnung der Stadtwerke für die Mietwohngebäude: 11.500,00 €.
8. Verkauf eines Firmen-Pkw (Buchwert: 10.000,00 €) für 14.000,00 € gegen Bankscheck.
9. Abrechnung der Betriebskosten. Eine eventuelle Verbindlichkeit gegenüber den Mietern ist zu überweisen.
10. Sollstellung der Mieten über 36.000,00 € und der Betriebskostenvorauszahlungen über 12.000,00 €.
11. Eine einwandfreie Mietforderung in Höhe von 700,00 € fällt endgültig aus.
12. Die Rechnung zu Geschäftsfall 7) wird überwiesen.
13. Bankeingang für Mieten und Betriebskostenvorauszahlungen: 46.500,00 €.
14. Eine Mietforderung über 2.000,00 € wird voraussichtlich zu 40 % ausfallen.
15. Eingang der Fernwärmerechnung der Stadtwerke für die Mietwohngebäude: 12.000,00 €.

Jahresende:

- Die Mietvorauszahlungen betragen 1.500,00 €.
- Die nicht abgerechneten Betriebskosten sind zu aktivieren.
- Erstmalig sind 20.000,00 € in eine Rückstellung für Bauinstandhaltung für eine zukünftige Betonsanierung einzustellen.
- In die gesetzliche Rücklage ist der vorgeschriebene Betrag einzustellen.

Übungsteil 1: Buchführung (kapitel-/abschnittsübergreifend)

Übung Nr. 61:

Bilden Sie die Buchungssätze zu den folgenden Geschäftsfällen (mit Kontennummern und am Kontenplan orientierten Kurzbezeichnungen). Wenn nicht ausdrücklich anderes angegeben ist, ist von einer nichtumsatzsteuerpflichtigen Vermietungsunternehmung auszugehen.

1	**Eingangsrechnungen**	
1.1	Austausch defekter Heizkörperventile im eigenen Wohnungsbestand	900,00 €
1.2	Grunderwerbsteuer für unbebautes unerschlossenes Grundstück des Umlaufvermögens	6.000,00 €
1.3	Heizöl für Verwaltungsgebäude (Aufwandskonto)	4.000,00 €
1.4	Pflasterung der Hauszugangswege beim Bau eines Eigenheims	15.000,00 €
2	**Banklastschriften**	
2.1	Betriebspension an ehemaligen Mitarbeiter	400,00 €
2.2	Bereits gebuchte Dividende	70.000,00 €
2.3	Anzahlung beim Kauf eines unbebauten, erschlossenen Grundstücks des Umlaufvermögens	300.000,00 €
2.4	Gehaltsvorschuss an Mitarbeiter	400,00 €
3	**Bankgutschriften**	
3.1	Darlehen zur Unternehmungsfinanzierung von einer Bank, Darlehenssumme 200.000,00 €;	194.000,00 €
3.2	Anzahlung eines Kaufanwärters für ein Eigenheim	60.000,00 €
3.3	Ausgleich der Forderung aus einer Baubetreuung	46.000,00 €
4	**Gehaltsabrechnung**	
4.1	Bruttogehälter	14.000,00 €
	Lohn- und Kirchensteuer	3.600,00 €
	Arbeitnehmeranteil Sozialversicherung	1.500,00 €
	Einbehalt des Vorschusses (siehe 2.4)	400,00 €
	Auszahlungsbetrag	? €
4.2	Arbeitgeberanteil Sozialversicherung	1.500,00 €
5	**Abschlussangaben**	
5.1	Einstellung in die gesetzliche Rücklage einer AG bei einem Jahresüberschuss von 1.500.000,00 € unter Berücksichtigung folgender Daten der Wohnungsunternehmung (AG):	
	Grundkapital	20.000.000,00 €
	Kapitalrücklagen	200.000,00 €
	Gesetzliche Rücklage	1.750.000,00 €
	Andere Gewinnrücklagen	1.000.000,00 €
5.2	Abschluss des Kontos „Erlösschmälerungen“, Saldo	4.800,00 €
5.3	Zeitanteilige Abschreibung aktivierter Geldbeschaffungskosten	6.500,00 €

Übungsteil 1: Buchführung (kapitel-/abschnittsübergreifend)

Übung Nr. 62:

Bilden Sie die Buchungssätze zu den folgenden Geschäftsfällen (mit Kontennummern und am Kontenplan orientierten Kurzbezeichnungen). Wenn nicht ausdrücklich anderes angegeben ist, ist von einer nicht umsatzsteuerpflichtigen Vermietungsunternehmung auszugehen.

1	**Eingangsrechnungen**		
1.1	Grunderwerbsteuerbescheid in Verbindung mit dem Erwerb eines unbebauten, unerschlossenen Grundstücks, das zur Bebauung mit einem Mietwohnhaus vorgesehen ist		5.000,00 €
1.2	Haftpflichtversicherungsprämie für ein unbebautes Vorratsgrundstück des AV		1.200,00 €
1.3	Prämie für die verbundene Gebäudeversicherung für Mietwohnhäuser		16.500,00 €
1.4	Erneuerung der Teppichböden im Verwaltungsgebäude		900,00 €
2	**Banklastschriften**		
2.1	Einbehaltene Sozialversicherungsbeiträge		30.000,00 €
2.2	Prüfkosten für den Jahresabschluss (eine Rückstellung über 8.000,00 € wurde gebildet)		9.000,00 €
2.3	Abbuchung durch die Stadtwerke für den Fernwärmeverbrauch bei Mietwohnhäusern		25.000,00 €
3	**Bankgutschriften**		
3.1	Valutierung eines Bankdarlehens von 500.000,00 € für den Bau eines Mietwohnhauses. Der von einer anderen Kreditbank gegebene Bau-Zwischenkredit von		250.000,00 €
	wird mit der Auszahlung verrechnet. 5 % Disagio werden einbehalten.		
3.2	Anzahlung für ein Verkaufseigenheim		80.000,00 €
3.3	Pacht für unbebautes Grundstück		300,00 €
4	**Verkauf von Vermögenswerten**		
4.1	Kaufeigenheim, das im Vorjahr errichtet und fertig gestellt wurde,	Buchwert	400.000,00 €
		Verkaufserlös	380.000,00 €
4.2	Mietwohnhaus,	Buchwert	600 000,00 €
		Verkaufserlös	700.000,00 €
5	**Abschlussangaben**		
5.1	Zuschreibung der Bau AG für Wertpapiere des Umlaufvermögens (Wertaufholungsgebot)	Buchwert	42.000,00 €
		Kurswert am Bilanzstichtag	43.800,00 €
		Anschaffungskosten	44.000,00 €
5.2	Erfassung der bis zum Ende des Jahres aufgelaufenen Zinsen (Zinssatz 6 %) für das einem Eigenheimerwerber am 01.12. d. J. eingeräumte Restkaufgelddarlehen von		100.000,00 €
5.3	Uneinbringliche Mietforderungen		5.000,00 €

Übungsteil 1: Buchführung (kapitel-/abschnittsübergreifend)

Übung Nr. 63:

Bilden Sie die Buchungssätze zu den folgenden Geschäftsfällen (mit Kontennummern und am Kontenplan orientierten Kurzbezeichnungen). Wenn nicht ausdrücklich anderes angegeben ist, ist von einer nichtumsatzsteuerpflichtigen Vermietungsunternehmung auszugehen.

1	**Eingangsrechnungen für**	
1.1	Gießen der Kellerdecke bei einem Bauvorhaben des Umlaufvermögens	31.500,00 €
1.2	Gebührenbescheid der Gemeinde über anteilige Erschließungskosten für ein unbebautes, unerschlossenes Vorratsgrundstück des Anlagevermögens	25.000,00 €
1.3	Schneebeseitigung auf einem unbebautem Grundstück	850,00 €
1.4	Maklerprovision für Vermittlung eines unbebauten, erschlossenen Grundstücks des UV	6.000,00 €
2	**Bank-Lastschriften für**	
2.1	Erstattung von Mieterguthaben aus der Umlagenabrechnung	5.600,00 €
2.2	Bereits gebuchtes Architektenhonorar für Bauvorhaben des UV	8.000,00 €
2.3	Betriebspension an einen ehemaligen Mitarbeiter	2.500,00 €
2.4	Prüfkosten (eine Rückstellung über 5.000,00 € wurde gebildet)	4.700,00 €
2.5	Wertpapiere zur vorübergehenden Geldanlage	40.000,00 €
3	**Bank-Gutschriften für**	
3.1	Anzahlung auf ein Verkaufseigenheim	100.000,00 €
3.2	Bereits in Rechnung gestellte Betreuungsgebühr	34.500,00 €
3.3	Wohnraummieten	120.000,00 €
3.4	Zinsen für ein langfristiges Restkaufgelddarlehen	2.400,00 €
4	**Abschlussangaben**	
4.1	Zeitanteilige Erfassung der am 02.01. im abgelaufenen Geschäftsjahr aktivierten Geldbeschaffungskosten 60.000,00 € (für 5 Jahre)	....
4.2	Einstellung in die Gesetzliche Rücklage einer AG bei einem Jahresüberschuss von 800.000,00 € und einem Verlustvortrag von 50.000,00 €.	....
4.3	Abgrenzung der am 31.10. in Höhe von 12.000,00 € für ein Jahr im voraus entrichtete verbundene Gebäudeversicherung für Mietwohnhäuser	....
4.4	Noch nicht abgerechnete Heizkosten für das abgelaufene Geschäftsjahr	70.000,00 €

Übungsteil 1: Buchführung (kapitel-/abschnittsübergreifend)

Übung Nr. 64:

Bilden Sie die Buchungssätze zu den folgenden Geschäftsfällen (mit Kontennummern und am Kontenplan orientierten Kurzbezeichnungen). Wenn nicht ausdrücklich anderes angegeben ist, ist von einer nichtumsatzsteuerpflichtigen Vermietungsunternehmung auszugehen.

1	**Eingangsrechnungen**		
1.1	Maklergebühr für Vermittlung eines Darlehens zur Unternehmungsfinanzierung		1.500,00 €
1.2	Grundsteuer für ein unbebautes Grundstück des Anlagevermögens		450,00 €
1.3	Gartenanlage beim Bau eines Eigenheims		60.000,00 €
1.4	Rechtsanwaltshonorar für einen verlorenen Mieterprozess (keine Rückstellung vorhanden)		4.600,00 €
2	**Banklastschriften**		
2.1	Rückzahlung von Heizkosten-Vorauszahlungen nach erfolgter Abrechnung		3.500,00 €
2.2	Gehaltsvorschuss an einen Angestellten		500,00 €
2.3	Annuität für Werksdarlehen (Objekt des Anlagevermögens):	Zinsen	22.000,00 €
		Tilgung	4.000,00 €
2.4	Überweisung der noch bestehenden Verbindlichkeiten gegenüber dem Betreuten nach Abschluss der Betreuungsmaßnahme		12.400,00 €
3	**Bankgutschriften**		
3.1	Zinsen für Restkaufgeldhypothek		8.500,00 €
3.2	Restkaufpreis für ein veräußertes Kaufeigenheim		50.000,00 €
3.3	Auszahlung von Dauerfinanzierungsmitteln für Bauvorhaben des AV, Kreditgeber: Bank, Darlehenssumme 300.000,00 €		291.000,00 €
4	**Verkauf von Vermögenswerten**		
4.1	Unbebautes, unerschlossenes Grundstück des Umlaufvermögens;	Buchwert:	80.000,00 €
		Verkaufspreis:	90.000,00 €
4.2	PC einer Vermietungsunternehmung,	Buchwert:	6.000,00 €
		Verkaufspreis:	1.400,00 €
5	**Gehaltsabrechnung**		
		Bruttogehalt	12.500,00 €
		Lohn- u. Kirchensteuer	3.000,00 €
		Arbeitnehmeranteil Sozialversicherung	1.180,00 €
		Vorschusseinbehalt (siehe 2.2)	....
		Auszahlungsbetrag (Banküberweisung)	....
		Arbeitgeberanteil Sozialversicherung	1.180,00 €
6	**Jahresabschluss**		
6.1	Der im Dezember festgestellte Schaden an der Heizungsanlage einer Wirtschaftseinheit soll im Januar n. J. behoben werden. Geschätzte Kosten:		4.400,00 €
6.2	Am 31.09. d. J. wurde die verbundene Gebäudeversicherung für Mietwohnhäuser für ein Jahr im Voraus entrichtet.		18.000,00 €
6.3	Lt. Angaben der Mietenbuchhaltung betragen die Mietvorauszahlungen		6.000,00 €

Übungsteil 1: Buchführung (kapitel-/abschnittsübergreifend)

Übung Nr. 65:

Bilden Sie die Buchungssätze zu den folgenden Geschäftsfällen (mit Kontennummern und am Kontenplan orientierten Kurzbezeichnungen). Wenn nicht ausdrücklich anderes angegeben ist, ist von einer nichtumsatzsteuerpflichtigen Vermietungsunternehmung auszugehen.

1	**Eingangsrechnungen**	
1.1	Heizöl für die Mietwohnhäuser (Bestandskonto)	46.000,00 €
1.2	Gebührenbescheid der Gemeinde über anteilige Erschließungskosten für ein im Vormonat begonnenes Bauvorhaben des UV	30.000,00 €
1.3	Grundsteuerbescheid für ein unbebautes Vorratsgrundstück des UV	1.400,00 €
1.4	Anwaltskosten für die Vertretung in einem Mieterprozess (keine Rückstellung)	3.450,00 €
1.5	Wartung der Aufzugsanlagen in den Mietwohnhäusern	920,00 €
2	**Banklastschriften**	
2.1	Gehaltsvorschuss für einen Mitarbeiter	1.200,00 €
2.2	Gebuchte Dividende für Aktionäre	120.000,00 €
2.3	Überweisung der bereits gebuchten Kfz-Versicherungsbeiträge	450,00 €
2.4	Guthaben eines Mieters aus Betriebskostenabrechnung	50,00 €
2.5	Grunderwerbsteuer für ein erschlossenes Vorratsgrundstück, das mit Mietwohnhäusern bebaut werden soll	31.500,00 €
3	**Bankgutschriften**	
3.1	Umlagenvorauszahlungen der Mieter für Heizkosten	8.000,00 €
3.2	Finanzierungsmittel des Betreuten für einen Betreuungsauftrag	69.000,00 €
3.3	Kaufpreisrate für ein verkauftes Eigenheim	100.000,00 €
3.4	Restforderung aus einer Baubetreuung	15.400,00 €
3.5	Für eine im Vorjahr abgeschriebene Mietforderung	1.250,00 €
4	**Abschlussangaben zum 31.12.**	
4.1	Mietvorauszahlungen lt. Mietenbuchhaltung	12.800,00 €
4.2	Im Rahmen einer noch nicht abgeschlossenen Baubetreuungsmaßnahme wurden von der Wohnungsunternehmung Eigenleistungen erbracht	9.500,00 €
4.3	Zinsen für ein von der Wohnungsunternehmung bei einer Bank aufgenommenes Darlehen zur Unternehmensfinanzierung sind am 01.03. n. J. nachträglich für 6 Monate zu zahlen	3.000,00 €
4.4	Der im Dezember aufgetretene Defekt an der Aufzugsanlage im Verwaltungsgebäude soll im kommenden Januar repariert werden. Voraussichtliche Kosten	5.750,00 €
4.5	Zum Ausgleich eines Jahresfehlbetrags werden den Anderen Gewinnrücklagen entnommen	150.000,00 €

Übungsteil 1: Buchführung (kapitel-/abschnittsübergreifend)

Übung Nr. 66:

Bilden Sie zu den nachstehenden Geschäftsfällen einer Wohnungsunternehmung die Buchungssätze unter Verwendung der vollständigen Kontennummern des beiliegenden Kontenrahmens und unter Angabe der Beträge. (Eine gesonderte Erfassung der Umsatzsteuer für alle mit der Vermietung und Verpachtung von Wohnraum und der Bauerstellung zusammenhängenden Lieferungen und Leistungen entfällt.)

1 Eingangsrechnungen

1.1	Grundsteuer für ein unbebautes Grundstück des Umlaufvermögens	300,00 €
1.2	Architektenhonorar bei Bauvorhaben des Anlagevermögens	28.000,00 €
1.3	Straßenreinigungsgebühr für ein unbebautes Vorratsgrundstück des Anlagevermögens	200,00 €
1.4	Reparatur der Dachrinne am Verwaltungsgebäude	800,00 €
1.5	Heizöl für das Verwaltungsgebäude (kein Bestandskonto)	2.000,00 €

2 Banklastschriften

2.1	Überweisung der gebuchten Dividende an die Aktionäre	50.000,00 €
2.2	Kauf von Wertpapieren des Anlagevermögens	60.000,00 €
2.3	Bereitstellungszinsen für Darlehen zur Unternehmensfinanzierung	1.000,00 €
2.4	Zahlung einer finanziellen Hilfe zum Umzug an einen Angestellten	500,00 €
2.5	Erstattung zuviel erhaltener Finanzierungsmittel aus einer abgeschlossenen Baubetreuungsmaßnahme	25.000,00 €

3 Bankgutschriften

3.1	Anzahlung auf ein Verkaufseigenheim	40.000,00 €
3.2	Annuität für ein langfristig gewährtes Restkaufgelddarlehen an einen Eigenheimerwerber; Zinsen: 6.000,00 €, Tilgung:	2.000,00 €
3.3	Wohnungsmieten	60.000,00 €
3.4	Pacht für ein unbebautes Vorratsgrundstück des Anlagevermögens	300,00 €

4 Mietenbuchhaltung

4.1	Sollstellung am 01.10. d. J.	– Mieten	160.000,00 €
		– Umlagen	40.000,00 €
4.2	Mietausfall für Leerstände		7.000,00 €
4.3	Abrechnung umlagefähiger Betriebskosten gegenüber Mietern		80.000,00 €
	Vorauszahlungen der Mieter		75.000,00 €
	Aus dem Vorjahr nicht abgerechnete aktivierte Betriebskosten		35.000,00 €
4.4	Abschluss des Kontos „Erlösschmälerungen“		10.000,00 €

5 Abschlussangaben

5.1 Geschätzte Gerichtskosten für anhängigen Mieterprozess 900,00 €

5.2 Auflösung der Bauerneuerungsrücklage 50.000,00 €

5.3 Zinsanspruch (6 % p. a.) für eine am 01.12. d. J. im Rahmen eines Grundstücksverkaufs gewährte Restkaufgeldhypothek von 80.000,00 €; die Zinsen sind am 30.11. des nächsten Jahres fällig.

5.4 Wertpapiere des Umlaufvermögens: Nennwert 100.000,00 €, Ankaufkurs 99 %, Tageskurs 94 %

Übungsteil 1: Buchführung (kapitel-/abschnittsübergreifend)

Übung Nr. 67:

Bilden Sie die Buchungssätze zu den nachstehenden Geschäftsfällen einer Wohnungsunternehmung unter Verwendung der vollständigen Kontennummern des beiliegenden Kontenrahmens und unter Angabe der Beträge (eine gesonderte Erfassung der Umsatzsteuer für alle mit der Vermietung und Verpachtung von Wohnraum und der Bauerstellung zusammenhängenden Lieferungen und Leistungen entfällt.)

1 Eingangsrechnungen

1.1	Anwaltshonorar für die Vertretung in einem Mieterprozess (keine Rückstellung)		4.600,00 €
1.2	Rechnung des Rohbauunternehmers für ein Bauvorhaben des Umlaufvermögens		57.500,00 €
1.3	Gebührenbescheid der Gemeinde über anteilige Erschließungskosten für ein im Vormonat begonnenes Bauvorhaben des Umlaufvermögens		20.000,00 €

2 Banklastschriften

2.1	Erstattung von Mieterguthaben aus der Umlagenberechnung		4.200,00 €
2.2	Annuität für Werkdarlehen (Objekt des Anlagevermögens)	Zinsen	25.000,00 €
		Tilgung	5.000,00 €
2.3	Gehaltsvorschuss an einen kfm. Mittarbeiter		500,00 €

3 Bankgutschriften

3.1	Betreuungsgebührenrate vor Abschluss der Baubetreuungsmaßnahme,	netto	2.000,00 €
		+ 16 % USt	320,00 €
3.2	Restkaufpreis für ein veräußertes Kaufeigenheim		70.000,00 €
3.3	Im Vorjahr abgeschriebene Mietforderung		800,00 €

4 Erwerb von Immobilien durch Kauf

Für ein unbebautes, unerschlossenes Grundstück des Anlagevermögens wurde im notariell beurkundeten Kaufvertrag ein Kaufpreis von 1.000.000,00 € vereinbart. Mit Vertragsabschluss ist eine Anzahlung von 360.000,00 € auf ein Notaranderkonto zu leisten.

4.1 Banküberweisung der fälligen Anzahlung
4.2 Eingang des Grunderwerbsteuerbescheids
4.3 Eingang des Grundbuchauszugs nach erfolgter Umschreibung
4.4 Überweisung der hinterlegten Anzahlung an den Verkäufer durch den Notar
4.5 Finanzierung des Restkaufpreises durch einen Grundstücksankaufkredit; Bankvalutierung zu 100 % auf das Konto des Verkäufers
4.6 Eingang der Rechnung des Notars für die Beurkundung des Grundstückskaufvertrags, 10.000,00 €

5 Abschlussangaben zum 31.12. d. J.

5.1 Berücksichtigung der Fälligkeit von 60.000,00 Zinsen am 31.03. des nächsten Jahres für die zurückliegenden 12 Monate zu einem von der Versicherungsgesellschaft gewährten Hypothekendarlehen

5.2 Noch nicht durchgeführte Reparatur an einem automatischen Garagentor, 5.000,00 €

5.3 Einstellung in die gesetzliche Rücklage einer Wohnbau AG bei einem Jahresüberschuss von 1.500.000,00 € unter Berücksichtigung folgender Daten:

Grundkapital	20.000.000,00 €
Kapitalrücklage	200.000,00 €
Gesetzliche Rücklage	1.750.000,00 €
Andere Gewinnrücklagen	1.000.000,00 €

Übungsteil 1: Buchführung (kapitel-/abschnittsübergreifend)

Übung Nr. 68:

Bilden Sie die Buchungssätze zu den nachstehenden Geschäftsfällen einer Wohnungsunternehmung unter Verwendung der vollständigen Kontennummern des beiliegenden Kontenrahmens und unter Angabe der Beträge. (Eine gesonderte Erfassung der Umsatzsteuer entfällt.)

1	**Eingangsrechnungen:**		
1.1	Bauherren-Haftpflichtversicherung für Bauvorhaben des Umlaufvermögens		1.500,00 €
1.2	Verbundene Wohngebäudeversicherung für eigene Wohnanlage		2.000,00 €
1.3	Gebührenbescheid wegen anteiliger Erschließungskosten für ein unbebautes, unerschlossenes Vorratsgrundstück des Umlaufvermögens		10.000,00 €
1.4	Grunderwerbsteuerbescheid für Kauf eines unbebauten, unerschlossenen Grundstücks des Anlagevermögens		7.000,00 €
2	**Banklastschriften**		
2.1	Ausgleich einer bereits gebuchten Instandhaltungsrechnung für Wohngebäude		3.000,00 €
2.2	Sofortige Überweisung eines Rechnungsbetrags über Grundstückspflege für ein unbebautes, unerschlossenes Vorratsgrundstück des Anlagevermögens		250,00 €
2.3	Kontoführungskosten		150,00 €
2.4	Kauf von Wertpapieren des Anlagevermögens		75.000,00 €
3	**Bankgutschriften**		
3.1	Annuität eines Eigenheimerwerbers für ein langfristig gewährtes Restkaufgelddarlehen	Zinsen:	5.000,00 €
		Tilgung:	2.000,00 €
3.2	Bankdarlehen für die Unternehmensfinanzierung		
		Darlehenssumme:	500.000,00 €
		Damnum:	10.000,00 €
		Gutschrift:	490.000,00 €
3.3	Forderungsausgleich aus einer Baubetreuung		56.000,00 €
4	**Verkauf von Immobilien:**		
4.1	Kaufeigenheim, das im Vorjahr errichtet und fertig gestellt wurde		
		– Verkaufserlös:	480.000,00 €
		– Buchwert:	400.000,00 €
4.2	Ausgleich der Kaufpreisforderung (siehe 4.1)		
	– Übertragung eines auf dem Objekt lastenden, langfristigen Sparkassendarlehns auf den Käufer		200.000,00 €
	– Bankgutschrift des Restbetrags		.... €
4.3	Unbebautes, unerschlossenes Grundstück des Umlaufvermögens		
		– Verkaufserlös:	300.000,00 €
		– Buchwert:	200.000,00 €
5	**Abschlussangaben 31.12. d. J.:**		
5.1	Berücksichtigung einer fälligen, aber erst im Januar des nächsten Jahres durchführbaren Reparatur an der Heizungsanlage eines Mietwohnhauses; geschätzte Kosten 12.000,00 €.		
5.2	Auflösung einer nicht mehr benötigten Mietprozesskostenrückstellung, da der Mieter die Klage zurückgezogen hat		1.800,00 €
5.3	Aktivierung der noch nicht abgerechneten Betriebskosten für Heizung und Warmwasser		70.000,00 €
5.4	Anteilige Halbjahreszinsen für eine Passivhypothek der Bank von 36.000,00 €; nächster Zinstermin: 30.04. n. J.		.... €

Übungsteil 1: Buchführung (kapitel-/abschnittsübergreifend)

Übung Nr. 69:

Bilden Sie die Buchungssätze zu den nachstehenden Geschäftsfällen einer Wohnungsunternehmung unter Verwendung der vollständigen Kontennummern des beiliegenden Kontenrahmens und unter Angabe der Beträge (eine gesonderte Erfassung der Umsatzsteuer entfällt).

1	**Eingangsrechnungen:**		
1.1	Architektenhonorar bei Bauvorhaben des Umlaufvermögens		35.000,00 €
1.2	Beitragsbescheid der Gemeinde für Straßenbauarbeiten für ein unerschlossenes unbebautes Grundstück des Anlagevermögens		28.000,00 €
1.3	Instandhaltung im Mietwohnhaus (im Vorjahr unterlassen und im März dieses Jahres nachgeholt)		6.000,00 €
1.4	Maklergebühr für Beschaffung eines zinsgünstigen Bankdarlehens zur Unternehmensfinanzierung		1.800,00 €
2	**Banklastschriften:**		
2.1	Erbbauzins für ein unbebautes Grundstück		1.000,00 €
2.2	Kauf von Wertpapieren zur vorübergehenden Geldanlage		30.000,00 €
2.3	Grundsteuer für ein unbebautes Grundstück		100,00 €
2.4	Bereits gebuchte Dividende an die Aktionäre		20.000,00 €
3	**Bankgutschriften:**		
3.1	Zinsen für Wertpapiere des Anlagevermögens		9.000,00 €
3.2	Betreuungsgebührenrate vor Abschluss der Baubetreuung, netto		8.000,00 €
	zuzüglich 1.280,00 € USt		.... €
3.3	Valutierung eines Objektfinanzierungskredits für den Bau eines Mietwohnhauses bei einer Bank über		300.000,00 €
	abzüglich 5 % Disagio		.... €
4	**Mietenbuchhaltung:**		
4.1	Sollstellung am 01.03. d. J.	– Mieten	80.000,00 €
		– Umlagen	20.000,00 €
4.2	Mietnachlass für einen Mieter wegen Modernisierungsarbeiten		500,00 €
4.3	Abrechnung umlagefähiger Betriebskosten gegenüber den Mietern		50.000,00 €
	Vorauszahlungen der Mieter		45.000,00 €
	Aus dem Vorjahr nicht abgerechnete aktivierte Betriebskosten		30.000,00 €
5	**Abschlussangaben zum 31.12. d. J.**		
5.1	Geschätzte Gerichtskosten für anhängigen Mieterprozess		700,00 €
5.2	Am 31.01. des folgenden Jahres im Nachhinein fällige Halbjahreszinsen für eine bei der Bank aufgenommene Hypothek		36.000,00 €
5.3	Kurswert von Wertpapieren des Umlaufvermögens im Nennwert von 100.000,00 €, 93 %, Ankaufkurs 96 %		.... €
5.4	Pauschalwertberichtigung der einwandfreien Mietforderungen, 1 % von 80.000,00 €		.... €

Übungsteil 1: Buchführung (kapitel-/abschnittsübergreifend)

Übung 70:

Bilden Sie die Buchungssätze zu den folgenden Geschäftsfällen (mit Kontennummern und am Kontenplan orientierten Kurzbezeichnungen). Wenn nicht ausdrücklich anderes angegeben ist, ist von einer nichtumsatzsteuerpflichtigen Vermietungsunternehmung auszugehen.

1. Eingangsrechnungen

1.1	Architektenhonorar bei Bauvorhaben des Umlaufvermögens	40.000,00 €
1.2	Prüfungskosten Jahresabschluss Es besteht eine Rückstellung über 6.500,00 €.	6.000,00 €
1.3	Honorar eines Statikers im Rahmen einer Baubetreuung, netto zzgl. 16 % USt	30.000,00 €
1.4	Grundsteuerbescheid für ein unbebautes Grundstück des Anlagevermögens	200,00 €

2. Banklastschriften bzw. Bankgutschriften

2.1	Abbuchung durch die Stadtwerke für den Wasserverbrauch bei Mietwohnhäusern	30.000,00 €
2.2	Eingang des Restkaufpreises aus dem Verkauf eines Grundstücks des Umlaufvermögens	80.000,00 €
2.3	Kauf von Wertpapieren zur vorübergehenden Anlage liquider Mittel	100.000,00 €
2.4	Valutierung von Dauerfinanzierungsmitteln für den Bau eines Mietwohnhauses; der gegebene Bau-Zwischenkredit von 300.000,00 € wird mit der Auszahlung verrechnet.	800.000,00 €
2.5	Am 31.01. d. J. nachschüssig zu zahlende Halbjahreszinsen für ein Werkdarlehen	36.000,00 €

3. Grundstücksverkäufe

3.1 Kaufeigenheim, das im Vorjahr errichtet und fertig gestellt wurde.

Buchwert:	300 000,00 €
Verkaufserlös:	380 000,00 €

3.2 Unbebautes, unerschlossenes Grundstück des Anlagevermögens

Buchwert:	150.000,00 €
Verkaufserlös:	200.000,00 €

3.3 Unbebautes, unerschlossenes Grunstück des Umlaufvermögens

Buchwert:	200.000,00 €
Verkaufserlös:	250.000,00 €

4. Abschlussangaben zum 31.12.

4.1	Am 01.10. d. J. für ein Jahr im Voraus eingegangene Pachterträge für ein unbebautes Grundstück	1.200,00 €
4.2	Den Pensionsrückstellungen zuzuführender Betrag	20.000,00 €
4.3	Am 30.04. des nächsten Jahres nachträglich für 6 Monate zu zahlende Zinsen für ein Bankdarlehen	18.000,00 €

Übungsteil 1: Buchführung (kapitel-/abschnittsübergreifend)

Übung 71:

Bilden Sie die Buchungssätze zu den folgenden Geschäftsfällen (mit Kontennummern und am Kontenplan orientierten Kurzbezeichnungen). Wenn nicht ausdrücklich anderes angegeben ist, ist von einer nichtumsatzsteuerpflichtigen Vermietungsunternehmung auszugehen.

1. Eingangsrechnungen

1.1	Instandhaltung im Mietwohnhaus (im Vorjahr unterlassen und im Februar dieses Jahres nachgeholt; die tatsächlichen Kosten ent sprechen dem Kostenvorschlag)	7.000,00 €
1.2	Gebührenbescheid der Gemeinde über anteilige Erschließungskosten für ein im Vormonat begonnenes Bauvorhaben des Umlaufvermögens	30.000,00 €
1.3	Saalmiete für die Hauptversammlung	12.000,00 €
1.4	Gebühren für die notarielle Beurkundung eines Grundstückskauf vertrags für ein unbebautes, unerschlossenes Grundstück des Anlagevermögens	10.000,00 €

2. Banklastschriften/Bankgutschriften

2.1	Zahlung der bereits gebuchten Dividende an die Aktionäre	50.000,00 €
2.2	Eingang einer im Vorjahr abgeschriebenen Mietforderung	900,00 €
2.3	Zahlung der Erbbauzinsen für ein unbebautes Grundstück	800,00 €
2.4	Valutierung eines Objektfinanzierungskredits über abzüglich 5 % Disagio für den Bau eines Mietwohnhauses bei einer Bank	400.000,00 €
2.5	Anzahlung für ein Verkaufseigenheim durch einen Erwerber	50.000,00 €
2.6	Umsatzsteuerzahllast	18.000,00 €

3. Erwerb von Immobilien durch Kauf:

Für ein unbebautes, unerschlossenes Grundstück des Umlaufvermögens wurde im notariell beurkundeten Kaufvertrag ein Kaufpreis von 1.009.000,00 € vereinbart.

Mit Vertragsabschluss ist eine Anzahlung von 400.000,00 € auf ein Notaranderkonto zu leisten.

3.1 Banküberweisung der fälligen Anzahlung

3.2 Eingang des Grunderwerbsteuer-Bescheids

3.3 Banküberweisung der Grunderwerbsteuer (vgl. 3.2)

3.4 Eingang des Grundbuchauszugs über erfolgte Umschreibung

3.5 Information durch den Notar über die Weiterleitung der Anzahlung an den Verkäufer

3.6 Finanzierung des Restkaufpreises durch einen Grundstücks-Ankaufkredit; die Bank valutiert zu 100 % auf das Konto des Verkäufers

4. Abschlussangaben:

4.1	Am 30. September wurde die Grundstückshaftpflicht-Versicherungs-Prämie von für ein Mietwohnhaus für ein Jahr im Voraus entrichtet.	12.000,00 €
4.2	Das Konto „Erlösschmälerungen“ ist abzuschließen;	6.000,00 €

4.3 Die gesetzliche Mindestrücklage der AG ist zu bilden;
zu berücksichtigen sind:

Jahresüberschuss:	950.000,000 €
Verlustvortrag:	50.000,000 €
Grundkapital:	1.000.000,000 €
Gesetzliche Rücklagen:	20.000,000 €

Übungsteil 1: Buchführung (kapitel-/abschnittsübergreifend)

Übung Nr. 72:

Aufgabe 1
Nennen Sie die vier Bereiche des betrieblichen Rechnungswesens und ihre Aufgaben.

Aufgabe 2
a) Nennen Sie die wesentlichen Grundsätze ordnungsmäßiger Buchführung (GOB)
b) In welchem Gesetz sind Grundsätze ordnungsmäßiger Buchführung festgelegt?

Aufgabe 3
Erläutern Sie das Bruttoprinzip in der Buchführung am Beispiel der Hausbewirtschaftung.

Aufgabe 4
Der Abrechnungszeitraum für Heizkosten eines Mietwohnhauses ist die Zeit vom 01.05. des Vorjahres bis zum 30.04. des lfd. Geschäftsjahres. Beschreiben Sie die drei buchhalterischen Arbeiten im Rahmen der Umlagenabrechnung im Mai des lfd. Geschäftsjahres.

Aufgabe 5
Erläutern Sie am Beispiel des Grundstücksverkaufs die Buchung nach dem a) Nettoprinzip und b) Bruttoprinzip.

Aufgabe 6
Erläutern Sie das Primärkostenprinzip im Zusammenhang mit den Buchungen der Geschäftsfälle bei einem Bauvorhaben des Anlagevermögens.

Aufgabe 7
Erläutern Sie die handelsrechtlichen Möglichkeiten der Behandlung von Geldbeschaffungskosten bei der Aufnahme eines Darlehens zur Unternehmensfinanzierung.

Aufgabe 8
Erläutern Sie im Rahmen der Unternehmensfinanzierung die unterschiedliche Erfassung des Damnums nach dem HGB.

Aufgabe 9
Erläutern Sie a) die planmäßige und b) die außerplanmäßige Abschreibung des Anlagevermögens.

Aufgabe 10
Stellen Sie die Methode der a) lineare Abschreibung und b) der degressive Abschreibung von beweglichen Wirtschaftsgütern anhand selbstgewählter Beispiele dar.

Aufgabe 11
Erläutern Sie den Begriff „Geringwertige Wirtschaftsgüter" und ihre buchhalterische Erfassung.

Aufgabe 12
Erläutern sie das handelsrechtliche „Wertaufholungsgebot" am Beispiel a) einer Personengesellschaft und b) einer Kapitalgesellschaft.

Aufgabe 13
Erklären Sie die Anwendung des Niederstwertprinzips a) beim Anlagevermögen und b) beim Umlaufvermögen.

Aufgabe 14

a) Erklären Sie die Begriffe einwandfreie Mietforderungen, zweifelhafte Mietforderungen und uneinbringliche Mietforderungen

b) Erläutern Sie, wie diese Arten von Miefforderungen in der Schlussbilanz jeweils zu bewerten sind.

Aufgabe 15

a) Erklären Sie die folgenden Arten von Mietforderungen:

aa) Einwandfreie Mietforderungen ab) Zweifelhafte Mietforderungen ac) Uneinbringliche Mietforderungen

b) Erläutern Sie, wie diese Arten von Mietforderungen in der Schlussbilanz jeweils zu bewerten sind.

Aufgabe 16

Erklären Sie die Bildung von „Stillen Reserven" an einer Position der a) Aktivseite und b) Passivseite der Bilanz.

Aufgabe 17

Begründen Sie die Notwendigkeit der Abgrenzung von Aufwendungen und Erträgen im Jahresabschluss.

Aufgabe 18

Erklären Sie an je einem Buchungsbeispiel die a) aktive und b) passive Rechnungsabgrenzung.

Aufgabe 19

Erklären Sie a) Aktive Rechnungsabgrenzung (transitorische Aktiva) und b) Verbindlichkeiten aus sonstigen aufgelaufenen Aufwendungen (antizipative Passiva).

Aufgabe 20

Erklären Sie a) Aktive Rechnungsabgrenzung. b) Sonstige Verbindlichkeiten.

Aufgabe 21

Ordnen Sie die Pflichtrückstellungen des HGB den Rückstellungskonten des Kontenrahmens der Immobilienwirtschaft zu.

Aufgabe 22

Erläutern Sie a) die Bildung und b) die Auflösung von Rückstellungen.

Aufgabe 23

a) Erläutern Sie die Bildung und die Auflösung von Rückstellungen. b) Nennen Sie vier Beispiele für „Sonstige Rückstellungen".

Aufgabe 24

Nennen Sie die Voraussetzungen für die Bildung einer Rückstellung für unterlassene Instandhaltung.

Aufgabe 25

Erklären Sie die Bildung und Inanspruchnahme einer Rückstellung für unterlassene Instandhaltung an einem Buchungsbeispiel.

Aufgabe 26

Erklären Sie die Bildung und Inanspruchnahme einer Rückstellung für Bauinstandhaltung.

Aufgabe 27

Beschreiben Sie für eine Einzelunternehmung die Reihenfolge buchhalterischer Arbeiten vom Eröffnungsbilanzkonto bis zum Schlussbilanzkonto unter Berücksichtigung der verschiedenen Kontenarten.

Aufgabe 28
Erläutern Sie die Bestandteile des Jahresabschlusses einer Kapitalgesellschaft.

Aufgabe 29
Erklären Sie die Begriffe a) „Jahresüberschuss“ und b) „Bilanzgewinn“.

Aufgabe 30
Große Kapitalgesellschaften haben gemäß HGB am Ende des Geschäftsjahres einen Jahresabschluss und einen Lagebericht zu erstellen. Erläutern Sie die Bestandteile des Jahresabschlusses und den Lagebericht.

Aufgabe 31
Große Kapitalgesellschaften haben gemäß HGB am Ende des Geschäftsjahres einen Jahresabschluss und einen Lagebericht zu erstellen. Erläutern Sie die Bestandteile des Jahresabschlusses und den Lagebericht.

Aufgabe 32
Erklären Sie den Unterschied zwischen Kapitalrücklage und Gewinnrücklagen bei einer Kapitalgesellschaft.

Aufgabe 33
Stellen Sie die gesetzlichen Regelungen für die Bildung der Gesetzlichen Rücklage einer AG dar.

Aufgabe 34
Erklären Sie anhand zweier Beispiele das Primärkostenausweisprinzip.

Übungsteil 2: Kosten- und Leistungsrechnung

Übung Nr. 1

Die Wohnbau Hösel errichtet 10 Doppelhäuser die für je 220.000,00 EUR verkauft werden sollen. Die Fixkosten (Typenplanung, Marketing, etc) betragen 380.000,00 €. Die variablen Baukosten je Eigenheim belaufen sich auf 162.000,00 €.

a) Berechnen Sie die Kosten und Gewinn/Verlust pro Haus.

b) Berechnen Sie die Kosten und Gewinn/Verlust pro Haus, wenn aufgrund mangelnder Nachfrage nur 5 Häuser errichtet werden.

c) Ermitteln Sie die Gewinnschwellenmenge.

Übung Nr. 2

Die Wohnbau Hösel errichtet 20 gleichartige Appartements. Bei diesem Bauvorhaben entstehen 400.000,00 € fixe und 800.000,00 variable Kosten. Der Verkaufspreis je Appartement beträgt 75.000,00 €

a) Ermitteln Sie den Gewinn unter der Annahme, dass alle Appartements verkauft werden.

b) Ermitteln Sie rechnerisch und zeichnerisch die Gewinnschwellenmenge

c) Ermitteln Sie rechnerisch Gewinn und Gewinnschwellenmenge, wenn aufgrund der großen Nachfrage 40 Appartements bei gleichen Kosten errichtet und verkauft werden.

d) Erklären Sie die Fixkostendegression.

Übungsteil 3: Unternehmenskennziffern

Übung Nr. 1:

Für die Ermittlung von Unternehmenskennziffern wurden vor Aufstellung des Jahresabschlusses folgende SBK-Daten zusammengestellt:
Grundstücke mit Bauten: 643.663.440,00 €; Grundstücke ohne Bauten: 7.852.000,00 €; Betriebs- und Geschäftsausstattung: 984.560,00 €; Grundstücke mit fertigen Bauten: 9.051.094,00 €; Nicht abgerechnete Betriebskosten: 52.000.000,00 €; Reparaturmaterial: 300.000,00 €; Heizmaterial: 8.563.000,00 €: Forderungen aus Vermietung: 17.652.345,00 €; Forderungen aus Verkauf von Grundstücken: 5.800.000,00 €; sonstige Vermögensgegenstände: 3.250.000,00 €; Kassenbestand: 31.247,00 €; Guthaben bei Kreditinstituten: 852.314,00 €; Grundkapital: 200.000.000,00 €; gesetzliche Rücklage: 20.000.000,00 €; Bauerneuerungsrücklage: 4.650.000,00 €; Rückstellungen für Bauinstandhaltung: 5.600.000,00 €; sonstige Rückstellungen: 20.894.000,00 €; Verbindlichkeiten gegenüber Kreditinstituten (langfristige Kredite): 420.000.000,00 €; Verbindlichkeiten aus Lieferungen und Leistungen: 27.000.000,00 €; sonstige Verbindlichkeiten: 1.856.000,00 €.

Ermitteln Sie folgende Unternehmenskennziffern:
Anlagenintensität, Umlaufintensität, (Miet)forderungsquote, Liquidität 1. Grades, Liquidität 2. Grades, Liquidität 3. Grades, Eigenmittelquote, Fremdkapitalanteil, langfristiger Fremdkapitalanteil, Verschuldungsgrad, langfristiger Verschuldungsgrad, Anlagendeckungsgrad I, Anlagendeckungsgrad II!

Übung Nr. 2:

Für die Ermittlung von Unternehmenskennziffern wurden vor Aufstellung des Jahresabschlusses folgende Daten zusammengestellt:
Erlösschmälerungen: 6.100.069,60 €; Abschreibungen: 15.072.750,00 €; Zuführung zur Rückstellung für Bauinstandhaltung: 276.520,00 €; Zinsen (für langfristige Kredite): 18.138.900,00 €; Jahresüberschuss: 742.880,40 €; Sollmieten: 76.250.870,00 €; Tilgung (für langfristige Kredite): 13.423.456,00 €; Anlagevermögen: 652.500.000,00 €; Bilanzsumme: 750.000.000,00 €; Eigenmittel: 230.250.000,00 €, Gesamt(wohn)fläche: 1.412.053,15 m^2; Gesamtzahl der Miet(wohn)einheiten: 23.148; durchschnittlich leer stehende Miet(wohn)einheiten: 1.690.

Ermitteln Sie folgende Unternehmenskennziffern:
Eigenmittelrentabilität, Gesamtkapitalrentabilität, Kapitaldienstdeckung, Zinsdeckung, Cashflow, Umsatzrentabilität, Return on Investement, durchschnittliche Sollmiete pro Monat, durchschnittlichen Umsatzerlöse pro Monat, Leerstandsquote, Mietenmultiplikator, Tilgungskraft!

Anhang

Ergänzung Nr. 1

Zu Fachteil 1 Abschnitt 3.6.3: „Bauabzugsteuer"

Durch das „Gesetz zur **Eindämmung illegaler Betätigung im Baugewerbe**" vom 30.08.2001 wurde der Abschnitt VII „Steuerabzug bei Bauleistungen" (§§ 48 bis 48 d) in das Einkommensteuergesetz eingefügt.

Damit sollen Steueransprüche des Staates gesichert und die Schwarzarbeit sowie die illegale Beschäftigung von Arbeitnehmern auf folgende Weise verhindert bzw. erschwert werden.

Ab dem 01.01.2002 muss jeder unternehmerisch tätige Auftraggeber einer Bauleistung (Leistungsempfänger) **von dem** vom (Bau)Leistenden geforderten **Entgelt (zzgl. USt) 15 Prozent** abziehen und **an das** für den Leistenden (!) zuständige **Finanzamt abführen**. Der Leistende erhält also lediglich den geminderten Betrag und kann sich die Differenz auf bestimmte Steuern anrechenen und einen verbleibenden Rest erstatten lassen.

Zu den **Leistungsempfängern** zählt jeder, der eine gewerbliche oder berufliche Tätigkeit selbständig nachhaltig ausübt, und jede juristische Person des öffentlichen Rechts, soweit die Bauleistung für den unternehmerischen Bereich empfangen wird. Das Spektrum reicht vom (privat) vermietenden Arzt über die Wohnungseigentümergemeinschaft, das Immobilienunternehmen, die Kirche bis hin zum (selbständigen) Versicherungsvertreter, der das Arbeitszimmer seiner selbstgenutzten Eigentumswohnung tapezieren lässt.

Unter die **Entgelte** fallen auch schon Abschlags- (und Teil-)zahlungen.

Zu den **Bauleistungen** zählt alles, was sich in irgendeiner Weise auf die Substanz der baulichen Anlage (verändernd) auswirkt (auch Erhaltungsmaßnahmen), Planungs- und Wartungsarbeiten sowie Materiallieferungen jedoch nur, wenn sie als Nebenleistung das Schicksal der Hauptleistung teilen. Die **baulichen Anlagen** umfassen unter anderem Straßen, Brücken und Gebäude sowie Teile davon (z.B. Fenster, Türen, Einbauten, Einrichtungen usw.).

(Bau)Leistender ist jeder im In- oder Ausland ansässige Beauftragte, egal ob er „privat" tätig wird oder die Leistung im Rahmen seiner unternehmerischen Tätigkeit erbringt, sowie jeder, der im eigenen Namen über die Bauleistung abrechnet. Der Generalunternehmer ist somit einerseits gegenüber dem Subunternehmer Leistungsempfänger als auch gleichzeitig gegenüber dem Bauherrn (Bau)Leistender.

Beträgt das Nettoentgelt für eine Bauleistung 100.000,00 €, so ergeben sich bei einem Umsatzsteuersatz von 19 % als Bemessungsgrundlage für die Bauabzugsteuer 119.000,00 €. Davon werden 15 % abgezogen (17.850,00 €). Das entspricht 17,85 % des Nettoentgelts. An den Bauleistenden werden nur 101.150 € überwiesen.

Rechnungseingang für die Fassadenerneuerung eines Mietwohnhauses:

(805)	Instandhaltungskosten	119.000,00 €	
	an (44200) Verbindlichkeiten aus Bau-/ Instandhaltungsleistungen – laufende Rechnung		119.000,00 €

Überweisung an den Bauleistenden:

(44200) Verbindlichkeiten aus Bau-/Instandhaltungsleistungen – laufende Rechnung 119.000,00 €
an (2740) Bank 19.850,00 €
(an) (4709) Verbindlichkeiten aus sonstigen Steuern 101.150,00 €

Der Auftraggeber hat bis zum 10. Tag nach Ablauf des Monats, in dem die Rechnung bezahlt worden ist, bei dem für den (Bau)Leistenden zuständigen (Wohnsitz- bzw. Betriebs-)Finanzamt auf amtlich vorgeschriebenem Vordruck eine Steueranmeldung abzugeben und die Einbehalte bis zu diesem Zeitpunkt dorthin abzuführen. Das bedeutet, dass der Abzugsverpflichtete in jedem Fall der Abzugsbesteuerung die Adresse und Kontoverbindung des zuständigen Finanzamts sowie die Steuernummer des (Bau)Leistenden kennen muss.

Überweisung des Einbehalts an das Finanzamt des (Bau)Leistenden:

(4709) Verbindlichkeiten aus sonstigen Steuern 17.850,00 €
an (2740) Bank 17.850,00 €

Der Auftraggeber hat mit dem (Bau)Leistenden schriftlich über den bei der Gegenleistung vorgenommenen Steuerabzug abzurechnen. Dabei sind anzugeben:

1. der Name und die Anschrift des (Bau)Leistenden,
2. der Rechnungsbetrag bzw. die Höhe der erbrachten Gegenleistung und der Zahlungstag,
3. die Höhe des Steuerabzugs und
4. das Finanzamt, bei dem der Abzugsbetrag angemeldet worden ist.

Die Überlassung einer Fotokopie der entsprechenden Steueranmeldung reicht aus.

Den entsprechenden Beleg hat der (Bau)Leistende bei seinem Finanzamt einzureichen, damit dieses prüfen kann, ob der Abzug vom Auftraggeber einbehalten und angemeldet wurde oder sich im Falle der Nichtabführung Anhaltspunkte für Missbrauch ergeben.

Ist alles in Ordnung, werden dem (Bau)Leistenden die Abzugsbeträge auf die von ihm zu entrichtenden Steuern in folgender Reihenfolge angerechnet (§ 48 c Abs. 1 EStG):

„1. die nach § 41 a Abs. 1 einbehaltene und angemeldete Lohnsteuer,
2. die Vorauszahlungen auf die Einkommen- oder Körperschaftsteuer,
3. die Einkommen- oder Körperschaftsteuer des Besteuerungs- oder Veranlagungszeitraums, in dem die Leistung erbracht worden ist, und
4. die vom Leistenden im Sinne der §§ 48, 48 a anzumeldenden und abzuführenden Abzugsbeträge.

[...]"

Diese Verfahrensweise bedeutet für den (Bau)Leistenden einen Liquiditätsverlust von 17,4 % jedes Nettoentgelts vom Zeitpunkt der Gutschrift der Überweisung des Restbetrags seitens des Auftraggebers an bis zur Verrechnung der Bauabzugsteuer durch das Finanzamt mit den eben genannten zu entrichtenden Steuern.

Die ganze **Prozedur** vom Einbehalt der Abzugsbeträge über die Anmeldung und Abführung an das Finanzamt bis hin zur Anrechnung auf zu entrichtende Steuern ent**fällt, wenn** eine der folgenden Voraussetzungen gegeben ist:

- der Auftraggeber vermietet nicht mehr als zwei Wohnungen und nimmt für diese Bauleistungen in Anspruch (§ 48 Abs. 1 S. 2 EStG);
- der (Bau)Leistende legt dem Auftraggeber eine im Zeitpunkt der Zahlung gültige **Freistellungsbescheinigung** nach § 48 b Abs. 1 S. 1 vor (§ 48 Abs. 2 S. 1 1. HS EStG).
- die Bagatellgrenzen nach § 48 Abs. 2 EStG werden nicht überschritten.

Da das Abzugsverfahren sehr aufwendig ist, werden **in der Praxis** – wenn möglich – Aufträge **nur** noch an (Bau)Leistende **mit Freistellungsbescheinigung** erteilt.

Eine Freistellungsbescheinigung kann vom (Bau)Leistenden formlos bei seinem Wohnsitz- bzw. Betriebsstättenfinanzamt beantragt werden. Lediglich steuerlich noch nicht erfasste Auftragnehmer müssen einen Fragebogen ausfüllen, damit das Finanzamt prüfen kann, ob Steueransprüche ent-/bestehen können und durch einen Steuerabzug gesichert werden müssen.

Das **Finanzamt erteilt** eine nach amtlichen Vordruck ausgestellte **Bescheinigung, wenn der Steueranspruch nicht gefährdet erscheint.**

Nach § 48 b Abs. 2 EStG erscheint er gefährdet

- bei Nichterfüllung der Anzeigepflichten nach § 138 AO
  Die Neueröffnung oder Verlegung eines gewerblichen Betriebes/einer Betriebsstätte ist der Gemeinde auf einem amtlichen Vordruck anzuzeigen, welche das zuständige Finanzamt unterrichtet. Unterbleibt diese Anzeige, so wäre die Tätigkeit des Werkunternehmers steuerlich nicht aktenkundig – und die Einkünfte könnten am Fiskus vorbeigeschleust werden.
- beim Unterlassen der Auskunfts- und Mitteilungspflichten nach § 90 AO,
  wenn ein bislang steuerlich noch nicht erfasster (Bau)Leistender die im Fragebogen erforderlichen Angaben nicht oder nur unzureichend erbringt.
- wenn der im Ausland ansässige (Bau)Leistende seine steuerliche Ansässigkeit nicht durch eine Bescheinigung der zuständigen ausländischen Steuerbehörde nachweist.

Darüber hinaus nimmt das Finanzamt eine Gefährdung des Steueranspruches an, wenn

- nachhaltig Steuerrückstände bestehen,
- unzutreffende Angaben in Steueranmeldungen und -erklärungen festgestellt sind,
- oder der (Bau)Leistende diese wiederholt nicht oder nicht rechtzeitig abgibt.

Eine **Freistellungsbescheinigung** kann **auftragsbezogen oder befristet** (bis zu 3 Jahre) erteilt werden. Sie muss dem Auftraggeber spätestens zur Bezahlung der (ersten Teil)-Rechnung vorliegen – die auftragsbezogene als Original und die befristete als Fotokopie.

Liegt sie dem Auftraggeber rechtzeitig vor, wird die (Teil)Rechnung von ihm ohne Steuereinbehalt bezahlt und gebucht, wie jede andere auch.

Die Bescheinigung wird grundsätzlich nur unter Widerrufsvorbehalt erteilt. Ein Widerruf kommt in Betracht, wenn das Finanzamt Grund zu der Annahme hat, dass bei Fortgeltung der Freistellungsbescheinigung eine Gefährdung von Steueransprüchen eintritt.

War die Freistellungsbescheinigung auf eine bestimmte Bauleistung beschränkt, teilt das Finanzamt dem Leistungsempfänger den Widerruf und den Zeitpunkt, ab dem die Bescheinigung nicht mehr anzuwenden ist, mit. Bei einer befristeten Freistellungsbescheinigung ist dies nicht möglich.

Gemäß § 48 a Abs. 3 EStG haftet der Auftraggeber für einen nicht oder zu niedrig abgeführten Abzugsbetrag. Dabei kommt es auf ein Verschulden des Auftraggebers nicht an. Dasselbe gilt, wenn er auf eine Freistellungsbescheinigung ‚vertraut' hat, die durch unlautere Mittel oder durch falsche Angaben erwirkt wurde und ihm dies bekannt oder infolge grober Fahrlässigkeit nicht bekannt war.

Nach § 380 Abs. 2 AO droht in Haftungsfällen ein Bußgeld von bis zu 25.000,00 €.

Es empfiehlt sich daher für jeden Auftraggeber,

- alle bisherigen bzw. ständigen Geschäftspartner, welche unter diese gesetzliche Regelung fallen, zur Vorlage einer Freistellungsbescheinigung aufzufordern,
- diese in einer Datenbank zu erfassen,

- die Bescheinigungen selbst über die Geltungsdauer hinaus aufzuheben, obwohl es sich hier nicht um einen Beleg mit einer gesetzlichen Aufbewahrungsfrist handelt, um später deren Vorhandensein nicht nur darlegen sondern auch beweisen zu können,
- gegebenenfalls ihre Gültigkeit während der angegebenen Geltungsdauer durch elektronisch Anfrage beim Bundesamt für Finanzen (www.bff-online.de) zu überprüfen.

Da das Abzugsverfahren für den Auftraggeber sehr arbeitsaufwendig ist, ist die **Vergabe von Aufträgen an (Bau)Leistende mit Freistellungsbescheinigung in der Praxis der Regelfall.** Davon wird in diesem Buch ausgegangen, soweit nicht ausdrücklich anders angegeben.

Ergänzung Nr. 2

Zu Fachteil 1 Abschnitt 5.3.1: „Bauvorbereitung" (bei Objekten des Anlagevermögens)

Nicht realisierbare Bauplanungen

Mit dem Bau eines Objekts darf erst begonnen werden, wenn eine (Teil)Baugenehmigung vorliegt. Hierfür müssen jedoch Anträge, Bauzeichnungen, statische Berechnungen usw. eingereicht werden. Unter Umständen stellt sich aufgrund weitreichender Auflagen seitens der Bauaufsicht und nach vielen Änderungen der ursprünglichen Planung heraus, dass von der Realisierung des Vorhabens aus wirtschaftlichen Gründen abgesehen werden muss.

Der buchungstechnische Umgang mit dieser Situation wird am (variierten) Beispiel aus dem Abschnitt 5.3.1 Bauvorbereitung verdeutlicht.

Zu Beginn des Geschäftsjahres werden unter „I. Eröffnungsbuchungen" die im Vorjahr entstandenen Bauvorbereitungskosten (Fremdarchitektenrechnung – ursprünglich Sachverhalt Nr. 1) umgebucht:

(700)	Kosten der Bauvorbereitung	8.000,00 €	
	an (070) Bauvorbereitungskosten		8.000,00 €

Als weitere Fortsetzung des Beispiels sei angenommen, dass sich aufgrund von Baugrunduntersuchungen ergeben hat, dass die daraufhin geänderte Fundamentierung des Bauwerks den finanziellen Rahmen des Vorhabens sprengt.

Für das Baugrundgutachten waren 3.500,00 € zu buchen.

(700)	Kosten der Bauvorbereitung	3.500,00 €	
	an (44200) Verbindlichkeiten aus Bau-/Instandhaltungsleistungen – laufende Rechnung		3.500,00 €

Stellt sich heraus, dass das **Vorhaben nicht realisiert** werden kann, muss geschätzt werden, in welchem Umfang die bisherigen Bauvorbereitungsaktivitäten (später) möglicherweise anderweitig verwendbar sind. Der Teil, der **anderweitig verwendbar** erscheint, muss **auf** Konto **„(070) Bauvorbereitungskosten" umgebucht** werden, während der **wertlos gewordene Teil abgeschrieben** wird.

Das Immobilienunternehmen „schätzt" nun, dass das Baugrundgutachten wertlos ist, jedoch etwa 80 % der Arbeiten des Fremdarchitekten anderweitig verwendbar sind.

Abschreibung der wertlosen Bauvorbereitungsaktivitäten:

(840)	Abschreibungen auf Sachanlagen	5.100,00 €	
		[3.500,00 € + 20 % von 8.000,00 €]	
	an (700) Kosten der Bauvorbereitung		5.100,00 €

Umbuchung des anderweitig verwendbaren Teils:

(070)	Bauvorbereitungskosten	6.400,00 €	
	an (700) Kosten der Bauvorbereitung		6.400,00 €

Anhang – Ergänzung Nr. 3

Zu Fachteil 1 Abschnitt 5.3.3.2: „Das Objekt ist (bis zum Bilanzstichtag) fertig gestellt"

Umbuchungen nach Abschluss der Kontenklasse 7

Im Gegensatz zum Umlaufvermögen sind beim Anlagevermögen jedoch im Jahresabschluss nicht alle „Teile" der Herstellungskosten eines fertig gestellten Objekts unter einer einzigen Bilanzposition aufzuführen.

Dazu zählen

- **von den Kosten des Bauwerks** in jedem Fall die Kosten aller einmalig vom Bauherrn zu beschaffenden, nicht eingebauten oder nicht fest verbundenen Sachen an und in den Gebäuden, die zur Benutzung und zum Betrieb der baulichen Anlagen erforderlich sind (**z. B. Kochherde, Waschmaschinen** und **Wäschetrockner**).
  Diese sind der Bilanzposition **„Technische Anlagen und Maschinen"** zuzuordnen.
- die **„Kosten des Geräts."**
  Diese sind der Bilanzposition **„Andere Anlagen, Betriebs- und Geschäftsausstattung"** zuzuordnen.

Will man diese Zuordnung auf Konten nachvollziehen, so sind die entsprechenden Kosten im Anschluss an den Abschluss der Kontenklasse 7 über „(00) Grundstücke mit Wohnbauten" auf das Konto „(04) Technische Anlagen und Maschinen" bzw. „(05) Andere Anlagen, Betriebs- und Geschäftsausstattung" umzubuchen.

Für das Beispiel in „Abschnitt 5.3.3.2 Das Objekt ist (bis zum Bilanzstichtag) fertig gestellt" ergäbe sich im Rahmen von „III. Vorbereitende Abschlussbuchungen":

(00)	Grundstücke mit Wohnbauten 798.450,00 €			
an	(701)	Kosten des Baugrundstücks	250.000,00 €	
(an)	(702)	Kosten der Erschließung	14.000,00 €	Fernheizungshauptrohr
(an)	(703)	Kosten des Bauwerks	420.000,00 €	Rohbau
(an)	(704)	Kosten des Geräts	4.000,00 €	Feuerlöschgeräte
(an)	(705)	Kosten der Außenanlagen	15.000,00 €	Gartenanlage
(an)	(706)	Kosten der zusätzlichen Maßnahmen	35.000,00 €	Lärmschutzwand
(an)	(707)	Baunebenkosten	60.450,00 €	8.450,00 Bauvorbereitung 1.200,00 Richtfest **5.500,00 Eigenleistungen** **45.000,00 Zinsen** **300,00 Grundsteuer**

(05)	Andere Anlagen, Betriebs- und Geschäftsausstattung		4.000,00 €	
	an (00)	Grundstücke mit Wohnbauten		4.000,00 €

Möglich ist natürlich auch der „direkte" Abschluss von der Kontenklasse 7 aus. Dann sind allerdings im Rahmen des hier Dargestellten die Herstellungskosten als Gesamtsumme an keiner Stelle mehr sichtbar.

Die vervollständigte Liste der zu Beginn des Abschnitts „5.2.1 Kostengliederung" aufgeführten Konten lautet daher:

„(00) Grundstücke mit Wohnbauten"
„(04) Technische Anlagen und Maschinen"
„(05) Andere Anlagen, Betriebs- und Geschäftsausstattung"
„(06) Anlagen im Bau"
„(070) Bauvorbereitungskosten"

Anhang – Ergänzung Nr. 4

Zu Fachteil 1 Abschnitte „5.3“ und „5.4“

Erschließung von Grundstücken des Anlage- und Umlaufvermögens

„Unter Erschließung versteht man die Maßnahmen, die erforderlich sind, um die bauliche oder gewerbliche Nutzung von Grundstücken durch die Herstellung der für die Allgemeinheit bestimmten Verkehrs- und Erholungsflächen (z. B. Straßen und Wege) und der Grundstücksversorgungs- und -entsorgungsanlagen zu ermöglichen.“ (Murfeld (Hrsg.) Spezielle Betriebswirtschaftslehre der Grundstücks- und Immobilienwirtschaft, 2. Auflage, Hamburg 2000, S. 163 ff.)

Zu den dafür zu errichtenden Erschließungsanlagen gehören nach dem BauGB öffentliche Straßen, Wege und Plätze, aber auch leitungsgebundene Einrichtungen, wie Trinkwasserversorgung, Abwasserbeseitigungsanlagen, sowie Anschlüsse an Strom-, Gas- oder Fernwärmeversorgung.

Das BauGB verpflichtet die Gemeinden zur Herstellung (und zum Erhalt und zur Verbesserung) der Erschließungsanlagen. Da das Grundstück durch die Erschließung eine Wertsteigerung erfährt, sind die Gemeinden berechtigt (und verpflichtet), die entstandenen Erschließungskosten auf die Grundstückseigentümer umzulegen. Weil die Erschließung jedoch auch im Allgemeinen Interesse erfolgt, muss die Gemeinde mindestens 10 % der Herstellungskosten selber tragen. Nach BauGB ist eine Beteiligung der Grundstückseigentümer i. d. R. nur für die erstmalige Erschließung zulässig.

Die DIN 276 gliedert die Kosten des Grundstücks in Grundstückswert, Grundstücksnebenkosten, Freimachen, Herrichten und Erschließen (öffentliche Erschließung, nichtöffentliche Erschließung und Ausgleichsabgaben).

Kosten für Freimachen

sind Aufwendungen, um ein Grundstück von Belastungen freizumachen. Dazu gehören Abfindungen und Entschädigungen für bestehende Nutzungsrechte, z. B. Miet- und Pachtverträge, sowie die Ablösung von Lasten und Beschränkungen, wie z. B. Wegerechten.

Kosten für Herrichten

sind Aufwendungen für alle vorbereitenden Maßnahmen, die erforderlich sind, um das Grundstück bebauen zu können, den Abbruch und die Beseitigung vorhandener Bauwerke, sowie das Sanieren belasteter und kontaminierter Böden (Altlastenbeseitigung) und das Roden von Bewuchs, Planieren, Bodenbewegungen einschließlich Oberbodensicherung (Herrichten der Geländeoberfläche).

Kosten der öffentlichen Erschließung

sind anteilige Aufwendungen aufgrund gesetzlicher Vorschriften (Erschließungsbeiträge/Anliegerbeiträge) und aufgrund öffentlich-rechtlicher Verträge. Sie fallen an, für die Beschaffung oder den Erwerb der Erschließungsfläche durch den Träger der öffentlichen Erschließung gegen Entgelt, für die Herstellung oder Änderung gemeinschaftlich genutzter technischer Anlagen, z. B. zur Ableitung von Abwasser sowie zur Versorgung mit Wasser, Wärme, Gas, Strom und Telekommunikation, die erstmalige Herstellung oder den Ausbau der öffentlichen Verkehrsflächen, der Grünflächen und sonstiger Freiflächen für öffentliche Nutzung, sowie Kosten der Anlagen für Abwasserentsorgung, Wasserversorgung, Gasversorgung, Fernwärmeversorgung, Stromversorgung, Telekommunikation. Dazu gehören auch Erschließungsbeiträge für die Verkehrs- und Freianlagen einschließlich deren Entwässerung und Beleuchtung (Verkehrserschließung).

Kosten der nichtöffentlichen Erschließung

sind Aufwendungen für Verkehrsflächen und technische Anlagen, die ohne öffentlichrechtliche Verpflichtung oder Beauftragung mit dem Ziel der späteren Übertragung in den Gebrauch der Allgemeinheit hergestellt und ergänzt werden.

Die II. BV unterscheidet für die Kosten des Baugrundstücks dagegen nur den Wert des Baugrundstücks, die Erwerbskosten und die Erschließungskosten. Die Kosten des Freimachens zählen nach der II. BV also zu den Erschließungskosten. Auch unter Berücksichtigung dieses Unterschiedes ist die Beschreibung der einzelnen Erschließungsmaßnahmen durch die DIN 276 jedoch auch dann anwendbar, wenn die knappere Gliederung der II. BV als Grundlage für die buchhalterische Erfassung der Erschließungskosten Anwendung findet.

II. BV	**DIN 276**
I. Kosten des Baugrundstücks	**100 Grundstück**
1. Wert des Baugrundstücks	110 Grundstückswert
2. Erwerbskosten	120 Grundstücksnebenkosten
	130 Freimachen (hierzu gehören u. a. auch Abfindungen und Entschädigungen für bestehende Nutzungsrechte, z. B. Miet- und Pachtverträge)
3. Erschließungskosten (hierzu gehören u. a. auch Abfindungen und Entschädigungen an Mieter, Pächter und sonstige Dritte zur Erlangung der freien Verfügung über das Grundstück	200 Herrichten und Erschließen 210 Herrichten 220 Öffentliche Erschließung 230 Nichtöffentliche Erschließung

Für die Darstellung der Erschließung und ihrer Erfassung in der Buchhaltung wird im Folgenden die Gliederung der II. BV zugrunde gelegt.

Für die Buchung der Erschließungskosten sind fremde und eigene Erschließung zu unterscheiden.

Die Kosten der fremden Erschließung stimmen weitgehend mit den Kosten der öffentlichen Erschließung nach DIN 276 überein. Buchungsbelege für die Kosten der fremden Erschließung sind daher i. d. R. die Erschließungskostenbescheide der Gemeinden.

Zu den eigenen Erschließungskosten gehören insbesondere

- Abfindungen und Entschädigungen an Dritte (Mieter, Pächter, etc.),
- die Kosten für die Herrichtung des Grundstücks (z. B. Abräumung und Abbruch, wenn der Erwerb in Abbruchabsicht erfolgte),
- die Kosten der Versorgungs- und Entwässerungsanlagen,
- die Straßenbaukosten (soweit nicht öffentliche Erschließung) und
- die Kosten der eigenen Architekten- und Verwaltungsleistungen für selbst durchgeführte Erschließungsmaßnahmen.

Buchungsbelege für die eigene Erschließung sind, soweit es sich um Fremdkosten handelt, die (Eingangs-)Rechnungen der von der Wohnungsunternehmung beauftragten Unternehmen.

Die Wohnungsunternehmung kann für die Erschließung auch Eigenleistungen in Form von eigenen Architekten- (bzw. Ingenieur-) oder Verwaltungsleistungen erbringen. Diese werden in den Kontengruppen „(83) Personalaufwand“ oder „(85) Sonstige betriebliche Aufwendungen“ erfasst.

Erschließung bei unbebauten Grundstücken des Anlagevermögens

Das Baugrundstück wird zu Beginn der eigenen Erschließung auf das Konto „(701) Kosten des Baugrundstücks“ umgebucht. Die Fremdkosten der eigenen Erschließung werden auf dem Konto „(702) Kosten der Erschließung“ erfasst.

Die Kosten der fremden Erschließung (in der Regel in Form von Erschließungskostenbescheiden) werden dagegen immer zum Grundstück gebucht. Nach Beginn der eigenen Erschließung ist das Konto „(701) Kosten des Baugrundstücks“ betroffen. Es kann aber auch ein Konto der Gruppe „(02) Grundstücke ohne Bauten“ sein, wenn die eigene Erschließung noch nicht begonnen wurde oder bereits abgeschlossen ist.

Nach Abschluss der eigenen Erschließung oder am Jahresende werden die Konten „(701) Kosten des Baugrundstücks“ und „(702) Kosten der Erschließung“ in das dem Erschließungszustand des Grundstücks entsprechende Konto der Gruppe „(02) Grundstücke ohne Bauten“ abgeschlossen. Dabei geht eigene Erschließung vor fremde Erschließung. Wurde mit der eigenen Erschließung begonnen, kommen nur noch die Konten „(025) Grundstücke ohne Bauten – im Zustand der Erschließung (eigene Erschließung)“ oder „(026) Grundstücke ohne Bauten – erschlossen (eigene Erschließung)“ in Frage.

Am Jahresende bzw. bei Abschluss der eigenen Erschließung sind auch noch die Eigenleistungen des Immobilienunternehmens auf das entsprechende Grundstückskonto in der Gruppe „(02) Grundstücke ohne Bauten“ zu aktivieren.

(025)	Grundstücke ohne Bauten – im Zustand der Erschließung (eigene Erschließung)	... €	
	an (650) aktivierte eigene Architekten- und Verwaltungsleistungen		... €

oder

(026)	Grundstücke ohne Bauten – erschlossen (eigene Erschließung)	... €	
	an (650) aktivierte eigene Architekten- und Verwaltungsleistungen		... €

(Die Aktivierung der Eigenleistungen kann auch über das Konto „(702) Kosten der Erschließung“ vorgenommen werden.)

Beispiel:

Ein unbebautes, unerschlossenes Grundstück wurde im Vorjahr für 200.000,00 € (inkl. aller Erwerbskosten) mit der Absicht erworben, es mit Mietwohnungen zu bebauen. Im laufenden Jahr wird die Erschließung durchgeführt. Durch einen „eigenen“ Architekten werden im Rahmen der Erschließung Eigenleistungen erbracht. Der Architekt führt einen Stundenzettel.

a) Übernahme des Grundstücks in die Klasse 7

(701)	Kosten des Baugrundstücks	200.000,00 €	
	an (020) Grundstücke ohne Bauten – noch nicht erschlossen		200.000,00 €

b) Banküberweisung an den Pächter für die vorzeitige Auflösung des Pachtvertrages, 5.000,00 €

(702)	Kosten der Erschließung	5.000,00 €	
	an (2740) Bank		5.000,00 €

c) Eingangsrechnung für die Einebnung des Grundstücks, 25.000,00 €

(702) Kosten der Erschließung 25.000,00 €
an (44200) Verbindlichkeiten aus Bau-/Instandhaltungsleistungen – laufende Rechnung 25.000,00 €

d) Eingang eines Erschließungskostenbescheides der Gemeinde über 40.000 €

(701) Kosten der Baugrundstücks 40.000,00 €
an (44219) Verbindlichkeiten aus sonstigen Lieferungen und Leistungen 40.000,00 €

e) Jahresende; die Erschließung des Grundstücks ist abgeschlossen. Die Eigenleistungen der Wohnungsunternehmung betragen laut Stundenliste des angestellten Architekten 2.400,00 €.

Abschluss der Konten „(701) Kosten des Baugrundstücks“ und „(702) Kosten der Erschließung“:
(026) Grundstücke ohne Bauten – erschlossen (eigene Erschließung) 270.000,00 €
an (701) Kosten des Baugrundstücks 240.000,00 €
(an) (702) Kosten der Erschließung 30.000,00 €

Aktivierung der Eigenleistungen:
(026) Grundstücke ohne Bauten – erschlossen (eigene Erschließung) 2.400,00 €
an (650) aktivierte eigene Architekten- und Verwaltungsleistungen 2.400,00 €*

* Die Personalaufwendungen sind hier nur in Höhe der Eigenleistungen ausgewiesen worden. Der tatsächliche Personalaufwand ist höher.

Abschluss der Konten: siehe Hauptbuch

S (020) Unbebaute Grundstücke – unerschlossen H

S		H	
I EBK	200.000,00	(701)	200.000,00
	200.000,00		200.000,00

S (701) Kosten d. Baugrundstücks H

S		H	
(020)	200.000,00	III (026)	240.000,00
(44219)	40.000,00		
	240.000,00		240.000,00

S (026) Unbebaute Grundstücke – selbst erschlossen H

S		H	
III (701)	240.000,00	IV SBK	272.400,00
III (702)	30.000,00		
III (650)	2.400,00		
	272.400,00		272.400,00

S (702) Kosten d. Erschließung H

S		H	
(2740)	5.000,00	III (026)	30.000,00
(44200)	25.000,00		
	30.000,00		30.000,00

S [83...] Personalaufwand H

S		H	
[47...]	2.400,00	IV GuV	2.400,00
	2.400,00		2.400,00

S (650) Aktivierte Eigenleistungen H

S		H	
IV GuV	2.400,00	III (026)	2.400,00
	2.400,00		2.400,00

S (989) Schlussbilanzkonto H

S		H	
IV (026)	272.400,00		

S (982) GuV-Konto H

S		H	
IV [83...]	2.400,00	IV (650)	2.400,00

Findet die Kontenklasse 7 keine Anwendung, werden eigene und fremde Erschließungskosten direkt auf das jeweilige Grundstückskonto in der Gruppe „(020) Grundstücke ohne Bauten – noch nicht erschlossen“ gebucht. Je nach Erschließungszustand kann am Jahresende eine Umbuchung auf ein anderes Konto der Gruppe erforderlich sein.

Erschließung bei unbebauten Grundstücken des Umlaufvermögens

Für die Kosten der fremden Erschließung gilt auch im UV: immer zum Grundstück.

Die eigene Erschließung eines Grundstücks des Umlaufvermögens gehört (wie die spätere Bebauung) zu den betriebstypischen Leistungen der Immobilienunternehmen. Sie ist daher nach dem Brutto(ausweis)prinzip in der Gewinn- und Verlustrechnung abzubilden.

Wird ein Grundstück mit der Absicht erworben, es später bebaut (oder in Ausnahmefällen auch unbebaut) wieder zu veräußern, so ist es je nach Erschließungszustand auf ein Konto der Gruppe „(10) Grundstücke ohne Bauten" zu buchen.

Zu Beginn der eigenen Erschließung wird das Grundstück aus der Gruppe „(10) Grundstücke ohne Bauten" in die Klasse 8 auf das Konto „(811) Buchwert der in die Bebauung übernommenen unbebauten Grundstücke" umgebucht. Fremdkosten für die eigene Erschließung werden auf dem Konto „(8102) Kosten der Erschließung" erfasst. (Kosten der fremden Erschließung sind nun auf das Konto „(811) Buchwert der in die Bebauung übernommenen unbebauten Grundstücke", zum Grundstück zu buchen!)

Eigenleistungen der Immobilienunternehmen werden wie bei der Erschließung im AV zunächst in den Kontengruppen „(83) Personalaufwand" oder „(85) Sonstige betriebliche Aufwendungen" erfasst.

Ist die eigene Erschließung beendet, ohne dass im gleichen Jahr mit dem Bau begonnen wird, so ist eine Bestandserhöhung auf dem Konto „(111) Grundstücke ohne Bauten – erschlossen/eigene Erschließung" in Höhe des Grundstückswertes (Konto „(811) Buchwert der in die Bebauung übernommenen unbebauten Grundstücke"), der Fremdkosten (Konto „(8102) Kosten der Erschließung") und der Eigenleistungen (Kontengruppen „(83) Personalaufwand" und „(85) Sonstige betriebliche Aufwendungen") für den Bilanzausweis vorzunehmen.

Für das Grundstück (inkl. der Kosten für die fremde Erschließung)

(111)	Grundstücke ohne Bauten – erschlossen/eigene Erschließung	... €	
	an (641) Bestandserhöhungen aus der Übernahme unbebauter Grundstücke in die Bebauung		... €

Für die Fremdkosten der eigenen Erschließung

(111)	Grundstücke ohne Bauten – erschlossen/eigene Erschließung	... €	
	an (640) Bestandserhöhungen aus aktivierten Fremdkosten		... €

Für die Eigenleistungen bei der eigenen Erschließung

(111)	Grundstücke ohne Bauten – erschlossen/eigene Erschließung	... €	
	an (642) Bestandserhöhungen aus aktivierten eigenen Architekten- und Verwaltungsleistungen		... €

Gleiches gilt sinngemäß, wenn am Jahresende die eigene Erschließung nicht abgeschlossen ist (und nicht mit dem Bau begonnen wurde). Nur ist in diesem Fall die Bestandserhöhung auf dem Konto „(110) Grundstücke ohne Bauten – im Zustand der Erschließung (eigene)" vorzunehmen.

Beispiel:

Ein unbebautes, unerschlossenes Grundstück wurde im Vorjahr für 200.000,00 € (inkl. aller Erwerbskosten) mit der Absicht erworben, es mit Eigentumswohnungen zu bebauen und diese nach Fertigstellung zu verkaufen. Im laufenden Jahr wird die Erschließung durchgeführt. Durch einen „eigenen" Architekten werden im Rahmen der Erschließung Eigenleistungen erbracht. Der Architekt führt einen Stundenzettel.

a) Übernahme des Grundstücks in die Kontenklasse 8

(811)	Buchwert der in die Bebauung übernommenen unbebauten Grundstücke	200.000,00 €	
	an (100) Grundstücke ohne Bauten – nicht erschlossen		200.000,00 €

b) Banküberweisung an den Pächter für die vorzeitige Auflösung des Pachtvertrages, 5.000 €

(8102)	Kosten der Erschließung	5.000,00 €	
	an (2740) Bank		5.000,00 €

c) Eingangsrechnung für die Einebnung des Grundstücks, 25.000,00 €

(8102)	Kosten der Erschließung	25.000,00 €	
	an (44200) Verbindlichkeiten aus Bau-/Instandhaltungsleistungen – laufende Rechnung		25.000,00 €

d) Eingang eines Erschließungskostenbescheides der Gemeinde über 40.000 €

(811)	Buchwert der in die Bebauung übernommenen unbebauten Grundstücke	40.000,00 €	
	an (44219) Verbindlichkeiten aus sonstigen Lieferungen und Leistungen		40.000,00 €

e) Jahresende; die Erschließung des Grundstückes ist abgeschlossen. Die Eigenleistungen der Wohnungsunternehmung betragen laut Stundenliste des angestellten Architekten 2.400 €.

Bestandserhöhungen:

(111)	Grundstücke ohne Bauten – erschlossen/eigene Erschließung	240.000,00 €	
	an (641) Bestandserhöhungen aus der Übernahme unbebauter Grundstücke in die Bebauung		240.000,00 €
(111)	Grundstücke ohne Bauten – erschlossen/eigene Erschließung	30.000,00 €	
	an (640) Bestandserhöhungen aus aktivierten Fremdkosten		30.000,00 €
(111)	Grundstücke ohne Bauten – erschlossen/eigene Erschließung	2.400,00 €	
	an (642) Bestandserhöhungen aus aktivierten eigenen Architekten- und Verwaltungsleistungen		2.400,00 €*

* Die Personalaufwendungen sind hier nur in Höhe der Eigenleistung ausgewiesen worden, um im G+V-Kontoausschnitt zu zeigen, dass Aufwand und Bestandserhöhung für die eigene Erschließung erfolgsneutral sind (Realisationsprinzip). Der tatsächliche Personalaufwand ist höher.

Abschluss der Konten: siehe Hauptbuch

S	(100) Unbebaute Grundstücke – unerschlossen			H
I	EBK	200.000,00	(811)	200.000,00
		200.000,00		200.000,00

S	(111) Unbebaute Grundstücke – selbst erschlossen			H
	(641)	240.000,00	IV SBK	272.400,00
	(640)	30.000,00		
	(642)	2.400,00		
		272.400,00		272.400,00

S	(811) Buchwert Baugrundstück			H
	(100)	200.000,00	IV (GuV)	240.000,00
	(44219)	40.000,00		
		240.000,00		240.000,00

S	(641) Bestandserhöhungen Baugrundstücke			H
IV	GuV	240.000,00	III (111)	240.000,00
		240.000,00		240.000,00

S	(8102) Kosten d. Erschließung			H
	(2740)	5.000,00	IV (GuV)	30.000,00
	(44200)	25.000,00		
		30.000,00		30.000,00

S	(640) Bestandserhöhungen Fremdkosten			H
IV	GuV	30.000,00	III (111)	30.000,00
		30.000,00		30.000,00

S	[83...] Personalaufwand			H
	[47...]	2.400,00	IV GuV	2.400,00
		2.400,00		2.400,00

S	(642) Bestandserhöhungen Eigenleistungen			H
IV	GuV	2.400,00	III (111)	2.400,00
		2.400,00		2.400,00

S	(989) Schlussbilanzkonto			H
IV	(111)	272.400,00		

S	(982) GuV-Konto			H
IV	(8102)	30.000,00	IV (640)	30.000,00
IV	(811)	240.000,00	IV (641)	240.000,00
IV	[83...]	2.400,00	IV (642)	2.400,00

Verkauf unbebauter Grundstücke des UV

Der Verkauf unbebauter Grundstücke des Umlaufvermögens zählt zu den betriebstypischen Leistungen der Immobilienunternehmen. Bei der Buchung ist daher das Brutto(ausweis)prinzip anzuwenden.

Die Buchung des Erlöses beim Verkauf eines unbebauten Grundstückes des Umlaufvermögens ist unabhängig vom Erschließungszustand des Grundstücks.

(210) Forderungen aus Verkauf von Grundstücken		... €	
	an (611) Umsatzerlöse aus dem Verkauf von unbebauten Grundstücken		... €

Die Erfassung des Aufwandes (Abgang des Grundstückes aus dem Bestand) hängt dagegen vom Erschließungszustand des Grundstückes ab.

Wurde das Grundstück erschlossen erworben oder wird es ohne eigene Erschließung wieder verkauft, ist es also in der Kontengruppe „(10) Grundstücke ohne Bauten" gebucht, wird der Aufwand auf dem Konto „(812) Buchwert der verkauften unbebauten Grundstücke" erfasst.

(812) Buchwert der verkauften unbebauten Grundstücke		... €	
	an (100) Grundstücke ohne Bauten – nicht erschlossen		... €

Wurde das Grundstück vor dem Verkauf vom Immobilienunternehmen selbst erschlossen, ist es also in der Kontengruppe „(11) Grundstücke ohne Bauten – selbst erschlossen“ gebucht, ist eine Bestandsverminderung vorzunehmen. (Das Grundstück wurde in diesem Fall ja mittels einer Bestandserhöhung in die Gruppe gebucht!)

(644)	Bestandsverminderungen aus Veräußerungen		... €	
	an (11)	Grundstücke ohne Bauten – selbst erschlossen		... €

Anhang – Ergänzung Nr. 5

Zu Fachteil 1 Abschnitt 5.4: „Bauvorbereitung … und Verkauf von Grundstücken des Umlaufvermögens“

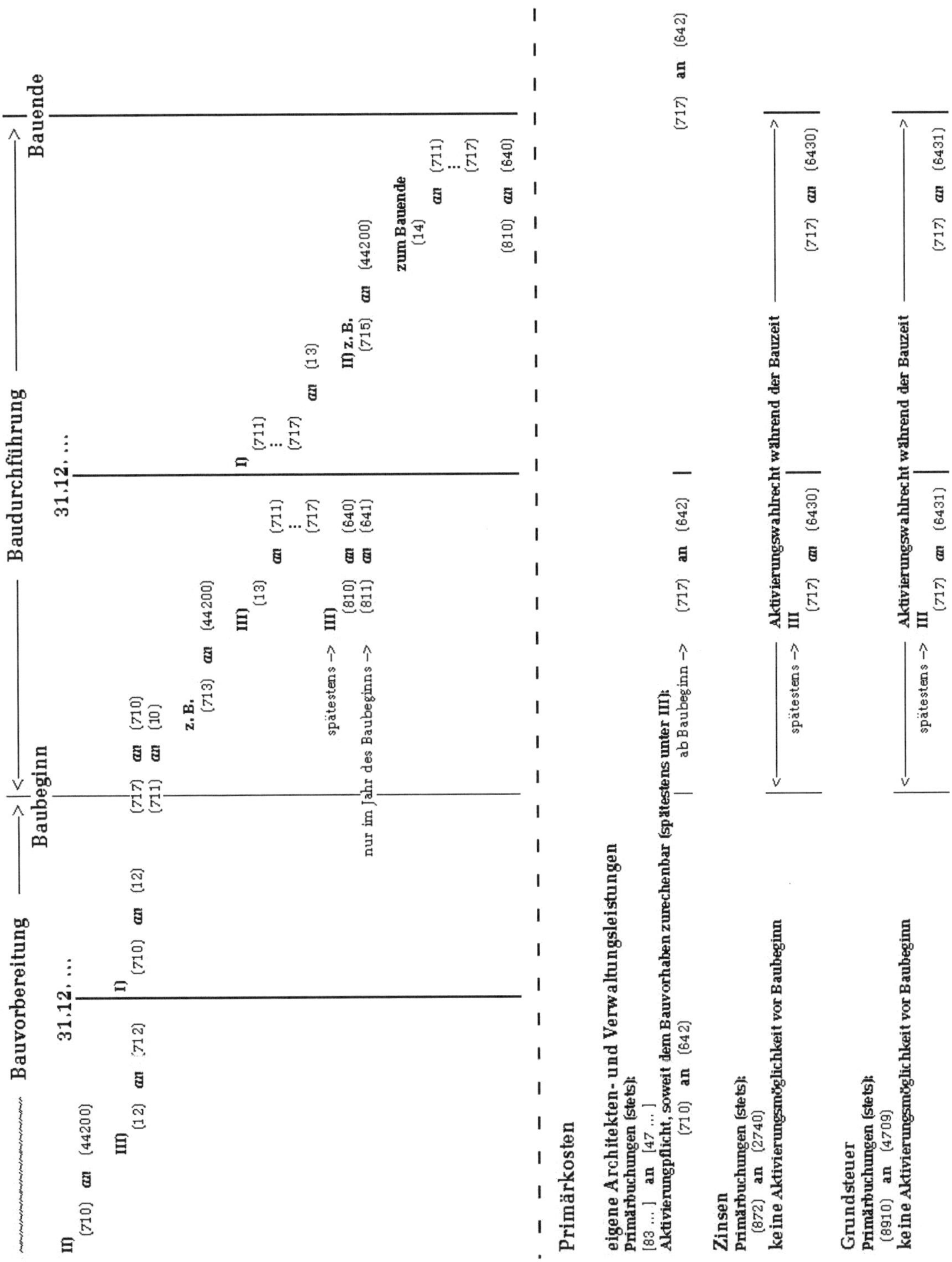

Anhang – Ergänzung Nr. 6

Zu Fachteil 1 Abschnitt 7.2.4: „Sonstige Rückstellungen"

Auszug aus dem „Kommentar zum Kontenrahmen der Immobilienwirtschaft" (hrsg. vom Gesamtverband der Immobilienwirtschaft e.V.), S. 95 ff.:

„39 Sonstige Rückstellungen

390 Rückstellung für unterlassene Instandhaltung/Nachholung in den ersten drei Monaten
391 Rückstellung für unterlassene Instandhaltung/Nachholung innerhalb des 4.-12. Monats
392 Rückstellung für Abraumbeseitigung
393 Rückstellung für drohende Verluste aus schwebenden Geschäften
394 Rückstellung für Gewährleistungsverpflichtungen
395 Rückstellung für Kosten der Hausbewirtschaftung
396 Rückstellung für Abschluss-, Prüfungs- und Veröffentlichungskosten
397 Rückstellung für sonstige Verwaltungskosten (Urlaub, Jubiläum)
398 Rückstellung für noch anfallende Baukosten

399 Rückstellung für erbrachte Bauleistungen

Die Rückstellungen sind zu Lasten folgender Aufwandsposten zu bilden bzw. zu erhöhen:

Rückstellungen

390 u. 391	Konto 808 – Zuführung zur Rückstellung fir unterlassene Instandhaltung –
393	Konto 859 – übrige Aufwendungen –
394	Konto 859 – übrige Aufwendungen –
395	Konten 800 ff. – Aufwendungen fir Hausbewirtschaftung –
396	Konten 850 ff. – sächliche Verwaltungsaufwendungen –
397	Konto 830 – Löhne und Gehälter –
398	Konto 814 – Zuführung zur Rückstellung für noch anfallende Kosten –
399	Konten 00 ff. – je nachdem ob bereits fertiggestellt oder im Bau –

399 Rückstellung für erbrachte Bauleistungen

Bauleistungen, die von einem Dritten fir den Bauherren auf seinem Grundstück erbracht worden sind, sind dann bilanzierungspflichtig, wenn die vereinbarte Leistung oder Teilleistung abnahmereif erbracht ist.

Liegen im Zeitpunkt der Bilanzaufstellung noch keine Rechnungen über solche aktivierungspflichtigen Bauleistungen vor, so müssen die Werte, z. B. aufgrund der Vergabeunterlagen ermittelt werden und eine Rückstellung passiviert werden (vgl. WFA 1/1972; Anlage 6). Da die Verbindlichkeit der Höhe nach ungewiß ist, erfolgt der Ausweis unter Rückstellungen."

Anmerkung:

Eine derartig weitreichende Untergliederung dieser Kontengruppe ist auch in der Praxis nur dann sinnvoll, wenn nahezu jedes Konto in erheblichem Umfang benutzt wird.

Sachwortregister

„an“ 31, 35
Abgabenordnung (AO) 16
abgegrenzt 195
Abnutzbare Anlagevermögen 218
Abrechnung der Heizkosten 81
Abschlagszahlung 407
Abschluss 58
Abschluss der Kontenklasse 7 151
Abschlussbuchung 37, 38, 53
Abschlussgliederungsprinzip 56
Abschlussprüfer 251
Abschreibung 92, 216, 218, 225, 266
Abschreibung auf Gebäude 222
Abschreibung auf Sachanlagen 225
Abschreibungen auf Mietforderungen 91
Abschreibung, (geometrisch-)degressive 220
Abschreibungsbetrag 219, 220
Abschreibungserleichterung 222
Abschreibungsmethoden 218
Abschreibungsplan 218, 219, 220
Abschreibungsprozentsatz 219, 220
Abstimmkreis 143
abziehbare Vorsteuer 120
Absolute Zahlen 275
Aktive Bestandskonten 56
Aktive Rechnungsabgrenzung 196, 214
Aktive Rechnungsabgrenzungsposten 57
Aktiveriungswahlrecht 149
Aktives Bestandskonto 30
Aktivieren 149
Aktivierung (Bestandserhöhung) 190
Aktivierung 160, 170, 172, 190
Aktivierung der Eigenleistungen 148, 157, 169
Aktivierung der Fremdkapitalzinsen 150, 158, 170
Aktivierung der Fremdkosten 157, 169
Aktivierung der Grundsteuer 150, 158, 170
Aktivierung der Wärmelieferung 78, 123
Aktivierung des Grundstücks 157, 169
Aktivierung über die Baunebenkosten 149, 150
Aktivierung über die Bestandserhöhung zwecks Neutralisierung 158
Aktivierungswahlrecht 157, 170
Aktivkonten 29
Aktiv-Passiv-Mehrung 26, 27
Aktivseite 24
Aktivtausch 25
Aktualität 259
Allgemeine Planungskosten 146
Amtliche AfA-Tabellen 218
Andere aktivierte Eigenleistungen 149
Andere Anlagen, Betriebs- und Geschäftsausstattung 225
Andere Gewinnrücklagen 238
Andere Rechnungsabgrenzungsposten 195, 196
Anderskosten 260, 261
Anhang 247, 251
Anlagegegenstände 113
Anlagen im Bau 151
Anlagenbuchhaltung 217
Anlagendeckungsgrad I 279
Anlagendeckungsgrad II 280
Anlagenintensität 276
Anlagespiegel 252
Anlagevermögen 20, 56, 134, 137, 140, 217
Annuität 129
Anschaffungskosten 113, 185, 186
Anschaffungskosten 216, 217, 218
Anschaffungskosten 219, 224, 230, 236
Anschaffungsnebenkosten 134, 217, 218, 236
Anschaffungspreis 217, 218
Anschaffungspreisminderung 217, 218
Anschaffungswert 221
Anschaffungswertprinzip 216
antizipative Abgrenzungen 200
antizipative Passiva 200
antizipative Posten 198
Anzahlung 119, 134, 188, 192
Anzahlungen auf unfertige Leistungen 188
Arbeitgeberbeitrag 61
Arbeitsentgelte 61
Arbeitslosenversicherung 61, 62
Arbeitszeitstatistik 149, 157, 170
Aufbewahrungsfristen 17, 34
Aufbewahrungspflichten 18
Aufgabe der Kosten- und Leistungsrechnung 257
Auftraggeber 375

Aufwand 113, 201
Aufwandskonten 56
aufwandsnah 77
aufwandsnahes Reparaturmaterial 105
Aufwandsposten 55
Aufwandsrückstellungen 202
Aufwendungen 46, 48, 58, 152, 195, 196, 198, 202
Aufwendungen für Altersversorgung 61, 66
Aufwendungen für Unterstützung 67
Aufwendungen für Verkaufsgrundstücke 153
Ausgaben 195
Ausgangsrechnung (AR) 42
Ausgleich von Ansprüchen 103
Ausgleich von Erstattungsansprüchen 101
Ausschlussumsätze 119, 181, 182, 184, 185, 186
Außenstände 42
Außerplanmäßige Abschreibungen 226
Ausübung von Aktivierungs-wahlrecht 151, 159, 172
auswandsnah 104
Ausweispflichtige Posten 55
Auszahlung 130, 135
Auszahlung nach Baufortschritt 129
Auszahlungsbetrag 63
Automatenaufstellung 118
Automatische Sollstellung 69, 71

Bagatellgrenze 119,182, 408
Bankdarlehen 192
Bankkonto 40
Banktreuhandkonto 193
(Bau)Leistender 407
(Bau)Leistung 144
Bauabzugsteuer 110, 407
Baubeginn 147, 167, 155, 182
Baubetreuung 59, 112, 187
Baubuch 55, 144
Bauerneuerungsrücklage 238
Baugenehmigung 147, 182
Baugrundstück 134, 155, 182
Baugrunduntersuchungen 411
Bauhandwerkerrechnung 181, 189, 192
Bauherr 187
Baukonto(korrent) 129
Baukosten 113, 184, 185
Bauleistung 407
Bauliche Anlagen 407
Baunebenkosten 141, 145, 147, 148, 151, 153, 155, 156, 166, 168, 183, 184
Bauplanung 411
Baurechnung 113
Bautätigkeit 159, 172, 181, 185, 187, 188
Bauten des Anlagevermögens 145
Bauvorbereitung 145, 154, 166, 411
Bauvorbereitungskosten 141, 146, 147, 154, 155, 159, 166, 167, 182, 411
Bauzwischenkredite 18, 129
Bedienung der Anlagen 88
Beihilfen 67
Beleg 35
Belegarten 33
Belegbearbeitung 33
Belegorganisation 33
Bemessungsgrundlagen 407
Bereiche 15
Berichtigung des Vorsteuerabzuges 186
Berufsgenossenschaft 66
Bestandserhöhung 78, 89, 152, 154, 159, 160, 161, 167, 171, 172, 173, 187, 190
Bestandserhöhungen bei anderen unfertigen Leistungen 188
Bestandserhöhungen bei noch nicht abgerechneten Betriebskosten 89
bestandsintensiv 77, 104
bestandsintensive Erfassung von Reparaturmaterial 105
Bestandsteilcharakter 141
Bestandsverminderung 160, 161, 172
Bestandsverminderung 90, 187
Bestandsverminderungen bei anderen unfertigen Leistungen 93, 187, 188
Bestandsverminderungen bei noch nicht abgerechneten Betriebskosten 84
Betriebliche Aufwendung 259
Betreuer 187, 189, 192, 193
Betreute 187, 192, 193
Betreuungsauftrag 189, 190, 193, 194
Betreuungsbankkonto 189, 192, 193
Betreuungsbau 187, 192, 193
Betreuungsgebühr 187, 188, 192
Betreuungsgebührenrate 188, 190, 192
Betreuungsleistung 190, 192, 193
Betreuungsmaßnahme 194
Betreuungstätigkeit 59, 112, 187, 188, 189, 190, 194
Betreuungsunternehmen 113, 189, 193, 228
Betreuungsvertrag 187
Betriebsabrechnungsbogen (BAB) 157, 170, 188, 190
Betriebskosten 75, 76, 113, 119, 122, 126
Betriebskostenabrechnung 118

Betriebskostenvorauszahlung 122
Betriebsprüfung 206
Betriebsstatistik 15
Betriebsstrom 88
betriebstypische Leistung 59, 112, 152,160, 161, 165, 172, 174, 187, 417
Betriebsvereinbarungen 64
Bevollmächtigter 187
Bewässerung 126
Bewertung der Forderungen 231
Bewertung der Vorräte 231
Bewertung der Wertpapiere des Umlaufvermögens 236
Bewertung des Umlaufvermögens 230
Bewertungsvorschriften des HGB 215
Bewirtschaftung 136
Bezahlung 42
Bezahlung von Rechnungen 144
Beziehungszahlen 275
Bilanz 22, 28, 56, 245, 247
(Bilanz-)Schema 29
Bilanzausweis 163
Bilanzgewinn 57, 239, 244
Bilanzidentität 215
Bilanzierung des Objekts 151
Bilanzposition 25, 28, 36
Bilanzposten 55
Bilanzstichtag 157
Bilanzstichtag/Fertigstellung 151, 169
Bilanzverlust 57, 239, 244
Break-even-point 272
brutto 117, 127
Brutto(ausweis)prinzip 60, 78, 194, 417, 419
(Brutto)Rechnungsbetrag 121, 126
Bruttoarbeitslohn 61
Bruttoausweis 165
Bruttokaltmiete 75
Bruttolohn 62
Bruttomiete 127
Bruttoprinzip 68, 76, 96, 152, 161, 174, 187
Buchbestände 30
Buchen 29
Buchführung 15, 55
Buchführungsprogramm 36
Buchung 29, 30
Buchung eines Geschäftsfalls 32, 50
Buchungs(- und Zahl)programm 34
Buchungsanweisung 34
Buchungsfehler 44
Buchungsliste 69, 70, 72, 76, 83, 97, 98, 103
Buchungssatz 31, 32
Buchwert 138, 219, 220, 221, 227

Cashflow 283

Dacherneuerung 208
Damnum 130
Dauerschuldverhältniss 68
Deckungsbeitrag 271
Deckungsbeitragsrechnung 271
Degressive Abschreibungsmethode 219
Degressive Afa 221
degressive Gebäude-AfA 222, 224
Der einfache Buchungssatz 31
Der zusammengesetzte Buchungssatz 32
DIN 276 140
Direkte Abschreibung 91
Direkte Abschreibung auf Mietforderung 92
Direkte Abschreibungen auf Forderungen 231
Direkte Kosten 261
Disagio 130, 131
Dispokredit 40
Dispositionskredit 40
Drohverlustrückstellung 203
Durchlaufender Posten 113
Durchschnittswert 231
Durchschnittliche Mieterlöse 282
Durchschnittliche Sollmiete 281

EBK 36
Eigenbelege 33
Eigene Architekten- und Ingenieurleistungen 148, 157, 169
Eigenheim 152
Eigenkapital 20, 24, 46, 48, 51, 57
Eigenkapitaländerung 46
Eigenkapitalkonto 49
Eigenkapitalquote 277
Eigenkapitalrentabilität 280
Eigenleistung 60, 104, 148, 183, 184, 187, 188, 190
Eigenleistungen für die Baubetreuung 188
Eigenmittelquote 277
Eigenmittelrentabilität 280
Eigentumsmaßnahmen 160, 173
Eigentumsübergang 136
Eigentumswohnungen 152
Eingangsrechnung (ER) 42, 112, 189
Einlagen 51
Einnahmen 195
Einzelabrechnung 82, 83, 125
Einzelarbeitsverträge 64

Einzelbewertung 216
Einzelmiete 75
Einzelkosten 261, 265
Einzel- und Gemeinkosten 265
Einzelwertberichtigung auf Forderungen 231
Endverbraucher 113
Entgelt 110, 112, 126, 407
Entnahmen 51
Erfolgskonten 48, 57
Erfolgsrechnung 269
Erfolgsvorgänge 46
Erfüllungshilfe 187
Ergebnisrücklagen 239
Erhaltungsaufwand 110
Erhaltungsaufwendungen 186
Erlös 60, 69, 152, 187, 194
Erlösschmälerung 73, 74
Erneuerung der Heizungsanlage 208
Eröffnung 58
Eröffnungs-Bestände 29
Eröffnungsbilanz 22, 29, 36
Eröffnungsbilanzkonto (= EBK) 36
Eröffnungsbuchung 36, 37
Ersatzbelege 33
Erschließung, nichtöffentliche 414
Erschließung, öffentliche 413
Erschließungskosten 414
Erstattete Steuern vom Einkommen und Ertrag 107
Erstattungen Versicherungsbelastung 109
Erstattungsansprüche 83, 125
Ertrag aus Anlageverkäufen 228, 230
Erträge 47, 48, 58, 60, 195, 198, 200
Erträge aus der Auflösung von Rückstellungen 211
Erträge Mieterbelastung 97
Ertragskonen 56
Ertragsposten 55
Erwerbskosten 134, 185
Erwerbsnebenkosten 140
EURO 22

Fassadenerneuerung 208
Fernheizungshauptrohr 183
Fernwärmeunternehmen 183
Fertigstellung 157, 160, 173
Feuerlöschausstattung 183
Feuerlöschgerät 148, 156
Finanzamt 184, 407
Finanzbuchhaltung 63
Finanzierung 25
Finanzierungsmittel 189
Fixe Kosten 261, 271
Fixe und variable Kosten 271
Fluktuationsquote 282
Forderungen 91
Forderungen aus aufgelaufene sonstige Erträge 199, 214
Forderungen aus aufgelaufenen Erträgen 198
Forderungen aus Betreuungstätigkeit 192
Forderungskonten 42
Formblattverordnung 252
Fotokopien 118, 148, 157, 170
Freimachen 140, 413
Freistellungsbescheinigung 111, 409
freiwillige Leistung des Arbeitgebers 64
Fremdarchitekt 182
Fremdarchitektenrechnung 192, 411
Fremdbelege 33
Fremdkapitalkostensatz 278
Fremdkapitalquote 278
Fremdkapitalzinsen 149, 150, 158, 170, 183, 184
Fremdkosten 147, 156, 158, 167, 168, 190, 265
Fremdkosten für die Baubetreuung 187, 188, 189
Funkantennenaufstellung 118
Funktionen 16

Garagen 118
Garantieeinbehalt 144
Gartenanlage 148, 156, 183
Gebühren 74
Gebührenbescheid 147
Gegenbuchung 29, 36
Gegenkonto 30
Gegenleistungen 408
Gehälter 61
Gehaltsabrechnung 63, 65
Gehaltsaufwendungen 183
Gehaltsvorschuss 65
Geldbeschaffungskosten 131, 192
Geldeingang 42
Geldeingänge auf wertberichtigte Mietforderungen 94
Geldwert 231
geleistete Anzahlungen 56
Gemeinkosten 261, 265
Gemildertes Niederstwertprinzip 216
Generalumkehrbuchung 44
(geometrisch-)degressive Abschreibung 220, 224
Geringwertige Wirtschaftsgüter 224
Gesamtkapitalrentabilität 280
Gesamtkostenverfahren 249

Geschäftsbuchhaltung 143
Geschäftsfall 15, 25, 27, 29, 30, 35, 68
Geschäftsguthaben 57
Gesetzliche Grundlagen 16
Gesetzliche Rücklagen 237
Gesetzliche soziale Aufwendungen umfassen 61
Gesetzliche Unfallversicherung 61, 66
Gewerbemieter 119
Gewerberaum 118, 121
Gewinn 49
Gewinn- und Verlustkonto (GuV-Konto) 49, 57, 246, 249
Gewinnanteil 203
Gewinnrücklagen 237, 242
Gewinnschwelle 272
Gewinnvortrag 242
Gezeichnetes Kapital 242
Gläubigerschutz 16, 202, 215
Gliederungszahlen 275
GoB 16
Größenklassen 246
Grundbuch 35, 37
Grunderwerbsteuer 134, 184
Grundkapital 57
Grundkosten 259
Grundsatz der Bilanzidentität 215
Grundsatz der Einzelbewertung 216
Grundsatz der Klarheit 17
Grundsatz der Kontinuität 17
Grundsätze der Kosten- und Leistungsrechnung 258
Grundsatz der Ordnungsmäßigkeit des Belegwesens 17
Grundsatz der Periodenabgrenzung 18
Grundsatz der Stichtagsbezogenheit 216
Grundsatz der Unternehmensfortführung 215
Grundsatz der Vollständigkeit 17
Grundsatz der Vorsicht (Vorsichtsprinzip) 17, 202, 216
Grundsatz der Wahrheit 17
Grundsatz des systematischen Aufbaus 17
Grundsätze ordnungsmäßiger Buchführung (GoB) 16
Grundsätze ordnungsmäßiger Speicherbuchführung (GoS) 18
Grundschuld 128
Grundsteuer 137, 149, 150, 158, 170, 183, 184, 267
Grundstück ohne Bauten 155
Grundstücke 56
Grundstücke mit fertigen Bauten 155, 160, 163, 167, 170, 172
Grundstücke mit unfertigen Bauten 155, 160, 167, 172
Grundstücke mit Wohnbauten 412
Grundstücke ohne Bauten 167
Grundstücksankaufskredit 135
Grundstücksankaufskredite 128
Grundstückserwerb 134
Grundstückshaftpflichtversicherung 136
Grundstückskaufvertrag 134, 135
Guthaben 70
Guthaben auf Sonderkonten (Betreuungsbankkonto) 189
GuV-Konto 49, 56, 194
GuV-Rechnung 68, 76, 96
GWG 224

Habenbuchung 31
Handelsbilanz 220, 215
Handelsrecht 16
Handelsrechtliche Bewertungsgrundsätze 215
Hauptaufgaben 15
Hauptbuch 36, 37
Hauptbuchhaltung 55, 70, 73, 74
Hauptleistung 118
Hauptkostenstellen 265
Hausbewirtschaftung 59, 68, 104, 113, 117
Hauswarttätigkeit 88
Heizkosten 75, 121
Heizkosten V 87
Heizkostenabrechnung 124
Heizmaterial 122
Heizölzukauf 77
Heizungsanlagen 76
Herrichten 413
Herstellungsaufwand 110
Herstellungskosten 113, 140, 149, 157, 165, 166, 186, 216, 217, 218, 219, 224, 412
Hilfskosten 146
Hilfskostenstellen 265
Höchstwertprinzip 17, 216, 217

I. Eröffnungsbuchung 37, 40, 52
I. Laufende Buchungen 37, 38, 52
II. Vorbereitende Abschlussbuchungen 38, 40, 53
II. BV 75, 140
im eigenen Namen und für eigene Rechnung Aufträge an Dritte 188
Imparitätsprinzip 217

im fremden Namen, auf fremde Rechnung 187
Inanspruchnahme der Rückstellung 211
Indexzahlen 275
Indirekte Kosten 261
Innerbetriebliche Leistungsverrechnung 58
Instandhaltung 104, 112, 126
Instandhaltungsaufwand 110, 208, 210
Instandhaltungsaufwendungen 121
Instandhaltungsausgaben 210
Instandhaltungskosten 212
Instandhaltungsmaßnahmen 208
Instandsetzung 104
Inventar 19, 20
Inventur 19
Inventurdifferenzen 107
Inventurerleichterungen 19
Investition 24
Istbestände 30

Jahresabschluss 195, 247
Jahresfehlbetrag 239, 242
Jahresüberschuss 239, 241, 242
Journal 32
Jubiläumszuwendungen 61

Kabelgebühren 126
Kalkulatorische Kosten 260
Kalkulatorische Miete 260
Kalkulatorische Zinsen 260
Kalkulatorischer Unternehmerlohn 260
Kapital (Passiva) 22
Kapital 24
Kapitaldienstdeckung 283
Kapitalrücklagen 242, 237
Kaufpreis 134, 140
Kennzahlen 275
Kennzahlensystem 275
Kirchensteuer 61, 62
Klarheit 55
Kochherd 412
Konditionenfestschreibung 130
Konten 28
Kontenarten 54
Kontengruppen 54
Kontenklasse 0 56
Kontenklasse 1 56
Kontenklasse 2 57
Kontenklasse 3 57
Kontenklasse 4 57
Kontenklasse 5 58
Kontenklasse 6 58
Kontenklasse 7 59, 143, 145
Kontenklasse 8 58
Kontenklasse 9 58
Kontenklassen 54, 56
Kontenplan 54, 55
Kontenrahmen 54
Kontensaldo 36
Kontenseite 30
Kontensumme 30
Kontenunterarten 54
Kontinuität 258
Kontierungsstempel 34
Kontokorrentprinzip 42
Korrektur 73
Korrektur der Prozesskosten 100, 102
Korrektur des Streitgegenstands 102
Korrekturbuchung 41, 44, 71, 123
Korrekturkonto 73, 94
Korrekturposten 195
Kosten 261
Kostenanalyse 257
Kostenartenrechnung 262
Kosten der Außenanlagen 141, 145, 148, 151, 153, 156, 166, 168, 183
Kosten der Bauvorbereitung 145, 153, 154, 155, 182
Kosten der Erschließung 141, 145, 147, 151, 153, 156, 166, 168, 183
Kosten der zusätzlichen Maßnahmen 141, 145, 148, 151, 153, 156, 166, 168, 183
Kosten des Baugrundstücks 140, 145, 147, 151, 153, 166
Kosten des Bauwerks 141, 151, 156, 166, 183, 412
Kosten des Geräts 141, 145, 148, 151, 156, 166, 168, 183
Kosten für Ausschreibungsunterlagen 148, 157, 170
Kosten- und Leistungsrechnung 15, 58
Kostengliederung 140
Kostenkontrolle 257
Kostenpositionen 140
Kostenstelle 264
Kostenstellenrechnung 262
Kostenträgerrechnung 262
Krankenversicherung 61, 62
Kulanzleistung 202, 211
Kursverluste 217
Kurswert 236, 237

Lagebericht 249, 253, 254
Lärmschutzwand 148, 156, 183

Laufvermerk 34
Leerstand 73, 89
Leerstandsanteil 89
Leerstandsquote 282
Leistungsempfänger 407
Leistungskennzahlen 281
Lichtpause 148, 157, 170
lineare AfA 221
lineare Rest-AfA 221
Liquide Mittel 279
Liquiditätsgrad 20
Liquiditätsverlust 408
Lohn- und Gehaltsabrechnung 61
Lohn- und Gehaltsbuchhaltung 63
Löhne 61
Löhne und Gehälter 88, 190
Lohnsteuer 61, 62
Lohnsteuerklassen 62

Mahnbescheid 97
Maklerprovision 134
Mängel 107
Maßgeblichkeit der Handelsbilanz 215
MAW 90
Mehrarbeitsvergütung 61
Mehrerlös 137
Mehrwert 112, 113
Mehrwertsteuer 112
Mietausfallwagnis 90
Miete 70
(Miet)Forderungsquote 276
Mietenbuchhaltung 69, 70
Mietenmultiplikator 282
Mietenvorauszahlung 70
Mieterbelastung 96
Mieterhöhung 99
Mieterwechsel 186
Mietminderung 73
Mietrückstände 70
Mietverhältnis 68
Mietvorauszahlung 71
Mietzins 68
Mindererlös 137
Mischnutzung 126
Mittelherkunft 24
Mittelverwendung 24
Modernisierung 104, 110
monatsgenau 222
Müllabfuhr 126

Nachforderungen 125
Nachprüfbarkeit 55
Nachzahlungsverpflichtungen 82
Nebenbezüge 61
Nebenbuchführung 55
Nebenbuchhaltung 42, 55, 59, 63, 69
Nebenleistung 118
netto = brutto 117
netto 117, 127
Nettoarbeitslohn 61
Netto(ausweis)prinzip 137
Nettobeträge 126
Netto-Einkaufspreis 113
Nettoentgelt 112, 121
Netto-Verkaufpreis 113
Neutrale (betriebs-)fremde Aufwendung 259
Neutralisierung 149, 150
Neutralisierungs- bzw. Ausgleichsfunktion 149
nichtöffentliche Erschließung 414
nichtoptiert 121, 122, 124
nichtoptierter Gewerberaum 126
Niederstwertprinzip (strenges) 91
Niederstwertprinzip 17, 216, 226
Noch nicht abgerechnete Betreuungsleistungen 190, 193
Noch nicht abgerechnete Betriebskosten 78, 84, 122, 123, 125
Nominal 129
Nominalwert 231
Notaranderkonto 136
Nutzen- und Lastenwechsel 135
Nutzungsdauer 219, 221

(Objekt)Zahlungsliste 35
Objektfinanzierungsmittel 128
objektorientiert 121
„objektorientierte" Schlüssel 120
offene Rechnungen 42
Offenlegungspflicht 252
öffentliche Erschließung 413
optiert 121, 122, 124, 127, 185
Optierte Umsätze 126
Option 119, 181, 186
Option zur Umsatzsteuer 118, 126, 127, 185
Optionsmöglichkeit 123
Optionsvereinbarung 121

Papiere 237
Passive Bestandskonten 56
Passive Rechnungsabgrenzung 214
Passive Rechnungsabgrenzungsposten 57, 195, 197
Passives Bestandskonto 30
Passivierungspflicht 202, 204, 211, 212
Passivierungswahlrecht 204, 212

Passivkonten 29
Passivseite 24
Passivtausch 26
Pauschalabgeltung 75
Pauschalmiete 68, 70
Pauschalwertberichtigungen
auf Forderungen 235
Pensionsrückstellungen 202, 204, 206
Pensionszahlungen 204, 206
Pensionszusage 204, 205
Periodenbetrachtung 259
periodengerecht 195
periodengerechte Erfolgsermittlung 195,
198, 202
§ 266 HGB 204
Personalaufwendung 60, 190
Personalkosten 60, 61, 266
Pflegeversicherung 62
Pflichtrückstellung 202, 203
Planmäßige Abschreibungen 218
Planungsaufwendung 166
Planungsrechnung 15
Portokosten 148, 157, 170
Posteingang 33
Posteingangsstempel 33
preisgebundener Wohnraum 75, 90
Preissteigerung 209, 210
Primärbuchung 149, 150, 158, 170
Primärkosten 88, 137, 149, 184
Primärkosten(ausweis)prinzip 148, 149,
150, 157, 158, 169, 170, 184
Primärkostenausweis 137
Primärverteilung 266
Prinzip der Bilanzsummengleichheit 30
Prinzip des Bruttoausweises 138
Prinzip des Nettoausweises 137
Privat verursachte
Eigenkapitalveränderungen 51
Privateinlagen 51
Privatentnahme 51
Privatkonten 51
pro rata tempaois 131, 221
Prozesskosten 99, 101
Prüfungspflichten 252
Publizitätsgesetz 246

Rabatte 107
Realisationsprinzip 69, 188, 216
Rechnerische Prüfung 143
Rechnerische und sachliche Prüfung 34
Rechnungsabgrenzung 194
Rechnungsabgrenzungsposten 195
Rechnungsausgleich 144
Rechnungsbegleitzettel 34
Rechnungseingang 110
Rechnungseingangsbuch (REB) 34
Rechnungsprüfung 143
Rechnungswesen 15
Reinvermögen 20
Reklamemöglichkeiten 118
Relative Genauigkeit 259
Rentenversicherung 61, 62
Reparaturmaterial 104
Restbuchwert 220
Restkapital 130
Restkaufpreis 134
Restnutzungsdauer 221
Restschuld 130
Return of Investment 281
Richtfest 148, 156, 183
Risikomanagement 275
Risikozuschlag 90
Rohbau 183
Rohbauerstellung 144
Rohergebnis 252
Rohgewinn 160, 163, 173, 185, 186, 194
Rohverlust 160, 173
Rücklagen 57, 236
Rücklagen für eigen Anteile 237
Rückstellung für
Bauinstandhaltung 203, 208
Rückstellung für eine
unterlassene Instandhaltung 204, 212
Rückstellungen 57, 202, 203, 207, 214
Rückstellungen für
Bauinstandhaltung 202, 204, 208,
209, 210, 211
Rückstellungen für Pensionen
und ähnliche Aufwendungen 204, 205
Rückstellungen für Pensionen
und ähnliche Verpflichtungen 210
Rückstellungen für ungewisse
Verbindlichkeiten 206
Rückstellungen für unterlassene
Instandhaltung 212

Sach- und Haftpflichtversicherung 126
Sachgerechte Schätzung 120
Sachliche Prüfung 143
Sächliche Verwaltungsaufwendungen
126, 190, 210
Saldenlisten 70
Saldensammelkonto 36
Saldierungsverbot 114
Saldo 36, 70
Saldovertrag 70
Saldovortragsspalten 70
Sammelbewertung 216

Sammelkontokorrent 146, 154, 166
satzungsmäßige Rücklagen 237
SBK 36
Schlussbestand 30
Schlussbilanz 22
Schlussbilanzkonto (= SBK) 36, 56
Schlüssel 121
Schrottwert 227
Schulden 24, 215, 216
Schuldwerte 20
Schwarzarbeit 110, 407
Sekundärverteilung 267
Sicherheitseinbehalt 144
Skonti 107
Solidaritätszuschlag 61, 62
Soll- und Habenbuchungen 35
Sollbuchung 31
Sollmieten 68, 70
Sollstellung 69
Sollstellung der Mieten 69
Sondereinrichtungen 118
Sonderflächen 120
Sonstige Rückstellungen 111, 204, 211, 212, 421
Soziale Aufwendungen 67
Sozialversicherungen 61, 62
Sozialversicherungsbeiträge 61, 62
Spalte „Eingänge“ 83
Sparbetrag 64
Sparförderung 64
Sparinstitut 64, 65
Sparleistungen 65
Stammkapital 57
Stellplätze 118
Stetigkeitsgebot 208
Steueranspruch 110, 111, 407
„steuerbarer“ und „steuerpflichtiger“ Umsatz 114
steuerbarer Umsatz 117, 118
Steuerbefreiung 184
Steuerbescheide 206
Steuerbilanz (Maßgeblichkeitsprinzip) 215
Steuerbilanz 215
Steuerbilanzergebnis 203
Steuererstattung 207
steuerfrei 118
Steuerklassen 62
Steuerlast 203
Steuern vom Einkommen und Ertrag 206
steuerpflichtig 118
steuerpflichtige Umsätze 181
Steuerrecht 16
Steuerrückstellungen 204, 206, 211
Steuerschuld 207
Stichtagsbezogenheit 216
Stichtagsinventur 19
Stichtagswert 231
Stornobuchung 44
Straßenreinigung 126
Straßenreinigungsgebühren 136
Streitgegenstand 101
strenge Niederstwertprinzip 216, 230, 237
Sturmschaden 212
Summe 128

Tarifverträge 64
Technische Anlagen, Betriebs- und Geschäftsausstattung 412
(Teil)Baugenehmigung 145, 154, 166
Teilkostenrechnung 270
Teilrentabilität 270
Teilzahlung 407
Tilgung 128, 129
Tilgungskraft 284
Tilgungspläne 130
transitorische Abgrenzungen 200
transitorische Posten 195
typisch immobilienwirtschaftlicher Bereich 58

UAW 90
Überlassung von (Wohn)Raum 76
Übersichtlichkeit 55
Überwachungssystem 275
Überzahlungen 70
Überziehungskredit 40
Überziehungslimit 40
Umbuchung 40, 41, 44, 71, 125
Umfang d. Gesch.beziehung 42
Umgekehrte Maßgeblichkeit 215
Umlagefähig 75
Umlagefähige Heizkosten 87
Umlagen 75, 121
Umlagenausfallwagnis 90
Umlaufintensität 276
Umlaufvermögen 20, 56, 57, 134, 138, 140, 230
Umsatzerlöse 58, 60, 70, 173
Umsatzerlöse aus der Baubetreuung 187
Umsatzkostenverfahren 249
Umsatzsteuer 112, 113, 114, 117, 121, 122, 126, 127, 181, 183, 184, 185, 186, 188, 191, 192

umsatzsteuerfrei – umsatzsteuerpflichtige Umsätze 117, 118
Umsatzsteuerfreie Leistungen 113
umsatzsteuerfreie Umsätze 120
umsatzsteuerpflichtig 126, 227, 228
umsatzsteuerpflichtige Leistungen 113
umsatzsteuerpflichtige Umsätze 112, 121, 181, 185
Umsatzsteuer-Saldo 114
Umsatzsteuersatz 407
Umsatzsteuerschuld 114
Umsatzsteuervoranmeldung 184
Umsatzsteuerzahlungstermin 115, 114, 193
Umsatzrentabilität 270, 281
Umschreibungsgebühr 134
Uneinbringliche Forderung 92
Unfertige Leistungen 122, 188, 190
Ungewisse Verbindlichkeiten 202
Unterkonten 51, 82
„unternehmensbezogener“ Schlüssel 120, 121
Unternehmensfinanzierungsmittel 128
Unternehmensfortführung 215
unternehmensindividuelle Kontenpläne 55
Urbeleg 33
Urlaubsgelder 61

Valutierung 135
Variable Kosten 261, 271
Verbindlichkeiten 57
Verbindlichkeiten aus aufgelaufenen Aufwendungen 198
Verbindlichkeiten aus Betreuungstätigkeit 189
Verbindlichkeiten aus der Umsatzsteuer 114
Verbindlichkeiten aus sonstigen aufgelaufenen Aufwendungen 200, 201, 214
Verbrauch der Rückstellung für Bauinstandhaltung 210
Vereinfachungsregel 222
Verkaufserlös 160, 173
Verlust 49
Verlust aus dem Abgang von Gegenständen des Anlagevermögens 228, 229
Verlustvortrag 242
Vermietung von Wohnraum 117
Vermögen (Aktiva) 22, 24
Vermögensbildungsgesetz 64
Vermögensgegenstände 216
Vermögensteile 215
Vermögenswert 24
Vermögenswirksame Leistungen des Arbeitgebers (VL) 64
Vermögenswirksames Sparen 64
Verschuldungsgrad 278
Versicherungsbelastung 109
Versicherungsschäden 109
Verursachung 259
Verwaltungsbetreuung 59, 112
Verwaltungsleistungen 148, 157, 169
Verwendungsabsicht 134
Vollkostenrechnung 262
Vollständigkeit 258
Vollstorno 44
Vollstorno/Generalumkehr 44
(Vor)Kontierung 143
Vorauszahlung 76, 82, 122, 124
Vorschüsse 64
Vorsichtsprinzip 215
Vorsteuer 112, 113, 114, 121, 126, 127, 181, 182, 185, 186, 189, 191
Vorsteuerabzug 119, 181, 182, 184, 186
Vorsteuerabzugsberechtigung 117, 120, 183
Vorsteueranteil 121
Vorsteuerforderung 115
Vorsteuer-Saldo 114, 116

Wahlrecht 202
Wahlrückstellung 202, 203
Wärmelieferung 75, 76, 125
Wartung 76, 87, 122
Wäschetrockner 412
Waschmaschinen 412
Weihnachtsgratifikation 61
Weiterbelastung 100
Wertansatz 215
Wertaufholung 226
Wertaufholungswahlrecht 237
Wertberichtigung 91, 94
Wertberichtigung zu Mietforderungen 93
Wertminderung 218
Wertpapiere 217, 237
Wertpapiere des Umlaufvermögens 236
wesentliche Betriebsleistung 96, 97, 138
Wirtschaftlichkeit 258
wirtschaftliche und technische Baubetreuung 187
wirtschaftlicher Eigentumsübergang 134, 135
Wirtschaftlichkeitsrechnung 258
Wohnraum 121, 126

immobilienwirtschaftliches Rechnungswesen 54

Zahllast 112, 114, 117
Zahlungen 70, 195
Zahlungsanweisung 34, 143
Zahlungsklage 98
Zahlungsmodalitäten 35
Zahlungsrückstände 71, 91
Zahlungsströme 68
Zahlungsverkehr 35
Zahlungsvermerk 35
zeitanteilig 131, 221
zeitliche Abgrenzung 195
(Zins)Bindungsfrist 130
Zinsen 128, 129, 137, 195
Zinsdeckung 283
Zinskosten 267
Zubehörcharakter 141
Zuführung zu den Rückstellungen für Bauinstandhaltung 209
Zuführung zur Rückstellung für unterlassene Instandhaltung 212
Zum Verkauf bestimmter Geschäftsbauten 152
Zusatzkosten 260, 261
Zuschläge 74
Zuschläge/Gebühren 71
Zuschreibung 226, 227
Zuschüsse 61
Zustimmungsklage 99
Zweckbestimmung 134
Zweckorientiertheit 258
Zwischenkredit 129